Christian-Dietrich Schönwiese

W0190462

Klimatologie

2., neu bearbeitete und aktualisierte Auflage

163 Abbildungen
31 Tabellen

Verlag Eugen Ulmer Stuttgart

Prof. Dr. Christian-Dietrich Schönwiese, geb. 1940 in Breslau (Schlesien), Studium der Meteorologie und Promotion (Dr. rer. nat.) an der Universität München. Seit 1981 Professor für Meteorologische Umweltforschung/Klimatologie am Institut für Meteorologie und Geophysik der Universität Frankfurt/Main, 1984/85 und 2000/2001 dort geschäftsführender Direktor, 1987/88 und 1996/97 Dekan des Fachbereichs Geowissenschaften, 1994–1996 und seit 2000 geschäftsführender Direktor des fachübergreifenden Zentrums für Umweltforschung dieser Universität. 1985–2000 Mitherausgeber der Fachzeitschrift „Theoretical and Applied Climatology"(Wien), 1993–1998 Rapporteur für statistische Klimatologie bei der Weltmeteorologischen Organisation (WMO), Koautor (1990 und 2001) bzw. Gutachter der Berichte des Intergovernmental Panel on Climate Change (IPCC), weiterhin Mitglied (z.T. im Vorstand) verschiedener wissenschaftlicher Arbeitskreise und Gesellschaften des In- und Auslands. Hauptarbeitsgebiete: empirisch-statistische Analyse globaler und regionaler Klimavariationen der letzten Jahrhunderte, Abgrenzung anthropogener Klimaänderungen von natürlichen Variationen; rege Öffentlichkeitsarbeit.

Bibliografische Information der Deutschen Bibliothek

Die Deutsche Bibliothek verzeichnet diese Publikation in der Deutschen Nationalbibliografie; detaillierte bibliografische Daten sind im Internet über http://dnb.ddb.de abrufbar.

ISBN 3-8252-1793-0 (UTB)
ISBN 3-8001-2787-3 (Ulmer)

© 1994, 2003 Verlag Eugen Ulmer GmbH & Co.
Wollgrasweg 41, 70599 Stuttgart (Hohenheim)
E-Mail: info@ulmer.de · Internet: www.ulmer.de
Lektorat: Dr. Nadja Kneissler
Herstellung: Otmar Schwerdt
Satz: KL-Grafik, München
Graphiken: Helmuth Flubacher, Waiblingen
Umschlagentwurf: Atelier Reichert, Stuttgart
Druck: Gutmann, Talheim
Bindung: Koch, Tübingen
Printed in Germany

ISBN 3-8252-1793-0 (UTB-Bestellnummer)

 UTB **1793**

Eine Arbeitsgemeinschaft der Verlage

Beltz Verlag Weinheim und Basel
Böhlau Verlag Köln · Weimar · Wien
Wilhelm Fink Verlag München
A. Francke Verlag Tübingen und Basel
Paul Haupt Verlag Bern · Stuttgart · Wien
Verlag Leske + Budrich Opladen
Lucius & Lucius Verlagsgesellschaft Stuttgart
Mohr Siebeck Tübingen
C. F. Müller Verlag Heidelberg
Ernst Reinhardt Verlag München und Basel
Ferdinand Schöningh Verlag Paderborn · München · Wien · Zürich
Eugen Ulmer Verlag Stuttgart
UVK Verlagsgesellschaft Konstanz
Vandenhoeck & Ruprecht Göttingen
WUV Facultas · Wien

Inhaltsverzeichnis

Aus dem Vorwort zur 1. Auflage

Es gibt nur wenige Wissenschaftsbereiche, die in neuerer Zeit einen derartigen Aufschwung genommen haben wie die Klimatologie. Dies geschah innerhalb der letzten zwei bis drei Jahrzehnte auf wissenschaftlicher Ebene und hat dann innerhalb des letzten Jahrzehnts mehr und mehr auch die öffentliche Diskussion erfasst.

Die Indizien und Gründe dafür sind vielschichtig. Wissenschaftlich gesehen können als Indizien beispielsweise eine ganze Reihe von neu entstandenen Fachzeitschriften dienen (Climatic Change, seit 1977; International Journal of Climate and Applied Meteorology, seit 1981 [Erg.: seit 1988 Journal of Climate separat]; Theoretical and Applied Climatology, seit 1986, früher Archiv für Meteorologie, Geophysik und Bioklimatologie). Inhaltlich geht der Aufschwung der Klimatologie auf die explosionsartig gewachsenen Informationen der Klimageschichte (paläo- und neoklimatologisch), die Fortschritte bei der Klimamodellierung sowie die zunehmende Aktualität anthropogener Klimaänderungen zurück. Und dieses letztgenannte Problem war es auch, das in Zusammenhang mit „Global Change" – unsere Erde im Wandel – die öffentliche Aufmerksamkeit erregt hat. ...

Nachdem ich mich in mehreren populärwissenschaftlichen Büchern zunächst der Informationspflicht gegenüber der Öffentlichkeit gestellt habe, bin ich nun der Anregung des Ulmer-Verlages gefolgt, zu diesem wichtigen und aktuellen Thema auch ein Lehrbuch beizusteuern. ... Das, was ich versucht habe, zu schreiben ... , ist eine interdisziplinäre Grundeinführung in das *Gesamtgebiet* der Klimatologie, die neben den deskriptiven und physikalischen Grundlagen eben diese interdisziplinären Querverbindungen betont und zugleich das Klima als veränderliches Phänomen in Raum und Zeit auffasst, das heißt die Klimaänderungen – seien sie natürlich oder anthropogen – mit dem ihnen gebührenden Gewicht einbezieht.

Das Buch richtet sich somit vorwiegend an alle Studenten, in deren Studiengang das Klima eine Rolle spielt, daneben aber auch an alle sonstigen interessierten Wissenschaftler sowie – allgemeines naturwissenschaftliches Grundlagenwissen vorausgesetzt – an Laien (im Sinn eines Sachbuchs zum Selbststudium) ...

Formal ist anzumerken, dass alle verwendeten Abkürzungen und Symbole sowie

Maßeinheiten im Anhang zusammengestellt sind. ... Weiterhin stellt der Anhang relativ umfangreiche Klimatabellen zur Verfügung. ... An Stelle der Kommaschreibweise von Dezimalbrüchen (z.B. 27,5) ist generell die international übliche Punktschreibweise verwendet worden (z.B. 27.5), die beispielsweise bei Aufzählungen vorteilhafter ist. ...

Bleibt der Dank an meine Familie, die wie immer bei derartigen Fällen viel Geduld gezeigt hat (da Bücher-Schreiben wegen der vielen sonstigen Verpflichtungen auf Wochenenden und Urlaub geschoben werden muss), an Frau Christine Lidzba, die einen Teil der graphischen Darstellungen angefertigt hat, an Frau Petra Langeneck und Frau Britta Siebert sowie Herrn Stefan Beine für die Durchführung der Schreibarbeiten, schließlich an den Verlag für die Anregung zum Schreiben und die gute Zusammenarbeit bei der Drucklegung.

Frankfurt a.M., im Frühjahr 1994   Christian-Dietrich Schönwiese

Vorwort zur 2. Auflage

Bei der nun vorliegenden zweiten Auflage habe ich keinen Anlass dafür gesehen, das Grundkonzept dieses Buches zu ändern, sehr wohl aber eine umfangreiche Überarbeitung vorgenommen, teils durch Straffungen und Präzisierungen, teils durch Aktualisierungen und Ergänzungen. Weitgehend neu geschrieben sind insbesondere die Kapitel 3.3, 5.3.9, 9.5, 9.6, 11 und 12. Außerdem waren etliche Druckfehler auszumerzen, die sich in die 1. Auflage eingeschlichen hatten.

In diesem Zusammenhang bin ich vielen Kollegen zu Dank verpflichtet, die mich durch kritische Hinweise, Verbesserungsvorschläge und sonstige Informationen unterstützt haben. Einige davon seien hier (in alphabetischer Reihenfolge) genannt: Prof. Dr. H.-R. Bork, PD Dr. U. Cubasch, Prof. Dr. M. Domrös, Prof. Dr. W. Endlicher, Dr. A. Engel, PD Dr. F.-W. Gerstengarbe, Dr. J. Grieser, Prof. Dr. P. Hupfer, J. Lieckfeld, Dipl.-Met. T. Staeger, Dipl.-Met. S. Trömel und Dr. A. Walter. Dem Trend der Zeit entsprechend sind zu den ganz erheblich angewachsenen Literaturhinweisen nun auch Internet-Adressen getreten.

Die wissenschaftliche Aktualität der Klima-Thematik sowie die öffentliche Beachtung sind seit der ersten Auflage eher noch gewachsen. Ich hoffe, mit diesem Buch auch weiterhin, in aktualisierter Form, zur wissenschaftlichen Grundlageninformation beitragen zu können. Nach wie vor ersetzt dieses Buch zwar weder den Meteorologie- noch anderen Studenten die Einführung in ihr jeweiliges Fachgebiet. Aber es schafft die interdisziplinären Querbezüge und ermöglicht dem Nicht-Meteorologen, da es auch einige meteorologische Grundtatsachen zusammenfasst, den Direkteinstieg in die Klimatologie. Schließlich danke ich wiederum dem Ulmer-Verlag, insbesondere Frau Dr. Nadja Kneissler und Frau Antje Springorum, für die gute Kooperation. Ich freue mich, wenn Inhalt und ansprechende äußere Form, die in dieser 2. Auflage ganz wesentlich verbessert worden ist, erneut ihre aufmerksame und kritische Leserschaft finden.

Frankfurt a.M., im Frühjahr 2002   Christian-Dietrich Schönwiese

1 Einführung

Klima ist ein hochaktuelles und ausgeprägt interdisziplinäres Objekt der Forschung. Seine Veränderungen in Zeit und Raum beinhalten aber auch historische und prähistorische Aspekte, die letztlich bis in die Entstehungszeit der Erde zurückreichen. Die physikalische, chemische und statistische Analyse der Klimaprozesse und Klimadaten führt dabei nicht nur zum Verständnis der Klimavariabilität, sondern liefert auch die Grundlage für die Diskussion von Klimaschutzmaßnahmen. Die folgende kurze Einführung umreißt diese Problematik und stellt die Gliederung des Buches vor.

Das Wort **Klima** entstammt der griechischen Sprache, tritt bereits bei PARMENIDES VON ELEA (um 500 v.Chr.) sowie HIPPOKRATES (460–375 v.Chr.; vgl. z.B. HUPFER und KUTTLER 1998) auf und bedeutet „ich neige" (κλινω = klino). Gemeint ist dabei die Sonne, deren Einstrahlung auf die Erdoberfläche einem gewissen, von der geographischen Breite abhängigen mittleren Neigungswinkel unterliegt. Je steiler dieser Neigungswinkel ist, d.h. je weniger er vom Zenitstand der Sonne abweicht, desto wärmer sind Erdoberfläche und bodennahe **Atmosphäre**, so bereits die damalige Erfahrung, die nach diesem Kriterium zur ersten bekannten Differenzierung von **Klimazonen** (PARMENIDES) führte, nämlich „heißes Klima" (geringe Zenitdistanz, steile Einstrahlung), mäßig temperiertes Klima (mittlere Zenitdistanz) und „kaltes" Klima (große Zenitdistanz, flache Einstrahlung; Näheres Kap. 4.1). Diese statische Betrachtungsweise, die das Klima als im Wesentlichen, d.h. von tages- und jahreszeitlichen Variationen sowie von Wettervariationen abgesehen, unveränderliches Phänomen ansieht, hat die Klimatologie bis weit in das letzte Jahrhundert hinein beherrscht, ja war auch noch in der ersten Hälfte des 20. Jahrhunderts dominant, bevor die Erweiterung von der **Mittelwerts-** zur **Schwankungsklimatologie** (HANTEL et al. 1987, SCHÖNWIESE 1974) in angemessener Tragweite gelang.

Dagegen ist die Erkenntnis, dass das Leben auf der Erde und insbesondere der Mensch hochgradig und fatal vom Klima abhängt, sehr alt und geht sicherlich, über die Mittlerrolle der Landwirtschaft und Ernährung, über das antike Griechenland weit hinaus. Nicht ohne Grund sind in Ägypten über Jahrtausende hinweg die von der Niederschlagstätigkeit abhängigen Pegelstände des Nils (Kap. 11)

sorgfältig beobachtet und aufgezeichnet worden (GROTZFELD 1991), weil nämlich
die damit verbundenen Überschwemmungen für den Ackerbau von eminenter
Bedeutung sind. Ähnlich wichtig ist die Rolle der Monsunniederschläge (Kap.
5.3) für Indien, so dass dort schon sehr früh mit Niederschlagsmessungen begonnen worden ist, vielleicht schon vor mehr als zweitausend Jahren. Der Untergang
der Harappan-Kultur (Rajasthan, Indien; HARE 1979) aufgrund einer drastischen
Abnahme der Niederschlagtätigkeit etwa 3700 v.Chr. ist eines der nicht wenigen
Beispiele für **abrupte Klimaänderungen** der Vergangenheit (siehe z.b. BERGER
und LABEYRIE 1987) und zugleich ein Beispiel für die Auswirkungen von Klima
und Klimaänderungen auf die Menschheit (Klimawirkungsforschung, Kap. 10
und 13.3).

Viele Aspekte, die sich für diese frühe Zeit nur über die indirekte Informations-
erfassung der **Paläoklimatologie** (Kap. 11) erschließen lassen, waren schon im
antiken Griechenland Gegenstand wissenschaftlicher Untersuchungen, wie beispielsweise die Schriften von HIPPOKRATES (460–375 v.Chr.) bezeugen, der aus
ärztlicher Sicht bereits die Vision dessen hatte, was wir heute als Kurortklimato-
logie bezeichnen und somit bedeutende **bioklimatologische** Grundlagen legte
(Kap. 10.5). Eine der ersten modernen Klimadefinitionen (Näheres Kap. 2.7),
nämlich die von ALEXANDER VON HUMBOLDT (1769–1859), bezieht sich ebenfalls auf
diesen bioklimatischen Gesichtspunkt, der bis ungefähr zur zweiten Hälfte des
20. Jahrhunderts leider in eine Randrolle abgedrängt worden ist, bevor er dann in
den Spezialdisziplinen der **Agrar-, Forst- und Medizinmeteorologie** einen
neuen Aufschwung nahm.

Da Klima primär eine bestimmte, nämlich langzeitliche (Kap. 2.5 und 2.7) Betrachtungsweise der Atmosphäre der Erde ist, beginnt die moderne Entwicklung
sowohl der **Meteorologie** (Wissenschaft der Atmosphäre) als auch der Klimatologie mit der exakten, messtechnischen und somit **physikalischen Erfassung**
dieses Mediums ab dem 17. Jahrhundert n. Chr.; denn in diese Zeit der einsetzenden Entwicklung der Experimentalphysik fallen nicht nur die Erfindungen des
Thermometers (vermutlich GALILEI 1611) und des Barometers (TORRICELLI 1643;
vgl. z.B. VON RUDLOFF 1967), sondern auch die ersten simultanen Messungen an
verschiedenen Orten, nämlich Florenz und Pisa, durch die **Academia del
Cimento** (Klima-Akademie). Vorausgegangen waren verbale Wetteraufzeich-
nungen, beispielsweise durch PTOLEMÄUS 127–151 n.Chr. in Alexandria oder
1337–1344 durch MERLE in England oder 1617–1626 durch KEPLER in Linz (Näheres in Kap. 11 sowie unter anderem bei VON RUDLOFF 1967, SCHÖNWIESE 1995). Ein
Blick auf die historische Entwicklung, der hier nur sehr knapp und exemplarisch
ausfallen kann, muss die **Societas Meteorologica Palatina** (Meteorologische
Gesellschaft der Pfalz) besonders hervorheben, die auf Initiative des Kurfürsten
KARL THEODOR und unter wissenschaftlicher Leitung ihres Sekretärs und einstigen
Hofkaplans HEMMER ab 1780/1781 das erste internationale Messnetz aufbaute. Es
umfasste maximal 39 Stationen, die immerhin von Nordamerika über den
Schwerpunkt Europa bis in den Ural reichten. Nicht nur diese internationale In-

formationserfassung, sondern auch einige Beobachtungstechniken wie beispielsweise die **Mannheimer Stunden**, nämlich die Beobachtungszeiten 7, 14 und 21 Uhr Ortszeit zur Errechnung täglicher Mittelwerte der erfassten Klimaelemente (wobei im Fall der Temperatur der 21-Uhr-Wert doppelt in die Berechnung des daher entsprechend gewichteten arithmetischen Mittelwertes eingeht), waren in der klimatologischen Entwicklung wegweisend.

Übrigens handelte es sich bei allen diesen Messwerten um Klima- und nicht um Wetterdaten, da die noch ausstehende Entwicklung der Telekommunikation einen raschen Datenaustausch nicht ermöglichte und der eigentliche Wert dieser Daten in der Errechnung von Tages-, Monats- und Jahresmittelwerten lag, um die Gegebenheiten einer bestimmten Station und von Station zu Station über eine längere Zeit hinweg, ganz im Sinn des Klimabegriffs (Kap. 2.7), zu kennzeichnen. Dies schloss und schließt die experimentalphysikalische Erfassung der unteren Atmosphäre ein. Der zweite Aspekt, nämlich die Möglichkeit, bei Verfügbarkeit dieser Daten über viele Jahre hinweg auf Witterungs- und Klimaänderungen zu schließen, war damals zwar nicht unbekannt, wurde aber noch nicht besonders intensiv wahrgenommen. So ist es vielleicht zu verstehen, dass diese ersten nationalen oder internationalen Messnetze den Tod ihrer Initiatoren, bei der Societas Meteorologica Palatina war dies das Jahr 1795, nicht überlebten. Nur der Eigeninitiative von zumeist Mönchen, Pfarrern und Lehrern, gelegentlich auch von Einzelwissenschaftlern (nicht selten Astronomen), ist es zu verdanken, dass einige dieser Beobachtungsreihen mehr oder weniger lückenlos bis heute fortgeführt worden sind und uns so, auf dem Weg der direkten Messung, mehr als 200, im Fall der Temperatur in England sogar rund 350 Jahre **Klimageschichte** erschließen. Davon sowie von historischen und indirekten Klimazeugen, die uns noch sehr viel weiter in die Vergangenheit führen, wird im Kap. 11 noch eingehend die Rede sein.

Unser kurzer historischer Rückblick führt uns dagegen weiter in die Neuzeit; hier ist 1854 ein weiteres wichtiges Datum. Damals, im Krim-Krieg zwischen Frankreich und Russland, vernichtete ein Meeressturm bei Sewastopol die französische Kriegsflotte. Die inzwischen gewachsenen meteorologischen Kenntnisse ließen den Eindruck entstehen, dass eine rasche und kontinuierliche Übermittelung und Bewertung atmosphärischer Daten ein Erkennen von Existenz und Zugrichtung dieses Sturmes und somit eine Unwettervorhersage ermöglicht hätte. Nur wenige Jahre später, nämlich 1863, gründete Frankreich daraufhin den **ersten nationalen Wetterdienst**; Deutschland folgte 1876 mit der „Seewetterwarte". Die Stoßrichtung war nun aber eine ganz andere: Rasche Meldung von Messdaten des Luftdrucks, Winds, der Temperatur, des Niederschlages an den einzelnen Stationen an eine Zentrale (die dazu notwendige Telegraphie hatten GAUSS und WEBER ab 1833 entwickelt), Darstellung eines **synoptischen** Zustandes, d.h. Zusammenschau der Gegebenheiten an verschiedenen Stationen zur gleichen Zeit (Synoptische Meteorologie, Kap. 2.8 und 5.3.8) in einer Karte, Wiederholung des gleichen Procedere für eine spätere Zeit, Analyse von Tiefdruckgebieten (Regionen relativ geringen Luftdrucks, typisch auch für Stürme, sog. Sturmtiefs) u.a. und deren Bewegungsrichtung, Versuch von Vorhersagen für die folgenden Stunden und Tage (zunächst empirisch durch Extrapolation dieser Bewegungsrichtung, später auch auf Grund von Modellrechnungen). Die dabei betrachteten relativen Kurzfristvorgänge zielen allerdings nicht auf das Klima, sondern auf das **Wetter** ab, die genannten Karten sind im Prinzip die auch heute noch üblichen und in vereinfachter Form über die Medien verbreiteten **Wetterkarten.**

Nach wie vor hat man aber auch in der damaligen Zeit, neben der stürmischen Entwicklung von Physik und Chemie, der Meteorologie im Allgemeinen und der synoptischen Meteorologie im Besonderen, das Klima nicht aus den Augen verloren. So entstanden parallel zu den Wetterkarten (die erste übrigens 1816 durch Brandes, allerdings anhand von Daten des Jahres 1753 und somit nicht aktuell im Sinne der Wetteranalyse verwertbar) die vermutlich ersten **Klimakarten** durch Alexander von Humboldt (1769–1859), als er 1817 erstmals vieljährige Mittelwerte der Lufttemperatur in einer Isothermenanalyse zusammenfügte. Um 1900 entwickelte Wladimir Köppen (1846–1949) seine im Prinzip noch heute relevante **Klimaklassifikation**, die interessanterweise weitgehend an den Klimaauswirkungen in der Vegetation und damit klimawirkungsbezogen orientiert ist (Köppen 1923). Trotzdem etablierte sich gerade damals eine praktisch ausschließlich an der bodennahen atmosphärischen Luftschicht und vieljähriger Mittelwertsbetrachtung orientierte Klimatologie, was die damals üblichen **Klimadefinitionen** deutlich zum Ausdruck bringen (von Hann 1883: „Unter Klima verstehen wir ... den mittleren Zustand der Atmosphäre ...“; Köppen 1923: „Unter Klima verstehen wir den mittleren Zustand ... der Witterung ...“; Näheres Kap. 2.7). Und dies obwohl gerade Köppen zusammen mit Wegener 1924 ein bedeutendes Werk über „Die Klimate der geologischen Vorzeit“ publizierte. Es bestand wohl die Ansicht, dass vor langer, vorhistorischer Zeit zwar Klimazustände existiert hatten, die vom „derzeitigen Klima“ deutlich abwichen, dass aber dieses „derzeitige Klima“ seit Jahrhunderten oder gar Jahrtausenden praktisch stabil sei.

Bereits 1778 hatte nämlich Buffon die Vermutung geäußert, dass es in dieser geologischen Vergangenheit ein gegenüber „heute“ wesentlich kälteres Klima gegeben haben müsse, für das Schimper 1837 den Namen Eiszeit prägte (Frenzel 1967). Denn bestimmte Geländeformen wie Moränen und Seen im Voralpenland oder Skandinavien wurden geomorphologisch korrekt als die Hinterlassenschaft von Bewegungen und schließlich des Abschmelzens riesiger Eismassen gedeutet und die Geologen entnahmen den Boden- und Gesteinsschichten, nicht zuletzt den darin enthaltenen fossilen Resten von Tieren und Pflanzen (Paläontologie), Hinweise auf sowohl kälteres als auch, in noch früherer Zeit, wärmeres Klima. Penck und Brückner fanden in der Zeit 1901–1909, motiviert durch ein Preisausschreiben der Sektion Breslau des Deutschen Alpenvereins, heraus, dass es nicht eine, sondern mehrere „Eiszeiten“ gegeben haben müsse, denen sie Namen nach bayerischen Voralpenflüssen gaben (Würm, Riss, Mindel, Günz; Näheres Kap. 11).

Wir sind damit unversehens in die Faszination der **Paläoklimatologie** (Kap. 11) hinein geraten, die mittels indirekter Methoden versucht, die Klimaschwankungen der vorhistorischen Zeit zu rekonstruieren, mit Überlappungen bis in die Neuzeit, und die seit der Mitte unseres Jahrhunderts bis in die jüngste Zeit hinein einen gewaltigen Aufschwung genommen hat. Eine wesentliche Voraussetzung dafür war die Entdeckung von UREY (1951), dass das Verhältnis der Sauerstoff-Isotope mit den Massenzahlen 18 (^{18}O) und 16 (^{16}O) temperaturabhängig ist. UREY sprach von einem „geologischen Thermometer", das es in der Folgezeit gestattet hat, aus Bohrungen im polaren Eis (Eisanalysen, H_2O) sowie Bohrungen in den Sedimenten des Meeresbodens (Analyse kalkhaltiger Mikroorganismen, $CaCO_3$) in Zusammenhang mit Altersbestimmungen Temperaturrekonstruktionen in der Größenordnung von Jahrhunderttausenden bzw. Jahrmillionen vorzunehmen (Näheres Kap. 11; s. auch z.b. SCHWARZBACH 1974, FRAKES 1979, HUCH et al. 2001). Eisbohrungen erlauben darüber hinaus auch Rückschlüsse auf klimasteuernde Mechanismen wie beispielsweise die vergangene Vulkantätigkeit oder frühere atmosphärische Spurengaskonzentrationen. Diese wichtige und aufschlussreiche Entwicklung, zusammen mit vielen weiteren paläoklimatologischen Methoden, hat unsere Kenntnisse über die Klimaänderungen der Erdgeschichte so immens bereichert und die Fiktion eines statischen Klimas so gründlich revidiert, dass das Wort faszinierend sicherlich nicht zu hoch gegriffen ist.

Die Renaissance der Klimatologie, wie sie noch vor wenigen Jahrzehnten manche Fachleute für unmöglich gehalten hatten, ist neben der Erforschung vergangener Klimaänderungen und der Klimawirkungsforschung auch durch das Problem der menschlichen Beeinflussung und daraus resultierenden **anthropogenen Klimaänderungen** stimuliert worden, welche die natürlichen Klimavariationen überlagern. Zwar gibt es solche Einflüsse, in Zusammenhang mit der Umwandlung von Natur- in Kulturlandschaften und insbesondere den dabei vorgenommenen Waldrodungen schon seit Jahrtausenden; besonders deutlich sind solche Effekte aber erst im Laufe des Industriezeitalters in Erscheinung getreten. Ein prominentes Beispiel dafür ist im regionalen Maßstab das **Stadtklima** (Kap. 12.2), das sich deutlich vom **Umlandklima** unterscheidet und dessen Ausprägung mit der Größe der betreffenden Stadt wächst. Zur Untersuchung dieses Phänomens kommen viele wichtige Beiträge aus dem Bereich der **Geographie**. (Das trifft übrigens auch auf die statistische Klimatologie und Klimawirkungsforschung zu).

Im globalen Maßstab sind mit Recht die Effekte in den Blickpunkt gerückt, die mit der anthropogenen Emission **klimawirksamer Spurengase** in die Atmosphäre (**„anthropogener Treibhauseffekt"**) zusammenhängen (Kap. 12.3), wobei die sich die entsprechenden globalen Klimaänderungen selbstverständlich aus regionalen (unterschiedlicher Art) zusammensetzen. An der Diskussion dazu beteiligt sich mehr und mehr auch die Öffentlichkeit, da es sich wegen der geforderten Klimaschutzmaßnahmen auch um ein wirtschaftlich-politisches Problem handelt, das letztlich uns alle betrifft. Leider verläuft diese öffentliche Diskussion aber nicht immer in der notwendigen sachlichen Art und Weise, da sich dabei auch Irrtümer und Emotionen einschleichen. Die Vereinten Nationen (UN) haben jedoch bereits im Rahmen der Ersten Weltklimakonferenz (Weltmeteorologische Organisation, WMO, 1979), damals noch von der Öffentlichkeit weitgehend unreflektiert, einen Appell an alle Nationen der Welt gerichtet, den Problemkreis anthropogener Klimaänderungen ernst zu nehmen und diese Veränderungen zu verhindern. Seit 1992, völkerrechtlich verbindlich seit 1994, gibt es die UN-**Klimaschutzkonvention** (Klimarahmenkonvention), die allerdings bisher nur wenig mehr als eine Absichtserklärung ist. Konkretisierungen dazu streben die seit 1995 im jährlichen Turnus stattfindenden Vertragstaatenkonferenzen an (Kap. 12.3).

In der wissenschaftlichen Diskussion befindet sich der Problemkreis globaler anthropogener Klimaänderungen mindestens seit den Arbeiten von ARRHENIUS (1896). Eines der aussagekräftigsten wissenschaftlichen Argumente heute sind, neben den Methoden und Erkenntnissen der neo- wie paläoklimatischen Rekonstruktion und Diagnostik des Klimas, sicherlich die aufwendigen **Klimamodellrechnungen**, die auf physikalischer Grundlage und unter ehrgeizigem EDV-Einsatz den gegenwärtigen, vergangene und eben auch in Zukunft mögliche Klimazustände simulieren (Kap. 9.5, 12.3). Die Entwicklung solcher aufwendiger Klimamodelle hat, nach stark vereinfachten Ansätzen, in etwa Ende der sechziger Jahre des 20. Jahrhunderts begonnen (z.B. MANABE und WETHERALD 1967) und erst in jüngerer Zeit mit der Anwendung gekoppelter atmosphärisch-ozeanischer Zirkulationsmodelle und der Simulation des kombinierten anthropogenen Treibhausgas- (global gemittelt bodennah erwärmend) und Sulfatpartikeleffekts (global gemittelt bodennah abkühlend) einen neuen Höhepunkt erreicht (Intergovernmental Panel on Climate Change, IPCC, HOUGHTON et al. 2001, CUBASCH und KASANG 2000).

Die **Chemie der Atmosphäre**, die in unserem Jahrhundert und ganz besonders in den letzten Jahrzehnten neben der Physik der Atmosphäre zur zweiten tragenden Säule der Meteorologie geworden ist – und die Meteorologie ist als atmosphärische Wissenschaft ja sozusagen die Mutter der Klimatologie –, ist auf den ersten Blick nicht besonders klimarelevant, weil die Chemie Stoffumwandlungen und damit im Allgemeinen relativ reaktionsfreudige Substanzen betrachtet; denn im Gegensatz zur Luftchemie und der damit zusammenhängenden Umweltproblematik geht es in der Klimatologie um langfristige Prozesse, bei denen eher reaktionsträge Substanzen und damit einmal mehr physikalische Vorgänge die tragende Rolle spielen. Bei näherem Hinsehen stellt sich diese Auffassung aber als kurzsichtig heraus, weil chemische Reaktionen zur Produktion und Anreicherung langlebiger Gase und damit sehr wohl zu Klimaeffekten führen können, und weil es diverse Querverbindungen, beispielsweise zwischen der Ozonchemie der oberen Atmosphäre (Stratosphäre) und dem Klima der unteren Atmosphäre, gibt. Diese Aspekte sind jedoch relativ neu und haben erst in Zusammenhang mit dem Problem weltweiter anthropogener Klimaänderungen und der Erweiterung der

Klimatologie zu einer breit angelegten Umweltwissenschaft Eingang in diese Disziplin gefunden.

So bilden **Klima und Klimatologie**, mit Blick auf **Vergangenheit, Gegenwart und Zukunft** (LAMB 1972, 1979), in ihren **Gegebenheiten, Variationen, Ursachen und Auswirkungen** eine Wissenschaft und Forschungsaufgabe (vgl. auch Kap. 2.8, 14) von großer Wichtigkeit, Aktualität und gesellschaftspolitischer Relevanz. Gleichzeitig handelt es sich um eine überaus komplizierte und ausgeprägt interdisziplinäre Herausforderung mit vielen Erkenntnissen, aber auch vielen Unsicherheiten und Fragezeichen.

Sich diesem Problemkreis zu nähern, wenigstens die wichtigsten grundlegenden Aspekte – im Sinne einer Einführung – kennen- und verstehenzulernen, ist nicht einfach. Das vorliegende Buch versucht dies in folgender Weise:

- Einführung einiger Grundbegriffe und Grundphänomene (Kap. 2 und 3), als Basis der nachfolgenden Kapitel;
- Erläuterung einiger physikalischer Grundtatsachen (Kap. 4), die u.a. zum Verständnis der anschließend beschriebenen
- Bewegungsvorgänge (Zirkulation) in Atmosphäre, Ozean, Kryosphäre (Eisgebieten) und Lithosphäre (Kap. 5–7) notwendig sind; diese Bewegungsvorgänge bewirken ihrerseits im Wesentlichen die beobachteten klimatologischen Grundcharakteristika (Kap. 8).
- Erst danach folgt die Klimasynopsis (Kap. 9), d.h. die Synthese von Einzelbegriffen und Einzelvorgängen zum Klimakomplex, ganz im Sinne KÖPPENS (1923; Kap. 2.7), der von einer „doppelten Abstraktion des Klimabegriffes" spricht, nämlich der „zeitlichen" und der „Zusammenfassung … der einzelnen meteorologischen Elemente zu einem Gesamtbilde".
- Die vielfältigen Auswirkungen des Klimas sind mit Blick auf die Biosphäre in den Grundlagen der Bioklimatologie (Kap. 10) zusammengefasst, was nach Kap. 2.8, 4, 6, und 7 erneut den interdisziplinären Charakter der Klimatologie zum Ausdruck bringt.
- Der mehrfach betonte Aspekt der zeitlichen Variationen, der in der klassischen Klimatologie meist zu kurz kommt, verdient einen besonderen, klimageschichtlichen Schwerpunkt (Kap. 11), wobei es sich zunächst um eine Geschichte der Phänomene und Ursachen der natürlichen Klimavariationen handelt. Vor diesem Hintergrund und nicht losgelöst davon hat
- die Diskussion der anthropogenen Klimabeeinflussung (Kap.12) zu erfolgen, wobei die Konsequenzen weit über die Klimatologie im engeren Sinn, ja sogar über die Naturwissenschaften hinaus reichen.
- Hinweise auf weitere klimatologische Querverbindungen (Kap. 13) und die
- Konsequenzen, nämlich die Lehren der Vergangenheit, die uns zusammen mit den brennenden aktuellen Problemen alles andere als leicht zu lösende, aber drängende Aufgaben für die Zukunft stellen (Kap. 14), runden das Buch ab und stellen ein letztes Mal den interdisziplinären Charakter der Klimatologie heraus.

2 Grundbegriffe und Größenordnungen

Träger der Klimaprozesse ist primär die Atmosphäre der Erde, so dass deren Charakteristika und Evolution zunächst im Blickpunkt stehen. Die umweltorientierte und systemare Betrachtung führt dann aber bald zur Erkenntnis, dass in Form des Klimasystems, das auch den Ozean, das Eis, den Boden und die Vegetation mit umfasst, eine wichtige und entscheidende Horizonterweiterung notwendig ist. Während die räumlichen Größenordnungen der Klimaprozesse von der Mikro- bis zur globalen Skala reichen, führt die Diskussion der zeitlichen Größenordnungen zur Definition des Klimabegriffs als Komplex relativ langzeitlicher Vorgänge in der Atmosphäre bzw. dem Klimasystem. Schließlich offenbart gerade das systemare Vorgehen die ganze interdisziplinäre Reichweite und Bedeutung der Klimatologie, wie sie sich auch in aktuellen Forschungsprogrammen widerspiegelt.

2.1 Atmosphäre

2.1.1 Gegenwärtiger Zustand

Träger der Klimaphänomene ist die **Atmosphäre** der Erde. Daher ist es angebracht, sich zunächst mit diesem Medium zu befassen. Die auf die Atmosphäre spezialisierte Wissenschaft ist die **Meteorologie**. Der Name geht auf ARISTOTELES (384–322 v.Chr.) zurück, der zwischen „Feuermeteoren", den nach heutiger Nomenklatur Meteoren und Meteoriten, die aus dem interplanetarischen Raum in die Atmosphäre eindringen, und den „Wassermeteoren" (Hydrometeoren), dem Wasser in seinen verschiedenen Aggregatzuständen und Ausprägungen in der Atmosphäre (Wasserdampf, Wolken, Regen, Schnee, Hagel, Graupel usw.) unterschied. Von diesem Teilaspekt der Hydrometeore leitet sich der Name „Meteorologie" ab.

Die Atmosphäre besitzt eine für atmosphärische bzw. klimatologische Prozesse wichtige untere Grenzfläche, nämlich die teils von Festland, teils von den Gewässern gebildete Erdoberfläche, und geht nach oben hin allmählich, somit ohne genau festlegbare obere Grenzfläche, in den interplanetarischen Raum über. Bei großzügiger Betrachtung kann eine Vertikalausdehnung von rund 1000 km angenommen werden, vgl. Abb. 1, wobei bereits in einigen Hundert Kilometern Höhe die Bedingungen eines technischen Hochvakuums angetroffen werden. Dies bedeutet, dass Luftdichte und Luftdruck (Näheres in Kap. 3.1) nach oben hin abnehmen, und zwar so rasch, dass der Luftdruck bereits in 5.5 km Höhe auf die Hälfte und in 30 km Höhe auf 1 % im Vergleich zum Wert in Meeresspiegelhöhe abgesunken ist. Dementsprechend sind für die Meteorologie meist nur die unteren rund 100 km, für Wetter- und Klimaprozesse meist nur die unteren rund 10–50 km (Troposphäre und Stratosphäre) von Interesse. Sichtbar sind übrigens, beispielsweise von Weltraummissionen aus, nur die unteren rund 10 km, weil nur dort die Konzentration der bereits genannten Hydrometeore und sonstigen Partikel (Aerosole) eine merkliche Reflexion des Lichtes zulässt.

Die in Abb. 1 vorgenommene vertikale Gliederung der unteren 100 km der Atmosphäre orientiert sich am Verhalten der Lufttemperatur. Bei Vernachlässigung der wichtigen räumlichen und zeitlichen Besonderheiten/Variationen und somit Verwendung entsprechend gerundeter Mittelwerte herrscht im Meeresspiegelniveau eine Temperatur von 15 °C und ein Luftdruck von rund 1000 hPa (hPa = Hektopascal; Näheres in Kap. 3.1; Maßeinheiten s. Anhang A.2). In der Troposphäre (von griechisch tropos = die Wendung) nimmt die Temperatur im

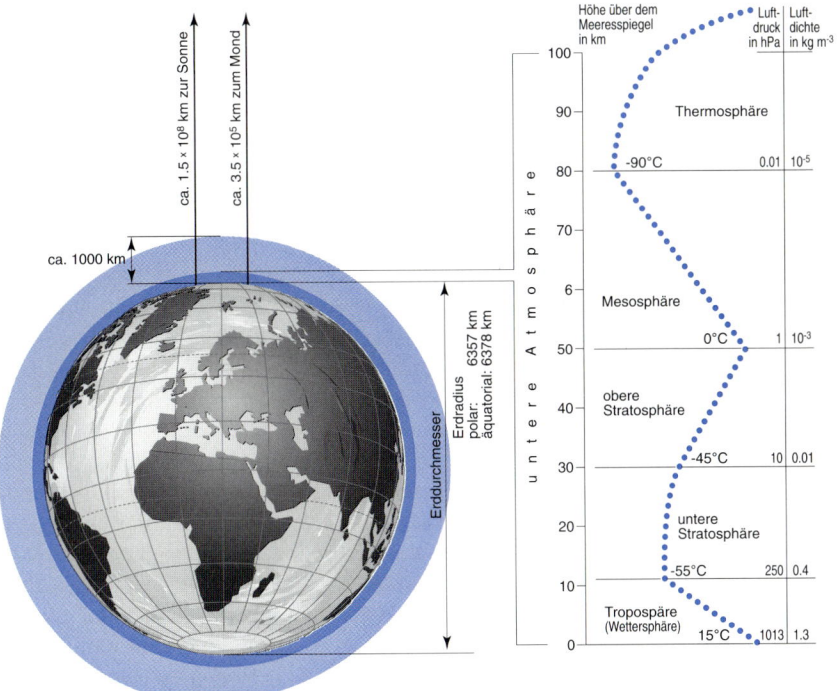

Abb. 1
Vertikalgliederung der Erdatmosphäre nach thermischen Kriterien, rechts (wobei die gepunktete Kurve die räumlich-zeitlich gemittelte Lufttemperatur angibt), und Größenvergleich mit der festen Erde, links (viele Quellen, hier nach SCHÖNWIESE, 1995).

örtlichen und zeitlichen Mittel nach oben hin ab (wendet sich zu tieferen Werten), um an deren Obergrenze in rund 10 km Höhe, der **Tropopause**, rund −55 °C zu erreichen. (Nach der ISA = ICAO-Standardatmosphäre, ICAO = International Civil Aviation Organization, liegt die Tropopause mit −55.5 °C in 11 km Höhe). Daran schließt sich die **Stratosphäre** an, in der, wie der Name andeutet, die Temperatur mit der Höhe zunächst in etwa gleich bleibt, um dann aber in der oberen Stratosphäre bis zu deren Obergrenze, der **Stratopause**, in rund 50 km Höhe, auf etwa 0 °C anzusteigen. Darüber folgt bis etwa 80 km Höhe die **Mesosphäre**, in der ähnlich der Troposphäre eine vertikale Temperaturabnahme festzustellen ist, an die sich dann noch die **Thermosphäre** anschließt. Bei alledem wird schon hier auf die räumlichen und zeitlichen Variationen hingewiesen, die später behandelt werden und die beispielsweise dazu führen, dass die Tropopause im polaren Winter in 6–8 km, in den Tropen jedoch generell in 17 km Höhe anzutreffen ist.

Die Atmosphäre eines Himmelskörpers wie der Erde verdankt ihre Existenz unter anderem dem **Gravitationsgesetz** nach NEWTON (1643–1727)

$$K_G = f_o \, \frac{mM}{r^2}$$

$$(2.1)$$

d.h. der **Massenanziehungskraft** K_G, wobei m die angezogene Masse (z.B. ein Partikel oder Gasmolekül der Erdatmosphäre), M die anziehende Masse (z.B. die Erde), r der Abstand der Massenschwerpunkte und $f_o \approx 6{,}673 \times 10^{-11}$ m³ kg⁻¹ s⁻¹ die Gravitationskonstante ist. (Zu diesem und weiterem physikalischen Basiswissen siehe z.B. GRIMSEHL 1991, GERTHSEN et al. 1992, KUCHLING 2001, MESCHEDE 2002; Naturkonstanten werden hier wie im Folgenden nur näherungsweise angegeben, genauere Werte s. Anhang A.2.4). Es handelt sich um eine schwache Wechselwirkungskraft, die erst dann merklich und messbar wird, wenn mindestens eine der beiden Massen sehr groß ist, so wie das bei vielen Himmelskörpern der Fall ist. Auch die Bahnen der Planeten um die Sonne beruhen primär auf dem Gravitationsgesetz. Bei den Planeten wie bei den Bestandteilen der Erdatmosphäre ist aber zugleich auch deren **Bewegung** zu berücksichtigen. Da der weitaus größte Teil der Erdatmosphäre gasförmig ist, kommen weiterhin die entsprechenden Gasgesetze ins Spiel, so die thermisch bedingten **Eigenbewegungen der Atome und Moleküle** (Brownsche Molekularbewegung, Näheres in Kap. 3.1), die um so größer ist, je geringer das Molekulargewicht und je höher deren Temperatur ist. Je höher aber diese Eigenbewegung ist, um so stärker ist die Gasdiffusion (Ausbreitung und Durchmischung) und um so wahrscheinlicher ist es dann auch, dass diese Atome und Moleküle (jeweils m in Gleichung (2.1)) möglicherweise die Massenanziehung des jeweiligen Himmelskörpers überwinden. So ist z.B. die Masse des Mondes, relativ gesehen, so gering und die Temperatur auf der sonnenzugewandten Seite mit ca. 100 °C und darüber hinaus so hoch, dass die Diffusion gegenüber der Gravitation überwiegt und der Mond keine Atmosphäre „festhalten" kann, auch wenn er früher einmal eine Atmosphäre gebildet hat. Die wesentlich größere Erde schafft dies dagegen bis zu einer Höhe von, grob geschätzt, einigen Hundert bis maximal ca. 1000 km; erst darüber ist die Gravitationskraft der Erde so gering, dass die Diffusion in den interplanetarischen Raum gegenüber der Gravitation überwiegt: Dort tritt dann die **Exosphäre** an die Stelle der Atmosphäre der Erde. Der geschilderte Sachverhalt hat aber noch eine weitere Konsequenz: Die Diffusion der atmosphärischen Gase ist so stark – bei 0 °C hat ein Sauerstoffmolekül eine Geschwindigkeit von immerhin 460 ms^{-1}, das leichtere Wasserstoffmolekül bringt es sogar auf 1840 ms^{-1} (HÄCKEL 1999) – dass die untere Atmosphäre bis auf wenige Ausnahmen, die wir noch kennen lernen werden, weitgehend gleichmäßig durchmischt ist, wobei in der Troposphäre und Mesosphäre allerdings auch die labilisierende, d.h. Hebungs- und Durchmischungsvorgänge begünstigende vertikale Temperaturabnahme (Näheres in Kap. 3.1) eine Rolle spielt. Erst ab 80–100 km Höhe (FAUST 1968, nach MÖLLER 1973, ab 110 km Höhe) erfolgt eine Ausschichtung nach dem Molekulargewicht mit der leichtesten Substanz (Wasserstoff) ganz oben. In diesem Fall spricht man von der **Heterosphäre**, darunter, bei überwiegend gleichanteiliger Durchmischung, von der **Homosphäre**, womit wir ein weiteres Kriterium für die vertikale Untergliederung der Atmosphäre kennengelernt haben; vgl. Abb. 2. Die hohe Eigengeschwindigkeit der leichten Substanzen wie Wasserstoff (H$_2$), bei großer Höhe und somit geringer Luftdichte, verbunden mit einer großen freien Weglänge (d.h. die Atome und Moleküle können sich relativ lange bewegen, bevor sie auf andere Atome bzw. Moleküle treffen und Stoßreaktionen durchführen) führt dann auch zu einem relativ häufigen Entweichen aus dem Gravitationsfeld des jeweiligen Himmelskörpers. In der bodennahen Atmosphäre liegt die freie Weglänge von Gasmolekülen bei ca. 10^{-7} m.

Ein drittes Kriterium (vgl. Abb. 2) ist die elektrische Ladung der Atome und Moleküle, also die Ionenkonzentration, die ab etwa 70–80 km so hoch ist, dass man von der **Ionosphäre**, ab etwa 1000 oder 2000 km, also bereits im Bereich der Exosphäre, von der **Protonosphäre** spricht, da dort Protonen (Wasserstoffatomkerne H$^+$) die überwiegende Substanz sind. Unter der Ionosphäre liegt nach dieser Nomenklatur die **Neutrosphäre**. Gegenüber noch weiteren Begriffen, wie der Magnetosphäre (MÖLLER 1973), ist der von SCHNEIDER-CARIUS (1953) geprägte Begriff der **Peplosphäre** (griech. peplos = Mantel) meteorologisch bedeutsamer, jener Bereich bis etwa 0.5–2 km Höhe, in der die Reibungskraft bei der Luftbewegung eine wesentliche Rolle spielt (daher auch Reibungsschicht genannt; Näheres in Kap. 3.1 und 5), im Gegensatz zur darüber liegenden **freien Atmosphäre**. Schließlich seien noch die Begriffe **untere Atmosphäre** oder auch **Wettersphäre** als Synonym für die Troposphäre, **mittlere Atmosphäre** für Strato- und Mesosphäre und **hohe Atmosphäre** (darüber) erwähnt.

Nun war schon wiederholt von bestimmten Gasen als Bestandteilen der Atmosphäre der Erde die Rede, so dass es an der Zeit ist, die **chemische Zusammensetzung** der Atmosphäre näher zu betrachten. Die Hauptbestandteile sind:

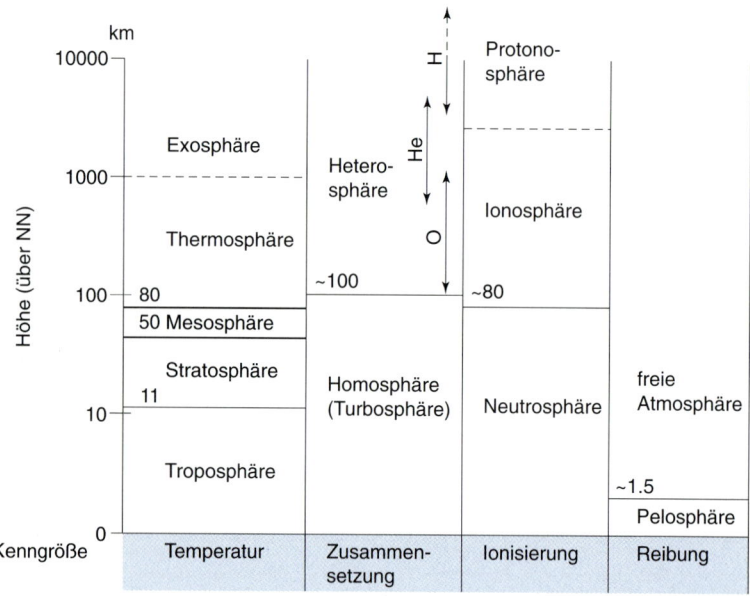

Abb. 2
Vertikalgliederung der Erdatmosphäre nach den jeweils unten angegebenen Kriterien (viele Quellen).

Gase (unsichtbar, vorwiegend Stickstoff N_2, und Sauerstoff O_2,), zusammenfassend als Luft bezeichnet;

Hydrometeore, d.h. Wasser in flüssigem oder festem Aggregatzustand (sichtbar z.B. als Wolken- bzw. Niederschlagstropfen oder Schnee bzw. Eiskristalle);

Aerosole, d.h. feste, zum Teil auch flüssige Substanzen, die nicht aus Wasser bestehen und sich als meist sehr kleine anorganische (z.B. Staub, Salzkristalle) oder organische (z.B. Pflanzenpollen) Schwebpartikel in der Atmosphäre aufhalten.

Bei festen organischen Partikeln wird manchmal auch von **Lithometeoren** gesprochen. Obwohl die Gase bei weitem den Hauptbestandteil der Erdatmosphäre bilden, ist es offenbar dennoch nicht korrekt, nur von der „Gashülle" der Erde zu sprechen.

Tab. 1 schlüsselt für trockene (d.h. wasserdampffreie), wasser-, eis- und aerosolfreie Luft die **Zusammensetzung der bodennahen Atmosphäre** auf, geordnet nach ihrem Volumenanteil V_* (in % bzw. ppm = 10^{-6} bzw. ppb = 10^{-9} bzw. ppt = 10^{-12}; ppm = parts per million, ppb = parts per billion, wobei die angloamerikanische Billion, die hier gemeint ist, der deutschen Milliarde entspricht, usw.; zur Kennzeichnung als Volumenanteile auch ppmv, ppbv usw. geschrieben). Molekulargewicht M_* und mittlere molekulare troposphärische Verweilzeit t_* sind ebenfalls angegeben, wobei t_* – im Allgemeinen räumlich (horizontal wie verti-

Tab. 1 Zusammensetzung trockener (wasserdampffreier) und reiner (aerosolfreier) atmosphärischer Luft in Bodennähe, geordnet nach Volumenanteilen V* (Prozent bzw. ppm = 10^{-6}, ppb = 10^{-9} bzw. ppt = 10^{-12}; zur Volumen-Kennzeichnung wird oft auch ppmv usw. geschrieben; s. auch Tab. 31); a = Jahr, m = Monat, d = Tag; Quellen: WARNECK und WURZINGER (1987), ergänzt u.a. nach IPCC (HOUGHTON et al. 1996, 2001) und ZELLNER (2000).

Gas, chemische Formel	Volumenanteil V*	Molekulargewicht M* in 10^3 kg mol^{-1}	Verweilzeit t* (mittl. molekulare)
Stickstoff, N_2	78.084 %	28.02	> 1000 a
Sauerstoff, O_2	20.946 %	32.01	> 1000 a
Argon, Ar	0.934 %	39.95	> 1000 a
Kohlendioxid, CO_2	0.037 % = 370 ppm[1]	44.02	5–15 a[2]
Neon, Ne	18.18 ppm	20.18	> 1000 a
Helium, He	5.24 ppm	4.00	> 1000 a
Methan, CH_4	1.75 ppm[1]	16.04	15 a
Krypton, Kr	1.14 ppm	83.80	> 1000 a
Wasserstoff, H_2	0.52 ppm	2.02	2 a
Distickstoffoxid (Lachgas), N_2O	0.31 ppm[1]	44.01	120 a
Xenon, Xe	0.09 ppm = 90 ppb	131.30	> 1000 a
Kohlenmonoxid, CO	50–100 ppb[3]	28.01	60 d
Ozon, O_3	15 –50 ppb[4]	48.00	< 4 m
Stickoxide, NO_x (= NO + NO_2)	0.5–5 ppb[3]	30.00 , 46.01	~ 1 d
Schwefeldioxid, SO_2	0.2–4 ppb[3]	64.06	1–4 d
Ammoniak, NH_3	0.1–5 ppb	17.03	~ 5 d
Propan, C_3H_8	0.2–1 ppb	44.11	?
Dichlordifluormethan, CF_2Cl_2 (FCKW-12)	~ 0.5 ppb	120.91	100 a
Trichlorfluormethan, $CFCl_3$ (FCKW-11)	~ 0.3 ppb	137.37	50 a
Chlordifluormethan, $CHClF_2$ (FCKW-22)	~ 0.1 ppb	86.47	13 a

1) Konzentration ansteigend, angegeben ist der Schätzwert für 2000.
2) kein einheitlicher Wert angebbar, Verweilzeit des anthropogenen Anteils ca. 120 (50–200) a.
3) räumlich-zeitlich stark variabel, in Ballungsgebieten bis ungefähr um den Faktor 10 höhere Werte möglich.
4) wie 3) und 1), in der Stratosphäre jedoch wesentlich höhere Konzentrationen von 5–10 ppm, dort abnehmend.

kal) und jahreszeitlich variabel – von den Zeitkonstanten der chemischen Reaktionen bzw. Stoff-Flüssen zwischen Atmosphäre, Ozean, Boden und Biosphäre (Klimasystem, Kap. 2.3) abhängt. Fasst man das Molekulargewicht M_* als Masse auf (die Bezeichnung „Gewicht" ist eigentlich physikalisch falsch) und drückt es in Gramm (g) aus, so gilt unabhängig vom Aggregatzustand die Avogadrozahl $N = 6.025 \times 10^{23}$, die angibt, wie viele Moleküle damit erfasst sind. M_* in g ausgedrückt heißt auch **mol** (z.B. 1 mol $O_2 \approx 21$ g, 2 mol $O_2 \approx 42$ g usw.).

Bestandteile in etwa unter einem Volumenpromille (in Tab. 1 ab Kohlendioxid, CO_2), die **Spurengase**, spielen aufgrund ihrer Strahlungseigenschaften, wie noch ausführlich darzulegen ist (Kap. 4.2, 12.3), und ihrer zum Teil großen atmosphärischen Verweilzeit (Jahre, Jahrzehnte usw.) zum Teil eine sehr bedeutende klimatologische Rolle, so dass sie trotz ihrer geringen Konzentration keinesfalls unterschätzt werden dürfen. Andere Spurengase sind toxisch und somit auf einem anderen Weg umweltrelevant oder/und bilden durch chemische Reaktionen klimawirksame Spurengase. Auf die chemisch trägen Edelgase (Ar, Ne, He, Kr, Xe) trifft jedoch weder das eine noch das andere zu.

Einige der in Tab. 1 genannten Gase sind aufgrund ihrer kurzen atmosphärischen Verweilzeiten in ihren Konzentrationen **räumlich-zeitlich stark variabel**, insbesondere wenn anthropogene Emissionen von Bedeutung sind. So können die Konzentrationen z.B. von CO oder insbesondere O_3 und NO_x (vgl. Tab. 1) in Städten und sonstigen Ballungsgebieten zeitweise um das Zehnfache und mehr gegenüber den angegebenen unteren Tabellenwerten (sog. Reinluftwerte) ansteigen, während z.B. die Jahresgangamplitude des (langlebigen) CO_2 (Näheres in Kap. 12.3) nur im Bereich von einigen ppm liegt, was gegenüber dem Mittelwert nur sehr wenig bedeutet. Allerdings zeigen dieses und andere Gase anthropogen bedingte Langzeittrends (Näheres wiederum in Kap. 12.3).

Da wir uns hier auf klimatologische Probleme konzentrieren wollen, fehlen in Tab. 1 viele Spurengase des Konzentrationsbereiches < 1 ppb, obwohl sie im Rahmen der Umweltproblematik und Luftreinhaltung wichtig sind, so z.B. Tetrachlorkohlenstoff (CCl_4, $V_* \approx 0.1$ ppb, $M_* = 153.82$) oder Peroxyazetylnitrat ($CH_3CO_3NO_2$, PAN, $V_* \approx 0.03 - 0.3$ ppb, in Ballungszentren zeitweise bis um 3 ppb). Jedoch sind trotz ihrer äußerst geringen Konzentration die **Fluorchlorkohlenwasserstoffe (FCKW**, auch Chlorfluormethane genannt, angloam. CFC = chlorofluorocarbons) klimatologisch wichtig und daher in die Tab. 1 mit aufgenommen. Sie interessieren in Zusammenhang mit anthropogenen Klimaänderungen (Kap. 12.3) und der ebenfalls anthropogen beeinflussten stratosphärischen Ozonchemie (Kap. 13.2). Dazu gehören im Übrigen auch die in Tab. 1 nicht genannten **Halone**, Bromverbindungen wie beispielsweise Trifluorbrommethan (CF_3Br, $V_* \approx 0.7$ ppb) oder Methylbromid (CH_3Br, $V_* \approx 0.02$ ppb). Der Begriff Halon darf nicht mit **Halogen** verwechselt werden, der eigentlich Salzbildner bedeutet und die Elemente Chlor (Cl), Brom (Br) und Jod (J) umfasst. Bei den FCKW-Gasen und Halonen bedeutet halogeniert (vollhalogeniert), dass die betreffende Verbindung keine Wasserstoffatome enthält, sondern diese durch Cl-

bzw. Br-Atome ersetzt sind (Umweltbundesamt 1989; sie enthalten daneben nur noch Kohlenstoffatome). Ist dies nicht der Fall, so spricht man von teilhalogeniert, manchmal als H-FCKW bezeichnet, was zu Verwechslungen Anlass geben kann; denn sowohl H als auch W steht für Wasserstoff und FCKW können somit auch Wasserstoff-frei sein. Auf Industriebezeichnungen und den Zahlenschlüssel bei der näheren FCKW-Kennzeichnung (F11, F12 usw.) soll hier nicht eingegangen werden. Angemerkt sei nur noch, dass Behörden nicht selten die Abkürzung FCKW durch R ersetzen (R11, R12 usw.).

Von besonders wichtiger, ja in der Klimatologie oft von ausschlaggebender Bedeutung, ist der **Wasserdampf** H_2O, das einzige atmosphärische Gas, das unter natürlichen Bedingungen in den flüssigen und festen Aggregatzustand, also in die bereits wiederholt genannten Hydrometeore übergehen kann. Auch die Wasserdampfkonzentration, die uns im Rahmen der Feuchtemaße (Kap. 3.1.4) noch näher beschäftigen wird, ist räumlich-zeitlich sehr variabel, daher wurde sie in Tab. 1 weggelassen. Der bodennahe Normmittelwert liegt bei 2.6 %, was dann zu mittleren Konzentrationen der anderen Gase von 76.06 % bei N_2, 20.40 % bei O_2, 0.91 % bei Ar usw. führt. Sein Molekulargewicht beträgt $M_* = 18$, seine mittlere Verweilzeit $t_* = 10$ d. Wegen der Aggregatzustandsänderungen kann der Wasserdampf kaum die mittlere und hohe Atmosphäre erreichen: Bei Hebung und Abkühlung wird er als Wasser bzw. Eis regelrecht abgefangen, bildet Wolken und Niederschlag und kommt somit über die Troposphäre kaum hinaus. In Bodennähe liegt seine Variationsbreite meist zwischen etwa 1 und 4 % (was aber mit der ebenfalls in Prozentform angegebenen relativen Feuchte nicht verwechselt werden darf).

Beim **Ozon** (O_3) ist die Vertikalcharakteristik genau umgekehrt: Es weist in der Stratosphäre eine wesentlich höhere Konzentration (5–10 ppm, mit starken räumlich-jahreszeitlichen Variationen) als in der Troposphäre (15–50 ppb) auf; vgl. Abb. 3–5 (und wiederum Tab. 1). Dies hat jedoch photochemische Gründe. In der Stratosphäre lässt nämlich der hohe UV-Anteil (Kap. 4.2; vgl. auch Abb. 6) der Sonneneinstrahlung die Reaktionen

$$E \, (< 240 \text{ nm}) + O_2 \rightarrow O + O \tag{2.2a}$$

$$O + O_2 + M \rightarrow O_3 + M + E \text{ (Wärme)} \tag{2.2b}$$

zu, wobei O_2 Sauerstoff, O atomarer Sauerstoff, E elektromagnetische Energie (der angegebenen Wellenlänge bzw. Erscheinungsform, vgl. auch Abb. 6) und M katalytisch wirksame weitere chemische Verbindungen sind. Zwischen der ozonbildenden Reaktion (2.2) und dem auch bei Licht (ohne UV) wirksamen Ozonabbauprozess

$$E \, (< 1200 \text{ nm}) + O_3 \rightarrow O + O_2 \tag{2.3}$$

stellt sich ein Gleichgewicht ein, solange nicht natürliche (z.B. Sonnenaktivität, Vulkanismus) oder anthropogene Störfaktoren effektiv werden. Die Abbildungen

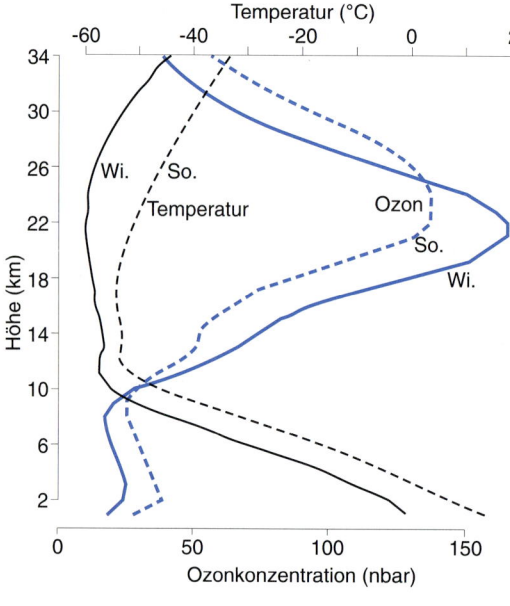

Abb. 3
Vertikalprofile der Temperatur und des Ozonpartialdrucks im Sommer (So.) bzw. Winter (Wi) nach Messungen des Meteorologischen Observatoriums Hohenpeißenberg (bayerische Voralpenregion; nach Deutscher Wetterdienst, 1987, verändert).

3–5 repräsentieren die Situation vor der anthropogenen Störung (die in Kap. 13.2 behandelt wird). Dabei zeigt Abb. 3, dass über Deutschland das O_3-Maximum in ca. 20–22 km Höhe liegt. Die allgemeinere Abb. 4 weist auf die Variationen in Abhängigkeit von der geographischen Breite hin (O_3-Maximum zwischen ca. 18 und 25 km Höhe). Abb. 5, die auch die jahreszeitlichen Variationen angibt, verdeutlicht darüber hinaus, dass in der tropischen Stratosphäre ein relatives O_3-Minimum und

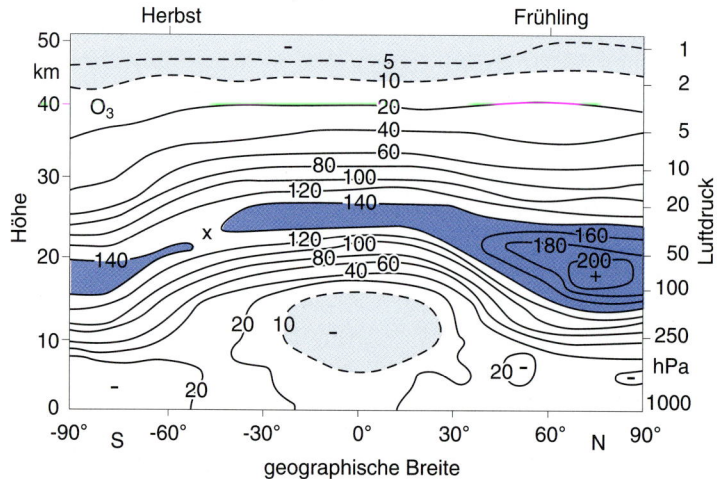

Abb. 4
Ozon-Partialdruckverteilung, Maßeinheit 100 µPa, in Abhängigkeit von der geographischen Breite und Höhe, Mittelwerte 1958–1977 (nach DÜTSCH 1980, verändert).

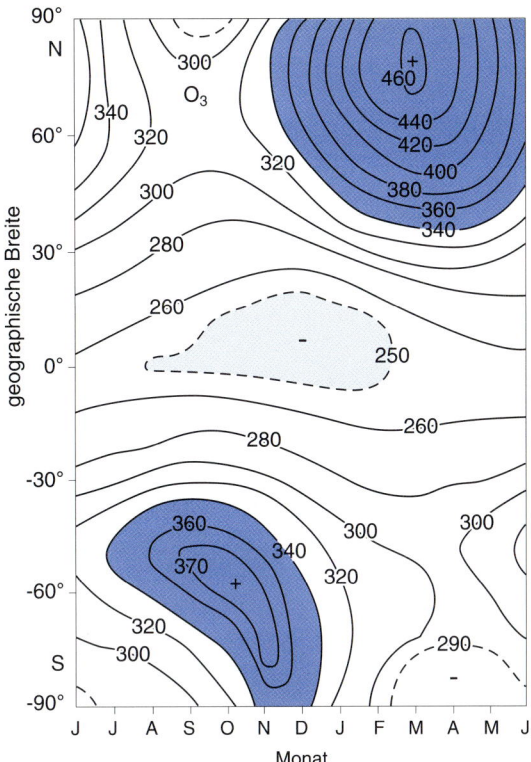

Abb. 5
Ozon-Partialdruckverteilung ähnlich Abb. 4, jedoch atmosphärisches Gesamtozon, Dobson-Einheiten (DU), in Abhängigkeit von der geographischen Breite und Jahreszeit (nach DÜTSCH 1980, verändert).

im jeweiligen Frühjahr der subpolaren Hemisphären (Arktis bzw. Antarktis) relative Maxima zu finden sind. Der Grund dafür ist, dass O_3 zwar überwiegend in den Tropen gebildet, jedoch in der Stratosphäre polwärts transportiert wird. Der Jahreszyklus der ektropischen (außertropischen) geographischen Breiten wird durch den hohen Lichtanteil des Sommerhalbjahres verursacht, da dies zu einer Dominanz des Ozonabbaus gegenüber der Ozonbildung führt (Deutscher Wetterdienst 1986/1987, FABIAN 1992, RÖTH 1994).

Da die Reaktion (2.2b) exotherm ist, wird der Stratosphäre bei O_3-Bildung Wärme zugeführt. Dies ist der Grund für die in Abb. 1 und 3 ersichtliche annähernde vertikale Isothermie der unteren und Temperaturzunahme der oberen Stratosphäre. Dabei ist in der oberen Stratosphäre die O_3-Bildung zwar ausgeprägter, die O_3-Moleküle sinken aber in die untere Stratosphäre ab und bilden dort das relative O_3-Maximum, die sog. **Ozonschicht** (Abb. 4).

Die bei der Ozonmessung verwendeten unterschiedlichen Maßeinheiten (vgl. auch Anhang A.2) bereiten möglicherweise einige Schwierigkeiten. DU sind Dobson-Einheiten (Dobson units), welche die Höhe einer der jeweiligen Konzentration entsprechenden Ozonsäule (falls man reines Ozon aus der Atmosphäre extrahieren würde) in einer Atmosphäre bei den Bedingungen Lufttemperatur = 0 °C und Luftdruck = 1013 hPa angibt, und dies in 10^{-2} mm (z.B. 250 DU entsprechen dann 2.5 mm). Der in Abb. 3 angegebene Ozonpartialdruck P_* (vgl. auch Kap. 3.1.2) steht durch $P_* = 10^{-3} p V_*$ mit dem Volumenmischungsverhältnis V_* (vgl. Tab. 1) in Verbindung, falls p (Luftdruck) und p_* in nbar (= 0.1 mPa) und V_* in ppb (volumenbezogen) angegeben werden.

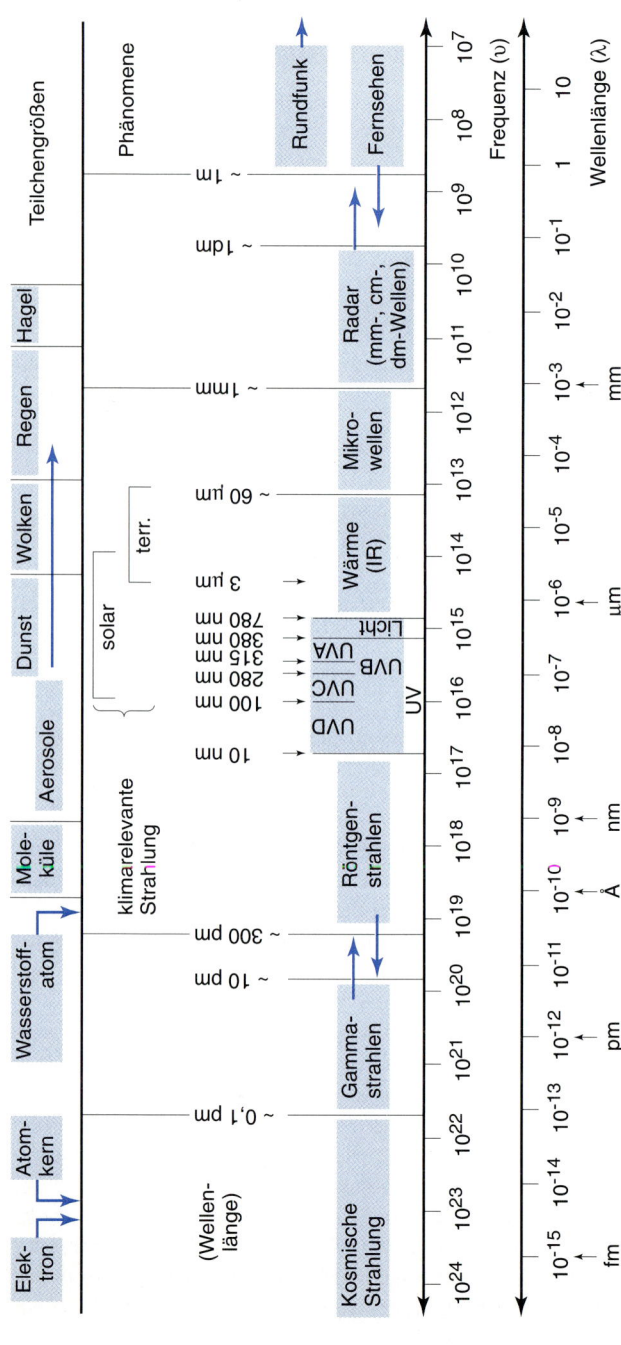

Abb. 6
Übersicht des elektromagnetischen Spektrums und Vergleich mit atmosphärischen Teilchengrößen (viele Quellen).

Weiterhin sei im Rahmen dieser Übersicht der Erdatmosphäre auch der bodennahe Mittelwert der **Aerosolkonzentration** genannt: 1.6 ppm, wiederum – wie
bei H_2O und diversen Spurengasen – mit ganz erheblichen räumlich-zeitlichen
Variationen. Dabei existieren neben natürlichen (z.b. Wüstenstaub) und anthropogenen (z.b. in städtischen Ballungszentren) relativen Konzentrationsmaxima
auch teils durch Meteor-, teils durch vulkanischen Staub gebildete Effekte in der
Stratosphäre („Junge-Schicht", siehe z.b. Jaenicke et al. 1987).

Obwohl die physikalischen Grundlagen erst an späterer Stelle besprochen werden (Kap. 4, vgl. aber auch Kap. 3.1), ist es sinnvoll, auf Abb. 6 noch etwas näher
einzugehen. Diese Abbildung weist darauf hin, dass **elektromagnetische Energie** je nach ihrer Wellenlänge λ bzw. Frequenz v (Maßeinheit $Hz = s^{-1}$) mit dem
wichtigen Zusammenhang $\lambda v = c$ (c = Lichtgeschwindigkeit) eine unterschiedliche Erscheinungsform aufweist. Bisher wurden der **UV-Bereich**
(10–380 nm) sowie **Wärme**, auch Infrarot = IR genannt (0.78–60 µm), angesprochen. Dazwischen liegt das (sichtbare) **Licht** (380–780 nm, entsprechend
rund 0.4–0.8 µm). Klimatologisch wichtig ist der gesamte solare bzw. terrestrische
Strahlungsbereich, der in Kap. 4.2 näher behandelt wird. Die anderen Bereiche
sind in Abb. 6 nur der Vollständigkeit wegen angegeben, obwohl in der Atmosphäre beispielsweise auch kosmische Strahlen von Bedeutung sind, wenn auch kaum
klimawirksam sind. Der Vergleich mit Teilchengrößen, d.h. dem Durchmesser von
Partikeln, gestattet beispielsweise die Aussage, dass großtropfiger Regen sowie Ha-
gelkörner mit RADAR erfassbar sind. Auf spezielle optische Effekte und sonstige
elektromagnetische Einzelheiten kann hier nicht eingegangen werden. Dagegen
ist der Energiebegriff noch näher zu erläutern, was zunächst im Rahmen von
Kap. 2.2, weiterführend in Kap. 4 geschehen soll.

2.1.2 Erdgeschichtliche Entwicklung

Unser Planet ist einem ständigen Wandel unterworfen, der bei Betrachtung sehr
großer, nämlich geologischer Zeitskalen zum Teil ein sehr drastisches Ausmaß annimmt. Dies betrifft nicht nur die Veränderung der Land-Meer-Verteilung und somit die Oberfläche der Erde, sondern auch die **zeitliche Entwicklung der Erdatmosphäre,** die im Folgenden in einer groben Übersicht beleuchtet werden soll.
Beides, Veränderungen der Erdoberfläche und der Zusammensetzung der Erdatmosphäre, sind für das Klima von großer Bedeutung und mancher paläoklimatologische Aspekt wird dadurch erst verständlich.

Als sich vor etwa 4.6×10^9 a (Milliarden Jahren) die Erde mit den anderen Planeten im Bereich des solaren **Urnebels**, durch Kontraktion (innerhalb des solaren Gravitationsfeldes) vielleicht etwas später als die Sonne bildete, da dürfte die
relative Häufigkeit der Elemente ähnlich gewesen sein, wie wir sie heute noch im
Kosmos vorfinden: Rund 92 % Wasserstoff (H_2), 7 % Helium (He), 0.03 % Kohlenstoff (C), 0.008 % Stickstoff (N_2), 0.006 % Sauerstoff (O_2), 0.005 % Neon (Ne),
um 0.003 % Magnesium (Mg), Silizium (Si) und Eisen (Fe), 0.002 % Schwefel
(S), 0.001 % Argon (Ar) usw. (Schidlowsky und Wendt 1982, Keppler 1990,

FABIAN 1992, MEISSNER 1999; diese Quellen gelten auch im Folgenden). Der ursprünglich kalte Erdurnebel erwärmte sich durch die Kontraktion und die damit verbundene Konzentration radioaktiver Elemente auf mehrere Tausend Grad. Sehr wahrscheinlich gingen dabei alle gasförmigen Bestandteile, die **Uratmosphäre**, durch Diffusion verloren, insbesondere auch der größte Teil der leichten Substanzen Wasserstoff und Helium, da die Erde – ganz im Gegensatz zur Sonne und auch zum Planeten Jupiter – relativ klein ist und ihr dementsprechend schwächeres Gravitationsfeld diese Substanzen nicht in größeren Mengen an sich binden konnte.

Nach Beendigung der Kontraktionsphase, was in etwa der Geburtsstunde der Erde entspricht, begann durch Wärmeabstrahlung eine allmähliche **Abkühlung**, die bereits vor etwa 4×10^9 a zum Unterschreiten der 100 °C-Grenze führte. Gleichzeitig entstand aber durch Ausgasung und insbesondere ausgeprägten **Vulkanismus** die Atmosphäre neu, wobei wahrscheinlich wiederum größere Mengen von Wasserstoff und Helium in den Weltraum entwichen. Und sicherlich bildeten die reaktionsfreudigen Elemente **Wasserstoff** (H_2), **Kohlenstoff** (C), **Sauerstoff** (O_2) und andere damals schon eine Reihe von chemischen Verbindungen wie **Methan** (CH_4), **Wasserdampf** (H_2O), **Kohlendioxid** (CO_2) und auch **Ammoniak** (NH_3), obwohl der Stickstoff (N_2) weniger reaktiv ist und sich daher in gewissem Maß anreichern konnte. Zudem liefert die vulkanische Exhalation, sozusagen auf direktem Weg, auch einige Verbindungen in die Atmosphäre, hauptsächlich H_2O (um 80 %), CO_2 (um 10 %) und einige Schwefelverbindungen. Abgesehen von der N_2-Anreicherung und unter Berücksichtigung seiner großen Masse, die auch die leichten Elemente H_2 und He an sich bindet, liefert die heutige Jupiteratmosphäre gewisse Hinweise auf die damaligen Gegebenheiten in der Erdatmosphäre; vgl. Tab. 2.

Neben den Einschränkungen, die sich in Konsequenz der unterschiedlichen Planetengröße ergeben, ist für die Erde und ihre Nachbarplaneten Venus und Mars weiterhin nun die **relative Sonnennähe** von Bedeutung. Sie erlaubt nicht nur höhere Temperaturen, die weitere chemische Reaktionen begünstigen, sondern auch ein höheres Angebot an solarer Ultraviolett (UV)-Strahlung, die zudem eine Reihe von photochemischen Prozessen in Gang setzt, d.h. Reaktionen, die bevorzugt oder allein unter Licht- bzw. UV-Einstrahlung gewisser Mindestintensität ablaufen. Dazu gehören die Aufspaltung von CH_4, NH_3 und H_2O in H_2, O_2, N_2 und C, wobei nach wie vor viel H_2 und zum Teil auch das verbliebene, ebenfalls relativ leichte H_2O in den Weltraum entwich, während C und O_2 die sehr stabile, photochemisch nicht aufspaltbare Verbindung CO_2 bildete, das sich neben N_2 weiter anreicherte. Damit hatte die Erdatmosphäre ein Stadium erreicht, das mit der heutigen Venus- und Marsatmosphäre vergleichbar ist, wobei allerdings die Marsatmosphäre aus nicht ganz geklärten Gründen, vielleicht wegen zu geringer Vulkanaktivität, sicherlich aber auch wegen seines im Vergleich zu Venus und Erde nur halb so großen Radius, sehr dünn ist (vgl. Tab. 2, atmosphärischen Druck).

Tab. 2 Vergleich einiger Planeten-Charakteristika, zusätzlich Sonne; Quellen: FABIAN (1992), GRAEDEL und CRUTZEN (1994), KEPPLER (1990).

Himmelskörper	Venus	Erde	Mars	Jupiter	Sonne
Mittlerer Sonnenabstand in 10^6 km	108.2	149.6	227.9	778.3	—
Äquatorialradius in km	6051	6378	3390	7.17×10^4	6.96×10^5
Masse in kg	4.87×10^{24}	5.98×10^{24}	0.65×10^{24}	1.90×10^{27}	1.97×10^{30}
Mittlere Dichte in kg m^{-3}	5250	5517	3930	1330	1409
Solare Strahlungsflussdichte in Wm^{-2}	2613	1368	589	51	6.3×10^7
Albedo (mit Atmosphäre) in %	75	30	15	?	—
Mittlere Oberflächen-temperatur in °C	462	15	–50	–130	5780[*)]
Treibhauseffekt in °C	466	33	3	?	—
Mittleres Molekulargewicht der Atmosphäre	44	29[**)]	44	2	2
Atmosphär. Druck an der Oberfläche in hPa	90000	1000	7	> 100	?
Hauptbestandteile der Atmosphäre (gerundet)	CO_2 (98%) N_2 (2%)	N_2 (78%) O_2 (21%) Ar (0.9%) CO_2 (0.04%)	CO_2 (96%) N_2 (3%) Ar (1%)	H_2 (88%) He (11%)	H_2 (71%) He (27%)

*) Photosphäre;
**) trockene Luft 28.9644.

Dieser Zustand der CO_2-N_2-H_2O-Ar-Anreicherung (wobei Argon aus dem radioaktiven Zerfall von ^{40}K stammt, also aus Kalium mit der Massenzahl 40), nun schon das dritte Stadium der Entwicklung der Erdatmosphäre, hatte sich wahrscheinlich schon vor 3–4 × 10^9 a eingestellt, als die Abkühlung der Erde die 100 °C-Grenze unterschritt und sich die bis heute erhaltenen ersten **Gesteine und Sedimente** formten. Diese Sedimente bilden die ersten Klimazeugen der Paläoklimatologie (Kap. 11); sie sind maximal 3.8 × 10^9 a alt (sog. Zirkone, die aber nicht klimatologisch interpretierbar sind, erreichen sogar ein maximales Alter von 4.2 × 10^9 a), so dass diese dritte Erdatmosphäre bereits von klimatologischer Bedeutung ist. Ihre Entwicklung aber war noch keineswegs abgeschlossen. Im weiteren ist der **optimale Abstand der Erde von der Sonne** von besonderer Bedeutung, der innerhalb des Planetensystems der Sonne, vielleicht innerhalb des gesamten Kosmos, eine einzigartige **Evolution** ermöglichte. Dabei übernimmt nun H_2O die entscheidende Rolle. Der Sonnenabstand der Erde und damit die Temperatur in ihrer Atmosphäre, insbesondere der unteren, ist nämlich einerseits nicht so gering wie beim Mars, auf dem sich die H_2O-Spuren als Eis an der Oberfläche ablagern, andererseits nicht so hoch wie bei der Venus, auf der H_2O stets gasförmig bleibt. Ganz im Gegenteil ist in der Erdatmosphäre H_2O das einzige Gas, das bei Hebungsprozessen kondensieren und gefrieren kann und somit **Wolken** und **Niederschlag** bildet. Dieser Niederschlag, der im Laufe der Evolution mehr und mehr die Erdoberfläche erreichte, sammelte sich in den Beckenlagen; der **Ozean** entstand. Die ältesten Anzeichen dafür reichen ca. 3.2×10^9 a zurück. Der Ozean aber hat die Eigenschaft, Gase, insbesondere auch CO_2, aufzunehmen, woraus sich dann Karbonate ($CaCO_3$) und andere kohlenstoffhaltige Sedimente bilden und am Meeresboden ablagern können. So agierte der Ozean als eine riesige Pumpe, die zwar langsam, aber wirksam mehr und mehr CO_2 aus der Atmosphäre in die Sedimente beförderte. Und der Vulkanismus kann diesen Prozess nicht rückgängig machen, da er weitaus mehr H_2O und schwefelhaltige Gase als CO_2 emittiert.

Der weitere wichtige Schritt in der Evolution der Erde war die **Entwicklung des Lebens,** und zwar zunächst im Ozean; die ältesten Anzeichen dafür sind 2.6×10^9 a alt und indirekte Befunde erreichen sogar $3.5–4 \times 10^9$ a (SCHMIDT und WALTER 1990, FABIAN 1992). Damit kam es, da es sich lange Zeit um ausschließlich pflanzliche Organismen (Flora) handelte, zunächst im Ozean, später nahezu explosionsartig auf dem Land, zu einer gigantisch anwachsenden **Assimilationstätigkeit**, die in ihrer einfachsten Ausprägung,

$$6\ H_2O + 6\ CO_2\!\downarrow + E \rightarrow C_6H_{12}O_6 + 6\ O_2\!\uparrow \tag{2.4}$$

aus Wasser (H_2O), Kohlendioxid (CO_2) und Energie (E, in Form von Licht bzw. Wärme), **organische Substanz** und **Sauerstoff** (O_2) bildet. Damit aber begann die Entwicklung einer neuen, größere Mengen von O_2 enthaltenden Atmosphäre, die ihrerseits, neben dem Wasser, die Voraussetzung für tierisches Leben und die Existenz des Menschen ist. Mit der Assimilation der entstehenden **Biosphäre** (marine und terrestrische Flora) aber haben wir eine zweite gigantische Pumpe vor uns, die CO_2 aus der Atmosphäre entfernt. Der Anreicherung von O_2 in der Atmosphäre sind jedoch Grenzen gesetzt, da es sehr reaktionsfreudig ist und eine Vielzahl von Verbindungen eingeht, so dass noch deutlich vor dem O_2 das wesentlich inertere Gas N_2 zum Hauptbestandteil der Erdatmosphäre wurde. Vor etwa 0.4×10^9 a dürfte der heutige O_2-Pegel (WALKER 1977, FABIAN 1992) und damit die derzeitige Zusammensetzung der Erdatmosphäre erreicht worden sein, wobei N_2, O_2 und die praktisch reaktionslosen Edelgase (Ar, Ne, He, Kr, Xe) wegen ihrer überaus großen molekularen atmosphärischen Verweilzeit (Tab. 1) in ihren Konzentrationen zeitlich-räumlich keine messtechnisch erfassbare Variabilität aufweisen. Bei O_2 ist das wegen seiner Reaktionsfreudigkeit (z.B. natürliche Brände und Nutzung fossiler Energie, auch wegen der stark zunehmenden Weltbevölkerung) vielleicht erstaunlich; aber offenbar sind die dabei auftretenden Stoff-Flüsse im Verhältnis zum atmosphärischen Speicher so gering und die natürlichen Regelmechanismen so effektiv, dass sie keine merklichen O_2-Konzentrationsschwankungen zulassen.

In Zusammenhang mit O_2 ist aber noch ein weiterer Regelmechanismus sehr bemerkenswert: Die solare UV-Einstrahlung, die zum Teil (UVC und UVB, vgl. Abb. 6) lebensfeindlich ist, wurde von der Atmosphäre im Zuge der O_2-Anreicherung und somit von der Biosphäre selbst auf ein erträgliches Maß zurückgeschraubt. Dies hängt mit der bereits beschriebenen photochemischen Zerlegung (Photolyse) von O_2 in O (vgl. (2.2)) und der allmählich im Wesentlichen in die Stratosphäre verlagerten Ozonproduktion (vgl. ebenfalls (2.2)), zusammen. Dabei bewirkt die O_2-Photolyse eine Abschirmung der solaren UVC- und teilweise auch UVB-Einstrahlung (< 240 nm, vgl. Abb. 6), während die O_3-Moleküle (Näheres in Kap. 4.2) auch noch den Rest der UVB-Strahlung weitgehend abschirmen („Ozonschutzschild"), so dass heute nur noch das ungefährliche, ja zum Teil positiv wirksame UVA (Kap. 10) die untere Atmosphäre erreicht.

Der ganze Vorgang ist auch deswegen raffiniert, weil O_3 hochtoxisch ist. Hätte sich daher die relativ hohe O_3-Konzentration („Ozonschicht") nicht in der Stratosphäre, sondern in der unteren Troposphäre gebildet, wäre das Leben auf der Erde stark in Mitleidenschaft gezogen worden. Da O_3 in der Stratosphäre noch kurzlebiger ist als in der Troposphäre, breitet es sich so gut wie nie nach unten hin aus (wobei allerdings auch die stabile Temperaturschichtung bedeutsam ist; Näheres in Kap. 4.2). Nur extremes Absinken, daneben auch chemische Prozesse in Gewittern, können auf natürlichem Weg zur kurzzeitigen troposphärischen O_3-Anreicherung führen (anthropogene Effekte s. Kap. 12 und 13).

Ein weiterer Aspekt, der ebenfalls erst später ausführlich behandelt wird (Kap. 4.2, 12), ist der **Treibhauseffekt**, d.h. die Eigenschaft bestimmter Gase wie H_2O und CO_2, die Sonneneinstrahlung weitgehend ungehindert zur Erdoberfläche hindurchzulassen, jedoch die Wärmeabstrahlung der Erdoberfläche teilweise zu absorbieren. Dies bewirkt eine Erwärmung der unteren Atmosphäre bei Konzentrationserhöhung dieser Gase bzw. Abkühlung bei Konzentrationsabnahme. Daher hat auch die erdgeschichtliche Wandlung von einer CO_2-N_2- in eine N_2-O_2-Atmosphäre (vereinfachend gesagt), ganz im Gegensatz zur Venus (vgl. Tab. 2), zur weiteren Abkühlung der Erde beigetragen. Diese erreichte vor etwa 2.3×10^9 a ein Niveau, das erstmals auch Eisbildungen auf der Erdoberfläche erlaubte. Somit war nach der Hydrosphäre (ozeanisches Salzwasser und kontinentales Süßwasser) auch die **Kryosphäre** (Land- und Meereis) geboren. Diese Kryosphäre bestand aber für Jahrmilliarden nur episodisch, d.h. sie verschwand und bildete sich in gewissen Zeitabständen wieder neu, was mit erheblichen Klimaschwankungen (Kap. 11) verbunden war. Unsere derzeitige Kryosphäre ist erst einige Jahrmillionen „jung" und unterliegt außerdem erheblichen zeitlichen Ausbreitungsänderungen (sog. Eiszeiten und Zwischenzeiten; Näheres dazu in Kap. 11).

Die **Zukunft** der Erdatmosphäre wird langfristig, d.h. wiederum in geologischen Zeiträumen, von der Sonne, relativ kurzfristig, d.h. in zeitlichen Größenordnungen von Jahrzehnten bis zu Jahrhunderten, in zunehmendem Maße auch vom Menschen bestimmt (Kap. 12). Natur und Mensch konkurrieren somit als Klimafaktoren. Bevor dies verständlich werden kann, ist aber noch umfangreiches Grundlagenwissen zusammenzutragen.

2.2 Umwelt und Ökosysteme

Das **Klima** wird häufig und mit Recht als Teil unserer **Umwelt** aufgefasst. Hinter dem Umweltbegriff aber steht nur allzu oft eine nebulöse und verschwommene Bedeutung. Es ist daher sinnvoll, vor einer näheren Diskussion des Klimabegriffes erst einmal den Umweltbegriff einzukreisen, der seinerseits innerhalb der Naturwissenschaften, auf die wir uns hier (außer in Kap. 2.8) beschränken wollen, einen **ökologischen Bezug** aufweist. Somit ist auch, bevor wir uns zum Klimasystem fortbewegen (Kap. 2.3), der Begriff Ökosystem zu klären.

Die erste Frage, die sich beim Begriff „Umwelt" stellt, lautet: Umwelt von was? Wir müssen also etwas in das Zentrum unserer Betrachtung stellen. Dieses Etwas ist entweder ein Individuum, beispielsweise ein einzelner Mensch (diesem Aspekt folgt z.b. die Bio- bzw. Medizinklimatologie; Kap. 10) oder eine einzelne Pflanze (z.B. ein Baum bei der Waldschadensforschung). Gerade unter ökologischen Gesichtspunkten handelt es sich aber meistens nicht um Einzelindividuen, sondern um eine mehr oder weniger abgrenzbare **Gemeinschaft von Lebewesen,** beispielsweise die Menschheit als allgemeiner, abstrahierender Begriff, oder um einen Wald oder die durch einen Teich verbundene Lebensgemeinschaft bestimmter Pflanzen und Tiere, die im Übrigen zeitlich und räumlich variabel ist. Damit haben wir bereits das ins Auge gefasst, was gemeinhin als **Ökosystem** bezeichnet wird.

SCHULTZ (2000) definiert wie folgt: *„Ein **natürliches oder naturnahes Ökosystem** (Bio-Ökosystem) setzt sich aus einer **Lebensgemeinschaft** (Biozönose) und deren **Lebensraum** (Biotop) zusammen. Zwischen beiden bestehen vielfältige strukturelle und funktionelle Wechselbeziehungen. Unter von außen ungestörten Bedingungen bilden sich dabei bis zu einem gewissen Grade stabile, zur Selbstregulation befähigte Wirkungsgefüge heraus...".* Die Verknüpfung dieser Worte mit den Definitionen von KLÖTZLI (1989), insbesondere mit der ersten Abbildung seines Buches „Ökosysteme", führt zu dem in Abb. 7 dargestellten Schema, wobei es sinnvoll ist, das Wasser als separaten Biotopfaktor aufzufassen und statt von Klima, wie das häufig geschieht, besser und umfassender zunächst von Atmosphäre zu sprechen, da ökologische Vorgänge durchaus auch Kurzzeitprozesse umfassen und Klima, wie wir noch sehen werden (Kap. 2.5 und 2.7) auf Langzeitprozesse festgelegt ist. Dabei ist zunächst bewusst an ein **regionales Ökosystem** gedacht.

Wichtig ist bei der Betrachtung von Abb. 7 außerdem, dass die im Zentrum der ökologischen Betrachtung stehende Lebensgemeinschaft von den atmosphärischen, geosphärischen usw. **Umweltfaktoren** (äußerer Kreis in Abb. 7) nicht nur abhängig ist, sondern auch diese beeinflusst. Darüber hinaus beeinflussen sich

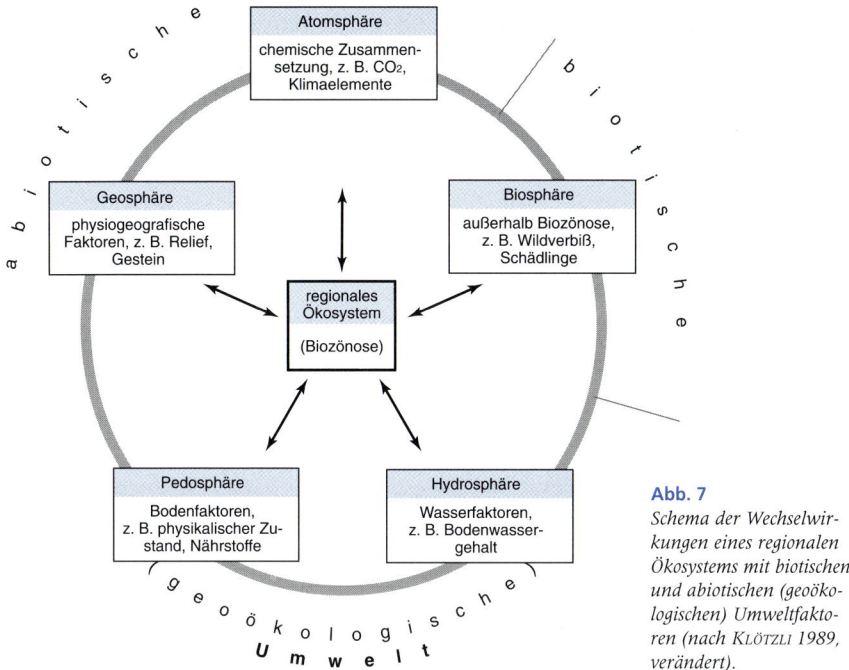

Abb. 7
Schema der Wechselwirkungen eines regionalen Ökosystems mit biotischen und abiotischen (geoökologischen) Umweltfaktoren (nach KLÖTZLI 1989, verändert).

diese Umweltfaktoren auch gegenseitig, so dass es sich bei diesem Ökosystem (Abb.7, innerer Kasten) um ein sehr vielschichtiges und (Abb. 7, äußere Kästen) vernetztes Wechselwirkungssystem handelt.

Über die einzelnen Sphären ließe sich viel sagen, was uns aber hier zu sehr vom klimatologischen Generalthema wegführen würde. Dies betrifft insbesondere die Geosphäre (hier als feste Erdoberfläche aufgefasst), insbesondere deren Oberflächengestalt (Relief) und die damit zusammenhängenden physiogeographischen Faktoren, weiterhin die Pedosphäre (Boden) und auch die Biosphäre. Statt dessen transformieren wir das regionale Öko- bzw. Umweltsystem in die globale Betrachtungsweise, wobei Biozönose und Biosphäre zu einer einzigen **Biosphäre** verschmelzen. Diese steht nach wie vor im Mittelpunkt der Betrachtung. Die **Menschheit (Anthroposphäre)**, die eigentlich auch dazu gehört, separieren wir davon und berücksichtigen, dass die Geosphäre i.A. indirekt in das Geschehen eingreift, d.h. Relief sowie Gestein die Bodenbildung und -art beeinflussen und dann die Pedosphäre als Umweltagens auftritt.

Dann folgt ein Schema, das MÜLLER-HOHENSTEIN (1979) „Strukturmodell eines Ökosystems", und zwar nunmehr des **globalen Ökosystems**, nennt, und in dem die globale Biosphäre in Wechselwirkung mit Atmosphäre, Hydrosphäre und Pedo-/Geosphäre (vgl. wiederum Abb. 7) steht. Man kann dieses globale Ökosystem nun entweder sozusagen sich selbst überlassen („natürliches Ökosystem") oder aber die Konsequenzen berücksichtigen, die auf menschlichen, gewollten oder ungewollten Einflüssen beruhen. Damit sind die immer bedeutsamer gewordenen anthropogenen Umweltfaktoren im Spiel, die übrigens nicht immer negativ sein müssen. Sinnvoll ist es aber in jedem Fall, zu versuchen, **natürliche von anthropogen beeinflussten Ökosystemen** zu unterscheiden, und zwar global wie regional. Bei näherem Hinsehen ist das betreffende Wirkungsgefüge aber überaus kompliziert, beispielsweise deswegen, weil der Mensch als Teil der Biozönose, also als Empfänger der Umwelteinflüsse, zugleich aber auch als Verursacher dieser Einflüsse zu sehen ist, wobei die zweitgenannte Rolle im Laufe der Zeit, ganz besonders im Industriezeitalter, immer bedeutsamer geworden ist.

Bleiben wir bei grob vereinfachten strukturellen Bezügen, so resultiert, in Anlehnung an MÜLLER-HOHENSTEIN (1979), ein Schema des **globalen Öko- bzw. Umweltsystems**, natürlich bzw. anthropogen beeinflusst, das stark vereinfachend in die Bereiche

- „Luft", genauer Atmosphäre (Gase, Hydrometeore, Aerosole),
- „Wasser", also Hydrosphäre (ozeanisches Salzwasser und kontinentales Süßwasser),
- „Boden", also Pedosphäre (mit physiogeographischen Bezügen) und
- „Leben", also Biosphäre, diese nach wie vor im Zentrum der Betrachtung stehend,

aufgegliedert wird. Dies lässt sich auch so ausdrücken, dass dem zentral betrachteten **biotischen System** die **abiotischen Geofaktoren** gegenüberstehen, die aus dieser Sicht in der **Geoökologie** näher zu erörtern sind.

Bei der Betrachtung der ökosystemaren Prozesse hat nun SCHULTZ (2000) mit Recht zwischen **strukturellen** und **funktionellen** Wechselbeziehungen unterschieden. Auch wenn die Diskussion der strukturellen Beziehungen hier keineswegs ausdiskutiert ist, so beginnt die eigentliche Ökologie doch erst mit der Erörterung der funktionellen Beziehungen. Da wir uns im weiteren auf klimatologische Funktionsbeziehungen beschränken und im folgenden Kapitel, wiederum zunächst strukturell betrachtet, den Schwenk vom Öko- zum Klimasystem vornehmen wollen, mögen an dieser Stelle die folgenden kurzen Feststellungen genügen.

Eine **Funktion** beschreibt in quantitativer, möglichst mathematischer Formulierung die Abhängigkeit einer Größe (die ihrerseits das Produkt aus einer Zahl und einer Maßeinheit ist), von einer oder mehreren anderen Größen, und dies maximal im vierdimensionalen Raum, d.h. in Abhängigkeit von drei Raum- und einer Zeitkoordinaten, oft aber auch nur in reduzierten Dimensionen. Das Ziel ist dabei, die Veränderung der Wirkungsgröße (abhängige Variable) in Zuordnung zu der bzw. den Einflussgrößen (unabhängige Variable) beim Ablauf bestimmter Vorgänge (Prozesse) zu beschreiben.

Eine wichtige Grundgröße ist beispielsweise die **Masse** m, und zwar z.B. einer bestimmten Pflanze, eines Waldes oder der gesamten Biosphäre, angeordnet im vierdimensionalen Raum (d.h. an einem bestimmten Ort und zu einer bestimmten Zeit). Wächst die Pflanze, so tritt ein Massenfluss Δm auf, der zur ursprünglichen Masse m_0 addiert werden muss, um den neuen Zustand $m_0 + \Delta m$ der Pflanze zu kennzeichnen, wobei sich Δm sowohl aus pedosphärischen (z.B. Nährstoffen), hydrosphärischen (z.B. Bodenwasser) als auch atmosphärischen (z.B. CO_2) Anteilen zusammensetzt (vgl. Assimilationsgleichung (2.4), Kap. 2.1). Aus diesen Reservoiren müssen also positive **Massenflüsse** in Richtung Biosphäre aufgetreten sein; dass dabei auch negative Massenflüsse möglich sind, beispielsweise durch Verdunstung an den Pflanzenstomata, sei hier nur erwähnt, wie überhaupt selbst dieses vermeintlich einfache Beispiel schnell kompliziert wird, wenn man versucht, es vollständig zu beschreiben.

Das Prinzip aber ist: Funktionale ökosystemare Bezüge können in Massenflüssen bestehen, wobei es im Einzelnen wichtig ist, welche chemischen Elemente oder Verbindungen „fließen", was dann allgemein als **Stoff-Flüsse** bezeichnet. Nach EINSTEIN (1879–1955) ist Materie aber nur eine von zwei möglichen Erscheinungsformen stofflicher Existenz, die nach seinem berühmten Gesetz

$$E = mc^2 \tag{2.5}$$

ineinander umwandelbar sind. Diese zweite Erscheinungsform ist die **Energie** E; c ist die Lichtgeschwindigkeit (im Vakuum $c_0 = 2.9979 \times 10^8$ ms^{-1}). Energie aber weist ihrerseits sehr unterschiedliche Erscheinungsformen auf, wobei mechanische, thermische, elektromagnetische und chemische Energie die wichtigsten sind.

Mechanische Energie kann beispielsweise im **Bewegungszustand**, also der Geschwindigkeit v, einer bestimmten Masse m begründet sein, z.B. wenn ein Wald von hoher Luftgeschwindigkeit, genannt Sturm, beeinflusst wird und es möglicherweise zu Windbruch kommt. Physikalisch ist mechanische Energie als (tatsächliche oder potentielle) Kraft K (= mb) definiert, die auf eine Masse m längs einer Weglänge l mit einer Beschleunigung b einwirkt, also (skalar)

$$E_{mech} = mbl. \tag{2.6}$$

Um nun in dieser Gleichung b und l durch die Geschwindigkeit v zu substituieren, benötigt man eine elementare Umformung, die berücksichtigt, dass (skalar)

$$v = dl/dt,\ b = dv/dt \tag{2.7}$$

ist (d = totales Differential, das eine beliebige infinitesimale Änderung, hier der Größe l bzw. v mit der Zeit t angibt). Die Umkehrung ergibt (für b = konstant; v,b skalar)

$$v = \int b\,dt = bt,\ l = \int bt\,dt = (1/2)bt^2 \tag{2.8}$$

und nach Einsetzen in (2.6)

$$E_{mech} = E_{mech,kin} = mb(1/2)\ bt^2 = (1/2)mb^2t^2 = (1/2)mv^2 \tag{2.9}$$

die übliche Formel der mechanischen, zugleich makroskopischen **kinetischen Bewegungsenergie** (Herleitung hier nur ausnahmsweise; im weiteren werden stets die Formeln ohne Herleitungen angegeben, um den Rahmen des Buches nicht zu sprengen).

Ein Beispiel für **thermische Energie** ist die Temperatur T einer Masse m, die nichts anderes als die schon früher erwähnte kinetische Energie der Atome und Moleküle und daher mikroskopisch definiert ist. In makroskopischer Betrachtung lässt sie sich durch

$$E_{therm,sens} = cmT \qquad (2.10)$$

ausdrücken, d.h. eine Masse m weist eine bestimmte **Temperatur** T auf (T in derartigen Gleichungen übrigens immer in Kelvin = K, vgl. Kap. 3.1 und Anhang); c ist hier die spezifische Wärmekapazität, eine Materialkonstante, die somit für jede Materieart (jeden Stoff) einen bestimmten Wert aufweist (nähere Erläuterung in Kap. 4.2). Diese Temperatur einer Masse wird auch als deren Wärmeinhalt oder kurz **Wärme** bezeichnet.

Während die bisher umrissenen Energiearten stets mit Materie verknüpft sind und zusammen mit dieser transportiert werden, es handelt sich also um **stoffgebundene Energieflüsse**, kann mit der Erweiterung des Begriffs der Energie zur **elektromagnetischen Energie** diese Bindung aufgegeben werden. Hierbei handelt es sich um die Verknüpfung elektrischer und magnetischer Phänomene, die als Wellenvorgang auftreten und deren Wellenlänge über die Erscheinungsform entscheidet, wie Abb. 6 aufschlüsselt. Ökologisch und klimatologisch besonders wichtig sind Wellenlängen von ca.

- 10^{-8} bis 0.4×10^{-7} m (= 0.01–0.4 µm): Ultraviolett (UV);
- 0.4×10^{-7} bis 0.8×10^{-7} m (= 0.4–0.8 µm): Licht (sichtbar);
- 0.8×10^{-7} bis 6×10^{-5} m (= 0.8–60 µm): Infrarot (auch Ultrarot genannt).

Solche elektromagnetischen Wellenvorgänge erlauben Energietransporte auch durch den (fast oder vollständig) materielosen Raum, beispielsweise von der Sonne zur Erde, was als **Strahlung** (Näheres in Kap. 4.2) bezeichnet wird. Dabei ist die Infrarot-Strahlung mit dem Begriff der Wärmestrahlung (vgl. wiederum Abb. 6) identisch. Alle bisher besprochenen Energieformen sind rein physikalischer Natur.

Daher sei schließlich auch die **chemische Energie** genannt, die zu den latenten (versteckten) Energieformen gehört und erst bei Stoffumwandlungen, also chemischen Reaktionen, in Erscheinung tritt. Dies kann **exotherm** der Fall sein, d.h. die betreffende Reaktion setzt Energie, und zwar elektromagnetische (meist Wärme oder/und Licht), frei, oder **endotherm**, d.h. zur betreffenden Reaktion wird Energie benötigt und „verschwindet" sozusagen im dabei erreichten neuen Stoffzustand. So ist beispielsweise die **Assimilation** (vgl. Gleichung (2.4), Kap. 2.1) endotherm, ihre Umkehrung, die **Dissimilation**, aus der Mensch und Tier nach der Nahrungsaufnahme ihre Körperwärme beziehen, exotherm. Auch die Ozonbildung nach Gleichung (2.2) ist exotherm.

Neben Stoff-Flüssen gehören somit auch **Energieflüsse** zu den funktionalen ökologischen Bezügen und Wechselwirkungen, und meist sind beide miteinander verknüpft. In der Ökologie wie Klimatologie werden Reservoire definiert, z.B. ein Wald bzw. die gesamte Biosphäre oder die Troposphäre bzw. die gesamte Atmosphäre oder der Ozean, zwischen denen Stoff- und Energieflüsse auftreten, die dann zeitlich und räumlich zu bilanzieren sind. Schließlich sei noch eine Mischform zwischen Massen- und Energiefluss erwähnt, die besonders in der Meteorologie und Klimatologie wichtig ist, nämlich der **Impulsfluss** oder **-transport,** mit Impuls

$$I = mv \qquad\qquad (2.11)$$

bei dem offenbar Massen bestimmter Geschwindigkeit (beschleunigungsfrei, somit kein Energietransport im strengen Sinn; v skalar) betrachtet werden, beispielsweise bei klein- bzw. großräumigen Luftbewegungen (Zirkulation; Näheres in Kap. 5).

2.3 Klimasystem

Wie die Biosphäre führt auch die Atmosphäre kein isoliertes Dasein, sondern steht ebenfalls mit den im vorangehenden Kapitel besprochenen Teilbereichen der Erde in intensiver Wechselwirkung. Ja es bedarf nur einer Akzentverschiebung und Erweiterung, um vom globalen Öko- bzw. Umweltsystem (Kap. 2.2) zum **Klimasystem** zu kommen: Im Zentrum der Betrachtung steht nun nicht mehr die Biosphäre, sondern die Atmosphäre, und eine weitere Sphäre tritt hinzu (vgl. Abb 8), die Kryosphäre. Darunter ist das Eis auf bzw. unterhalb der Erdoberfläche zu verstehen: Das aus Süßwasser gebildete **Landeis**, insbesondere die großen Eisschilde der Antarktis und Grönlands, aber auch Gebirgsgletscher, Grundeis (im Boden) und Eisdecken bzw. -schollen auf Seen und Flüssen, sowie das aus Salzwasser gebildete **Meereis**, in Form von Pack- und Drifteis (Eisberge).

Diese Erweiterung des globalen Ökosystems, die uns zum Begriff des Klimasystems führt, kennzeichnet die Klimatologie als interdisziplinäre Naturwissenschaft (vgl. auch Kap. 2.8). Dem steht eine Einschränkung gegenüber, die mit den in

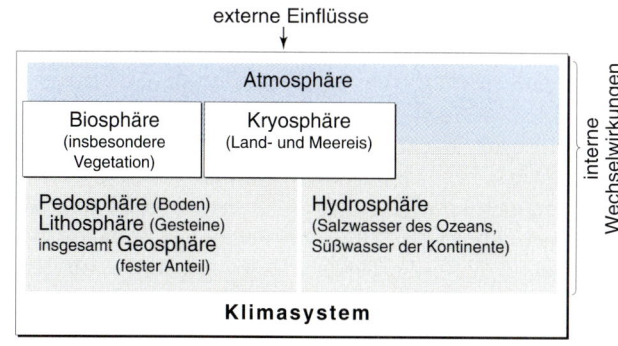

Abb. 8
Schema des (globalen) Klimasystems.

Kap. 2.4–2.6 zu besprechenden Größenordnungen zusammenhängt und uns erst danach zum eigentlichen Klimabegriff führen wird. Halten wir zunächst fest, dass das Klimasystem, also der Verbund Atmosphäre-Hydrosphäre-Kryosphäre-Pedo-/ Lithosphäre-Biosphäre, Träger der Klimaprozesse und somit von Klimazuständen und Klimaänderungen ist, und dass die **internen (intrinsischen) Wechselwirkungen** zwischen und innerhalb der Komponenten dieses Systems zu den in der Atmosphäre beobachteten Phänomenen, einschließlich des Klimas, führen.

Nun unterliegt sowohl die Atmosphäre als auch das gesamte Klimasystem nicht nur internen Wechselwirkungen, sondern auch **externen** (**extrinsischen**) **Einflüssen**, die als Nicht-Wechselwirkungen definiert sind (was unter Umständen von der betrachteten charakteristischen Zeit abhängt). Sie können extraterrestrisch, aber auch terrestrisch sein. Beispielsweise wird das Klimasystem von der Sonneneinstrahlung beeinflusst, ohne dass Atmosphäre bzw. Klimasystem die solarphysikalischen Prozesse der Sonnenstrahlung (z.b. solare Aktivität) beeinflussen. Der Vulkanismus beeinflusst erheblich die Atmosphäre und damit das Klimasystem, ohne dass Vorgänge in diesem System, soweit wir wissen, Vulkanausbrüche auslösen. In beiden Fällen handelt es sich somit um externe Einflüsse auf das Klimasystem, im ersten Fall um einen extraterrestrischen, im zweiten Fall um einen terrestrischen. Auch die Kontinentaldrift zählt zu den externen terrestrischen Einflüssen auf das Klimasystem. Dagegen ist der atmosphärische Wind offenbar Teil ausgeprägter interner Wechselwirkungen des Klimasystems. Er beeinflusst die Wellenbewegung und Verdunstung des Ozeans, während diese die atmosphärische Wolkenbildung und Strahlungsvorgänge beeinflussen, was dann Konsequenzen für die Oberflächentemperatur und wiederum die Verdunstung hat. Der Mensch wird oft, gerade aus ökologischer Perspektive, als externer Faktor des Klimasystems aufgefasst, was aber problematisch ist, da seine Aktivitäten, gewollt oder ungewollt, durchaus auch in Wechselwirkungen eingebettet sind (Kap. 12). In Tab. 3 sind einige **quantitative Charakteristika** des Klimasystems zusammengestellt.

Diese Tabelle zeigt, dass die für das Klimageschehen und nicht zuletzt auch für das Leben so wichtige Atmosphäre im Rahmen des Klimasystems mit 5×10^{18} kg nur eine relativ geringe Masse beinhaltet und dabei nur noch von der Biosphäre untertroffen wird. Da es sich aber um globale Zahlen handelt, werden die aus der (kleinräumigen!) menschlichen Erfahrung gewohnten Werte doch gewaltig übertroffen: Immerhin 5×10^{15} t = 5000 Billionen Tonnen (Biosphäre 2×10^{12} t = 2 Billionen Tonnen). Bei der Hydrosphäre ist bemerkenswert, dass der Anteil des Salzwassers und damit des Ozeans den des Süßwassers bei weitem übertrifft (Näheres in Kap. 4.7); auch die gegenüber den Landoberflächen deutlich größere Ozeanoberfläche (70.8 %) sollte man in der Klimatologie stets im Auge behalten. Trotzdem ist das Süßwasser keinesfalls vernachlässigbar, sondern für das Klima (z.B. in Form des Niederschlags) und Leben oft genug von ausschlaggebender Bedeutung. Dagegen besteht die Kryosphäre überwiegend aus dem Süßwassereis der Landgebiete.

Tab. 3 Quantitative Übersicht der Komponenten des Klimasystems (viele Quellen, vgl. Literaturverzeichnis).

Komponente		Grenzfläche in 10^6 km²/in %	Masse in 10^{18} kg	Dichte in kg m^{-3}	Spezif. Wärme-kapazität in J m^{-3} K^{-1}
Atmosphäre		510 / 100%	5	1.3	1000
Ozean[1]		361 / 70.8%	1350	1000	3900
Kryosphäre[2]	Meereis[3]	26 / 5.1%	0.4	800	2100
	Landeis[4]	14.5 / 2.8%	28	900	2100
Biosphäre[8]		103 / 20.2%	0.002	100–800[5]	2400
Land, oberster Bereich		149 / 29.2%	—[6]	2000[7]	800

1) ohne Meereis; zur Hydrosphäre gehören darüber hinaus die Süßwassergebiete (ca. 2×10^6 km²).
2) ohne Chionosphäre (Schneebedeckung, 20×10^6 km²) und ohne Grundeis.
3) 7.2% der Ozeanfläche, jahreszeitlich aber stark variabel, vgl. auch Tab. 11.
4) 9.4 % der Landfläche.
5) der untere Wert gilt für Blätter, der obere für einen Eichenstamm.
6) gesamte feste Erde (Geosphäre) 5.98×10^{24} kg.
7) Mittelwert für Geosphäre 5517 kg m^{-3} (= 5.517 g cm^{-3}), für Pedo-/Lithosphäre (Erdkruste) 2600 kg m^{-3}.
8) 69% der Landfläche.

Häufig wird die gesamte feste Erde, gelegentlich (z.B. in der Geographie) einschließlich aller weiteren Komponenten des Klimasystems, als **Geosphäre** bezeichnet. Dies ist in der Klimatologie insofern problematisch, als eigentlich nur die Oberfläche der Pedosphäre (Boden) oder wenn diese fehlt, der Lithosphäre (Gesteine und daraus entstehende Verwitterungsprodukte, z.B. Sand), also die Landoberfläche, an den klimasystem-immanenten Wechselwirkungen teilnehmen und kaum – dies im Gegensatz zum Ozean – tiefere Schichten. Dabei ist der Begriff Oberfläche allerdings nicht im streng mathematischen Sinn, wie in Tab. 3 geschehen, zweidimensional und damit ohne Volumen aufzufassen. Die Speicherung von Bodenwasser, beispielsweise, ist für Klima und Biosphäre enorm wichtig und muss daher in entsprechenden dreidimensionalen Modellrechnungen berücksichtigt werden. Eindringtiefen atmosphärischer Einflüsse in die Pedo- bzw. Lithosphäre von mehr als 10 m treten aber kaum auf bzw. sind quantitativ unbedeutend.

2.4 Räumliche Größenordnungen

Während der Klimabegriff zeitlich eingegrenzt wird (Kap. 2.5 und 2.7), gilt dies für die räumlichen Größenordnungen nicht. Dennoch ist ursächlich wie phänomenologisch eine räumliche Differenzierung notwendig. Dabei ist es sinnvoll, die räumlich-horizontale (zwei Dimensionen) von der räumlich-vertikalen (dritte Dimension) Differenzierung zu trennen.

Horizontale Differenzierungen der räumlichen Größenordnung spielen beispielsweise in der **Geographie** eine zentrale Rolle, wobei – im Gegensatz zur Physik und Astronomie – der geographische „Raum" zunächst als (zweidimensionale) horizontale Fläche definiert ist. Da nun aber die Erdoberfläche eine gewisse Struktur in Form der Geländehöhe aufweist, in der Geographie als Topographie, in der Meteorologie als Orographie bezeichnet, kommt in solche zweidimensional-räumliche Betrachtungen doch wieder die dritte Dimension hinein, z.b. bei der Betrachtung einer Talmulde, die ja eine gewisse Tiefe (die klimatologisch wichtig ist), Breite und Längserstreckung aufweist. Zur quantitativen Kennzeichnung der räumlich-horizontalen Größenordnung werden jedoch häufig nur zwei Dimensionen angegeben, nämlich der **mittlere Durchmesser** (manchmal auch Radius) des betreffenden Phänomens, wobei bei ausgeprägter Dreidimensionalität die Projektion auf eine horizontale Ebene erfolgt. (Auf kartographische Gesichtspunkte der Projektion wird hier nicht eingegangen.) Sofern sich Längs- und Quererstreckung, wie beim genannten Beispiel einer Talmulde bzw. bei einem Flusslauf, stark unterscheiden, ist es natürlich notwendig, beide Größenordnungen anzugeben.

In Abb. 9 (linker Teil) sind nun die wichtigsten geographischen Begriffe räumlich-horizontaler Größenordnungen mit einigen Beispielen einer von Millimetern bis zum Erdumfang (4×10^4 km) reichenden Skala zugeordnet, und im rechten Teil ist das gleiche aus atmosphärisch-meteorologischer Sicht geschehen. Dadurch lassen sich zum Teil strukturelle und funktionelle Querbezüge herstellen, z.B. Föhn an der Leeseite der Alpen oder eine Zyklone, die das Wetter in Mitteleuropa beherrscht (Näheres dazu in Kap. 5).

Wenn sich nun Klima und Klimaprozesse in ganz unterschiedlichen räumlich-horizontalen Größenordnungen abspielen können, ist es angebracht, dies bei entsprechenden Betrachtungen zum Ausdruck zu bringen. Dabei neigt aus verständlichen Gründen die Geographie bzw. Klimageographie dazu, den Bezug zu geographischen Strukturen herzustellen und beispielsweise vom Standort-, Landschaft- und Großraumklima zu sprechen. In der **Meteorologie** haben sich die Bezeichnungen Mikro-, Meso- und Makroklima durchgesetzt, wobei, gerade im Hinblick auf atmosphärische Phänomene, eine gleichzeitige zeitliche Zuordnung naheliegt, die uns im Kap. 2.6 zum meteorologischen Scale-Begriff führen wird. Danach wird sich zeigen, dass die im rechten Teil von Abb. 9 genannten meteorologischen Beispiele als **Einzelphänomene** gar nicht dem Klima zugerechnet werden. Trotzdem bleibt die räumliche Differenzierung des Klimas offen und uneingeschränkt.

Generell, d.h. aus beliebiger geowissenschaftlicher Perspektive, ist von der bisher besprochenen räumlich-horizontalen Größenordnung bestimmter Phänomene die räumlich-horizontale Auflösung zu unterscheiden, die solche Phänomene

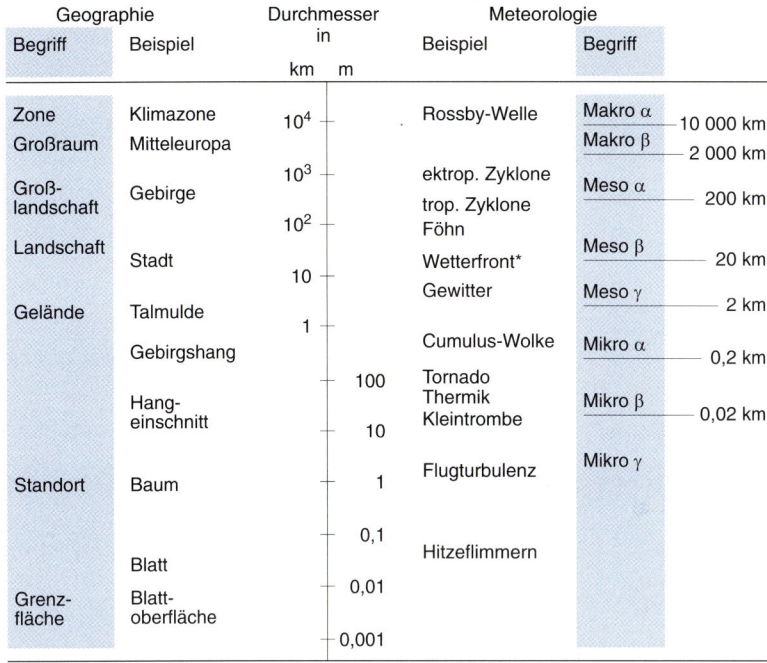

Geographie		Durchmesser in		Meteorologie	
Begriff	Beispiel	km	m	Beispiel	Begriff
Zone	Klimazone	10^4		Rossby-Welle	Makro α — 10 000 km
Großraum	Mitteleuropa				Makro β — 2 000 km
Groß-landschaft	Gebirge	10^3		ektrop. Zyklone	Meso α
		10^2		trop. Zyklone	— 200 km
Landschaft	Stadt			Föhn	Meso β — 20 km
		10		Wetterfront*	
				Gewitter	Meso γ — 2 km
Gelände	Talmulde	1			
	Gebirgshang			Cumulus-Wolke	Mikro α — 0,2 km
	Hang-einschnitt		100	Tornado Thermik Kleintrombe	Mikro β — 0,02 km
			10		
Standort	Baum		1	Flugturbulenz	Mikro γ
			0,1		
	Blatt			Hitzeflimmern	
Grenz-fläche	Blatt-oberfläche		0,01		
			0,001		

*) senkrecht zur Strömungsrichtung

Abb. 9
Räumlich-horizontale Größenordnungen in der Geographie, links (nach BLÜTHGEN *1964), und Meteorologie, rechts (nach* FORTAK *1982 und anderen Quellen, Skalenbezeichnungen nach* ORLANSKI *1975).*

mehr oder weniger gut erfasst (**skalige Auflösung**) oder aber nicht erfasst, sofern das betreffende Phänomen kleiner als die Auflösung ist (**subskalig**), vgl. Schema in Abb. 10. Nicht erfasst bzw. nicht hinreichend beschrieben werden natürlich auch Phänomene, die größer als die insgesamt betrachtete Fläche sind (**supraskalig**). In der Meteorologie spielt dieser Aspekt vor allem bei Modellrechnungen (Zirkulation, Kap. 5; Klimamodell, Kap. 9.5), aber auch bei der Analyse (z.B. Feldverteilungen bestimmter Klimaelemente, Wetteranalyse) eine wichtige Rolle, wobei insbesondere bei Modellrechnungen äquidistante (gleichabständige) **Gitterpunktsysteme** (vgl. wiederum Abb. 10) verwendet werden.

Ebenfalls generell üblich sind Bezeichnungen wie **Stationsklima** (für eine bestimmte Messstation, auch Standort- oder Lokalklima) und als Gegenpol dazu **Globalklima** (entweder nulldimensional, z.B. global gemittelte bodennahe Lufttemperatur, oder aber Lufttemperatur in globaler Betrachtung, aber in festzulegender räumlicher Auflösung); dazwischen liegt das **Regionalklima** (ebenfalls in festzulegender räumlicher Auflösung), das beispielsweise Deutschland, Europa, eine bestimmte Klimazone oder auch eine Hemisphäre umfassen kann. Der

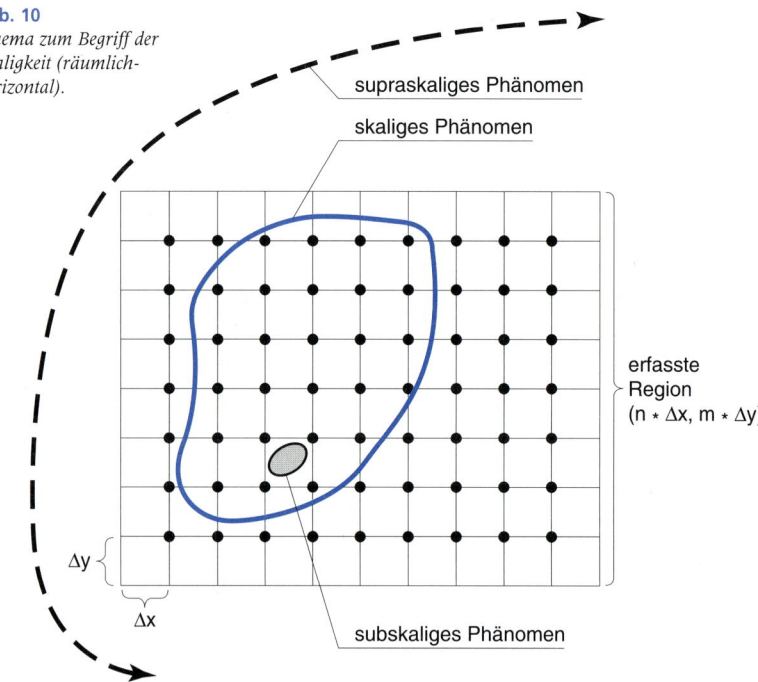

Abb. 10
Schema zum Begriff der Skaligkeit (räumlich-horizontal).

supraskaliges Phänomen

skaliges Phänomen

erfasste Region (n * Δx, m * Δy)

Δy

Δx

subskaliges Phänomen

neuerdings auftauchende Begriff **„Regionalisierung"** meint eine **Transformation der räumlich-horizontalen Auflösung**, von einer größeren zu einer kleineren räumlichen Skala, mit welcher Methodik auch immer; dies wird auch als **„Downscaling"** bezeichnet. Umgekehrt kann auch, beispielsweise beim Umsetzen von stichprobenartigen Messungen an einzelnen Stationen zu Feldaussagen für eine bestimmte relativ große Region, ein **„Upscaling"** erfolgen.

Beim Einbetten eines relativ engmaschigen Gitterpunktnetzes – für eine bestimmte Subregion – in ein für die Gesamtregion gültiges grobmaschigeres Gitterpunktnetz spricht man, insbesondere in Zusammenhang mit der Klimamodellierung, von **„Nesten"** (Nesting), das übrigens eine Form des „Downscaling" ist. Der ebenfalls im Kontext von Modellrechnungen übliche Begriff der **Parameterisierung** bedeutet allgemein, dass im Rahmen von Berechnungen nicht handhabbare Größen in handhabbare transformiert werden, im Rahmen der Skaligkeit beispielsweise subskalige in skalige (z.B. stationsklimatische Daten in flächenbezogene Mittelwerte).

Gerade zur meteorologisch ausgerichteten Klimatologie gehört nun aber auch die räumlich-vertikale Betrachtung; denn Ursache der Klimaphänomene sind primär die dreidimensionalen Vorgänge in der Atmosphäre, letztlich darüber hinaus im gesamten Klimasystem. Es ist daher notwendig, auch eine vertikale

Skalenbetrachtung durchzuführen, und zwar über die in (Kap. 2.1, insbesondere Abb. 1) vorgenommene Grobeinteilung der atmosphärischen Stockwerke hinaus. Zwar spielt die **Stratosphäre** in einigen besonderen klimatologischen Problemkreisen wie beispielsweise in Zusammenhang mit dem Ozon oder Vulkanismus, aber auch bezüglich ihrer Dynamik, eine durchaus bedeutsame Rolle für das Klima; am wichtigsten ist jedoch die **Troposphäre**, in der die Wolken- und Niederschlagsbildung sowie eine Vielzahl weiterer klimarelevanter Prozesse ablaufen. Zudem umfasst der Lebensraum des Menschen und mit ihm der Biosphäre nur den untersten Bereich der Troposphäre, aus dem im Übrigen auch die weitaus meisten historischen Informationen zur Klimatologie stammen.

In Abb. 11 ist die übliche **vertikale Untergliederung der Troposphäre** zusammengefasst:

- *Unterste mm bis cm:* **laminare Unterschicht**, in der auf Grund intensiven Reibungseinflusses praktisch keine Luftbewegung auftritt und die für besondere mikroklimatologische Fragestellungen von Interesse ist (z.B. Energie- und Wasserumsätze an Blattoberflächen oder molekularer Gasaustausch an der Boden- bzw. Ozeanoberfläche).
- *Unterste ca. 2 m:* **bodennahe Grenzschicht**, in der, sofern die großräumige (supraskalige) Situation dies anregt, eine kräftige vertikale Windgeschwindigkeitszunahme und, insbesondere bei großer Hitze, eine ebenfalls sehr kräftige Temperaturabnahme mit der Höhe festzustellen ist. 2 m Höhe über Grund ist im Übrigen die international festgelegte Messhöhe für alle Klimaelemente außer dem Wind, da dort der unmittelbare Erdoberflächeneinfluss an unmittelbarer Dominanz verloren hat. Außerdem ist die bodennahe

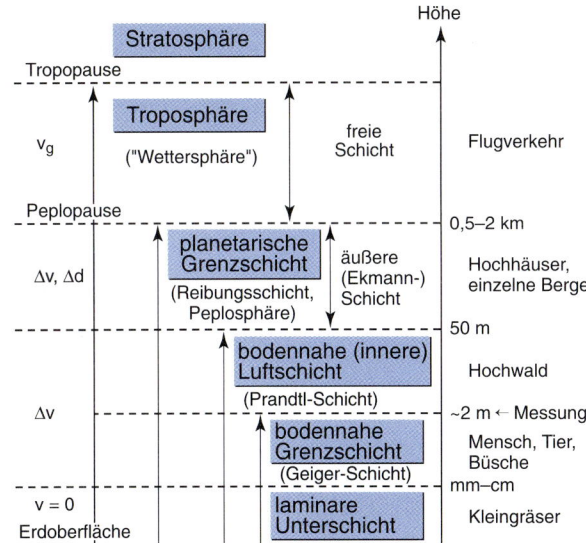

Abb. 11
Vertikalgliederung der Troposphäre (viele Quellen).

Grenzschicht der Lebensraum von Mensch, Tier und einem Großteil der Vegetation; klimageschichtliche Informationen stammen zum allergrößten Teil aus dieser Schicht.

- *Unterste ca. 50 m:* **bodennahe Luftschicht**, in der noch immer der Erdoberflächeneinfluss bedeutend und insbesondere, wegen nachlassender Bodenreibung, eine ausgeprägte Windgeschwindigkeitszunahme mit der Höhe stattfindet; ein erheblicher Teil der Vegetation (Bäume) ragt in diese Schicht hinein.

- *Unterste ca. 0.5–2 km:* **planetarische Grenzschicht**, auch **Reibungsschicht** oder **Peplosphäre** genannt (Kap. 2.1), manchmal aufgeteilt in innere (unterhalb 50 m) und äußere (oberhalb davon) Schicht, wobei sich in dieser äußeren Schicht der Reibungseinfluss vor allem in einer Windrichtungsänderung mit der Höhe, aber daneben durchaus in einer weiteren vertikalen Windgeschwindigkeitszunahme äußert; in die äußere Schicht ragen einzelne Hochhäuser, Türme und Masten hinein.

Auf die **freie Schicht** oder freie Atmosphäre, die im Wesentlichen reibungsfrei ist und in der Flugstreckenverkehr abgewickelt wird, und die Troposphäre insgesamt ist bereits in Kap. 2.1 hingewiesen worden.

Abb. 11 enthält den Hinweis, dass einzelne markante Berge in die äußere planetarische Grenzschicht hineinreichen können, obwohl sich, definitionsgemäß, die in dieser Abbildung genannten Schichten an die Erdoberfläche und somit auch an Berge anschmiegen und die Höhenangaben stets **über Grund** (AGL = above ground level) und nur dann „über dem Meer", d.h. bezogen auf **Meeresspiegelhöhe** (MSL = mean sea level, dafür üblich auch NN = Normal-Null = mittlerer Amsterdamer Meeresspiegel) gelten, wenn beides zusammenfällt (AGL = MSL). Jedoch ist es pragmatisch, bei diesem „Anschmiegen" eine gewisse räumliche Mittelung durchzuführen, bei der die Häufigkeitsverteilung der Geländehöhe (Topographie, Orographie) ausschlaggebend ist; d.h. der seltene Fall einzelner markanter Berge beeinflusst die Atmosphäre weitaus weniger als der häufigere Fall flacheren Umgebungsgeländes. Insgesamt sind die Gegebenheiten im Gebirge kompliziert, was uns noch zu beschäftigen hat.

Diese größere Kompliziertheit gilt im Übrigen für die gesamte planetarische Grenzschicht gegenüber der in vielerlei Hinsicht einfacher strukturierten freien troposphärischen Schicht darüber. So treten in der planetarischen Grenzschicht neben den bereits genannten besonderen Windcharakteristika auch die weitaus meisten **Inversionen** auf, d.h. Umkehrungen der ansonsten in der Troposphäre meist vorzufindenden Temperaturabnahme mit der Höhe (vgl. Abb. 1). Inversionen sind somit Bereiche mit einer vertikalen Temperaturzunahme, die, mit tages- und jahreszeitlicher Variabilität, unterschiedliche Schichtdicken erreichen und u.a. für die Luftqualität von großer (leider oft negativer) Bedeutung sind (vgl. Kap. 3.1.1).

Die große Bedeutung der Messung und Interpretation der energetischen und stofflichen Umsätze an der Grenzfläche Erdoberfläche-Atmosphäre und ihre besonderen Konsequenzen für die bodennahe Grenzschicht, in Erweiterung auch für die bodennahe Luftschicht, hat innerhalb der Meteorologie zur Etablierung einer wichtigen Subdisziplin, nämlich der **Mikrometeorologie** bzw. **Mikroklimatologie** geführt, somit zu einer Spezialisierung auf die, räumlich gesehen, mikroskalige Größenordnung. Ein mittlerweile schon historisches, grundlegendes Standardwerk dazu stammt von GEIGER (1927, letzte Auflage 1961, „Das Klima der bodennahen Luftschicht"), in dem nicht zuletzt auch die heute wieder sehr aktuellen atmosphärisch-biosphärischen Wechselwirkungen behandelt sind. Eine moderne, physikalisch orientierte Übersicht der Mikrometeorologie, die hier nicht näher behandelt wird, geben z.b. ETLING (1996) und KRAUS (2001).

2.5 Zeitliche Größenordnungen

Schon wiederholt ist angedeutet worden, dass die eigentliche Klimadefinition mit einer Begrenzung der zeitlichen Größenordnung zusammenhängt, und dies gilt auch für die Abgrenzung der Klimatologie innerhalb der Meteorologie. Die atmosphärischen Phänomene lassen sich nämlich, wie das einige Beispiele in Abb. 12 zeigen, nach ihrer **charakteristischen Zeit** ordnen. Darunter versteht man die mittlere **Lebensdauer** (z.b. einer Windbö, Wolke, Eiszeit usw.) oder, falls diese Definition nicht anwendbar ist (z.b. bei der Lufttemperatur), die mittlere **Zykluslänge** (z.b. Tages- oder Jahresgang) bestimmter Phänomene. Ein Zyklus ist als mittlerer zeitlicher Abstand relativer Maxima bzw. Minima einer Größe (Variablen) zu verstehen und im Gegensatz zur Periode nicht an eine strenge Konstanz dieser zeitlichen Abstände und der Amplituden gebunden. Die nähere Diskussion erfolgt in Kap. 3.3; sie ist nicht unproblematisch, da – wie das genannte einfache Beispiel der Lufttemperatur bei näherem Hinsehen zeigt – sich mehrere Zyklen überlagern können.

Wie in Abb. 12 aufgeschlüsselt, umfasst das Spektrum atmosphärischer Phänomene den riesigen Bereich von Sekundenbruchteilen bis zum Alter der Erde (4.6×10^9 a), somit mindestens die in dieser Abbildung zum Ausdruck gebrachten 19 Zehnerpotenzen der Stundenskala. Statistische Analysen der atmosphärischen Vorgänge (Überblick der Methodik in Kap. 3.3) in allen diesen **zeitlichen Größenordnungen** zeigen, dass sie alle mit Varianz besetzt sind, d.h. die atmosphärischen Phänomene lassen in ihrem Verhalten keine charakteristische Zeit aus, obgleich gewisse charakteristische Zeiten stärker hervortreten (die entsprechenden Vorgänge mehr Varianz beinhalten) als andere (weil sie häufiger sind und/oder größere Amplituden aufweisen).

Während nun die Bezeichnungen „Mikro", „Meso" und „Makro" auch bei der zeitlichen Charakterisierung auftauchen, jedoch erst im Zusammenhang mit dem Scale-Begriff (Kap. 2.6) ihre eigentliche Bedeutung erlangen, soll hier nun die **Abgrenzung klimatologischer von anderen Phänomenen** diskutiert werden. Dies kann in der Weise geschehen (Abb. 12, zweite Spalte von links), dass

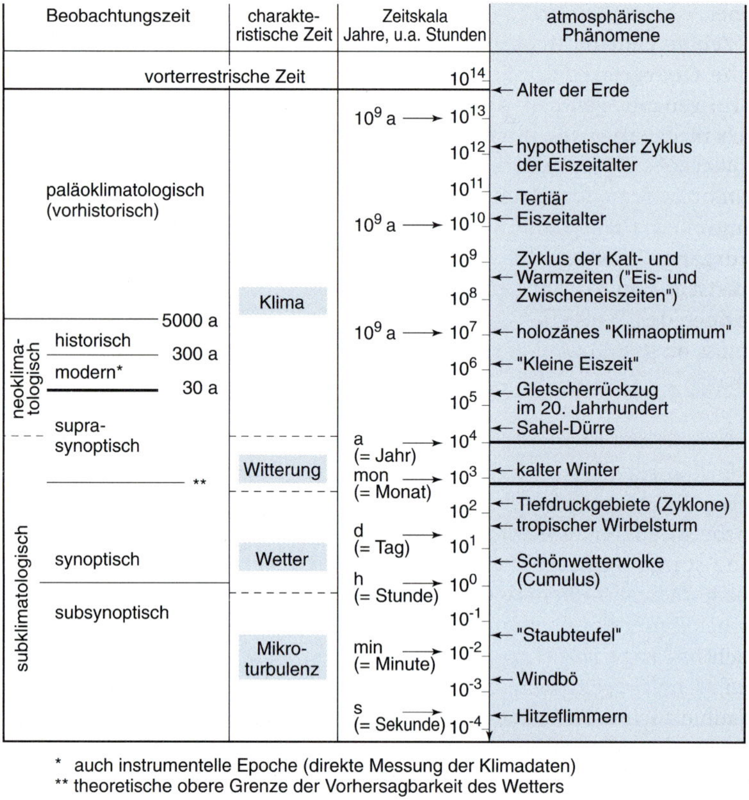

Beobachtungszeit	charakte-ristische Zeit	Zeitskala Jahre, u.a. Stunden	atmosphärische Phänomene
vorterrestrische Zeit		10^{14}	← Alter der Erde
		10^9 a → 10^{13}	
		10^{12}	← hypothetischer Zyklus der Eiszeitalter
paläoklimatologisch (vorhistorisch)		10^{11}	← Tertiär
		10^9 a → 10^{10}	← Eiszeitalter
		10^9	Zyklus der Kalt- und Warmzeiten ("Eis- und Zwischeneiszeiten")
	Klima	10^8	←
	5000 a	10^9 a → 10^7	← holozänes "Klimaoptimum"
historisch 300 a		10^6	← "Kleine Eiszeit"
modern* 30 a		10^5	← Gletscherrückgang im 20. Jahrhundert
supra-synoptisch		a (= Jahr) → 10^4	← Sahel-Dürre
**	Witterung	mon (= Monat) → 10^3	← kalter Winter
		10^2	← Tiefdruckgebiete (Zyklone) ← tropischer Wirbelsturm
synoptisch	Wetter	d (= Tag) → 10^1	
subsynoptisch		h (= Stunde) → 10^0	Schönwetterwolke (Cumulus)
		10^{-1}	
	Mikro-turbulenz	min (= Minute) → 10^{-2}	← "Staubteufel"
		10^{-3}	← Windbö
		s (= Sekunde) 10^{-4}	← Hitzeflimmern

(Vertikale Beschriftungen links: neoklima-tologisch, subklimatologisch)

* auch instrumentelle Epoche (direkte Messung der Klimadaten)
** theoretische obere Grenze der Vorhersagbarkeit des Wetters

Abb. 12
Zeitliche Größenordnungen atmosphärischer Phänomene und begriffliche Zuordnungen.

diese Abgrenzung für alle atmosphärischen Phänomene oberhalb der charakteristischen Zeit von einem Jahr vorgenommen wird. Dann wären (vgl. wiederum Abb. 12) das Entstehen und Vergehen einer *einzelnen* Schönwetterwolke (Cumulus) ein **Wetterereignis,** ein einzelner kalter oder auch besonders milder Winter ein **Witterungsereignis,** die eine größere Anzahl von Jahren umfassende Dürre in der Sahelzone (Afrika) oder der alpine Gletscherrückgang im 20. Jahrhundert oder der Zyklus der Eis- und Zwischeneiszeiten (besser Kalt- und Warmzeiten, Zykluszeit ca. 10^4 bis 10^5 a, Näheres in Kap. 11) jedoch **Klimaphänomene.** Unterhalb der üblichen zeitlichen Auflösung von Wetterbeobachtungen, nämlich einer Stunde, liegt dann der Bereich **mikroturbulenter Phänomene.**

Leider haftet diesen Definitionen eine gewisse Willkürlichkeit an, so dass sie sich keinesfalls allgemein durchgesetzt haben. So ist in der englischen Sprache der Witterungsbegriff unbekannt und die Grenze zwischen Wetter- und Klimaphänomenen wird daher dort und somit international eher bei einer charakteristischen Zeit von einem Monat gezogen, was nach derzeitiger Auffassung als **theoretische Obergrenze der Vorhersagbarkeit des Wetters** gilt (vgl. wiederum Abb. 12; genauer gesehen liegt diese Grenze bei etwa 2–3 Wochen, kann aber letztlich nicht exakt angegeben werden; auf den prinzipiellen Unterschied zwischen Wetter- und Klimavorhersage wird in Kap. 9.5 eingegangen).

Weiterhin ist die Unterscheidung zwischen charakteristischer Zeit und Beobachtungszeit wichtig. Unter **Klimaphänomenen** versteht man nämlich nicht nur **Vorgänge mit relativ großen charakteristischen Zeiten**, sondern auch die **Statistik von Vorgängen relativ kleiner charakteristischer Zeiten, insbesondere des Wetters, über eine relativ lange Beobachtungszeit.** Relativ lang muss diese Beobachtungszeit deswegen sein, um seine statistischen Charakteristika genau und signifikant genug angeben zu können. Zwar werden einige Grundprinzipien der statistischen Datenanalyse erst in Kap. 3.3 behandelt; es sei aber hier schon festgestellt, dass zu den statistischen Charakteristika unter anderem die Häufigkeitsverteilung gehört, insbesondere von Wetterereignissen. Das bedeutet, die Messung z.b. der Lufttemperatur oder des Niederschlages oder die Beobachtung z.b. eines Gewitters, zu einer bestimmten Zeit und einem bestimmten Ort, ist und bleibt ein Wetterereignis; in Abb. 13 sind zwei derartige Wetterereignisse (A und B) schematisch vermerkt. Messungen/Beobachtungen (die begriffliche Unterscheidung dazu folgt in Kap. 3.1) über eine relativ lange Beobachtungszeit führen dann u.a. zu einer Häufigkeitsverteilung, die in Abb. 13 ebenfalls schematisch angegeben ist (und zwar in angenommener einfacher, nämlich symmetrischer Form; Details und Varianten siehe Kap. 3.3). Dies ist dann als statistisches Charakteristikum des zugehörigen Klimaphänomens anzusehen.

Diese Art des Vorgehens gilt übrigens nicht nur für die Klimatologie, sondern immer dann, wenn von Einzel- zu **Prozessbetrachtungen** übergegangen wird, ganz analog zu den Grundprinzipien des Denkens, zu denen die Bildung abstrakter Begriffe aufgrund der Beobachtung bestimmter Einzelphänomene gehört (z.b. verbindet man mit dem Begriff „Baum" eine bestimmte Vorstellung, die aus der Beobachtung vieler einzelner Bäume unter Abstraktion von deren speziellen Besonderheiten resultiert). Angewandt auf Wetter und Klima bedeutet das, dass Klima ein Prozess ist, der auf vielen Einzelrealisationen des Wetters beruht. Wie Abb. 13 ebenfalls zeigt, ist eine **Häufigkeitsverteilung** im einfachsten Fall (mindestens) durch den **Mittelwert** und die **Streuung** der Daten gekennzeichnet (Streuung meist durch das statistische Maß der Standardabweichung beschrieben; bei komplizierteren Verteilungen kommen noch die Asymmetrie, genannt Schiefe, usw. hinzu, letztlich die mathematische Verteilungsfunktion; siehe Kap. 3.3).

Der Mittelwert hat dabei, unter Prozessgesichtspunkten, im in Abb. 13 skizzierten einfachsten Fall die wichtige Bedeutung, dass er bei künftigen Realisationen dieses Prozesses der wahrscheinlichste (empirisch der häufigste) Wert ist, so dass er auch als Erwartungswert bezeichnet wird. Die Streuung führt dazu, dass im Randbereich der Häufigkeitsverteilung gewisse festzulegende Schranken rela-

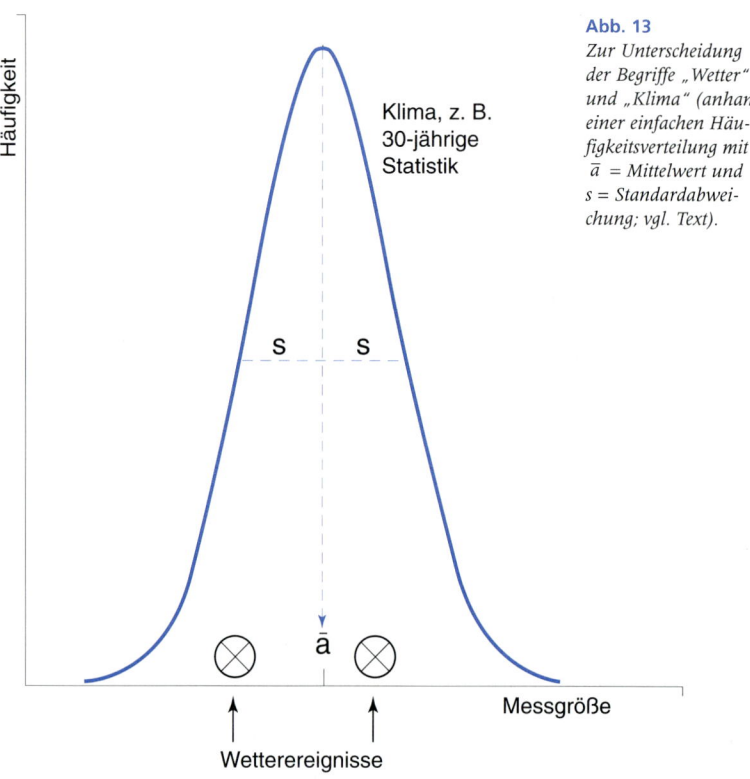

tiv oft bzw. wahrscheinlich über- bzw. unterschritten werden, was zu den speziellen Betrachtungsweisen der **Extremwertstatistik** führt (Näheres dazu wiederum in Kap. 3.3). Ändert sich der betrachtete Prozess, in diesem Fall die Gesamtheit der Klimaphänomene, so ändert sich auch die Verteilung, was sich in veränderten Mittelwerten und/oder veränderter Streuung äußern kann, einschließlich veränderter Häufigkeiten/Wahrscheinlichkeiten extremer Ereignisse. Wie wir sehen werden, gelten solche Verteilungsbetrachtungen, und zwar meist orientiert an Temperatur und Niederschlag, auch für die Definition von Klimazonen (tropisch, polar, gemäßigt usw.; Kap. 9.4).

Der Leser wird aufgrund dieser Erörterungen erkennen, dass die manchmal zu findende Aussage, Klima sei schlicht „Mittleres Wetter", erheblich zu kurz greift. Es geht stets um die gesamte Statistik, einschließlich Streuung (Varianz), Extremwerthäufigkeiten und weitere, hier noch gar nicht genannte Aspekte. Nicht zuletzt gehören auch der mittlere Jahres- und Tagesgang von Temperatur, Niederschlag usw. an bestimmten Orten oder in bestimmten Klimazonen dazu. Dabei zeigt uns das Beispiel Tagesgang, dass dies als Einzelereignis deutlich unter der typischen charakteristischen Zeit der Klimaphänomene liegt, dessen Statistik über längere Zeit aber zum Klimaphänomen wird.

Es bleibt nun die Frage offen, wie lang die Beobachtungszeit sein soll, um den Übergang vom einzelnen Wetterereignis zum Klimaphänomen im Sinn der Prozessbetrachtung zu schaffen. Sicherlich muss diese Zeit T_B wesentlich größer als die charakteristische Zeit (Lebens- oder Zyklusdauer) des Einzelphänomens t_E sein, also $t_B \gg t_E$. Um diese Frage zu beantworten, hat die Weltmeteorologische Organisation (WMO, Fachorganisation der Vereinten Nationen, UN, mit Sitz in Genf), die unter anderem die Erfassung von Klimadaten für bestimmte Orte international koordiniert, eine Mindestbeobachtungszeit von 30 Jahren festgelegt, um das Klima eines Ortes oder auch einer Region hinreichend verlässlich zu kennzeichnen. Dies ist zwar wiederum willkürlich, aber empirisch-statistisch durchaus begründbar. Unter anderem versteckt sich dahinter das Problem, wie viele Beobachtungen man benötigt, um einen Mittelwert in einer geforderten Genauigkeit und Verlässlichkeit angeben zu können. Beides wird sich um so besser bewerkstelligen lassen, je weniger variabel der betreffende Vorgang bzw. die Größe ist, die ihn repräsentiert (z.b. Lufttemperatur, z.b. Jahresmittel oder mittlerer Jahresgang).

Da diese Variabilität in verschiedenen Regionen der Erde bzw. Klimazonen unterschiedlich ist und da meist nicht nur ein, sondern mehrere Klimaelemente zugleich betrachtet werden, erwachsen daraus viele Fragen und Schwierigkeiten. Auf der anderen Seite müssen, im Sinne der Vergleichbarkeit, allgemein verbindliche Arbeitshypothesen festgelegt werden. Daher hat die WMO sog. Normalperioden (CLINO = Climatic normals) festgelegt, zuletzt 1961–1990, davor 1931–1960 usw., offenbar von wiederum jeweils 30 Jahren Dauer, für die die entsprechenden Klimanormalwerte zu errechnen sind. Dies hat außerdem den wichtigen Grund, entsprechende Aussagen von Station zu Station vergleichbar zu machen, da sich das Klima durchaus ändern kann und tatsächlich auch ändert (Kap. 11). Besonders ärgerlich ist es, wenn von dieser Empfehlung z.b. in Tabellenwerken nicht nur abgewichen, sondern noch nicht einmal die jeweiligen zeitlichen Bezugsperioden angegeben werden.

Selbstverständlich bleibt die Klimatologie bei diesen CLINOS nicht stehen, sondern geht darüber hinaus, letztlich sogar soweit wie überhaupt möglich; vgl. dazu wiederum Abb. 12. (Details der klimatologischen Informationerfassung folgen in Kap. 3 und unter den hier angedeuteten Langzeitaspekten in Kap. 11.2). Wie der in Kap. 1 vorgenommene historische Rückblick gezeigt hat, sind dieser Erweiterung des Zeithorizontes innerhalb der **Neoklimatologie**, die auf direkt gemessenen Klimadaten beruht, allerdings Grenzen gesetzt. Maximal bis zum Jahr 1654, also grob 350 Jahre (vgl. Abb. 12) reicht der Blick der Neoklimatologie zurück, und dies auch nur für die bodennahe Lufttemperatur im zentralen England (Kap. 11.2). Historische Aufzeichnungen wie Witterungstagebücher verbaler Art, Registrierungen von Flusspegelständen, klimarelevante Beobachtungen in der Natur (z.B. Blühbeginn bestimmter Bäume) und Höhlenmalereien, die gewisse klimatologische Rückschlüsse erlauben, erschließen uns maximal 5000 a. Die Zeit davor, allerdings mit Überlappung in die neuere Zeit, erschließt uns die indirekte Methodik der **Paläoklimatologie** (Kap. 11.2 und 11.3).

Nach diesen mehr oder weniger statistischen Betrachtungen ist es wichtig, den Bogen von der Differenzierung der zeitlichen Größenordnungen zurück zum Klimasystem (Kap. 2.3) zu spannen. Da ja das Klima und seine Variationen von den Klimasystemvorgängen gesteuert werden, verlangt eine über beschreibende Aspekte hinausgehende ursächliche Betrachtung nicht nur das Erkennen charakteristischer Zeiten atmosphärischer Vorgänge, sondern auch der Vorgänge im gesamten Klimasystem, ja wegen der externen Einflüsse sogar noch darüber hinaus. Bei so komplexen Gegebenheiten, wie sie beim Klimasystem nun einmal vorliegen, greift allerdings die bisher verwendete Definition der charakteristischen Zeit nicht allgemein. Als Alternativen sind denkbar, jeweils für die Subsysteme des Klimasystems (z.b. Atmosphäre, Ozean usw.) oder Sub-Subsysteme (z.b. Troposphäre, oberer Ozean usw.) folgendes zu betrachten:

- **Mittlere molekulare Verweilzeit**, die allerdings für Gase und Partikel unterschiedlich und zudem für viele Gase aus chemischen oder/und physikalischen Gründen stark differiert (vgl. Tab. 1 für die Atmosphäre).
- **Mittlere Umwälzzeit (Zykluszeit)**, zirkulationsgebunden, wobei abgeschätzt wird, wie lange ein Partikel benötigen würde, um einmal durch das Subsystem transportiert zu werden.
- **Reaktionszeit** bezüglich einer Störung (**Störungszeit**), i.A. so definiert, dass das Subsystem durch einen Wechselwirkungsvorgang oder externen Einfluss zeitlich begrenzt aus seinem Gleichgewichtszustand gebracht wird und dann die benötigte Rückkehrzeit zu diesem Gleichgewichtszustand angegeben wird.

In Ergänzung zu Tab. 1, in der für die Atmosphäre einige molekulare Verweilzeiten vermerkt, bringt Abb. 14 eine Zusammenstellung der für bestimmte Subsysteme des Klimasystems typischen Umwälz- (Zyklus-)zeiten (nach SALTZMANN 1983). Wir sehen, dass die kürzesten dieser Zeiten in der bodennahen Luftschicht der Atmosphäre und der Chionosphäre (Schneebedeckung) auftreten, im tiefen (Kaltwasser-) Ozean und den großen Inlandeisschilden dagegen sehr groß sind. Noch längere Zeiten gelten für die Lithosphäre, insbesondere in Zusammenhang mit der Kontinentaldrift und Gebirgsbildung (Orogenese), so dass diese letztgenannten Vorgänge häufig als extern (vgl. Kap. 2.3) aufgefasst werden, obgleich sie zu den Zirkulationsvorgängen innerhalb des Klimasystems gehören (Kap. 5–7).

Es gibt nun Überlegungen dahingehend, dass in einem Subsystem aus irgendwelchen Gründen in Gang gekommene Variationen, ggf. spricht man auch von **Autovariationen** (Selbstvariationen; Autovarianz), durch Wechselwirkungen von einem schnellen Subsystem auf ein langsameres übertragen werden, möglicherweise kaskadenartig durch das gesamte Klimasystem hindurch. Anschaulich kann man sich Stubenfliegen vorstellen (schnelleres System), die rasch hin und her fliegen (Autovariation), sich dabei hin und wieder auf ein Mobile setzen, so

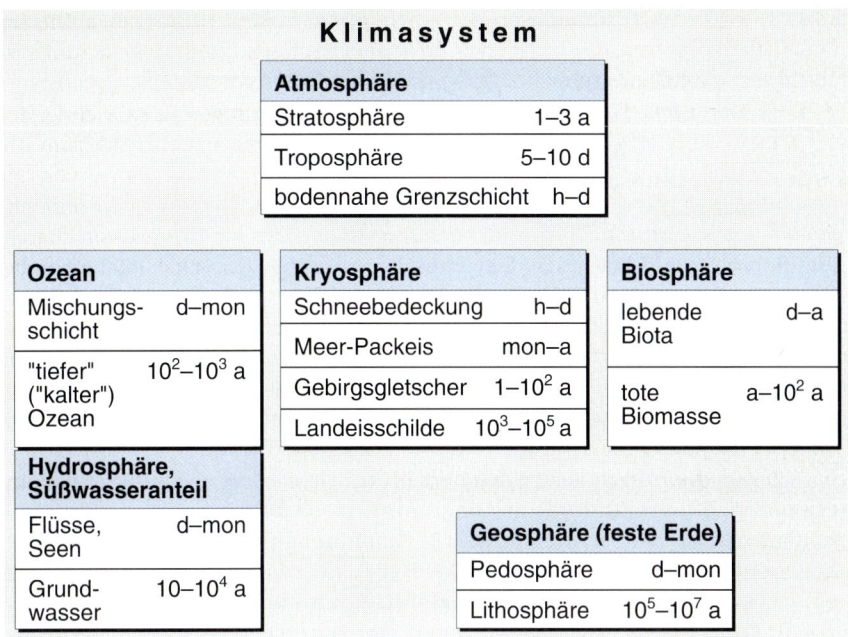

Abb. 14
Charakteristische Zeiten im Klimasystem (nach SALTZMANN, 1983, verändert; vgl. Abb. 8).

dass sich auch dieses in Bewegung setzt. Seinen Eigencharakteristika folgend wird die Mobilebewegung aber langsamer als die der Fliegen sein, und das ist der Punkt bei diesem Vergleich. Könnte in ähnlicher Weise z.b. der atmosphärische Wind langsamere ozeanische Variationen hervorrufen, diese dann wiederum langsamere kryosphärische Variationen usw.? Könnten dann diese Variationen, durch weitere Wechselwirkung, wieder von den langsameren in die schnelleren Subsysteme sozusagen rückübertragen werden? Sollte es auf diese Weise möglich sein, dass eine rasche stochastische (d.h. rein zufällige) Variation der Atmosphäre auf diesem Weg das ganze Spektrum der beobachteten Klimaschwankungen in Gang setzt? Werden dabei bestimmte „Eigenschwingungen" bevorzugt? Solche **stochastischen Klimavariationen** gibt es sicherlich, und in entsprechenden stochastischen Klimamodellen wird versucht, diese Vorgänge zu simulieren (Kap. 9.7).

Meist sucht der Klimatologe aber zunächst nach **deterministischen Anregungen**, wofür sowohl externe Einflüsse auf das Klimasystem als auch dessen interne Wechselwirkungen in Frage kommen. Ein ganz besonderes Anliegen der Klimatologie ist es dabei, den in den einzelnen Größenordnungen ablaufenden Klimaphänomen bzw. Klimaänderungen bestimmte einzelne Ursachen oder zumindest **Ursachenkomplexe** zuzuordnen und dabei zu separieren: die **stochastischen** oder **chaotischen** (Kap. 9.6) von den **deterministischen** bzw. innerhalb davon die **natürlichen** von den **anthropogenen**. Bei dieser Separierung hilft auch die Differenzierung nach Größenordnungen, und zwar zeitlichen, räumlichen und beides simultan. Diese simultane Differenzierung ist Gegenstand des folgenden Kapitels.

2.6 Scale-Betrachtungen

Werden atmosphärische Phänomene hinsichtlich ihrer räumlich-horizontalen Ausdehnung (charakteristische Länge) und zeitlichen Andauer (charakteristische Zeit) in Beziehung zueinander gesetzt, somit räumliche und zeitliche Größenordnung verglichen, so ergibt sich in kleiner Auswahl und drastischer Vereinfachung das in Abb. 15 gezeigte Diagramm. Interessanterweise lassen sich dann eine ganze Reihe atmosphärischer Phänomene (vgl. auch Abb. 9 und 12) ungefähr längs einer Diagonalen anordnen (zwischen den gestrichelten Linien in Abb. 15), und dies über charakteristische Zeiten von Sekundenbruchteilen bis Monaten und charakteristische Längen von Millimetern bis zur globalen Betrachtung. Diese **Gesetzmäßigkeit im Raum-Zeit-Diagramm**, wonach den hier einordenbaren Phänomenen bei großer räumlicher Größenordnung auch eine große zeitliche Größenordnung zukommt bzw. umgekehrt, hat insbesondere in der Meteorologie zum weitverbreiteten **Scale-Begriff** geführt. Makro- bzw. meso- bzw. mikroskalig betrifft aus dieser Sicht zugleich Raum und Zeit. Weitere Hinweise dazu sind beispielsweise bei FORTAK (1982) sowie HANTEL et al. (1987) zu finden.

Das in Abb. 15 gezeigte Diagramm, das zum Teil auch auf CLARK (1985) zurückgeht, zeigt nun aber auch viele Abweichungen davon auf, und diese gelten insbesondere für relativ große charakteristische Zeiten, etwa von einem Monat an aufwärts, also gerade für den klimatologischen Bereich. Die eingezeichneten Beispiele betreffen in der Rangfolge der charakteristischen Länge (räumlich-horizontalen Ausdehnung):

- Den Jahreszuwachs eines Baumes, sichtbar als Jahresringbreite, beeinflusst vom Standortklima während der Vegetationsperiode und daher als Indikator für Klimarekonstruktionen verwendbar, jedoch auch stark von den geographisch-bodenkundlichen Standortbedingungen abhängig;
- das bereits erörterte Beispiel des Tagesganges der Lufttemperatur an einer Station;
- der Niederschlagsjahresgang, gemittelt für ein Stadtgebiet;
- eine typische Sommeranomalie in Deutschland, z.B. ein entsprechend großräumig auftretender warm-trockener oder aber kühl-nasser Sommer (anomal falls erheblich von den Mittelwerten abweichend);
- die letzte Dürre-Periode in der Sahelzone (Afrika), die in den 60er bis 90er Jahren des vergangenen Jahrhunderts aufgetreten ist und einen in etwa 1000 km breiten Landstreifen umfasst;
- das ebenfalls schon erwähnte El-Niño-Phänomen, nämlich Warmphasen des tropischen Ostpazifiks (Warmwasserereignis), das eine typische zeitliche An-

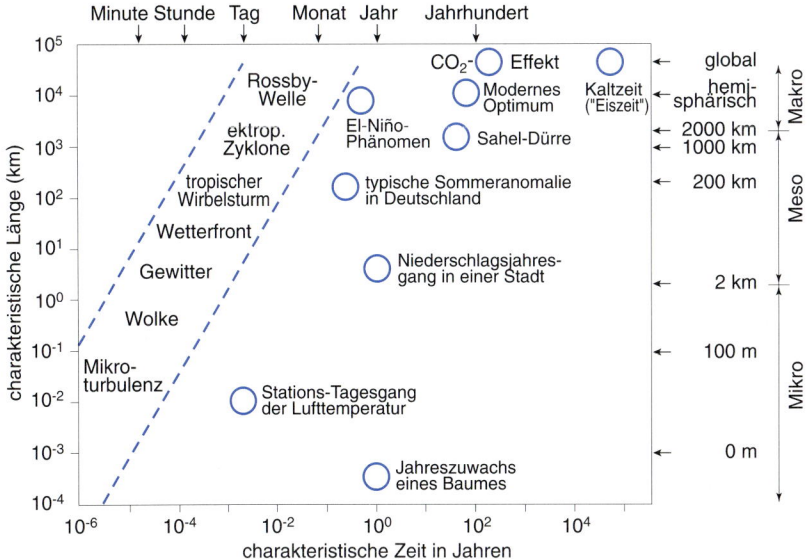

Abb. 15
„Scale" (Zeit-Längen)-Diagramm (Länge = räumlich-horizontale Größenordnung) mit Einordnung atmosphärischer (zwischen den gestrichelten Linien) bzw. klimatologischer (kreise) Phänomene (in Anlehnung an CLARK, *1985, verändert und ergänzt).*

dauer von wenigen Monaten, jedoch eine Horizontalausdehnung von mehreren 1000 km aufweist;

• das sog. „Moderne Klimaoptimum", ein nur nordhemisphärisch aufgetretenes relatives Temperaturmaximum in der Zeit um etwa 1935–1975 (Näheres in Kap. 11);

• die durch die anthropogene CO_2-Anreicherung der Atmosphäre bewirkte globale Erwärmung im Laufe des Industriezeitalters (Näheres in Kap. 12);

• eine ebenfalls global auftretende Kaltzeit („Eiszeit", Näheres in Kap. 11), die eine typische Zykluszeit in der Größenordnung von 10^4–10^5 a aufweist.

Somit funktioniert die in großen Bereichen der Meteorologie übliche Scale-Zuordnung in der Klimatologie nicht und Klimaskalen betreffen i.A. sehr unterschiedliche räumliche Größenordnungen. Dies ändert aber nichts daran, dass Klimaphänomene stets eine relativ große Zeitskala umfassen bzw. durch die relativ langzeitliche erfasste Statistik bestimmter Wetter- bzw. Witterungsphänomene repräsentiert werden. Dabei sind die Grenzziehungen durchaus fließend.

2.7 Klimadefinitionen

Wie lautet denn nun, aufgrund der bisher durchgeführten Betrachtungen, letztendlich die allgemeingültige Klimadefinition? Eine eindeutige Antwort auf diese

Frage kann leider nicht gegeben werden. Vielmehr tauchen immer wieder neue Formulierungen auf und rückblickend gibt es geradezu eine Geschichte der Klimadefinitionen. Im Zuge der fortschreitenden Spezialisierung, hängen heute Klimadefinitionen auch von den jeweiligen fachlichen Aspekten ab, was unter anderem leider auch zu separaten, sich von der Meteorologie abgrenzenden klimageographischen Formulierungen geführt hat (Beispiel BLÜTHGEN 1964, unten zitiert).

Dennoch sollte der Versuch einer **allgemeingültigen Formulierung** nicht aufgegeben werden. Folgen wir den Definitionen und Erörterungen der vorangehenden Kapitel, so zeichnen sich zwei Grundaspekte einer solchen Klimadefinition ab:

- Ein beschreibender Aspekt, der an der statistischen Methodik orientiert ist und zwei Einschränkungen enthält: nämlich eine Beschränkung auf atmosphärische Phänomene, vornehmlich der bodennahen Luftschicht, und eine Beschränkung auf relativ große charakteristische Zeiten der Phänomene bzw. relativ große zeitliche Beobachtungsintervalle;
- ein physikochemischer und somit kausaler Aspekt, der dem Konzept des Klimasystems folgt und daher eine interdisziplinäre Erweiterung, nicht zuletzt im Rahmen der Umweltdiskussion, darstellt.

Dementsprechend lässt sich als Arbeitshypothese formulieren:

Das **terrestrische Klima** ist die für einen Standort, eine definierbare Region oder ggf. auch globale statistische Beschreibung der relevanten Klimaelemente (a), die für eine nicht zu kleine zeitliche Größenordnung (b) die Gegebenheiten und Variationen der Erdatmosphäre (c) hinreichend ausführlich charakterisiert. Ursächlich ist das Klima eine Folge der physikochemischen Prozesse (d) und Wechselwirkungen im Klimasystem sowie der externen Einflüsse auf dieses System.

Diese knappe Definition bedarf der folgenden Erläuterungen (vgl. obige Buchstabenangaben in Klammern):

(a) Typisch für die Klimatologie ist zunächst eine **analytische Betrachtungsweise**, die das Klima in seine Elemente auflöst. Zu diesen **Klimaelementen** zählen nicht nur die traditionellen wie Temperatur, Feuchte, Niederschlag, Wind usw. (Kap. 3.1), sondern auch z.B. Strahlungsgrößen, Schadstoffkonzentrationen und vieles andere mehr (Kap. 3.1). Neoklimatologisch ist das Informationsangebot hinsichtlich der erfassten Größen zwar groß, hinsichtlich der erfassten Beobachtungszeit aber relativ klein; paläoklimatologisch sind die Zeitspannen zwar sehr groß, die Auswahl der rekonstruierbaren Klimaelemente und deren räumliche Differenzierung aber begrenzt (Kap. 11).

(b) Die **Einschränkung der zeitlichen Größenordnung** ist aus Abb. 12 ersichtlich und in Zusammenhang damit bereits diskutiert worden.

(c) Aus historischen sowie paläoklimatologischen Gründen beschränkt sich die Betrachtung der Klimageschichte weitgehend auf die **bodennahe Atmosphäre** (genauer: bodennahe Grenzschicht, bodennahe Luftschicht; vgl. Abb. 11). Prinzipiell durchaus möglich, aber unüblich ist es, vom Klima z.B. der Stratosphäre oder des Ozeans zu sprechen.

(d) Die **physikochemischen Prozesse**, die das Klima und seine Veränderungen steuern, sind sehr vielfältig (im Übrigen vierdimensional, d.h. müssen bezüglich der drei Raumkoordinaten und der Zeitkoordinaten differenziert werden) und im Allgemeinen deterministisch fassbar; das bedeutet, dass sich gesetzmäßige Ursache-Wirkung-Ketten auffinden lassen, allerdings mit vielen **Querverbindungen** (**vernetztes System**) und **Rückkopplungen** (d.h. sich selbst verstärkenden bzw. sich selbst abschwächenden Mechanismen, positive bzw. negative Rückkopplung genannt), so dass strenge Proportionalität selten gilt und die Gesamtwirkung nicht einfach die Summe der Einzelwirkungen ist (**nicht-lineares System**). Zum anderen Teil haben wir es aber auch mit stochastischen, d.h. **zufallsbedingten Anteilen** zu tun, die teils mit Hilfe statistischer Methoden (Kap. 3.3), teils durch chaostheoretische Ansätze (Kap. 9.6) behandelt werden.

Wie wir sehen werden, ist das Klima räumlich (Kap. 8 und 9) und zeitlich (Kap. 11) variabel, und das prinzipiell in allen (definitionsgemäß relativ großen) Größenordnungen. Der Begriff der **Klimaänderung** (Klimavariation, Klimawandel) ist jedoch meist zeitlich gemeint und wird im Allgemeinen analytisch, d.h. anhand der betrachteten Klimaelemente, angewendet, oder aber in der Zusammenschau solcher Klimaelemente. Diese Zusammenschau wird später (Kap. 9.4) behandelt, ebenso die mögliche Struktur, in der Klimaänderungen auftreten können (Kap. 11.1). Unter einem **Klimazustand** (Näheres wiederum in Kap. 11.1) versteht man die Statistik der Klimaelemente für ein definiertes Beobachtungsintervall, z.B. CLINO (vgl. Kap. 2.5) oder die „Nacheiszeit" (Postglazial; vgl. Kap. 11). Aus dieser Sicht kann, spezieller, eine Klimaänderung auch als Differenz zwischen zwei Klimazuständen aufgefasst werden.

Nicht zuletzt sind auch die **Auswirkungen des Klimas und seiner Änderungen** für die Klimatologie von zentraler Bedeutung. So orientiert man sich bei einigen Klimaklassifikationen an den Verbreitungszonen bestimmter Vegetationstypen (z.B. Wüstenausdehnung zur Festlegung des Trockenklimas oder Palmenvorkommen als Tropengrenze; Kap. 9.4). Während dieser Auswirkungsaspekt in der Klimadefinition von A. von Humboldt (1817, s. unten) noch explizit genannt ist, hat sich in der Folgezeit eine auf die Atmosphäre beschränkte und beschreibende Sichtweise durchgesetzt, wobei sich die Beschreibung mit Recht mehr und mehr an der statistischen Methodik orientiert. Kausalaspekte tauchen demgegenüber selten auf, z.B. bei Rubinstein und Drosdow (1956) oder Gates (1977), siehe jeweils unten, sollten aber eigentlich nicht unter den Tisch fallen.

Sinnvoll ist es dagegen, die Klimawirkungsaspekte von der engeren Klimadefinition abzutrennen. Dies soll keineswegs bedeuten, das diese Auswirkungen unwichtig wären, ganz im Gegenteil. Daher schließen sich an dieses Kapitel einige allgemeine Hinweise zu den interdisziplinären Querverbindungen der Klimatologie an, wo zum Teil diese Auswirkungen eine Rolle spielen, und in Kap. 10 wird speziell auf die Bioklimatologie eingegangen. Dieses Teilkapitel aber soll mit einer **Auswahl von Klimadefinitionen** abschließen, die einen Einblick in die verschiedenen Gesichtspunkte und die historische Entwicklung dieser Definitionen erlauben.

ANTIKES GRIECHENLAND: κλινω *(klino)* = *ich neige; Definition von zunächst drei und später sieben breitenkreisparallelen Zonen mit unterschiedlichem mittleren Einstrahlungswinkel der Sonne und daher unterschiedlichen Temperaturregimen.*

A. VON HUMBOLDT (1817/1845): *„Der Ausdruck Klima bezeichnet in seinem allgemeinen Sinne alle Veränderungen in der Atmosphäre, die unsere Organe merklich affizieren: die Temperatur, die Feuchtigkeit, die Veränderungen des barometrischen Druckes, den ruhigen Luftzustand oder die Wirkung ungleichnamiger Winde, die Größe der elektrischen Spannung, die Reinheit der Atmosphäre oder ihre Vermengung mit mehr oder minder schädlichen gasförmigen Exhalationen, endlich den Grad habitueller Durchsichtigkeit und Heiterkeit des Himmels, welcher nicht bloß wichtig ist für die vermehrte Wärmestrahlung des Bodens, die organische Entwicklung der Gewächse und die Reifung der Früchte, sondern auch für die Gefühle und die ganze Seelenstimmung des Menschen."*

J. VON HANN (1883): *„Unter Klima verstehen wir die Gesamtheit der meteorologischen Erscheinungen, die den mittleren Zustand der Atmosphäre an irgend einer Stelle der Erdoberfläche kennzeichnen."*

W. KÖPPEN (1923): *„Unter Klima verstehen wir den mittleren Zustand und gewöhnlichen Verlauf der Witterung an einem gegebenen Orte. Eine doppelte Abstraktion ist es, die uns zum Begriff des Klimas führt, nämlich eine Zusammenfassung einerseits der einzelnen wechselnden Witterungen, andererseits der einzelnen meteorologischen Elemente zu einem Gesamtbilde."*

E. S. RUBINSTEIN und O. A. DROSDOW (1956): *„Unter dem Klima eines gegebenen Ortes versteht man den langjährigen Durchschnitt seiner charakteristischen Witterungen, der durch die Sonneneinstrahlung, die Eigenart der Unterlage und die damit verknüpfte atmosphärische Zirkulation verursacht wird."*

J. BLÜTHGEN (1964): *„Das geographische Klima ist die für einen Ort, eine Landschaft oder eine größeren Raum typische Zusammenfassung der erdnahen und die Erdoberfläche beeinflussenden atmosphärischen Zustände und Witterungsvorgänge während eines längeren Zeitraumes in charakteristischer Verteilung der häufigsten, mittleren und extremen Werte."*

H.H. LAMB (1972): *„Klima ist die Gesamtheit der Wettererscheinungen eines Ortes im Jahresgang und im Laufe der Jahre. Es umfaßt nicht nur solche Bedingungen, die als 'durchschnittlich' oder 'normal' bezeichnet werden können, sondern auch die Extreme und alle Variationen."*

L. GATES (1977): *„Klima wird in drei verschiedenen Kategorien definiert, nämlich Klimasystem, Klimazustand und Klimaänderung. Das Klimasystem besteht aus Atmosphäre, Hydrosphäre, Kryosphäre, Lithosphäre und Biosphäre. Jede dieser Komponenten besitzt ganz unterschiedliche Charakteristika und ist mit den anderen durch eine Vielzahl physikalischer Prozesse verknüpft. Ein Klimazustand wird durch die vollständige Beschreibung des statistischen Zustandes des internen Klimasystems beschrieben, und zwar bezüglich ei-*

nes festgelegten Zeitintervalls und in Zusammenhang mit der Beschreibung der Randbedingungen. Eine Klimaänderung ist die Differenz zweier Klimazustände der gleichen Art."

WELTMETEOROLOGISCHE ORGANISATION (WMO, 1979): *„Klima ist die Synthese des Wetters über ein Zeitintervall, das im wesentlichen lang genug ist, um die Festlegung der statistischen Ensemble-Charakteristika (Mittelwerte, Varianzen, Wahrscheinlichkeiten extremer Ereignisse usw.) zu ermöglichen und das weitgehend unabhängig bezüglich irgendwelcher augenblicklicher Zustände ist."*

M. HANTEL, H. KRAUS und C.-D. SCHÖNWIESE (1987): *„Klima ist das statistische Verhalten der Atmosphäre, das für eine relativ große zeitliche Größenordnung charakteristisch ist." (Dort auch Näheres zur Definition des Klimas und weitere Beispiele aus der Literatur).*

2.8 Klimatologie als interdisziplinäre Wissenschaft

Die **Klimatologie** ist kein eigenständiges Studienfach und erst recht ist sie kein in sich geschlossenes Fachgebiet. Vielmehr ist sie, wie aus Kap. 2.1–2.7 hervorgeht, primär ein Teilgebiet der **Meteorologie**, der Physik und Chemie der Atmosphäre, mit der Spezialisierung auf Langfristprozesse, wie in Kap. 2.7 definiert. Nicht weniger bedeutend ist jedoch auch die Zuordnung der Klimatologie zur **Geographie** als der Wissenschaft der auf der Erdoberfläche beobachtbaren Phänomene, ablaufenden Prozesse und Querverbindungen. Zu diesen geographischen Phänomenen zählt das Klima, der Boden, die Erdoberflächengestalt (physische Erdoberfläche, einschließlich der Betrachtung der Vorgänge, die zur derzeitigen Gestalt geführt haben; Geomorphologie; zeitlich darüber hinaus auch Paläogeographie), die Vegetation u.a., schließlich über die **physische Geographie** und die Naturwissenschaft hinausgreifend auch Problemkreise der **Wirtschafts- und Kulturgeographie.** Liegt somit in der meteorologischen Klimatologie der Schwerpunkt der Betrachtung bei den drei- (bzw. vier-) dimensionalen atmosphärischen Prozessen, die zu den Klimaphänomenen führen, so sind es in der Klimageographie mehr die an der Erdoberfläche beobachteten Klimaphänomene an sich und ihre Querbezüge zu den weiteren geographischen Aspekten. Diese Querbeziehungen eröffnen gerade der Geographie wichtige Möglichkeiten hinsichtlich der Systemforschung, einschließlich interdisziplinärer ökologischer und sozioökonomischer Fragestellungen, somit auch der Klimawirkungsforschung. Natürlich existieren auch meteorologisch-geographische Überschneidungen, beispielsweise bezüglich der Messung der Klimaelemente, der darauf aufbauenden Klimastatistik, ihrer räumlichen Bezüge und zeitlichen Veränderungen sowie der Betrachtung der atmosphärischen und ozeanischen Zirkulation.

Wie die Darlegungen zum **Klimasystem** (Kap. 2.3) gezeigt haben, ist auch für den Meteorologen die Systemforschung unumgänglich, wenn er Klimaprozesse verstehen und modellieren (Kap. 9.5) möchte. Anders als bei der Geographie, wo die Landoberflächen doch von hervorgehobenem Interesse sind, führt die meteorologische Klimasystem-Betrachtung jedoch auch in die Höhen der Atmosphäre. Zudem führt, gerade von meteorologischen Aspekten aus, dieser Weg aber auch in die Tiefen des Ozeans, da dessen Zirkulation (und zwar die horizontale *und* vertikale) mit der atmosphärischen untrennbar verknüpft ist, und letztlich zur gesamten Physikochemie des Ozeans sowie zu den vorwiegend physikalisch betrachteten kryosphärischen Gegebenheiten und Prozessen. Damit ist die Klimatologie aber zu einer besonders ausgeprägt **interdisziplinären Wissenschaft** geworden, die außer den **meteorologisch-geographischen** Querbezügen und Überlappungen auch solche Bezüge zur **Ozeanographie** und **Glaziologie** aufweist. Und natürlich gibt es auch geographisch-ozeanographische und -glaziologische Berührungspunkte. Die **Bodenkunde** (Pedologie) ist zwar mehr der Geographie als der Meteorologie verhaftet, jedoch wird die Bodenbildung ganz wesentlich auch atmosphärisch beeinflusst, misst und berechnet der Meteorologe auch und oft schwerpunktmäßig die Stoff- und Energieumsätze am (Erdoberfläche) und im Boden, gehört neben der Lufttemperatur auch die Bodentemperatur zum üblichen Messprogramm der Wetterbeobachtung. Die **Hydrologie** ist sowieso für Geographie und Meteorologie von enormer Wichtigkeit, prägt doch das Süßwasser am und im Erdboden ganz wesentlich die Gestalt und die Vorgänge auf unserer Erde, einschließlich wirtschaftlicher und kultureller Gegebenheiten, und ist das Wasser in seinen drei Aggregatzuständen doch für die Troposphäre (meteorologischer Aspekt) die vielleicht wichtigste Substanz überhaupt. Ökonomisch-sozial gesehen ist das **Wasser** eine unbedingt notwendige Lebensgrundlage der Menschheit und mit ihr der gesamten Biosphäre.

Obwohl das Klimasystem diese **Biosphäre** ausdrücklich mit einschließt (Kap. 2.3) ist es aus praktischen Erwägungen heraus (Überschaubarkeit, Modellierbarkeit usw.) oft sinnvoll, die Atmosphäre-Hydrosphäre-Kryosphäre (Hydrosphäre mit Ozean), also das **abiotische Klimasystem**, vom biotischen zunächst zu trennen. Das beinhaltet den Nachteil, dass die entsprechenden Rückkopplungen zunächst unter den Tisch fallen, erlaubt es jedoch, Klima und Klimaänderungen in einem ersten Schritt relativ überschaubar zu erfassen und in einem zweiten Schritt die Auswirkungen auf die Biosphäre, insbesondere die **Vegetation**, abzuschätzen. Dies ist ein Teilaspekt der schon wiederholt genannten Klimawirkungsforschung. Umgekehrt erlauben Langzeitinformationen aus der Biosphäre, beispielsweise die über Jahrtausende vorliegenden jährlichen Zuwachsraten des Baumwachstums (Jahresringe) oder die Zusammensetzung der Pflanzenpollenarten (Pollenspektren) in verschiedenen Tiefen und somit verschieden alten Bodenschichten (Kap. 11.2) wichtige Aussagen zur Paläoklimatologie.

Ein in diesem Zusammenhang besonders wichtiges Spezialgebiet ist die **Phänologie** (nicht zu verwechseln mit dem allgemeineren Begriff der Phänomenologie), was die Beobachtung typischer Entwicklungsstufen der Pflanzenaktivität innerhalb des Jahresganges wie Blühbeginn bestimmter Pflanzen, Fruchtreife oder Laubverfärbung beinhaltet (Kap. 10.4). Obgleich es sich hier eigentlich um ein vegetationskundliches Phänomen handelt, haben Klimatologen daran immer wieder ein besonderes Interesse gezeigt und Internationale Phänologische Gärten eingerichtet, in denen diese phänologischen Phasen zusammen mit der

Wetterbeobachtung erfasst werden. (Einer dieser Gärten befindet sich auf dem Gelände des Zentralamtes des Deutschen Wetterdienstes in Offenbach/Main). Viele Klimaatlanten enthalten neben Mittelwertkarten meteorologisch/klimatologischer Elemente somit auch Karten phänologischer Phasen, z.b. den Beginn der Schneeglöckchenblüte als Indikator des Beginns des sog. Vorfrühlings (VAN EIMERN und HÄCKEL 1979; Näheres in Kap. 10.4). Diese wenigen Anmerkungen mögen hier genügen, um auf die vielfältigen Bezüge der Klimatologie zur **Biologie** hinzuweisen. Die entsprechende Ökosystemforschung, die nun biosphärische Subsysteme oder auch die globale Biosphäre in Beziehung zu den abiotischen Faktoren (Geoökologie) setzt und Inhalt der **Ökologie** ist, wurde bereits im Überblick genannt (Kap. 2.2).

Die **Geologie**, die sich mit der Entwicklungsgeschichte der Erde und des Lebens auf der Erde (Paläontologie) und den damit zusammenhängenden Prozessen beschäftigt, weist naturgemäß enge Bindungen zur **Paläoklimatologie** und damit zur Rekonstruktion der Klimageschichte auf. Nicht ohne Grund stammen die wesentlichen Lehrbücher zum „Klima der Vorzeit" (SCHWARZBACH 1984, FRAKES 1979) aus geologischer Feder.

Um nun diese vielfältigen Querbezüge zu überschauen, welche die Klimatologie zu einer interdisziplinären Wissenschaft par excellence machen, können wir eine Grobeinteilung der **Geowissenschaften** vornehmen und die oben besprochenen Fachrichtungen, die praktisch alle auch eigenständige Studienfächer sind, dieser Grobeinteilung zuordnen. Als Orientierung dient dazu Abb. 16. Wir können nämlich die **Physik der Erde**, die Geophysik im weiteren Sinn, zu der freilich mehr und mehr auch die **Chemie der Erde** gehört, einteilen in

- Physik/Chemie der Atmosphäre → **Meteorologie**,
- Physik/Chemie des Ozeans → **Ozeanographie** (Ozeanologie),
- Physik/Chemie des Eises → **Glaziologie**,
- Physik der festen Erde → **Geophysik** im engeren Sinn, schließlich
- Chemie der festen Erde → **Geochemie**,

bei der dann auch die in Abb. 16 nicht separat genannten Disziplinen **Mineralogie** und **Petrographie** einzuordnen wären.

Dabei bringt die **Geophysik** (im engeren Sinn) beispielsweise über den Vulkanismus einen wichtigen externen Vorgang in die internen Wechselwirkungen des Klimasystems hinein (Kap. 2.3). In ähnlicher Weise gehören auch die extraterrestrischen Vorgänge, mit denen sich die **Astronomie** bzw. **Astrophysik** befasst, beispielsweise in Zusammenhang mit Variationen der Sonneneinstrahlung („Sonnenaktivität"), zu diesen für das Klimasystem so wichtigen externen Einflüssen (Kap. 2.3), so dass in Abb. 16 das Klimasystem, hinsichtlich der externen Einflüsse darauf, in Aspekte der Astronomie (sozusagen von oben) und Geophysik (sozusagen von unten) mit eingebunden ist.

Die Grundlage zu den in Abb. 16 genannten Fachdisziplinen bilden **Physik** und **Chemie**, **Ökologie** und schließlich die methodischen Fächer **Mathematik** und **Informatik**; denn um möglichst exakt zu sein, müssen die betrachteten Ge-

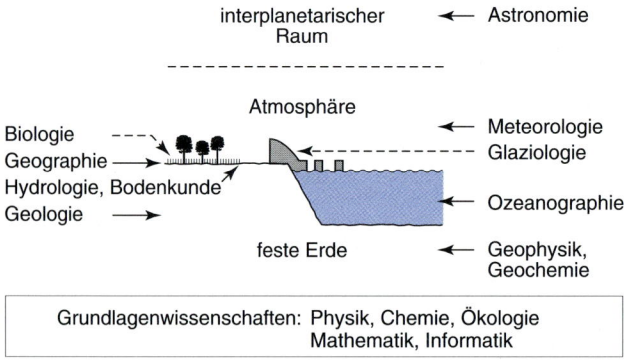

Abb. 16
Schema geowissenschaftlicher Regime und Fachrichtungen.

setzmäßigkeiten möglichst mathematisch formuliert und somit berechenbar sein und die Verarbeitung größerer Datenmengen, übrigens u.a. auch mit Hilfe der **mathematischen Statistik** (Kap. 3.3), erfordert die Inanspruchnahme der elektronischen Datenverarbeitung (EDV) und somit der Hilfestellung der Informatik. Es ist sicher nicht verfehlt, festzustellen, dass das Klima in allen anderen Wissenschaften, und darüber hinaus in Öffentlichkeit und Politik, seine Rolle spielt, so dass kaum jemand daran vorbeigehen kann.

Trotz aller Zuordnungen, Überlappungen und interdisziplinärer Querverbindungen ist aber auch eine **Untergliederung der Klimatologie** zu beachten. In grober, zum Teil auch historisch bedingter Abfolge kann diese Untergliederung wie folgt aussehen:

a) **Klimatologische Informations- und Datenerfassung** (Kap. 3.1 und 11) durch Messung und Beobachtung, nah (*in situ*, vor Ort) bzw. fern (*Remote Sensing*, z.B. von Satelliten aus); direkt (Neoklimatologie), einschließlich der Auswertung klimarelevanter historischer Quellen, bzw. indirekt (Paläoklimatologie); bodennahe Atmosphäre und Landoberfläche bzw. gesamte Troposphäre und zumindest auch untere Stratosphäre, schließlich alle Komponenten des Klimasystems;

b) **Klimadiagnose** durch Nutzung und zunächst empirisch-statistische Analyse dieser Informationen und Daten, einschließlich der Beschreibung, Interpretation und Hypothesenentwicklung zu allen erfassbaren Klimavariationen in Raum und Zeit; hier ist u.a. auch die **statistische Klimatologie** einzuordnen (Kap. 3.2, 3.3, 11);

c) Erfassung **klimarelevanter Prozesse der Atmosphäre** auf physikalischer wie chemischer Grundlage (Kap. 4–7), wobei sowohl experimental-physikalische als auch theoretisch-physikalische Prinzipien und Erkenntnisse einfließen, Chemie entsprechend;

d) Erweiterung dieser Prozessbetrachtungen auf das **gesamte Klimasystem,** einschließlich **Modellierung** (Klimamodelle, Kap. 6–8, 9.5–9.7).

e) Synthese von Klimadiagnose (b) und Klimasystembetrachtung (d) zur gegenseitigen Verifikation und Etablierung eines klimatologischen Gesamtbildes (Kap. 9);

f) **Auswirkungen** (Klimaimpakt, engl. climate impact) der klimasystemimmanenten abiotischen Gegebenheiten und Variationen auf **biotische und ökonomische** (z.b. Landwirtschaft) **Systeme und Effekte** (Kap. 10), was dann

g) zu weiteren **Querverbindungen der Klimatologie** (Kap. 13) und schließlich über diese hinaus

h) in **gesellschaftliche und politische Bereiche** hineinführt, wo die Konsequenzen aus dem klimatologischen Wissen zu ziehen sind (Kap. 14).

Soweit die Untergliederung nach wissenschaftlich-klimatologischen Gesichtspunkten.

Wissenschaft bedeutet aber über Wissen hinaus auch die Abgrenzung zum Nicht-Wissen bzw., was im Einzelnen besonders problematisch sein kann, zum Ungefähr-Aber-Nicht-Genau-Wissen. Dies bedeutet, dass zum einen die **Unschärfen** (insbesondere der Klimadiagnostik und Klimamodellierung) zu quantifizieren sind, zum anderen ergibt sich daraus ein erheblicher **Forschungsbedarf**, der darauf abzielt, aufkosten des Nicht-Wissens und Ungefähr-Wissens das Wissen zu vermehren. Notwendige Komplexe von Forschungsschwerpunkten der Klimatologie lassen sich aufgrund der oben genannten Untergliederung rasch finden:

• Forschung durch **Messprogramme** (Atmosphäre bzw. gesamtes Klimasystem);

• Bereitstellung, Qualitätskontrolle und Aufbereitung von **Klimadaten,** aus neoklimatologischen, historischen und paläoklimatologischen Quellen;

• **Klimadiagnose-Forschung** (statistisch und prozessorientiert);

• **Klimasystemforschung**, einschließlich der Verbesserung und Weiterentwicklung von **Klimamodellen** und ihrer Anwendung in Modellsimulationen, global und regional;

• **Klimawirkungsforschung** (vgl. hierzu auch Kap. 14.)

Eine besondere, übergeordnete und aktuelle Forschungsaufgabe ist in der **Problematik anthropogener Klimaänderungen** (Kap. 12) zu sehen, die diagnostisch (Daten und deren Interpretation), systemanalytisch (Prozesse und Modelle) und in der Wirkungsforschung anzugehen ist, wobei hier der besondere prognostische Aspekt hinzutritt, (Szenarien. Modellprojektionen; Kap. 9.5, 9.6, 12 und 14) sowie die **Abhilfeforschung**, um unerwünschte anthropogene Effekte zu vermeiden bzw. abzumildern. Eng damit verknüpft ist das Problem, anthropogene und natürliche **Klimaänderungen** (wiederum diagnostisch und systemanalytisch) zu trennen. Dies ist, gerade in der Klimadiagnose, sehr schwierig, liefert aber letztlich zusammen mit den Klimamodellvorhersagen erst die Argumente für die Wirkungs- und Abhilfeforschung sowie für gesellschaftspolitische Maßnahmen (Kap. 14).

Es ist folgerichtig und begrüßenswert, dass das wissenschaftliche wie öffentliche Interesse an der Klimatologie und die damit verbundenen Herausforderungen zu intensiver **Klimaforschung** geführt haben und führen. Die Programme zur Förderung der Klimaforschung ändern sich jedoch immer wieder in ihren Zielsetzungen und Ausprägungen, so dass hier nur einige wenige Hinweise dazu gegeben werden sollen. In Deutschland existierte seit 1982 das **Rahmenprogramm der Bundesregierung zur Förderung der Klimaforschung**, das im Wesentlichen vom damaligen Bundesministerium für Forschung und Technologie (BMFT) getragen wurde. Seit 2001/2002 hat es im **Deutschen Klimaforschungsprogramm** (DEKLIM) des Bundesministeriums für Bildung und Forschung (BMBF) einen Nachfolger gefunden. Aber auch andere Bundesministerien, das Umweltbundesamt, einige Bundesländer und die Deutsche Forschungsgemeinschaft (DFG) unterstützen die Klimaforschung.

International existiert das nach der Ersten Weltklimakonferenz (Genf 1979, UN-Gremien) konzipierte und ständig fortentwickelte **Weltklimaprogramm** (World Climate Programme, WCP). Es besteht im Wesentlichen aus Empfehlungen der Weltmeteorologischen Organisation (WMO) und dem United Nations Environment Programme (UNEP). Es gliedert sich in das World Climate Data und Monitoring Programme (WCDMP; WMO), das World Climate Applications and Services Programme (WCASD; WMO) das World Climate Research Programme (WCRP; WMO und ICSU = International Council of Scientific Unions) und das World Climate Impact Assessment and Response Strategies Programme (WCIRP; UNEP). Wichtige Teilprojekte von WCP bzw. WCRP sind u.a. 'Climate Variability and Predictability' (CLIVAR), 'Global Energy and Water Cycle Experiment' (GEWEX), 'Stratospheric Processes and Their Role in Climate' (SPARC) und 'World Ocean Circulation Experiment' (WOCE).

Neben **EG-Aktivitäten** (Kommission der Europäischen Gemeinschaften, Umweltforschungsprogramm, darunter auch diverse klimatologische Aspekte) und dem 1988 durch UN-Beschluss eingerichteten **Intergovernmental Panel on Climate Change** (IPCC; WMO, UNEP), das insbesondere über den Kenntnisstand der anthropogenen Klimaänderungen zu informieren hat (zuletzt HOUGHTON et al. 2001), ist auch das seit 1987 existierende **Internationale Geosphären-Biosphären-Programm** (IGBP) zu nennen, in dem international und interdisziplinär, ganz im Sinn der in Kap. 2.2 und 2.3 gegebenen Definitionen, systemare Umweltzusammenhänge untersucht werden (UN, UNEP, UNESCO u.a; national auch BMBF und DFG). Speziell in diesem Zusammenhang ist **Global Change**, unsere Erde im Wandel, als weltumfassendes Problem und entsprechend umfassende Forschungsaufgabe definiert, zu der nicht zuletzt auch die Klimatologie beiträgt.

3 Grundlagen des empirischen Klimas

Um nach den begrifflichen Klärungen der vorangegangenen Kapitel nun eine solide Basis der Klimatologie aufzubauen, sind zunächst die physikalischen Definitionen und messtechnischen Aspekte der Klimaelemente vorzustellen. Dabei geht es um Temperatur, Niederschlag, Bewölkung, Luftfeuchte, Luftdruck, Wind und, je nach Problemstellung, noch weitere Klimaelemente. Sie werden täglich im globalen Beobachtungssystem der nationalen Wetterdienste, koordiniert von der Weltmeteorologischen Organisation, erfasst, während man unter Klimafaktoren übergeordnete astronomische bzw. geographische Randbedingungen versteht. Der für die Klimatologie typische Langzeitaspekt erfordert zudem Klimadaten auch für die weiter zurückliegende Vergangenheit, oft in Form sog. Zeitreihen, die erst mit Hilfe vielfältiger statistischer Analysemethoden ihren ganzen Informationsgehalt offenbaren.

Nach der Erläuterung einiger Grundbegriffe sowie der Vorstellung von Definition/en, Motivation/en und interdisziplinärer Bezüge des Klimas (Kap. 2) ist es nun angebracht, zu fragen: Wie ist das Klima eigentlich, wie lässt es sich beschreiben? Diese Frage lässt zunächst zweierlei außer acht, was erst später erörtert werden soll, nämlich die ursächlichen Prozesse (Kap. 4–7) und die Klimavariationen (Kap. 11). Dies bedeutet, dass nach dem mehr oder weniger für die jetzige Zeit gültigen **Klimazustand** gefragt wird. In weitergehender Einschränkung geht es auch noch nicht um die zweidimensionale Feld- bzw. dreidimensionale räumlich deskriptive Erfassung des Klimas (Kap. 8), die erst nach der Behandlung der Ursachen verständlich wird, sondern viel grundlegender um die **Hilfsmittel** der empirischen Klimazustandserfassung, dies freilich in enger Orientierung an experimental-physikalische Grunddefinitionen und Grundgesetze, ohne die weder eine empirische noch eine ursächliche Betrachtung des Klimas möglich ist. Die genannten Hilfsmittel der empirischen Klimatologie sind die **Klimaelemente**, in die der komplexe Klimabegriff aufgespalten wird (analytisches Vorgehen), bevor an späterer Stelle wieder die Zusammenfügung (Klimasynopsis, Kap. 9) erfolgt. Klimaelemente (Kap. 3.1) lassen sich formal gewissen astronomischen und geographischen **Klimafaktoren** (Kap. 3.2) zuordnen. Zudem sind Klimaelemente stets zeitlich-räumliche Variable, und diese Variationen werden von **Klimadaten** repräsentiert. Die **mathematisch-statistische Analyse** (Kap. 3.3) eröffnet erst ihren vollen Informationsgehalt, der ohne solche Methoden weitgehend verborgen bleibt.

3.1 Klimaelemente

Klimaelemente sind primär meteorologische Größen, die der **Messung** (z.b. Temperatur), **Schätzung** (z.b. Sichtweite, sofern nicht gemessen) oder **Phänomenbeobachtung** (z.b. Gewitter, ohne nähere quantitative Kennzeichnung) in der Atmosphäre der Erde zugänglich sind. Mess- und Schätzgrößen bestehen aus einem Zahlenwert und einer Maßeinheit und sind eigentlich das Produkt aus beidem, obwohl in der üblichen Schreibweise beides nebeneinander gestellt wird (z.b. Sichtweite 5.5 km heißt eigentlich 5.5 × 1 km, wobei 1 km die Maßeinheit ist; Messung oder Schätzung ist dann die Beantwortung der Frage, das Wievielfache (Zahlenwert) die jeweilige Mess- bzw. Schätzgröße im Vergleich zur Maßeinheit ist (wobei natürlich auch Faktoren = Zahlenwerte <1 vorkommen können, vgl. Anhang A.2).

Oft ist es sinnvoll, mehrere Messgrößen in **zusammengesetzten Größen** zu kombinieren, die dann auch als Klimaelemente (Klimagrößen) aufgefasst werden können (z.b. Äquivalenttemperatur, Kap. 3.1.4, die sich aus einer Temperatur- und Feuchteinformation zusammensetzt). Ähnliches gilt für **Indexwerte**, die eigentlich relative Maßzahlen ohne Maßeinheit sind (z.b. Kontinentalitätsindex, Kap. 9.2), gelegentlich aber auch eine Maßeinheit aufweisen (z.b. die als Zonalindex bezeichnete horizontale Luftdruckdifferenz einer bestimmten Region). Der Unterschied zwischen Klimagrößen und Klimaindizes besteht darin, dass erstere entweder physikalische Messgrößen sind bzw. aus physikalischen Gesetzmäßigkeiten hervorgehen, während letztere mehr oder minder willkürlich aus praktischen Erwägungen zur weitergehenden Klimakennzeichnung definiert werden. Davon sind als dritte Art von Klimaelementen die **Klimaparameter** zu unterscheiden, die durch physikalische, häufig auch mathematisch-statistische Transformation aus Klimagrößen hervorgehen und diese in physikalischen Gleichungen bzw. Modellen substituieren. Ein einfaches Beispiel ist die bodennahe global gemittelte Lufttemperatur („Weltmitteltemperatur"), die sich in einer einzigen Gleichung mit der solaren Einstrahlung und der terrestrischen Ausstrahlung verknüpfen lässt (Kap. 4.2) und somit von diesen Strahlungsflüssen abhängt, aber nicht direkt messbar ist. Auch externe Einflüsse auf das Klimasystem (Kap. 2.3) werden gelegentlich als Klimaparameter und somit Elemente unseres Klimas aufgefasst, obwohl sie besser als Klimafaktoren (Kap. 3.2) zu definieren sind. Ein komplizierteres Beispiel der Einführung von Parametern ist die Umsetzung des im Einzelnen kleinräumig ablaufenden Prozesses der Konvektion (Kap. 4.2), einschließlich der Bildung von Konvektionswolken (Kap. 3.1.5), in für größere Regionen repräsentative Größen, um sie in relativ grobmaschigen Klimamodellen (Kap. 9.5) behandeln zu können.

Im Folgenden sollen die wichtigsten primären, direkt mess- bzw. beobachtbaren Klimagrößen vorgestellt werden. Chemische Aspekte, die in Form von z.b. Spurengaskonzentrationen in Erweiterung der klassischen Vorstellung durchaus auch als Klimaelemente aufgefasst werden können, sind bereits in Kap. 2.1 und 2.2 genannt worden. (Indexdefinitionen folgen u.a. in Kap. 9.2.) Alle Klimaelemente charakterisieren prinzipiell nicht nur die bodennahe, sondern auch die höhere Atmosphäre, zumindest in der Troposphäre und unteren Stratosphäre. Die Erweiterung auf weitere Komponenten des Klimasystems erfolgt in Kap. 6, 7 und 10. Im Sinne der Mathematik sind alle Klimaelemente zugleich Variable, i.A. mit der Eigenschaft der Stetigkeit, d.h. dass sie im Prinzip beliebige Zahlenwerte annehmen können. In der Praxis werden sie jedoch meist diskret, und zwar zu bestimmten Zeitpunkten (Terminen) erfasst.

3.1.1 Lufttemperatur

Die Temperatur der atmosphärischen Luft wird meist als primäres Klimaelement (Klimagröße) genannt, da sie sowohl bei der Klimaklassifikation als auch bei der Erfassung der Klimageschichte im Vordergrund steht. Definiert ist die Temperatur T, wie im Kap. 1 schon kurz erwähnt, mikroskopisch über die **mittlere molekularkinetische Energie** E_{kin} von Materie, im Fall der Atmosphäre eines Luftquantums: Je geringer die Eigengeschwindigkeit der Atome und Moleküle ist, um so geringer ist die Temperatur und umgekehrt:

$$E_{kin,mol} = \frac{3}{2}\, kT \quad \text{bzw.} \quad T = \frac{2}{3}\,\frac{E}{k} \qquad (3.1)$$

mit $k = 1.3799 \times 10^{-23}$ JK^{-1} = Boltzmann-Konstante, woraus mit dem allgemeinen Ausdruck für die kinetische Energie $E_{kin} = 1/2\ m\mathrm{v}^2$ (vgl. Kap. 2.2; m = Masse, v = Geschwindigkeit) folgt:

$$\frac{1}{2}\, m\mathrm{v}^2 = \frac{3}{2}\, kT \quad \text{bzw.} \quad T = \frac{1}{3}\,\frac{m\mathrm{v}^2}{k} \qquad (3.2)$$

Die **Maßeinheit** der Temperatur ist dabei wie in allen physikalischen Grundgleichungen K = **Kelvin** (vgl. auch Anhang A.2); in einigen empirischen oder halbempirischen Gleichungen taucht auch die in der Praxis vertrautere Maßeinheit °C = **Grad Celsius** auf mit der (gerundeten) Umrechnung

$$K = °C + 273 \quad \text{bzw.} \quad °C = K - 273 \qquad (3.3)$$

Während sich nämlich die Celsius-Skala am Gefrier- (0 °C) und Siedepunkt (100 °C) des Wassers orientiert (bei Normbedingungen in Bodennähe), beginnt die Kelvin-Skala mit dem absoluten Nullpunkt, das heißt der tiefstmöglichen Temperatur überhaupt, der die molekularkinetische Bewegung Null (v = 0 in Gleichung (3.2)) entspricht: 0 K = –273 °C oder genauer –273.15 °C. In den angelsächsischen Ländern ist darüber hinaus die **Fahrenheit**-Skala (°F) noch sehr verbreitet,

$$°F = \frac{9}{5} °C + 32 \quad \text{bzw.} \quad °C = \frac{5}{9} (°F - 32) \tag{3.4}$$

während die französische **Réaumur**-Skala

$$°R = \frac{4}{5} °C \quad \text{bzw.} \quad °C = \frac{5}{4} °R \tag{3.5}$$

nur noch selten anzutreffen ist.

In Gleichung (3.1) soll der Index *kin,mol* die Art der Energie (*E*) kennzeichnen (molekularkinetisch), ist aber im Folgenden der Einfachheit halber weggelassen. Eine Zusammenstellung der wichtigsten Maßeinheiten ist im Anhang (A.2) zu finden. Was nähere Details der hier und im Folgenden benutzten Grundgleichungen betrifft, so sei auf die meteorologisch-physikalische Grundlagenliteratur verwiesen (z.B. MÖLLER 1973, LILJEQUIST und CEHAK 1984, HÄCKEL 1999, KRAUS 2000, ROEDEL 2002).

Die klimatologische Messung der Temperatur orientiert sich an der physikalischen Grundtatsache, dass sich Materie bei Erwärmung ausdehnt und entsprechend bei Abkühlung zusammenzieht. Wie Abb. 17 zeigt, ist diese temperaturabhängige Volumenänderung

$$V = V_o (1 + \gamma (T - T_o)) \tag{3.6}$$

(V_o u. T_o = Ausgangsvolumen und -temperatur, γ = materialabhängiger Ausdehnungskoeffizient; GAY-LUSSAC-Gleichung) mit einer Dichteänderung verknüpft, die bei Gasen aus der einfachen Beziehung

$$pV = p/\rho = R_L T \tag{3.7}$$

(p = Druck, R_L = Gaskonstante für atmosphärische Luft = 2.8705×10^2 m²s⁻¹K⁻¹; ideale Gasgleichung) ersichtlich ist, falls der Druck konstant gehalten wird (p = const. = isobare Betrachtung); dann sind offenbar T und V zueinander pro-

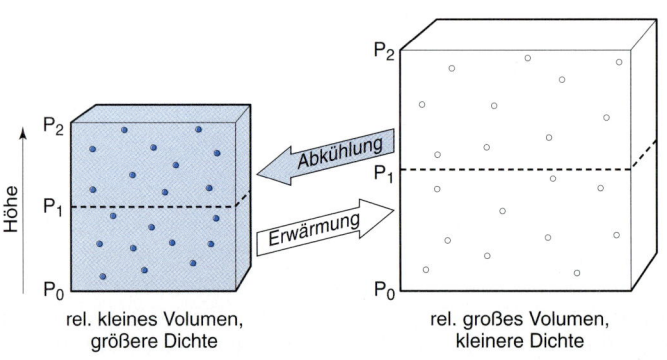

Abb. 17
Veranschaulichung von Volumen- und Dichteänderungen bei Abkühlung bzw. Erwärmung.

portional bzw. *T* und *ρ* umgekehrt proportional. Diese Gegebenheiten werden später (Kap. 4 und 5) eine wichtige Bedeutung erlangen.

Während bei Gasen nun statt (3.6) einfacher

$$V/V_o = T/T_o \qquad (3.8)$$

gilt, werden zur Temperaturmessung flüssige, z.B. Quecksilber (Hg), oder feste Substanzen, z.B. Metalle, verwendet. In diesem Fall muss der für jedes Element bzw. jede Verbindung (auch Legierung) unterschiedliche thermische Ausdehnungskoeffizient γ bekannt sein und das Messinstrument entsprechend geeicht werden. Daher sind beim weitverbreiteten Quecksilberthermometer (Hg in flüssigem Aggregatzustand) entsprechend der Ausdehnung (Höhe) der Quecksilbersäule Teilstriche angebracht, also eine Proportionalskala, die bei Präzisionsinstrumenten die Ablesung auf ca. ±0.1 °C genau erlaubt. Dies setzt allerdings voraus, dass Messfehler, insbesondere **Strahlungs- und Trägheitsfehler** vermieden werden; d.h. bei der Messung darf die „Übertragung" der Temperatur von der Luft auf das Quecksilber nur durch Wärmeleitung und keinesfalls durch Sonneneinstrahlung vor sich gehen, die durch materialbedingte Absorption dieser Strahlung eine zusätzliche Temperaturerhöhung mit sich bringt und daher mit der Lufttemperatur nichts zu tun hat („Temperatur in der Sonne" ist somit Unsinn).

Neben der Unterbindung direkter Sonneneinstrahlung ist im Übrigen auch Wärmestau zu vermeiden, d.h. die Luft muss am Thermometer ungehindert vorbeizirkulieren können. (Näheres zur Messung der Klimaelemente, einschließlich Abbildungen, siehe z.B. LILJEQUIST und CEHAK 1984, HÄCKEL 1999, KRAUS 2000). Dagegen ist der Trägheitsfehler, der bei relativ raschen Temperaturänderungen in Erscheinung tritt, nicht zu vermeiden, obwohl auch ein positiver Effekt damit verbunden ist, nämlich eine gewisse Mittelung der Temperatur über die am Thermometer vorbeidriftenden Luftpakete (Tiefpaßfilterung, Kap. 3.3). Wie bereits erwähnt, ist international (WMO) für alle Klimaelemente außer dem Wind eine Messhöhe von 2 m über Grund festgelegt. Dazu wird allgemein die Englische Hütte verwendet, ein weiß angestrichener mit Schlitzen versehener in Messhöhe angebrachter Kasten (vgl. oben angegebene Literatur).

Andere Temperaturmessprinzipien wie beispielsweise die widerstandselektrische Temperaturmessung (wegen der Proportionalität von Temperatur und elektrischem Widerstand) oder das Bimetallthermometer (mechanische, zur Temperatur proportionale Biegung wegen der unterschiedlichen Ausdehnungskoeffizienten zweier aneinandergelöteter Metalle) spielen in der Klimatologie nur eine untergeordnete Rolle (z.B. Bimetallthermometer bei selbstregistrierender und somit schreibender Messung; Thermograph). Vielmehr erfolgt die klimatologische Dokumentation über die Mittelwertbildung der Einzelmesswerte, wobei aus historischen Gründen (Vergleichbarkeit heutiger mit früher ermittelten Werten) an den **Mannheimer Stunden** (Kap. 1) festgehalten wird, d.h. Messung um 7, 14 und 21 Uhr mittlerer Ortszeit (MOZ), wobei zur Errechnung der Tagesmittelwerte bei der Temperatur der 21-Uhr-Wert mit doppeltem Gewicht (Kap. 3.3) in diese Berechnung eingeht. Schließlich gibt es besondere Thermometerausführungen zur Bestimmung der täglichen Maximum- und Minimumtemperatur (im Fall des Maximums im Prinzip ein Fieberthermometer). Der Messbereich des Quecksilberthermometers reicht im Übrigen nur bis ca. −35 °C, da Hg bei −38.8 °C gefriert. Darunter bieten sich bis etwa −50 °C Quecksilber-Thallium-Legierungen und im weiteren (gefärbter) Alkohol an (Gefrierpunkt −117 °C).

3.1.2 Luftdruck

Das Klimaelement Luftdruck ist zwar (im natürlichen Variationsbereich und nicht in zu größer Höhe über dem Meeresspiegel) von Mensch, Tier und Pflanze physiologisch nicht wahrnehmbar, jedoch bei der Entstehung wetter- und klimawirksamer Phänomene (Hoch- und Tiefdruckgebiete, Kap. 4.3), der atmosphärischen Zirkulation (Kap. 5) und dementsprechend beim Zustandekommen der Klimazonen (Kap. 9.4) überaus wichtig. Der Luftdruck ist somit zwar weniger dem effektiven Klima, wohl aber der Klimaverursachung zuzurechnen. Als direkt zugängliche Messgröße zählt er aber zugleich zu den primären Klimaelementen.

Druck ist generell als Kraft pro Fläche definiert,

$$p = \frac{K}{F} \qquad (3.9)$$

wobei die physikalische Kraft (Kap. 2.2) unter diesem mechanischen Aspekt einer Masse m eine bestimmte Beschleunigung b verleiht (tatsächlich oder potentiell, $K = mb$; vgl. auch Formel (2.6) in Kap. 2.2). Im Fall der Atmosphäre kann man sich eine **Luftsäule** von Gewicht K_G = G = mg (g = Erdbeschleunigung = 9.806 ms^{-2} in 45° geographischer Breite und unter Normbedingungen) vorstellen, die auf einer **Bezugsfläche** F lastet,

$$p = \frac{mg}{F} \qquad (3.10)$$

wobei diese Bezugsfläche allerdings nicht horizontal angeordnet sein muss, da Gaskräfte und somit auch der Luftdruck p prinzipiell in alle Richtungen in gleicher Weise wirken. Die Erdbeschleunigung g ist im Übrigen eine recht komplizierte Funktion der geographischen Breite φ (wegen der polaren Abplattung des Erdkörpers) und der Höhe z,

$$g = 9.80616 \, (1 - 0.00002673 \cos2φ + 0.000000059 \cos^2φ) \, (1 - π10^{-9}z) \quad (3.11)$$

(MÖLLER 1973), hinter der als physikalisches Grundphänomen die Gravitation (Kap. 2.2) steht. Nach KUCHLING (2001) gilt für die Erdbeschleunigung der Normwert g = 9.80665 ms^{-2} ≈ 9.81 ms^{-2} (vgl. Anhang A.2.4). Die **Basismaßeinheit** des Drucks ist **Pascal = Pa = Nm^{-2}** (Newton pro Quadratmeter = kgm^{-1}s^{-2}), wobei in der Meteorologie meist die Einheit hPa (**Hektopascal** = 100 Pa) verwendet wird, da sie die gleichen Zahlenwerte liefert wie die früher übliche Einheit mbar (Millibar = 10^{-3} bar; somit ist hPa = mbar). Nur noch selten begegnet man der Einheit Torr (auch mm Hg = Millimeter Quecksilbersäule) $\approx 1.3332 \times 10^2$ Pa = 1.3332 hPa (1 hPa $\approx$ 0.75006 Torr). In mittlerer Meeresspiegelhöhe und unter Normbedingungen beträgt der Luftdruck 1013.25 hPa $\approx$ 760 Torr.

Die Bezeichnung Quecksilbersäule deutet auf das wichtigste Luftdruck-Messgerät hin, nämlich das **Quecksilberbarometer**, wie es im Prinzip im 17. Jahrhundert schon TORRICELLI (Kap. 1) angegeben hat. Heute befindet sich das Quecksilber in einem U-förmigen Rohr (Details und Abbildung s. HÄCKEL 1999, KRAUS 2000), dessen eines Ende, in vertikaler Aufhängung gegen ein Vakuum oder einen Unterdruckbehälter grenzt und dessen anderes Ende dem Luftdruck ausgesetzt wird. Je nach Stärke dieses Luftdrucks wird die Quecksilbersäule in Richtung des Vakuums bzw. Unterdrucks angehoben und die so sich abzeichnende Säulenhöhe des Quecksilbers ist ein Maß für den Luftdruck.

Außer der bei der Skalierung erforderlichen Berücksichtigung der Geräteausmaße (Apparatekonstante) muss der Messwert noch in zweierlei Hinsicht **korrigiert** werden: Erstens unterliegt das Quecksilber auch einer thermisch bedingten Volumenänderung, die ja bei der Temperaturmessung ausgenutzt wird, die Luftdruckmessung jedoch verfälscht; zweitens geht die von der geographischen Breite und Stationshöhe abhängige Erdbeschleunigung g in die Messung ein, so dass zur Sicherstellung der Messwertvergleichbarkeit auf „Normalschwere", d.h. g in 45° geographischer Breite (vgl. (3.11)), und Bedingungen der Normatmosphäre umgerechnet wird. Luftdruckmessung ist somit nicht gerade einfach, wobei man sich in der Praxis mit Umrechnungstabellen für diese Korrekturen in Abhängigkeit von T (thermische Korrektur) und g (Schwerekorrektur bzw. Breiten-/Höhenkorrektur) behilft.

Von diesen Korrekturen, die der Beseitigung von Messfehlern dienen, ist die **Reduktion** auf mittlere Meeresspiegelhöhe (mean sea level = MSL; „Normal-Null" = NN = mittlerer Meeresspiegel in Amsterdam) strikt zu unterscheiden. Im Gegensatz zur Temperatur, wo ganz unterschiedliche – sogar was das Vorzeichen betrifft – vertikale Gradienten auftreten, gilt für den Luftdruck hierfür eine strenge Beziehung, die sich aus der statischen Grundgleichung (für alle Medien gültig) ableitet, nämlich

$$\partial p = - g \partial z \qquad (3.12)$$

Das partielle Differential ∂ drückt dabei eine Änderung in Abhängigkeit von willkürlich ausgewählten Koordinaten, hier z aus, während das totale Differential d die vollständige Änderung (hinsichtlich aller Koordinaten) erfasst, beides im infinitesimalen Grenzübergang. Daraus folgt in Verbindung mit der idealen Gasgleichung (3.7) die **barometrische Höhenformel**, beispielsweise in der Form

$$\frac{\partial p}{\partial z} = - \frac{g}{R_L} \frac{p}{\overline{T_v}} \qquad (3.13)$$

mit $\overline{T}_v$ virtuelle Mitteltemperatur der betrachteten Schicht; virtuell bedeutet, dass bei genauer Rechnung die Luftfeuchte zu berücksichtigen ist, was in Form der virtuellen Temperatur T_v (Näheres in Kap. 3.1.4, Formel (3.32)) geschehen kann.

Formel (3.13) zeigt, dass die vertikale Luftdruckabnahme ($\partial p/\partial z$) vom Luftdruck selbst abhängig ist, d.h. um so geringer ausfällt, je geringer der Luftdruck und damit je größer die Höhe ist. Daraus ergibt sich eine nicht-lineare Funktion mit der Faustregel, dass der Luftdruck nach jeweils 5.5 km Höhenunterschied auf rund die Hälfte zurückgeht (somit in 11 km Höhe ein Viertel des MSL-Wertes usw.; vgl. Kap. 2.1, Abb. 1). Weiterhin ist die vertikale Luftdruckabnahme umgekehrt proportional zur Temperatur, d.h. in Warmluft geringer als in Kaltluft (vgl. Abb. 17) oder anders ausgedrückt: Der vertikale Abstand isobarer Flächen im Raum (p_0, p_1 usw. in Abb. 17) ist in Warmluft größer als in Kaltluft, eine Tatsache, die bei Hoch- und Tiefdruckgebieten (Kap. 4.3) eine wichtige Rolle spielt. Da die vertikale Luftdruckabnahme gegenüber den auftretenden horizontalen Luftdruckunterschieden groß, letztere aber für Wetter- und Klimaprozesse sehr bedeutend sind, wird generell die genannte Reduktion auf MSL (NN) bzw. auf eine der benachbarten **Hauptisobarenflächen** (850, 700, 500 hPa ...) vorgenommen (Kap. 4.4).

Dabei wird in Formel (3.13) meist vereinfachend der vertikale Temperaturgradient der Normatmosphäre (0.65 K/100 m) eingesetzt, zu meteorologischen und klimatologischen Zwecken aber immerhin die Temperatur in Stationshöhe berücksichtigt (QFF- Werte in der synoptischen und Flugmeteorologie; QFE ist der nicht reduzierte Luftdruck in Stationshöhe). Wird auch diese Stationstemperatur nach Normbedingungen eingesetzt (Reduktion auf MSL führt dann zu QNH) und somit T in Gleichung (3.13) zur Konstanten, lässt sich diese Gleichung integrieren (Herleitung siehe z.B. LILJEQUIST und CEHAK 1984) und man erhält

$$l\frac{p}{p_0} = -\frac{g}{R\overline{T}_v}z \quad \text{bzw.} \quad p = p_0 \, exp\left(-\frac{g}{R\overline{T}_v}z\right) \tag{3.14}$$

(mit p_0 = Luftdruck im unteren Bezugsniveau, z.B. MSL, und p in beliebiger Höhe; exp ist die Exponentialfunktion mit exp(a) = e^a ; e = 2.71828...) oder durch Auflösen nach der Höhe

$$z = \frac{R\overline{T}_v}{g} = ln\frac{p}{p_0} \tag{3.15}$$

d.h. jedem beliebigen Druck lässt sich eine bestimmte (Norm-) Höhe zuordnen, so dass Luftdruckmessgeräte prinzipiell auch als Höhenmesser verwendbar sind. Das dabei angewendete Messgerät, das neben dem Quecksilberbarometer zur Grobmessung auch in der Meteorologie bzw. Klimatologie verwendet wird, ist eine „Dose" oder ein gekoppeltes System solcher „Dosen", das Vidie-**Dosenbarometer**, auch **Aneroidbarometer** genannt, wobei die Dose(n) teilevakuiert sind und die durch den Luftdruck mechanisch bewirkte Verformung in technisch geschickter Weise auf einen Zeiger übertragen wird. Die Messgenauigkeit in Meeresspiegelhöhe beträgt bei Präzisionsquecksilberbarometern ca. ±0.1 hPa, bei Dosenbarometern, die von Zeit zu Zeit an Quecksilberbarometer angeeicht werden müssen, ca. ±1 hPa. Liegt bei letzteren die Messhöhe nicht genau in Stationshöhe, sondern z.b. im Towergebäude eines Flugplatzes, wird dies im Rahmen der Schwerekorrektur (Einrechnung in die verwendeten Tabellenwerte) i.a. berücksichtigt.

3.1.3 Wind

Sobald horizontale Luftdruckunterschiede eintreten, kommt es zu Luftbewegungen (Näheres dazu in Kap. 4.3–4.5 und 5), die als Wind messbar sind. Im Gegensatz zu Temperatur und Druck, die im mathematischen Sinn Skalare sind, ist der Wind ein **Vektor**, für dessen quantitative Kennzeichnung somit mehr als ein Zahlenwert notwendig ist. In der Praxis wird vom eigentlich dreidimensionalen Windvektor die Vertikalkomponente abgespalten, nämlich der schwer messbare **Vertikalwind** (Hebung bzw. Absinken von Luft), und der verbleibende **horizontale Windvektor**, durch Richtung und Geschwindigkeit gekennzeichnet. Im Gegensatz zu mathematischen Vektoren wird in der Meteorologie bzw. Klimatologie jedoch stets die Richtung angegeben, aus der der Wind kommt (somit gegenüber der Mathematik um 180° gedreht), und zwar klimatologisch nach der achtteiligen **Windrose** (N = Nord, NE = Nordost, E = Ost usw.), in der Wetterbeobachtung dagegen nach der 360°-Skala in 10°-Schritten. Grundeinheit für die **Windgeschwindigkeit** ist **Meter pro Sekunde** = ms^{-1}, mit

$$\text{ms}^{-1} = 3.6 \text{ kmh}^{-1} \; ; \text{kmh}^{-1} = 0.27... \approx 0.2778 \text{ ms}^{-1} \qquad (3.16)$$

In der synpotischen (Wetterbeobachtung) bzw. Flugmeteorologie ist außerdem die Maßeinheit kt (manchmal auch mit kn abgekürzt) noch sehr verbreitet, was eine Seemeile (nicht zu verwechseln mit einer Landmeile) pro Stunde bedeutet, also

$$\text{kt} = 1.852 \text{ kmh}^{-1} \approx 0.514 \text{ ms}^{-1} \qquad (3.17a)$$

$$\text{kmh}^{-1} \approx 0.5399 \text{ kt}; \text{ms}^{-1} \approx 1.9438 \text{ kt} \qquad (3.17b)$$

Dabei stammt der Knoten aus der Seefahrt, wo in Grobschätzung der Schiffsgeschwindigkeit ein in regelmäßigen Abständen mit Knoten versehenes Seil hinter dem Schiff hergezogen je nach Geschwindigkeit eine gewisse Seillänge und somit Anzahl von Knoten sichtbar wurde. Heute verwendet man ein **Schalenkreuzanemometer**, das auf vertikaler Achse drei regelmäßig angeordnete offene Halbkugeln (Schalen) enthält, in die der Wind hineinbläst. Die Rotationsgeschwindigkeit bzw. die Anzahl der Umdrehungen dieses Schalenkreuzes pro Zeiteinheit, die auf elektrischem Weg auch ferngübertragen werden kann, ist dann ein Maß für die Windgeschwindigkeit. Verfahren, die insbesondere im unteren Geschwindigkeitsbereich genauere Werte liefern (das Schalenkreuz benötigt aus Trägheits- und Reibungsgründen eine gewisse Mindestgeschwindigkeit, um anzulaufen), wie

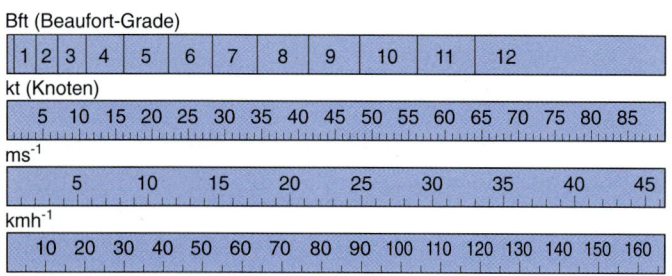

Abb. 18
Windgeschwindig-keit-Skala (Maß-einheiten).

z.b. das Hitzdrahtanemometer (Messung der windbedingten Abkühlung eines geheizten Metalldrahtes) oder das Staurohr nach PRANDTL (s. z.b. HÄCKEL 1999), werden in der klimatologischen Routinemessung nicht verwendet.

Zur Messung der Windrichtung dient die **Windfahne**, ein meist aus zwei verbundenen Metallplatten bestehendes vertikal ausgerichtetes Gestell (Abbildungen hierzu s. wiederum z.b. bei HÄCKEL 1999), während der Windsack zwar einen Anhalt sowohl über Richtung als auch Geschwindigkeit des Windes liefert, beides aber nur in sehr grober (optischer) Art und Weise. Dagegen wird die wie der Knoten aus der Seefahrt stammende **Beaufortskala** der Windgeschwindigkeit gerade in der Klimatologie häufig verwendet. Sie ermöglicht ohne Messgerät die Schätzung der Windgeschwindigkeit aufgrund der Beobachtung der Auswirkungen des Windes auf die Meeres- bzw. Landoberfläche (Details s. wiederum bei HÄCKEL 1999). Abb. 18 erlaubt auf graphischem Weg eine Zuordnung der Beaufort-Windstärken, Bft = 1 bis 12, zu den anderen oben genannten Maßeinheiten, wobei Bft = 12 nach oben offen ist (tabellarische Windskala siehe z.b. HÄCKEL 1999).

Eine Besonderheit des Windes ist seine manchmal bis in den Sekundenbereich hinunter ausgeprägte zeitliche Variabilität, die als **Böigkeit** bezeichnet wird. Dies gilt im Prinzip für Richtung und Geschwindigkeit des Windes, obwohl bevorzugt Windgeschwindigkeitsböen betrachtet werden. In diesem Fall ist es üblich, sowohl das zum Beobachtungstermin herrschende Zehn-Minuten-Mittel als auch die aufgetretene Maximalgeschwindigkeit (Spitzenböe) zu dokumentieren, in der Klimatologie letzteres in ms^{-1}, den Mittelwert daneben noch häufig in Bft, während die Wetterbeobachtung generell mit kt operiert. Die Messgenauigkeit hängt von der Geschwindigkeit und Ausprägung der Böigkeit ab und dürfte beim Schalenkreuzanemometer oberhalb von etwa 2–3 ms^{-1} und geringer Böigkeit bei ca. ±0.5 ms^{-1} liegen.

3.1.4 Luftfeuchte

Die Luftfeuchtigkeit, kurz Feuchte, ist der Anteil des (unsichtbaren) Gases **Wasserdampf** (H_2O) am Luftgemisch und hat deshalb mit Dunst oder Bewölkung, also mit in der Atmosphäre vorhandenen Wassertropfen, nichts zu tun. Da sich der Luftdruck p (s. Kap. 3.1.2) aus den Teildrucken p_i additiv zusammensetzt, die auf die einzelnen beteiligten Gase zurückgehen (Gesetz von DALTON),

$$p = \sum pi = p_1 + p_2 + p_3 + \dots \tag{3.18}$$

ist der **Wasserdampfpartialdruck** e ein naheliegendes Feuchtemaß; er kann zum Druck der trockenen Luft addiert werden

$$p = \sum p_i + e = p_L + e \tag{3.19}$$

wobei p_i nun alle Gase außer H_2O repräsentiert und p_L der Druck der trockenen Luft ist. Dann gilt ganz analog zur allgemeinen idealen Gasgleichung (3.7) auch eine entsprechende Wasserdampf-Gleichung

$$e = R_W \rho_W T \tag{3.20}$$

wobei R_W die Gaskonstante für Wasserdampf und ρ_W die Wasserdampfdichte ist. R_W errechnet sich wie jede spezielle, d.h. für ein bestimmtes Gas gültige Gaskonstante R_* aus der universellen Gaskonstanten $R \approx 8.3143 \times 10^3$ J kmol^{-1} K^{-1} durch

$$R_* = R/M_* \tag{3.21}$$

also durch Division durch das betreffende Molekulargewicht M_*. Da für Wasserdampf $M_W = 18.016$ kg kmol^{-1} gilt, folgt $R_W = R_*/M_W = 461.495$ J kg^{-1} K^{-1}. Da weiterhin das Molekulargewicht der trockenen Luft $M_L = 28.96$ kg kmol^{-1} beträgt, folgt wegen $M_W < M_L$ die wichtige Tatsache, dass Luft eine um so geringere Dichte aufweist und damit um so leichter wird, je feuchter sie ist.

An Stelle der Wasserdampfdichte ist in der Meteorologie die Angabe der **absoluten Feuchte** $a = 10^3 \rho_W$, somit Gramm Wasserdampf pro Kubikmeter Luft, üblicher. Als viertes Feuchtemaß tritt die **spezifische Feuchte**

$$s = \rho_W / (\rho_L + \rho_W) \tag{3.22}$$

hinzu, wobei ρ_L die Dichte der trockenen Luft ist. Streng genommen ist s dimensionslos d.h. ohne Maßeinheit (dies ist im Gegensatz zur Mathematik die physikalische Definition der Dimension), jedoch ist ähnlich a die Angabe des 10^3fachen Wertes üblich, was sich dann als Gramm Wasserdampf pro Kilogramm feuchte Luft interpretieren lässt. Dagegen kennzeichnet das **Mischungsverhältnis** $10^3 \mu$ das Verhältnis Gramm Wasserdampf pro Kilogramm trockener Luft bzw.

$$\mu = \rho_W / \rho_L \tag{3.23}$$

Offenbar lassen sich die Feuchtemaße e, a, s und μ ineinander umrechnen, wobei für s bzw. μ die Näherungsformel (Herleitung s. MÖLLER 1973)

$$s \approx 0.622 \frac{e}{p} \quad \text{bzw.} \quad \mu \approx 0.622 \frac{e}{p-e} \tag{3.24}$$

besteht. Werden für s bzw. μ die oben genannten Maßeinheiten (g kg^{-1}) verwendet, so sind s bzw. μ in (3.24) mit 10^{-3} zu multiplizieren.

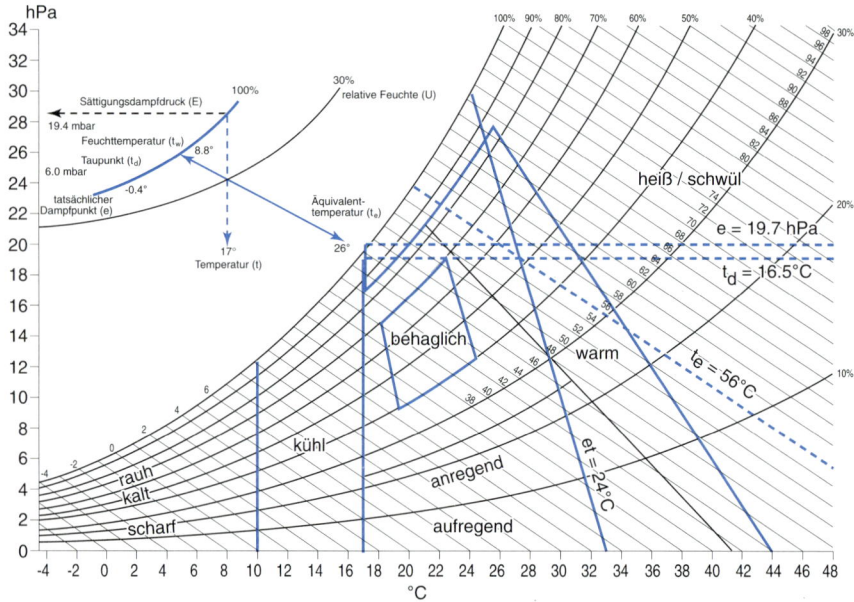

Abb. 19
Feuchtediagramm, d.h. Kurvenscharen relativer Feuchte in Abhängigkeit von Temperatur (Abszisse) und Wasserdampfpartialdruck (Ordinate) sowie der oben links in einem Beispiel angegebenen Feuchtegrößen (mbar = hPa; nach LÖFFLER, 1976).

Klimatologisch bzw. meteorologisch besonders wichtig ist die Tatsache, dass es für die Luftfeuchtigkeit einen oberen Grenzwert gibt, der am besten anhand von *e* betrachtet wird und **Sättigungswasserdampfdruck** *E* heißt, kurz Sättigungsdampfdruck. Im **Feuchtediagramm**, vgl. Abb. 19, wird *E* durch die oberste Kurve repräsentiert, die auf die wichtige Tatsache hinweist, dass *E* temperaturabhängig ist: Je höher die Lufttemperatur ist, um so mehr Wasserdampf kann sie aufnehmen und umgekehrt. Wird ausgehend von einer bestimmten Temperatur *T* (in K) bzw. *t* (in °C) und einer bestimmten Feuchte, ausgedrückt z.B. als Wasserdampfdruck *e*, der Zustand der **Sättigung**, also der Wert *E* erreicht, was nach Abb. 19 durch Erniedrigung von *T* (bzw. *t*), also Abkühlung, oder/und Erhöhung von *e* (Wasserdampfzufuhr) geschehen kann, so ändert der Wasserdampf seinen Aggregatzustand und Wassertropfen entstehen; es tritt somit Kondensation ein (siehe dazu auch Abb. 20). Die Temperatur, auf die abgekühlt werden muss, um dies zu erreichen, heißt **Taupunkt** T_d. Der umgekehrte Vorgang, nämlich der Übergang von Wasser zu Wasserdampf, tritt aufgrund der Molekularkinetik (Kap. 3.1.1) im gesamten Temperaturbereich zwischen 0 °C und < 100 °C relativ langsam auf und wird **Verdunstung** genannt. Bei 100 °C wird in Meeresspiegelhöhe $E = p$ (Details z.B. LILJEQUIST und CEHAK 1984; KRAUS 2001) und es kommt schlagartig zu einem raschen Übergang von flüssig zu gasförmig, was als **Verdampfen** oder **Sieden** bezeichnet wird. Für die Temperaturabhängigkeit von E lässt sich nur eine empirische Zahlenwertformel nach MAGNUS (zitiert nach MÖLLER 1973) angeben, nämlich

$$E[\text{hPa}] = 6.1078 \times \exp \frac{17.08085t}{234.175 + t} \qquad (3.25)$$

mit t in °C (und E in hPa).

Die Existenz der Wasserdampfsättigung führt nun zu dem wichtigen Feuchtemaß **relative Feuchte** U (Kurvenscharen in Abb. 19), die meist in Prozent, d.h. als

$$U = \frac{e}{E} \times 100\ \% = \frac{a}{A} \times 100\ \%\quad \text{usw.} \qquad (3.26)$$

angegeben wird (A = maximale absolute Feuchte), wobei offenbar $U = 100\ \%$ den Zustand der Sättigung angibt. Da Wasser unter 0 °C nicht generell gefriert und somit unterkühlte (< 0 °C) Wassertropfen existieren können, muss in diesem Temperaturbereich streng genommen zwischen dem Sättigungsdruck bezüglich Eis E_E und unterkühltem Wasser E_W unterschieden werden. Der Unterschied ist jedoch nicht sehr groß; für z.B. –10 °C ist E_W = 2.86 hPa und E_E = 2.60 hPa (Graphik und Tabelle dazu siehe z.B. LILJEQUIST und CEHAK 1984; s. auch KRAUS 2001).

Abb. 20 fasst die Nomenklatur und Energetik der **Aggregatzustandsänderungen des Wassers** (auch als Phasenübergänge bezeichnet) zusammen. Zum Verdunsten bzw. Verdampfen sowie Kondensieren kommen somit noch Gefrieren, Schmelzen und Sublimieren. Jeder dieser Übergänge benötigt Energie (doppelt gezeichnete Pfeile in Abb. 20) oder aber setzt Energie frei (einfache Pfeile). Im Sinne der Chemie (allerdings ohne Stoffumwandlungen) haben wir es daher mit endothermen bzw. exothermen Vorgängen zu tun; denn Aggregatzustände (Phasen) unterscheiden sich in der atomaren bzw. molekularen Beweglichkeit, die im festen Zustand gering, im gasförmigen Zustand groß und im flüssigen Zustand sozusagen „mittel" ist. Je größer diese Beweglichkeit ist (die aber trotz gewisser Zusammenhänge nicht mit der molekularkinetischen Definition der Temperatur verwechselt werden darf), um so höher ist das Energieniveau, das in dem betreffenden Aggregatzustand steckt. Daher muss für die Verdunstung

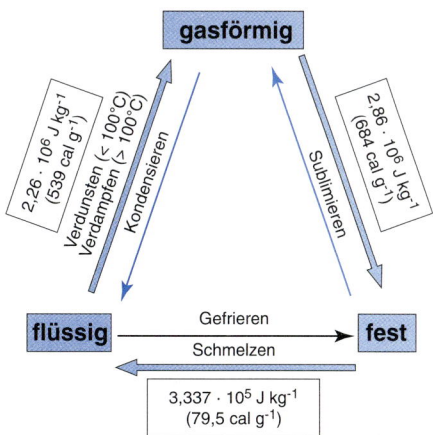

Abb. 20
Aggregatzustände des Wassers mit Übergängen und entsprechenden für diese Übergänge erforderlichen Energien (viele Quellen, insbesondere nach GRIMSEHL, 1991).

von Wasser in Wasserdampf Energie aufgewendet werden, diese Energie „versteckt" sich im Zustand gasförmig – man spricht von **latenter Energie** – um beim umgekehrten Vorgang, der Kondensation, wieder aufzutauchen. Dagegen wird „nicht versteckte", nämlich im molekularkinetischen Sinn durch die Temperatur in Erscheinung tretende und damit direkt messbare Energie als **sensibel** (fühlbar) bezeichnet.

Der Betrag der latenten Energie bzw. Wärme, der als Verdunstungs-/Verdampfungs- (endotherm) bzw. Kondensationsenergie (exotherm) sowie Schmelz- (endotherm) bzw. Gefrierenergie (exotherm) in Abb. 20 angegeben ist, hängt bei genauer Betrachtung insbesondere für die Aggregatzustandsänderungen zwischen den Phasen flüssig und gasförmig von der Temperatur ab; und zwar gilt für diese **Verdunstungs-/Verdampfungsenergie**

$$E_V \ [\text{J kg}^{-1}] = \{2.5008 - 0.002372 \ t[°\text{C}]\} \ 10^6 \qquad (3.27)$$

wobei es sich ähnlich wie bei (3.25) wieder um eine empirische Zahlenwertgleichung handelt, bei der angegeben werden muss, in welchen Maßeinheiten die einzelnen Größen in die Beziehung eingehen (Angaben in eckigen Klammern). Aus (3.27) errechnet sich für 100 °C (Verdampfen) 2.2636×10^6 Jkg^{-1}, für 15 °C (Beispiel für Verdunsten) 2.4652×106 Jkg^{-1}, also ein höherer Betrag (Abb. 20 enthält nur den 100 °C-Wert).

Von physiologischer und damit bioklimatologischer Bedeutung ist die **Äquivalenttemperatur** $T_{\ddot{a}}$, in der man die Summe aus sensibler und latenter Wärme zu sehen hat. Die physiologische Wärmeempfindung des Menschen, z.B. das Gefühl der „Schwüle", und seine thermische Körperregulation (Kap. 10.5) reagieren nämlich nicht einfach und allein auf die Temperatur T, sondern vielmehr auf einen Komplex aus Temperatur, Feuchte, Wind und Strahlungsgegebenheiten, wobei sich die besonders wichtige Temperatur-Feuchtekombination in $T_{\ddot{a}}$ ausdrücken lässt. Ein empirischer, im Einzelnen von der Kondition des jeweiligen Menschen abhängiger Näherungswert der „Schwülegrenze" liegt bei grob $t_{\ddot{a}}$ = 50 bis 60 °C, d.h. von diesen Werten an aufwärts wird die Luft als schwül empfunden und es treten Reaktionen wie Schwitzen, bei zu starker Belastung auch Störungen der menschlichen Wärmeregulation auf. Im Diagramm Abb. 19 ist als „Schwülegrenze" u.a. $t_{\ddot{a}}$ = 56 °C angegeben; somit wird eine Temperatur von z.B. 24 °C bei einer relativen Feuchte von 30 % ($t_{\ddot{a}} \approx 38$ °C) nicht, bei 80 % ($t_{\ddot{a}} \approx 60$ °C) aber sehr wohl als schwül empfunden). Ähnliche Werte wie die graphische Schätzung mit Hilfe des Diagramms Abb. 19 liefert die Näherungsformel

$$t_{\ddot{a}} \ [°\text{C}] = t \ [°\text{C}] + 1.5 \ e \ [\text{hPa}] \qquad (3.28)$$

exakter gilt (nach MÖLLER 1973)

$$t_{\ddot{a}} = t + Ev \ (\mu/c_p) \approx t + 2.5\mu \qquad (3.29)$$

mit E_v nach (3.27) und c_p = spezifische Wärmekapazität (vgl. Kap. 2.2) bei konstantem Druck (μ = Mischungsverhältnis, t und tä wieder in °C).

Auch die bereits im Kap. 3.1.2 genannte, von GULDBERG und MOHN (vgl. MÖLLER 1973, KRAUS 2001) eingeführte **virtuelle Temperatur** bringt einen feuchteabhängigen Zuschlagswert ins Spiel, allerdings in Zusammenhang mit der idealen Gasgleichung. Nach (3.7), (3.19) und (3.20) gilt

$$p = p_L + e = R_L \, \rho_L \, T + R_W \, \rho_W \, T \tag{3.30}$$

wobei p der Gesamtluftdruck ist und weiterhin die Indizes L auf trockene Luft, W auf Wasserdampf hinweisen. (3.30) lässt sich nun umformen in

$$p = R_L \, \rho \, T \, \{1 + [(R_W/R_L) - 1] \, s\} = R_L \, \rho \, T \, (1 + 0.608 \, s) \tag{3.31}$$

mit

$$T \, (1 + 0.608 \, s) = T_v \tag{3.32}$$

= virtuelle Temperatur und $\rho = \rho_L + \rho_W$. Dies bedeutet, dass die eigentlich nur für trockene Luft gültige Gasgleichung bei insgesamt vorliegenden Werten von p und ρ auf feuchte Luft erweitert werden kann, indem einfach T durch T_v ersetzt wird. Das gleiche trickreiche Vorgehen hatte auch die Transformation der barometrischen Höhenformel (Kap. 3.1.2, Formel (3.13)) von trockener auf feuchte Luft erlaubt. Der Unterschied zwischen direkter und virtueller Temperatur ist allerdings nicht sehr groß. So erhält man z.B. bei t = 24 °C (T = 297 K), e = 21 hPa und p = 1000 hPa (ungefähr MSL) mit Hilfe von (3.24) und (3.32):

s = (0.622 × 21)1000 ≈ 0.013; T_v = 297(1 + 0.608 × 0.013) ≈ 299.3 K.

Die Messung der Luftfeuchtigkeit erfolgt am zuverlässigsten mit Hilfe des **Psychrometers**. Es besteht aus der Kombination eines üblichen „trockenen" Quecksilberthermometers mit einem zweiten solchen Thermometer, das befeuchtet wird. Diesem „feuchten" Thermometer wird durch Verdunstung latente Wärme entzogen, und zwar um so mehr, je trockener die Luft ist, was dann zu entsprechend tiefen Werten t_f des „feuchten" Thermometers führt (Verdunstungskälte). Bei Sättigung, also U = 100 %, kann keine Verdunstung stattfinden; daher bleiben in diesem Fall die Temperaturen des „trockenen" und „feuchten" Thermometers t und t_f gleich. Die Theorie des Psychrometers bzw. der Verdunstung ist im Einzelnen kompliziert, und entsprechend komplizierte Formeln sind z.B. bei WEISCHET (1991) oder ENDLICHER (1991) zu finden. Nach MÖLLER (1973) gilt für die **Verdunstung**

$$V = Q_V \, (\alpha_L/c_p) \, (M_f - \mu) \tag{3.33}$$

mit α_L = Wärmeübergangszahl und M_f = Sättigungsmischungsverhältnis am feuchten Thermometer (μ = Mischungsverhältnis der Umgebungsluft). Wird die Verdunstung, die sich aus einem Energie- und Massenfluss zusammensetzt, als Vektor aufgefasst, muss in Gleichung (3.33) vor Q_V noch ein Minuszeichen gesetzt werden, da beide Flüsse die betrachtete Oberfläche verlassen. Die Wärmeübergangszahl tritt auch in der Gleichung für die **Wärmeleitung** (siehe hierzu auch KRAUS 2001)

$$L = \alpha_L \, (T_K - T) \tag{3.34}$$

auf, mit T_K = Temperatur eines Körpers, die sich von der Temperatur T der umgebenden Luft unterscheidet. α_L ist keine Konstante, sondern bei nicht zu geringer Luftbewegung proportional zur Wurzel der Windgeschwindigkeit v und außerdem von der Oberflächenform und -art des Körpers abhängig, wobei im Fall einfacher Formen, z.b. einem Kreiszylinders α_L umgekehrt proportional zum Durchmesser des Zylinders ist. (KRAUS, 2001, gibt als Beispiel an: v = 2 ms^{-1}, Durchmesser eines Thermometers 1 cm → α_L = 42 Wm^{-2}K^{-1}).

Da am Psychrometer sowohl V (3.33) als auch L (3.34) wirksam sind und wie bei der Temperaturmessung (Kap. 3.1.1) keine direkte Sonneneinstrahlung einfallen darf ($L + V = 0$), folgt zur Bestimmung des Wasserdampfdruckes (Details siehe z.B. MÖLLER 1983, KRAUS 2001) die SPRUNGsche ideale **Psychrometerformel**

$$e = E_f - [pc_p \, /(0.622 \, E_V)] \, (T - T_f) \tag{3.35}$$

oder unter Zusammenfassung der Konstanten (vgl. HÄCKEL 1999) in Form einer Zahlenwertgleichung

$$e \, [\text{hPa}] = E_f[\text{hPa}] - (p/1007) \, (t - t_f) \tag{3.36}$$

(t und t_f in °C). (Das in Zusammenhang mit $t_{\ddot{a}}$ vgl. Text vor Formel (3.28), bereits benutzte Beispiel t = 24 °C führt bei t_f = 20 °C mit Hilfe des in Abb. 19 wiedergegebenen Diagramms zu $e \approx 21$ hPa, $E_f \approx 30$ hPa, $U \approx 70$ %, $t_{\ddot{a}} \approx 56$ °C und Taupunkt $t_d \approx 18$ °C; nach Formel (3.36) bei p = 1000 hPa zu $e \approx 20$ hPa, wobei E_f ohne Nutzung eines Diagramms aus (3.25) zu errechnen ist.) Bei Präzisionsinstrumenten, die u.a. eine ausreichende Luftbewegung durch Ventilation sicherstellen (Aspirationspsychrometer), werden für e Messgenauigkeiten bis zu ca. ±0.2 hPa erreicht, bei einfachen Ausführungen zwischen ±0.5 hPa und ±1 hPa (z.B. Schleuderpsychrometer, bei dem die Ventilation durch Schleudern in der Luft erreicht wird).

Unter den weiteren Messprinzipien ist vor allem das **Haarhygrometer** von klimatologischer Bedeutung, insbesondere auch als Hygrograph, bei dem entfettete und gewalzte Menschenhaare in ihrer Länge proportional zur relativen Feuchte variieren. Haarhygrometer reagieren bei geringer Feuchte stärker als bei hoher, weisen somit eine nicht-lineare Feuchtereaktion auf, müssen an Psychrometer „angeeicht" und von Zeit zu Zeit regeneriert, d.h. mit Wasserdampf gesättigt werden. Die Genauigkeit bewegt sich zwischen ±2 % und ±10 %. Weitere Messverfahren beruhen auf der elektrischen Leitfähigkeit oder chemischen Reaktionen. Erwähnt sei hier nur noch das **Lithiumchloridhygrometer**, das eine hygroskopische, d.h. wasserdampfaufnahmefähige Verbindung darstellt, die in Abhängigkeit davon ihren elektrischen Widerstand ändert (allerdings temperaturabhängig, was durch geeignete elektrische Schaltungen oder Korrekturen zu eliminieren ist).

3.1.5 Bewölkung

Kondensation von Wasserdampf und weitergehend Gefrieren führt zur Bildung von Bewölkung, die somit aus in der Atmosphäre **schwebenden Hydrometeoren** (Wassertropfen und Eispartikeln) besteht. Im Gegensatz zum Dunst weisen Wolken i.A. eine deutlich erkennbare räumliche Begrenzung auf, mit zum Teil allerdings großen Horizontal- und Vertikalausdehnungen. Eigentlich ist die Bewölkung kein Klimaelement im bisherigen Sinn (Kap. 3.1.1–3.1.4), sondern ein **atmosphärischer Prozess** mit oft rascher zeitlich-räumlicher Variabilität, der sich zudem weitgehend der Messung entzieht. Das gilt vor allem für die Wolkengattung, zum Teil auch für die Wolkenuntergrenze (wenn sie mehrere Kilometer Abstand von der Erdoberfläche aufweist) und die Vertikalausdehnung (die nur gelegentlich durch Flugzeugbeobachtung direkt ermittelt, ansonsten indirekt durch Messungen des Vertikalprofils der Luftfeuchtigkeit abgeschätzt wird; Kap. 3.1.8). Wolkengattung, Untergrenze und **Bedeckungsgrad**, d.h. von der Bewölkung eingenommene Himmelsfläche (in Zehnteln oder Achteln der Gesamtfläche, vgl. Kap. 3.1.8), werden vom Boden aus durch Augenbeobachtung abgeschätzt. Satellitenmessungen erlauben darüber hinaus einen großräumigen Einblick in den Bedeckungsgrad und die Anordnung von **Wolkensystemen**.

Die Festlegung der **Wolkengattung** beruht zunächst auf einer groben Typisierung nach folgenden Kriterien, vgl. Abb. 21:

- **Ausdehnung** vorwiegend horizontal → **Schichtwolke** = stratiforme Wolke, Grundtyp Stratus = St; vorwiegend vertikal → **Haufenwolke** = cumuliforme Wolke, Grundtyp Cumulus = Cu; Mischform Stratocumulus = Sc;
- **Temperaturbereich**, nämlich > ca. –12 °C → **Wasserwolken** = „tiefe" Wolken; zwischen ca. –12 °C und –35 °C → **Mischwolken** aus Eis und Wasser

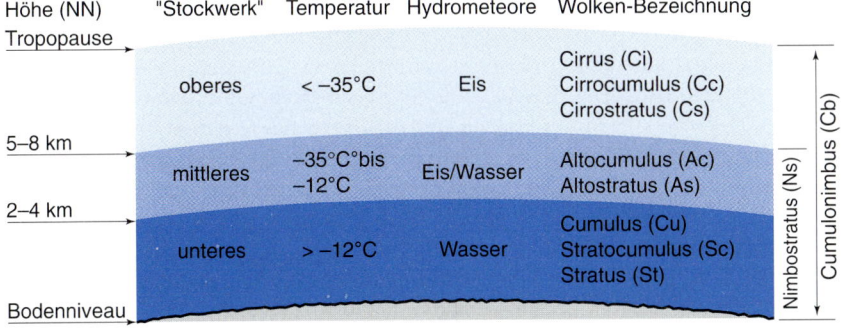

Abb. 21

Klassifikation und Vertikalgliederung der Wolkengattungen (nach Deutscher Wetterdienst, 1987, verändert).

= „mittelhohe" Wolken, durch den Zusatz „Alto" (lat. = hoch) gekennzeichnet, Altostratus = As und Altocumulus = Ac; < ca. −35 °C → **Eiswolken** = „hohe" Wolken, Grundtyp Cirrus = Ci bzw. durch den Zusatz „Cirro" gekennzeichnet: Cirrostratus = Cs, Cirrocumulus = Cc. Hinzu kommen noch zwei Wolkengattungen, die mehrere dieser drei „Wolkenstockwerke" umfassen, nämlich Nimbostratus = Ns (mittleres und unteres Stockwerk, meist aus As entstanden) und Cumulonimbus = Cb (alle Stockwerke, meist aus Cu entstanden), wobei „Nimbus/Nimbo" Niederschlag bedeutet.

Die Höhenangaben in Abb. 21 gelten wegen der wetter- und jahreszeitlich bedingten Variationen nur annähernd bzw. stellen lediglich grobe Mittelwerte dar.

Eiswolken, die stets weißlich sind und als „Fasern" (Ci), „Flocken" (Cc) oder flächig (Cs) den Himmel überziehen, sowie Ac und Sc bringen keinen Niederschlag, aus As und manchmal auch St kann leichter, zeitlich anhaltender Niederschlag fallen. Ns ist stets mit mäßigem bis starken, zeitlich anhaltendem Regen verbunden, aus Cb fällt stets starker, schauerartiger Niederschlag. Außerdem treten Graupel, Hagel und Gewitter nur in Verbindung mit Cb auf. **Nebel** ist nichts anderes als eine am Erdboden aufliegende Stratuswolke (im Übergangsbereich spricht man auch von Hochnebel) und willkürlich an die Bedingung horizontaler Sichtweiten von <1 km geknüpft.

Hinsichtlich Wolkenbildern, die erst einen konkreten Eindruck der Bewölkung vermitteln können, sowie einer weitergehenden Klassifikation in Wolkenarten, Unterarten und sonstige Details sei hier auf Lehrbücher der Meteorologie verwiesen, z.B. HÄCKEL 1999, LILJEQUIST und CEHAK 1983; außerdem auf spezielle Werke wie DE BONT 1987, KEIDEL 1980 und den internationalen Wolkenatlas der Weltmeteorologischen Organisation (WMO 1982). Erwähnt seien lediglich noch einige **Wolkenarten** in Zusammenhang mit Cu, wo der Entwicklungsgang von Cu hum = Cumulus humilis (d.h. flacher Cu) über Cu med = Cu mediocrus und Cu con = Cumulus congestus (d.h. turmartiger Cu, bereits in das mittlere Wolkenstockwerk vorstoßend) zu Cb führen kann, wobei bereits Cu con schauerartigen Niederschlag produziert. Wichtig sind auch die in Zusammenhang mit Ac und Sc auftretenden Lenticularis-Arten (Ac len, Sc len), linsenförmige Wolken mit meist scharf abgegrenzten Längskanten, die mit Leewirkungen an Gebirgen verknüpft sind und quer zur Strömungsrichtung auftreten, sowie Castellanus-Wolken, meist Ac cas, die türmchenartig (das Wort heißt eigentlich zinnenartig) unter Umständen Gewittervorboten sind. Cb cap (capillatus) weist im Gegensatz zu Cb cal (calvus) im oberen Bereich einen oft ambossartigen Eiswolkenschirm auf, der für das Endstadium der Cb-Entwicklung typisch ist (Gewittergefahr).

3.1.6 Niederschlag

Produzieren Wolken auf die Erdoberfläche fallende Hydrometeore, so handelt es sich um Niederschlag, einem neben der Temperatur überaus wichtigem Klimaelement: Für die meisten Klimaklassifikationen bilden diese beiden Elemente die Basis, für das Leben auf der Erde ist außerhalb der polaren und subpolaren Zone meist der Niederschlag sogar das ausschlaggebende Element, was sich u.a. in der Vegetationsverteilung widerspiegelt (Kap. 9.4, 10).

Im Einzelnen besteht der Niederschlag aus flüssigen oder/und festen Hydrometeoren, die in grober Übersicht folgende **Erscheinungsformen** aufweisen können, vgl. auch Wettersymbole in Abb. 22:

☉	Sonnenschein	⚡	Gewitter
◍	Regen		Wetterleuchten
𝟵	Niesel	≡	Nebel
✳	Schnee	∞	Glatteis
△	Graupel	⊔	Reif
▲	Hagel	⌒	Tau
▽	Schauer	z.B. ⍓	Schneeschauer

Abb. 22
Wichtigste Symbole für Wettererscheinungen (nach Festlegungen der Weltmeteorologischen Organisation, WMO).

- Niesel = Nieselregen: flüssig, Tropfenradius < ca. 0.25 mm;
- Regen, flüssig: Tropfenradius > ca. 0.25 mm;
- Eiskristalle, Eisnadeln: fest, vereinzelt;
- Schnee: fest, flockenartig (auch vereinzelt als Schneesterne);
- Griesel: fest, feine weißliche Körner, raue Oberfläche;
- Graupel: fest, etwas größere Körner, raue Oberfläche;
- Hagel: fest, große bis sehr große Körner, glatte Oberfläche;
- am Erdboden gefrierende Regentropfen: Glatteis bildend.

Dazu gehört eine gewisse **zeitliche Charakteristik**, die im Fall von relativ kurzzeitigem, meist intensiven Niederschlag **Schauer** genannt wird (bei Griesel, Graupel und Hagel die Regel), bei sehr lange anhaltendem Niederschlag spricht man dagegen von Landregen. Daneben darf der Niederschlag nicht vergessen werden, der sich durch Kondensation, Gefrieren oder Sublimation direkt (nicht aus Wolken fallend) von der Atmosphäre aus am Erdboden bzw. an Pflanzen ablagert wie Tau und Reif, gerade im letzten Fall durch Windeinfluss modifiziert (z.B. Raureif), bei Nebel die sog. Nebeltraufe.

Die Messung beschränkt sich jedoch meist auf den fallenden Niederschlag, der üblicherweise als Niederschlagsvolumen pro Fläche, der **Niederschlagsmenge**, angegeben wird. Die dabei verwendete Maßeinheit ist Liter pro Quadratmeter (lm^{-2}), was einer **Niederschlagshöhe** von mm entspricht und i.A. in dieser Form angegeben wird. Übliches **Messgerät** ist ein an einen Pfahl geschraubtes zylinderförmiges Gefäß, das oben eine Öffnung von ca. $200\ cm^{-2}$ aufweist (Regenmesser, auch Totalisator genannt, z.B. HELLMANNscher Regenschreiber, Details siehe z.B. HÄCKEL 1999). Im Inneren befindet sich ein Trichter, der den Niederschlag in das eigentliche Messgefäß leitet. Dieses Gefäß kann z.B. bei der täglichen Messung entnommen werden oder ist mit einer schreibenden Registriereinrichtung versehen. Gemessen wird stets in flüssiger Form, wozu ggf. der feste Niederschlag zu schmelzen ist.

Leider sind die Messfehler beim Niederschlag sehr ausgeprägt. Hinzu kommt noch eine gegenüber der Temperatur und dem Druck weitaus größere räumliche und zeitliche Variabilität. Störend sind prinzipiell Geländeneigungen (Gebirge!), Bewegungen der Messstationen (Schiffe) und nicht zuletzt der Wind, der bei Schneeniederschlag Messfehler von 50 % und mehr hervorrufen kann. Auch bei günstigen Bedingungen dürfte die Messgenauigkeit kaum unter ±10 % liegen. Dem Windeinfluss sollen verschiedenartige Schutzvorrichtungen um die Auffangöffnung des Niederschlagsmessers trotzen, was jedoch international leider zu einer erheblichen Vielfalt unterschiedlicher und damit nicht oder nur eingeschränkt vergleichbarer Messungen führt (SEVRUK 1989). Bei dem Versuch, **flächenbezogene Niederschläge** für bestimmte Regionen zu ermitteln, kommt die oben genannte Variabilität erschwerend hinzu. Für eine gewisse Abhilfe können da **Radarmessungen** sorgen, die jedoch in der Klimatologie bisher nur selten Verwendung finden. Immerhin erlauben Bilanzierungen des Wasserkreislaufs (Kap. 4.7) gewisse Abgrenzungen der Größenordnung (wobei die Verdunstungsmessungen allerdings noch ungenauer als die Niederschlagsmessungen sind).

Außer der hier primär betrachteten Niederschlagsmenge bzw. Niederschlagshöhe und ihrer räumlichen Verteilung gibt es eine ganze Reihe von klimatologisch bedeutsamen Informationen, die jedoch nur sporadisch erfasst werden. Dazu gehören beispielsweise die **zeitliche Struktur** (bis in den Minuten- und Sekundenbereich hinein), **Größenspektren** der Niederschlagstropfen und, mehr von wolken- und niederschlagsphysikalischem Interesse, **Kristallformen**. Im Rahmen der Umweltdiskussion hat zudem die Bestimmung der **chemischen Zusammensetzung** des Niederschlagswassers eine besonders große Bedeutung erlangt, insbesondere was Schadstoffe betrifft, darunter wiederum vor allem Gehalte an **Schwermetallen** und **Säuren**. Der **Säuregehalt** („saurer Regen") ist durch die H^+-Ionenkonzentration C_{H+} gekennzeichnet, welche die Anzahl der H^+-Ionen pro Mol angibt (HOLLEMANN und WIBERG 1995, OSCHE 1981), meist in der Form

$$pH = -\log C_{H+} \qquad (3.37)$$

(power H = Potenzwert Wasserstoff). Das bedeutet, dass z.B. eine Konzentration von $C_{H+} = 10^{-5}$ mol^{-1} in einem Wert von pH = 5 ausgedrückt wird. Wichtig ist dabei, dass $C_{H+} = 10^{-7}$ mol^{-1} → pH = 7 den **Neutralpunkt** darstellt; pH < 7 bedeutet sauer, pH > 7 alkalisch (Näheres zu diesen Definitionen siehe Lehrbücher der Chemie). Von praktischer Bedeutung sind die folgenden Zuordnungen (VDI 1983):

- pH = 6.2–8.6: neutral,
- pH = 5.0–6.2: schwach sauer,
- pH = 4.2–5.0: mäßig sauer,
- pH = 3.0–4.2: stark sauer,
- pH <3.0: extrem sauer.

Die ökologische und somit umweltrelevante Bedeutung des „sauren Niederschlags" liegt, nach seinem Eindringen in Böden und Pflanzen, in der Beeinträchtigung der für das Leben notwendigen chemischen Reaktionen, was sich dann in entsprechenden Schäden äußert (KLÖTZLI 1989, VDI 1983, SCHULTZ 2000). Die Messung des pH-Wertes erfolgt mit Hilfe elektrischer (Leitfähigkeit) oder chemischer (Reaktionen, Verfärbungen von Messstreifen) Methoden.

Auch für Nebel, Tau usw., also nicht fallenden Niederschlag, gilt diese Problematik. Die im Nebel enthaltene Wassermenge kann mit Nebelfängern (Maschendrahtaufsatz für Regenwasser, siehe z.b. HÄCKEL 1999) oder Nebelkämmen (rotierenden Auffangvorrichtungen; GEORGII und SCHMITT 1985) bestimmt werden. Daran kann sich dann eine chemische Analyse anschließen.

Wolken- sowie niederschlagsphysikalische Betrachtungen würden hier zu weit führen, so dass in diesem Zusammenhang auf die relevanten Lehrbücher verwiesen wird (z.b. ROEDEL 2000, KRAUS 2001).

3.1.7 Weitere Klimaelemente

Tab. 4 enthält eine Zusammenstellung der wichtigsten primären Klimaelemente, die der empirischen Beschreibung des Klimas dienen, mit Hinweisen zu den Unterschieden der Klima- bzw. Wetterdokumentation. Zu den bisher besprochenen, sicherlich wichtigsten Elementen treten noch hinzu: die **Sonnenscheindauer** (s.u.), die horizontale **Sichtweite**, die von Bodenbeobachtungsstationen aus geschätzt wird, die **Schneedeckenhöhe** (Messung mit Messlatten), die eine spezielle Unterart der Niederschlagsmessung ist und als **zeitliche Andauer** eine klimatologisch bedeutsame Variante aufweist, der **Erdbodenzustand** (beobachtet als trocken, nass, gefroren usw. nach zehnteiliger Skala) und die **Wettererscheinung**. Dafür gibt es im Rahmen der synoptischen Meteorologie eine 99-teilige Skala, die von Sonnenschein ohne Bewölkung über besondere Winderscheinungen und Niederschlagsarten/-intensitäten bis zum Gewitter mit Hagel reicht. Für die Klimadokumentation (Tab. 4) gilt in diesem Fall aber die vereinfachte, in Abb. 22 zum Teil zusammengestellte Klassifizierung.

Die **Strahlung,** die für das Klima von überaus großer Bedeutung ist, wird erst in Kap. 4.2 behandelt, da sie leider im Routinemessprogramm des Wetter- bzw. Klimamessnetzes nicht enthalten ist, sondern durch besondere Messprogramme erfasst wird. Dagegen gehört die **Sonnenscheindauer** zur Standardbeobachtung. Sie wird einfach mit einer Art Brennglas (Glaskugel, die in einem Papierstreifen eine Brennspur hinterlässt), dem Sonnenscheinautographen; i.A. nach CAMPBELL-STOKES (siehe z.B. HÄCKEL 1999), gemessen und in Stunden pro Tag angegeben. Sie stellt natürlich nur einen sehr simplen Teilaspekt der Sonneneinstrahlung dar.

3.1.8 Globales Beobachtungssystem

Die in Tab. 4 zusammengestellten Klimaelemente werden zunächst als **Wetterelemente** gemessen bzw. durch Schätzung und sonstige Beobachtung erfasst. Zuständig sind dafür, unter internationaler Koordinierung durch die Weltmeteorologische Organisation (WMO), die nationalen Wetterdienste, in Deutschland der Deutsche Wetterdienst (DWD, Zentralamt in Offenbach a.M.). In einigen Ländern, so auch in Deutschland, gibt es neben dem zivilen auch einen militärischen

Wetterdienst (Geophysikalischer Beratungsdienst der Bundeswehr, Geo-physBDBw, Zentrale in Traben-Trarbach). Alle nationalen Wetterdienste unter-

**Tab. 4 Wichtigste Größen bzw. Phänomene der Klimadokumentation.
M = Messung, S = Schätzung (jeweils quantitativ), P = lediglich
Feststellung des betreffenden Phänomens.**

Größe/ Phänomen	Messung/Festlegung in der Klimadokumentation	Abweichungen bei der Wetter- beobachtung
Luftdruck (M)	Quecksilber-Barometer in mm (Hg); Instrumenten-, Schwere- und Tempera-turkorrektur	Aneroidbarometer in hPa; zusätzlich Re-duktion auf mittl. Meeresspiegelhöhe
Lufttempe-ratur (M)	Quecksilber- bzw. Alkohol-Thermometer („trockenes Thermometer") in °C; Ter-min-*) und Extrem-**)Ablesungen; Erdbo-denminimum***)	
Luftfeuchte (M)	Psychrometer, d.h. in Zusammenhang mit dem „trockenen" auch Ablesung am „feuchten" Thermometer; Errechnung des entsprechenden Dampfdrucks in mm und der relativen Feuchte in Prozent; Kontrollmessung mit dem Hygrometer	Dampfdruck in hPa
Wind (M)	Windfahne und 8-teilige Windrose; Anemometer für Windgeschwindigkeit nach Bft, Böen in ms^{-1}	360°-Skala, in 10°-Stufen
Wolkenbe-deckung (S)	Schätzung in Zehnteln der Himmels-fläche; „Dichteskala" 0–2	in Achteln; „Dichte" entfällt
Wolken-gattung und -art (P)	Festlegung nach Ci, Cc, Cs, Ac, As, Sc, Cu, St, Cb oder Ns	eingehendere Klassi-fikation; Untergren-zen (S, M)
Wettererschei-nung (P)	Festlegung nach Symboltafel (Grundsym-bole vgl. Abb. 22)	erweiterte Symbol-tafel
Sonnenschein-dauer (M)	Sonnenscheinautograph. tägliche Dauer in Stunden	entfällt
Sichtweite (S)	Schätzung nach 10-teiliger Stufenskala	genauere Angabe (ggf. M)
Niederschlags-menge (M)	Regenmesser in mm entsprechend Liter pro Quadratmeter	
Schneedecken-höhe (M)	Maßstab in cm	
Erdbodenzu-stand (P)	Festlegung nach 10-teiliger Stufenskala	

*) 7, 14 und 21 Uhr MOZ, bei Temperaturmittelung zählt der 21-Uhr-Wert doppelt
) 21 Uhr MOZ   *) 7 Uhr MOZ.

halten Klimaabteilungen, die für die längerfristige Dokumentation der Wetterdaten zuständig sind, wodurch sie zu **Klimadaten** werden. In Form von Monats- und Jahresmittelwerten, zum Teil auch als Tagesmittelwerte – beim Niederschlag aber stets über diese Zeitspannen akkumulierte **Niederschlagssummen** – werden diese Daten dann in entsprechenden Jahrbüchern, manchmal auch monatlich (in Deutschland „Witterungsreport" des DWD), veröffentlicht.

Gegenüber früher ist die Zeitverzögerung zwischen Messung und Veröffentlichung ganz erheblich verkürzt worden (gilt allerdings nicht für alle Nationen). Dabei sind national wie international INTERNET-Zugriffsmöglichkeiten geschaffen worden, die für die Forschung, aber auch sonstige Interessenten sehr hilfreich sind (ausgewählte Adressen siehe Anhang). Dies betrifft auch den Zugriff auf vieljährige Messreihen, die zum Teil mehr als 100 Jahre zurückreichen (sog. Säkularreihen) und systematisch u.a. bei der Climatic Research Unit (CRU) der Universität von Norwich (England), der U.S. National Oceanic and Atmospheric Administration (NOAA) und dem US Carbon Dioxide Information Analysis Center (CDIAC) gesammelt und bearbeitet werden (vgl. wiederum INTERNET-Liste, Anhang). Freilich ist das Messnetz erst im Lauf der Zeit auf seinen heutigen Umfang angewachsen (Näheres dazu in Kap. 11).

Heute umfasst dieses globale Beobachtungssystem über 10000 **Bodenstationen,** vgl. Abb. 23, an denen die in Tab. 4 zusammengestellten Informationen erfasst werden. Die fest verankerten **Ozeanwetterschiffe** ermitteln auch die Wassertemperatur und Wellenhöhe. Wegen der großen Variabilität des Niederschlags gibt es eine weitaus größere, jedoch nur ungenau bekannte Anzahl von **Niederschlagsmessstellen**. In Deutschland existieren derzeit (2002) 634 Klimastationen und 3994 Niederschlagsmessstellen (DWD, Ref. Messnetze, BILLE, W., pers. Mitt. 2002). Die Bodenstationen arbeiten im Routinedienst; d.h. alle drei Stunden, an Flugplätzen stündlich, werden Wetter- bzw. Klimadaten erfasst. Auf die für die Wetteranalyse und -beratung wichtigen Zahlen- und Buchstabenschlüssel, die bei der Verbreitung über das Fernmeldenetz benützt werden, ebenso auf die Symbolik der Wetterkarte wird hier nicht eingegangen.

Ebenfalls international koordiniert und im Routinedienst arbeitet ein Netz von weltweit über 1000 **Radiosondenstationen**, welche die für die Erklärung der Wetter- und Klimaphänomene so wichtige dritte Dimension erfassen; leider geschieht das in passablem Umfang erst seit Ende des Zweiten Weltkrieges (Kap. 1). Es handelt sich um Ballone, die i.A. zweimal täglich bis in die untere Stratosphäre aufsteigen und mit Messgeräten für Temperatur, Feuchte und Druck ausgestattet sind. Diese Daten werden während des Aufstiegs ständig per Funk an die betreffende Bodenstation übertragen, so dass Vertikalprofile dieser Messgrößen ermittelt werden können. Außerdem sind Radiosonden mit Radarreflektoren ausgestattet, die durch Anpeilung und horizontaler Abdriftbestimmung indirekt auf den Wind schließen lassen. Ansonsten werden RADAR-Geräte (**ra**dio **d**etecting **a**nd **r**anging) im Wetterdienst ggf. zur Anpeilung von großen Haufenwolken, insbesondere Gewittern, klimatologisch nur sporadisch zur Ermittlung des Flächen-

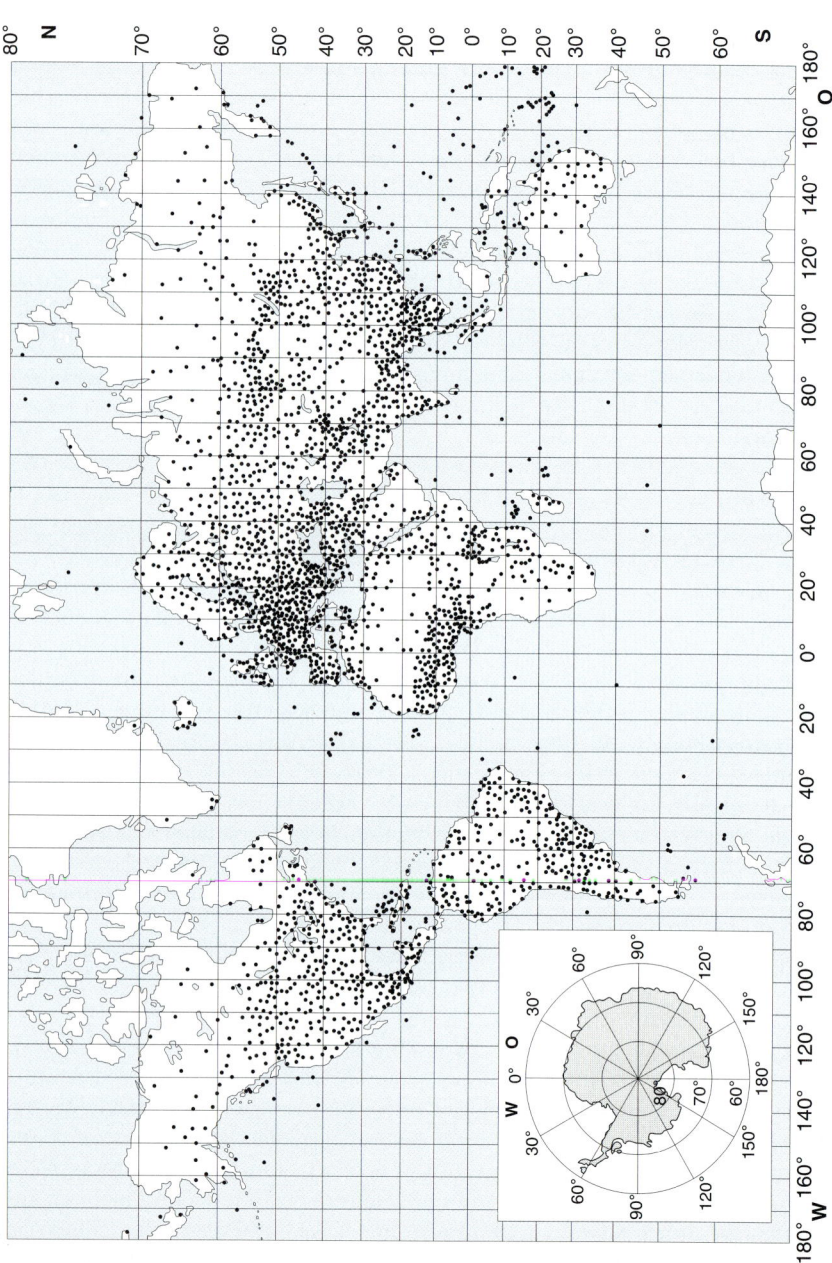

Abb. 23
Globales Beobachtungsnetz für bodennahe atmosphärische Daten (nach WMO, 1981).

niederschlages (Kap. 3.1.5) verwendet, in den meisten Ländern eher zu Forschungszwecken als im Routinedienst. Dies gilt in noch weit höherem Maße für LIDAR-Geräte (**li**ght **d**etecting **a**nd **r**anging), die beispielsweise über Rückstreuungsmessungen die Bestimmung der stratosphärischen Partikelanreicherung nach Vulkanausbrüchen gestatten.

Dagegen sind **Satelliten** auch im Rahmen der Wetterbeobachtung, ständig im Einsatz. Nach Sputnik (Start 1957), dem ersten Satelliten überhaupt, und TIROS 1 (**t**elevision and **i**nfra**r**ed **o**bservational **s**atellite, Start 1960), dem ersten Wettersatelliten, ist ein System von erdumlaufenden (Abstand ca. 900–1500 km) und geostationären (äquatorial, Abstand ca. 36000 km) Satelliten geschaffen worden, wobei die METEOSAT-Serie der Europa erfassende geostationäre Satellit ist (Start METEOSAT 1: 1977). Die Kürze der Beobachtungzeit erlaubt bisher erst in Ansätzen eine Art Bewölkungsklimatologie, Einblicke in die Variationen der solaren Strahlungsflussdichte aufgrund der Sonnenaktivität und andere Informationen, wie sie von den Routine- und Forschungssatelliten erfasst werden.

Zur Messung von atmosphärischen **Schadstoffen** gibt es weltweit, von besonderen Forschungsaktivitäten abgesehen, ein Netz von nur knapp 50 Stationen (Karte siehe z.B. HANTEL 1989), für die in Deutschland das Umweltbundesamt (UBA, Berlin) zuständig ist, während die Überwachung der **Radioaktivität** der Luft dem Deutschen Wetterdienst obliegt, ebenso die Messungen der stratosphärischen **Ozonkonzentration** mit hochreichenden speziellen Ballonsonden. Für **Kohlendioxid** gibt es weltweit ein Netz von ca. 20 Messstationen (BACH 1982), darunter die berühmte auf dem Mauna Loa, Hawaii (seit 1958). Gerade in diesen Bereichen überwiegen allerdings die aus Forschungsprojekten resultierenden Ergebnisse gegenüber den ständigen Routinemessungen. Schließlich ist das europäische Netz **phänologischer Gärten** (Näheres in Kap. 10.4) von besonderem klimatologischen und ökologischen Interesse, das der Beobachtung der Vegetationstätigkeit genetisch gleicher Pflanzen dient (Karte und Stationsliste, derzeit 63 Stationen, siehe HANTEL 1989).

3.2 Klimafaktoren

Die Klimasteuerungsmechanismen, die in Zusammenhang mit der Einführung des Klimasystem-Konzepts (Kap. 2.3) schon summarisch angesprochen (interne Wechselwirkungen, externe Einflüsse), allerdings noch nicht näher betrachtet worden sind, werden manchmal nach astronomisch-geographischen Kriterien als Klimafaktoren definiert. Obwohl es sich dabei weniger um eine Prozess-, sondern vielmehr um eine sehr formale Sichtweise handelt, sollen die dabei üblicherweise genannten Faktoren hier kurz genannt sein. Sie spielen insbesondere in der geographischen Klimaliteratur eine gewichtige Rolle.

Astronomische Klimafaktoren sind demnach an einer bestimmten Station
- die Länge von Tag und Nacht einschließlich ihrer jahreszeitlichen Variationen (solares Lichtangebot);

- der mittlere solare Einstrahlungswinkel (vgl. antike Klimadefinitionen, Kap. 1 und 2.7) bzw. die integrale solare Energieflussdichte einschließlich ihrer jahreszeitlichen Variation (solares Energieangebot);
- die spektralen Charakteristika der solaren Strahlungsflussdichte, insbesondere der UV-Anteil (ggf. nach UVA, UVB und UVC, vgl. Abb. 6).

Zum Teil überschneiden sich diese Gesichtspunkte mit den **geographischen Klimafaktoren. Diese sind, ebenfalls an einer bestimmten Station,**

- die geographische Breite (die mit den oben genannten astronomischen Faktoren zusammenhängt);
- die Höhe über MSL (u.a. wegen der mittleren vertikalen Temperaturabnahme);
- die Nähe bzw. Entfernung zum Ozean (im Wesentlichen wegen der ozeanischen Dämpfungswirkung auf die tages- und jahreszeitliche Temperaturamplitude);
- die Nähe bzw. Entfernung zu größeren Eisgebieten (Inlandeisen, Gletschern);
- topographische (= orographische) Besonderheiten wie Hangneigung, Exposition (d.h. Ausrichtung in eine bestimmte Himmelsrichtung), Mulden- bzw. Gipfellage u.ä.;
- mögliche Stadt- bzw. Industrie- bzw. Verkehrseffekte und ähnliches.

Hinzu kommen noch biosphärische (insbesondere in Zusammenhang mit der Vegetation) und pedosphärische (Boden) Faktoren. Bei ozeanographischen Gesichtspunkten sind natürlich die Meeresströmungen von besondere Bedeutung; sie werden später (Kap. 6), nach der atmosphärischen Zirkulation als wesentlichem meteorologischen Klimafaktorkomplex (Kap. 5), ausführlich behandelt. Geographische Klimafaktoren stehen überdies immer in engem Zusammenhang mit der Frage, welche räumliche Größenordnung des Klimas betrachtet werden soll (vgl. Kap. 2.4), was Begriffe wie Grenzflächenklima (z.B. an einer Blattoberfläche), Bestandsklima (z.B. im Wald), Geländeklima (Bergkuppe, Talmulde usw.), Stadtklima, Zonenklima usw. ins Spiel bringt (ENDLICHER 1991).

3.3 Statistische Analysemethoden

Globale wie regionale Messungen bzw. Beobachtungen der Klimaelemente liefern viele Daten, insbesondere wenn sie, wie für die Klimatologie typisch, über längere Zeitspannen hin erhoben werden. Dem deskriptiven Aspekt der Klimadefinition folgend (Kap. 2.7: „... Klima ist die **statistische Beschreibung** der ... Klimaelemente ...") ergibt sich daraus die Aufgabe, die oftmals überaus umfangreichen Datensätze zu prüfen, aufzubereiten und zusammenfassend zu beschreiben. Daran sollten sich weitergehende statistische Analysen anschließen, einschließlich der empirischen Betrachtung von Zusammenhängen und der Entwicklung von Hypothesen, ggf. auch prognostischer Art. Solche statistischen Analysen und Bewertungen erfordern nicht nur eine sinnvolle Auswahl der Methodik, sondern auch die Abschätzung der Sicherheit bzw. Unsicherheit der Ergebnisse (Signifikanz) und nicht zuletzt geeignete graphische Darstellungen. Dies alles ist von simplen Zahlenerhebungen, die leider auch „Statistiken" genannt werden, strikt zu unterscheiden. Oft genug findet man auch Fehlinterpretationen bzw. Überbewertungen der statistischen Ergebnisse, weil eventuell nicht gegebene Voraussetzungen missachtet bzw. die Analysemethoden nicht korrekt angewandt werden. Andererseits werden die Möglichkeiten der statistischen Analysemethoden und ihre Bedeutung für die Klimatologie oftmals auch unterschätzt.

Die statistische Literatur ist, selbst unter speziellen geowissenschaftlichen Aspekten, sehr umfangreich. Im Folgenden sollen daher in drastischer Zusammenfassung und Vereinfachung nur einige wenige Hinweise gegeben werden, ohne die die empirische Klimatologie keinesfalls auskommt (Details siehe SCHÖNWIESE 2000 und dort zitierte Literatur). Prinzipiell sind alle statistischen Methoden natürlich nicht nur auf Beobachtungs-, sondern auch Modelldaten anwendbar.

3.3.1 Elementare deskripitive Methoden

Klimatologische Daten können als **Messreihe** für einen bestimmten Ort als Funktion der Zeit oder aber als Funktion örtlicher Koordinaten (z.B. horizontales Profil entlang einer Strecke; Vertikalprofil, z.B. Radiosondendaten) bzw. als Kombination von beidem vorliegen. Weiterhin können solche Daten räumlich (regional bis global) oder/und zeitlich gemittelt sein. Statt Messwerten sind auch Schätzwerte (ohne Anwendung eines Messgerätes) oder Beobachtungen von Phänomenen (z.B. Anzahl von Tagen mit Auftreten von Gewitter) möglich. Meist sind diese Funktionen nicht stetig, sondern diskret, d.h. liegen bezüglich bestimmter örtlicher Messpunkte bzw. Zeitpunkte vor. Ist a die Messgröße, z.B. die Temperatur, und werden die Messpunkte durchnummeriert (indiziert), so lässt sich ein solcher Datensatz als **Raum-** bzw. **Zeitreihe**

$$a_i = f(r_i) \quad \text{bzw.} \quad a_i = f(t_i) \quad \text{mit } i = 1,2, \dots ,n \qquad (3.38)$$

schreiben, mit f = mathematisches Funktionszeichen (das eine Abhängigkeit, hier bezüglich der Koordinaten, ausdrückt), n = Anzahl der Messwerte bzw. Beobachtungsdaten, r = Raumkoordinate (falls zweidimensional ihrerseits Funktion der rechtwinkligen Horizontalkoordinaten x und y bzw. der geographischen Koordinaten Breite φ und Länge λ, wobei die West-Ost-Richtung (λ) auch als *zonal* und die Nord-Süd-Richtung (φ) auch als *meridional* bezeichnet wird; dreidimensional kommt noch die Höhenkoordinate z dazu); t = Zeitkoordinate. Für die in der Klimatologie besonders wichtige Form der Zeitreihe im engeren Sinn oder besser **äquidistanten Zeitreihe** gilt genauer

$$a_i = f(t_i), \quad i + 1 - i = \Delta t = const. \qquad (3.39)$$

d.h. der Abstand von einem Zeitpunkt t_i bzw. -intervall zum nächsten t_{i+1} ist gleich (z.B. Messung jede Stunde; Mittelung über Tage, Monate, Jahre usw.).

Ist a_i eine Auswahl von bekannten Daten, die im Prinzip erweitert werden könnte, so spricht man von einer **Stichprobe**, was praktisch immer der Fall sein wird, während die **Grundgesamtheit** oder **Population** alle möglichen Daten eines Prozesses umfasst. Oft ist diese Grundgesamtheit im Prinzip unendlich und somit nicht zugänglich, so dass ausgehend von der Stichprobe indirekt auf die Grundgesamtheit geschlossen werden muss. Um sich aber zunächst ein Bild von der erfassten Stichprobe zu machen, stehen die Methoden der elementaren Stichprobenbeschreibung zur Verfügung. Diese Methoden werden auch bei der Fehlerabschätzung verwendet, die eigentlich am Beginn jeder statistisch-klimatologischen Analyse stehen muss. Nur weil dort sehr ähnliche Formeln wie bei der elementaren Stichprobenbeschreibung verwendet werden, wird die Fehlerabschätzung erst im Kapitel 3.3.4 behandelt.

Den Einstieg in die elementare Stichprobenbeschreibung bildet die Errechnung der **Mittelungsmaße**, vor allem des **arithmetischen Mittelwertes**

$$\bar{a} = \frac{1}{n}\left(a_1 + a_2 + ... + a_n\right) = \frac{1}{n}\sum a_i \qquad (3.40a)$$

(bei $\sum$ Summierung, falls nicht anders angegeben, stets von i = 1 bis n) bzw. des **gewichteten** (gewogenen) arithmetischen Mittelwertes

$$\bar{a}_w = \frac{1}{\sum W_i}\sum w_i a_i \qquad (3.40b)$$

bei dem alle Daten mit einem als Faktor auftretenden frei wählbaren (also für unterschiedliche Daten möglicherweise unterschiedlichen) „Gewicht" w_i versehen werden (z.B. wegen unterschiedlicher Messgenauigkeit). Offenbar geht (3.40b), falls alle w_i = 1 sind, in (3.40a) über. Die in mathematischen Formelsammlungen auftauchenden geometrischen, harmonischen und quadratischen Mittelwerte sind in der Klimatologie weniger wichtig.

Dies gilt jedoch nicht für die **Häufigkeitsverteilung,** die angibt, wie häufig numerisch gleiche Werte in einem Datenkollektiv auftreten. Dabei ist meist eine Einteilung in Wertebereiche (i.A. gleichen Intervalls), die sog. **Klassen**, sinnvoll. Empirische Schätzfomeln wie z.B.

$$K = 1 + \frac{\log n}{\log 2} \approx 1 + 3.32 \log n \qquad (3.41)$$

dienen dabei als Orientierungshilfe, die Anzahl K der Klassen zu wählen (ergibt für z.B. n = 30 → $K \approx 6$; n = 100 → $K \approx 8$; n = 1000 → $K \approx 11$). Im Einzelnen können Häufigkeitsverteilungen sehr unterschiedlich aussehen, vgl. Abb. 24, wo schematisch einige Grundtypen zusammengestellt sind. Die dort gewählte stetige Darstellungsweise gilt allerdings nur für Grundgesamtheiten; im Fall von Stichproben, die meist in entsprechender Säulenform (Histogramm) dargestellt werden, vgl. Abb. 25 (links), erhält man immer Ergebnisse, die nur eine gewisse Ähnlichkeit zu den in Abb. 24 dargestellten Typen aufweisen. Dies unterscheidet die

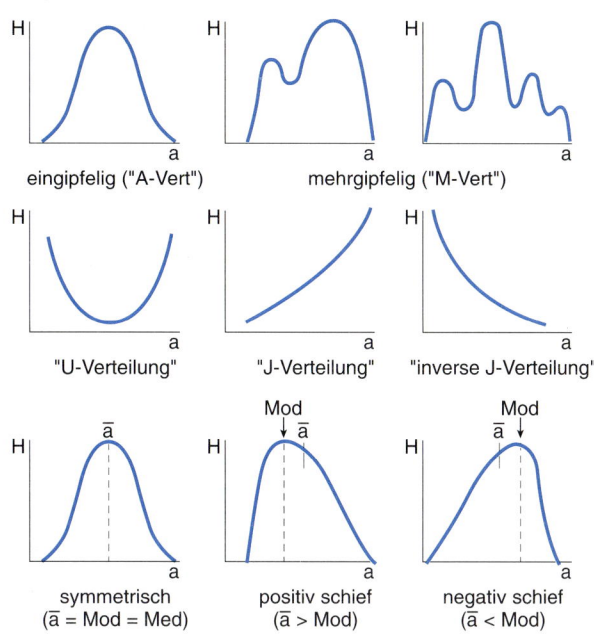

Abb. 24
Grundtypen von Häufigkeits-
verteilungen, schematisch
(nach SCHÖNWIESE, 2000).

empirische Häu-figkeitsverteilung
$H_k(a)$, mit $k = 1,2,...K$ Klassen (diskrete „Säulen"-Form in Abb. 25, links), von der von der **theoretischen Verteilung** $H(a)$ mit stetiger Variabler a (gestrichelte Funktion in Abb. 25, links; rechts Summenhäufigkeiten).

Liegt nun eine empirische Häufigkeitsverteilung $H_k(a)$ vor, so ist der **Modus** der Wert der Variablen a, der die größte Häufigkeit aufweist (ggf. die entsprechende Klassenmitte von a), während der **Median** der Wert der Variablen a ist, der $H_k(a)$ bzw. $H(a)$ in zwei gleich große Hälften (der Häufigkeit) aufteilt. Nur im Fall einer exakt symmetrischen Häufigkeitsverteilung sind arithmetischer Mittelwert, Modus und Median identisch, ansonsten ist bei einer **positiv schiefen** Verteilung der Modus kleiner (vgl. Abb. 24, unten Mitte), bei einer **negativ schiefen** Verteilung der Modus größer als der Mittelwert (Abb. 24, unten rechts), während der Median stets dazwischen liegt. Häufigkeitsverteilungen mit mehreren relativen Maxima (Abb. 24, oben, Mitte und rechts) werden „bimodal", „trimodal" usw., allgemein multimodal (mehrgipfelig) genannt.

Die „Breite" der Häufigkeitsverteilung weist darauf hin, wie stark die Einzelwerte a_i um den Mittelwert $\bar{a}$ streuen. Der Kennzeichnung dieser Stichpro-

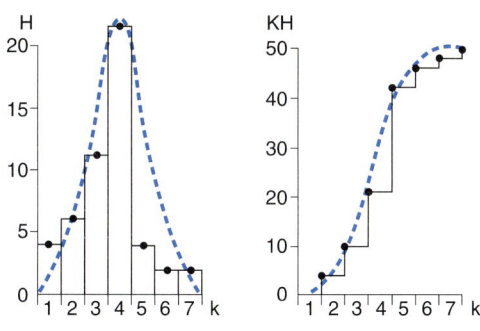

Abb. 25
Beispiele für eine empirische Häufigkeitsverteilung (Säulen, links) bzw. kumulative Häufigkeitsverteilung (Treppen-kurve, rechts) mit Anpassung einer entsprechenden Häufig-keits- bzw. Verteilungsfunktion (gestrichelte Kurven; nach SCHÖNWIESE, 2000).

beneigenschaft dienen die **Variationsmaße**, insbesondere die **Varianz**

$$s^2 = \frac{1}{n-1} \sum (a_i - \bar{a})^2 = \frac{1}{n-1} \sum a_i'^2 \qquad (3.42)$$

in deren Berechnung die quadratischen Abweichungen $a_i'^2$ vom Mittelwert $\bar{a}$ eingehen, bzw. deren Quadratwurzel, die oft angegebene **Standardabweichung** s. Weniger bedeutend sind die durchschnittliche Abweichung

$$d = \frac{1}{n} \sum |a_i'| \qquad (3.43)$$

sozusagen der Mittelwert der absoluten (d.h. alle Vorzeichen positiv gerechneten) Abweichungen vom Mittelwert, und die **Variationsbreite**

$$b = a_{max} - a_{min} \qquad (3.44)$$

d.h. die Differenz zwischen maximalem und minimalem Datenwert. Der dimensionslose Variationskoeffizient $v = s / \bar{a}$, meist prozentual angegeben, ist sozusagen die relative Standardabweichung. Übrigens werden die Variationsmaße gelegentlich auch Streuungs- oder Dispersionsmaße genannt.

Die Verallgemeinerung der Mittelungs- und Variationsmaße in der Form

$$M_k = \frac{1}{n} \sum a_i^k \quad bzw. \quad ZM_k = \frac{1}{n} \sum (a_i - \bar{a})^k \qquad (3.45)$$

führt zu den **Momenten** M_k bzw. **zentralen Momenten** ZM_k, wobei das erste Moment offenbar der arithmetische Mittelwert (3.40) und das zweite zentrale Moment (fast! beachte Unterschied im Nenner) die Varianz ist. Daraus lassen sich weitere statistische Kenngrößen ableiten, wovon hier zumindest noch der **Momentkoeffizient der Schiefe**

$$Sf = ZM_3 / s^3 \qquad (3.46)$$

genannt sei, der das Ausmaß der Verteilungsschiefe (s. Abb. 24, unten) quantitativ kennzeichnet, während der **Exzess** auf einen mehr flacheren bzw. steileren Verlauf der Häufigkeitsverteilung gegenüber einer bestimmten theoretischen Verteilung, nämlich der sog. Normalverteilung (Näheres später), hinweist. Ein statistisch beschriebener Prozess wird als **stationär** bezeichnet, wenn die Momente M_k und ZM_k zeitlich invariant sind (wobei allerdings auch noch die Autokorrelationsstationarität zu betrachten ist, vgl. Kap. 3.3.5). Dies ist bei einer Folge von Stichprobennahmen allerdings i.A. nur näherungsweise der Fall (Quasistationarität); erbringen die statistischen Prüfverfahren (vgl. Kap. 3.3.2) keinen signifikanten Unterschied der Stichproben-Momente, so kann Stationarität des Prozesses (der Grundgesamtheit) angenommen werden, aus dem sie Stichproben stammen.

Werden die Häufigkeiten einer Verteilung stufenweise aufaddiert, nämlich

$$H_1, \; H_1 + H_2, \; H_1 + H_2 + H_3, \; ... \qquad (3.47)$$

so kommt man zu den Summen- oder **kumulativen Häufigkeiten**, vgl. Abb. 25 (rechts, Stufenform), wobei prozentual ausgedrückt die zuletzt errechnete Summe gleich 100 % gesetzt wird. Dies ergibt dann approximativ die prozentuale kumulative Häufigkeitsverteilung oder **empirische Verteilungsfunktion,** vgl. wiederum Abb. 25 (rechts, gestrichelte Kurve). Daraus lassen sich nicht nur der Median (dazu gehe man vom 50 %-Wert auf die Kurve der empirischen Verteilungsfunktion und lese dazu in der Abszisse den Schätzwert des Medians ab), sondern beliebige prozentuale Wertebereiche (z.b. oberste 10 %; Wertebereich 80 % um den Median herum, d.h. 40 % jeweils links und rechts davon, usw.), die **Perzentile**, bestimmen.

Stichproben können im Übrigen auch mehrdimensional vorliegen, wobei klimatologisch vor allem **Datenfelder**, d.h. Daten als Funktion der räumlichen Koordinaten x und y (bzw. geographisch λ und φ), also zweidimensional, oder auch

Tab. 5 Nomenklatur klimatologisch-meteorologischer Isolinien (Auswahl).

Bezeichnung	erfasste Größe
Isallo... (z.B. Isallobare)	zeitliche Änderung, z.b. des Luftdrucks
Isentrope	potentielle Temperatur
Isobare	Druck, insbesondere Luftdruck
Isobronte	Gewitter (z.B. Anzahl der Gewittertage)
Isochione	Schneefall (z.B. Schneedeckendauer)
Isochore	Volumen
Isochrone	Eintrittszeit (bestimmter Phänomene)
Isogone	Richtung (z.B. Windrichtung)
Isohaline	Salzgehalt (des Ozean)
Isohelie	Sonnenscheindauer
Isohumide	Feuchte (insbesondere Luftfeuchtigkeit)
Isohyete	Niederschlag
Isohypse	(geopot.) Höhe (von isobaren Flächen)
Isoluxe (Isophote)	Helligkeit
Isonephe	Bewölkung (z.B. Bedeckungsgrad)
Isoombre	Verdunstung
Isoplethe	„Fülle" [*)]
Isopotentiale	Geopotential
Isopykne	Dichte (z.B. Luftdichte)
Isotache	Geschwindigkeit (z.B. des Windes)
Isotherme	Temperatur (z.B. Lufttemperatur)
Isovapore	Dampfdruck

*) z.B. falls in einem Diagramm für eine beliebige Größe zwei Zeitkoordinaten (i.a. Tages- und Jahresgang) verwendet werden.

x,y, und z, also dreidimensional, sowie Vektoren (z.b. beim Wind) von Bedeutung sind. Mathematisch hat ein zweidimensionale Datenfeld die Form einer Matrix

$$a_{ij} = \begin{Bmatrix} a_{11}, & a_{12}, & \dots, & a_{1n} \\ a_{21}, & a_{22}, & \dots, & a_{2n} \\ \dots & \dots & \dots & \dots \\ a_{m1}, & a_{m2}, & \dots & a_{mn} \end{Bmatrix}$$

und es gibt sowohl entsprechende Methoden der mehrdimensionalen Stichprobenbeschreibung als auch mehrdimensionale, insbesondere zweidimensionale theoretische Verteilungen. Daruaf kann hier aber nicht eingegangen werden (vgl. wiederum Literatur, z.b. SCHÖNWIESE 2000). Wohl aber soll auf die **Isolinienanalyse** zweidimensionaler Datenfelder hingewiesen werden, bei denen jeweils in einem festzulegendem Werteabstand Linien gleicher Werte gesucht werden. Solche Darstellungen werden uns insbesondere in Kap. 8 begegnen. Eine Nomenklaturliste der wichtigsten Isolinien findet sich in Tab. 5.

3.3.2 Schätz- und Prüfverfahren

Um, unter anderem von Verteilungsaspekten aus, die Verbindung zwischen Stichprobe und Grundgesamtheit herzustellen, stellt die Statistik eine Reihe von **theoretischen Häufigkeitsverteilungen** bereit, im Prinzip in der Form, wie sie in einigen Beispielen die Abbildung 24 enthält. Dazu gehören jeweils entsprechende **Verteilungsfunktionen** (vgl. Beispiel Abb. 25). Wichtig ist dabei, dass in dieser theoretischen Ausprägung das bestimmte Integral ($-\infty$ bis $+\infty$) der Häufigkeitsfunktion, anschaulich die Fläche unter der betreffenden Kurve, so normiert ist, dass sich 1 bzw. 100 % ergibt. Dann spricht man von der **Wahrscheinlichkeitsdichtefunktion** f(a), die aus der theoretischen Sicht einer möglichen Grundgesamtheit (Population) das Pendant zur empirischen Häufigkeitsverteilung einer Stichprobe darstellt. Entsprechendes gilt für die theoretische bzw. empirische Verteilungsfunktion F(a). Wie die Namensgebung andeutet, erlaubt ein solcher Übergang von der Stichprobe zur Grundgesamtheit, unter Ähnlichkeitsgesichtspunkten, dass an die Stelle der Häufigkeit (empirische Häufigkeitsverteilung der Stichprobe) die Wahrscheinlichkeit tritt (vermutete zugehörige Wahrscheinlichkeitsdichtefunktion f(a) der Grundgesamtheit). Dies erlaubt, in Erwartung weiterer Realisationen des betreffenden Prozesses, die sich in Stichproben formaler Ähnlichkeit zeigen, für bestimmte Wertebereiche Δa die vermutlichen Eintrittswahrscheinlichkeiten anzugeben (bestimmtes Integral f(a), anschaulich Fläche unter der Kurve f(a), im Intervall des fraglichen Wehrbereichs; der Quantil- bzw. Perzentilbetrachtung folgend, vgl. oben, kann alternativ dabei auch die zugehörige Verteilungsfunktion benützt werden).

Was sind nun die wichtigsten Grundtypen von f(a)? Neben der sog. **Gleichverteilung**, bei der die Wahrscheinlichkeitsdichtefunktion konstant ist (d.h. alle Werte werden mit der gleichen Wahrscheinlichkeit erwartet, wie das bei elementaren Zufallsprozessen, z.B. Würfeln, der Fall ist) kommt der sog. **Normalvertei-lung** nach GAUSS (Form wie Abb. 24, oben links) eine besondere Bedeutung zu, da sie sich bei relativ vielen Prozessen annähernd einstellt. Weitere wichtige theoretische Verteilungen, die z.T. auch eine gewisse Schiefe aufweisen, sind z.b. die **logarithmische Normal-,** die **Poisson-,** die **t-** (Student-), die χ^2- (Chi-Quadrat-), **F-** (Fisher-) und **Weibullverteilung** (Details siehe u.a. SCHÖNWIESE 2000.) Diese theoretischen Verteilungen liegen i.a. normiert in Tabellenform vor, so dass dem Praktiker komplizierte Berechnungen anhand der nicht immer mathematisch einfachen Wahrscheinlichkeitsdichtefunktion erspart bleiben.

Somit ist es erforderlich, für eine vorliegende Stichprobe, genauer für deren empirische Häufigkeitsverteilung, eine möglichst ähnliche theoretische Verteilung f(a) aufzufinden und **anzupassen**, d.h. die betreffende vermutete normierte theoretische Verteilung f(a) so umzurechnen, dass sie die Charakteristika der Stichprobe bezüglich arithmetischem Mittelwert, Varianz, ggf. auch Modus, Schiefe usw. annimmt. Dann liegt eine Abschätzung darüber vor, wie der betreffende Prozess, von den Zufälligkeiten der Stichprobe unabhängig, ablaufen sollte, und zwar hinsichtlich der Wahrscheinlichkeit des Eintretens bestimmter Wertebereiche, die nun nicht mehr aus der Stichprobe, sondern aus f(a) der angepassten Grundgesamtheit abgeschätzt werden.

Damit dies erlaubt ist, muss allerdings noch die Gültigkeit einiger Voraussetzungen geprüft werden. Diese Notwendigkeit führt zu den Mutungsbereichen und Hypothesenprüfungen. Vor dem Hintergrund der Anpassung theoretischer Verteilungen und damit allgemeingültiger Konzepte für den jeweils betrachteten Prozess, aus dem die Stichprobe gezogen worden ist, stellt die Errechnung z.B. des Mittelwertes nämlich nur eine erste Näherung an die Frage dar, wo denn der Mittelwert tatsächlich vermutet wird; daher der Name **Mutungsbereich**. Dieser ist als das Zahlenintervall definiert, in dem der tatsächliche Mittelwert mit einer frei wählbaren Wahrscheinlichkeit liegt. Diese Wahrscheinlichkeit heißt **Vertrauens-niveau** (confidence level) CL oder **Signifikanz** Si und wird meist mit 90 %, 95 % oder 99 % festgelegt (eine 100 %-Sicherheit ist in der Statistik prinzipiell nicht erreichbar). Das Residuum dazu (beispielsweise 5 %, falls Si = 95 %) heißt **Irrtumswahrscheinlichkeit** α. (Leider wird α oft als Signifikanz bezeichnet, was eigentlich nicht korrekt ist.) Der Mutungsbereich eines Mittelwertes wird um so größer sein, je größer der Anspruch an das Vertrauensniveau, je kleiner der Stichprobenumfang und je größer die Variation der Daten ist. Eine übliche Schätzformel für den tatsächlichen Mittelwert μ, geschätzt aus dem betreffenden Wert der Stichprobe $\bar{a}$ (vgl. (3.40a), lautet daher

$$\mu = \bar{a} \pm Mu_\mu = \bar{a} \pm z \frac{\sigma}{\sqrt{n}} \approx \bar{a} \pm z \frac{s}{\sqrt{n}} \tag{3.49}$$

wobei Mu der Mutungsbereich ($\pm$ bedeutet hier nicht plus oder minus, sondern den Zahlenwertbereich um Mu herum), σ die Standardabweichung der Grundgesamtheit, s der entsprechende Wert der Stichprobe und n der Stichprobenumfang ist; z ist der Parameter der standardisierten (d.h. $\mu = 0$, $\sigma = 1$) Normalverteilung, der z.B. für Si = 95 % den Wert 1.96 oder für Si = 99 % den Wert 2.576 annimmt. Übrigens bieten die meisten Statistiklehrbücher Zahlentabellen theoretischer Verteilungen an, in denen man diese Werte nachschlagen kann (u.a. SCHÖNWIESE 2000).

Das weite Feld der **Hypothesenprüfungen** (Testverfahren) bedeutet immer die Aufstellung einer Vermutung, die mit Hilfe einer theoretischen Verteilung und einem wiederum frei wählbaren Vertrauensniveau akzeptiert oder abgelehnt wird. (Besonders viele solche Tests sind bei SACHS, 1999, zu finden; s. auch SCHÖNWIESE, 2000). So lässt sich beispielsweise die Anpassung einer theoretischen Verteilung f(a) = H(GG) an eine Stichproben-Häufigkeitsverteilung H(SP) klassenorientiert (d.h. nach Klasseneinteilung der Stichprobe) anhand der folgenden Formel testen:

$$\hat{\chi}^2 = \sum \frac{H_i\,(SP) - H_i\,(GG)}{H_i\,(GG)} \tag{3.50}$$

Summierung hier über k = 1,..., K, wobei K die Anzahl der Klassen ist. Der so errechnete Wert $\chi^{\wedge 2}$ muss in einer Zahlentabelle der χ^2-Verteilung (die somit die zugehörigen f(a)-Werte angibt) mit dem dortigen Wert in Abhängigkeit von CL und der Zahl der **Freiheitsgrade** Φ (hier $\Phi = K{-}2$) verglichen werden. Ist der errechnete Wert $\chi^{\wedge 2}$ kleiner, so folgt die Hypothese, dass zwischen der Stichprobe und der angepassten theoretischen Verteilung (f(a) der Grundgesamtheit) auf dem Niveau CL kein signifikanter Unterschied besteht. Man spricht von der **Nullhypothese**, die angenommen wird, der Unterschied ist sozusagen „null und nichtig", das in diesem Fall erwünschte Testergebnis. Andernfalls ist der Unterschied signifikant, die **Alternativhypothese** wird angenommen und die Anpassung kann dann nicht akzeptiert werden. Weitere Hypothesenprüfungen betrachten beispielsweise den signifikanten bzw. nicht signifikanten Unterschied von Stichproben-Mittelwerten,

$$\hat{t} = \frac{|\bar{a} - \bar{b}|\sqrt{n}}{\sqrt{s_a^2 + s_b^2}} \quad \text{mit } \Phi = 2n - 2 \text{ Freiheitsgraden} \tag{3.51}$$

(falls die Umfänge n der betreffenden Stichproben a und b gleich sind; offenbar t-Test, wobei im Gegensatz zu (3.50) mit einer Tabelle der t-Verteilung zu arbeiten ist), Varianzen und vieles andere mehr, wobei in solchen Fällen meist die Annahme der Alternativhypothese das gewünschte Testergebnis ist (SACHS 1999, SCHÖNWIESE 2000).

3.3.3 Schätzung von Zusammenhängen
Der Vergleich von Stichproben, die möglicherweise unterschiedliche Grundgesamtheiten repräsentieren, führt zur Schätzung von Zusammenhängen. Dabei schätzt die **Korrelationsrechnung** die **Güte** des Zusammenhangs zwischen zwei

oder mehr Stichproben ab, während die **Regressionsrechnung** die **Art** des Zusammenhangs in Form einer Beziehungsgleichung ermittelt. Als Maßzahl für die Güte eines Zusammenhangs ist der **Korrelationskoeffizient** definiert, der im einfachsten, nämlich zweidimensionalen (d.h. nur zwei Stichproben werden verglichen) und linearen Fall durch

$$r = s_{ab} / (s_a \, s_b) \tag{3.52}$$

geschätzt wird, wobei s_a bzw. s_b die Standardabweichungen der Stichprobenwerte a_i bzw. b_i und

$$s_{ab} = \frac{1}{n-1} \sum \left[(a_i - \bar{a})(b_i - \bar{b}) \right] = \frac{1}{n-1} \sum \left[a_i' b_i' \right] \tag{3.53}$$

die **Kovarianz** ist. Der Wert von r kann sich zwischen 0 (kein Zusammenhang) und +1 bzw. −1 (strenger Zusammenhang) bewegen. Der quadratische Wert r^2 gibt die durch die Korrelation erfasste Varianz an (relativ; z.B. $r^2 = 0.7$ → rund 49 % Varianzerklärung). Die zugehörige Regressionsgleichung ist im linearen Fall die einer Geraden, bei der sich im Fall von r = +1 alle Daten exakt auf einer Geraden mit positiver Steigung, bei r = −1 mit negativer Steigung befinden. Bei r = 0 lassen sich die Datenpaare keiner solchen Geraden zuordnen, sondern streuen gleichmäßig über die a-b- (y-x-) Ebene, wenn man sie in ein entsprechendes („Streu"-) Diagramm einträgt. Wird a als abhängige und b als unabhängige Variable aufgefasst, dann lautet die Gleichung der zugehörigen (zweidimensionalen) linearen Regression

$$\hat{a} = A + Bb \;\; mit \;\; B = s_{ab} / s_b^2 \;\; und \;\; A = \bar{a} - B\bar{b} \tag{3.54}$$

(Schreibweise $\hat{a}$, weil sich die Regressionswerte $\hat{a}_i$ i.A. von den Stichprobenwerten a_i unterscheiden). Der Korrelationskoeffizient ρ der zugehörigen Grundgesamtheiten wird im Intervall

$$\rho = r \pm M u_\rho = r \pm z \frac{1 - r^2}{\sqrt{n-1}} \tag{3.55}$$

vermutet, so dass es sich analog zu (3.49) wieder um eine Mutungsbereichschätzung handelt. Die Signifikanz des Zusammenhangs ist mit Hilfe eines t-Tests (d.h. unter Verwendung einer Tabelle der t-Verteilung; vgl. wiederum SACHS 1999, SCHÖNWIESE 2000)

$$\hat{t} = \frac{r\sqrt{n-2}}{1 - r^2} \;\; mit \;\; \Phi = n - 2 \;\; Freiheitsgraden \tag{3.56}$$

zu prüfen.

Bei mehr als einer Einflussgröße und nicht-linearen Zusammenhängen verkomplizieren sich diese Formeln beträchtlich. So muss bei einem **multiplen linearen Zusammenhang** der Form (Regressionsgleichung)

$$\hat{a} = A + Bb + Cc + Dd + \ldots \tag{3.57}$$

mit Einflussgrößen b, c, d, ... der zugehörige **multiple Korrelationskoeffizient** r_m geschätzt und mittels eines F-Tests auf Signifikanz geprüft werden. Dabei ist es im Gegensatz zu (3.52) in allen Fällen mehrdimensionaler und übrigens auch nicht-linearer Regression einfacher, die Beziehung auszunutzen, wonach das Quadrat des Korrelationskoeffizienten r^2 (Bestimmtheitsmaß) generell der Quotient aus erklärter zu gesamter Varianz der abhängigen Variablen a ist. Daraus lässt sich ableiten:

$$r^2 = r_m^2 = \left[\sum \left(\hat{a}_i - \bar{a} \right)^2 \right] / \sum a_i'^2 \tag{3.58}$$

(mit $\hat{a}_i$ = Regressionswerte und a_i = Stichprobenwerte). Eine neuere elegante Methode, die auf beliebige multiple nicht-lineare Zusammenhänge anwendbar ist, sind die **neuronalen Netze**, die im Übrigen auch die simultane Betrachtung mehrerer Wirkungsgrößen und somit eine **multivariate** Vorgehensweise gestatten. Dazu sowie zu allen weiteren Details muss auf die Fachliteratur verwiesen werden (SCHÖNWIESE 2000, und dort angegebene Literatur).

3.3.4 Messfehler, Inhomogenitäten und Repräsentanz

Eigentlich muss vor jeder statistischen Analyse von Klimadaten eine Fehlerbetrachtung stehen. Da dabei aber einige der in den vorangegangenen Kapiteln behandelten Methoden benötigt werden, insbesondere die elementaren statistischen Methoden, die Schätzverfahren und die Schätzung von Zusammenhängen, erfolgt die Behandlung dieses Themenkomplexes erst an dieser Stelle. Prinzipiell ist jeder **Mess- bzw. Beobachtungsfehler** f, (auch mit a' bezeichnet) als Abweichung des gemessenen bzw. geschätzten Wertes $\hat{a}$ vom (i.A. unbekannten) wahren Wert a definiert,

$$f_i = \hat{a}_i - a \tag{3.59}$$

Solche Fehler können **systematisch** sein; dann treten sie in bevorzugten Richtungen, im idealen Fall immer in der gleichen Richtung und mit konstantem Betrag auf, beispielsweise wenn an einem Messgerät eine etwas verschobene Zahlenskala angebracht ist. In solchen Fällen muss die Fehlerquelle gesucht und ausgeschaltet werden, in der Praxis auch vorsorglich, z.B. durch Vergleichsmessungen mit verschiedenen Instrumenten.

Dagegen lassen **zufällige Messfehler** eine solche Systematik nicht erkennen. Sie treten immer dann auf, wenn eine Messserie an der Grenze der Messgenauigkeit vorgenommen wird und gestatten nach der Fehlertheorie von GAUSS (Details siehe wiederum SCHÖNWIESE 2000) die quantitative Festlegung dieser Genauigkeit. Wichtig ist dabei, dass sich die gesamte Messreihe $\hat{a}_i$ vom Umfang n (i=1,...,n) auf konstante Koordinaten bezüglich des Raumes (x,y,z; bzw. φ,λ,z) und der Zeit t und auch sonst gleiche Umgebungsbedingungen bezieht, somit ohne Fehlerbelastung stets identische Werte liefern müsste.

Die **Fehlermaße**, die das Ausmaß der Belastung einer Messreihe mit zufälligen Fehlern und somit die Messgenauigkeit quantitativ charakterisieren, sind wie die Mutungs- (Kap. 3.3.2) als Unschärfebereiche (Vorzeichen ±) definiert. Da nach GAUSS zufällige Fehler der Normalverteilung folgen, sollte man als Messergebnis in erster Näherung den arithmetischen Mittelwert $\bar{a}$ (vgl. Kap. 3.3.1) angeben, den GAUSS als **Bestwert** der Messung bezeichnet. Die Formeln für den **Durchschnitts- bzw. Standardfehler** einer Einzelmessung sind identisch mit den in Kap. 3.3.1 eingeführten Formeln für die durchschnittliche (±d) bzw. Standardabweichung (±s), d.h. es gelten die gleichen Formeln, die betreffenden Zahlenwerte werden jedoch als Unschärfe-Datenwertintervall aufgefasst. Hinzu kommt nun aber der **absolute Fehler des Bestwertes** (= Mittelwertes), geschätzt durch

$$\Delta a = \pm \sqrt{\frac{\sum a_i^2}{n(n-1)}} = \pm \frac{s}{\sqrt{n}} \qquad (3.60)$$

und führt im Vergleich mit dem Bestwert zum **relativen Fehler** (meist prozentual angegeben)

$$\delta a = \pm (\Delta a / \bar{a}) \times 100\% \qquad (3.61)$$

Die Konsequenz daraus ist, den Bestwert $\bar{a}$ der Messserie nicht genauer anzugeben, als es der ersten numerischen Stelle von Δa entspricht (z.B. bei $\Delta a = \pm 0.217...$ daher nicht z.B. $\bar{a}$ = 3.176553... M.E. (Maßeinheiten), sondern $\bar{a}$ = {3.2 ± 0.2} M.E.). In Ergänzung der üblichen Rundungsregeln geben BRONSTEIN und SEMENDJAJEW (1966) zur Vermeidung häufigeren Auf- gegenüber Abrundens die Regel an, die Endziffer 5 nur dann aufzurunden, wenn die Ziffer davor ungerade ist und andernfalls abzurunden. Dies kann bei sehr vielen Daten von Bedeutung sein.

Setzt sich eine Klimagröße G aus mehreren Messgrößen (a,b,c,...) zusammen, so gilt für den **absoluten Fehler des zusammengesetzten Messergebnisses** das Fehlerfortpflanzungsgesetz nach GAUSS in der Form

$$\Delta G = \pm \sqrt{\left(\frac{\partial G}{\partial a}\Delta a\right)^2 + \left(\frac{\partial G}{\partial b}\Delta b\right)^2 + ...} \qquad (3.62)$$

aus dem sich diverse speziellen Regeln herleiten lassen (Details siehe wiederum z.B. SCHÖNWIESE 2000), unter anderem

$$\text{falls } G = a + b \text{ bzw. } G = a - b \rightarrow \Delta G = \pm \sqrt{(\Delta a)^2 + (\Delta b)^2 + ...} \qquad (3.63)$$

oder

$$\text{falls } G = a \times b \text{ bzw } a/b \rightarrow \Delta G = \pm \sqrt{(\delta a)^2 + (\delta b)^2 + ...} \qquad (3.64)$$

und so weiter.

Eine wichtige Besonderheit klimatologischer Zeitreihen $a_i(t_i)$ ist deren mögliche **Inhomogenität**. Darunter versteht man zeitliche Variationen, die nicht meteorologisch-klimatologischer Natur sind, sondern auf messtechnische Artefakte zurückgehen. Beispiele dafür sind der Wechsel von Messgeräten (falls systematische Fehler dabei eine Rolle spielen), Verlegungen der Messstation (z.B. vom Stadtzentrum an die Peripherie; vgl. dazu „Stadtklima", insbesondere städtische „Wärmeinsel", Kap. 12.2) und Änderungen der Umgebungsbedingungen vor Ort (z.B. Wachsen von Bäumen, die den Niederschlag „abschatten"; Bebauung usw.). Dann überlagern sich solche „künstlichen" Effekte mit „echten" Klimavariationen, was zu klimatologischen Fehlinterpretationen führen kann.

Angebracht wäre es, Vorgänge, die zu Inhomogenitäten von Klimamessreihen führen können, in den Stationsakten zu dokumentieren und durch überlappende **Vergleichsmessungen** (z.B. nach Stationsverlegungen) die Unterschiede in den Messwerten festzustellen und im Sinn systematischer Fehler zu korrigieren. Oft ist dies, insbesondere bei älteren Messungen, nicht geschehen, so dass es erforderlich ist, Inhomogenitäten auch durch indirekte statistische Methoden mit gewisser Wahrscheinlichkeit aufzuspüren. Dabei sind rein stationsbezogene, sog. absolute, von umgebungsbezogenen, sog. relativen **Homogenitätstests** zu unterscheiden. Die meisten dieser Tests suchen die betreffende Klimareihe nach verdächtigen Wertesprüngen ab. Problematischer sind Inhomogenitäten, die als Langzeittrends in Erscheinung treten, beispielsweise weil in einer wachsenden Stadt die städtische „Wärmeinsel" (Kap. 12.2) immer intensiver wird, was sich insbesondere dann, wenn die betreffende Messstation im Stadtzentrum verbleibt, durch einen langfristigen Temperaturanstieg bemerkbar macht. Da Korrekturen in solchen Fällen schwierig sind, besteht eine Alternative zur Korrektur darin, dies als regionalen, nämlich Stadtklimaeffekt zu interpretieren und bei Repräsentanzbetrachtungen (vgl. unten) entsprechend zu berücksichtigen. Auf Einzelheiten der Homogenitätstests kann hier nicht eingegangen werden (vgl. dazu z.B. SCULTETUS 1969, SNEYERS 1990, SCHÖNWIESE UND RAPP 1997, RAPP 2000; zur Homogenisierung u.a. auch AUER, BÖHM et al. 2001).

Bei den relativen Homogenitätstests, aber auch bei vielen anderen Problemen, spielt die **Repräsentanz** eine wichtige Rolle, wobei hier nur die *örtliche* Repräsentanz kurz betrachtet werden soll. Darunter ist die örtliche Übertragbarkeit der Messdaten bzw. statistischen Maßzahlen wie Momente zu verstehen, die dann gegeben ist, wenn im Rahmen der Messgenauigkeit (vgl. oben, insbesondere Formel (3.49)) bzw. der Moment-Mutungsbereiche (Formel (3.60)) die dadurch festgelegten Datenwertbereiche bei Variation der örtlichen Koordinaten (z.B. längs einer Strecke, innerhalb einer Region) nicht überschritten werden. Ein wichtiges Verfahren, solche Repräsentanzbereiche abzuschätzen, ist die Korrelationsanalyse von Klimadaten-Messreihen unterschiedlicher Stationen mit Festlegung der geforderten gemeinsamen Varianz r^2. Je nach Klimaelement sind diese Repräsentanzbereiche unterschiedlich groß, beim Niederschlag beispielsweise viel kleiner als bei der Temperatur, vgl. Abb. 26. Solche Repräsentanzuntersuchungen sind

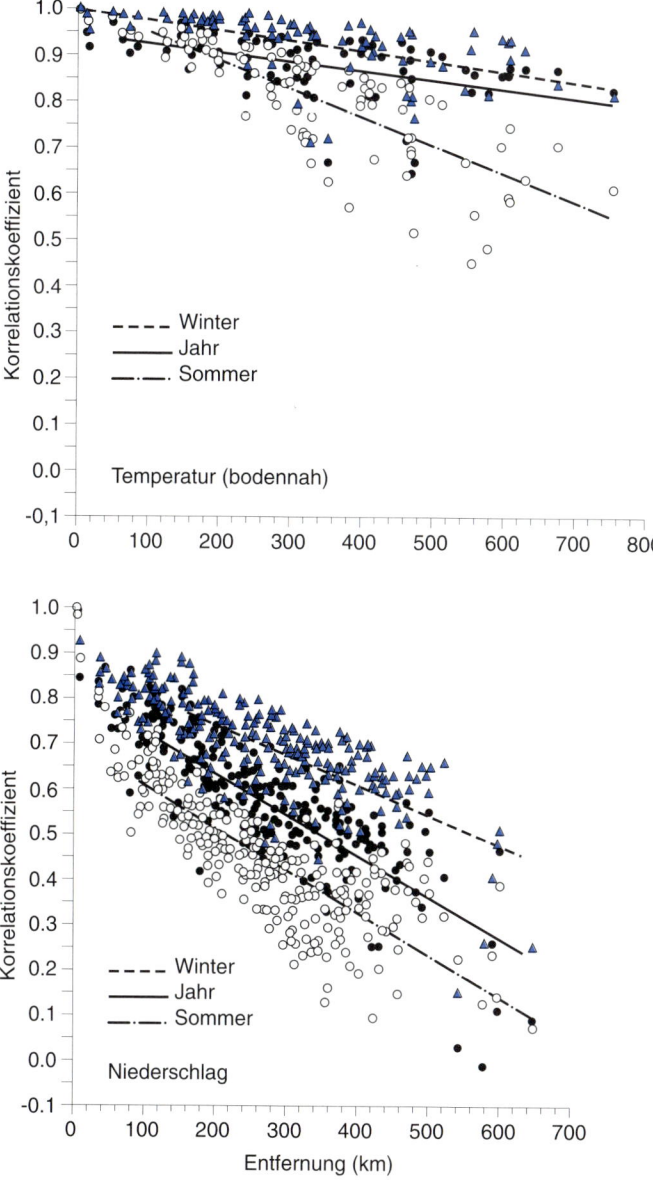

Abb. 26
Repräsentanz von Lufttemperatur- (bodennah) und Niederschlagsdaten, Jahres- (ausgefüllte Kreise) bzw. Sommer(JJA, leere Kreise)- bzw. Winter(DJF)-Werte (Dreiecke), ausgedrückt in Form von Korrelations- koeffizienten in Abhängigkeit von der Stationsentfernung (Deutschland, Datenbasis Temperatur 1951–1990, Niederschlag 1891–1990; nach RAPP und SCHÖNWIESE, 1996).

u.a. bei der Planung bzw. Verbesserung von Messnetzen sowie der Frage von Bedeutung, in welcher räumlichen Auflösung (vgl. dazu auch Abb. 10) Klimainformationen (z.B. Karten von beobachteten Änderungen der Klimaelemente) bereitgestellt werden sollten.

3.3.5 Spezielle Methoden der Zeitreihenanalyse

Im Rahmen dieser knappen Übersicht statistischer Analysemethoden sollen nun noch einige spezielle Methoden der Zeitreihenanalyse genannt und zum Teil kurz charakterisiert werden, die für die Klimatologie wichtig sind. Hinsichtlich weiterer Methoden und aller Details muss wiederum auf die Literatur verwiesen werden, die im Übrigen gerade unter diesem Aspekt recht umfangreich ist (z.B. BÄTH 1974, BOX et al. 1994, CHATFIELD 1996, ESSENWANGER 1976, MITCHELL et al. 1966, OLBERG und RAKOCZI 1984, SCHLITTGEN und STREITBERG 1999, SCHÖNWIESE 2000, SNEYERS 1980, VON STORCH und ZWIERS, 1999).

Liegt eine Zeitreihe $a_i(t_i)$ eines Klimaelements vor, so lässt sich deren Varianz s^2 (vgl. Kap. 3.3.1, Formel (3.42)) nach der Periode T bzw. Frequenz f = 1/T aufschlüsseln. Dies bedeutet nicht, dass es sich bei $a_i(t_i)$ um eine periodische Funktion handeln muss; dies kommt im strengen Sinn, wie das z.B. bei einer Sinusschwingung der Fall ist, im Klimageschehen gar nicht vor (auch Tages- und Jahresgang sind nicht streng periodisch). Vielmehr kann es sein, dass relative Maxima bzw. Minima in gewissen, nicht allzu stark variierenden Zeitabständen unter wechselnder Amplitude wiederkehren. Man spricht dann von einem **zyklischen** (auch rhythmischen, quasiperiodischen) Vorgang, wie das beispielsweise bei den Sonnenflecken-Relativzahlen (Abb. 28, dünne Kurve) der Fall ist. Wenn daher im Folgenden der Begriff Periode bzw. Frequenz benützt wird, so ist das stets in diesem allgemeineren Sinn gemeint (Zyklus, Quasiperiode, „charakteristische Zeit").

Die genannte Varianz-Aufschlüsselung liefert die **spektrale Varianzanalyse**, das Ergebnis heißt *Varianzspektrum*. Abb. 27 zeigt dafür ein Beispiel: Die Jahresmittelwerte der bodennahen Lufttemperatur 1781–2000 an der Station Hohenpeißenberg (Oberbayern; oberes Teilbild, dünne Kurve) sind in dieser Weise nach zwei verschiedenen Algorithmen analysiert: ASA (mittleres Teilbild) bedeutet **A**utokorrelation**s**pektral**a**nalyse, bei der die Berechnung über die Fourier-Transformation der Autokorrelationsfunktion erfolgt. MESA (unteres Teilbild) bedeutet **M**aximum-**E**ntropie-**S**pektral**a**nalyse, bei der die Berechnung mit Hilfe der Informationsentropie vorgenommen wird (nähere Definitionen und Details siehe eingangs genannte Literatur). Man erkennt, dass beide Algorithmen Hinweise auf zyklische Varianz in den Periodenbereichen um 2.1 Jahre (quasi-zweijährige Oszillation, engl. QBO; siehe Kap. 5.5), 3.4 Jahre, 7–8 Jahre und 13–14 Jahre geben. Relativ viel, im Fall von ASA sogar deutlich maximale Varianz enthält das langfristige Residuum (am linken Ende der beiden Spektren), wo die Grenze der Auflösung in Perioden erreicht ist.

Die **Autokorrelationsfunktion** hat nicht nur in diesem Zusammenhang ihre Bedeutung; sie erlaubt auch eine Abschätzung der Persistenz der betrachteten

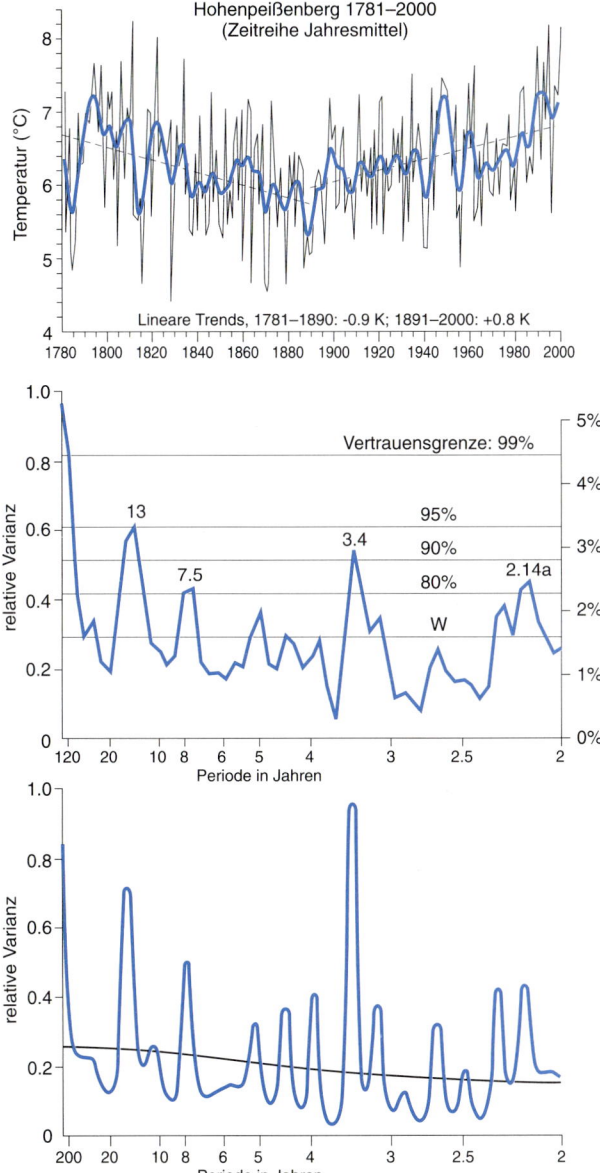

Abb. 27

Jahresmittelwerte 1781–2000 der bodennahen Lufttemperatur auf dem Hohenpeißenberg (bayerische Voralpenregion) mit zehnjährig geglätteten Daten (Gauß'sche Tiefpassfilterung) und Varianzspektren nach der Autokorrelation- (ASA, Mitte) bzw. Maximum-Entropie-Spektralanalyse (MESA, unten) (vgl. Text; nach SCHÖNWIESE, 2000, aktualisiert).

Zeitreihe. Dabei werden die Daten a_i zu den Zeiten t_i mit denen von t_{i+1}, dann t_{i+2} usw. korreliert, also unter systematisch fortschreitender Zeitverschiebung $\tau = k\Delta t$, $k = 0,1,,2,...,M$ mit M = maximaler Verschiebung, die beim ASA-Spektrum über die Auflösung entscheidet. Für alle k lässt sich dann eine Reihe der Korrelationskoeffizienten $r_A(\tau)$ angegeben, die Autokorrelationsfunktion, wobei $r_A(0)$ natürlich 1 sein muss. Der Bereich, in dem sie von $r_A(0)$ ausgehend signifikant im positiven Bereich verbleibt, ist das **Persistenzintervall** (beispielsweise 3 Jahre, falls (i+1) −1 bei a_i und somit auch der Zeitschritt k = 1 Jahr ist, wie in Abb. 27, und $r_A(\tau \leq \{k=3\} > 0)$. Die Signifikanzprüfung der relativen Maxima beim ASA-Spektrum erfolgt mit Hilfe eines χ^2-Tests gegenüber der Nullhypothese eines **weißen Spektrums** W (Zeitreihe: „weißes Rauschen"), bei dem – wie im Falle eines reinen Zufallsprozesses erwartet – im Spektrum der *Grundgesamtheit* die Varianzen über alle Perioden gleich verteilt sind (im Spektrum der *Stichprobe* nur näherungsweise), oder eines **roten Spektrums** R (Zeitreihe: „rotes Rauschen"), bei dem die Varianzen aufgrund vorhandener Persistenz systematisch zu den größeren Perioden hin ansteigen. Bei der MESA (die in Abb. 27 ein leicht rotes Hintergrundspektrum anzeigt), ist die Signifikanzprüfung problematischer. Als Varianten zu ASA und MESA seien noch das Periodogramm sowie die sog. schnelle Fouriertransformation (Fast Fourier Transform. FFT) genannt.

Bei spektralen statistischen Methoden spricht man generell von Analysen im **Frequenzbereich**, da die Daten bzw. deren Varianz als Funktion der Periode T bzw. Frequenz f = 1/T betrachtet werden, im Gegensatz zum **Zeitbereich** (Datenreihen bzw. -funktionen in Abhängigkeit von der Zeit). Eine wichtige Querverbindung, bei der im Frequenzbereich (nämlich der spektralen Varianzanalyse) gewonnenen Erkenntnisse wieder in den Zeitbereich umgesetzt werden können, ist die **numerische Zeitreihenfilterung**. Dabei wird die ursprüngliche Zeitreihe so verändert, dass entweder kleine (tiefe) Frequenzen, entsprechend langen Perioden, separiert und somit die großen Frequenzen, entsprechend kleinen Perioden, unterdrückt werden; dies ist die numerische **Tiefpassfilterung**. Umgekehrt wird bei der numerischen **Hochpassfilterung** vorgegangen. Sollen Variationen eines relativ eng begrenzten Frequenz- bzw. Periodenintervalls hervorgehoben werden, so kommt die numerische Bandpassfilterung zur Anwendung (Details hier wie im Folgenden siehe wiederum z.B. Schönwiese 2000).

Klimatologisch begegnet man am häufigsten der numerischen Tiefpassfilterung, die anschaulich auch als **Zeitreihenglättung** bezeichnet wird. So ist in Abb. 27 (oberer Bildteil, dicke Kurve) eine 10-jährige Glättung vorgenommen worden, bei der die Variationen mit Perioden unterhalb 10 Jahren weitgehend unterdrückt sind. Um dies zu erreichen, werden die Zeitreihendaten a_i mit Gewichten w_k in der Form

$$\tilde{a}_j = \sum_{k=-m}^{+m} w_k a_{i+k} \tag{3.65}$$

multipliziert, so dass eine neue Zeitreihe $\tilde{a}_j$ entsteht (sog. Zeitreihen-Faltung). Der in Abb. 27 gezeigten geglätteten Kurve liegen Filtergewichte zugrunde, die proportional zur GAUSS'schen Normalverteilung sind, so dass man in diesem Fall auch von einer GAUSS-Filterung spricht. Im Allgemeinen müssen die **Filtergewichte** w_k je nach gewünschter Filterwirkung (die spektral gesehen die sog. charakteristische Filterfunktion beschreibt) speziell errechnet werden. (Tabellen zur GAUSS'-schen Tiefpassfilterung finden sich bei SCHÖNWIESE 2000). Eine weniger günstige Form der Zeitreihenglättung, da dabei die relativ hochfrequenten Variationen nur unvollständig unterdrückt werden, ist die (zeitlich) übergreifende Mittelung (bei der übrigens in (3.65) alle Gewichte $w_k = 1$ sind); trotzdem wird diese eher altertümliche Methode sehr häufig angewendet. Spezielle Methoden, die hier auch nicht erörtert werden können, verhindern „Randeffekte", d.h. stellen sicher, dass die tiefpassgefilterte Zeitreihe am Reihenanfang und -ende genau so lang ist wie die ursprüngliche. Eine Alternative zur numerischen Zeitreihenfilterung ist die Anpassung geeigneter nicht-linearer Funktionen (Polynome ; vgl. z.B. ESSENWANGER 1976).

In allgemeinerer Art und Weise lässt sich jede Zeitreihe in bestimmte, mehr oder weniger signifikant auftretende Komponenten zerlegen. Ein Teil dieser Komponenten, die bei einer **Zeitreihenzerlegung** auftreten können, sind die *zyklischen*, aufgedeckt mit Hilfe der spektralen Varianzanalyse und durch Band- oder Tiefpassfilterung in der betreffenden Zeitreihe ggf. hervorgehoben. Auch Tages- und Jahresgang gehören zu diesen zyklischen Komponenten, wobei im Fall des Jahresgangs auch von der *saisonalen* Komponente gesprochen wird. Im langfristigen Residuum des Spektrums bzw. bei extremer Tiefpassfilterung (Glättung) werden ggf. zunächst sog. episodische Komponenten sichtbar, die aus einer extrem tieffrequenten Schwingung mit nur zwei relativen Maxima und einem relativen Minumum oder umgekehrt bestehen. Schließlich ist eventuell ein *Trend* sichtbar, der als Korrelation mit der Zeit aufzufassen ist (vgl. Kap. 3.3) und mit Hilfe entsprechender Regressionsgleichungen errechnet wird. Im linearen Fall sind das Regressionsgeraden ($\hat{a} = A + Bt$, $t = $ Zeit), wie sie in Abb. 27 (oben; 1781–1890 negativ, somit Abkühlung, 1891–2000 positiv, somit Erwärmung) gestrichelt eingezeichnet sind. Nicht lineare Trends lassen sich durch nicht-lineare Regressionsgleichungen (z.B. $\hat{a} = A + Bt^2$) erfassen.

Bei der **Kreuzkorrelationsanalyse** wird die Technik der Zeitverschiebung (vgl. oben, Autokorrelationsfunktion) auf die übliche Korrelationsrechnung (Kap. 3.3) angewendet, ggf. auch mehrdimensional, so dass man mit Hilfe der daraus resultierenden Kreuzkorrelationsfunktionen abschätzen kann, ob die betrachteten Einflussgrößen b,c,d,... auf die Wirkungsgröße a maximal erst nach einer gewissen Zeitverzögerung einwirken. Über die Fouriertransformation oder auch andere Methoden gelangt man dadurch zum weiten Feld der **Kreuzspektrumanalyse**. Eine wichtige Komponente davon ist die (quadratische) **Kohärenz**, die angibt, wie sich der (quadratische) Korrelationskoeffizient spektral über die verschiedenen Perioden (charakteristischen Zeiten) verteilt.

Multiple zweidimensionale oder mehrdimensionale übliche (ohne Zeitverschiebung) wie Kreuzkorrelationsanalysen (mit Zeitverschiebung) und zugehörige Regressionsrechnungen setzen eigentlich voraus, dass die Einflussgrößen voneinander unabhängig sind. Ist dies nicht der Fall, bietet sich die Methodik der **empirischen Orthogonalfunktionen** (EOF) an, bei der diese Unabhängigkeit (Orthogonalität) mathematisch hergestellt wird. (Orthogonal bedeutet rechtwinklig, wie dies bei einem üblichen kartesischen Koordinatensystem der Fall ist, wo man auch von solcher Unabhängigkeit ausgeht). Weitergehende Anwendungen dieser Methodik sind die **Faktoren-** bzw. **Hauptkomponentenanalyse**, was hier aber nur erwähnt werden kann (siehe hierzu z.b. Bahrenberg et al. 1990, von Storch und Zwiers 1999).

Einen etwas ausführlicheren Hinweis verdient die **Clusteranalyse** (siehe z.b. Bahrenberg et al. 1992, Steinhausen und Langer 1977; Überblick auch bei Schönwiese 2000). Es geht dabei darum, Daten (die keine Zeitreihen-Daten sein müssen), zunächst nach gewissen Ordnungsprinzipien anzuordnen, mathematisch gesehen bezüglich eines beliebig-dimensionalen Koordinatensystems. Im zwei- oder dreidimensionalen Fall kann man sich dann vorstellen, dass diese Daten unterschiedliche Abstände voneinander haben. Diese Abstände werden mit Hilfe geeigneter Distanzmaße berechnet und das Datenpaar oder -tripel (im zwei- oder dreidimensionalen Fall), das den geringsten Abstand aufweist, bildet das erste Cluster. Das Datenpaar/-tripel mit dem zweitgeringsten Abstand bildet den zweiten Cluster usw., was irgendwo anders in diesem Koordinatensystem der Falls ein kann. Bei weiterem derartigen Fortschreiten kann es aber auch zur Vereinigung solcher Cluster kommen, wofür verschiedene Rechenalgorithmen vorgeschlagen worden sind. Schließlich sind alle Daten in einem einzigen Cluster vereinigt.

Dies ist aber nicht das Ziel der Prozedur, so dass nun rückwärts die Situation mit zwei Clustern, drei Clustern usw., gegangen wird, bis zu einer aus fachlicher Perspektive zu entscheidenden Situation mit einer ganz bestimmten Anzahl von Clustern. Dies sind dann Datengruppen, die in sich (innerhalb eines Clusters) eine größere Ähnlichkeit aufweisen als zu den Daten anderer Cluster. Das hier skizzierte übliche Verfahren wird als hierarchische Clusteranalyse bezeichnet, wobei sich der einmal eingeschlagene Weg der Datenzuordnung nicht mehr rückgängig machen lässt. Es sind jedoch auch nicht-hierarchische Alternativen dazu vorgeschlagen worden (Steinhausen und Langer 1997, Gerstengarbe und Werner 1999). In gewisser Verwandtschaft zur Clusteranalyse steht die **einfache, doppelte usw. Varianzanalyse** (siehe z.b. Schönwiese 2000).

4 Physikalische Grundlagen

Wie für die Meteorologie, so ist auch für die Klimatologie die Physik der Atmosphäre der Dreh- und Angelpunkt für das Verständnis des empirischen Klimas. Das beginnt mit den astrophysikalischen Grundlagen, da die Sonneneinstrahlung der primäre Motor der Klimaprozesse ist. Der Strahlungs- und Energiehaushalt von Atmosphäre und Erdoberfläche setzt dies dann in räumliche Strukturen, z.B. der Klimazonen, und die Luftdruckkonstellationen ("Tiefs" und "Hochs") der Atmosphäre um, die ihrerseits die dreidimensionale Luftbewegung einschließlich der wolkenbildenden Hebungsprozesse hervorrufen. Eng damit verbunden ist der atmosphärische Wasserkreislauf mit seinen Flüssen (Verdunstung, Niederschlag und Abfluss) sowie Speichern (Wasserdampf, Wasser, Schnee und Eis), deren physikalische Eigenschaften zum Teil auch Rückkopplungen hervorrufen.

4.1 Astrophysikalische Grundlagen

Alles Leben auf der Erde und auch das Klima hängen von der Sonne und den damit verbundenen astrophysikalischen Gegebenheiten ab. Daher kann die Energie, die von der Sonne ausgehend das Klimasystem (Kap. 2.3), insbesondere die Erdoberfläche, die Atmosphäre und den Ozean erreicht, als primärer Klimafaktor (Kap. 3.2) angesehen werden. Man spricht in diesem Zusammenhang vom **solaren Klima**, das allerdings durch die atmosphärische und ozeanische Zirkulation modifiziert wird. Und auch diese Zirkulation wird primär von der Sonneneinstrahlung angetrieben. Im Folgenden werden zunächst die Grundzüge des solaren Klimas vorgestellt, ausgehend von den Einstrahlungsgegebenheiten am fiktiven äußeren Rand der Atmosphäre (extraterrestrisch, besser gesagt extraatmosphärisch). Danach werden die Veränderungen der Sonneneinstrahlung durch die Atmosphäre sowie die terrestrischen Strahlungsvorgänge behandelt, zudem die daraus resultierende Energetik. Erst in den Kapiteln 5 und 6 folgen dann die Betrachtungen der atmosphärischen und ozeanischen Zirkulation.

Die **Sonne** ist ein riesiger Gasball mit einem Radius von 6.96×10^5 km (RAITH/BERGMANN-SCHAEFER 1997; entspricht rund 109 Erdradien) mit einer mittleren Dichte von nur rund $1.4 \times 10^{5^3}$ kgm^{-3} (Erde 5.5×10^3 kgm^{-3} ; vgl. Kap. 2.1.2, Tab. 2). In ihrem Inneren finden ständig Kernfusionsprozesse der Form

$$H^+ + H^+ \rightarrow He^+ + E \tag{4.1}$$

statt, die wie bei jedem Stern gewaltige Energiemengen E erzeugen (und zwar aus dem bei der Kernfusion auftretenden Massenverlust nach Formel (2.5)). Die im Sonneninneren, der Fusionszone, erzeugte Energie wird zunächst durch Strahlung und Konvektion zur sichtbaren Sonnenoberfläche, der **Photosphäre**, transportiert. Konvektion bedeutet Energietransport unter Einfluss von Massenbewegung, wie sie im Rahmen der atmosphärischen Prozesse (Kap. 4.2) noch näher betrachtet werden wird, während Strahlung eine Art von Energietransport ist, die auch ohne Materie auskommt, z.b. von der Sonne zur Erde durch den interplanetarischen Raum.

An der Photosphäre herrscht eine Temperatur von rund 6000 K (genauer 5780 ± 10 K; KEPPLER 1990), im Sonneninneren, der Fusionszone, sind es ca. 2×10^7 K. Eines der grundlegenden Strahlungsgesetze besagt nun, dass jeder Körper und somit auch die Sonne eine von seiner Oberflächentemperatur abhängige Energie abstrahlt, pro Flächen- und Zeiteinheit als **Energieflussdichte** oder auch Strahlungsflussdichte (SI-Maßeinheit $Js^{-1}m^{-2} = Wm^{-2}$; vgl. Anhang A.2)) bezeichnet, da sie durch Strahlung von dem betreffenden Körper emittiert wird. Nach dem STEFAN-BOLTZMANN-Gesetz gilt

$$Q = \varepsilon \sigma T^4 \tag{4.2}$$

mit ε = Emissionsvermögen (= 1 für einen idealen schwarzen Körper; vgl. dazu Lehrbücher der Physik, z.b. MESCHEDE/GERTHSEN 2002, KUCHLING 2001, ROEDEL 2000; zu den für die Atmosphäre wichtigen Strahlungsgesetzen auch Lehrbücher der Meteorologie, z.b. KRAUS 2001) und $\sigma = 5.67 \times 10^{-8}$ $Wm^{-2}K^{-4}$ = STEFAN-BOLTZMANN-Konstante. Daraus folgt für die Sonne (Photosphäre) eine Energieflussdichte von $Q_S \approx 6.3 \times 10^7$ Wm^{-2} (bzw. eine Leistung von 3.7×10^{26} W; KUCHLING 2001), für die Erde (Erdoberfläche; vgl. auch Kap. 4.2, terrestrische Strahlung) hingegen nur $Q_E \approx 390$ Wm^{-2}. (Da das Emissionsvermögen der Erde bei $\varepsilon \approx 0.95$ liegt, ergibt sich exakter 370 Wm^{-2}; ROEDEL (2000) gibt 373 Wm^{-2} an).

An der fiktiven Obergrenze der Erdatmosphäre wird von der allseits in den Raum abgestrahlten Sonnenenergie nur noch ein Betrag von rund

$$S_0 \approx 1370 \text{ Wm}^{-2} \ (\approx 1.96 \text{ calcm}^{-2}\text{min}^{-1} \approx 33.5 \text{ kWhm}^{-2}\text{d}^{-1}) \tag{4.3}$$

(zu den Umrechnungen der Maßeinheiten vgl. Anhang A.2.3) gemessen, aufgrund jüngerer Satellitenmessungen genauer (1366 ± 2) Wm^{-2} (FRÖHLICH und LEAN 1998). Dieser Betrag heißt **Solarkonstante**. Ob er wirklich zeitlich konstant ist, war lange ungeklärt. Satellitenmessungen belegen jedoch eine Jahr-zu-Jahr-Variabilität in der Größenordnung von etwa 1 Wm^{-2}, somit im Promillebereich, auch wenn Tagesvariationen zeitweise Amplituden bis zu ca. 4 Wm^{-2} erreichen können).

Die relativ langfristigen interannuären S_0-Variationen zeigen eine auffällige Parallelität zum quasi-elfjährigen **Sonnenflecken-Zyklus**, vgl. Abb. 28, wobei die Sonnenflecken relative Kältegebiete (um 4500–5000 K, Durchmesser meist ca. (1–5) × 10^4 km) der Photosphäre sind, die von solaren Magnetfeldanomalien hervorgerufen werden (KEPPLER 1990; RAITH/BERGMANN-SCHAEFER 1997). Sie werden jedoch durch Begleiterscheinungen der **Sonnenaktivität** wie Sonnenfackeln, Protuberanzen u.ä. überkompensiert, so dass die sog. „unruhige Sonne", erkennbar anhand relativ vieler Sonnenflecken, offenbar etwas stärker ausstrahlt als die „ruhige". Die Sonnenflecken werden übrigens seit ihrem Entdeckungsjahr (1610) regelmäßig beobachtet und in Form der **Sonnenflecken-Relativzahlen** (SRZ), in deren Berechnung die Zahl der Fleckengruppen und Einzelflecken eingeht, quantitativ festgehalten (WALDMEIER 1961; vgl. u.a. auch KIEPENHEUER 1957, KEPPLER 1990; aktuell auch vom SUNSPOT INDEX DATA CENTER, Brüssel, über INTERNET abrufbar). Einige Autoren (z.B. SCHOVE 1983) haben sie auch noch weiter zurück rekonstruiert (anhand bestimmter Phänomene wie Polarlichterscheinungen oder bis in geologische Zeitskalen hinein mit Hilfe von ^{14}C-Isotopenanalysen (KEPPLER 1990).

Wie Abb. 28 erkennen lässt, weisen die SRZ-Daten außer dem quasi-elfjährigen Zyklus (der im Periodenbereich zwischen 8 und 15 Jahren schwankt und auch „SCHWABE"-Zyklus genannt wird), auch **längerfristige Zyklen** bzw. Episoden auf, in denen sie fast gänzlich ausbleiben. So gibt es neben dem quasi-22-jährigen

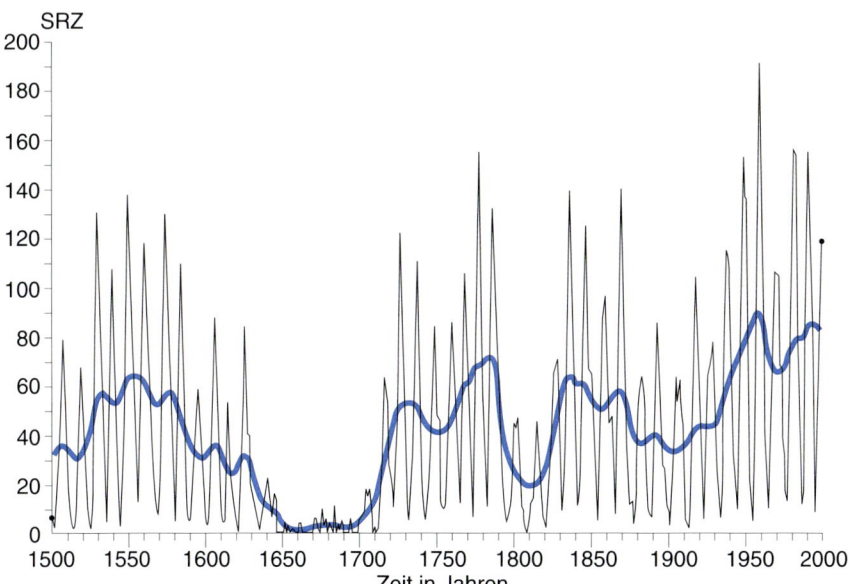

Abb. 28
Sonnenflecken-Relativzahlen 1500–2000, jährliche und 30-jährig geglättete Daten (Datenquellen: WALD-MEIER, 1961; EDDY 1967; SCHOVE, 1983; ergänzt über Internet nach Sunspot Index Data Center, Brüssel).

(sog. magnetischer „HALE"-) und ca. 40–50-jährigen („SCHOVE"-) u.a. einen etwa 75–90-jährigen („GLEISSBERG"-) und etwa 180–200-jährigen („JOSÉ"-) Zyklus. Espisoden mit sehr wenig oder fast keiner Sonnenaktivität sind beispielsweise um 1800–1820 (DALTON-Minimum), ca. 1645–1715 (MAUNDER-Minium) und 1400–1510 (SPORER-Minimum) aufgetreten. Diese über mehrere Jahrhunderte vorliegenden relativ genauen Informationen und die Bedeutung der Sonnenein-strahlung als primärer Klimafaktor lassen es als nicht verwunderlich erscheinen, dass schon sehr lange Zusammenhänge mit Klimaänderungen vermutet worden sind. Im Kontext der Klimageschichte und Ursachendiskussion von Klimaände-rungen (Kap. 11) ist daher darauf einzugehen, paläoklimatologisch auch auf ca. 1500–4000-jährige Zyklen (astronomische Hinweise dazu u.a. bei DZHALILOV, STAUDE und ORAEVSKY 2002).

Meist bedeutsamer sind allerdings die indirekten Variationen der Sonnenein-strahlung, die von den Bewegungen der Erde um die Sonne verursacht werden, insbesondere von der Erdrotation, die zum **Tagesgang** der Klimaelemente führt,

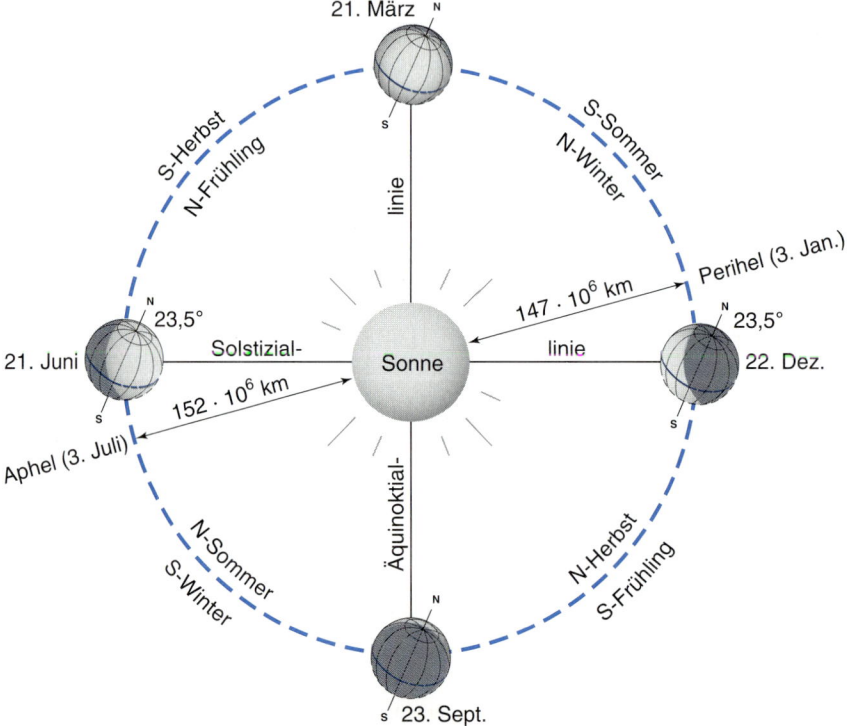

Abb. 29

Erklärung der Jahreszeiten aus dem Umlauf der Erde um die Sonne in Verbindung mit der Erdachsennei-gung gegenüber der Umlaufebene (Ekliptik; verschiedene Quellen, hier nach SCHÖNWIESE, 1995).

sowie durch den Umlauf der Erde um die Sonne bei einer Neigung der Erdachse um 23½ Grad (genauer 23°27′) gegenüber der Ebene der Erdumlaufbahn (Ekliptik). Dies führt dazu, dass einmal mehr die Nordhalbkugel (Nordsommer) und zum anderen mehr die Südhalbkugel (Südsommer) von der Sonnenstrahlung erreicht wird, bedingt also die jahreszeitlichen Unterschiede, den **Jahresgang (**vgl. Abb. 29). Dabei ist die Umlaufbahn leicht elliptisch mit dem sonnennächsten Punkt (Perihel, Abstand 1.471 × 10⁸ km = ca. 147 Millionen km) derzeit am 3. Januar und dem sonnenfernsten Punkt (Aphel, Abstand 1.521 × 10⁸ km) derzeit am 3. Juli. Auf die sich in geologischer Zeitspannen abspielenden Änderungen dieser Konstellation sowie der Exzentrizität der Erdumlaufbahn und der Erdachsenneigung wird an späterer Stelle (Kap. 11) eingegangen, einschließlich ihrer Auswirkungen auf das Klima.

Im weiteren ist es nun am einfachsten, wenn man die Erdbewegung in scheinbare Bewegungen der Sonne bezüglich fester Beobachtungspunkte auf der Erde umsetzt, wie es auch der Erfahrung entspricht. Dies ist in Abb. 30 bezüglich des Äquators ($\varphi = 0°$), einer mittleren Position ($\varphi = 50°$ N, entsprechend Mainz oder Frankfurt/Main) und dem Pol ($\varphi = 90°$ N) geschehen. Danach steigt im Äquatorbereich am Tage der Äquinoktien (im Mittel am 21. März, Frühlingsäquinoktien, bzw. 23. September, Herbstäquinoktien; vgl. auch Abb. 29) die Sonne genau im Osten aus der Horizontalebene auf (in Abb. 30 mit Punktraster versehen), durchläuft mittags (12 Uhr MOZ = mittlere Ortszeit) den Zenitstand (90° Sonnenhöhe gegenüber der Horizontalebene), um dann exakt im Westen unterzugehen.

Offenbar gelten am Äquator die Äquinoktialgegebenheiten, d.h. die gleiche zeitliche Andauer von Tag und Nacht, das ganze Jahr, und zwar mit jeweils exakt zwölf Stunden, wenn man vom Einfluss der Geländehöhe (Topographie) und atmosphärisch hervorgerufenen Erscheinungen (Dämmerung, Refraktion) absieht. Dagegen gilt in allen anderen Breiten mit Ausnahme des Pols die Tag- und Nachtgleiche tatsächlich nur am Datum der Äquinoktien. Während sich nämlich am Äquator die Sonnenposition zwischen Äquinoktien und Solstizien (letztere bezeichnen den Sommer- und Winterpunkt, vgl. Abb. 29 und 30) nur in ihrer Abweichung vom

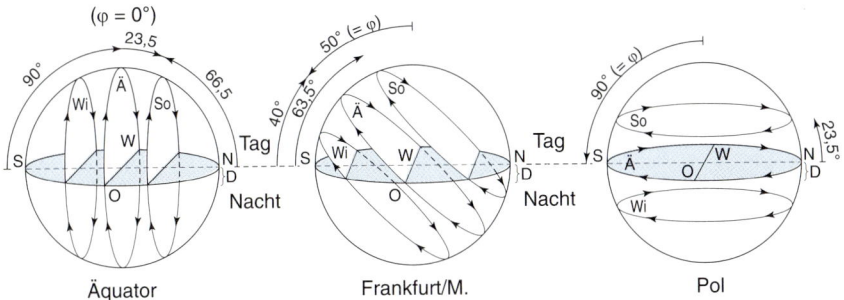

Abb. 30
Scheinbare Sonnenbahn in verschiedenen geographischen Breiten (nach CROWE, *1971, vereinfacht).*

mittäglichen Zenitstand ändert (bis 23½ Grad Abweichung, ohne die durch den Tagesgang bedingte Abweichung), schraubt sie sich in anderen geographischen Breiten (mit Ausnahme des Pols, vgl. Abb. 30 Mitte), von den Äquinoktien aus bis zu den Sommersolstizien in die Höhe, bei ständiger Zunahme der Tageslänge. Der umgekehrte Vorgang gilt zwischen Äquinoktien und Wintersolstizien. Der zu den Äquinoktien erreichte maximale Stand der Sonne in ihrer Abweichung vom Zenitstand entspricht dem Winkel der geographischen Breite. Am Pol verläuft die scheinbare Sonnenbahn zu den Äquinoktien genau in der Horizontalebene, im Sommer stets darüber (ständig Tag), im Winter stets darunter (ständig Nacht).

Zwischen den Polarkreisen (φ = 66½° N bzw. 66½ °S) und den Polen gibt es diesen Effekt der im Tagesgang nicht unter- bzw. aufgehenden Sonne, je nach Entfernung vom Pol, nur für eine begrenzte Zeit des Sommer- bzw. Winterhalbjahres (direkt am Polarkreis berührt die Sonnenbahn zu den Sommersolstizien von der Tagesseite aus die Horizontalebene, geht somit nicht unter, zu den Wintersolstizien von der Nachtseite aus). Abb. 31 gibt für die Sommer- und Wintersolstizien Tageslänge, Sonnenhöhe und solare Energieflussdichte (S_o) in Abhängigkeit von der geographischen Breite an.

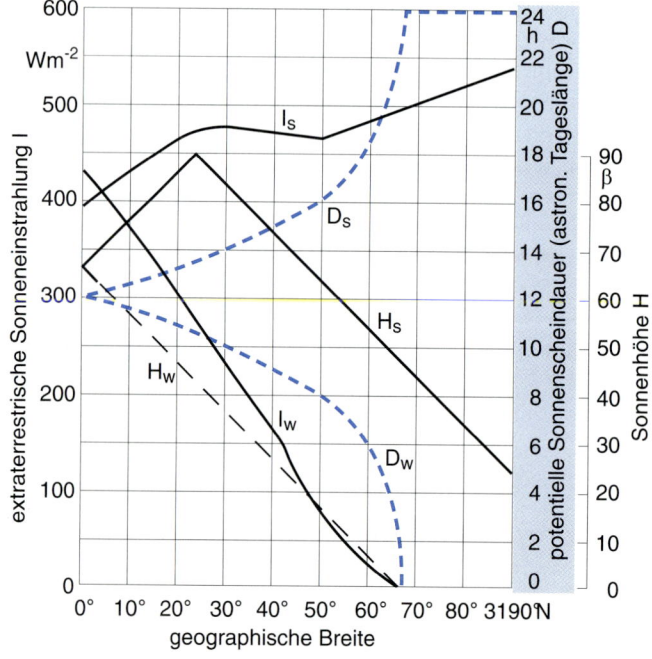

Abb. 31

Extraterrestrische Sonneneinstrahlung I_0, Tageslänge D und Sonnenhöhe H während des Sommer- (Index S) bzw. Wintersolstizium (Index W) in Abhängigkeit von der geographischen Breite, Nordhemisphäre (nach NEUBERGER und CAHIR, 1969, hier nach WEISCHET, 1991, verändert).

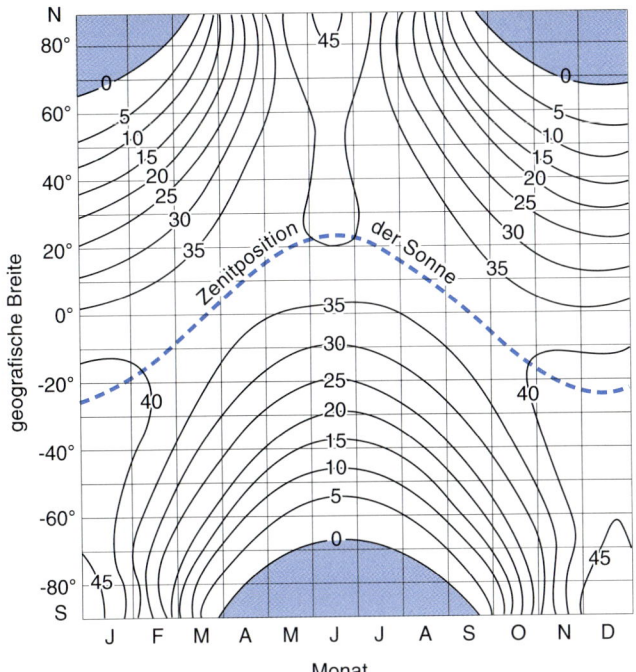

Abb. 32
Isolinien der extraterrestrischen Sonneneinstrahlung I_0 in 10^6 $Jm^{-2}d^{-1}$ (= 11.6 Wm^{-2}) in Abhängigkeit von der Jahreszeit und geographischen Breite (nach WALLACE und HOBBS, 1977, hier nach PEIXOTO und OORT, 1991).

Aus diesen Gegebenheiten lässt sich nun für jede Jahreszeit und jede geographische Breite der Wert der Solarkonstanten S_0 berechnen (theoretische Herleitung siehe z.B. PEIXOTO und OORT 1992). Eine entsprechende Isoplethendarstellung dieser indirekt durch die Bewegungen der Erde hervorgerufenen **Unterschiede der extraterrestrischen** (extraatmosphärischen) **solaren Strahlungsflussdichte** ist in Abb. 32 als Funktion der geographischen Breite und Jahreszeit wiedergegeben, wobei die Energie jeweils über einen Tag akkumuliert ist ($Jm^{-2}d^{-1}$). Man erkennt, dass die Maxima im polaren Sommer die tropischen Werte (wegen der größeren Tageslänge) deutlich übertreffen, gleichzeitig ist der Jahresgang dort am ausgeprägtesten und spielt in Richtung Tropen eine immer geringere Rolle. Integriert man jedoch S_0 über die Jahreszeiten, s. Abb. 35 (oberste Kurve), so ist wie erwartet die Sonneneinstrahlung am Äquator am größten und nimmt zu den Polen hin kontinuierlich ab (Tabelle hierzu siehe z.B. WEISCHET 1991). Die weiteren in Abb. 35 enthaltenen Informationen betreffen bereits atmosphärische Vorgänge, die im folgenden Kapitel zu behandeln sind. Zuvor bleibt noch anzumerken, dass die effektive Sonneneinstrahlung I eine Funktion des Einstrahlungswinkels β bzw. der Zenitdistanz α ist (vgl. Skizze Abb. 33),

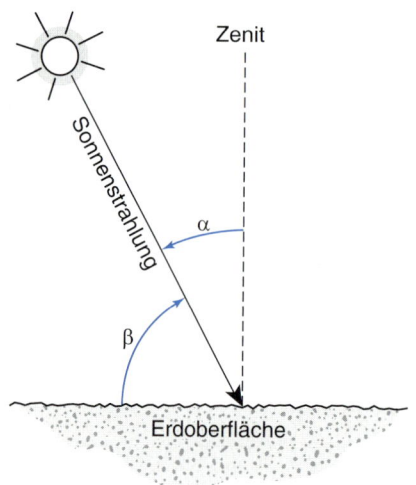
Zenit

Abb. 33
Zur Veränderung der Sonneneinstrahlung I in Abhängigkeit vom Einstrahlungswinkel b bzw. der Zenitdistanz a = 90° – b.

$$I = I_0 \sin\beta = I_0 \cos\alpha \; (\alpha = 90° - \beta) \quad (4.3)$$

(für Zenitstand gilt ß = 90°, α = 0°, $I = I_0$), wobei natürlich auch die Geländeneigung bezüglich der Einstrahlung, die **Exposition**, eine Rolle spielt.

4.2 Strahlungs- und Wärmehaushalt

Die solar eingestrahlte Energie erreicht die Erdoberfläche weder vollständig noch direkt, sondern durch die Mittlerfunktion der Atmosphäre vielfältig modifiziert. Ein Teil der Sonnenstrahlung wird dort nämlich **absorbiert** und damit zur Erwärmung der Atmosphäre verwendet (vgl. Abb. 34). Ein weiterer Teil wird an den Gasen und Partikeln der Atmosphäre **gestreut**, wovon ein Unterteil durch Mehrfachstreuung ebenfalls die Erdoberfläche erreicht, während der Rest durch Reflexion das System Erdoberfläche-Atmosphäre wieder verlässt. Die Gesamtvorgänge von Absorption und Streuung bezeichnet man als **Extinktion**. Der Anteil der Solarkonstanten S_0, der die Erdoberfläche erreicht, ist die **Transmission** I_0 der Atmosphäre. Die Summe aus der **direkten Sonneneinstrahlung** I_S und der scheinbar von der gesamten Himmelsfläche kommenden **diffusen Himmelsstrahlung** I_H (Streustrahlung) heißt **Globalstrahlung**

$$G = I_S + I_H - R = I_0 \, q \, \sin\beta - R \quad (4.4)$$

oder Insolation (**in**coming **sol**ar radi**ation**; vgl. auch (4.3)), wie sie an einem Flächenelement der Erdoberfläche letztlich absorbiert wird; dabei ist q der (atmosphärische) Transmissionsfaktor oder -koeffizient und R ist die an der Erdoberfläche reflektierte solare Strahlung. Das Verhältnis R/G, d.h. der Anteil der reflektierten gegenüber der eingestrahlten Sonnenenergie heißt **Albedo**. Diese Albedo bezüglich solarer Strahlung lässt sich nicht nur für die Erdoberfläche, sondern auch für die fiktive Obergrenze der Atmosphäre und daher für das Gesamtsystem Erde-Atmosphäre bestimmen, worauf nun eingegangen wird.

In global, zeitlich (vieljährig) und über alle Wellenlängen integrierter Betrachtung ergeben sich die in Abb. 36 zusammengefassten Bilanzen, falls die Solarkonstante S_0 gleich 100 % gesetzt wird. Danach erreichen 50 % als Globalstrahlung die Erdoberfläche, wovon nach dortiger Reflexion 45 % verbleiben. Rund 20 % werden von den Gasen und Partikeln der Atmosphäre absorbiert, ca. 5 % von den

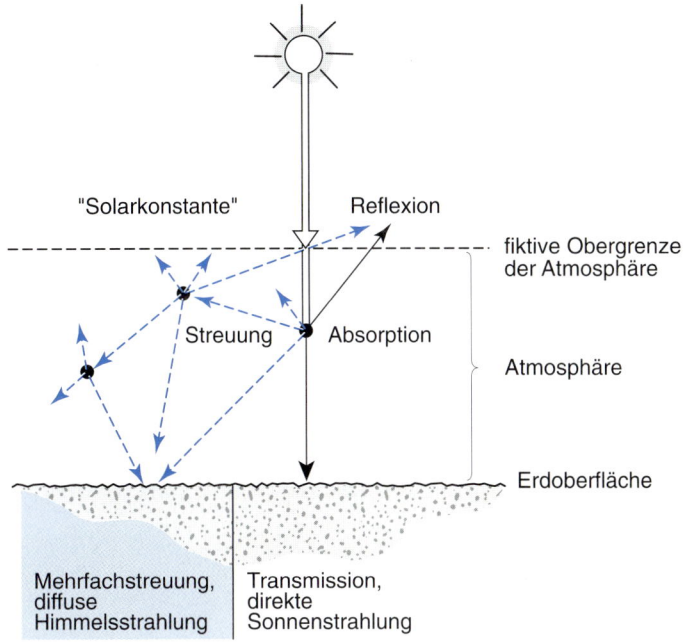

Abb. 34
Schematische Veranschaulichung der atmosphärischen Extinktion der Sonneneinstrahlung durch Absorption und Streuung. Die an der Erdoberfläche resultierende „Globalstrahlung" ist die Summe aus der verbleibenden direkten Sonnenstrahlung und der diffusen Himmelsstrahlung, die Mehrfachstreuungen unterliegt. Auch die die Atmosphäre wieder verlassende reflektierte Strahlung unterliegt der Mehrfachstreuung.

Wolken; insgesamt 30 % werden in den interplanetarischen Raum reflektiert. Dies ist die **Albedo des terrestrischen Systems** (Atmosphäre und Erdoberfläche) für solare Strahlung. Dazu ist die terrestrische Strahlung, d.h. die **Wärmeausstrahlung der Erdoberfläche**, in Relation zu setzen, die in Kap. 4.1 für einen idealen schwarzen Körper mit $Q_E \approx 390$ Wm^{-2} angegeben worden ist. Da jedoch die terrestrische Wärmeabstrahlung über die ganze Kugeloberfläche $4\pi R^2$ (R = Erdradius) erfolgt, während die Sonneneinstrahlung S_0 nur von der Querschnittsfläche πR^2 der Erde aufgefangen wird, muss offenbar $S_0/4$ in Relation zur terrestrischen Wärmeabstrahlung Q_S gesetzt werden, was näherungsweise

$$\frac{Q_s}{S_0/4} \approx \frac{390}{1370/4} \text{ Wm}^{-2} = \frac{390}{342.5} \text{ Wm}^{-2} \approx 114 \text{ \%} \qquad (4.5)$$

ergibt (mit genauer $Q_E = 373$ Wm^{-2}, falls $\varepsilon = 95$ %, vgl. Kap. 4.1, Formel (4.2), und $S_0 = 1366$ Wm^{-2} folgt 109 %). Somit ist die **terrestrische Wärmeabstrahlung** im Vergleich zur effektiven Sonneneinstrahlung zunächst etwas höher. Sie unterliegt aber wie die solare Einstrahlung der Extinktion, also der Absorption durch

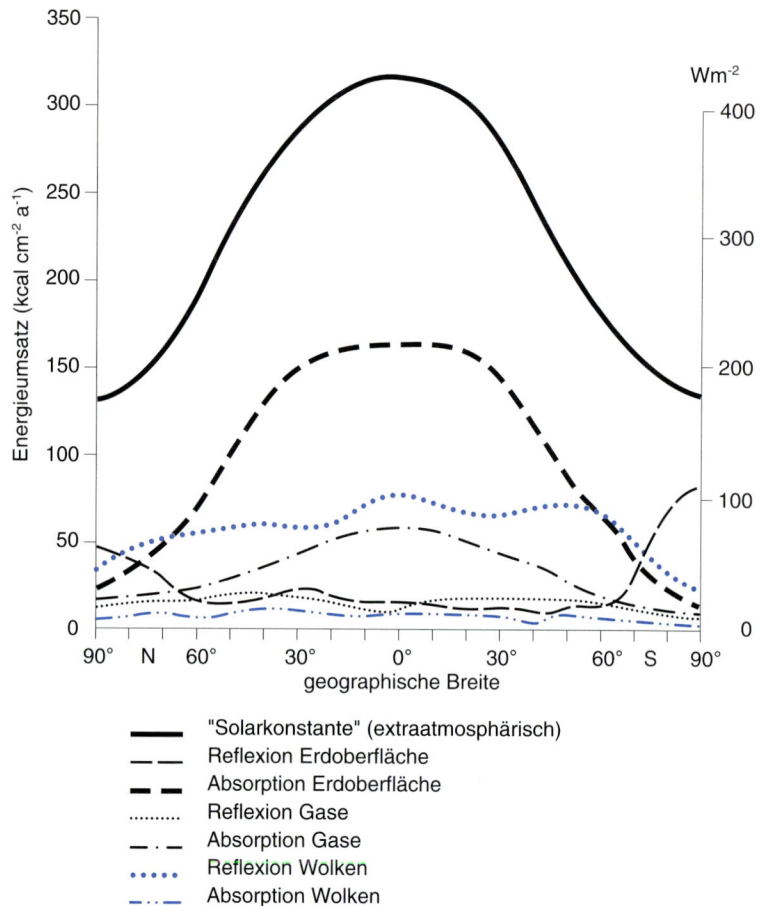

"Solarkonstante" (extraatmosphärisch)
Reflexion Erdoberfläche
Absorption Erdoberfläche
Reflexion Gase
Absorption Gase
Reflexion Wolken
Absorption Wolken

Abb. 35

Extinktion der solaren Einstrahlung, oberste Kurve, in der Atmosphäre (Wolken bzw. Gase) und verbleibende Absorption sowie Reflexion an der Erdoberfläche in Abhängigkeit von der geographischen Breite (nach SELLERS, 1965; hier nach BARRY und CHORLEY, 1982, verändert).

die atmosphärischen Bestandteile, die sich dabei erwärmen und auf entsprechend höherem Niveau allseitig ausstrahlen, sowie der Streuung. Daraus resultiert eine **atmosphärische Rückstrahlung** (Gegenstrahlung) zur Erdoberfläche in Höhe von 96 %, vgl. wiederum Abb. 36, so dass die effektive terrestrische Ausstrahlung nur 18 % beträgt. Dieser Unterschied, nur 18 % statt 114 % terrestrische Ausstrahlung, den es ohne Atmosphäre nicht gäbe, heißt **Treibhauseffekt** (vgl. auch KRAUS 2001, HANTEL 1997, ROEDEL 2000). Dabei ist der Name „Treibhaus" natürlich nur als Analogon zu verstehen, weil ein echtes Treibhaus wegen der Unterbindung des Wärmeaustausches physikalisch ganz anders funktioniert. Wie

Abb. 36 weiterhin aufschlüsselt, kommt es einschließlich der Wärmeabstrahlung der Atmosphäre (56 %, davon 46 % durch Gase und Partikel, 10 % durch Wolken), über die solare und terrestrische Strahlung integriert, zu einer positiven **Energiebilanz** der Erdoberfläche von 27 % und zu einer ebenso großen negativen Energiebilanz der Atmosphäre. Nach außen ist die Strahlungsbilanz daher 0 und das terrestrische System befindet sich gegenüber dem interplanetarischen Raum, räumlich und zeitlich integriert, im **Strahlungsgleichgewicht** (genauer im Fließgleichgewicht, wobei Störungen aufgrund der atmosphärischen Zusammensetzung und/oder solaren Einstrahlung Änderungen der Strahlungsbilanz hervorrufen können; Näheres in Kap. 11).

Um nun auch die Bilanz zwischen Erdoberfläche und Atmosphäre auszugleichen, treten **Wärmeflüsse** auf, vgl. wiederum Abb. 36, wobei der **Fluss latenter Wärme**, d.h. Verdunsten von Wasser und Schmelzen von Schnee/Eis an der Erdoberfläche (dementsprechend Wärmeentzug) sowie entsprechende Prozesse der Kondensation und des Gefrierens (Wolken- und Niederschlagsbildung) in der Atmosphäre (dementsprechend dort Wärmezufuhr) mit 23 % am bedeutendsten ist. Bei der **Wärmeleitung**, die demgegenüber nur 4 % ausmacht, ist die molekulare Wärmeleitung nur an der unmittelbaren Grenzfläche Erdoberfläche/Atmosphäre von Bedeutung; ansonsten überwiegt die **turbulente Wärmeleitung** bei weitem.

Alle diese energetischen Vorgänge sind räumlich und zeitlich variabel, und nicht zuletzt sind sie auch wellenlängenabhängig, was z.B. den Treibhauseffekt, aber auch andere Vorgänge erst verständlich macht. Der Übergang von der über alle Wellenlängen integrierenden Betrachtung, wie sie im STEFAN-BOLTZMANN-Gesetz (4.2) zum Ausdruck kommt, zur **wellenlängenabhängigen Betrachtung** führt zum PLANCK'schen **Strahlungsgesetz**

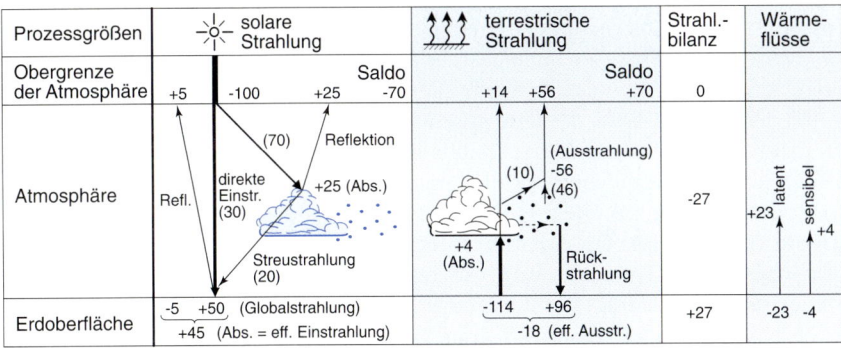

Abb. 36
Global und vieljährig gemittelte prozentuale Energieflüsse (extraatmosphärische Einstrahlung $I_0 = 100$ %) im System Atmosphäre-Erdoberfläche, entsprechend terrestrische Ausstrahlung und resultierende Flüsse latenter sowie sensibler Wärme (nach HOUGHTON et al., 1996, verändert).

$$Qd\lambda = \frac{2hc^2}{\lambda^5[\exp(ch/K\lambda T)-1]} \, d\lambda \qquad (4.6)$$

mit $h \approx 6.626 \times 10^{-34}$ Js = PLANCK'sche Wirkungskonstante, $k \approx 1.381 \times 10^{-23}$ JK^{-1} = BOLTZMANN-Konstante und c = Lichtgeschwindigkeit (im Vakuum gilt $c_0 = 2.9979 \times 10^8$ ms^{-1}). Abb. 37 zeigt die Anwendung dieses Gesetzes auf die Solarstrahlung am fiktiven oberen Rand der Erdatmosphäre, also die Solarkonstante S_0 (extraterrestrische oder besser extraatmosphärische Sonneneinstrahlung), und die terrestrische Ausstrahlung. Man erkennt, dass die Solarstrahlung theoretisch ein Spektrum von ca. 0.15 µm bis ca. 10 µm umfasst, somit die Erscheinungsformen Ultraviolett (UV), Licht (ca. 0.4–0.8 µm) und Infrarot (IR, Wärmestrahlung) umfasst, während sich die terrestrische Ausstrahlung, theoretisch von ca. 4 µm bis ca. 60 µm, somit ganz im Bereich des IR, abspielt (vgl. dazu auch Abb. 6). Nach dem WIEN'SCHEN **Verschiebungsgesetz**

$$\lambda_{max} \, T = \; 2898 \; \text{µmK} \qquad (4.7)$$

liegt das Ausstrahlungsmaximum der Sonne (mit $T_{Sonne} \approx 6000$ K) bei 0.48 µm (entspricht Licht grüner Farbe), das der Erde ($T_{Erde} = 288$ K) bei rund 10 µm.

Zu diesen Gesetzmäßigkeiten der theoretischen solaren Ein- bzw. terrestrischen Ausstrahlung kommen die atmosphärischen Extinktionen, wobei nun die wellenlängenabhängige Absorptionswirkung der Gase betrachtet werden soll, vgl. wiederum Abb. 37. Jedes Gas besitzt nämlich ganz bestimmte **Absorptionsbanden** (Wellenlängenbereiche, in denen die Absorption stattfindet). So ist durch die Absorptionswirkung des **stratosphärischen Ozons** das an der Erdoberfläche gemessene solare Spektrum bei etwa 0.3 µm begrenzt und nur relativ langwellige UV-Strahlung (im Wesentlichen UVA, vgl. Kap. 2.1.1) erreicht die bodennahe Atmosphäre. Im weiteren ist **Wasserdampf** ein wichtiger, ja für solare wie terrestrische Strahlung überhaupt der wichtigste Absorber, der das solare Spektrum bei ca. 2 µm am langfristigen Ende „abschneidet", so dass an der Erdoberfläche die Sonneneinstrahlung nur noch den Wellenlängenbereich ca. 0.3–2 µm umfasst.

Bei der Modifizierung der terrestrischen Wärmeausstrahlung und somit dem – hier zunächst nur natürlichen – Treibhauseffekt spielen neben dem Wasserdampf (H_2O), der im Wesentlichen nur die Wellenlängenbereiche 3–5 µm und 8–11 µm (partiell bis ca. 20 µm), die sog. „Wasserdampffenster" offen lässt, noch **Kohlendioxid** (CO_2), **Ozon** (O_3), **Distickstoffoxid** (N_2O) und **Methan** (CH_4) eine wesentliche Rolle. Nach KIEHL und TRENBERTH (1997) tragen sie zum natürlichen Treibhauseffekt wie folgt bei (Näheres in Kap. 12.3, Tab. 26): $H_2O \rightarrow 60$ %, $CO_2 \rightarrow 26$ %, $O_3 \rightarrow \, < 8$ %, $N_2O \rightarrow 4$ %, und $CH_4 \rightarrow 2$ % (dabei ist im O_3-Wert der Anteil weiterer „Treibhausgase" subsummiert; zu den derzeitigen atmosphärischen Konzentrationen vgl. Tab. 1).

Wie wäre es um das Klima der Erde ohne Atmosphäre und somit ohne diese klimawirksamen Spurengase bestellt? Eine gängige Berechnung dazu besteht dar-

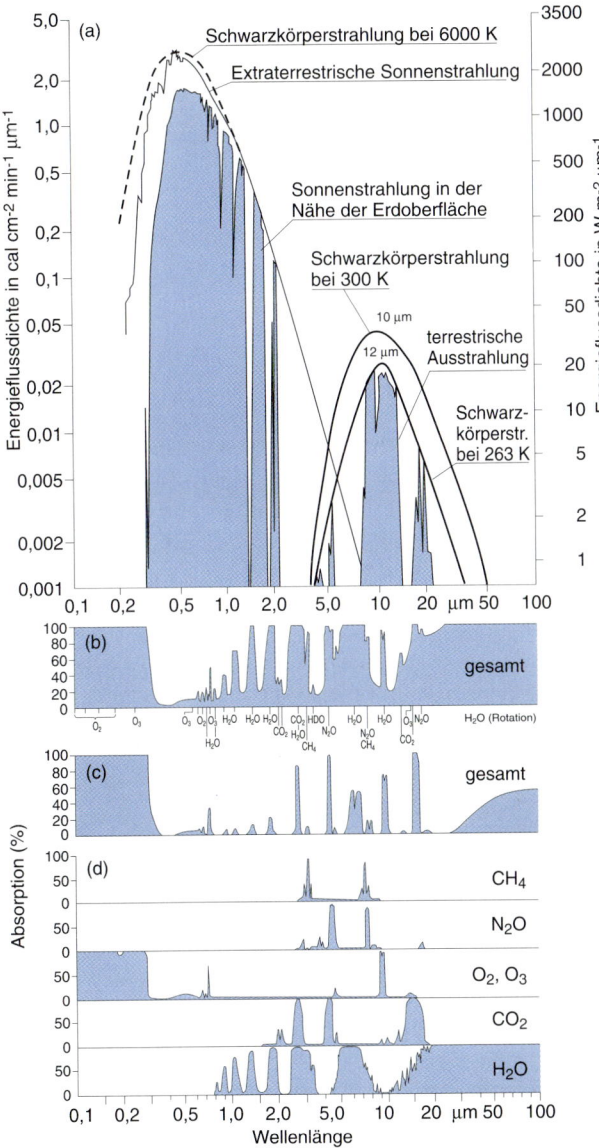

Abb. 37
(a) Ideale („schwarzer Körper") und tatsächliche solare Einstrahlung (links) sowie terrestrische Ausstrahlung (rechts), wobei die flächig angelegte Schraffur jeweils abzüglich der Extinktion gilt, und (unterer Bildteil) Absorptionsbanden der wichtigsten klimawirksamen Spurengase, (b) im Meeresspiegelniveau, (c) in 11 km Höhe und (d) Aufschlüsselung nach den einzelnen Gasen im Meeresspiegelniveau (verschiedene Quellen, insbesondere SELLERS, 1965; FORTAK, 1982, BARRY und CHORLEY, 1982, hier nach PEIXOTO und OORT, 1992, zusammengefasst und verändert).

in, die oben besprochene und in Abb. 36 bzw. 37 zusammengefasste Bilanz aus solarer Einstrahlung und terrestrischer Ausstrahlung (vgl. 4.2)

$$S_0/4\ (1\text{-}A) = \sigma T_E^{\ 4} \tag{4.8}$$

mit S_0 = Solarkonstante, A = 0.3 = Albedo und T_E = Erdmitteltemperatur (wobei für die Erdoberfläche und bodennahe Atmosphäre näherungsweise der gleiche Wert verwendet werden darf) ohne Berücksichtigung der Atmosphäre nach T_E aufzulösen, was nach Einsetzen der Zahlenwerte

$$T_E = \sqrt[4]{\frac{\frac{1366}{4}(1 - 0,3)}{5.6697 \times 10^{-8}}} \tag{4.9}$$

ergibt. Tatsächlich ist das die Strahlungsgleichgewichtstemperatur der Erde unter den gegenwärtigen Bedingungen. Zu diesen gegenwärtigen Bedingungen gehört aber auch die in (4.9) eingesetzte Albedo von 0.3 (30 %, vgl. Abb. 36), die allerdings neben der Erdoberfläche auch die atmosphärische Albedo mit beinhaltet. Realistischer muss nach der Albedo gefragt werden, die sich an der Erdoberfläche ohne Atmosphäre einstellen würde. Mit A = 0.15 für die derzeitige Erdoberfläche (vgl. Tab. 6) erhält man aus (4.9) rund 267.6 K bzw. −5.4 °C; ROEDEL (2000) gibt für A = 0.1 je nach Emissionsvermögen der Erde Werte zwischen 0 °C und −3 °C an. Auch das kann jedoch keine endgültige Schätzung sein, da so tiefe Temperaturen den Ozean, falls er vorhanden wäre, ganz oder zumindest teilweise zufrieren lassen würden, was dann die Albedo wieder beträchtlich erhöht und somit die Temperatur weiter absinken lassen würde. Für die aktuelle Diskussion des (zusätzlichen) anthropogenen Treibhauseffektes, die in Kap. 12 erfolgt, sind diese Gedankenexperimente und in diesem Zusammenhang der vermutliche Wert der Erdoberflächentemperatur ohne Atmosphäre nur von sekundärer Bedeutung.

Wenden wir uns daher wieder den tatsächlichen Gegebenheiten auf der Erde zu. Tab. 6 gibt neben der mittleren planetaren (System Erde-Atmosphäre) und Erdoberflächen-Albedo auch Albedo-Werte A für verschiedene Oberflächentypen der Erde an. Geringe A-Werte und somit hohe Absorption weisen Wasser und Vegetation auf, während Schnee und Eis aufgrund ihrer hohen Albedo wenig Sonnenstrahlung absorbieren. Dabei darf nicht übersehen werden, dass Albedo und Absorption wellenlängenabhängig sind, so dass beispielsweise der für solare Strahlung helle (große Albedo) Schnee im Wellenlängenbereich der terrestrischen (relativ langwelligen) Strahlung eine geringe Albedo aufweist, in Analogie zur Optik bezüglich der Wärmestrahlung also dunkel ist. (Eine Globalkarte der Albedo findet man z.B. bei PEIXOTO und OORT 1992, der Globastrahlung bei HANTEL 1989.) Abb. 38 bringt eine Weltkarte der Strahlungsbilanz, d.h. der Resultierenden aus (solarer) Globalstrahlung und terrestrischer Wärmeabstrahlung, für den

Tab. 6 Durchschnittliche Albedo für verschiedene terrestrische Oberflächen bei solarer Einstrahlung (0.3–4 μm Wellenlänge). Quellen: BARRY und CHORLEY (1982), HÄCKEL (1999), KRAUS (2001).

Oberfläche	Albedo in Prozent
System Erde/Atmosphäre	30
Erdoberfläche	15
Bewölkung	23
Cumulonimbus	~ 90
Stratocumulus	~ 60
Cirrus	~ 45
Neuschnee	75–95
Altschnee	40–70
Gletscher	20–45
Meereis	30–40
Sandboden	20–40
Gestein (Felsen)	10–40
Steppe	20–30
Grasland, landwirt. Kulturen	15–30
Siedlungen	15–20
Laub- und Mischwald gemäßigter Breiten	10–20
Ackerboden	5–20
tropischer Regenwald	10–20
Nadelwald	5–12
Wasser bei hochstehender Sonne	5–10
Wasser bei tiefstehender Sonne	50–80
dunkler Boden (z.B. Braunerde)	5–10

Oberrand der Atmosphäre. Man erkennt in den Tropen positive, ansonsten überwiegend negative Werte, wobei die ozeanische Zirkulation (Kap. 6) und die Bewölkung (aufgrund der atmosphärischen Zirkulation; Kap. 5) zur „Verbiegung" der Isolinien beitragen.

Auf die physikalisch sehr kompliziert ablaufenden, ebenfalls wellenlängenabhängigen Streuvorgänge an den Atomen bzw. Molekülen der atmosphärischen Gase, Hydrometeore und Aerosole soll hier nicht näher eingegangen werden (Details hierzu siehe z.B. MÖLLER 1973, ROEDEL 2000, KRAUS 2001). Erwähnt sei jedoch das zusammenfassende Gesetz von BOUGUER und LAMBERT

$$dJ_\lambda = -a_\lambda S_{0\lambda}\, dm \qquad\qquad (4.10)$$

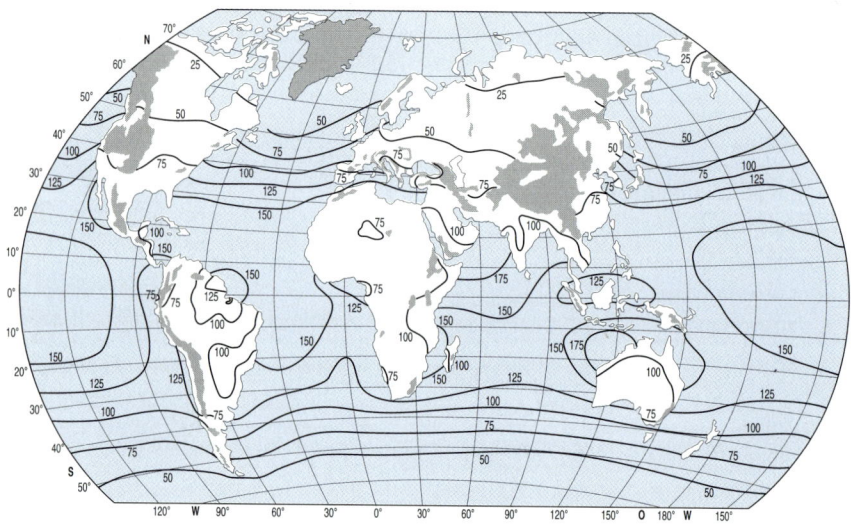

Abb. 38

Weltkarte der Strahlungsbilanz (aus solarer Einstrahlung und terrestrischer Einstrahlung sich ergebende Nettostrahlungsflussdichte abzüglich der Reflexion solarer Strahlung an der Erdoberfläche) am Oberrand der Atmosphäre nach Satellitenmessungen, Jahresmittelwerte in Wm⁻² (nach PEIXOTO UND OORT, 1992, hier nach HANTEL, 1997).

(s. auch Strahlungsübertragungsgleichung, Kap. 9.5) das die gesamte Extinktion der Sonnenstrahlung S_0 durch die Atmosphäre angibt (wegen dieser Schwächung ist die rechte Seite der Gleichung negativ) mit α_λ = Extinktionskoeffizient und m = durchstrahlter Atmosphärenmasse; dabei weist der Index λ auf die Wellenlängenabhängigkeit hin. Der Koeffizient α_λ nimmt je nach atmosphärischer Materie unterschiedliche Werte an, wobei für „reine" Luft (ohne Dunst, Staub usw.) die RAYLEIGH-Beziehung $a_{\lambda R} \sim \lambda^{-4}$ gilt, d.h. je kleiner die Wellenlänge, um so stärker die Streuung; bei Dunst gilt hingegen $a_{\lambda R} \sim \lambda^{-1.3}$). Diese starke Wellenlängenabhängigkeit der RAYLEIGH-Streuung erklärt sowohl die blaue Himmelsfarbe (da sich Blau am kurzwelligen Ende des Sonnenlicht-Spektrums befindet und somit am stärksten gestreut wird) wie auch die Rotfärbung der untergehenden Sonne (die besonders bei langen Wegstrecken der Einstrahlung, also tiefem Sonnenstand, ihren blauen Lichtanteil weitgehend verloren hat und daher im Residuum rot erscheint). Erwähnenswert ist auch die Tatsache, dass durch Refraktion (Lichtbrechung) bedingt, die tatsächliche Sonnenuntergangszeit gegenüber der astronomischen Erwartung verzögert eintritt, die Sonnenaufgangszeit entsprechend verfrüht.

Während Abb. 36 die Strahlungsflüsse global und langzeitlich gemittelt zeigt, ist in Abb. 38 bereits auf die regionalen Unterschiede hingewiesen worden. In Ergänzung dazu zeigt nun Abb. 39 die tages- und jahreszeitlichen Variationen der

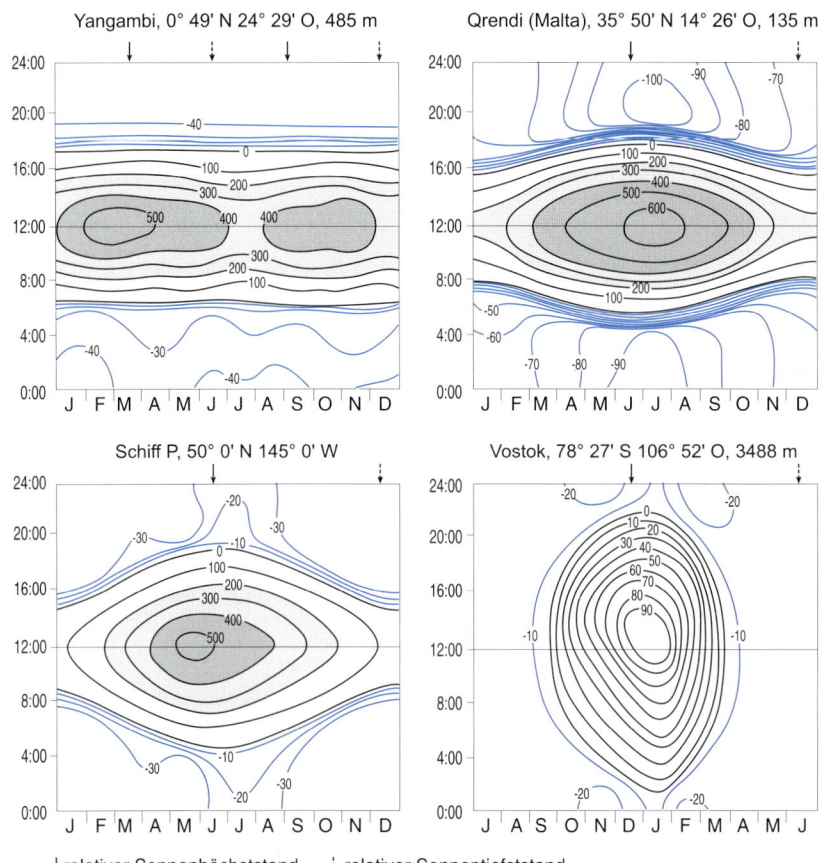

Abb. 39

Tages- und Jahresgang (Isoplethen, 0:00 usw. Stunden, J usw. Monate) der Strahlungsbilanz in Wm⁻² an den angegebenen Stationen (nach HANTEL, 1989).

Strahlungsbilanz für vier ausgewählte Stationen. Man erkennt, dass in mittleren geographischen Breiten Tages- und Jahresgang ähnlich ausgeprägt sind, während in den Tropen praktisch nur der Tagesgang vorhanden ist. In hohen geographischen Breiten dominiert zwar der Jahresgang, jedoch gibt es im jeweiligen Sommer auch einen markanten Tagesgang.

Auch in Zusammenhang mit Abb. 36 war bereits davon die Rede, dass die positive Strahlungsbilanz der Erdoberfläche durch **Wärmeflüsse** ausgeglichen wird, wobei die beiden wichtigsten dort schon genannt worden sind. Etwas detaillierter sind zu unterscheiden:

• Bilanz ΔQ aus solarer Einstrahlung und terrestrischer Ausstrahlung,

- Wärmeleitung L, d.h. Fluss fühlbarer (sensibler) Wärme zwischen Erdoberfläche und Atmosphäre (bereits erwähnt, vgl. Abb. 36) ,
- Aggregatzustandsänderungen des Wassers und damit verbundener Fluss latenter Wärme V, ebenfalls zwischen Erdoberfläche und Atmosphäre (auch schon erwähnt, vgl. Abb. 36),
- Wärmeleitung zwischen dem Erdinneren und der Erdoberfläche, sog. Bodenwärmefluss B,
- Photosynthese P der Pflanzen und
- Restvorgänge R (z.B. kinetische Energie auf die Erdoberfläche fallender Niederschlagstropfen), die aber quantitativ i.A. bedeutungslos sind.

Nach dem Energieerhaltungssatz muss im zeitlichen und örtlichen Mittel

$$\Delta Q + L + V + B + P + R = 0 \qquad (4.11)$$

gelten, die Gesamtergiebilanz also ausgeglichen sein (wobei in (4.11) alle zur Erdoberfläche gerichteten Energieflüsse positiv, andernfalls negativ zu rechnen sind). Im Folgenden wird vereinfachend $\Delta Q = Q$ gesetzt und dieses Symbol auch für eine insgesamt (zu konkreter Zeit, an konkretem Ort) nicht ausgeglichene Energiebilanz verwendet.

Abb. 40 zeigt den Tagesgang der wichtigsten dieser Wärmeflüsse an einer mitteleuropäischen Station (sog. Strahlungstag, d.h. ohne wesentlichen Bewölkungseinfluss). Ähnlich Abb. 36 ist daraus ersichtlich, dass die Flüsse latenter V und sensibler L Wärme quantitativ am wichtigsten und zu Q proportional sind. Während der Nacht wirkt der (geringen) negativen Strahlungsbilanz, da dann nur

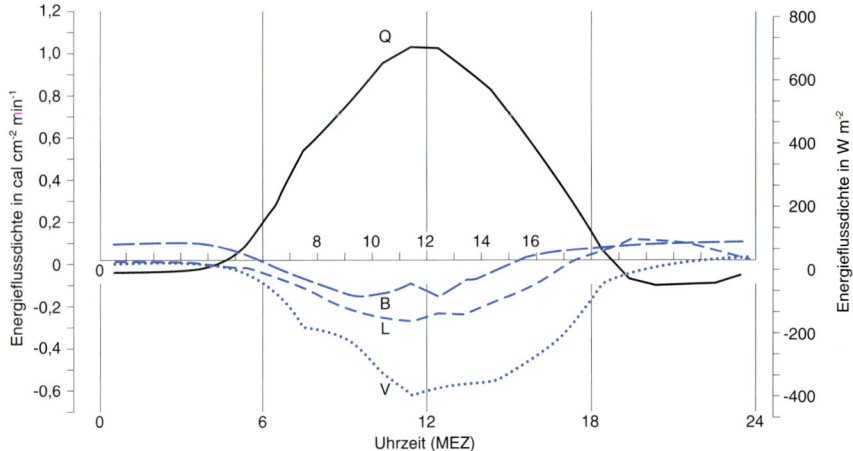

Abb. 40
Tagesgang der Strahlungsbilanz Q, des Bodenwärmeflusses B, der Wärmeleitung L und der latenten Wärme V an einem fast wolkenfreien Tag (10.6.1964) in Garching bei München (nach BERZ, 1969, hier nach MÖLLER, 1973, verändert).

die terrestrische Wärmeausstrahlung wirksam ist, vor allem der in dieser Zeit positive Bodenwärmefluss B entgegen. Qualitativ ähnlich sind die Abläufe im Jahresgang. P ist in Abb. 40 vernachlässigt (R ebenfalls).

Klimatologisch ist nun weiterhin wichtig, dass alle diese Vorgänge mit Temperaturvariationen verknüpft sind. ΔQ bzw. Q ist nämlich die um die Albedo und die terrestrische Wärmeabstrahlung reduzierte Sonnenenergie, die an der Erdoberfläche absorbiert wird. Absorption von Strahlung durch Materie aber bedeutet Erwärmung, bei negativen Q-Werten entsprechende Abkühlung. Berücksichtigt man nach (4.11) noch die Wärmeflüsse, so gilt für eine nicht ausgeglichene Energiebilanz Q bzw. für die entsprechende Energie W das Gesetz

$$dW = cmdT \quad bzw. \ dT = \frac{1}{cm} \, dW \tag{4.12}$$

W wird in der Physik auch Wärmemenge genannt; m ist die Masse der sich erwärmenden bzw. abkühlenden Materie und c deren spezifische Wärmekapazität, eine von der Materieart abhängige Konstante, die das relative Ausmaß der Temperaturänderung bestimmt. Wie aus Tab. 7 hervorgeht, besitzt z.B. Wasser einen gegenüber Gestein rund fünffachen c-Wert, so dass bei gleicher effektiver Strahlungs- bzw. Wärmemenge Q nach (4.12) die Temperaturänderung des Wassers fünfmal geringer ist. Diese fundamental wichtige Gegebenheit sorgt dafür, dass neben den räumlichen Variationen von I_0 bzw. Q, die ihrerseits zu unterschiedlichen Temperaturen führen müssen, auch die inhomogene Materie der Erdoberfläche Temperaturunterschiede hervorruft, ggf. auf engstem Raum wie an der Küste oder am Wald- oder Stadtrand. Für die zeitliche Steuerung des Temperaturablaufs an einer bestimmten Station muss der zeitliche Verlauf der Strahlungsvorgänge, insbesondere hinsichtlich der Relation von solarer Einstrahlung und terrestrischer Ausstrahlung, genau verfolgt werden. Abb. 41 erläutert, warum die

Tab. 7 Spezifische Wärmekapazität für verschiedene Materie der Erdoberfläche; Quelle: Kuchling (2001), ergänzt.

Materieart	Spezif. Wärmekapazität in kJ kg^{-1} K^{-1}
Luft	1.004
Wasser, unbewegt	4.19
Schnee, Eis	2.1
Granit, Sandstein	0.8
Holz, trocken	1.2
Moor, feucht	3.3
Sand, trocken	0.8
Sand, feucht	1.3
Humus	1.7

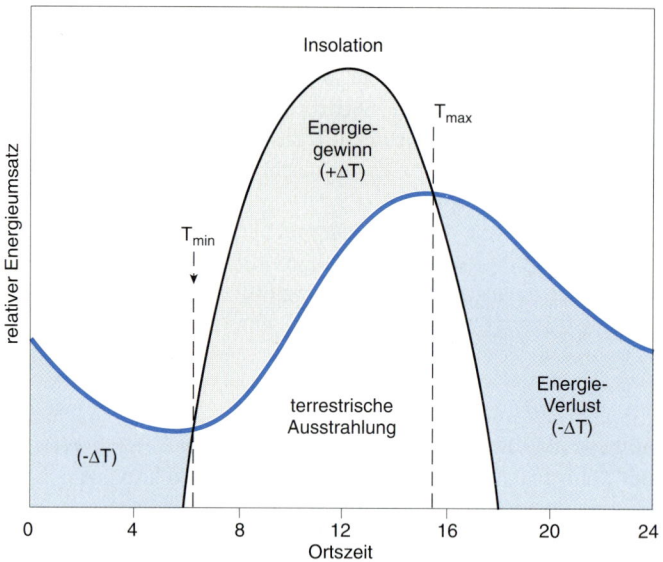

Abb. 41
Schema des Tagesganges der Insolation (solare Einstrahlung) und terrestrischen Ausstrahlung, zugleich Temperaturtagesgang, zur Erklärung des zeitlichen Eintritts von täglichem Temperaturminimum und -maximum an wolkenarmen Tagen (nach STRAHLER 1973, verändert).

täglichen Extrema der Temperatur gegenüber der Insolation verzögert auftreten: Überwiegt der Energieverlust (Nacht, Spätnachmittag und Abend), fällt die Temperatur $(-\Delta T)$, überwiegt der Energiegewinn, steigt sie $(+\Delta T)$, wobei die blaue Kurve (Abb. 41) dem Temperaturtagesgang folgt. Entsprechendes gilt für den Jahresgang.

Ein weiteres Grundgesetz, auf dem u.a. die Wärmeleitung beruht, ist darin zu sehen, dass – allgemein gesprochen – die Natur meist bestrebt ist, Gegensätze auszugleichen. (Ein Gegenbeispiel ist das Tropfenwachstum bei der Wolkenentstehung; vgl. Kap. 4.6.). Aufgrund der in Abb. 36 gegebenen Ausgangssituation heißt dies, dass die Sonne vorwiegend die Erdoberfläche heizt (positive Strahlungsbilanz) und von dort aus über die oben genannten Wärmeflüsse, vergleichbar einer Herdplatte, die Wärme nach oben transportiert wird. Dies erklärt, warum in der Troposphäre im zeitlich-örtlichen Mittel die Temperatur von unten nach oben abnimmt (vgl. Abb. 1).

Außer vertikalen Wärmetransporten gibt es aber auch horizontale, die ebenfalls bestrebt sind, Temperaturunterschiede auszugleichen. Dies geschieht allerdings generell über den Umweg von Luftdruckänderungen, wie sie im folgenden Kapitel zu besprechen sind. Diese Luftdruckkonstellationen führen nämlich zu horizontalen (aber auch vertikalen) Luftbewegungen und damit zur für das Klima so wichtigen atmosphärischen Zirkulation (Kap. 5).

4.3 Luftdruckkonstellationen

Wie bereits in Zusammenhang mit den Grundlagen des empirischen Klimas erläutert (vgl. Kap. 3.1.2, Abb. 17), führen Temperaturänderungen über Volumen- bzw. Dichteänderungen der atmosphärischen Luft auch zu Luftdruckänderungen. Stellen sich z.b. wegen räumlich unterschiedlicher Strahlungsbilanz an der Erdoberfläche, einschließlich unterschiedlicher Albedo, oder/und unterschiedlicher spezifischer Wärmekapazität der an der Erdoberfläche anstehenden Materie, horizontal unterschiedliche Temperaturen in der bodennahen Luftschicht (unter Einschluss der Flüsse fühlbarer und latenter Wärme) ein, so muss das auch zu horizontalen Luftdruckunterschieden führen.

Dreidimensional betrachtet spricht man von **Luftdruckkonstellationen** oder **Luftdruckgebilden**, die freilich nicht nur auf rein thermischem Weg zustandekommen. Zunächst soll aber der thermische, weil einfachere Mechanismus beschrieben werden. Dabei geht der Anstoß i.A. von der relativ warmen bzw. relativ kalten Erdoberfläche aus (relativ gegenüber der horizontalen Umgebung), ein Zustand, der durch Wärmeleitung sogleich an die darüber lagernde bodennahe

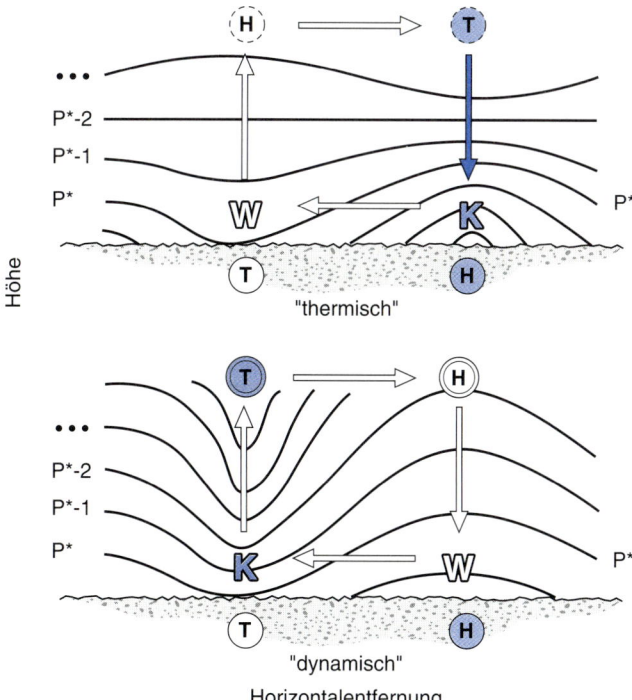

Abb. 42
Schematischer Vertikalschnitt eines thermischen (oben) bzw. dynamischen (unten) Tief- (T) und Hochdruckgebietes (H). W bedeutet Warmluft, K Kaltluft, p* usw. sind isobare Flächen.

Luft weitergegeben wird. Diese beginnt im Fall der Erwärmung/Abkühlung wegen der sich einstellenden geringeren/größeren Dichte aufzusteigen/abzusinken, vgl. oberen Teil der Abb. 42. Dabei neigt die aufsteigende Warmluft (W) zur Diffluenz, d.h. der Hebungsvorgang wird von seitwärts gerichtetem Ausströmen begleitet, umgekehrt kommt es bei der Kaltluft (K) zur Konfluenz. Diffluenz bzw. Konfluenz müssen, bodennah gemessen, aber zu Luftdruckfall bzw. Luftdruckanstieg führen, da bezüglich einer vertikal betrachteten Luftsäule ein Luftmassenabfluss- bzw. -zufluss stattfindet. Da man horizontale Gebiete relativ geringen Luftdrucks **Tiefdruckgebiet**, kurz Tief (T), relativ hohen Luftdrucks **Hochdruckgebiet**, kurz Hoch (H), nennt, ist damit das Grundprinzip der Entstehung eines **thermischen Tiefs bzw. Hochs** beschrieben.

Von Interesse ist aber auch deren **vertikale Struktur** (vgl. weiterhin Abb. 42). Nach der barometrischen Höhenformel (3.13), (vgl. auch Abb. 17, Kap. 3.1.2), muss der vertikale Abstand der isobaren Flächen in der Warmluft relativ groß, in der Kaltluft relativ klein sein. Stellt man sich ein thermisches H und T nebeneinander vor, so muss der horizontale Luftdruckgegensatz (anschaulich „Mulde" einer isobaren Fläche bei T, entsprechend isobarer „Berg" bei H) mit der Höhe allmählich verschwinden, um sich dann aber einer gewissen Höhe sogar umzukehren. Da nicht nur eine Tendenz zum Ausgleich von Temperatur-, sondern auch von horizontalen Luftdruckunterschieden besteht, wird sich jeweils eine Tendenz zu einer Luftdruckströmung vom Hoch zum Tief einstellen, so dass insgesamt, einschließlich der generellen Hebung im Tief und dem generellen Absinken im Hoch, eine Art vertikal angeordnetes **Zirkulationsrad** zustandekommt, dessen horizontale Komponente als Wind bezeichnet wird (Abb. 42). Dieser Wind wird allerdings noch von weiteren Gegebenheiten beeinflusst (Details folgen in Kap. 4.4).

Vor einer solchen Windbetrachtung muss allerdings noch das dynamische Gegenstück zum thermischen Hoch und Tief eingeführt werden (vgl. weiterhin Abb. 42). Dabei geht, wie der Name sagt, die Entstehungsgeschichte von der Dynamik, d.h. der Luftmassenbewegung aus, und zwar von den bereits genannten **Diffluenzen bzw. Konfluenzen im Strömungsfeld**. Diese sind um so wirksamer, je höher die damit verbundenen Windgeschwindigkeiten sind, und da in der Troposphäre i.A. die Windgeschwindigkeit mit der Höhe zunimmt (Kap. 3.1.3), befindet sich der Motor für die Entstehung dynamischer Hochs und Tiefs meist in der oberen Troposphäre (genauer im Bereich der dort auftretenden Strahlströme; Kap. 5.3.7). Eine aus irgendwelchen Gründen auftretende Diffluenz wird dann, da die stabile Stratosphäre meist davon keine Notiz nimmt, Luft sozusagen von unten „ansaugen", und diese Hebung im Verein mit der Diffluenz führt in der bodennahen Atmosphäre zur Luftdruckabnahme; erneut ist ein Tief entstanden, nun aber nicht mehr aus thermischen, sondern dynamischen Gründen. Ganz analog dazu führt hochtroposphärische Konfluenz zum Absinken und damit zu einem dynamischen Hoch (Abb. 42).

Da nun weitergehend großräumiges Heben Wolkenbildung und Niederschlag und dadurch sowie durch den Hebungsprozess (Kap. 4.6) an sich eine relativ kalte Luftmasse (geringe Sonneneinstrahlung auf die Erdoberfläche) zur Folge hat, umgekehrt Absinken in Verbindung mit der Auflösung möglicherweise vorhandener Wolken Erwärmung, ist das dynamische Tief kalt, das dynamische Hoch warm, ganz im Gegensatz zu ihren thermischen Gegenspielern. Wegen der barometrischen Höhenformel und des damit verbundenen kleinen Isobarenabstandes in Kaltluft bzw. großen Isobarenabständen in Warmluft werden dynamische Tiefs und Hochs mit zunehmender Höhe intensiver (vgl. erneut Abb. 42), auch dies im Gegensatz zu ihren thermischen Kontrahenten. Ein weiterer Unterschied besteht darin, dass thermisch entstandene Luftdruckkonstellationen sehr unterschiedliche räumliche Größenordnungen aufweisen können, somit auch sehr kleinräumige, während dynamische Hochs und Tiefs praktisch immer großräumig sind (meso- bis makroskalig; Kap. 2.4).

Die oben grob anschaulich verwendeten Begriffe der Konfluenz bzw. Diffluenz stehen mit **Konvergenzen bzw. Divergenzen** eines horizontalen Strömungsfeldes in Verbindung. Der begriffliche Unterschied besteht darin, dass es bei Konfluenzen bzw. Diffluenzen tatsächlich zu einem Massenzufluss bzw. -abfluss in einer betrachteten vertikal angeordneten Luftsäule kommt. Denkbar ist auch, dass z.B. in Abb. 42 beim thermischen Tief der bodennahe Massenzufluss genau durch einen Massenabfluss in gewisser Höhe kompensiert wird. Dann „vertieft" sich dieses Tief nicht weiter und der bodennah gemessene Luftdruck bleibt konstant. Trotzdem bleiben die Konvergenzen und Divergenzen im Strömungsfeld bestehen. Überwiegt sogar die bodennahe Konfluenz, dann steigt der Luftdruck und das Tief füllt sich auf.

Bevor auf diese Luftströmungen näher eingegangen wird, muss der Divergenzbegriff noch physikalisch-mathematisch definiert werden. Wird ein horizontales Bewegungsfeld durch Geschwindigkeitsvektoren (Kap. 3.1.3) gekennzeichnet, so bedeutet Divergenz anschaulich ein Auseinandergehen der Strömungslinien, zu denen die Geschwindigkeitsvektoren die Tangenten bilden. Im Extremfall, laufen die Strömungslinien unter einem Winkel von 180° (direkt) auseinander. Da der damit verbundene Massenabfluss letztlich keinen luftleeren Raum bilden kann, muss am Divergenzpunkt (ggf. auch Divergenzlinie) ein Massenfluss „entspringen" (Abb. 43), was im Übrigen nur durch eine Vertikalströmung bzw. Vertikalkomponente der Strömung geschehen kann. Daher spricht man in diesem Fall physikalisch von einer **Quelle**. Mathematisch werden, horizontal betrachtet, die Geschwindigkeitskomponenten v_x (längs der Abzisse, vgl. Abb. 43) bzw. v_y (längs der Ordinate) vergrößert, und diese im Fall der Quelle bzw. Divergenz **positive** Änderung der Geschwindigkeitsvektoren

$$\frac{\partial \mathbf{v}_x}{\partial x} + \frac{\partial \mathbf{v}_y}{\partial y} = \left(\frac{\partial}{\partial x} + \frac{\partial}{\partial y} \right) \mathbf{v} = \nabla \bullet \mathbf{v} \qquad (4.13)$$

ist die mathematische Definition der Divergenz, wobei $\mathbf{v}$ der Geschwindigkeitsvektor und ∇ der Nabla-Operator ist, der die Änderung einer Größe bezüglich der

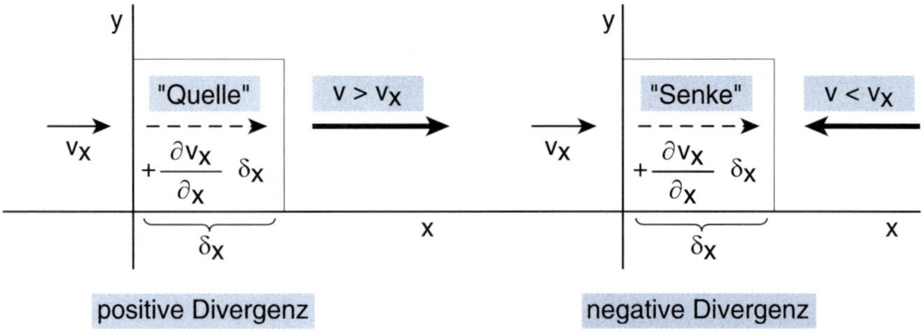

Abb. 43
Zur Erläuterung des Divergenzbegriffs (vgl. Text).

verwendeten Koordinaten (ggf. auch dreidimensional) beschreibt. Formal handelt es sich in (4.13) um ein skalares Produkt von ∇ und $\mathbf{v}$, d.h. das Ergebnis ist kein Vektor, sondern ein skalarer Wert. Ist die so definierte Divergenz mathematisch **negativ**, so spricht man physikalisch von einer Konvergenz oder **Senke**, in der sozusagen (wiederum durch Vertikaltransport) Masse „verschwindet" vgl. rechten Teil der Abb. 43.

Außer Divergenzen und Konvergenzen kann ein Strömungsfeld auch **Scherungen** oder/und **Krümmungen** (der Strömungslinien) aufweisen. (An jedem Punkt der Strömungslinien greifen tangential die Geschwindigkeitsvektoren an.) Dies führt uns nach der sehr grob-vorläufigen obigen Erklärung des dynamischen Tiefs bzw. Hochs, das im Wesentlichen der SCHERHAGschen Divergenztheorie (SCHERHAG, 1948) folgte, zu einer verbesserten und realistischeren Erklärung. In Abb. 44 sind solche Scherungs- und Krümmungseffekte schematisch dargestellt, die man am besten (in einem natürlichen Koordinatensystem) durch

$$\xi = \mathbf{v}K_S - \frac{\partial \mathbf{v}}{\partial n} \tag{4.14}$$

ausdrückt, weil dann (auf der rechten Seite dieser Gleichung) klar der Krümmungs- und Scherungsterm zum Ausdruck kommen. Dabei ist K_S die Stromlinienkrümmung und n eine zur Strömungsrichtung senkrechte Koordinate ($\mathbf{v}$ = Geschwindigkeitsvektor). Mit der Transformation in kartesische Koordinaten, vgl. wiederum Abb. 44,

$$\xi = \frac{\partial \mathbf{v}_x}{\partial x} - \frac{\partial \mathbf{v}_y}{\partial y} = k \bullet (\nabla \times \mathbf{v}) \tag{4.15}$$

entpuppt sich dieser Ausdruck als Rotationseigenschaft des Strömungsfeldes und heißt daher **Wirbelgröße** oder **Vorticity**, genauer relative Wirbelgröße, weil sich die absolute Wirbelgröße aus der Summe $\xi + f$ ergibt; dabei ist f der im nächsten Kapitel zu besprechende, auf der Erdrotation beruhende Coriolisparameter.

Die Wirbelgröße besitzt eine einfache anschauliche Bedeutung: Wird nämlich ein relativ kleiner Körper, z.b. ein Holzstückchen, im Wasser mitbewegt, so wird er bei positiver Wirbelgröße in eine Linksrotation, bei negativer in eine Rechtsrotation versetzt. Wie wir im folgenden Kapitel erkennen werden, gehört auf der Nordhalbkugel der Erde linksdrehende (entgegen dem Uhrzeigersinn) Strömung zum Tiefdruckgebiet, rechtsdrehende (im Uhrzeigersinn) zum Hochdruckgebiet; und da Tiefs allgemein auch **Zyklone**, Hochs dagegen **Antizyklone** heißen, spricht man bei positiver Wirbelgröße von **zyklonaler**, bei negativer von **antizyklonaler Wirbelgröße** (weitere Details siehe z.b. LILJEQUIST und CEHAK 1984, KURZ 1990, ETLING 1996, PICHLER 1997, KRAUS 2001).

Aus dieser Sicht ergibt sich ein gegenüber puren Konvergenz- und Divergenzbetrachtungen realistischeres, freilich auch komplizierteres Bild der dynamischen Entwicklung von Tief- und Hochdruckgebieten, und zwar durch die **Wirbelgrößen-Advektion**. Nimmt nämlich stromaufwärts die Wirbelgröße durch zunehmende positive = zyklonale Scherung und/oder Krümmung des Strömungsfeldes zu (vgl. Abb. 44), so besteht längs dieses Strömungsweges die Neigung zur Initiierung bzw. Verstärkung eines dynamischen Tiefs, da diese positive Wirbelgrößen-Advektion dem Strömungsfeld eine zunehmende zyklonale Rotation aufprägt. Im umgekehrten Fall ist die Initiierung bzw. Verstärkung eines dynamischen Hochs zu erwarten. Existieren solche dynamischen Tiefs bzw. Hochs, so werden Tiefs durch negative = antizyklonale, Hochs durch positive = zyklonale Wirbelgrößen-Advektion abgeschwächt, im Extremfall aufgelöst.

Nun sind zyklonale bzw. antizyklonale Strömungsfelder sowie Scherungseffekte nur ein Aspekt von Luftdruckkonstellationen. Der zweite, bereits behandelte Aspekt betrifft die Vertikalbewegung v_z (häufig auch mit w abgekürzt), die im Tief stets positiv (Hebung), im Hoch stets negativ (Absinken) ist. Somit muss $\Delta v_z > 0$ (Hebung) auf zyklonale, $\Delta v_z < 0$ (Absinken) auf antizyklonale Entwicklung hinweisen. Wie für das thermische Tief und Hoch besprochen, spielen dabei Tempe-

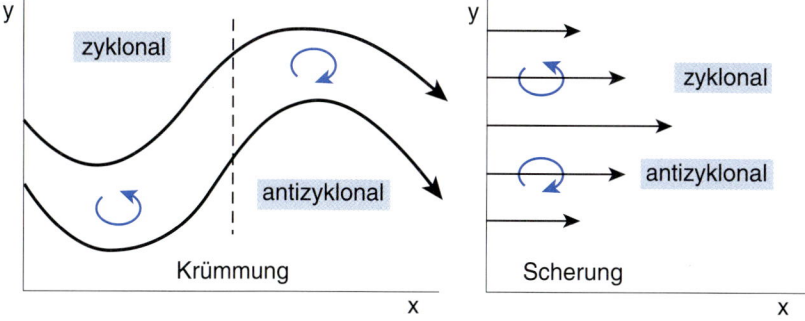

Abb. 44
Zur Erläuterung des Begriffes der „Wirbelgröße" („Vorticity") aufgrund von Krümmungs- und Scherungseffekten des Strömungsfeldes (vgl. Text).

raturänderungen eine wichtige Rolle. Da nun dynamische Tiefs und Hochs auch von Temperaturänderungen, falls sie gleichzeitig mit der dynamischen Entwicklung auftreten, beeinflusst werden, ist es sinnvoll, den dynamischen und thermischen Aspekt zu verknüpfen. Die nicht mehr elementare Theorie dazu lässt sich vereinfachend schematisch wie folgt zusammenfassen:

$$\Delta v_z \sim (\Delta \zeta + \Delta T) \bullet v \qquad (4.16)$$

in Worten: Die Vertikalgeschwindigkeit nimmt zu (zyklonale Entwicklung, Tief entsteht bzw. verstärkt sich) wenn
- die positive Wirbelgrößen-Advektion zunimmt (ζ nimmt stromaufwärts zu);
- die Temperatur zunimmt (durch Temperaturänderungen vor Ort, z.B. bei Absorption solarer Strahlung und/oder durch Wärmeadvektion, d.h. T nimmt stromaufwärts zu).

Im umgekehrten Fall nimmt die Vertikalgeschwindigkeit ab bzw. wird negativ. Da hierbei v_z und Wirbelgröße verknüpft sind, wird auch der physikalischen Grundvorstellung der Zusammengehörigkeit von Vertikalbewegung und zyklonalen bzw. antizyklonalen Strömungsbild entsprochen. (In der detaillierten Theorie wird an dieser Stelle die Größe $\omega \sim -gv_z$ benützt und (4.16) geht in die sog. Omega-Gleichung über.)

4.4 Luftbewegung

Nachdem im vorigen Kapitel (4.3) schon einige Eigenschaften von Strömungsfeldern behandelt worden sind, sollen nun die zu Tiefs bzw. Hochs gehörigen Luftbewegungen hergeleitet werden. Obwohl Luftbewegung eigentlich ein dreidimensionaler Vorgang ist (Kap. 3.1.3), ist es auch im Folgenden sinnvoll, die Horizontalkomponente $v_h \equiv v_2$ des Windes von der Vertikalkomponente v_z zu separieren. Dabei handelt es sich, wie das diese Schreibweisen ausdrücken, beim dreidimensionalen Wind $v \equiv v_3$ und auch bei dessen Horizontalkomponente um Vektoren (der Index gibt die Zahl der Dimensionen bzw. die dabei verwendeten Koordinaten an), während v_z, aber auch $\nabla \bullet v$ (Geschwindigkeitsdivergenz, vgl. Kap. 4.3) Skalare sind. Im weiteren ist jedoch die vektorielle Schreibweise wichtig, die im Übrigen, wenn man sich mit ihr anfreundet, manche Erklärung durchaus vereinfacht, vor allem aber exakt macht.

Wir gehen davon aus, dass sich bezüglich einer horizontalen Fläche (vgl. Abb. 45), aus irgendwelchen Gründen (thermisch oder dynamisch), Luftdruckunterschiede eingestellt haben, somit relativ zur Umgebung ein Tief bzw. Hoch vorhanden sind. Wird die Koordinate n senkrecht bezüglich einer Isobaren bzw. isobaren Fläche im dreidimensionalen Raum (p in Abb. 45) gewählt, so nimmt der Luftdruck p offenbar in der Richtung n zu, d.h. $\partial p / \partial n$ (vom T zum H) ist positiv. Dieser Ausdruck lässt sich in kartesischen Koordinaten (x,y) verallgemeinern und wird dann als Gradient, in diesem Fall bezüglich p und somit als

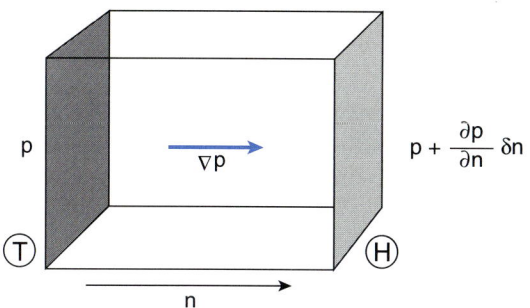

Abb. 45
Zur Erläuterung der Druckgradient-beschleunigung (vgl. Text).

Luftdruckgradient

$$\nabla p = \frac{\partial p}{\partial x}\, i + \frac{\partial p}{\partial y}\, j \tag{4.17}$$

bezeichnet. Wie jeder Gradient ist auch ∇p ein Vektor (im Gegensatz zur Divergenz ∇p), der – ähnlich der Initiierung der Wärmeleitung – eine Tendenz zum Ausgleich der bestehenden Luftdruckgegensätze hervorruft. Diese Tendenz äußert sich in einer Beschleunigung, die um so wirksamer wird, je geringer die Luftdichte ρ ist. Unter Berücksichtigung dieser umgekehrten Proportionalität folgt der Ausdruck für die **Luftdruckgradient-Beschleunigung**

$$\mathbf{b}_{G} = -\frac{1}{\varrho}\, \nabla p = -\frac{1}{\varrho}\frac{\partial p}{\partial n} \tag{4.18}$$

bzw. $m\mathbf{b}_{G}$ für die Luftdruckgradientkraft G.

Ohne weitere Beschleunigungen bzw. Kräfte müssten sich so entstandene horizontale Luftdruckunterschiede sofort wieder egalisieren. Dass dies keinesfalls immer geschieht, dafür sorgt die Erdrotation, welche die in einem Trägheitseffekt bestehende **Coriolisbeschleunigung** bzw. Corioliskraft C hervorruft. Dazu stellt

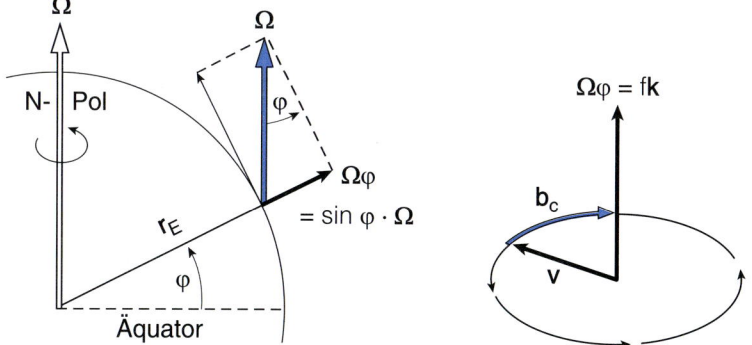

Abb. 46
Zur Erläuterung der Coriolisbeschleunigung (vgl. Text).

man sich am besten eine rotierende Scheibe vor, auf der sich ein Körper vom Mittelpunkt aus in beliebiger Richtung mit der Geschwindigkeit **v** bewegt (vgl. Abb. 46). Durch Trägheit wird er hinter der Drehbewegung der Scheibe zurückbleiben, bei z.B. linksdrehender Scheibe also eine Rechtsablenkung erfahren (rechter Teil der Abb. 46). Da sich nun die Erdrotation als Drehvektor $\boldsymbol{\Omega}$ beschreiben lässt (der nach der mathematischen Schraubenregel bei Drehung von West nach Ost sozusagen aus der Erde herausschaut; vgl. wiederum Abb. 46) – davon ist in der geographischen Breite φ nach den Regeln der Vektorzerlegung die Komponente $\boldsymbol{\Omega}_\varphi$ wirksam – kann man sich tatsächlich an jedem beliebigen Punkt der Erde so eine rotierende Scheibe vorstellen. Für die Südhemisphäre ändert sich allerdings ihre Drehrichtung, was zu einer rechtsrotierenden Scheibe mit Linksablenkung führt. Der Betrag der Coriolisbeschleunigung ist jeweils proportional zur geographischen Breite und wird am Äquator Null. Ausdrücken lässt sich diese Beschleunigung für die Nordhalbkugel als das Vektorprodukt

$$b_C = - (sin\varphi)\ \boldsymbol{\Omega} \times \mathbf{v} \tag{4.19}$$

was, wie in Abb. 46 (rechts) dargestellt, eine Rechtsablenkung ergibt; für die Südhalbkugel ist b_C positiv, so dass dort eine entsprechende Linksablenkung erfolgt. Nach einigen Umformungen erhält man für (4.19) auch die übliche Form

$$b_C = -f\ k \times \mathbf{v} \tag{4.20}$$

(Nordhalbkugel), wobei $f = (2sin\varphi)\Omega$ der **Coriolisparameter** (Dimension s^{-1}) und k der vertikale Einheitsvektor ist; $mb_C = C$ ist offenbar die zugehörige Corioliskraft. An Abb. 46 ändert sich durch (4.20) prinzipiell nichts; nur ist nun der Drehvektor der Erde durch seinen Skalar Ω (= $2\pi/d \approx 7.292 \times 10^{-5}\ s^{-1}$) ersetzt. (Für die tatsächliche Geschwindigkeit eines fest mit der Erde verbundenen Punktes gilt die Winkelgeschwindigkeit $= v_\Omega = \Omega R_\Omega$, wobei R_Ω der Abstand von der Drehachse ist.)

Sind nun b_G und b_C im Gleichgewicht, d.h. treten außer den auf den Druckgradienten und die Erdrotation zurückgehenden Kräfte keine weiteren Kräfte auf, so resultiert als Luftbewegung (Nordhalbkugel) der wichtige **geostrophische Wind**

$$v_g = -\frac{1}{f\varrho}\ \nabla p \times k \tag{4.21}$$

den man durch Gleichsetzen von (4.18) und (4.20) und vektorieller Umformung erhält (vgl. Abb. 47). Offenbar weht dieser Wind auf der Nordhalbkugel so, dass der tiefere Druck links zur Windrichtung liegt, auf der Südhalbkugel wegen des umgekehrten Vorzeichens von (4.20) jedoch rechts. Zudem ist der geostrophische Wind stets isobarenparallel, kann also existierende horizontale Druckgegensätze nicht auflösen. Bezüglich eines idealen Tiefs oder Hochs (vgl. Abb. 48), umkreist

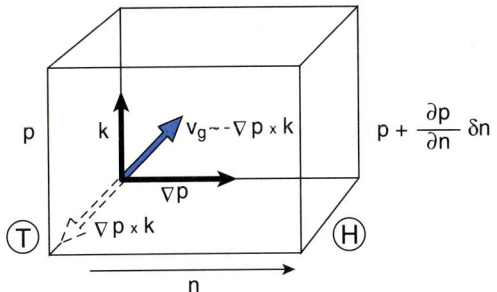

Abb. 47
*Zur Erläuterung des geostrophischen
Windes (vgl. Text).*

der geostrophische Wind ein Tief entgegen dem Uhrzeigersinn (zyklonal) und ein Hoch im Uhrzeigersinn (antizyklonal), dies jeweils auf der Nordhalbkugel, während für die Südhalbkugel der umgekehrte Drehsinn gilt. An dieser Stelle werden dann auch die Namensgebungen zyklonal bzw. antizyklonal im Rahmen der Charakterisierung von Strömungsfeldern (Kap. 4.3) verständlich. (Die in Abb. 48, links oben, gegebene Darstellung, die auf das Gleichgewicht zwischen *G* und *C* hinweist, ist eigentlich nicht korrekt und muss exakter durch Abb. 47 ersetzt werden, da in Abb. 48 genau genommen ein Null-Wind resultieren würde. Da man solche Darstellungen aber sehr häufig findet, ist diese Form aus Konventionsgründen auch hier verwendet werden. Sie wird approximativ richtig, wenn man sich ein überlagertes, in **v**-Richtung bewegtes Koordinatensystem vorstellt.)

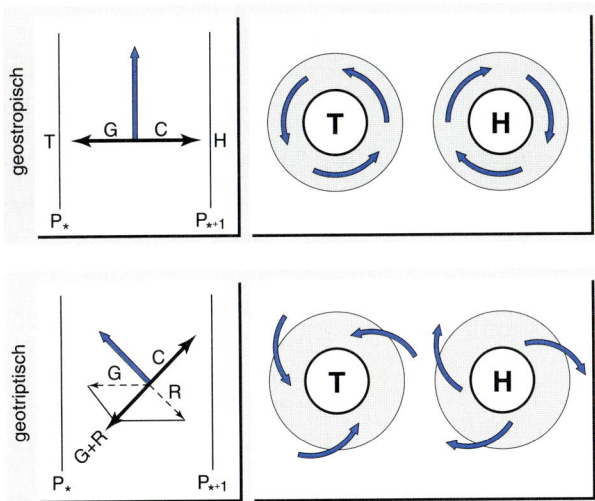

Abb. 48
Zur Erläuterung der Abweichung des geotriptischen vom geostrophischen Wind, links, sowie geostrophische bzw. geotriptische Strömung im Bereich eines idealen Tief- (T) und Hochdruckgebietes (H), rechts (vgl. dazu jeweils Text).

Kommen zum geostrophischen Wind weitere Kräfte hinzu, so spricht man von **ageostrophischen Windkomponenten**. Eine solche Komponente, die auf der Isobarenkrümmung und entsprechenden **Zentrifugalkraft** beruht, führt zum **Gradientwind**. (Die Bezeichnung ist nicht gerade glücklich, wird aus Gründen der Konvention hier aber beibehalten.) Auch der Gradientwind weht isobaren-parallel, jedoch ist die Windgeschwindigkeit um

$$|Z| = \frac{v^2}{r} \qquad (4.22)$$

verändert, wobei sich dieser Betrag bei antizyklonaler Luftbewegung (Hoch-druckgebiet) zur geostrophischen Windgeschwindigkeit addiert, da dann G und Z in die gleiche Richtung weisen. Bei zyklonaler Luftbewegung (Tiefdruckgebiet) tritt eine entsprechende Verringerung der Windgeschwindigkeit ein. Tab. 8 gibt für die quantitativen Unterschiede zwischen geostrophischem und Gradientwind einige Anhaltspunkte. In der Praxis spielen diese Unterschiede angesichts der Messungenauigkeit des Windes und der meist relativ großen Krümmungsradien keine besonders große Rolle. Lediglich in niederen geographischen Breiten und/oder relativ kleinen antizyklonalen Krümmungsradien können die Unter-schiede bedeutsam werden. Außerdem ist bei Tiefdruckgebieten G praktisch im-mer sehr viel größer (wegen des i.A. geringeren Isobarenabstandes, somit ∇p relativ groß) als bei Hochdruckgebieten, so dass – trotz Z-Einfluss – im Bereich der Tiefdruckgebiete i.A. wesentlich höhere Windgeschwindigkeiten angetroffen werden.

Tab. 8 Vergleich des Gradientwindes (Zahlenfeld) mit dem geostrophi-schen Wind (2. Spalte, jeweils in kt = Knoten) für einige ausge-wählte Fälle der geographischen Breite, des Krümmungsradius (in NM = Seemeilen) und der Windgeschwindigkeit.

	Geostroph. Wind	Geographische Breite in Grad (oben) und Krümmungsradius in NM (darunter)										
		30°			50°			65°			80°		
	in kt	300	600	900	300	600	900	300	600	900	300	600	900
zyklonale Krümmung	10	9	9	10	9	10	10	9	10	10	9	10	10
	20	17	18	19	18	19	19	18	19	19	18	19	19
	50	35	40	43	39	42	44	40	43	45	41	44	46
	100	58	69	76	64	75	81	70	78	84	71	80	84
	200	93	114	130	105	129	141	115	135	148	119	138	149
anti-zyklonale Krümmung	10	12	11	11	11	10	10	11	10	10	11	10	10
	20	40	24	23	27	22	21	24	22	21	23	22	21
	50	–	–	90	–	80	62	–	63	58	–	62	58

Sehr wichtig ist hingegen die **Reibungskraft** *R*, die in der relativ bodennahen Atmosphäre (Peplosphäre; vgl. Kap. 2.4) wirksam ist, und zwar um so stärker, je näher die Strömung an der Erdoberfläche auftritt. Nach oben hin nimmt der Reibungseinfluss kontinuierlich ab, um je nach Oberflächenstruktur zwischen ca. 0,5 km (Ozean) und häufig 1 km Höhe, über Gebirgen erst oberhalb etwa 2–3 km Höhe in die geostrophische bzw. Gradientwindströmung überzugehen. Wie in Abb. 48 angedeutet, wirkt *R* genau entgegen der Strömungsrichtung des Windvektors **v**, und da *C* stets senkrecht auf **v** stehen muss (Rechtsablenkung auf der Nordhalbkugel) und im Übrigen eine Trägheitsfolge der sonstigen resultierenden Kräfte ist, ergibt sich ein Gleichgewicht zwischen *G* + *R* einerseits und *C* andererseits. Dies muss neben der Verringerung der Strömungsgeschwindigkeit eine Ablenkung zum tieferen Druck (Nord- und Südhalbkugel) zur Folge haben. Die sich durch *G*, *R* und *C* einstellende Strömung heißt **geotriptischer Wind**, wobei in Abb. 48 die Vektordarstellung wiederum nur für ein überlagertes bewegtes Koordinatensystem approximativ korrekt ist. Bezüglich H und T ergibt sich eine Strömung aus dem Hoch heraus bzw. in das Tief hinein, unter Beibehaltung der antizyklonalen (Hoch) bzw. zyklonalen (Tief) Strömung. Wir erkennen in der Reibung somit einen wichtigen Vorgang, der zur Abschwächung bzw. zum Abbau bestehender horizontaler Luftdruckgegensätze führen kann.

Im Einzelnen ist die Reibungswirkung sehr variabel und kompliziert. Tab. 9 vermittelt dazu einen Überblick, wobei die dabei auftauchende Schichtungsstabilität/-labilität erst in Kap. 4.6 behandelt wird. (Man kann sich zunächst an den Mittelwerten orientieren.) Im Detail muss zu der in Tab. 9 gegebenen Grobeinteilung eine genaue Betrachtung der **Rauigkeit** der Erdoberfläche treten. Diese Rauigkeit spielt auch bei der vertikalen Windgeschwindigkeitszunahme eine wichtige Rolle. Die Theorie hierzu muss unter anderem das recht schwer zu behandelnde Turbulenzphänomen berücksichtigen (siehe z.B. FORTAK 1982, LILJEQUIST und CEHAK 1983, KRAUS 2001). Im Endergebnis folgt für das **vertikale Windprofil** die Gleichung

Tab. 9 Richtwerte für die Abweichung des geotriptischen (tatsächlichen) vom geostrophischen Wind; nach MÖLLER (1973).

Oberfläche	Ablenkungswinkel in Grad bei			Geschwindigkeit in Prozent des geostrophischen Windes
	labiler	indifferenter	stabiler	
		Schichtung		
Meer	15	20	30	70–80
Küste	25	30	40	60–70
Flachland	30	35	45	50–60
Hügelland	35	40	50	40–50
Gebirge	stark variierend			

$$v_z = \frac{1}{\chi}\sqrt{\frac{\tau}{\rho}}\ln\frac{z}{z_0}$$ (4.23)

wobei sich der Faktor vor dem Logarithmus aus der VON-KÁRMAN-Konstanten χ (für die ein Wert von ≈ 0.4 angenommen werden kann), der Schubspannung

$$\tau = \rho b^2$$ (4.24)

(b = Beschleunigung; somit τ = const. für beschleunigungsfreie Vorgänge) und der Luftdichte ρ zusammensetzt; $z > z_0$ ist die betrachtete Höhe, für die die Windgeschwindigkeit v_z gilt.

Die Höhe z_0, ab der sich diese logarithmische Windgeschwindigkeitszunahme einstellt, ist allerdings häufig nicht die Erdoberfläche. Vielmehr muss der **Rauigkeitsparameter** ins Kalkül gezogen werden, der experimentell bestimmt werden kann und der um so größer ausfällt, je rauer die Erdoberfläche ist; einen Anhalt für z_0 und das logarithmische Windprofil insgesamt geben die Abbildungen 49

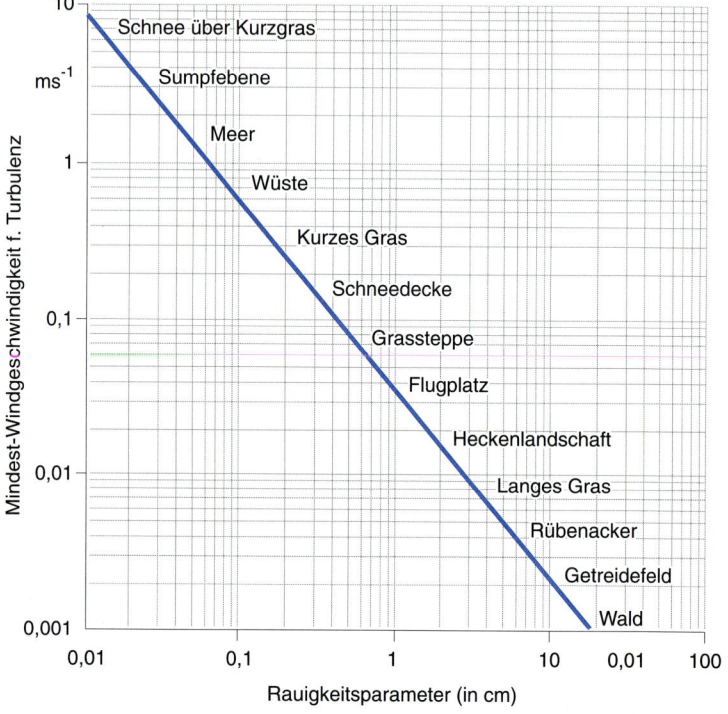

Abb. 49
Rauigkeitsparameter z_0 für verschiedene Erdbodenbedeckungen in Abhängigkeit von der Mindest-Windgeschwindigkeit, bei der sich dementsprechend ein turbulente Strömung einstellt (nach GEIGER, 1961, hier nach FORTAK, 1982).

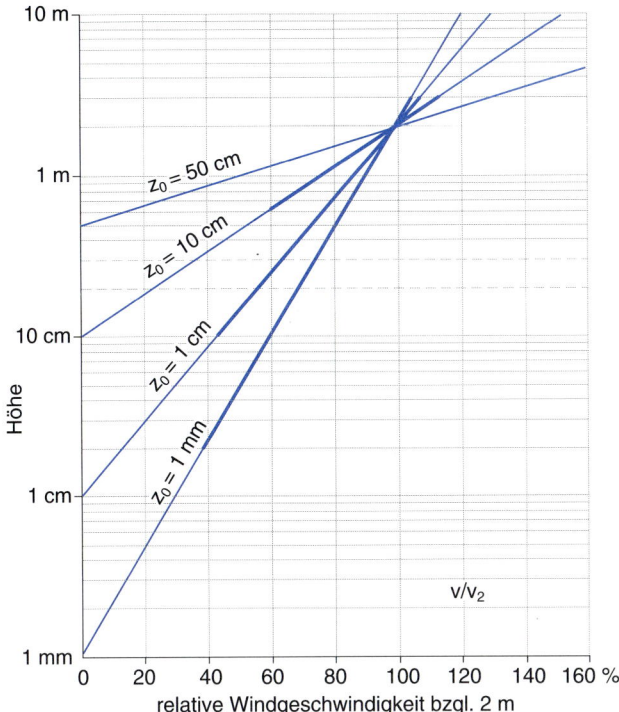

Abb. 50
Logarithmisches Windprofil, Prozentwerte der Windgeschwindigkeit v in der Höhe h gegenüber 2 m über Grund, bei verschiedenen Werten des Rauhigkeitsparameters z_0 im unteren Bereich der Atmosphäre (nach FORTAK, *1982).*

und 50. Innerhalb des Bereiches z_0 herrscht danach entweder gar keine Luftströmung (vgl. laminare Unterschicht; Kap. 2.4) oder aber (bei höheren z_0-Werten, z.B. Wald) die Luftströmung ist ganz wesentlich geringer als im Höhenbereich $z \gg z_0$. In Zusammenhang mit der nach unten zu- bzw. nach oben abnehmenden Reibungswirkung, was nach oben hin wegen (4.23) zur besprochenen Windgeschwindigkeitszunahme und gleichzeitig zu einer Rechtsdrehung des Windvektors führt, ergibt sich eine **Windspirale**, deren Theorie im Wesentlichen von EKMAN (1874–1954) stammt (daher auch EKMAN-Spirale genannt; vgl. z.B. GEIGER 1961, ETLING 1996, KRAUS 2001). In Deutschland gilt im Mittel erst ab ca. 2 km Höhe die geostrophische Windrichtung; die Windgeschwindigkeit hat dort ca. 90 % der geostrophischen erreicht (in 3 km Höhe ca. 97 %).

Für den allgemeinen Fall gilt, ausgedrückt in Beschleunigstermen, die **Bewegungsgleichung**

$$\frac{d\mathbf{v}}{dt} = -\frac{1}{\rho}\,\nabla p + \mathbf{g} - 2\mathbf{\Omega} \times \mathbf{v} \tag{4.25}$$

mit (rechte Seite der Gleichung) Luftdruckgradient-, Erd- (nur vertikal, aufgrund der Gravitation) und Coriolisbeschleunigung. In dieser, nämlich reibungsfreien Form, wird sie EULER'sche Bewegungsgleichung genannt. In anderen Formen, beispielsweise in der NAVIER-STOKES-Form, ist die Reibungskraft R explizit ausgeführt bzw., je nach Koordinatenbezug, auch die Zentrifugal-/Zentripetalkraft Z explizit ersichtlich. Zu diesen speziellen Versionen und Aspekten muss hier auf die Literatur verwiesen werden (z.b. HANTEL 1989, ETLING 1996, PICHLER 1997, KRAUS 2001).

Abschließend, allgemein und somit unabhängig von der speziellen Form (4.25) sei noch die übliche Windnomenklatur genannt, wobei die jeweils in Klammern angegebenen Kräfte im Gleichgewicht sind:

- geostrophisch (G, C);
- Gradient-Wind (G, C, Z);
- geotriptisch (G, C, R);
- zyklostrophisch (G, Z);
- antitriptisch (G, R);
- inertial (C, Z).

So ist z.b. bei relativ kleinräumigen und zugleich hohen Windgeschwindigkeiten, wie sie z.b. bei Tornados (Kap. 5.3.6) auftreten, die Corioliskraft quantitativ vernachlässigbar, so dass sich in solchen Fällen die Gegebenheiten des zyklostrophischen Windes einstellen können. Ansonsten hat man es meist mit dem geostrophischen bzw. geotriptischen Wind zu tun.

4.5 Meteorologische Topographien

Luftbewegungen lassen sich im Rahmen der **synoptischen Meteorologie** (Wetteranalyse und -prognose) relativ kurzfristig oder, der Klimadefinition folgend (vgl. Kap. 2.5 und 2.7) statistisch über eine längere Zeitspanne hin betrachten. Dabei haben synoptische Meteorologie und Klimatologie bei (horizontalen) Feldbetrachtungen die gleichen Aspekte: Das auf Meeresspiegelniveau reduzierte Luftdruckfeld (Isobarendarstellung, vgl. Kap. 3.1.2, 3.3 und 4.3) erlaubt gemäß Gleichung (4.25) bzw. (4.21) Rückschlüsse auf die Luftbewegung (horizontaler Windvektor) in Bodennähe. Und für höhere atmosphärische Schichten wird das Konzept der meteorologischen Topographien verwendet, in der synoptischen Meteorologie **Höhenwetterkarte** genannt (Deutscher Wetterdienst 1987, KURZ 1990).

Dabei ist das Bezugsniveau jedoch nicht eine bestimmte geometrische Höhe z, sondern eine isobare Fläche und somit ein bestimmter Luftdruck p, der natürlich eine Funktion der Höhe ist (vgl. barometrische Höhenformel (3.13); man spricht dabei auch von einer Transformation vom z- ins p-System). Im Einzelnen werden nun ganz bestimmte Druckwerte p_* verwendet, meist die **Hauptisobarenflächen**, nämlich 850, 700, 500, 300, 200, 100 hPa. Diese isobaren Flächen werden i.A. in unterschiedlicher Höhe angetroffen, und zwar im Fall relativ geringen Luftdrucks (T) relativ weit unten, im Fall relativ hohen Luftdrucks (H) relativ weit

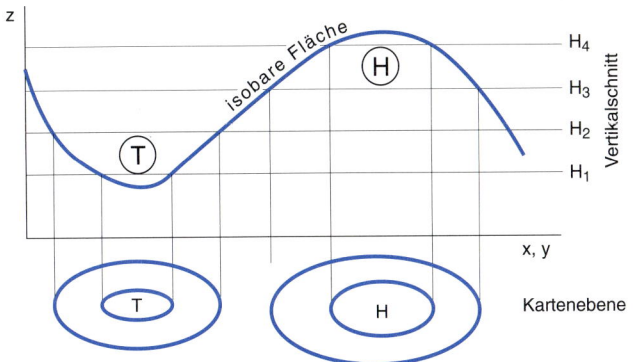

Abb. 51
Schema einer „absoluten Topographie" (vgl. Text).

oben; vgl. Abb. 51. Man kann daher statt der Luftdruckverteilung in einer bestimmten Höhe auch die Höhe der betrachteten isobaren Fläche (p_*) angeben. Wie Abb. 51 im Vertikalschnitt veranschaulicht, entsteht so das Bild einer isobaren Fläche, die ähnlich wie die geographische Topographie Berge (entsprechend Hochdruckgebiet) und Talmulden (entsprechend Tiefdruckgebiet) aufweist.

Die entsprechenden Höhenlinien einer solchen **meteorologischen Topographie** heißen **Isohypsen**. Sie geben allerdings nicht die geometrische, sondern die geopotentielle Höhe H (Maßeinheit geopotentielle Meter = gpm) der betreffenden isobaren Fläche an. Diese ist als

$$H = \frac{\phi}{9.8} \quad \text{mit} \quad \phi = \int_0^{z_*} g\,dz \qquad (4.26)$$

definiert, wobei die Integration des Geopotentials ϕ (Ausdruck der Erdgravitation) bis in eine bestimmte Höhe z_* zu $H = (g/9.8)z_*$ führt. Somit unterscheidet sich die geopotentielle Höhe H nur insoweit von der gewohnten geometrischen Höhe z, als der jeweilige Wert der Erdbeschleunigung g (vgl. Formel (3. 11)) vom Referenzwert 9.8 ms^{-2} abweicht. In der Praxis ist dieser Unterschied häufig vernachlässigbar.

Diese Betrachtungsweise eines horizontalen Luftdruckfeldes in Form einer solchen **absoluten Topographie** (abgekürzt AbTop), wie dies bei den Meteorologen genannt wird, beinhaltet einige Vorteile. Klimatologisch ist dabei vor allem die daraus resultierende Vereinfachung der geostrophischen Windbeziehung (vgl. Gleichung (4.21)) von Bedeutung, die dadurch nämlich in die Form

$$\mathbf{v}_g = -\frac{1}{f}\,\nabla H \times \boldsymbol{k} \qquad (4.27)$$

übergeht (mit f wiederum Coriolisparameter), oder skalar mit Wahl einer Horizontalkoorditaten n senkrecht zum Gradienten in

$$\mathrm{v}_g = \frac{1}{f}\frac{\partial \phi}{\partial n} = \frac{9.8}{f}\frac{\partial H}{\partial n} \qquad (4.28)$$

Somit ist der geostrophische Wind nur eine Funktion des Isohypsenabstandes und, über f, der geographischen Breite φ. In der flugmeteorologischen Praxis wird unter Verwendung der dort üblichen Maßeinheiten (4.28) in die Form $v_g = (70.5/\sin\varphi)/(\Delta H/\Delta n)$ umgesetzt, mit v_g in Knoten (kt; vgl. Kap. 3.1.3), H in geopotentiellen Metern (gpm) und n in Seemeilen (nautischen Meilen, NM, mit NM = 1.852 km). In der Wetteranalyse sind darauf beruhend spezielle geostrophische Windlineale oder entsprechende Folien und Zirkel in Gebrauch, welche die näherungsweise graphische Abschätzung der geostrophischen Windgeschwindigkeit anhand des Isohypsenfeldes (der Höhenwetterkarte) rasch erlauben.

Absolute Topographien liefern somit ein gutes Abbild der atmosphärischen Strömung, wobei die Betrachtung der Hauptisobarenfläche 500 hPa (im Mittel ca. 5.5 km Höhe) als Anhalt für die mittlere Strömung der Troposphäre gilt (dieses Niveau, genauer 600 hPa, ist zudem meist divergenzfrei). Die Topographien 300 hPa (Winter) bzw. 200 hPa (Sommer) dienen als Anhalt für die Erfassung der hochtroposphärischen Starkwindfelder (Kap. 5.3.7). 700 hPa repräsentiert in etwa die untere Hälfte der Troposphäre, in der Luftmasseneigenschaften und Wetterfronten i.A. relativ prägnant ausgeprägt sind. Außerhalb von Gebirgen stellt das Niveau 850 hPa grob annähernd die Obergrenze der Peplosphäre (Reibungsschicht, vgl. Kap. 2.4, 4.4) dar.

Ein weiterer Vorteil des Konzepts der absoluten Topographie ist die Tatsache, dass wegen (über die Integration von Formel (3.14))

$$\phi_2 - \phi_1 = \left(R_L \overline{T}_V\right)\left(\ln p_2 - \ln p_1\right) \tag{4.29}$$

wobei die Zahlenindizes auf zwei vertikal unterschiedliche Niveauflächen verweisen, bzw.

$$\Delta H = -\left(\frac{R_L}{9.8}\Delta \ln p\right)\overline{T}_V \tag{4.30}$$

genannt **relative Topographie**, nur eine Funktion der mittleren virtuellen Temperatur $\overline{T}_V$ zwischen den betrachteten isobaren Flächen p_1 und p_2 ist (da $\Delta \ln p$ = const.). ΔH ist somit die vertikale geopotentielle Höhendifferenz zweier absoluter Topographien, was die Namensgebung (relative Topographie, abgekürzt ReTop) erklärt. Entsprechende Feldverteilungen, wie sie vor allem für die Schicht zwischen 1000 hPa und 500 hPa (gesprochen „500 über 1000 hPa", geschrieben ReTop 500/1000 hPa) üblich sind, stellen daher Temperaturverteilungen dar, wobei eine solche vertikale Mittelung i.A. relativ kleinräumige Besonderheiten, z.B. durch Bodeneinflüsse, ausgleicht und somit die relativ großräumigen Strukturen verdeutlicht.

Führt man für $\Delta H = D$ (= Schichtdicke) ein, so lassen sich diese Isolinien D der relativen Topographie nicht nur als Schicht-Mittel-Isothermen auffassen, sondern führen ganz analog zum geostrophischen Wind (4.21) zur Definition des **thermischen Windes**.

$$\mathbf{v}_{\text{th}} = -\frac{1}{f}\ \boldsymbol{\nabla}D \times \mathbf{k} \qquad (4.31)$$

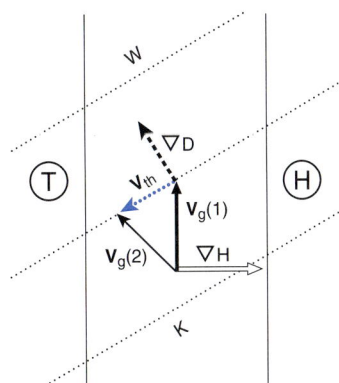

(vgl. Abb. 52), der natürlich kein echter Wind, sondern eine Art thermischer Schichtgradient ist, auch wenn er aus Differenzvektoren $\Delta\mathbf{v}_g$ des geostrophischen Windes hervorgeht. Analog zu $\mathbf{v}_g$ sind bei $\mathbf{v}_{\text{th}}$ die tieferen Werte, in diesem Fall die Kaltluft, links bezüglich der Richtung des thermischen Windes, die Warmluft rechts. Wie Abb. 52 weiterhin zeigt, gilt außerdem, dass bei Drehung des geostrophischen Windes $\mathbf{v}_g$ mit der Höhe nach links Kaltluftadvektion besteht ($\mathbf{v}_g$ transportiert Luft von K nach W), bei Rechtsdrehung von $\mathbf{v}_g$ dagegen Warmluftadvektion.

Abb. 52
Zur Erläuterung des „thermischen Windes" und der sich in Zusammenhang mit der Vertikalstruktur des geostrophischen Windfeldes ergebenden Advektion (hier Kaltluftadvektion; vgl. Text).

4.6 Hebungsprozesse und Wolkenbildung

Hebung atmosphärischer Luft kann aus sehr unterschiedlichen Gründen angeregt werden: beispielsweise beim Anströmen eines Gebirges (orographisch; Kap. 5.3), als Folge von Bodenkonvergenzen oder Höhendivergenzen im Strömungsfeld bzw. Advektion positiver Wirbelgröße (dynamisch; Kap. 4.3, 4.4), an Wetterfronten (frontal; Kap. 5.3.8) oder thermisch (Kap. 4.3, 4.4). Aus welchem Grund auch immer, in jedem Fall expandiert bei der Hebung wegen der vertikalen Luftdruckabnahme die Luft und falls das betreffende Luftquantum keine (diabatische) Wärmezufuhr und auch keine Wärmeabgabe erfährt, also gegenüber der Umgebung als abgeschlossenes Subsystem aufgefasst werden kann – man spricht in diesem Fall von einem **adiabatischen Prozess** –, dann kühlt es sich während dieser Hebung ab. Kommt es dabei zu keinen Aggregatszustandsänderungen des Wassers, insbesondere nicht zur Kondensation von Wasserdampf bzw. Gefrieren von Wassertröpfchen – in diesem Fall spricht man von **trockenadiabatischer Hebung** (nicht ganz glücklich, da die Luft durchaus feucht sein kann) –, so lässt sich die Abkühlung einfach berechnen. Unter Verwendung der idealen Gasgleichung (3.7), der statischen Grundgleichung (3.12) und des 1. Hauptsatzes der Wärmelehre in der Form

$$c_v\, m\, dT + p\, dV = 0 \qquad (4.32)$$

(der erste Term beschreibt Temperaturänderungen, die sog. innere Energie, der zweite Volumenänderungen, die sog. äußere Energie; c_v = spezifische Wärmekapazität bei konstantem Volumen) folgt nämlich

$$\frac{\partial T}{\partial z} = -\frac{g}{c_p} \qquad (4.33)$$

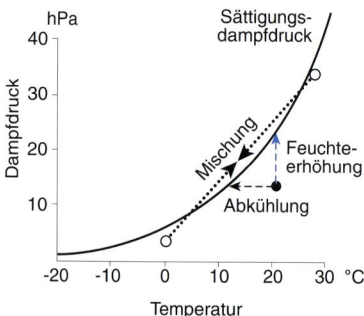

Abb. 53

Temperatur-Feuchte-Diagramm mit schematischer Erläuterung der Kondensations- und somit Wolkenbildungsprozesse (durch Abkühlung bzw. Feuchteerhöhung bzw. Mischung, vgl. Text).

oder nach Einsetzen der Zahlenwerte und in Differenzenform $\Delta T/\Delta z \approx 0.00975$ km^{-1} oder, noch weitgehender gerundet, 1 K (bzw. 1 °C) pro 100 m Höhendifferenz, also 1 K/100 m. Dies ist der sog. **trockenadiabatische vertikale Temperaturgradient** für individuelle Zustandsänderungen (obwohl er auch für feuchte Luft gilt, so lange der Wasserdampf nicht kondensiert), d.h. für Hebung (Abkühlung) oder auch Absinken (Erwärmung) speziell betrachteter, relativ zur Umgebungsluft vertikal bewegter Luftpakete. Ein Luftpaket, das trockenadiabatisch nach (4.33) in das Vergleichsniveau 1000 hPa gebracht wird, nimmt dort die **potentielle Temperatur** θ an.

Weitaus komplizierter sind diese Vorgänge, wenn es zu Aggregatszustandsänderungen des Wassers kommt. Wird nämlich bei der durch die Hebung verursachten Abkühlung Wasserdampfsättigung erreicht, vgl. Abb. 53, kommt es zur **Kondensation des Wasserdampfes**, es bilden sich Wassertröpfchen und somit **Bewölkung** (vgl. Kap. 3.1.5) und es wird die entsprechende latente Wärme (vgl. Abb. 20) freigesetzt (Kondensationswärme). Ähnliches geschieht bei noch weiterer Abkühlung, wenn durch das Gefrieren der Wassertröpfchen Eispartikel entstehen (Gefrierwärme). Diese freigesetzte latente Kondensations- bzw. Gefrierwärme verringert die Abkühlung beim Hebungsprozess und es gilt vereinfachend (!) nach Liljequist und Cehak (1983)

$$\left(\frac{\partial T}{\partial z}\right)_{\mathrm{f}} = -\frac{g + \left(lS_{max}g\right)/RT}{c_p + \dfrac{lS_{max}}{E}\dfrac{dE}{dT}} \tag{4.34}$$

an, mit l = latente Energie des Wasserdampfes, S_{max} = spezifische Feuchte bei Sättigung, c_p = spezifische Wärmekapazität bei konstantem Druck, E = Sättigungsdampfdruck (vgl. Kap. 3.1.4; g = Erdbeschleunigung, R = Gaskonstante, T = Temperatur). Der Index f auf der linken Gleichungsseite zeigt an, dass es sich hier um den sog. **feuchtadiabatischen vertikalen Temperaturgradienten** handelt. (Wie schon die Bezeichnung „trockenadiabatisch", vgl. oben, ist auch dieser Ausdruck nicht sehr treffend, weil es hier nicht um den Gegensatz trocken-feucht geht, sondern um die Frage, ob bei Hebungsprozessen latente Wärme frei gesetzt wird oder nicht.) Da S_{max} eine Funktion von Temperatur und Druck und E eine Funktion der Temperatur ist (vgl. dazu Kap. 3.1.4) – alle anderen in (4.34) auftretenden Größen sind zumindest approximativ konstant – ergibt sich für $(\partial T/\partial z)_{\mathrm{f}}$ eine nicht-lineare Funktion von Temperatur und Druck bzw. Höhe mit Werten um 0.3 K/100 m bei hohen Temperaturen und hohem Druck (in guter Näherung z.B. bei $T = 313$ K $= 40$ °C und $p = 1000$ hPa) und eine asymptotische Annäherung an den trockenadiabatischen Gradienten bei niedrigen Temperaturen und geringem Druck (z.B. 0.928 K/100 m für $T = -50$ °C und $p = 200$ hPa). Für die Normatmosphäre (15 °C) und Meeresspiegelhöhe gilt knapp 0.5 K/100 m).

In der Praxis verwendet man meist thermodynamische Diagrammpapiere, siehe stark vereinfachtes Beispiel in Abb. 54, in denen in Abhängigkeit von Druck (Ordinate) und Temperatur (Abszisse) die Trocken- und Feuchtadiabaten sowie eine Feuchtegröße, i.a. das Mischungsverhältnis, als Kurvenscharen eingetragen sind. Damit lassen sich dann, ausgehend von Messwerten der Temperatur t (in °C), der Feuchte und des Druckes diverse Hebungsprozesse graphisch-approximativ simulieren. Auf diese Möglichkeit werden wir im Rahmen dieses Buches mehrfach zurückkommen. Die vollständige Erläuterung der in Abb. 54 eingezeichneten Beispiele erfolgt später. Mit dem dort eingetragenen Temperaturwert von 5 °C in 1000 hPa kann der Leser aber z.B. schon jetzt eine trockenadiabatische Abkühlung bei Hebung bis 850 hPa (entsprechend 1.5 km Höhe in einer Standardatmosphäre) auf ca. −7.5 °C nachvollziehen, feuchtadiabatisch (strichpunktierte Linie) aber nur auf ca. −3 °C. Ist z.B. −6 °C die Temperatur in 800 hPa, so folgt bei Absinken auf 1000 hPa die zugehörige potentielle Temperatur von $\vartheta = 12$ °C.

Ein weiterer wichtiger Aspekt ist nun **der Vergleich des trocken- bzw. feuchtadiabatischen vertikalen Temperaturgradienten**, bei somit individuellen Hebungsprozessen, mit der in der Atmosphäre tatsächlich vorgefundenen vertikalen Temperaturschichtung, dem sog. **geometrischen vertikalen Temperaturgradienten** (der Umgebungsluft). Nehmen wir an, es wird ein Luftpaket (individuell) trockenadiabatisch gehoben und findet nach einer gewissen Hebungsstrecke eine niedrigere Umgebungstemperatur vor, weil die geometrische Schichtung in diesem Fall eine relativ dazu noch stärkere vertikale Temperaturabnahme aufweist; vgl. dicke Kurve ganz links in Abb. 55 und dünn eingezeichnete Trockenadiabate. Dies be-

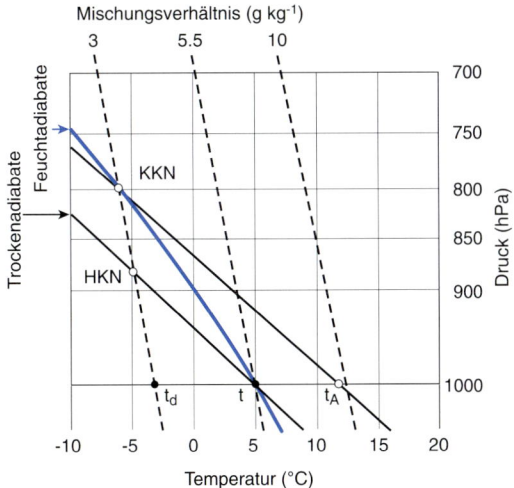

Abb. 54
Stark vereinfachter Ausschnitt aus dem thermodynamischen Diagrammpapier nach Stüve *(Deutscher Wetterdienst, 1987) und Beispiel zur Bestimmung von HKN (Hebungskondensationsniveau), KKN (Konvektionskondensationsniveau) und t_A (Auslösetemperatur); t und t_d sind Temperatur und Taupunkt im Ausgangsniveau, hier 1000 hPa (vgl. dazu jeweils Text).*

deutet geringere Dichte des betrachteten Luftpakets (wegen seiner relativ höheren Temperatur) gegenüber der Umgebungsluft, so dass es ähnlich einem Stück Holz, das unterhalb der Wasseroberfläche losgelassen wird, ein Auftrieb erfährt, der die begonnene Hebung fortsetzt. Dies ist der **labile Fall der** (geometrischen) **thermischen Schichtung**, genauer der zugleich trocken- und feuchtlabile Fall.

Ist dagegen die geometrisch vorgefundene Temperaturschichtung so, wie es in Abb. 55 die dick gestrichelte Kurve zeigt, so wird ein individuell betrachtetes Luftpaket bei trockenadiabatischer Hebung (Trockenadiabate) kälter als die Umgebungsluft sein und wegen der daher relativ größeren Dichte absinken; eine möglicherweise initiierte Hebung wird dann rückläufig bzw. die Hebung wird von vornherein verhindert. Damit ist der **trockenstabile** Fall der geometrischen thermischen Schichtung gegeben, der jedoch zugleich der **feuchtlabile** Fall sein kann und bei diesem Beispiel auch ist, weil (vgl. weiterhin Abb. 55) die (individuelle) Feuchtadiabate rechts davon verläuft, ein feuchtadiabatisch gehobenes Luftpaket somit relativ warm ist, daher relativ geringe Dichte aufweist und die Hebung daher unterstützt wird. Dabei bedeutet feuchtlabile Hebung stets Wolkenbildung. Nur eine im Vergleich zur (individuellen) Feuchtadiabaten geringere vertikale Temperaturabnahme der Umgebungsluft, also geringerer geometrischer vertikaler Temperaturgradient, führt generell zu **stabiler** Schichtung, vgl. gepunktete Kurve in Abb. 55 (offenbar zugleich trocken- und feuchtstabil). Dabei herrschen ganz besonders stabile Bedingungen, wenn der (geometrische) vertikale Temperaturgradient Isothermie aufweist (also gar keine vertikale Temperaturänderung) oder die Temperatur mit der Höhe sogar zunimmt (Kreuz-Kurve in Abb. 55, ganz rechts).

Diese stabilste Schichtung, die man sich überhaupt vorstellen kann, heißt **Inversion,** d.h. sozusagen Umkehr der normalerweise in der Troposphäre vorgefundenen vertikalen Temperaturabnahme. Wie können solche Inversionen entstehen? Am wichtigsten sind die Strahlungs- und die Absinkinversion, deren Entstehung in Abb. 56 skizziert ist. **Strahlungsinversionen** entstehen meist vom

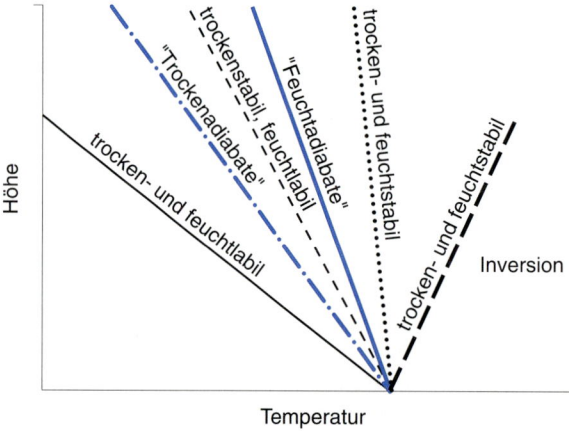

Abb. 55
Zur Erläuterung der Labilität bzw. Stabilität der vertikalen thermischen Schichtung (vgl. Text).

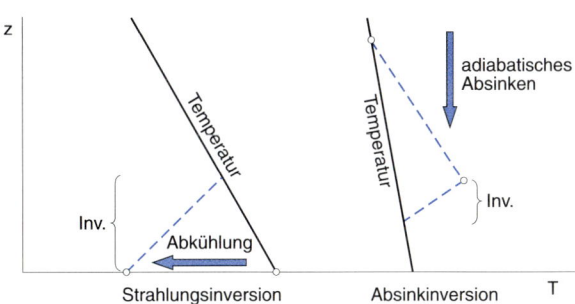

Abb. 56
Zur Erläuterung der Bildung einer Strahlungs- (links) und Absink- (rechts) Inversion (vgl. Text).

Erdboden, aber manchmal auch von der Obergrenze einer Schichtwolkendecke aus, mit Entwicklung nach oben hin im Zuge der Abkühlung. Beispielsweise kommt es nachts wegen der fehlenden solaren Einstrahlung, aber trotzdem wirksamen terrestrischen Ausstrahlung (vgl. Kap. 4.2) zu einer negativen Strahlungsbilanz, insbesondere bei wenig Bewölkung (sog. Strahlungsnacht) und somit Abkühlung; vgl. Abb. 56 links. Wärmeleitungseffekte sorgen für eine Ausgleichsschicht, so dass keine Temperatursprünge auftreten und innerhalb dieser Schicht dann die Temperatur mit der Höhe zunimmt. **Absinkinversionen** kommen dann zustande, wenn trockenadiabatisch absinkende Luft einen dazu relativ kleinen geometrischen vertikalen Temperaturgradienten vorfindet (Abb. 56 rechts). Beide Inversionsarten treten bevorzugt bei wolken- und windarmem, von Hochdrucktätigkeit (daher Absinken) beeinflussten Schönwetter auf. Eine dritter Typ, der hier noch erwähnt werden soll, ist die in Zusammenhang mit Warmfronten (Näheres in Kap. 5.3.8) auftretende Aufgleitinversion, bei der advektiv wärmere über kältere Luft geführt wird.

Inversionen beinhalten den Nachteil, dass sich wegen der damit verbundenen thermischen Schichtungsstabilität **anthropogen emittierte Gase und vor allem Partikel (Aerosole)** nur langsam oder fast gar nicht mit der Luft höherer Schichten vermischen können, so dass sich hohe, u.U. gesundheitsschädliche Konzentrationen einstellen können, insbesondere im Bereich von Städten, Industrieanlagen und Verkehrswegen (zu den Details solcher Luftreinhaltungsprobleme siehe z.B. Fabian 1992, Graedel und Crutzen 1994, Heintz und Reinhardt 1996). Bei winterlichen Hochdruckwetterlagen besteht die Tendenz zu über Tage, manchmal Wochen anhaltenden Inversionslagen, wenn die wegen der kurzen Tage und flachem Einstrahlungswinkel nur relativ wenig effektive Sonneneinstrahlung die Inversionsauflösung tagsüber nicht schafft und sich u.U. sogar die Wirkung einer Strahlungs- und einer den Erdboden erreichenden Absinkinversion überlagern. Dann kann die Schadstoffbelastung extrem werden. Mit Tiefdruckgebieten verbundene Wetterumschläge, insbesondere Kaltfrontdurchgänge (Näheres in Kap. 5.3.8), beenden dagegen i.A. solche Inversionswetterlagen.

Dies ist dann i.A. mit dem Übergang zu einem sozusagen wenig inversionsfreundlichen wolken- und niederschlagsreichem Wetter verbunden. Wolkenbildung aber hängt mit Hebungsprozessen zusammen, und über die in Kap. 3.1.5 bereits phänomenologisch vorgestellten Wolkengattungen entscheidet die Art der geometrischen vertikalen Temperaturschichtung. Bevor darauf eingegangen wird, sollen zunächst die wesentlichen Vorgänge der **Wolkenbildung** zusammengefasst werden, allerdings nur formal und ohne wolkenphysikalische Betrachtungen, die hier zu weit führen würden.

In Zusammenhang mit Abb. 53 ist bereits der wichtigste Vorgang, der zur Wolkenbildung führt, besprochen worden: durch Hebung bedingte **Abkühlung** (vgl. Beginn dieses Kap. 4.6, wobei die Hebung ihrerseits orographisch, dynamisch, thermisch oder frontal bedingt sein kann). Umgekehrt führt (trockenadiabatisches) Absinken i.a. zur Erwärmung und daher Wolkenauflösung. Weitere Vorgänge, die zur Abkühlung führen, sind Verdunstung (wegen des damit verbundenen Entzugs latenter Wärme an der Oberfläche, an der die Verdunstung stattfindet) und Advektion relativ kalter Luftmassen. Wasserdampfsättigung der Luft und somit Wolkenbildung kann aber auch durch **Feuchteerhöhung** zustandekommen (vgl. wiederum Abb. 53), insbesondere durch Verdunstung an relativ warmen Wasseroberflächen/Ozeanen sowie Advektion relativ feuchter Luftmassen. Schließlich können auch Mischungsprozesse dafür in Frage kommen (wegen der Nichtlinearität der Sättigungsdampfdruckkurve, vgl. erneut Abb. 53). Der wichtigste Vorgang aber ist die Abkühlung durch Hebung und die anderen Prozesse tragen i.a. nur begleitend zur Wolkenbildung bei.

Da **Nebel** nichts anderes als eine auf dem Erdboden aufliegende Schichtwolke ist (vgl. Kap. 3.1.5 und 3.1.7), gelten für seine Bildung im Prinzip die gleichen Vorgänge wie bei der Wolkenbildung. Am häufigsten ist der in Zusammenhang mit einer Strahlungsinversion (vgl. oben, Abb. 56) auftretende **Strahlungsnebel**. Feuchtezufuhr und Mischungsprozesse im bodennahen Bereich einer Warmfront können zum sog. **Frontalnebel** führen. Dagegen spielt beim **Advektionsnebel** wiederum die Abkühlung die entscheidende Rolle, wenn eine relativ warme Luftmasse in eine Region relativ niedriger Temperatur geführt wird (z.B. nachts vom Ozean auf das Land, wobei in diesem Fall auch noch Feuchteadvektion hinzukommt), wo sich diese Luftmasse dann dementsprechend abkühlt und dadurch Wasserdampfsättigung erreicht.

Nun zum Einfluss der (geometrischen) vertikalen Temperaturschichtung auf den Wolkentypus: Die **Wolkenbildung bei stabiler Schichtung** führt stets zu **Schichtwolken** (St, Sc, Ns; Kap. 3.1.5), zu denen auch der Nebel zu zählen ist. Ist Hebung die Ursache, muss sie erzwungen sein, z.B. orographisch durch Anströmen eines Gebirges oder frontal durch Aufgleiten von wärmerer über kälter Luft, wie das an Warmfronten geschieht (Näheres in Kap. 5.3.8). Beim Strahlungsnebel gelten wieder die bereits oben geschilderten Vorgänge in Zusammenhang mit einer Strahlungsinversion. Entstehen nun Schichtwolken z.B. durch Anströmen eines Gebirges und sind Temperatur und Feuchte im Bodenniveau (= Ausgangsniveau) bekannt, so kann mittels thermodynamischer Diagrammpapiere die Untergrenze solcher Bewölkung abgeschätzt werden. Diese Untergrenze, das **Hebungskondensationsniveau** HKN, erhält man, wenn man in Abb. 54 eine trockenadiabatische Hebung bei konstanter Feuchte simuliert. Und zwar ist der Schnittpunkt der Trockenadiabaten durch die bodennahe Lufttemperatur (in Abb. 54: t = 5 °C) mit der Linie gleicher Feuchte durch den zu zur bodennahen Lufttemperatur gehörigen Taupunkt (in Abb. 54: $t_d = -3$ °C; vgl. dazu auch Kap. 3.1.4) das gesuchte HKN (in Abb. 54 ungefähr 880 hPa, was etwa 1.2 km Höhe entspricht). Die Obergrenze dieser Bewölkung liegt dort, wo der erzwungene Hebungsvorgang zum Stillstand kommt.

Schwieriger ist die Situation bei **labiler Schichtung**. Solche Vorgänge, sofern sie Wolkenbildung auslösen, führen stets zu **Haufenwolken** (Cu, Cb usw.; Kap. 3.1.5) und sind mit dem komplizierten Vorgang der **Konvektion** verbunden. Details dazu können hier auch nicht annähernd behandelt werden. Gesagt sei lediglich, dass es sich um eine vom Erdboden aus nach oben fortschreitende Erwärmung unter gleichzeitiger turbulenter Durchmischung der davon erfassten Luftschicht handelt. Ist die dazu notwendige labile Schichtung so hochreichend, dass die entsprechenden Konvektionswolken (Cu, Cb; vgl. oben) entstehen, so lässt sich die zugehörige Untergrenze, das **Konvektionskondensationsniveau** KKN (auch Cumulus-Kondensationsniveau CKN genannt), wie folgt abschätzen: Die tatsächlich gemessene geometrische Temperaturkurve – nehmen wir in Abb. 54 an, das sei die Feuchtadiabate durch den bodennahen Temperaturwert t = 5 °C (strichpunktierte Kurve) – wird mit der Linie gleicher Feuchte durch den zugehörigen Taupunkt t_d zum Schnitt gebracht; im Beispiel der Abb. 54 folgt dann KKN = 800 hPa, entsprechend ca. 2 km Höhe). Oft liegt die dazu notwendige Schichtung z.B. bei Tagesbeginn noch gar nicht vor und muss sich erst im Laufe des Tagesgangs einstellen. Unter der Annahme gleichmäßiger Durchmischung erhält man eine Abschätzung dafür, indem man mit Hilfe eines thermodynamischen Diagrammpapieres von KKN aus trockenadiabatisch ins Ausgangsniveau geht. Die dort abgelesene **Auslösetemperatur** t_A (12 °C beim Beispiel in Abb. 54) muss mindestens erreicht werden, damit Konvektionswolken entstehen können. Ob sie sich weiterentwickeln hängt davon ab, ob ab dem KKN die geometrisch-thermische Schichtung feuchtlabil ist und auch davon, ob die Luft einen genügend großen Feuchtevorrat besitzt. Mindestens die Höhe wird jedoch erreicht, für die die individuelle feuchtadiabatische Zustandskurve rechts von der geometrischen verläuft, somit feuchtlabile geometrische Temperaturschichtung vorliegt. Weiteres Wachstum hängt vom Feuchtevorrat ab. Ein Luftpaket, das zunächst zum HKN, dann feuchtadiabatisch bis zur Tropopause (Abgabe allen Wasserdampfes) und anschließend trockenadiabatisch ins Ausgangsniveau transportiert wird, nimmt dort die Pseudotemperatur und weitergehend im Vergleichsniveau 1000 hPa die **pseudopotentielle Temperatur** an.

Es gibt nun eine Reihe von Methoden, die es erlauben, aus der Erfassung der thermischen Schichtungslabilität und des vertikalen Feuchteprofils das Vertikalwachstum von Konvektionswolken sowie die Eintrittswahrscheinlichkeit von Gewitter und Hagel abzuschätzen, meist auf halbempirischen Weg oder vollständig

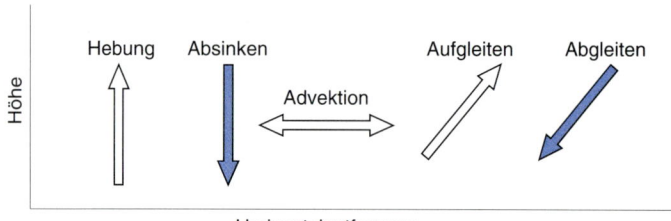

Abb. 57
Zur Nomenklatur atmosphärischer Bewegungsrichtungen.

mit Hilfe empirisch-statistischer Methoden. Da dies überwiegend in den Bereich der synoptischen Meteorologie gehört (Wetterprognose), kann es hier nicht behandelt werden. Zum Schluss dieses Teilkapitels sollen aber noch die Ursachen **synoptisch-meteorologischer Turbulenz** klassifiziert werden, häufig im Kontext der Flugmeteorologie als „Flugunruhe" definiert:

- Konvektive Turbulenz (ohne Konvektionswolken „Blauthermik"; sonst Cu- oder Cb-Turbulenz, letztere extrem);
- mechanische Turbulenz durch Bodenreibung, insbesondere bei unterschiedlicher Rauigkeit der Erdoberfläche;
- Leeturbulenz (Kap. 5.3);
- Scherungsturbulenz, insbesondere in Zusammenhang mit den hochtroposphärischen Starkwindfeldern (Kap. 5.3.7);
- Turbulenz in Zusammenhang mit Wetterfronten (Kap. 5.3.8);
- Turbulenz in Zusammenhang mit Wirbelstürmen (Kap. 5.3.6);
- Wirbelschleppenturbulenz der Flugzeuge.

Das physikalisch wichtige Umschlagen einer laminaren Strömung (gradlinige Strömungslinien) in eine turbulente ab einer gewissen Strömungsgeschwindigkeit spielt im Wetter- und Klimageschehen kaum eine Rolle, weil die oben genannten Ursachen viel häufiger auftreten. Einzelheiten hierzu können entsprechenden Lehrbüchern entnommen werden. Abb. 57 stellt schließlich noch die Nomenklatur einiger Begriffe zusammen, die im Kontext der Betrachtung von Hebungsvorgängen vorkommen.

4.7 Wasserkreislauf

Atmosphärische Hebungsprozesse (Kap. 4.6) sind, insbesondere wenn es zur Wolkenbildung kommt, nicht nur mit Energietransport (in diesem Fall latente Wärme; Kap. 4.2), sondern auch mit Massentransport verbunden. In diesem Kapitel interessiert uns das **Wasser** in allen seinen Aggregatzuständen (Phasen) bzw. Erscheinungsformen. Es ist zusammen mit dem Boden und der Luft, dem sog. Umweltsystem (vgl. Kap. 2.2) für das Leben der Erde von fundamentaler Bedeutung und spielt auch für das Klima, neben der Temperatur, eine tragende Rolle.

Zunächst steht das **Salzwasser** (96.5 %) des Ozeans (Näheres in Kap. 6.1) und das **Süßwasser** (3.5 %) der Landgebiete an seiner Oberfläche mit der Atmosphä-

Tab. 10 Quantitative Übersicht der globalen Hydrosphäre;
Quellen: ENDLICHER (1991), KELLER (1980).

Bereich	Fläche in 10^6 km^2	Volumen in 10^6 km^3	Schichthöhe in m	Anteil am Weltwasservolumen in % bezogen auf Gesamtwasser	Süßwasser
Weltmeer	361.3	338.0	3700	96.5	–
Festland	148.8	47.97	322	3.5	
Grundwasser	134.8	23.40	174	1.7	
davon Süßwasser	134.8	10.53	78	0.76	30.1
Bodenfeuchte	82.00	0.015	0.2	0.001	0.05
Polareis, Gletscher, Schnee	16.23	24.064	1463	1.74	68.7
Antarktis*)	13.98	21.600	1546	1.56	61.7
Grönland	1.800	2.340	1298	0.17	6.68
Arktische Inseln	0.226	0.084	369	0.006	0.24
Gebirge	0.224	0.041	181	0.003	0.12
Eis in Dauerfrostböden	21.00	0.300	14	0.022	0.86
Süßwasserseen	1.236	0.091	73.6	0.007	0.26
Salzwasserseen	0.822	0.085	103.8	0.006	–
Sumpfgebiete	2.683	0.0115	4.28	0.0008	0.03
Wasserläufe		0.0021	0.014	0.0002	0.006
Biolog. Wasser	510	0.0011	0.002	0.0001	0.003
Wasser in der Atmosphäre	510	0.0129	0.025	0.001	0.04

*) Nicht eingeschlossen sind die Grundwasservorräte in der Antarktis, die auf
2 Mio. km^3 geschätzt werden, davon 1 Mio. km^3 Süßwasser.

re in Kontakt (vgl. quantitative Übersicht in Tab. 10; daneben auch Tab. 3). Dabei ist etwa ein Drittel des Süßwassers im Boden als **Grundwasser** gespeichert und zwei Drittel liegen als **Schnee** und **Eis** (Chionosphäre/Kryosphäre; Kap. 2.3) an der Erdoberfläche vor (davon wiederum 89,7 % in der Antarktis und 9.8 % in Grönland). Der Süßwasseranteil der Seen und Flüsse ist relativ gesehen sehr gering. Ähnliches gilt mit 0.04 % des Süßwasseranteils bzw. 0.001 % des Gesamtwasseranteils für den Beitrag der **Atmosphäre**, obgleich das Wasser dort so eine wichtige Rolle spielt. Noch geringer ist der biologisch, insbesondere in der **Vegetation**, gebundene Anteil (0.003 % des Süßwassers bzw. 0.0001 % des Gesamtwassers). Auch dies mag überraschen, da die Biosphäre doch zum größten Teil aus Wasser besteht. Wie so oft kommt es also auch hier weniger auf die Quantität, sondern auf die Qualität und relativen Bezüge an.

Vom Ozean aus, aber auch ausgehend von der Landoberfläche, gelangt das Wasser durch **Verdunstung** in die Atmosphäre, in der es durch Kondensation

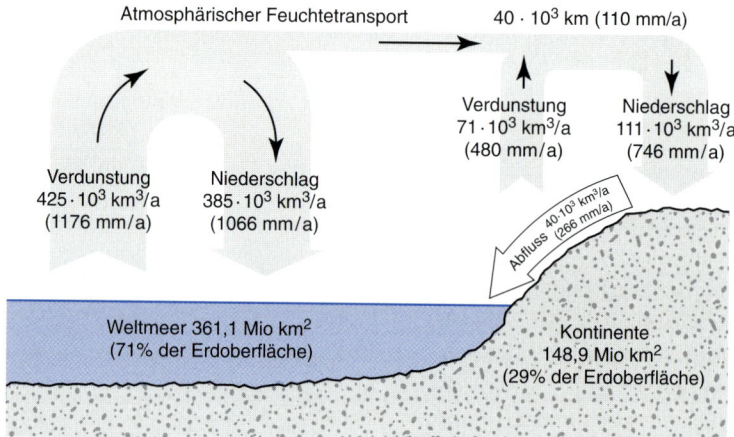

Abb. 58
Globaler Wasserkreislauf (verschiedene Quellen, u.a. LIEBSCHER, 1984, hier nach ENDLICHER, 1991).

und Gefrieren den Prozess der **Wolkenbildung** durchläuft, um dann als **Niederschlag** wieder die Erdoberfläche zu erreichen. Dies ist in groben Zügen und erster Näherung der terrestrische **globale Wasserkreislauf**. Wie Abb. 58 zeigt, ist dabei die Bilanz aus Verdunstung V (wobei hier nur der Massen- und nicht der energetische Aspekt betrachtet wird) und Niederschlag N zwischen Ozean und Landgebieten nicht ausgeglichen. Vielmehr findet per saldo ein atmosphärischer Transport von ozeanischem Wasser (das bei Verdunstung übrigens seinen Salzgehalt verliert) in den Kontinentalbereich statt, der durch oberirdischen (Flüsse) und unterirdischen (Grundwassser) **Abfluss** A ausgeglichen wird. Global und vieljährig zeitlich integriert lautet daher die **Wasserhaushaltsgleichung**

$$N + V + A = 0 \tag{4.35}$$

die ähnlich der Energiehaushaltsgleichung (4.11) dem physikalischen Grundsatz der Massenerhaltung gehorcht; dabei werden wie üblich alle Flüsse, die zur Oberfläche hin gerichtet sind, positiv, alle von der Oberfläche weg gerichteten Flüsse negativ gerechnet. Übrigens erhält man aus Abb. 58 eine mittlere globale Niederschlagssumme von $(1066 \times 0.71 + 746 \times 0.29)$ mm ≈ 973 mm, was mit Tab. 10 (atmosphärische Wassersäulenhöhe 25 mm) eine mittlere atmosphärische Wasserumsatzzeit, sozusagen die Geschwindigkeit des atmosphärisch umgesetzten Wassers, von $973{:}25 \approx 39$ mma^{-1} (mm pro Jahr) oder $(365/39 \approx 9.4)$ Tage ergibt.

Für eine begrenzte Teilregion der Erde und eine begrenzte Zeit muss die Gleichung (4.35) aber detaillierter gehandhabt werden. Dies betrifft zumindest die Untergliederung der Verdunstung in **Evaporation** V_E (unbelebte Natur) und **Transpiration** V_T (belebte Natur; zusammengefasst spricht man auch von der Evapotranspiration V mit $V = V_E + V_T$) sowie die Einführung von Speichergrößen im Boden S_B und in der Vegetation S_V. Weiterhin ist der Abfluss eigentlich eine Bilanzgröße aus Zu- und Abfluss, und auch S_B und S_V sind Bilanzgrößen. Damit nimmt (4.35) die Gestalt

$$N + V_E + V_T + \Delta A + \Delta S_B + \Delta S_V = 0 \qquad (4.36)$$

an. Ein Spezialfall der Transpiration ist die **Interzeption**, d.h. die Verdunstung von Pflanzenoberflächen, ohne dass das betreffende Wasser in den Boden gelangt, also z.b. durch Tau- oder Reifansatz an Pflanzen, der dann direkt wieder in die Atmosphäre verdunstet. Bei noch genauerem Hinsehen ist auch die Interzeption eine Bilanzgröße, die unter Separation von V_T zu (4.36) addiert werden kann. Auch die Unterscheidung von ober- und unterirdischem Zufluss (resultierend ΔA) kann in (4.36) berücksichtigt werden und führt dann zu weiteren Details (siehe z.B. ENDLICHER 1991).

Aber auch das ist noch keine vollständige Betrachtung; denn die Menschheit greift in vielfältiger Weise in den natürlichen Wasserkreislauf ein (Kap. 12). Dazu gehört die Einschränkung der Verdunstung durch Bebauung und Versiegelung des Bodens sowie Vegetationsverringerung. Da derzeitige regionale Messungen und darauf aufbauende globale Abschätzungen der Wasserhaushaltsgrößen (S bzw. V meist indirekt über die Haushaltsgleichung (4.36), V auch über den Umweg der Energiebilanzgleichung (4.11)) die anthropogene Beeinflussung bereits implizieren, bleibt als weiteres Problem die Bestimmung der Wasseranteile, die anthropogen durch Energietechnik, Industrie, Haushalte und Landwirtschaft dem Wasserkreislauf entzogen werden. Dies ist für Westdeutschland (alte Bundesländer) in Abb. 59 geschehen, in der die mittlere Wasserbilanz 1931–1960 zusammengestellt ist.

Die Maßeinheit aller Terme der Wasserhaushaltsgleichung ist, wenn man sich am Niederschlag orientiert (Kap. 3.1.6), zunächst mm, entsprechend Liter pro Quadratmeter. Die entsprechenden Angaben beziehen sich aber auch immer auf eine Zeit, z.B. ein Jahr, üblicherweise über dieses Zeitintervall als Niederschlags- oder Verdunstungssumme akkumuliert (mma^{-1}). Formal könnte man, in SI-Einheiten, diese Maßeinheiten aber auch auf eine Sekunde beziehen, dies ergäbe mms^{-1} bzw. 10^{-3} m^3 m^{-2} s^{-1}. Der Abfluss wird demgegenüber aber meist in m^{3}s^{-1} bestimmt, d.h. das Abflussvolumen A_* pro Zeiteinheit t ist abzuschätzen, messtechnisch meist über den Umweg der Fließgeschwindigkeit v_A mit

$$A_*/t = Fv_A \quad \text{bzw.} \quad A_* = Fv_A t \qquad (4.37)$$

F = Querschnittsfläche (z.B. eines Flusses; die ganz rechte Seite von (4.37) ergibt in SI-Maßeinheiten offenbar m^{2}ms^{-1}s = m^3). Will man A_* in die Wasserhaushaltsgleichung einsetzen, muss das entsprechende Wasservolumen offenbar in Liter (dm^3) umgewandelt und analog N und V auf eine Fläche (m^2) verteilt werden, d.h. es gilt die Umrechnung

$$A \text{ [mm]} = A_* \text{ [m}^3\text{]} \times 10^3 \text{ [dm}^3 \text{ m}^{-2}\text{]} \qquad (4.38)$$

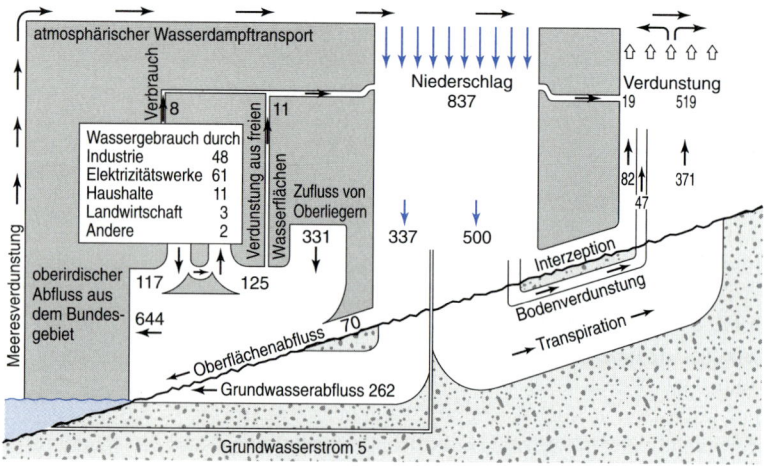

Abb. 59
Wasserkreislauf (Mittel 1931–1960) in Deutschland, Mittelwerte der westlichen Bundesländer in mm pro Jahr (wobei 1 mm 248×10⁶ m³ entspricht; nach verschiedenen Quellen, insbesondere dem Hydrologischen Atlas der Bundesrepublik Deutschland, 1979, sowie LIEBSCHER, 1985, hier nach HANTEL, 1997).

4.8 Schnee und Eis

Neben dem Wasser in gasförmigem (Wasserdampf) und flüssigem Zustand ist, gerade für das Klima, auch sein fester Zustand von Bedeutung. Allgemein spricht man von der **Kryosphäre** im weiteren (Wasser in jeder festen Erscheinungsform) bzw. engeren Sinn (Eis), wobei im letzteren Fall die **Chionosphäre** (Schnee) separat betrachtet wird (vgl. Kap. 2.3, Tab. 3 und Abb. 13).

Dabei treten Eispartikel und Schneekristalle zunächst in der **Atmosphäre** auf, wo sie in die Wolkenbildung und damit den Wasserkreislauf (Kap. 4.7) eingebunden sind. Allerdings beginnt die Bildung von Eispartikeln in der Atmosphäre erst ab Temperaturen von ca. −12 °C und darunter und ist erst zwischen ca. −35 °C und −40 °C abgeschlossen (vgl. Kap. 3.1.5, Wolkenklassifikation). In mittleren und hohen geographischen Breiten läuft die **Niederschlagsbildung** generell über die Eisphase und auch in den Tropen ist dies, insbesondere bei hochreichender Konvektion, der Regelfall. Ob dann der Niederschlag als Schnee oder Regen fällt, hängt davon ab, ob er während des Fallens taut oder nicht. Unter den Sonderformen sind vor allem Graupel und Hagel zu nennen (vgl. Kap. 3.1.6), die in Zusammenhang mit Cumulonimbus (Kap. 3.1.5), also extremer Konvektion, durch wiederholtes teilweises Fallen und Einschleusen in Aufwindgebiete entstehen. Dadurch sammeln die ursprünglichen Eiskeime mehr und mehr unterkühlte Wassertropfen an, die sich mit (raue Oberfläche → Griesel und Graupel) oder ohne Lufteinschlüsse anlagern (im letzteren Fall schalenartig, glatte Oberfläche → Hagel) und dadurch anwachsen.

Tab. 11   Quantitative Übersicht der globalen Kryosphäre und Chionosphäre; Quellen: HOLLIN und BARRY (1979), HOUGHTON et al. (1990).

Bereich		Fläche in 10^6 km²	Volumen in 10^6 km³	Meeres-spiegel-äquivalent in m
Landeis				
Ost-Antarktis		9.86	25.92	64.80
West-Antarktis		2.34	3.40	8.50
Grönland		1.70	3.00	7.60
Gebirgsgletscher		0.54	0.12	0.30
Summe		14.44	32.44	81.20
Permafrost (Grundeis, ohne Antarktis)				
beständig		7.60	0.03	0.08
zeitweise (maximal)		17.30	0.07	0.18
Meereis				
arktisch,	Februar	14.00	0.05	–
	August	7.00	0.02	–
antarktisch,	September	18.40	0.06	–
	Februar	3.60	0.02	–
Schnee				
Nordhemisphäre,	Februar	46.30	0.002	ver-
	August	3.70	<< 0.001	nach-
Südhemisphäre,	Juli	0.85	vernach-	lässig-
	Mai	0.07	lässigbar	bar

Während Graupel und Hagel ein relativ seltenes konvektives Ereignis sind, fällt **Schnee** während des Winters der jeweiligen Erdhemisphäre, abgesehen von den Tropen, häufig, kann aber nur auf Landflächen oder Meereseisgebieten eine Schneedecke bilden. Wie Abb. 60 zeigt, ist diese Schneedecke insbesondere in der gemäßigten Zone der Nordhemisphäre stark variabel, wo sie im Mittel (!) bis zur geographischen Breite von 40°–30 °N vorstößt und dabei Flächen bis ca. 46 × 10^6 km² bedeckt, gegenüber nur ca. 4 × 10^6 km² im Sommer (vgl. Tab. 11). Auf der Südhemisphäre schwanken diese Zahlen weitaus geringer bzw. fallen weitgehend mit der Eisbedeckung zusammen. Im Gegensatz zum rein atmosphärischen hydrologischen Zyklus (Verdunstung → Wolken → Niederschlag → Verdunstung) ist die Schneedecke der Erdoberfläche diesem Zyklus weitgehend entzogen und weist daher wesentlich längere Verweilzeiten auf, in mittleren Breiten überwiegend im Rahmen des Jahresgangs.

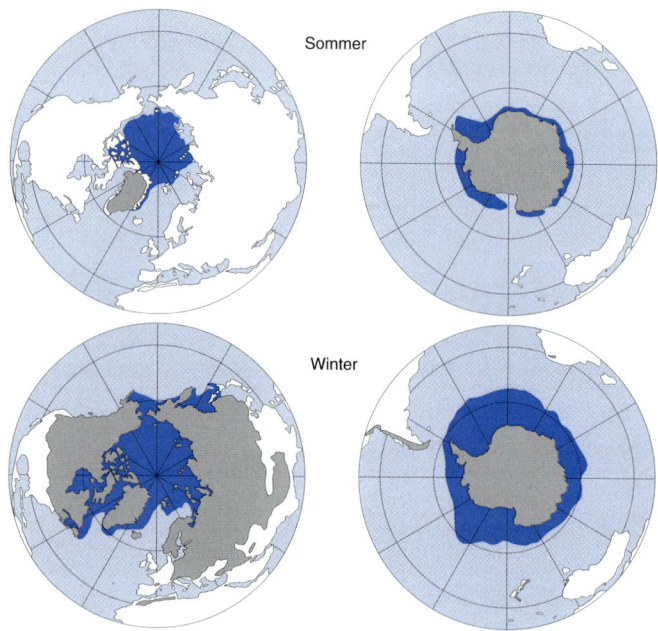

Abb. 60
Eis- (blau) und Schnee- (Rasterung) – Bedeckung im Sommer (oben) und Winter (unten) der Nord- und Südhemisphäre (nach UNTERSTEINER, *1984, hier nach Hantel, 1989).*

Ähnlich verhält sich das ebenfalls in Abb. 60 erfasste **Meer-Eis** (vgl. wiederum Tab. 11). Es erreicht im arktischen Raum Ausdehnungen bis zu ca. 14×10^6 km^2, geht im Sommer jedoch etwa auf die Hälfte dieses Wertes zurück. Eine noch größere Variationsbreite zeigt das antarktische Meereis (ca. 18.5 bis 3.5×10^6 km^2; Tab. 11). Aus physikalischen Gründen erreicht ozeanisches Eis keine größere vertikale Mächtigkeit als ca. 5 m, so dass das Volumen des Meer-Eises und erst recht des Schnees relativ gering ist. Was die Meeresspiegelhöhe betrifft, so ist Meereis im Schwimmgleichgewicht mit dem Ozean (es verdrängt genau so viel Wasser, wie es zur Eisbildung aufgezehrt hat), beeinflusst somit die Meeresspiegelhöhe nicht.

Sowohl Schnee als auch Eis besitzen eine immense **Isolationswirkung**. Bei Schneedecken auf Landflächen führt dies zu einem sehr wirksamen Frostschutz der Pflanzen, während aus dem Schnee herausragende Pflanzen sehr gefährdet sind, da sich direkt an und über der Schneeobergrenze sehr tiefe Temperaturen einstellen können. Unter der Schneedecke sorgt der Bodenwärmefluss B (Kap. 4.2) für Wärmenachschub, die Schneedecke isoliert und an der Schneedeckenobergrenze tritt Wärmeabstrahlung auf. In ähnlicher Weise isoliert Meereis und bringt damit den ozeanisch-atmosphärischen Wärme- und Massenaustausch (also auch die Verdunstung) praktisch zum Erliegen. Dabei ist freilich das in dieser Hinsicht sehr wirksame **Packeis** vom **Treibeis**, das aus einzelnen Blöcken (Eisbergen) besteht, zu unterscheiden. Von der Packeisgrenze brechen stets solche Eisblöcke ab, man spricht vom Kalbungsprozess, die dann mit der Meeresströmung transportiert werden. In Abb. 60 ist zu beachten, dass es sich beim dort erfassten Meereis um die Packeisgrenze handelt.

Eine weitere wichtige Eigenschaft von Eis und Schnee generell ist die hohe **Albedo** gegenüber Sonneneinstrahlung (Kap. 4.2, Tab. 6), ein auch auf langen Zeitskalen wirksamer und daher klimatologisch besonders wichtiger Prozess. Kein großräumiges Klimamodell kommt ohne die Berücksichtigung der **Eis-Albedo-Rückkopplung** aus, die eine positive Rückkopplung, also ein sich selbst verstärkender Prozess ist (vgl. allgemeines Schema in Abb. 61): Atmosphärische Abkühlung verstärkt den Schneeanteil im Niederschlag → größere Fläche der Schnee- und ggf. auch Eisbedeckung → größere (relativ) kurzwellige Albedo → geringere Strahlungsbilanz (Kap. 4.2) → weitere Abkühlung usw. Umgekehrt verstärkt sich die Erwärmung, wenn die Flächenanteile der Schnee- und Eisbedeckung abnehmen (über die dann geringer werdende Albedo).

Allgemein gesehen lautet die **Grundgleichung einer Rückkopplung**, falls I das Eingangssignal (Input, z.B. Strahlungsbilanz, Energiebilanz; Kap. 4.2) und O das Ausgangssignal (Output, z.B. resultierender Temperatureffekt ΔT) ist,

$$O = I + gO \quad \text{bzw.} \quad O = f I \qquad (4.39)$$

wobei g der Verstärkungsfaktor (gain factor) und f der Rückkopplungsfaktor (feedback factor) ist, mit dem Zusammenhang

$$f = \frac{1}{1 - g} \qquad (4.40)$$

Positive Rückkopplung (Selbstverstärkung) liegt offenbar vor, wenn $g > 0$ bzw. $f > 1$ ist, während für $g < 0$ bzw. $f < 1$ negative Rückkopplung (Selbstabschwächung) vorliegt. Bei stabilen Systemen muss $|g| < 1$ sein, so dass sich g in den Grenzen $-1 < g < +1$ bewegt. (Ist beispielsweise $g = 0.5$, folgt nach (4.40) $f = 2$; d.h. das Eingangssignal I wird durch die Rückkopplung verdoppelt.) Für mehrere, gleichzeitig wirkende Rückkopplungen gilt

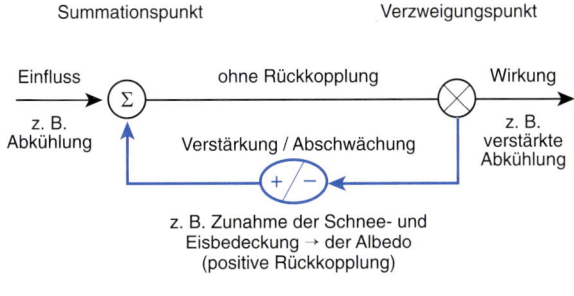

Abb. 61
Schema einer Rückkopplung (in Anlehnung an PEIXOTO *und* OORT, *1992).*

$$0 = \sum_i f_i J_i = \frac{1}{1 - \sum g_i} J_i \qquad (4.41)$$

(Details hierzu siehe z.b. PEIXOTO und OORT 1992, HOUGHTON 1984).

Liegt die Verweilzeit der Schneedecke über einem Jahr, wie das in Polargebieten oder Hochgebirgen der Fall ist, so dass Neuschnee auf Altschnee fällt, entsteht unter Druck allmählich **Landeis**. Das weitaus größte Landeisgebiet hat das derzeitige Klima auf der Antarktis gebildet (vgl. Tab. 11), mit insgesamt einer Fläche von rund 12×10^6 km², einem Volumen von 29×10^6 km³ (Schichtdicke bis ca. 3.5 km) und einem **Meeresspiegel-Äquivalent** von 73 m. Zusammen mit Grönland (Eisfläche ca. 1.7×10^6 km²) erhöht sich dieses Meeresspiegel-Äquivalent, d.h. der Anstieg im Falle eines Abschmelzens, auf rund 81 m, während die Gebirgsgletscher außerhalb dieser großen Inlandeise dazu nur einen verschwindend kleinen Beitrag beisteuern könnten. Was die charakteristischen Zeiten betrifft (vgl. Abb. 13, Kap. 2.3), so handelt es sich mit 10^{10}–10^{12} s $\approx 10^3$–10^5 a) um die langsamste Komponente des Klimasystems (vgl. Kap. 2.5, Abb. 14); dies sind gleichzeitig die potentiellen Abschmelzzeiten im Fall sehr starker Temperaturerhöhung. Kleinere Gebirgsgletscher reagieren aber „schon" auf Zeitskalen von etwa 10^2–10^3 a. Eine gewisse relative Labilität könnte das westantarktische **Schelfeis** aufweisen. Hier handelt es sich eigentlich um Meereis, das jedoch unterhalb des Meeresspiegels auf dem Meeresboden aufsitzt und somit einen gewissen Übergang vom Meer- zum Landeis darstellt.

Schließlich muss noch das Grundeis erwähnt werden, sozusagen gefrorenes Grundwasser im Boden, das wegen dieses Bodenzustandes auch als **Permafrost** bezeichnet wird. Sein Flächenanteil schwankt jahreszeitlich zwischen rund 7.5 und 17.5×10^6 km² (vgl. Tab. 11), so dass es mit charakteristischen Zeiten von einigen Monaten (diskontinuierliches Grundeis) bis in die Größenordnung vieler Jahre (kontinuierliches Grundeis, „echter" Permafrost) verbunden ist.

5 Zirkulation der Atmosphäre

Die dreidimensionalen Bewegungsvorgänge in der Atmosphäre, kurz die atmosphärische Zirkulation, resultierend aus den physikalischen Gegebenheiten, sind für Wetter und Klima von zentraler Bedeutung. Dabei ist einerseits das globale Zirkulationssystem mit allen seinen Teilaspekten zu beleuchten, das andererseits mit diversen regionalen Zirkulationssystemen, beispielsweise an der Küste und im Gebirge, verbunden ist. Dazu gehören auch die wandernden Tiefdruckgebiete der gemäßigten Breiten, die Polarfrontzyklonen, die mit den Strahlströmen verknüpft sind, und so spektakuläre Phänomene wie Tornados und tropische Wirbelstürme. Von besonderer Relevanz sind zudem die Nordatlantik-Oszillation, einige stratosphärische Zirkulationsphänomene sowie die im Jahresablauf mehr oder weniger regelmäßig eintretenden Witterungsregelfälle („Singularitäten").

5.1 Begriff der Zirkulation

Im Rahmen der physikalischen Grundlagen der Klimatologie (Kap. 4) ist auf den Aspekt der Luftbewegungen (Kap. 4.4) und Hebungsprozesse (Kap. 4.6) bereits eingegangen worden. Auch der Wind (genauer der horizontale Windvektor) ist als empirisches Phänomen bereits behandelt (Kap. 3.1.3). Nun kommt es darauf an, von solchen lokalen Betrachtungen aus den Bogen zu den dreidimensionalen regionalen bis globalen Bewegungsvorgängen zu spannen, innerhalb derer horizontale Luftbewegungen (Wind) und Hebung bzw. Absinken nur Teilphänomene sind. Dafür verwendet man den Begriff der **Zirkulation**. Tatsächlich gibt es Zirkulation in allen Komponenten des Klimasystems (Kap. 2.3), auch wenn dies wegen der zum Teil sehr geringen Geschwindigkeit kaum auffällt und, wie bei der festen Erde, vielleicht sogar überrascht. In grober Orientierung an Mittelwerten sollen daher zunächst die **typischen Größenordnungen der Geschwindigkeiten** angegeben werden, wie sie in den einzelnen Komponenten des Klimasystems auftreten (Zykluszeiten siehe Tab. 13 und Kap. 2.5, Abb. 14):

- Atmosphäre: $10 \ ms^{-1}$;
- Ozean (Kap. 6): $0.5 \ kmh^{-1}$;
- Kryosphäre (Kap. 7): $10 \ ma^{-1}$;
- Lithosphäre (Kontinentaldrift; Kap. 7): $5 \ mma^{-1}$.

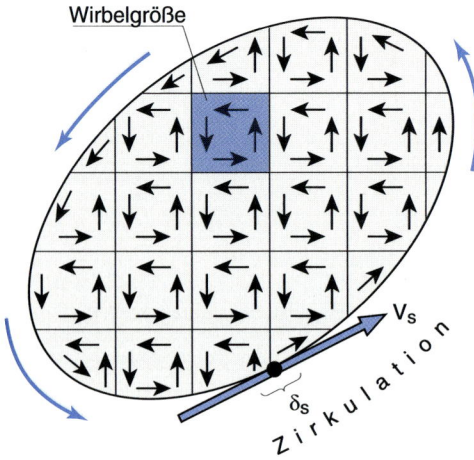

Wirbelgröße

Abb. 62
*Zur Erläuterung des Zirkulationsbegriffs und der Wirbel-
größe (nach LILJEQUIST und CEHAK, 1984).*

Die Atmosphäre, der wir uns zunächst zuwenden, ist also die sozusagen rascheste Komponente des Klimasystems. Natürlich sind die oben genannten Zahlen nur ein grober Anhalt und es sind im Einzelnen die Charakteristika der miteinander verzahnten Phänomene der globalen und regionalen Zirkulation zu betrachten.

Allgemein versteht man unter der Zirkulation C eine beliebig im dreidimensionalen Raum auftretende Materie-Bewegung, die letztlich längs einer geschlossenen **Strömungslinie** (Stromlinie) verläuft (vgl. Abb. 62),

$$C = \oint \mathbf{v} \, ds \qquad (5.1)$$

wobei ds ein Wegelement und $\mathbf{v}$ der tangential zur Strömungsrichtung verlaufende Geschwindigkeitvektor ist. Dabei muss die Strömungslinie keinesfalls genau kreisförmig verlaufen, sondern kann komplizierte Wege nehmen. In gewissen Subarealen annähernd geradlinige Strömung widerspricht dem Zirkulationsbegriff daher nicht, da – genügend großräumig und dreidimensional betrachtet – aus Kontinuitätsgründen alle Strömungslinien geschlossen sein müssen, auch wenn im Horizontal- bzw. Vertikalschnitt der Strömung (positive bzw. negative) Divergenzen auftreten (z.B. im Bereich von Hoch- und Tiefdruckgebieten, vgl. Kap. 4.3, sowie Wetterfronten, vgl. Kap. 5.3.8).

Häufig ist es sinnvoll, die Zirkulation pro Flächeneinheit zu betrachten (vgl. erneut Abb. 62), was nichts anderes als die bereits eingeführte Wirbelgröße (Vorticity, vgl. Kap. 4.3, Formeln (4.14) und (4.15)) ist:

$$\zeta = \frac{C}{F} = \frac{1}{F} \oint \mathbf{v} \, ds \qquad (5.2)$$

Umgekehrt kann man die Zirkulation als das Flächenintegral der Wirbelgröße auffassen (ggf. weitere Umformung nach Gleichung (4.15), nämlich

$$C = \int \xi \, dF \qquad (5.3)$$

Zu einer festen Zeit t_* geben eine Strömungslinie bzw. das zwei- bzw. das dreidimensionale Strömungsfeld die augenblickliche Luftmassenverlagerung an, was in Zusammenhang mit der Advektion von Luftmasseneigenschaften und auch Beimengungen (z.B. Aerosol, radioaktive Substanzen) wichtig ist, obwohl es je nach

Größe der beigemengten Partikeln im Gravitationsfeld zu einer rascheren Deposition kommen kann als es den Strömungsgegebenheiten entspricht. Außerdem sind Strömungsfelder i.a. zeitlich variabel. In diesem Fall muss die Zirkulation zusätzlich in ihrer zeitlichen Änderung dt, in der Praxis oft approximativ in endlichen Zeitabschnitten Δt, betrachtet werden. Die so entstehenden Luftmassen- und Partikel-Bewegungskurven (-linien) heißen **Trajektorien**. Die West-Ost-Richtung (Komponente) der Zirkulation heißt **zonal**, die Nord-Süd-Richtung **meridional**. Auch die Begriffe **zyklonal** und **antizyklonal** (vgl. Kap. 4.3 und 4.4) sind hier einzuordnen (z.B. zyklonale Zirkulation, wie sie für ein Tiefdruckgebiet typisch ist). Recht häufig wird die Intensität (mittlere Geschwindigkeit) der Zonalzirkulation durch den **Zonalindex** gekennzeichnet. Darunter versteht man i.a. die meridionale Luftdruckdifferenz (bodennahe Atmosphäre oder auch z.B. 500 hPa) zwischen zwei Stationen oder zwei Breitenkreisen der betrachteten Region, meist innerhalb der gemäßigten Breiten. Ein Beispiel dafür ist die sog. Nordatlantik-Oszillation (NAO; vgl. Kap. 5.3.9).

Im Einzelnen sind sowohl die Zirkulation zu bestimmten Zeiten t_{*i} als auch die bei zeitlicher Änderung der Strömung entstehenden Trajektorienfelder sehr kompliziert, u.a. deswegen, weil sich Vorgänge in sehr unterschiedlichen räumlichen Größenordnungen überlagern. Im Prinzip gilt dies auch für die zeitlichen Größenordnungen. Um den daraus resultierenden Problemen und Anforderungen zu entsprechen, sind sehr aufwendige **Zirkulationsmodelle** (und auch Trajektorienmodelle) entwickelt worden, die uns in Form entsprechender Klimamodelle (Kap. 9.5) noch begegnen werden. Wie das Wort „Modell" sagt, handelt es sich trotz allem Aufwand (und entsprechenden Rechenzeiten bei EDV-Simulationen) um Vereinfachungen gegenüber der noch komplizierteren Wirklichkeit.

Im Folgenden soll auf anschaulichem, überwiegend deskriptivem (empirischem) Weg versucht werden, einen Überblick der für das Klima so wichtigen atmosphärischen Zirkulation zu geben,und zwar global (Kap. 5.2) als auch regional (Kap. 5.3). In Kap. 5.4 folgen die mit der troposphärischen Zirkulation verknüpften „Witterungsregelfälle" („Singulatitären") Mitteleuropas, in Kap. 5.5 einige Hinweise zur stratosphärischen Zirkulation.

5.2 Planetarische (globale) Zirkulation

Um die planetarische, d.h. den gesamten Planeten Erde und somit globale atmosphärische Zirkulation, die auch als allgemeine Zirkulation bezeichnet wird, in ihren Umrissen zu verstehen, gehen wir am besten schrittweise vor. Würde nämlich die Erde nicht rotieren, wäre alles viel einfacher (vgl. Abb. 63, oben): Die meridional unterschiedliche Strahlungs- bzw. Energiebilanz der Erdoberfläche und bodennahen Luftschicht (vgl. Kap. 4.1–4.3) lässt in den beiden **Polargebieten** (Abb. 63 zeigt nur eine Hemisphäre) ein thermisches **Hochdruckgebiet** (Hoch) und in niederen geographischen Breiten, in etwa längs des Äquators, ein thermisches Tiefdruckgebiet, die **äquatoriale Tiefdruckrinne** (Tief), entstehen. In Bo-

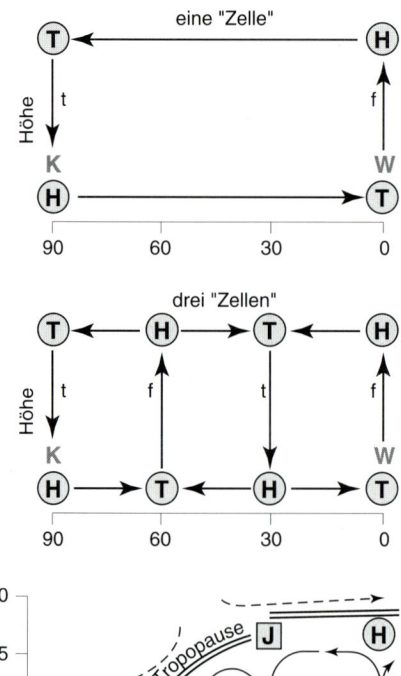

Abb. 63
Vertikalschnitte zur stufenweisen Erklärung der planetarischen (allgemeinen, globalen) Zirkulation (vgl. Text; J = Strahlstrom, sonstige Symbole wie in Abb. 42.)

dennähe würde geradewegs eine Strömung vom Hoch zum Tief entstehen, die zusammen mit Hebung im Tief, Absinken im Hoch und hochtroposphärischer Ausgleichsströmung in jeder Hemisphäre ein vertikal angeordnetes **Zirkulationsrad**, auch **Zelle** genannt, ergibt. Das ist die **Einzellentheorie**. Die Buchstaben (Abb. 63) t (= trocken) bzw. f (= feucht) weisen auf die bei Hebung einsetzende Wolken- und Niederschlagsbildung bzw. bei Absinken eintretende Wolkenauflösung hin (vgl. Kap. 4.4 und 4.6).

In einem zweiten Schritt tritt nun die Erdrotation und mit ihr die Corioliskraft hinzu, die auf der Nordhalbkugel Rechts-, auf der Südhalbkugel Linksablenkungen horizontaler Bewegungen zur Folge hat (vgl. Kap. 4.4). Man hat versucht – zugegebenermaßen sehr formal und inhaltlich nicht überzeugend – diese Auswirkungen durch den Übergang von der Einzellen- auf die **Dreizellentheorie** (Abb. 63, Mitte) plausibel zu machen. Danach sollen die vom polaren Kältehoch ausströmenden Luftmassen als Nordost- bis Ostwind nur bis ca. 60° vorankommen und dort gehoben werden, während gleichzeitig die aus Nordost zur äquatorialen Tiefdruckrinne strömenden Luftmassen ihren Einzugsbereich unter Absinken in ca. 30° haben. Ergänzt man nach Kontinuitäts- und Symmetrieüberlegungen die restlichen horizontalen und vertikalen Strömungen, so sind für jede Hemisphäre drei ineinander greifende „Zirkulationsräder" (Zellen) entstanden. Diese Überlegungen können aber schon deswegen nicht korrekt sein, weil das in ca. 60° geographischer Breite entstehende Tief (T) und das in ca. 30° geographischer Breite entstehende Hoch (H), wenn sie nicht thermischen Ursprungs sind, dynamische Luftdruckgebilde sein müssen, die dann mit der Höhe an Intensität zunehmen (vgl. Kap. 4.3). Sie können somit nicht mit einem kompensatorischen H über T (ca. 60°) bzw. T über H (ca. 30°) verknüpft sein. Außerdem erlaubt der in der mittleren und hohen Troposphäre geostrophische Wind nur eine isobarenparallele, nicht aber eine vom H zum T gerichtete Strömung.

Abb. 63 unten (wiederum Vertikalschnitt) sowie das auf die bodennahe Atmosphäre bezogene Horizontalschema der Abb. 64 versuchen nun durch entsprechende Modifikationen, einschließlich der meridional unterschiedlichen Tropopausenhöhe, eine gewisse Annäherung an die Realität zu erreichen. Dabei wird das weitgehend reale tropische Zirkulationsrad, die **HADLEY-Zelle** (benannt nach G. HADLEY, 1685–1744), von der Dreizellentheorie übernommen; die zugehörige bodennahe Strömung (Abb. 64) ist der **Nordost-** (Nordhemisphäre) bzw. **Südostpassat** (Südhemisphäre), der im Bereich der äquatorialen Tiefdruckrinne konvergiert. Daher der dafür synonyme Name **innertropische Konvergenzzone** ITK (in Anlehnung an die englische Sprache auch ITC oder ITCZ genannt). Der **subtropische Hochdruckgürtel** wird von mehreren in dieser Zone auftretenden dynamischen und somit hochreichenden Hochdruckgebieten gebildet (u.a. das aus der Wettervorhersage bekannte Azorenhoch; Kap. 8.1).

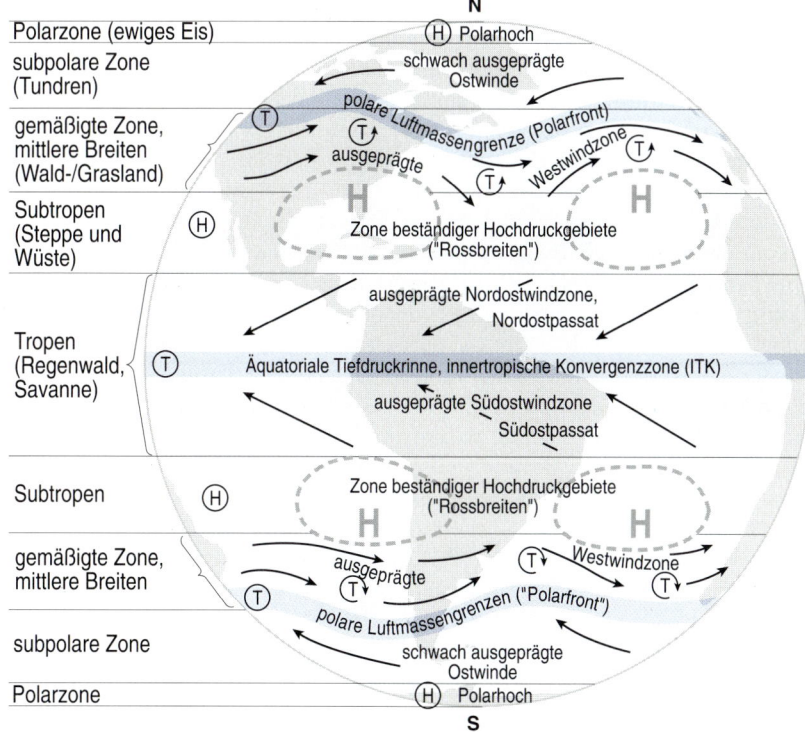

Abb. 64
Schema der bodennahen planetarischen Zirkulation (vgl. Text; viele Quellen, hier nach SCHÖNWIESE, 1995).

Zwischen ca. 40° und 60° geographischer Breite, ggf., auch bis ca. 70°, bildet sich eine vertikal geneigte Grenze zwischen den relativ warmen und im Bereich der Subtropen i.A. auch trockenen Luftmassen einerseits und der polwärtig vorherrschenden kälteren, zum Teil auch feuchteren Luft anderseits aus: die **Polarfront**, die mit dynamischen Tiefdruckgebieten (u.a. Islandtief; Kap. 8.1) gekoppelt ist. Im Gegensatz zur tropischen HADLEY-Zirkulation ist dieses Zirkulationssystem sehr variabel, einschließlich der sich zwischen den Subtropenhochs und Subpolartiefs einstellenden, hochreichenden **Westwindzone** der gemäßigten Breiten, die allerdings durch eingelagerte, mit der Strömung wandernde **Polarfrontzyklonen** (vgl. Kap. 5.3.8) immer wieder gestört wird. In der oberen Troposphäre ist dieser Bereich, den man „Polarfrontzone" nennen könnte, mit einem Starkwindfeld gekoppelt, dem Polarfront-**Strahlstrom** (auch Jet, in Abb. 63 mit „J" markiert, Näheres in Kap. 5.3.7). Ein zweites derartiges, allerdings meist weniger intensives Starkwindfeld befindet sich oberhalb der Subtropenhochs.

Beide Starkwindfelder sind mit sog. **Tropopausenbrüchen** verbunden, d.h. einem relativ stufenartigen polwärtigen Abfall der Tropopausenhöhe. Außerdem neigt die Polarfront zu zeitlich variablen Mäanderformen (wie in Abb. 64 angedeutet), was zusätzliche Variabilität in diese gemäßigte bis subpolare Zirkulationszone hineinbringt. Im Polargebiet, schließlich, findet man das auch von der Dreizellentheorie erwartete Kältehoch mit bodennahen Nordost- bis (wegen mit der geographischen Breite zunehmenden Corioliskraft) Ostwinden. Die Tropopausenhöhe liegt in den Tropen recht konstant bei 17 km, während sie im Polargebiet je nach Jahreszeit zwischen ca. 6 und 10 km schwankt (Kap. 8.2).

Entfernen wir uns von der bodennahen Luftschicht, begeben wir uns beispielsweise in die **Mitte der Troposphäre** (meist 500 hPa entsprechend ca. 5.5 km Höhe, betrachtet), so ergibt sich im Vergleich zu Abb. 64 ein relativ einfacheres Schema, wie es in Abb. 65, allerdings wiederum grob schematisch, zusammengefasst ist: In den Tropen herrscht im Bereich der HADLEY-Zelle ein östlicher Wind bzw. der dem bodennahen Passat entgegengerichtete **Antipassat** vor. Dieser ist jedoch gering ausgeprägt, da sich in diesem Höhenbereich die thermisch induzierten Luftdruckgegebenheiten, d.h. relativ hoher Luftdruck über der bodennahen äquatorialen Luftdruckrinne, mit dem subtropischen Hochdruckgürtel (dynamische, hochreichende Hochs) überlagern. Viel beherrschender ist in dieser Höhe daher auch eine intensive **westliche Strömung** zwischen diesem subtropischen Hochdruckgürtel und den relativ kalten, polaren bis subpolaren Luftmassen, in denen tiefer Druck vorherrscht (subpolare, dynamische Tiefs, überlagert mit dem polaren Tief, das oberhalb des polaren thermischen Bodenhochs angeordnet ist). Diese dominierende westliche Höhenströmung der gemäßigten Breiten zeigt allerdings erhebliche zeitliche **Variationen**, und zwar

- in ihrer Intensität, verbunden mit der winterlichen Vertiefung bzw. sommerlichen Abschwächung sowie kurzzeitigeren Variationen des kalten Polarwirbels (polares T über bodennahem H);

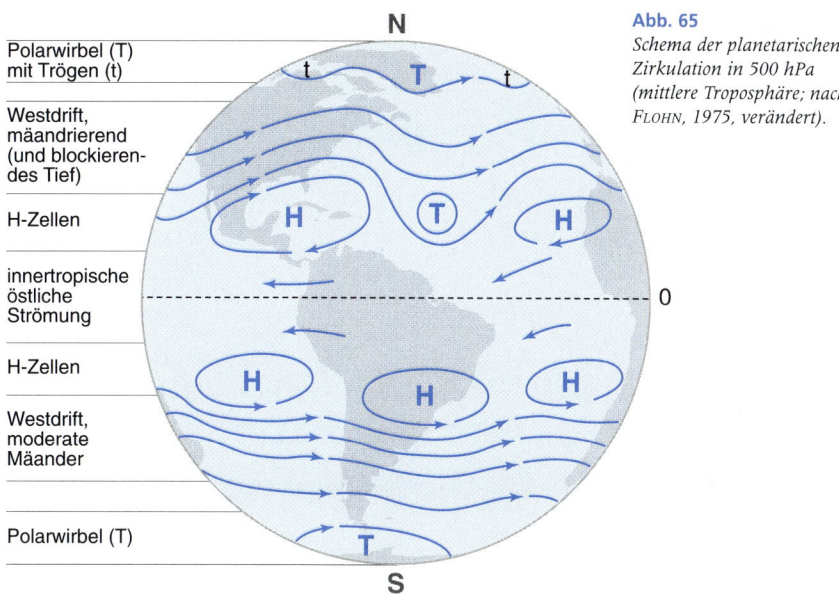

N

Polarwirbel (T)
mit Trögen (t)

Westdrift,
mäandrierend
(und blockieren-
des Tief)

H-Zellen

innertropische
östliche
Strömung

H-Zellen

Westdrift,
moderate
Mäander

Polarwirbel (T)

S

Abb. 65
*Schema der planetarischen
Zirkulation in 500 hPa
(mittlere Troposphäre; nach
FLOHN, 1975, verändert).*

- in ihrer Strömungsrichtung, da meridionale Kaltluftausbrüche (nach Süden) der Westwinddrift, wie auch schon in Abb. 64 zu erkennen (bodennahe Polarfront) zu mäanderartigen Abweichungen von der Westwinddrift führen, den sog. ROSSBY-Wellen, auf die noch einzugehen ist (Kap. 5.3.8):
- schließlich wird diese Westwinddrift durch eingelagerte Tiefdruckwirbel, die Polarfrontzyklonen (Kap. 5.3.8), gestört, die sich mit dieser Drift verlagern.

Weitere **Modifikationen** ergeben sich durch die **Jahreszeiten**, die nicht nur die Intensität der polaren Luftdruckkonstellation (bodennahes H, darüber T = Polarwirbel), sondern die gesamte globale Zirkulation erfasst, u.a. mit einer polwärtigen Verlagerung im Sommer und äquatorwärtigen Verlagerung im Winter. Weiterhin beeinflussen die Land-Meer-Verteilung sowie die **ozeanische Zirkulation** (Kap. 6) und auch die **Schnee-** und **Eisbedingungen** (Kap. 4.8 und 7) die atmosphärische Zirkulation. So ist die Land-Meer-Verteilung auch in der hier betrachteten Höhe von 5–6 km deutlich zu spüren. Sie bewirkt u.a. einen viel glatteren und zeitlich weniger variablen Verlauf der zirkumpolaren Westströmung um die Antarktis als um die Arktis.

Nicht zuletzt sind diverse regionale und somit **subskalige Zirkulationsmechanismen** der planetarisch-globalen atmosphärischen Zirkulation überlagert, was die Gegebenheiten im Einzelnen noch mehr verkompliziert. Erst das Zusammenspiel solcher subskaliger, auf bestimmte Regionen beschränkter Zirkulationssysteme (vgl. Kap. 5.3) mit der globalen großskaligen Zirkulation kann an das Verstehen der tatsächlichen Gegebenheiten heranführen, wie sie später in Kap. 8 besprochen werden wird.

METEOSAT 1978 MONTH 5 DAY 31 TIME 1125 GMT (NORTH) CH. VIS 1/2
NOMINAL SCAN/PREPROCESSED SLOT 23 CATALOGUE 100260020

Abb. 66
METEOSAT-Aufnahme vom 31. Mai 1978, 11.25 GMT, sichtbarer Spektralbereich (Quelle: ESA/EUMET-SAT, Darmstadt).

Zuvor mögen die in Abb. 66 und 67 wiedergegebenen Aufnahmen (im sichtbaren und Infrarotbereich) des geostationären europäischen Wettersatelliten METEOSAT eine Grobverifikation unserer Vorstellung von der globalen Zirkulation ermöglichen, die sich allerdings nur auf das Wolkenbild beschränken kann (indirekter Indikator für Vertikalzirkulation). Dabei ist im Bereich der ITK (Markierung A in Abb. 66 und 67) das erwartete äquatoriale Wolkenband durchaus zu erkennen, auch wenn es sich über dem afrikanischen Kontinent in große konvektive Bereiche, sog. **Wolkencluster**, auffächert. Damit könnte sogar eine Aufspaltung in eine nördliche und südliche ITK (Kap. 5.3.1) verknüpft sein, in jedem Fall aber ein südwärtiges Ausgreifen der kontinentalen ITK im südhemisphärischen Sommer (Kap. 8.1). Die Bewölkung im Bereich der Passatzirkulation (B)

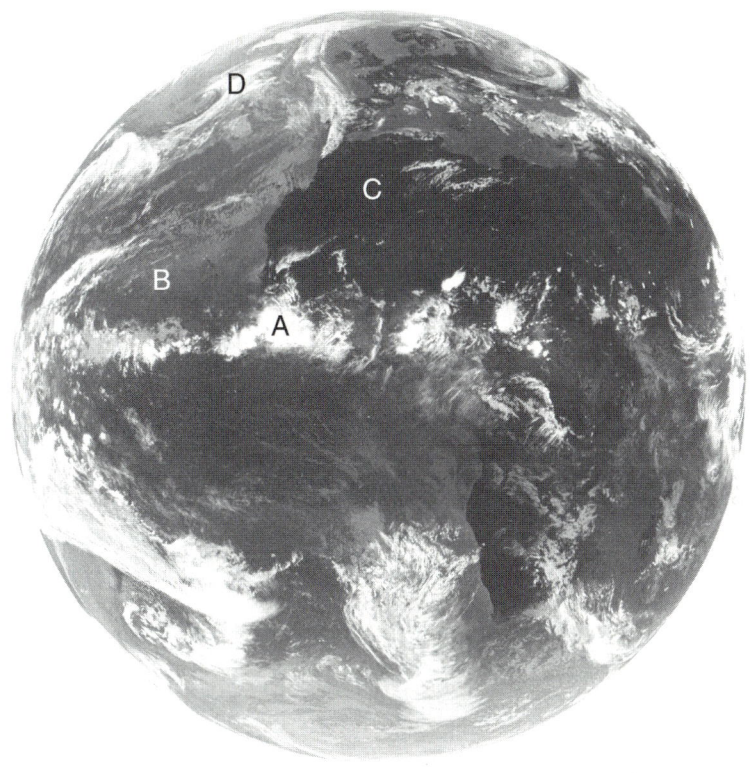

METEOSAT 1978 MONTH 5 DAY 31 TIME 1125 GMT (NORTH) CH. IR 2
NOMINAL SCAN/PROCESSED   SLOT 23 CATALOGUE 1002620021

Abb. 67
Ähnlich Abb. 66, jedoch infraroter Spektralbereich (Quelle: ESA/EUMETSAT, Darmstadt).

entpuppt sich in der IR-Aufnahme als wenig hochreichend (da sie dort grau erscheint; im IR-Bereich ist hell mit tiefer Temperatur und somit hochreichender Bewölkung korreliert; je dunkler die erfassten Bereiche sind, um so wärmer sind sie, im Fall von Wolken somit entsprechend weniger hochreichend).

Auch die wolkenarmen Subtropen (C) zeichnen sich im Satellitenbild gut ab. Im Bereich der Westwinddrift sind mit erheblicher Horizontalausdehnung spiralartige Wolkengebilde (D) zu erkennen, die auf die schon wiederholt erwähnten Polarfrontzyklonen hinweisen (Kap. 5.3.8). Weiter polwärts verhindert die stark zunehmende Verzerrung der vom Äquator aus aufgenommenen Bilder (darauf sind geostationäre Satelliten festgelegt) nähere Einblicke. An dieser Stelle könnten bereits Abb. 94 und 95 (Kap. 8.1) betrachtet werden, die aufgrund von Beobachtungen die Luftdruck- und Strömungsgegebenheiten der bodennahen Atmosphäre (Winter und Sommer) zeigen.

5.3 Regionale Zirkulation

5.3.1 Tropische Zirkulation und Monsune

Die tropische atmospärische Zirkulation umfasst zwar meriodional gesehen nicht den gesamten Globus und ist daher der regionalen Zirkulation zuzuordnen; andererseits reicht sie aber in zonaler Richtung um den gesamten Globus herum, so dass es sich (gemäß Kap. 2.4) doch um eine makroskalige Betrachtung handelt. Bereits besprochenes Charakteristikum der tropischen Zirkulation ist die HADLEY-Zelle (vgl. Kap. 5.2, Abb. 63 und 64) einschließlich ITK und Passat.

Auch die **ITK-Aufspaltung** ist bereits erwähnt worden. Danach kommt es über den Kontinenten Afrika und Südamerika zeitweise zur Ausbildung einer nördlichen und südlichen ITK, genannt NITK und SITK, mit jeweils hochreichender Konvektion, während in der Passatzone Absinken (einschließlich Absinkinversion) nur flache Bewölkung zulässt. Dem bodennahen Passat ist in gewisser Höhe der Anti- bzw. Urpassat entgegengerichtet. Zwischen NITK und SITK soll sich bodennah eine westliche Strömung einstellen (FLOHN 1971). Jedoch ist die ITK-Aufspaltung in der Literatur umstritten und in der Wirklichkeit meist nur schwer verifizierbar, so dass die alternative Vorstellung dazu eine **ITK-Auffächerung** in große (Cloud Cluster) und kleinere konvektive Zellen ist, die sich über eine relativ große Fläche verteilen. Dies deutet sich über Afrika auch in den Abbildungen 66 und 67 an. Der Tagesgang mit Schauern und Gewittern am Nachmittag und Abend ist gerade bei diesen Vorgängen sehr ausgeprägt.

Eine gesicherte Besonderheit der tropischen atmosphärischen Zirkulation ist die **WALKER-Zirkulation** (benannt nach G. WALKER, 1868–1958; WALKER 1924), die in etwa senkrecht zur HADLEY-Zirkulation angeordnet ist und somit zonale Zirkulationsräder mit Hebung über den relativ warmen Kontinentalgebieten und

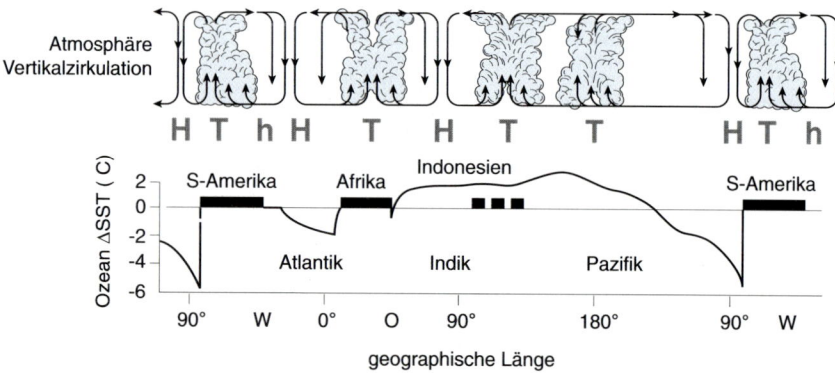

Abb. 68

Schema der tropischen WALKER-Zirkulation (Normalmodus) in Form eines Vertikalschnitts der Troposphäre, oben, und Meeresoberflächen-Temperaturanomalien, unten (nach FLOHN, 1975, bzw. PEIXOTO und OORT, 1992, sowie LAUER, 1997, kombiniert und verändert).

Absinken über den Ozeanen ausbildet (Schema s. Abb. 68). Dieses Absinken ist eng mit den kalten Meeresströmungen (Kap. 6.2), insbesondere an der Westküste Südamerikas (HUMBOLDTstrom), aber auch der Westküste Afrikas, verknüpft, wo die entsprechend relativ kalten Luftmassen innerhalb der äquatorialen Tiefdruckrinne zu Absinken und somit überlagerten thermischen Hochdruckeinfluss führen. Die WALKER-Zirkulation erklärt somit, warum die tropische Konvektion über den Landgebieten intensiviert (T = Tief in Abb. 68), über den relativ (!) kalten ozeanischen Gebieten jedoch abgeschwächt bzw. unterbunden wird (H = Hoch bzw. h in Abb. 68). Ihre zeitlichen Änderungen sind von großer klimatologischer und ökologisch-ökonomischer Bedeutung, werden jedoch, da der Ozean dabei wesentlich mitwirkt, im Zusammenhang mit der ozeanischen Zirkulation behandelt (El Niño; Kap. 6.3).

Auch die früher oft missgedeuteten **Monsune** sind ein Teil der tropischen Zirkulation, da sie mit der jahreszeitlichen Verlagerung der ITK zusammenhängen. Abb. 69 zeigt dazu eine Karte, wobei wir die ektropischen (= außertropischen) Monsune zunächst beiseite lassen. Bekannt ist der Monsun primär für den Bereich des **indischen Subkontinents,** wo die ITK im Sommerhalbjahr weit nach Norden bis an die Gebirgsschwelle des Himalaya vorstößt (vgl. hierzu Abb. 95). Der Passat der Südhalbkugel ändert dabei nach seinem Übertritt auf die Nordhalbkugel seine Richtung und wird zum Südwestpassat (geänderte Coriolisablenkung), für Indien gleichbedeutend mit dem **Südwestmonsun,** der ungefähr im Mai einsetzt und verbunden mit Gebirgsstau heftige Niederschläge mit sich bringt. Wenn sich dann im Herbst die ITK wieder nach Süden zurückzieht, wird der trockenere, weil mit Leewirkung verbundene Nordostpassat wieder zum beherrschenden Windsystem. Nur von sekundärer, aber unterstützender Bedeutung ist die Tatsache, dass sich der asiatische Kontinent im Sommer stark erwärmt und so-

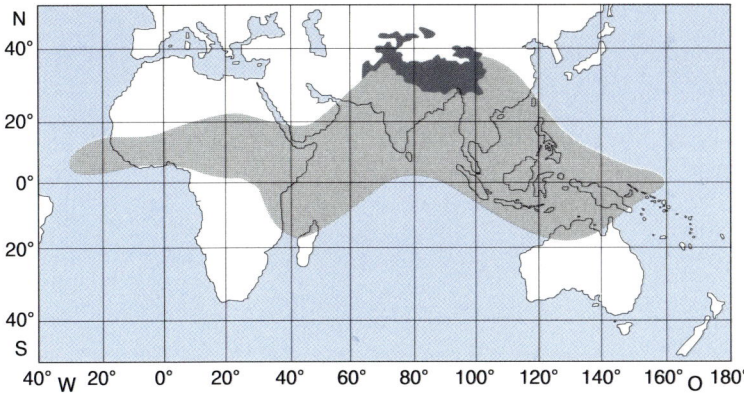

Abb. 69
Verbreitungsgebiet (Rasterung) tropischer Monsune (Dunkelrasterung kennzeichnet Höhen > 3000 m; nach HENDL et al., 1988, hier nach HUPFER und KUTTLER, 1998).

mit ein thermisches Tief ausbildet, das eine Strömungskomponente landeinwärts erzeugt, während sich im Winter ein ausgedehntes Kältehoch einstellt (Abb. 94).

Insofern sind die **außertropischen Monsune**, bei denen dieser Effekt vorherrscht, gar keine echten Monsune. In der gemäßigten Klimazone wird ihr Eintreten außerdem immer wieder von der Großwetterlage beeinflusst, die solche monsunartige (monsunale) Erscheinungen zulässt bzw. nicht (z.B. ohne bzw. mit dem Einfluss von Polarfrontzyklonen), so dass beispielsweise in Europa monsunartige Phänomene nur in Episoden, d.h. auf relativ kurzfristige sommerliche Ereignisse beschränkt, auftreten. Man spricht von Monsunwellen, die mit Nordwest-Wind verbundene kühle und niederschlagsreiche Witterungsabschnitte sind, auch **Etesien** genannt (vgl. Witterungsregelfälle, Kap. 5.4). In warmen Dürresommern können sie aber auch weitgehend ausbleiben. Dagegen sind die „echten" Monsune an die ITK und ihre jahreszeitliche Verlagerung gebunden, ähnlich wie für das Beispiel Indien beschrieben, jedoch in anderen Regionen (Abb. 69) weniger auffällig und effektiv.

5.3.2 Land-See-Windsystem

Im Gegensatz zum jahresperiodischen Monsun ist das Land-See-Windsystem ein tagesperiodisches Phänomen, das ansonsten aber ähnlich dem „unechten" Monsun mit der wechselnden Ausbildung thermischer Tiefs und Hochs zusammenhängt. Voraussetzung sind großskalig weitgehend ungestörte Gegebenheiten, insbesondere geringe oder besser gar keine Bewölkung und supraskalig geringe Windaufprägung, damit die betreffenden Strahlungswirkungen in effektiv Gang kommen können. Unter solchen Voraussetzungen bildet sich bei Tag über Land, wegen dessen geringer spezifischer Wärmekapazität (Kap. 4.2) und daher relativ starker Erwärmung bei Sonneneinstrahlung, ein thermisches Tief aus, über See entsprechend ein thermisches Hoch. Die Folge ist ein vertikales Zirkulationsrad im

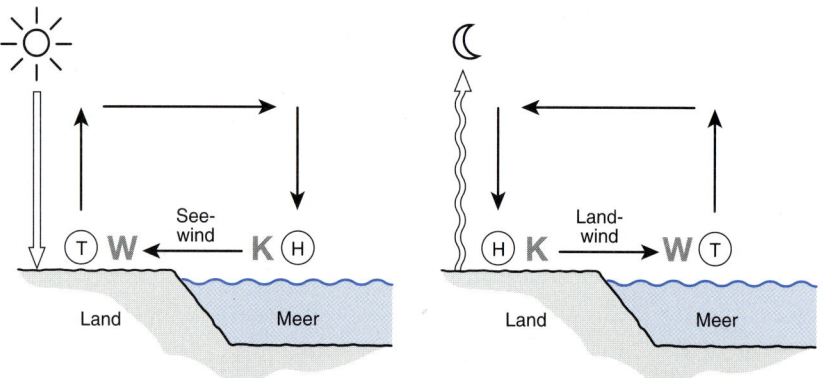

Abb. 70
Schema des Land-See-Windsystems (Vertikalschnitt, links tags, rechts nachts; Abkürzungen wie in Abb. 42).

Küstenbereich, vgl. Abb. 70, dessen bodennahe Horizontalkomponente **Seewind** heißt. Meist bilden sich dabei über Land relativ flache Konvektionswolken (Schönwetter-Cumulus), die aber bei thermisch labiler Vertikalschichtung im Tagesgang auch Schauer und Gewitter erzeugen können, während die küstennahe See typischerweise wolkenfrei oder wolkenarm bleibt.

Nachts kehrt sich dieses Windsystem um, wobei nun bodennah ein **Landwind** auftritt. Messungen zeigen, dass die Vertikalerstreckung des Land-See-Windsystems typischerweise 2–4 km Höhe erreichen kann und der Landwind i.A. deutlich geringer ausgeprägt ist als der Seewind, der Höhen bis ca. 1 km erreicht und ungefähr zwischen ca. 10 und 20 Uhr Ortszeit (± zwei Stunden) weht (nach BLÜTHGEN und WEISCHET 1980). Prinzipiell tritt dieses regionale Zirkulationssystem an allen Küsten auf (Schönwetter vorausgesetzt), also auch an den Küsten von Binnenseen, dort aber weniger ausgeprägt als an ozeanischen.

5.3.3 Hang- und Berg-Tal-Windsystem

Auch die im Gebirge auftretenden **Hangwinde** sind eine Folge regionaler, u.U. sehr kleinräumiger thermischer Tiefs und Hochs. Betrachten wir einen in südlicher Richtung exponierten Gebirgshang, so wird er sich tagsüber (wiederum Schönwetter vorausgesetzt) stärker erwärmen als die umgebende atmosphärische Luft, die sich zwar in gleicher Höhe, aber in einer gewissen Entfernung vom Hang befindet. (Wiederum spielt die Wärmekapazität, aber auch die unterschiedliche Absorption von Sonneneinstrahlung eine Rolle). Eine Isothermenanalyse zeigt (vgl. Abb. 71), dass die Isothermen, trotz gewisser Wärmeleitungseffekte, den Hang sozusagen „hinaufgezogen" werden, im Einzelnen sehr abhängig von der Exposition. Als Folge davon finden wir im Hangbereich ein thermisches Tief, in gewisser Distanz davon (ungefähr Talmitte), ein thermisches Hoch. Daraus resultiert tagsüber ein **Hangaufwind**, ggf. mit entsprechender Wolkenbildung verknüpft, während in gewisser Entfernung davon Absinken vorherrscht. Auch dieses tagesperiodische Windsystem kehrt sich nachts um (vgl. erneut Abb. 71), wobei die dann hangabwärts fließende Kaltluft dort und insbesondere in Beckenlagen durch zufließende, akkumulierende und durch nächtliche Ausstrahlung sich abkühlende Luft für extrem tiefe Temperaturen sorgen kann (Frostgefahr in

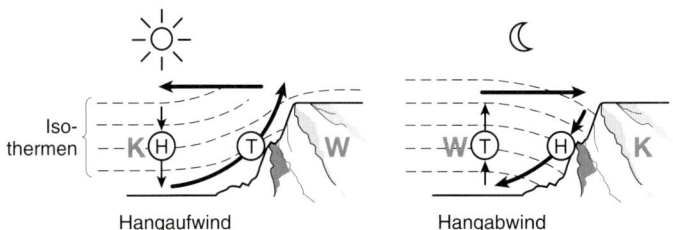

Abb. 71
Schema des Hang-Windsystems (Vertikalschnitt, links tags, rechts nachts; Abkürzungen wie in Abb. 42).

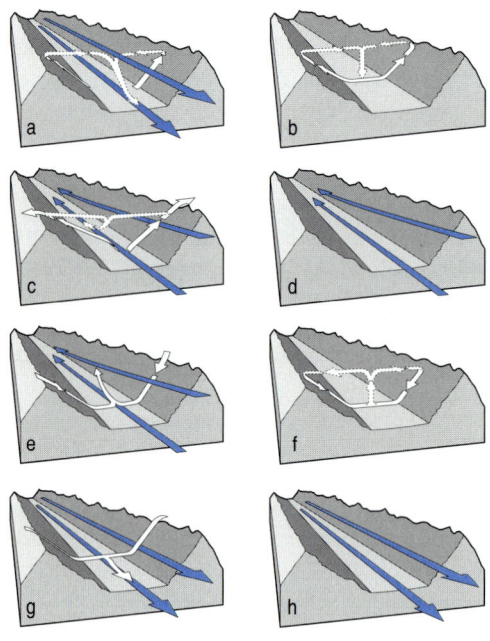

Abb. 72
Schema des gekoppelten Hang- und Berg-Tal-Windsystems zu folgenden Tageszeiten: a) Sonnenaufgang, b) Vormittag, c) Mittag, d) Nachmittag, e) gegen Abend, f) Nachtbeginn, g) Mitternacht, h) vor Sonnenaufgang (nach DEFANT, 1929; hier nach LILJEQUIST und CEHAK, 1984).

landwirtschaftlichen Anbauflächen, aber auch erwünschte Frischluft für in Beckenlagen gebaute Städte).

Nun sind Gebirgshänge meist mit einem mehr oder weniger verzweigten System von Tälern verbunden, treten also kaum isoliert auf. Daher muss das System der Hangauf- und Hangabwinde i.A. mit einem relativ dazu großräumigeren System von **Berg- und Talwinden** in Zusammenhang gebracht werden. Das dazu klassische Schema (vgl. Abb. 72) ist von DEFANT (1949) entworfen worden. Wir beginnen mit dem Teilbild b (rechts oben), das die Hangaufwinde längs eines Tales einschließlich dem Absinken in der Talmitte schematisch zum Ausdruck bringt. Dies induziert einen Talwind (c), der als Trägheitsströmung am Spätnachmittag (d) übrig bleibt, bevor ihn am Abend (e) die einsetzenden Hangabwinde zum Stillstand bringen. Weitergehend induzieren diese dann während der Nacht (g) einen Bergwind, der am frühen Morgen (e) noch besteht, bevor ihn die vormittags (a) einsetzenden Hangaufwinde stoppen und das Spiel von neuem beginnen kann. Freilich ist das Schema der Abb. 72 sehr idealisiert. In Wirklichkeit wird dieses Windsystem nicht nur durch die unterschiedliche Exposition der Hänge, sondern auch durch die Vegetationsverteilung, Bodenart und andere lokale Bedingungen modifiziert, so dass gerade im Hochgebirge viele Besonderheiten bestehen (Föhn u.a. folgen in Kap. 5.3.4).

5.3.4 Luv-Lee-Windsysteme

Wird eine, meist supraskalig angeregte Luftmassenströmung gezwungen, ein Gebirge zu überqueren, vgl. Abb. 73, so kommt es zu besonderen **Luv**- (windzugewandte Seite) **und Lee-Erscheinungen**, die auf der Leeseite (windabgewand) je nach Region besondere Namen tragen wie **Föhn** (Alpen), **Chinook** (Rocky Mountains, USA) und etliche weitere. Das in Abb. 73 wiedergegebene Bild fasst, wiederum grob schematisch, das Wesentliche zusammen: Auf der Luvseite kommt es zu Hebung (A), Wolkenbildung (B) und ggf. Niederschlag, auf der Leeseite (C) zu Erwärmung, Trockenheit und Turbulenz.

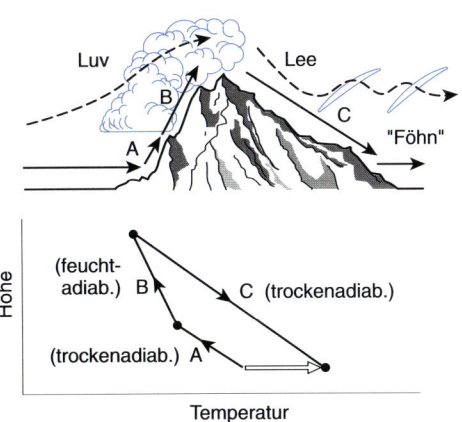

Die Erwärmung ist auf den Unterschied zwischen dem feuchtadiabatischen vertikalen Temperaturgradienten bei Hebung ab dem HKN (Kap. 4.6) und dem trockenadiabatischen Gradienten beim Absinken zurückzuführen. Mit Hilfe des in Abb. 54 ausschnittsweise wiedergegebenen thermodynamischen Diagrammpapiers lässt sich ein Beispiel dazu konstruieren: Die dort eingetragenen Werte (HKN bei

Abb. 73
Schema einer Föhnströmung (oben) mit Erklärung des Temperatureffektes (unten; vgl. Text).

880 hPa) führen bei Hebung bis 700 hPa (ca. 3 km Höhe) und anschließendem Absinken in das Ausgangsniveau (1000 hPa), also ohne Höhenunterschied zwischen Luv- und Leeseite des betrachteten Gebirges, zu einer Erwärmung von rund 5 K. (In Abb. 53 muss dabei über den linken Rand hinaus extrapoliert werden. Man erhält dann ab HKN parallel zur Feuchtadiabaten in 700 hPa ca. −18 °C, von dort parallel zur Trockenadiabaten in 1000 hPa ca. 10 °C; zum Schema des Vorgehens vgl. auch Abb. 73 unten.). Die Trockenheit der Föhnluft erklärt sich aus der Wolkenbildung und damit Wasserdampfentzug auf der Luvseite und erhöht durch verstärkte Sonneneinstrahlung den Temperatureffekt der Leeseite. Die Turbulenz ist generell ein Strömungseffekt an Hindernissen und beinhaltet bei Gebirgen (vgl. erneut Abb. 73) eine wellenartige Strömung (nicht selten sind die Strömungsberge durch quer zur Strömungsrichtung angeordnete Lenticularis-Wolken markiert), manchmal „Rotoren" und in Zusammenhang mit der Bodenrauigkeit sowie unruhigen Orographie, ausgeprägte Richtungs- und besonders Geschwindigkeitsvariationen der Luftströmung (Turbulenz). Da zudem auch düsenartige Strömungsverstärkungen zwischen Bergen bzw. in Tälern auftreten, kann die Leeturbulenz insgesamt so stark werden, dass sie eine ernste Gefahr für den Flugbetrieb darstellt (insbesondere für Segel- und leichte Motorflugzeuge).

Ist der Höhenunterschied des Gebirges, das die Luftströmung überquert, nicht sehr groß und stößt sie zudem aus relativ kalten Ursprungsgebieten in eine i.A. wesentlich wärmere Region vor, wie das bei der kroatischen **Bora** (Dalmatisches Küstengebirge) der Fall ist, so können Leewinde auch als relativ kalt in Erscheinung treten. Grundsätzlich kann natürlich ein Gebirge in beliebiger Richtung von einer Luftströmung überquert werden, wobei sich dann ggf. Luv- und Leeseiten umdrehen (z.B. Nord- bzw. Südföhn bei den Alpen). Einige weitere Regionalwinde sind nicht durch Luv- und Leewirkung geprägt, sondern mehr oder minder reine Düseneffekte wie z.B. der im Bereich von Tal und Mündung der Rhône auftretende **Mistral**, ebenfalls ein kalter, sehr turbulenter und meist sehr starker Regionalwind. Auf die Darstellung der für Eintreten und Verschwinden aller dieser Regionalwindsysteme typischen Wetterlagen (z.B. Zyklonen- und Kaltfrontenannäherung von Westen bei Nordföhn-Eintritt in den Alpen) muss hier verzichtet werden.

5.3.5 Stadt-Umland-Windsystem

Eine Stadt oder generell jede Bebauung weist gegenüber dem Land einige Besonderheiten auf, die den Energie- und Stoffhaushalt der Erdoberfläche und bodennahen Atmosphäre beeinflussen und in Kap. 12.2 näher erörtert werden sollen. Zu diesen Stadteffekten zählt auch die **städtische Wärmeinsel**, d.h. eine Temperaturerhöhung gegenüber dem Umland, die bei sonst weitgehend ungestörten Bedingungen (gleiche Voraussetzung wie in Kap. 5.3.2 und 5.3.3) ein thermisches Tief induzieren kann, das allerdings tags und nachts erhalten bleibt und daher ständig, im Einzelnen aber mit wechselnder Intensität, eine bodennahe Strömung aus dem Umland in die Stadt induziert, die auch **Flurwind** genannt wird. Bei Beckenlagen können, wie schon erwähnt, nächtliche Hangabwinde zur Verstärkung dieser Effekte führen. Weitere Stadteffekte werden in Kap. 12.2 besprochen.

5.3.6 Wirbelwindsysteme

Horizontal rotierende Luftströmungen, manchmal auf eng begrenztem Raum, führen zu besonderen Wirbelwind- bzw. Wirbelsturm-Systemen, die hier ebenfalls genannt sein sollen (Liljequist und Cehak 1983, Meyers 1989, Malberg 1997). Dabei sind die kleinräumigsten Phänomene dieser Art, die Kleintromben oder **Staubteufel**. Im Gegensatz zu ihren großräumigeren Verwandten sind sie harmlos. Sie entstehen in heißen Wüsten oder Steppengebieten als winzige Hebungsgebiete, die dann wandernde Staubsäulen entstehen lassen; Charakteristika s. Tab. 12.

Weitaus gefährlicher sind **Tornados**, die auch Wind- oder Wasserhosen (letzteres über See) heißen und als rechts- oder linksdrehendes, schlauchartiges Unterdruckgebilde aus einer Cumulonimbus-(Cb)-Wolke nach unten herauswachsen und, wenn sie die Erdoberfläche erreichen, extreme Zerstörungen anrichten. Sie sind in mittleren Breiten sehr selten, aber in den Subtropen und Tropen häufiger, insbesondere aber dort, wo kalte Luftmassen weit nach Süden ausgreifend in subtropische Regionen vorstoßen und dann auf sehr warme Luft prallen wie in den USA. Da es sich auch hier um ein relativ kleinräumiges Phänomen handelt (vgl. Tab. 12), spielt die Corioliskraft keine bemerkenswerte Rolle (daher kommen auf jeder Hemisphäre beide Rotationsrichtungen vor). Die Lebenszeit von Tornados beträgt meist einige Stunden, während Staubteufel nur minutenlang existieren (vgl. Tab. 12). Die Saison der Tornados ist das jeweilige Sommerhalbjahr.

Gewaltige Ausmaße, und das gilt auch für die Auswirkungen, kommen den **tropischen Wirbelstürmen** zu (vgl. erneut Tab. 12). Sie beginnen ihren einige

Tab. 12 Übersicht rotierender Windsysteme.

Bezeichnung	horizontaler Durchmesser	Vertikal- erstreckung	Lebens- dauer	Region des Auftretens
Kleintrombe („Staubteufel")	5–50 m	2–100 m	Minuten	subtropische Wüstenzonen (tags bei geringer Bewölkung)
Tornado („Wind-, Wasserhose")	100–300 m, Tubus 2–50 m	Cb - System*), Tubus 0.1–1 km	Stunden	extreme subtro- pische bzw. tropi- sche Gewitter, gelegentlich auch in gemäßigten Breiten
Tropischer Wirbelsturm (Hurrikan, Tai- fun, Zyklon)	einige 100 km, „Auge" 15–30 km	Troposphäre, einzelne Cb*) manchmal bis in die Stratosphäre vorstoßend	5–15 d	tropische Ozeane und angrenzende Küstenregionen

*) Cumulonimbus.

Tage umfassenden Lebenslauf als über den tropischen Ozeanen entstehende Tief-druckgebiete, wozu u.a. eine Wasseroberflächentemperatur von mindestens 26.5 °C und eine nicht zu geringe Corioliskraft erforderlich sind; daher sind die innersten Tropen frei von solchen Wirbelstürmen (vgl. z.B. Deutscher Wetter-dienst 1987, MEYERS 1989, MALBERG 1997). Aufgebaut sind sie in der Art, dass um ein fast oder tatsächlich wolkenfreies Zentrum, das „Auge" des Sturmes, spiralar-tig Cb-Wolkensysteme angeordnet sind. Der Kerndruck (Luftdruck im Zentrum) solcher Gebilde ist sehr gering, so dass extreme Luftdruckgradienten und entspre-chend hohe Windgeschwindigkeiten zustandekommen.

Im atlantischen Bereich heißen diese tropischen Wirbelstürme **Hurricanes**, be-ginnen ihre Saison im Sommer und ziehen bis in den Herbst hinein gegen die Ka-ribik und die südwestlichen USA, wo sie sich unter Reibungsverlust und entspre-chenden Zerstörungen abschwächen. Manche biegen aber auch vor der amerikanischen Küste bereits in die Westwinddrift ein, wobei sie sich ebenfalls abschwächen. Im Pazifik ist die Bezeichnung **Taifun** üblich, im Indik **Zyklon**. In Zusammenhang mit der Klimatologie atmosphärischer Gefahren (Kap. 8.5) wer-den die tropischen Wirbelstürme erneut zur Sprache kommen.

5.3.7 Strahlströme

Angesichts der in Kap. 3.1.3 und 4.4 vorgenommenen Beschreibung der vertika-len Windgeschwindigkeitszunahme (vgl. Abb. 50) liegt die Frage nahe, ob dies für die ganze Atmosphäre gilt. Dies ist nicht der Fall, denn die Tropopause stellt we-gen der stabilen thermischen Schichtung (Kap. 4.6) der Stratosphäre eine Sperrzone für Hebungsprozesse dar. Man kann sich anschaulich vorstellen, dass deswegen unterhalb der Tropopause Vertikalkomponenten der atmosphärischen Strömung mehr und mehr in Horizontalkomponenten übergehen und so die horizontale Strömungsgeschwindigkeit in diesem hochtroposphärischen Bereich verstärken. Dies ist konsistent mit der Erwartung eines relativen **Windgeschwindigkeitsmaximums** in diesem Höhenbereich. Eine zweite Vorbedingung, welche die tatsächlich auftretenden hochtroposphärischen Starkwindfelder auf ganz bestimmte Horizontalzonen begrenzt, sind **horizontale** Temperaturgegensätze. Denn solche Temperaturgegensätze rufen horizontale Luftdruckunterschiede (Kap. 4.3) und diese wiederum unterschiedliche Vertikalbewegungen sowie horizontale Luftdruckgradienten mit entsprechenden Windfeldern hervor. Daher finden wir die hochtroposphärischen Starkwindfelder, die **Strahlströme** (Jet Streams, J), in der Nähe solcher Luftmassengrenzen, die zudem durch Tropopausensprünge (Kap. 5.2) markiert sind (vgl. Abb. 63, Symbol J).

Im Einzelnen hängt die Theorie der Strahlströme, auf die hier aber nicht eingegangen werden kann, mit **baroklinen Zonen** zusammen. Das sind Zonen, in denen im Raum die isothermen Flächen gegenüber den isobaren Flächen geneigt sind, so dass die vertikale Temperaturabnahme keine einfache Funktion der ver-

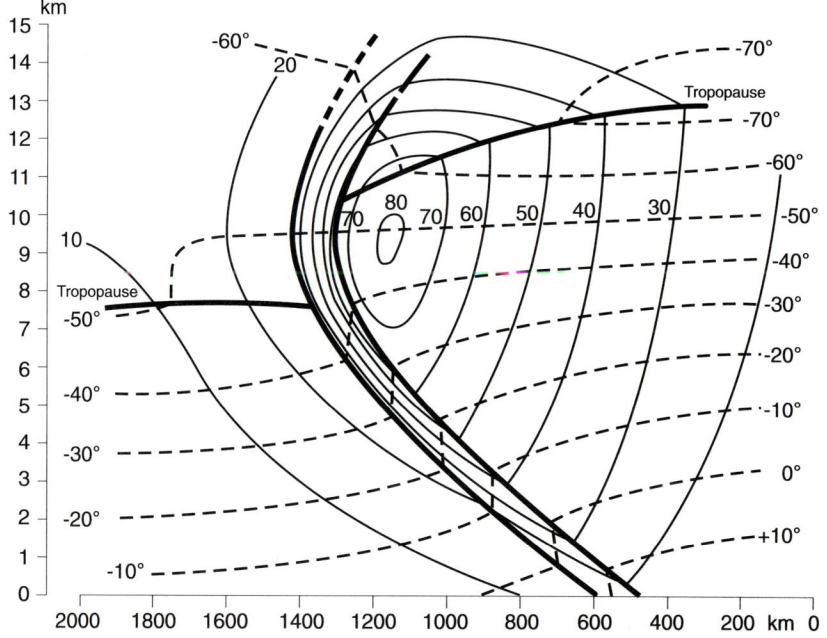

Abb. 74
Schematischer Vertikalschnitt eines Polarfront-Strahlstroms mit Isotachen (ausgezogen) in ms⁻¹ und Isothermen (gestrichelt) in °C (nach Deutscher Wetterdienst, 1987).

tikalen Druckabnahme ist. Andernfalls spricht man von **barotropen** Gegebenheiten. Wie Abb. 74 zeigt, ist die Abweichung von barotropen Gegebenheiten, nämlich die Baroklinie, um so stärker ausgeprägt, je stärker die horizontalen Temperaturgegensätze sind, weil dann im Raum die isothermen Flächen immer stärker von der horizontalen Ausrichtung abweichen (vgl. Stufen im Bereich der Polarfront, Abb. 74). Formal (WMO) gilt 30 ms^{-1} (ca. 100 kmh^{-1}) als untere Grenze der Strahlstromdefinition.

Der in Abb. 74 dargestellte Vertikalschnitt zeigt, dass im Kern (Achse) des **Polarfront-Strahlstroms**, der mit der auch in Abb. 63 und 64 genannten Polarfront gekoppelt ist, Windgeschwindigkeiten bis etwa zum Dreifachen der oben genannten möglich sind, in Extremfällen sogar bis in die Größenordnung des Vierfachen. Oberhalb (zur Tropopause und Stratosphäre hin) und polwärts (zur kalten Seite hin) zeigt das typische Windfeld eines Strahlstromes hohe Werte der Windscherung, die mit gefährlicher Flugturbulenz, der **Clear Air Turbulence** (CAT, weil meist nicht von Wolken markiert), verknüpft ist.

Wie bereits Abb. 63 schematisch angedeutet hat, ist zwar der Polarfront-Strahlstrom der stärkste und wichtigste, aber nicht der einzige. Abb. 75 zeigt anhand der absoluten Topographie 200 hPa (ca. 12 km Höhe) den mittleren und somit klimatologischen Verlauf des Polarfront- und **Subtropik-Strahlstroms** in horizontaler Sicht, einschließlich der jahreszeitlichen Variationen. Daraus ist ersichtlich, dass im Winter der Polarfront-Strahlstrom oft über Mitteleuropa hinweg verläuft (im Einzelnen hängt dies von der Wetter- bzw. Großwetterlage ab; Kap 5.3.8, 5.4),

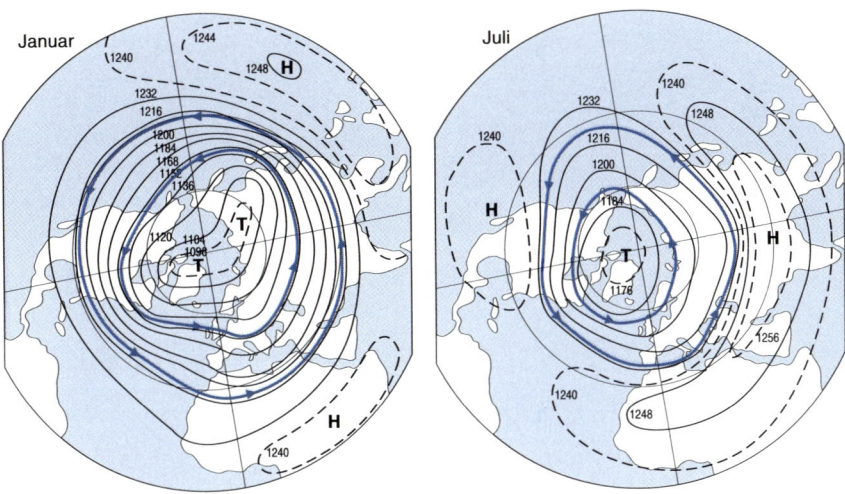

Abb. 75
Mittlere absolute Topographie 200 hPa (Tropopausennähe), Isohypsen in gpDm, im Januar, links, und Juli, rechts (nach Deutscher Wetterdienst, 1987).

während er sich im Sommer nach Skandinavien verlagert. Der schwächer ausgeprägte und für den Wetterablauf weniger wichtige Subtropik-Strahlstrom ist im Winter über Nordafrika und im Sommer in der Nähe der Mittelmeerregion zu finden. Das Druck- und Strömungsbild in 200 hPa ist im Übrigen qualitativ dem in 500 hPa (vgl. Schema Abb. 65) sehr ähnlich (polares Tief, Subtropenhoch, dazwischen Westwinddrift; Nordhemisphäre im Winter deutlich stärkere Strömung als im Sommer, Südhalbkugel generell starke und wenig mäandrierende Strömung).

Schließlich dürfen **niedertroposphärische Strahlströme** (Low Level Jet) wie sie in der Nähe der Obergrenze der Peplosphäre (Reibungsschicht; Kap. 2.1.1) in Zusammenhang mit Inversionen auftreten können, nicht unerwähnt bleiben. Somit kann bei Vertikalsondierungen des Windes in mittleren Breiten neben dem Polarfrontstrahlstrom ein zweites relatives Windmaximum in ca. 1–2 km Höhe feststellbar sein (Geschwindigkeiten bis grob zur Hälfte des hochtroposphärischen Maximums).

5.3.8 Polarfrontzyklonen

Strahlströme, wobei es nun speziell wieder um den **Polarfront-Strahlstrom** geht, sind mit wegen der dort auftretenden hohen Strömungsgeschwindigkeit mit markanten Divergenz- bzw. Wirbelgrößeneffekten verknüpft, die sich unter Um-

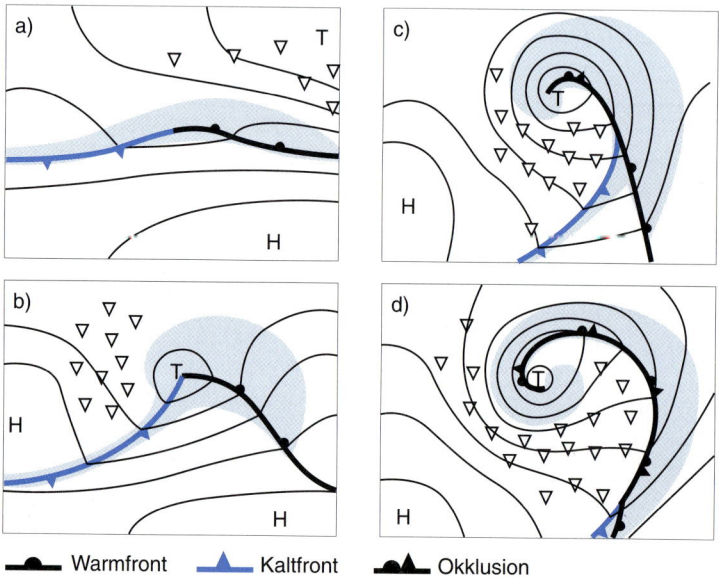

Abb. 76
Schema des Lebenslaufes einer Polarfrontzyklone mit Isobaren (ausgezogen), Wetterfronten, Aufgleitniederschlägen (Blauraster) und Schauern (vgl. Abb. 22; in Anlehnung an Bjerknes *nach Deutscher Wetterdienst, 1987).*

ständen von der Hochtroposphäre über 500 hPa und 700 hPa bis in den boden-nahen Bereich verfolgen lassen. Außerdem sind sie, wie die Abbildungen 63 und 74 zeigen, stets mit der **Polarfront** verknüpft, so dass sich diese umgekehrt von unten nach oben, unter vertikaler Neigung (vgl. Abb. 74), bis in den Bereich des Strahlstrom-Maximums verfolgen lässt.

Genau in diesem Bereich entstehen, wandern und verschwinden die **Polarfrontzyklonen**. Hierbei handelt es sich um dynamische Tiefs, die im Bereich relativ hoher Wirbelgrößen- und ggf. Warmluftadvektion (Kap. 4.6) entstehen, ei-nen in Abb. 76 skizzierten Lebenslauf von einigen Tagen durchlaufen und als Be-sonderheit zu den bisher besprochenen Tiefdruckgebieten unterschiedlich tempe-rierte Luftmassen beinhalten. Das gesamte Druckgebilde verlagert sich in etwa mit der in 700–500 hPa gegebenen Strömung und stellt im Grunde einen großen Wir-bel dar (grober Richtwert 500–1000 km Durchmesser), somit ein Phänomen der Makroturbulenz, dessen abgeschlossene Verwirbelung zugleich auch das Ende des Lebenslaufs darstellt.

Wie aus Abb. 76 ersichtlich, wird im Zuge dieses Lebenslaufes durch einen me-ridionalen (aus Norden einsetzenden) Kaltluftvorstoß die zunächst im Süden lie-gende Warmluft unter gleichzeitiger Ostverlagerung des gesamten Systems keil-förmig eingeschlossen, wobei die vordere Begrenzung der wärmeren Luft **Warmfront**, die der kälteren Luft **Kaltfront** heißt. Abb. 77 fasst für das in Abb. 76, Teilbild b, gezeigte Entwicklungsstadium die an diesen Fronten ablaufenden Wettervorgänge zusammen, wobei die vertikale Neigung der Warmfront weitaus stärker ist als in diesem Schema dargestellt (mittlerer Richtwert 1 : 200), so dass es zu einem sehr flachen **frontalen Aufgleiten** der Warmluft mit entsprechen-den Wolken und Niederschlag bei fast immer stabiler Schichtung kommt (strati-forme Wolken). Dagegen ist mit der sich rascher verlagernden Kaltluft und -front eine größere Strömungsunruhe und **Konvektion** (dies meist auch in der nach-folgenden Kaltluft, Kaltfrontrückseite) verbunden; bei zuweilen in der Höhe vor-eilender Kaltluft und damit verbundener Labilisierung der thermischen Vertikal-schichtung kann es (im Tagesgang!) zu ausgeprägt hochreichender Konvektion mit Schauern und Gewitter kommen (vgl. dazu auch Kap. 4.6).

Mit zunehmender Verwirbelung holt die Kaltfront die Warmfront ein (Abb. 76, Teilbild c), was aufgrund der vertikalen Neigung (vgl. Abb. 77) zuerst an der Erd-oberfläche geschieht, und drängt die Warmluft nach oben ab; dies nennt man **Okkludierung**, die entsprechende Zone eine **Okklusion** (Abb. 76, Teilbilder c und d). Aus dieser Sicht ist übrigens die Bezeichnung Polarfront sehr unglücklich. Denn bei dieser handelt es sich um eine großräumige Übergangszone zweier Luft-massen, während die hier genannten Wetterfronten solche Übergangszonen auf wesentlich engerem Raum sind (Richtwerte 20–200 km, dabei bodennah enger als in der Höhe, dort meist bis etwa 700 hPa analysierbar). Auf Einzelheiten die-ser Wettervorgänge kann hier nicht eingegangen werden (s. dazu Lehrbücher der synoptischen Meteorologie, z.B. Deutscher Wetterdienst 1987, Kurz 1990, Barry und Chorley 1982 u.a., auch z.B. Hupfer und Kuttler 1998).

In Abb. 75, deutlicher jedoch in den schematischen Darstellungen von Abb. 65 und 64, ist eine **Mäanderstruktur** des Polarfront-Strahlstroms bzw. der Westwinddrift mittlerer Breiten bzw. der Polarfront zu sehen, was natürlich miteinander zusammenhängt. Man spricht von **langen troposphärischen Wellen** und dieser Wellenstruktur der troposphärischen Strömung kommt eine wichtige Steuerungsfunktion bei der Verlagerung der Polarfrontzyklonen zu. Außerdem

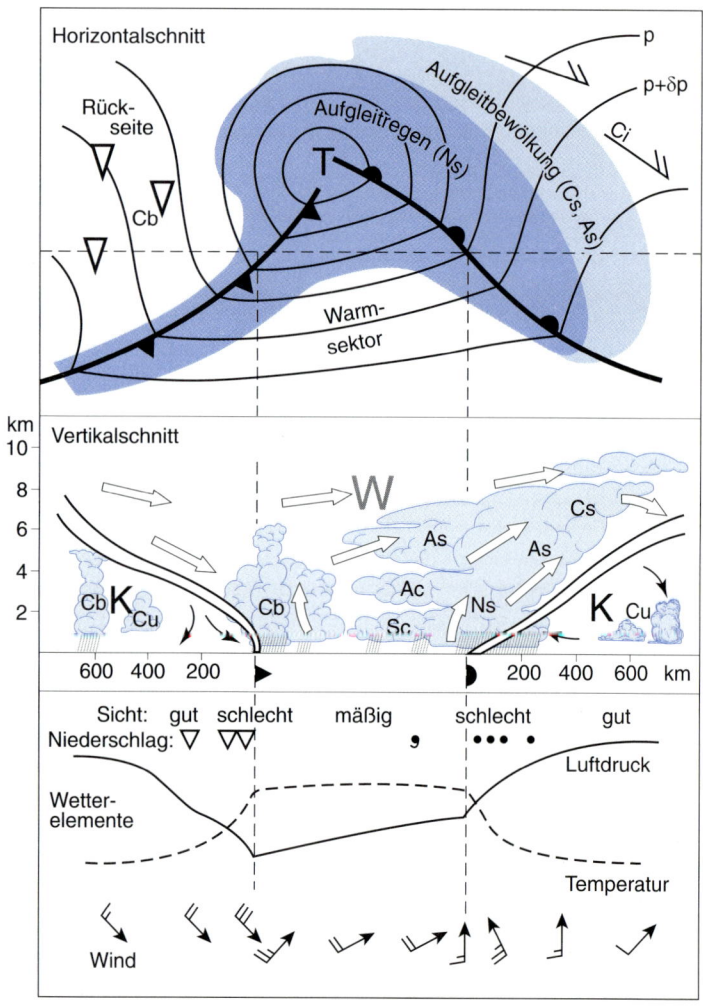

Abb. 77
Schema der Wettervorgänge einer auf ihrem Entwicklungshöhepunkt stehenden Polarfrontzyklone (nach Deutscher Wetterdienst, 1987).

bestimmen diese langen Wellen das sog. Großwetter (Näheres dazu in Kap. 5.4).
Bei näherer Betrachtung stellt sich heraus, dass deren Wellenlänge und Amplitude variabel ist. Und zwar kann eine größer werdende Amplitude zur Welleninstabilität und nachfolgend zu einer Blockierungssituation führen, bei der sich die in der mittleren bis oberen Troposphäre seltenen abgeschlossenen **Höhentiefs** bilden u.U. mit sog. Kaltlufttropfen verknüpft). Meist verlagern sich diese Wellen jedoch langsam westwärts, nach Rossby (zitiert nach Deutscher Wetterdienst 1987, vgl. auch Kraus 2001 u.a.) mit der Phasengeschwindigkeit

$$C_W = u - \beta \frac{L^2}{4\pi^2} \qquad (5.4)$$

wobei u die Geschwindigkeit der Zonalkomponente der Strömung, L die Wellenlänge und β der Rossby-Parameter ist, der die Änderung des Coriolisparameters f mit der geographischen Breite φ angibt. Für $C_W = 0$, also stationäre Wellenlängen L_S, lässt sich (5.4) auflösen nach

$$L_S = 2\pi \sqrt{\frac{u}{\beta}} \qquad (5.5)$$

was beispielsweise für $u = 10$ ms^{-1} und $\varphi = 50°$ rund $L_S \approx 5000$ km ergibt. Für noch größere Werte von L_S können diese Wellen, was allerdings selten geschieht, auch retrograd, d.h. langsam westverlagernd werden. Außerdem gilt die empirische Regel, dass kurze Wellen, d.h. Wellen mit relativ geringer Amplitude, eine raschere Ostverlagerung aufweisen als lange Wellen.

5.3.9 Nordatlantik-Oszillation
Ein in Zusammenhang mit der Charakterisierung der troposphärischen Strömung in mittleren Breiten (vgl. Kap. 5.3.8), und zwar der Nordhemisphäre, wichtiges Phänomen, das in den letzten Jahren immer mehr Aufmerksamkeit gefunden hat, ist die Nordatlantik-Oszillation, abgekürzt NAO. Sie ist als meridionaler Meeresspiegel-Luftdruckgradient (somit spezieller Zonalindex, vgl. Kap. 5.1) definiert, und zwar zwischen den Azoren, wo sich üblicherweise ein Hochdruckgebiet befindet, und Island, wo im Allgemeinen Tiefdrucktätigkeit herrscht. Als Bezugsstationen werden Ponta Delgada (Azoren), bei weiter zurückreichenden Betrachtungen ersatzweise aber auch Gibraltar oder Lissabon, sowie Stykkisholmur (Island) verwendet. Als **NAO-Index** NAOI werden diese Luftdruckdifferenzdaten bezüglich Mittelwert 0 und Standardabweichung 1 normiert (ähnlich der standardisierten Normalverteilung, vgl. Kap. 3.3.2).
    Eine solche Zeitreihe 1865–2000 (nach Hurrel 1995, ergänzt) ist in Abb. 78 für die Wintermonate (Dezember bis Februar) in Form jährlicher Anomalien sowie 20-jährig geglätteter Daten zu sehen. Man erkennt, dass die Jahresdaten stark streuen (sog. verrauschte Zeitreihe), gelegentlich aber auch „clustern". Die geglätteten Daten lassen eine gewisse **zyklische Varianz** erkennen, die mittels spektraler Varianzanalyse auf rund 7 Jahre festlegbar ist (Werner 1999). Darüber

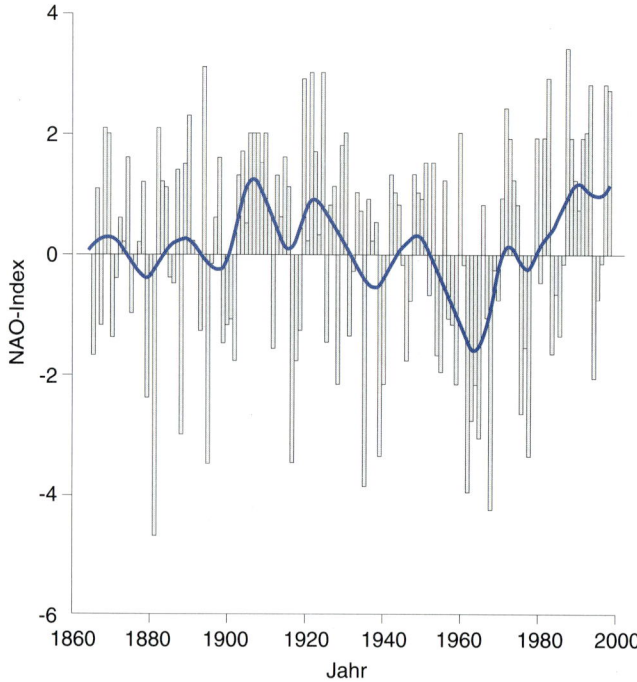

Abb. 78
Zeitreihe der Winter(DJF) – Anomalien 1866–2000 des Nordatlantik-Oszillation-Index NAOI nach HURREL (1995, ergänzt), Säulen, und 20-jährig geglättete Werte.

hinaus sind aber auch **längerfristige Fluktuationen bzw. Trends** auszumachen, und zwar ein abnehmender Trend ca. 1900–1960 und anschließend ein zunehmender.

Der Grund, warum solche Auswertungen vor allem für die Wintermonate vorgenommen werden, ist darin zu suchen, dass gerade in dieser Jahreszeit deutliche **Zusammenhänge insbesondere mit** der Witterung bzw. **dem Klima Europas** feststellbar sind (HURREL und VAN LOON 1997, JACOBEIT et al. 1998, WERNER 1999, und viele andere). Und zwar bedeutet ein hoher NAOI-Wert, dass über dem Nordatlantik eine relativ starke Zonalkomponente der dortigen Zirkulation herrscht, die nach Europa relativ milde und niederschlagsreiche Luftmassen adveiert. Das Gegenteil ist bei niedrigem NAOI der Fall, wenn sich beispielsweise in Mitteleuropa ein mit östlichen Winden verbundenes Hochdruckgebiet eingestellt hat, die typische Konstellation für einen Strengwinter.

In einem Übersichtsartikel weisen WANNER et al. (2001) nicht nur darauf hin, dass die Publikationstätigkeit zur NAO von durchschnittlich 1–2 Artikel pro Jahr in der Dekade 1981–1990 auf über 120 im Jahr 2000 angewachsen ist, sondern auch, dass die saisonale und interannuäre NAO-Variabilität wohl als interner Vorgang der Dynamik der atmosphärischen Zirkulation aufgefasst werden kann, während bei der interdekadischen Variabilitätauch der Ozean und das Meereis beteiligt sein können. Solche Details der NAO-Steuerung sowie mögliche Zusammenhänge mit anthropogenen Klimaänderungen (HOUGHTON et al. 2001; vgl. Kap. 12) sind allerdings noch ungeklärt und zur Zeit Gegenstand intensiver Forschungen mittels Klimamodellen und diagnostischer Analysen.

Während für die atmosphärische Zirkulation der Südhemisphäre vor allem die mit dem El-Niño-Phänomen gekoppelte 'Southern Oscillation' (insgesamt ENSO, s. Kap. 6.3 und Anhang A.4) von Bedeutung ist, spielen auf der Nordhemisphäre neben bzw. mit der NAO noch andere derartige Phänomene eine Rolle, die teils in Form von Zonalindizes (wie die NAO), teils aber auch als Meridionalindizes (d.h. West-Ost-Unterschiede) des Meeresspiegel-Luftdrucks definiert sind. So kann die NAO als Teilkomponente der Arktischen Oszillation (AO) bzw. noch großräumiger des 'Northern Hemisphere Annual Mode' (NAM) aufgefasst werden (WANNER et al. 2002, HOUGHTON et al. 2001). Für den Bereich des Nordpazifiks sind als Analogon der NAO die 'North Pacific Oscillation' (NPO; westlicher Nordpazifik) und das 'Pacific North America Pattern' (PNA, östlicher Nordpazifik) definiert worden, schließlich auch das 'Eurasian Pattern' (EU, meridional; s. dazu jeweils Abbildung im Anhang A.4 bzw. WANNER et al. 2001).

5.4 Großwetter und Witterungsregelfälle

Die Gegebenheiten der in Kap. 5.3.8 besprochenen Wellenstruktur der troposphärischen Strömung mittlerer Breiten, die sich deutlich langsamer ändern als beispielsweise der Wetterablauf in Zusammenhang mit einer wandernden Polarfrontzyklone, hat zur Prägung des Begriffs **Großwetter** – man könnte auch sagen **Witterungssituation** – geführt. Befindet sich eine Region beispielsweise in einem Wellental, das **Troglage** genannt wird (vgl. Abb. 65, auf der Nordhemisphäre nach Süden ausgreifende Wellenstruktur), verbunden mit einer relativ intensiven Strömung, so ist in Zusammenhang mit Polarfrontzyklonen schlechtes und zudem unruhiges **zyklonales** (z) Wetter zu erwarten. Dagegen sollte im Bereich eines Wellenberges **antizyklonales** (a) Schönwetter herrschen. Nimmt man die i.A. für einige Tage, u.U. auch Wochen typische Strömungsrichtung hinzu (z.B. NW = Nordwest mit für Mitteleuropa Advektion kühler und oft auch feuchter Luft oder SW = Südwest, Warmluftadvektion), so zeichnen sich die Grundkriterien (z bzw. a sowie mittlere Strömungsrichtung) der **Großwetterlagen-Klassifikation** ab, wie sie BAUR (1947) eingeführt und Großwettertypen genannt hat. HESS und BREZOWSKY (1952) haben dies zu einer an der synoptischen Meteorologie orientierten modifizierten Großwetterlagen-Klassifikation Mitteleuropas weiterentwickelt, die vom Deutschen Wetterdienst weiterhin kontinuierlich festgehalten wird. Eine neuere Bearbeitungs stammt von GERSTENGARBE und WERNER (1993, 2000). Außerdem haben BISSOLLI und DITTMANN (2001) eine neue objektive Wetterlagenklassifikation entwickelt, die sich aber noch nicht allgemein durchgesetzt hat. Hinsichtlich aller Details muss hier auf diese Publikationen verwiesen werden.

Man kann sich nun fragen, ob es im Jahresablauf mehr oder weniger große Neigungen dafür gibt, dass sich in Mitteleuropa (oder vielleicht auch woanders) bestimmte Großwetterlagen einstellen. Solche Vermutungen sind in Form der sog. **Bauernregeln** (Malberg 1989) sehr alt. Auf strengerer wissenschaftlicher Basis sind diese **Witterungsregelfälle** von SCHMAUSS (1928) untersucht worden, der vermutlich als erster festgestellt hat, dass der Jahresgang der bodennahen Lufttemperatur an einer bestimmten Station oder einer Region nicht so glatt, wie es der astronomischen Erwartung entspricht (Kap. 4.1, 4.2), verläuft, sondern gewisse „Zacken" aufweist. Das heißt, zu bestimmten Zeiten des Jahres besteht eine Neigung, im Laufe der Jahre statistisch als Häufung feststellbar, zu relativ wärmer, in anderen Zeiten relativ kalter Witterung. Dieses Phänomen nannte SCHMAUSS **Singularitäten** (weil er in entsprechenden Temperaturkurven Ähnlichkeiten mit mathematischen singulären Punkten einer Funktion sah). FLOHN (1942) und andere haben dieses Phänomen der Witterungsregelfälle weitergehend untersucht und entsprechende Kalender aufgestellt, die den typischen Witterungsablauf eines Jahres in Mitteleuropa angeben.

Im Anhang A.6 ist ein solcher Kalender (in vereinfachter Form) wiedergegeben, den BISSOLLI und SCHÖNWIESE (1991) mit den Mitteln einer statistischen Analyse neu errechnet haben. Wichtig ist dabei, dass diese Witterungsregelfälle mit bestimmten Großwettertypen und somit auch Niederschlagscharakteristika verknüpft sind und keinesfalls in jedem Jahr und mit fester Kalenderbindung auftreten, sondern über die Jahre hinweg mit gewisser (für jeden Regelfall unterschiedlicher) Häufigkeit, in gewissen Grenzen variierender Kalenderbindung und mit unterschiedlicher Intensität. Diese Einschränkungen lassen manchen daran zweifeln, ob dieses Phänomen tatsächlich real ist. Da die theoretische obere Grenze der Vorhersagbarkeit des Wetters bei ungefähr zwei bis vier Wochen, praktisch aber bei einer einigen Tagen liegt, bilden die Witterungsregelfälle jedoch die einzige Möglichkeit, darüber hinaus zu gewissen Wahrscheinlichkeitsaussagen des Jahresablaufs der Witterung zu kommen. BISSOLLI (1991) berichtet auch sehr detailliert über Änderungen der Witterungsregelfälle im Laufe der Zeit, zum Beispiel darüber, dass die Eisheiligen heute längst nicht mehr die Rolle spielen wie noch vor einigen Jahrzehnten.

5.5 Stratosphärische Zirkulation

Manchem mag die Stratosphäre aus klimatologischer Sicht weit hergeholt erscheinen. Tatsächlich kann sie hier auch nur kurz beleuchtet werden. Daraus zu schließen, daß sie für das Klima unwichtig sei, wäre freilich ein Irrtum. So beinhaltet die Problematik des anthropogen verursachten Abbaus des stratosphärischen Ozons, die allerdings erst in Kap. 13.2 kurz beleuchtet werden soll, nicht nur chemische, sondern auch dynamische Aspekte. Die Klimawirksamkeit explosiver Vulkanausbrüche beruht weitgehend auf stratosphärischen Transport- und Strahlungsprozessen. Schließlich sind die plötzlichen stratosphärischen Erwärmungen und die quasi-zweijährige Oszillation klimatologisch bedeutsam.

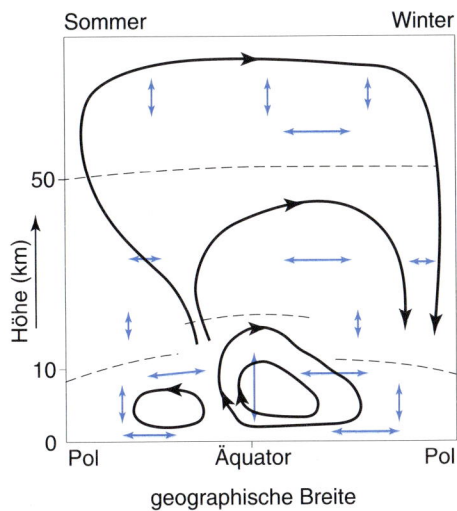

Abb. 79
Schematischer Vertikalschnitt der Zirkulation von Troposphäre, Stratosphäre und unterer Mesosphäre, wobei die dick gezeichneten Doppelpfeile die Gebiete kennzeichnen, wo im wesentlichen der horizontale bzw. vertikale Austausch stattfindet (nach WMO, 1986, verändert).

Die bisher besprochene troposphärische Zirkulation ist mit der stratosphärischen verknüpft, wie das Abb. 79 grob-schematisch zeigt. Dabei führt die vertikale thermische Schichtung, nämlich Temperaturzunahme mit der Höhe (vgl. Abb. 1 und 3), zu weitaus stabileren Gegebenheiten und somit auch geringerem vertikalen Luftmassenaustausch als in der Troposphäre. Das polare winterliche thermische Hoch der unteren Troposphäre, dem gemäß Kap. 4.3, Abb. 42, in der oberen Troposphäre ein entsprechendes Tief gegenübersteht, setzt sich in dieser Form in der winterlichen Stratosphäre fort und bildet in dieser Jahreszeit einen mächtigen **Stratosphärenwirbel**. Über der Antarktis ist er weitgehend abgeschlossen, während über der Arktis ein gewisser horizontaler Luftmassenaustausch möglich ist.

Über dem Äquator herrschen Hebungsvorgänge, die sich im Sommer bis in die mittleren und hohen Breiten fortsetzen. Dann verschwindet der stratosphärische Tiefdruckwirbel und wird durch ein Hoch ersetzt. Vertikalaustausch ist auf die untere Stratosphäre im Bereich der troposphärischen Tropopausenbrüche beschränkt, wo auch der wesentliche Luftmassenaustausch Troposphäre-Stratosphäre stattfindet. Allerdings kommt es vor, dass in den inneren Tropen Cumulonimben die Tropopause durchbrechen. Wie Abb. 79 auch zeigt, findet weiterer Vertikalaustausch erst wieder oberhalb der Stratopause, und somit in der – ähnlich der Troposphäre – labil geschichteten Mesosphäre statt. Der maximale Horizontalaustausch findet sich in der mittleren Stratosphäre im Bereich mittlerer bis subtropischer Breiten im Winter.

Die eingangs genannten explosiven Vulkanausbrüche, die vor allem durch Gas-Partikel-Umwandlung schwefelhaltiger Gase, die bis in die obere Stratosphäre gelangt sind, und dabei besonders Sulfataerosolbildung, klimawirksam sind (Näheres in Kap. 11.5), müssen mit Blick auf Abb. 79 vor allem dann bedeutsam sein, wenn sie in den Tropen ausbrechen, weil dann – vor allem im Winter – ein pol-

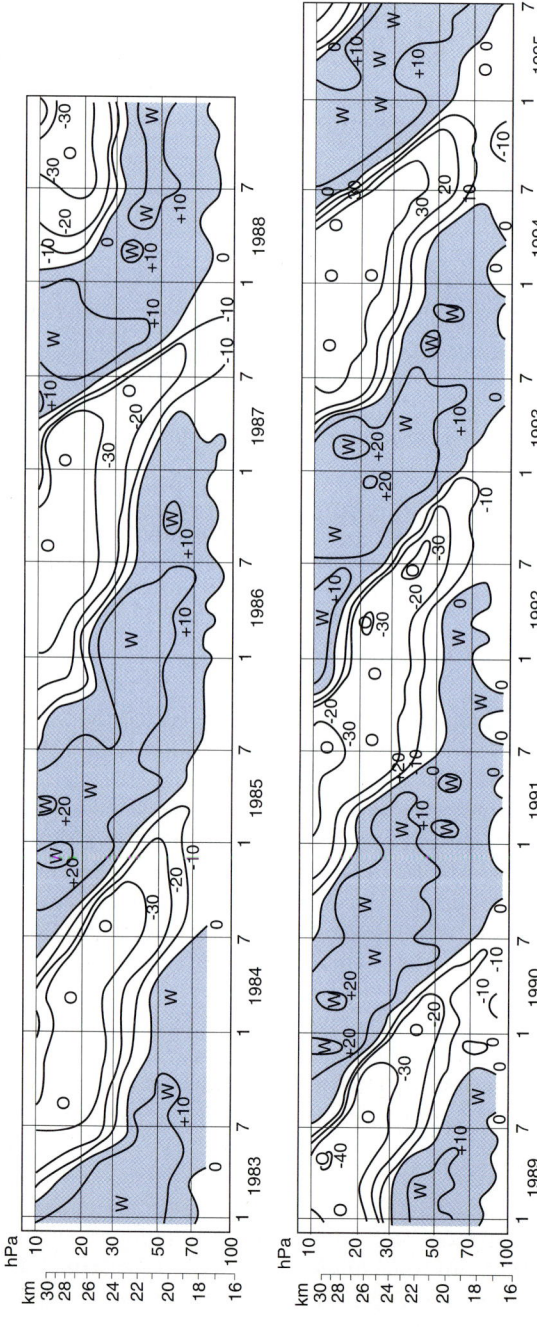

Abb. 80

Zeit-Höhen-Schnitt der zonalen Windkomponente in ms⁻¹ (O = Ostwind, negativ; W = Westwind, Blautönung) in den Tropen, 1983–1994 (nach NAUJOKAT und LABITZKE, 1994, siehe auch LABITZKE, 1999).

wärtiger Transport und durch horizontale Mischung eine entsprechende Ausbreitung der Partikelwolke vor sich geht. Ein winterlicher Vulkanausbruch in hohen geographischen Breiten kann diesen Effekt und somit diese Wirksamkeit nicht zeigen. Es sei zudem darauf hingewiesen, dass die stratosphärische Zirkulation im Sommer durch Hebung in der polaren Zone die Mesosphäre erreicht; umgekehrt sinken dort im Winter mesosphärische Luftmassen in die Stratosphäre ab.

Ein klimatologisch ebenfalls stark beachtetes Phänomen ist das quasi-zweijährige Wechselspiel zwischen vorherrschender West- bzw. Ostkomponente der tropischen stratosphärischen Zirkulation, die **Quasi-Biennial Oscillation QBO**, die in Abb. 80 seit 1980 anhand der Zonalwindkomponente in Singapore (1.22 N 103.55 E) für den Bereich 100–10 hPa (ca. 16–31 km Höhe) erfasst ist (in der Originalliteratur, LABITZKE 1999, seit 1953). Wie man sieht, setzt sich diese QBO langsam von oben nach unten durch und dringt dabei auch in die obere Troposphäre vor, wo sie sich (in Abb. 80 nicht mehr erfasst) zu verlieren scheint. Dennoch ist sie mittels spektraler Varianzanalyse (Kap. 3.3.3) auch in sehr vielen bodennahen Klimareihen (praktisch aller Klimaelemente, mit einer Zykluslänge von meist etwa 2.2 a; SCHÖNWIESE et al. 1990) nachweisbar. Als Entdecker dieses Phänomens gilt CLAYTON (1885), der sie bereits gegen Ende des 19. Jahrhunderts in Luftdruck- und Niederschlagsreihen der USA fand. Wer sie in der Stratosphäre entdeckt hat, ist unklar. Dies sowie den heutigen Kenntnisstand berichtet detailliert LABITZKE (1999).

Interessant ist in diesem Zusammenhang, dass Klimadaten, die nach W- bzw. E-Phase der tropischen Stratosphärenzirkulation gruppiert werden, deutliche Zusammenhänge mit dem quasi-elfjährigen **Sonnenfleckenzyklus** (Kap. 4.1; siehe auch Kap. 11.5 und 13.1) zeigen, die ohne diese Gruppierung offenbar verwischt sind (LABITZKE-/VAN LOON-Hypothese, 1997). Schließlich gibt es das Phänomen plötzlicher, oft sehr ausgeprägter **Stratosphärenerwärmungen** mitten im Winter (Mid-Winter Warmings), das sog. Berliner Phänomen (da durch SCHERHAG 1952 am dortigen Meteorologischen Institut entdeckt), die den arktischen polaren Stratosphärenwirbel dann bereits im Januar oder Februar zusammenbrechen lassen. Diese heftigen Stratosphärenerwärmungen, die man nicht mit den regelmäßigen, weniger heftigen regelmäßig im Frühjahr stattfindenden verwechseln darf, treten aber nicht in jedem Jahr, sondern anscheinend nur bei entweder relativ geringer oder relativ hoher Sonnenaktivität auf. Gewisse Zusammenhänge dieser stratosphärischen Phänomene mit dem Witterungsablauf in der unteren Atmosphäre werden diskutiert. Einzelheiten hierzu finden sich wiederum bei LABITZKE (1999).

6 Zirkulation des Ozeans

Wie beim Übergang von rein atmosphärischen Betrachtungen zum allgemeineren Konzept des Klimasystems, so kann auch die atmosphärische Zirkulation nur einen Teil der Klimaphänomene erklären. Ebenso wichtig sind die (horizontalen) Meeresströmungen und vertikalen Wasserbewegungen, somit die gesamte Zirkulation des Ozeans, der im übrigen wie die Atmosphäre eine charakteristische vertikale Schichtung aufweist. Der Ozean bringt zudem einige atmosphärisch-ozeanische Wechselwirkungen ins Spiel, wobei klimatologisch vor allem das El-Niño-Phänomen wichtig ist. Es äußert sich nicht nur in Temperaturanomalien der tropischen Ozeane, sondern u.a. auch in erheblichen Niederschlagsanomalien und ist daher eng mit atmosphärischen Phänomenen gekoppelt.

6.1 Charakteristika des Ozeans

Bei der Vorstellung des Klimasystems (Kap. 2.3) und des Wasserkreislaufs (Kap. 4.7) sind bereits einige Charakteristika des Ozeans genannt worden, der 70.8 % der Erdoberfläche (361×10^6 km^2) einnimmt (Tab. 3) und 96.5 % des Gesamtwasservorkommens der Erde beinhaltet (Tab. 10). Mit 45.9 % entfällt der größte Flächenanteil des **Weltmeeres** auf den Pazifik, gefolgt von Atlantik mit 23.2 % und Indik mit 20.3 % (GIERLOFF-EMDEN 1980, SIEDLER und ZENK 1997). Der Rest verteilt sich auf die Mittelmeere, zu denen ozeanographisch neben dem Europäischen Mittelmeer und der Ostsee z.B. auch das Arktische und Australische Meer zählt, und die Randmeere (z.B. Nordsee).

Ähnlich der Atmosphäre gibt es auch im Ozean eine **vertikale Gliederung**; eine global gemittelte grobe Orientierungshilfe dazu liefert anhand der **Temperaturcharakteristika** Abb. 81. Danach folgen von oben nach unten Deck- oder Mischungsschicht, obere Sprungschicht mit starker vertikaler Temperturabnahme, danach ab ca. 50 m Tiefe der sog. Thermostad, dann eine weitere, weniger ausgeprägte Sprungschicht und schließlich ab ca. 400 m Tiefe die Kaltwassersphäre, auch schlicht kalter oder tiefer Ozean genannt. Abb. 82 zeigt einen Temperaturvertikalschnitt von Pol zu Pol, wobei der maximale Temperaturbereich von ca. 28 °C in der tropischen Deckschicht (vgl. dazu auch Kap. 8.2, Abb. 98) bis unter die 0 °C-Grenze im tiefen Ozean absinkt und offenbar wird, dass in den Polar-

Abb. 81
Schematische Vertikalgliederung des Ozeans nach thermischen Kriterien (nach ARNTZ und FAHRBACH, 1991, verändert).

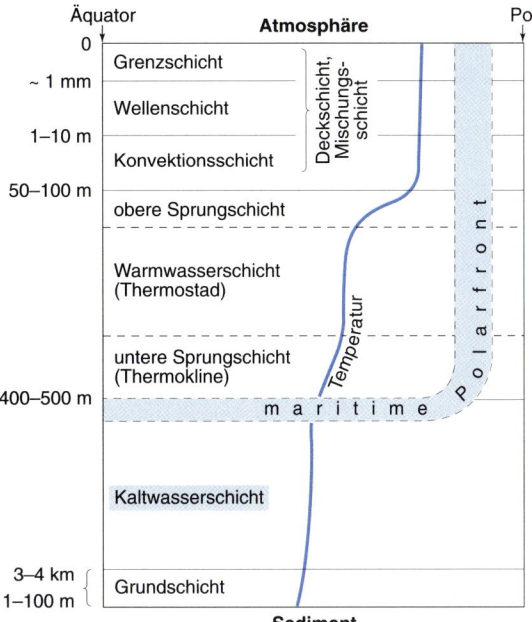

Abb. 82
Vertikalschnitt des Weltozeans mit Isothermen in °C (Jahresmittelwerte; nach LEVITUS, 1982).

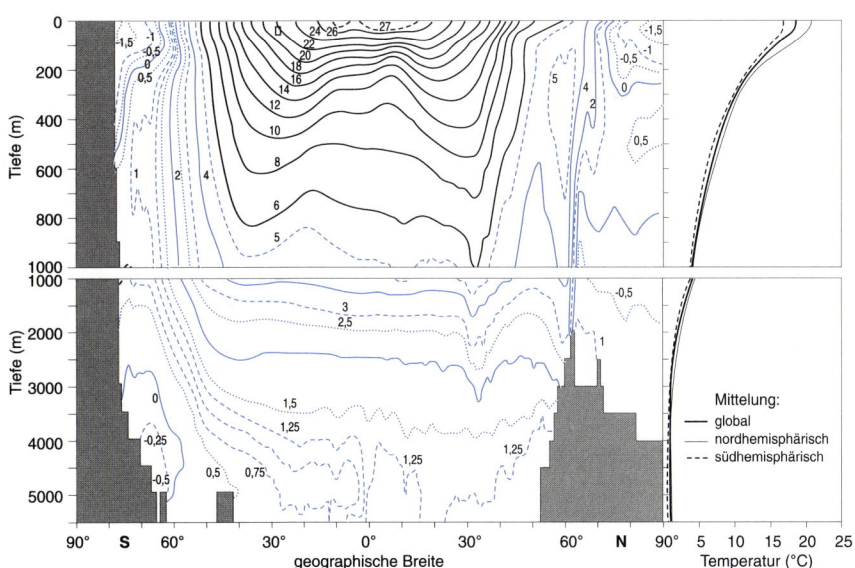

gebieten die warme ozeanische Deckschicht regional verschwindet, so dass dort die Kaltwassersphäre an die Oberfläche tritt. Die **Albedo** der Ozeanoberfläche ist stark vom Sonnenstand abhängig (vgl. Kap. 4.2, Tab. 6), und zwar relativ klein bei hoch- und recht groß bei tiefstehender Sonne. Die große **Wärmekapazität** des Wassers (vgl. Kap. 4.2, Tab. 7) führt zur bekannten „Trägheit" hinsichtlich zeitlicher Temperaturvariationen und ist daher u.a. auch für das „maritime" Klima (Näheres in Kap. 9.2) und das Land-Seewind-Zirkulation (Kap. 5.3.2) verantwortlich.

Dies deutet bereits die vielfältigen und intensiven ozeanisch-atmosphärischen Wechselwirkungen an. Dazu gehören auch die enormen **Wärmeflüsse**, die an der Grenzfläche Ozean-Atmosphäre ablaufen, vgl. Abb. 83, und Werte bis über 200 Wm^{-2} erreichen. Und zwar gibt der – thermisch gegenüber der Atmosphäre wesentlich trägere und somit einen riesigen **Wärmespeicher** beinhaltende – Ozean im Winterhalbjahr der beiden Hemisphären enorme Wärmemengen an die Atmosphäre ab (negative Zahlen bzw. schraffierte Flächen in Abb. 83), während im Sommer und generell in den inneren Tropen die Atmosphäre den Ozean erwärmt (ozeanischer Wärmegewinn, Maximum ca. 120 Wm^{-2} im arktischen Sommer).

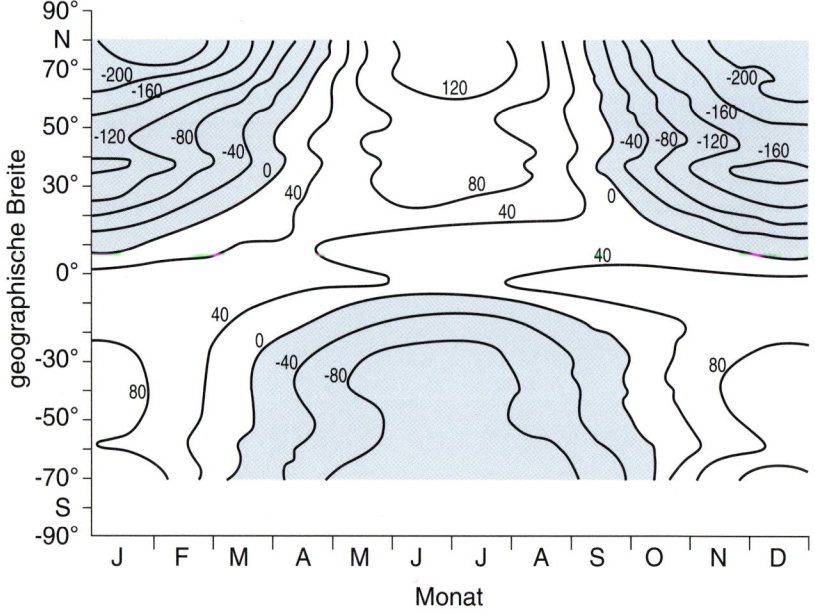

Abb. 83

Wärmefluss in Wm^{-2} an der Grenzfläche Ozean-Atmosphäre, wobei positive Werte ozeanischen Wärmegewinn bedeuten (nach ESBENSTEIN und KUSHNIR, 1981, hier nach HUPFER, 1991, verändert).

Neben der Temperatur und den damit verknüpften physikalischen Eigenschaften des Ozeans ist sein **Salzgehalt** ein weiteres wichtiges Charakteristikum. Zusammen mit der Temperatur beeinflusst er nicht nur die **Dichte** des Ozeanwassers (vgl. ozeanische Zirkulation, Kap. 6.2), sondern bestimmt auch dessen **Gefrierpunkt.** Dies geschieht in Form einer linearen Beziehung (vgl. dazu z.B. LILJEQUIST und CEHAK 1984), wonach bei einem Salzgehalt von 2 % (Ozeanographen geben dies üblicherweise in Promille an) der Gefrierpunkt bei etwas unter –1 °C, bei 4 % etwas unter –2 °C liegt. Somit ist verständlich, warum im tiefen aber auch winterlich-polaren Oberflächenozean ungefrorenes Wasser unter 0 °C existieren kann. Insgesamt schwankt der ozeanische Salzgehalt zwischen ca. 3.3 und 3.6 %. Oberflächennah gibt es in den Subtropen zwei relative Maxima (im zeitlichen Mittel ca. 3.55 %), was mit der dort sehr hohen Verdunstung zusammenhängt. Etwas niedrigere Werte findet man in den Tropen, deutlich niedrigere Werte in den Polargebieten, insbesondere des antarktischen Raumes, wo große Schmelzwasserflüsse aus dem dortigen Inlandeis (und somit Süßwasser) dem Ozean zugeführt werden. Auch dort, wo relativ viel Niederschlag fällt (Tropen, mittlere Breiten), ist der Salzgehalt verringert.

6.2 Meeresströmungen

Wie in der Atmosphäre, so gibt es auch im Ozean eine **dreidimensionale Zirkulation** (GIERLOFF-EMDEN 1980, OTT 1996, SIEDLER und ZENK 1997). Und ähnlich der Atmosphäre stellt der Ozean aus dieser Sicht eine globale Maschinerie dar, welche Masse, Wärme und Impuls aus den Wärmeüberschussgebieten der Tropen in die polaren Regionen transportiert. Die oberflächennahen Meeresströmungen sind dabei nur ein Teil der ozeanischen Zirkulation. Der Antrieb ist **thermohalin**, d.h. im Gegensatz zur Atmosphäre werden die Dichteunterschiede, welche die Zirkulation hervorrufen, nicht nur von der Temperatur und vom Druck, sondern auch vom Salzgehalt gesteuert. Eine weitere Besonderheit der ozeanischen Zirkulation ist die Tatsache, dass sie weit mehr als die atmosphärische an die Topographie gebunden ist, d.h. die

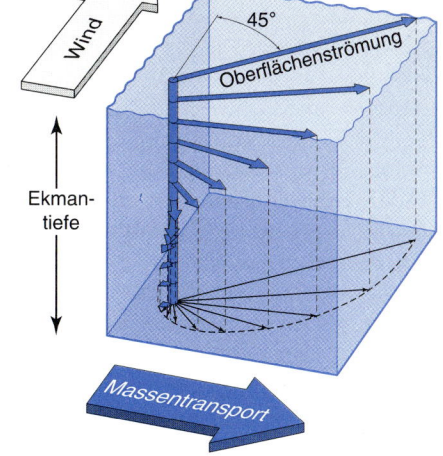

Abb. 84
Schema der ozeanischen „Ekman-Spirale", Nordhemisphäre, wobei sich die angegebene Windrichtung auf die unterste Atmosphäre bezieht (nach EKMAN, 1905, hier nach ARNTZ und FAHRBACH, 1991).

Höhenunterschiede des Meeresbodens und somit die Gestalt der Meeresbecken und Gebirge unterhalb des Meeresspiegels (ozeanische Rücken).

Die Erklärung der **oberflächennahen Meeresströmungen** beginnt man am besten mit der an der Ozeanoberfläche angreifenden Schubkraft des atmosphärischen Windes, vgl. Abb. 84. Diese führt zu Wasserbewegungen, die man in der primären Auswirkung **Triftstrom** nennt. Nach EKMAN (1905, vgl. auch SCHARNOW et al. 1990) bewirkt die Corioliskraft im Gleichgewicht (nach dem „Einschwingvorgang", vgl. weiterhin Abb. 84) eine 45°-Ablenkung, auf der Nordhalbkugel nach rechts gegenüber der Windrichtung. Die Geschwindigkeit dieser Oberflächenströmung beträgt

$$v_W = (\tau v_A) \,/\, \sin \varphi \qquad (6.1)$$

wobei v_W die (jeweils skalare) Wasser-, v_A die atmosphärische Geschwindigkeit, φ die geographische Breite und τ (≈ 0.0128) eine empirische Triftkonstante ist. Somit liegt die oberflächennahe Wassergeschwindigkeit im groben Mittel bei 1 % der Windgeschwindigkeit; typisch sind Werte um 0.5–1 kmh^{-1}. Dies ergibt, ebenfalls im groben Mittel, Zykluszeiten (Transport um den Globus in einem geschlossenen Wasserkreislauf) in der Größenordnung von zehn Jahren (vgl. Tab. 13). Allerdings sind die typischen Geschwindigkeiten der ozeanischen Tiefenströmung sehr viel geringer; dies zeigt wiederum Abb. 84 anhand der ozeanischen EKMAN-Spirale (vgl. atmosphärisches Pendant, Kap. 4.4). Unter Einbezug des tiefen Ozeans liegen die Zykluszeiten daher bei grob geschätzt 10^2 bis 10^3 a (vgl. Kap. 2.5, Abb. 14; OTT 1996 gibt dafür als Richtwert 3850 a an).

Ähnlich wie bei der atmosphärischen Zirkulation kann man versuchen, das großskalige (planetarische) Erscheinungsbild der ozeanischen Zirkulation anschaulich-empirisch zu verstehen. Eine genauere Approximation kann allerdings nur auf dem Modellweg erreicht werden. Dieser ist ähnlich aufwendig wie im Fall der Atmosphäre, so dass hier nicht darauf eingegangen werden kann. Hinzu kommt, dass die Entwicklung ozeanischer Zirkulationsmodelle auf keine so lange Geschichte wie im Fall der Atmosphäre zurückblicken kann (Kap. 9.5) und insbesondere die ozeanische Tiefenzirkulation messtechnisch nur sehr ungenügend erfasst ist, insbesondere über längere Zeitspannen, so dass die Verifikation der durch Modellrechnungen simulierten dreidimensionalen ozeanischen Zirkulation auf erhebliche Schwierigkeiten stößt.

So ist einer deskriptiven Erfassung und anschaulich-ursächlichen Interpretation am ehesten das Bild der **oberflächennahen planetarischen ozeanischen Zirkulation** zugänglich, wie es in Abb. 85 zusammengefasst ist. Danach zeigt sich um die Antarktis herum eine kalte Ringströmung, die zirkumpolare **Antarktiktrift**, die mit der entsprechenden Westwindzone der atmosphärischen Zirkulation in Zusammenhang steht. Im Zuge der durch die Corioliskraft bedingten Linksablenkung entstehen entlang des südamerikanischen und süd- bis mittelafrikanischen Kontinents nach Norden gerichtete Abzweigungen: der **Humboldt- oder Peru-** und der **Benguelastrom**. Weitere Linksablenkung und

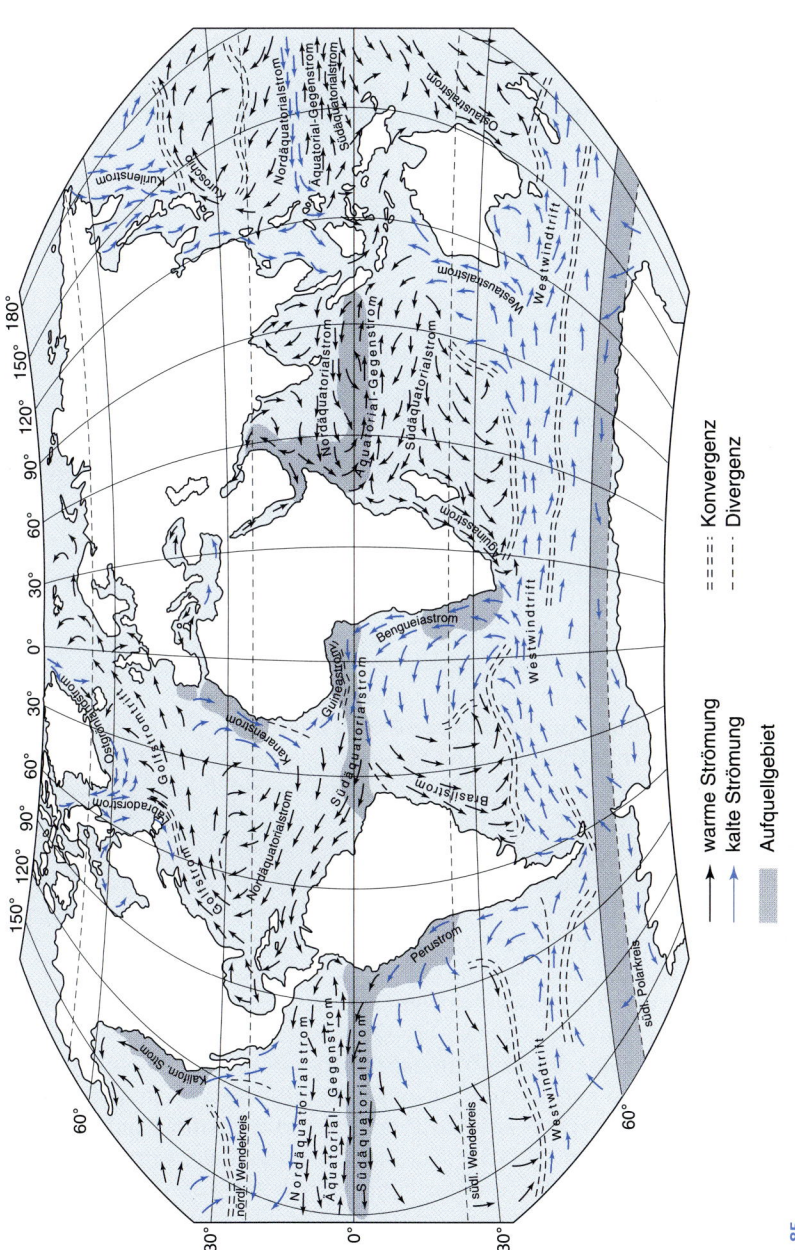

Abb. 85

Globale oberflächennahe ozeanische Zirkulation (Meeresströmungen; nach SCHARNOV et al., 1990), Aufquellgebiete ergänzt (nach ARNTZ und FAHRBACH, 1991, sowie MITTELSTAEDT, 1989, kombiniert und verändert).

Erwärmung während des Wassertransports in tropische Regionen lassen im Südpazifik, Südatlantik und Südindik großräumige Wirbel entstehen, die den atmosphärischen Subtropenhochs vergleichbar sind (Südhalbkugel jeweils Linksrotation).

Im Gegensatz zur Atmosphäre kommt es beim Ozean in den inneren Tropen nicht zu einer ausgeprägten Konvergenz, sondern zu äquatorialen, westwärts gerichteten Strömungen, wobei sich im pazifischen Bereich ein kompensatorischer **äquatorialer Gegenstrom** ausgebildet hat. Im Indik ist statt dessen eine wirbelartige Struktur zu erkennen und im Atlantik erreicht der ursprünglich kalte Benguelastrom als erwärmter Äquatorialstrom die Karibik, bildet dort einen antizyklonalen Wirbel, aus dem dann der bemerkenswert weit nach Nordosten ausgreifende **Golfstrom** einschließlich seines Ausläufers, der **Nordatlantikstrom**, auch Golfstromtrift genannt, „entspringt".

Der hohe Landanteil der Nordhemisphäre prägt die dortige ozeanische Zirkulation sehr stark, so dass sich eine westliche subpolare Strömung lediglich im Bereich von ca. 120°E bis 120°W ausbilden kann. Ansonsten überwiegt der nach Süden gerichtete Kaltwassertransport, der im Bereich Kamschatka/Japan/Alaska den **Oyoshio** (Kurilenstrom) und (etwas verwickelt) den Kalifornischen Strom, zwischen Kanada und Grönland den **Labradorstrom** sowie östlich Grönland den Ostgrönland- oder **Irmigerstrom** ausbildet. Noch einmal sei der außerordentlich intensive und langgestreckte Golf-/Nordatlantikstrom hervorgehoben, der eine große klimatologische Bedeutung hat und mit Recht als „Warmwasserheizung" Europas bezeichnet wird.

Wie in der Atmosphäre, so gibt es auch im Ozean gegenüber diesem planetarischen Meeresströmungssystem subskalige Zirkulationsphänomene. So weist zwar die ozeanische Tiefenzirkulation durchaus einen planetarischen Scale auf; die oben genannten oberflächennahen Meeresströmungen bestehen aber bei näherer Betrachtung aus miteinander verketteten quasi-geostrophischen Wirbeln, vergleichbar den (baroklinen) Polarfrontzyklonen der Atmosphäre, jedoch bei im Mittel ca. 100 km Durchmesser deutlich kleinerem Scale, was die Modellierung der ozeanischen Zirkulation sehr erschwert. Dazwischen sind die relativ wenig erforschten subtropischen Wirbelströme einzuordnen; zu kleineren Skalen hin folgen Schwerewellen und Mikroturbulenz (SIEDLER und ZENK 1997).

Die mit den ozeanischen Horizontalströmungen gekoppelte **Vertikalzirkulation** ist weniger gut bekannt. Es gibt Hinweise auf zwei zwischen ca. 40°N und 30°S bis ca. 500 m Wassertiefe reichende Zirkulationsräder, die an die atmosphärischen HADLEY-Zellen erinnern und im innertropischen Bereich offenbar ein **Aufquellen (Upwelling)** bewirken, wie es in Abb. 85 angedeutet ist. Dabei handelt es sich aber nicht um Tiefenwasser, da nur eine Schicht relativ geringer vertikaler Mächtigkeit davon betroffen ist. Dieser Vorgang, wie auch das Absinken von Oberflächenwasser in tiefere Schichten, ist jedoch stark an die Topographie der Land-Meer-Verteilung und der Ozeanbecken gebunden. Wie Abb. 85 im Einzelnen andeutet, ist das Aufquellen von Tiefenwasser ein Phänomen einiger Kontinentalränder und des Äquators. Die besonders interessanten, weil zeitlich variablen und wirkungsvollen Vorgänge an der südamerikanischen Küste werden im folgenden Kapitel behandelt. Die **Absinkbereiche** (**Downwelling**; vgl. wiederum Abb. 85) treten im Bereich ozeanischer oberflächennaher Konvergenzen auf, wie sie auf der Südhemisphäre bei ca. 40°–50° S ausgedehnt vorhanden sind; auf der Nordhemisphäre scheint dies aber nur regional sehr begrenzt aufzutreten, wobei die in Abb. 85 nur mühsam erkennbaren relativ kleinen Regionen südlich von Grönland und im Übergangsbereich Golfstrom-Golfstromtrift wichtig sind, weil ihnen eine Schlüsselrolle bei Veränderungen der ozeanischen Zirkulation und im Zusammenhang damit diskutierten Klimaänderungen (vgl. Kap. 11) zukommt.

6.3 El-Niño-Phänomen

Der atmosphärische Antrieb der ozeanischen Zirkulation, letztlich die gesamten atmosphärisch-ozeanischen Wechselwirkungen, sind nicht nur in ihrem mittleren Zustand, sondern auch in ihren zeitlichen Variationen von klimatologischer und ökologischer Bedeutung. Ein besonders bekanntes und interessantes Beispiel solcher Variationen ist das El-Niño-Phänomen. Abb. 86 zeigt das Prinzip dieses vor allem im tropischen bis südlichen subtropischen Pazifik ausgeprägten Vorgangs; wir befinden uns somit im Bereich der atmosphärischen HADLEY- und WALKER-Zirkulation (vgl. Kap. 5.2, Abb. 63, sowie Kap. 5.3.1, Abb. 68). Der HADLEY-Anteil bewirkt in dieser Region – wobei meist als Schwerpunkt die Küste vor Peru ins Auge gefasst wird – den Südostpassat und der WALKER-Anteil, der ein Absinkgebiet im Bereich des (kalten) Humboldtstromes beinhaltet, unterstützt die östliche Strömung (oberer Bildteil in Abb. 86, Normalmodus). In Zusammenhang damit führt die ebenfalls von Ost nach West gerichtete Meeresströmung zu einer erheblichen Neigung der Meeresspiegelhöhe (Anstieg von Ost nach West).

Kommt es nun aus irgendwelchen Gründen zur Abschwächung dieser Ostwindkomponente (Abb. 86, Mitte), was sowohl in einer Abschwächung der HADLEY- als auch WALKER-Zirkulation begründet sein kann, „schwappt" eine gigantische Ozeanwelle von West nach Ost über den Pazifik (als Reaktion auf den nachlassenden Ost-West-Wasserdruck, genauer eine Kelvinwelle; PEIXOTO und OORT 1992). Dies führt nicht nur zu einem Anstieg der Meeresspiegelhöhe im Osten des Pazifischen Beckens, sondern auch zu einem entsprechenden Zufluss oberflächennahen Warmwassers und einem Absinken der Thermokline sowie Kaltwassersphäre. Ein solches **Warmwasserereignis** wird **El-Niño** (EN) genannt, was in der peruanischen Landessprache Kind bzw. Christkind bedeutet. Hinter diesem Namen verbirgt sich die Erfahrung eines Jahresgangs (ITK-Verlagerung im November bis Januar nach Süden, dabei möglicherweise ITK in äquatorialer Situation und Passatabschwächung in Peru), der relativ häufig um die Weihnachtszeit solche Gegebenheiten mit sich bringt. Das Gegenstück, bei verstärkter Ostwindkomponente über dem Pazifik (Abb. 86 unten), das **Kaltwasserereignis**, heißt neuerdings **La Niña** (LN).

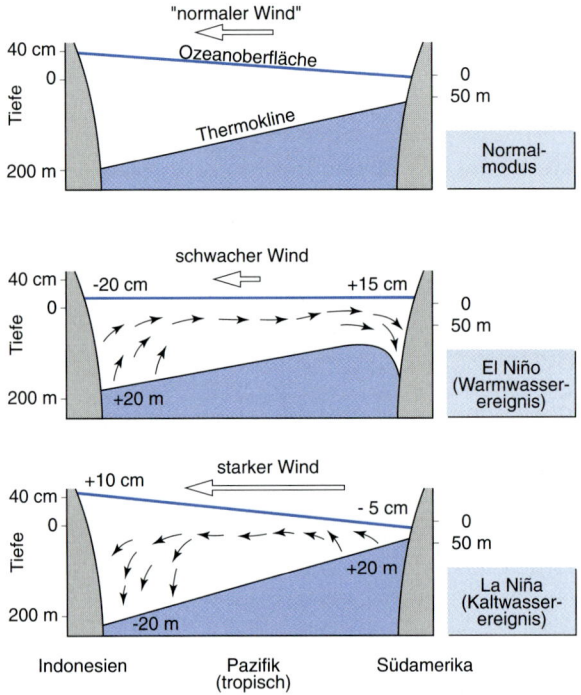

Abb. 86
Schema des Zustandes des tropischen Pazifiks der Südhemisphäre (Meeresspiegel, Thermokline und Relativ-strömung) im a) Normalmodus (Südostpassat), bei b) „El Niño" (Warmwasser-Ereignis vor der Küste von Peru) und c) „La Niña" (Kaltwasser-Ereignis; nach WYRTKI, 1982, verändert).

Die besondere Aufmerksamkeit für diese Vorgänge erklärt sich nun aber aus der Tatsache, dass im zyklischen, aber unregelmäßigen Abstand von ca. drei bis acht Jahren El-Niño-Ereignisse erheblich verstärkt auftreten (vgl. Abb. 87), in manchen Jahren wie 1877/78, 1983 (dies allerdings mit atypischem Verlauf), 1987/88 und zuletzt 1997/98 sogar so verstärkt, dass von einem „Super-El-Niño" gesprochen wird (vgl. auch Chronologie im Anhang A.4). Dann erreichen die Wassertemperaturanomalien vor der Peruanischen Küste Werte bis zu 5–6 °C (über dem sonstigen Niveau). Dies kann dazu führen, dass die über den Humboldtstrom hinweg geführten Warmwassermassen das dort übliche atmosphärische Absinken in eine atmosphärische Hebung mit entsprechender Wolken- und Niederschlagsbildung umkehren. Im Extremfall ist dies mit einer Umkehrung bzw. Verschiebung der gesamten WALKER-Zirkulation (vgl. Kap. 5.3, Abb. 68) und entsprechenden **Niederschlagsanomalien** verbunden, so dass Trockengebiete vorübergehend enorm niederschlagsreich werden (z.B. der Bereich vor der Küste von Ecuador/Peru einschließlich der Galapagos-Inseln, die äquatoriale Region um 180°W

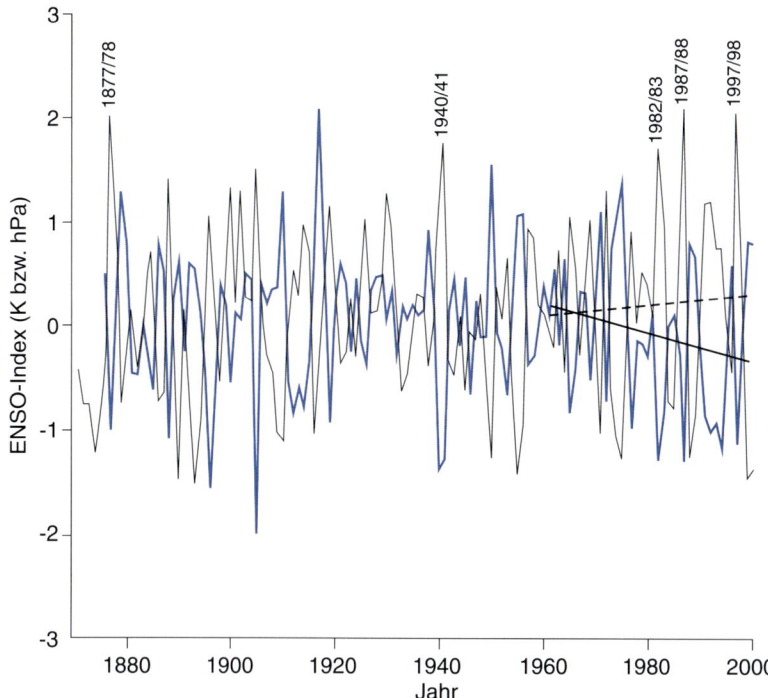

Abb. 87

Jährliche El Niño-(EN)-Indexwerte 1871–1999 (SST im Bereich 5°S–5°N, 120°–170°W, sog. Niño 3.4-Region; nach Trenberth *und* Stepaniak, *2001, verändert und ergänzt), schwarz, und zugehörige Indexwerte 1876–2000 der Southern Oscillation (SO; nach* National Climate Centre, *Australien, INTERNET), blau. Die Jahre einiger bedeutender El-Niño-Ereignisse sowie die linearen Trends 1961–2000 (EN: +0.23; SO: −0.47; EN-SO-Korrelation : −0.80) sind mit angegeben; vgl. Text.*

einschließlich Canton Island), und umgekehrt sonstige Niederschlagsgebiete trocken (z.b. Indonesien, Nordost-Brasilien), vgl. Abb. 88, wo auch großräumige **Temperaturanomalien** über größere Entfernungen zu erkennen sind. Die Untersuchung solcher **Telekonnektionen** aufgrund von El-Niño-Ereignissen ist sicherlich noch nicht abgeschlossen (s. z.B. Fraedrich und Müller 1992, Fraedrich 1994); die Auswirkungen auf Europa scheinen aber, wenn überhaupt, dann nur sehr gering zu sein.

Arntz und Fahrbach (1991) schildern neben den klimatologischen insbesondere die **ökologischen Folgen** sehr ausführlich und beeindruckend für das „Super-El-Niño"-Ereignis 1983. Beispielsweise kam es damals (Dezember 1982 bis Juni 1983) in Santa Cruz (Galapagos-Inseln) fast zu einer Verzehnfachung des Niederschlages (3325 mm statt 374 mm). Die westlich der Anden gelegenen Wüsten von Ecuador über Peru bis Nordchile erblühten (auch die dortige Atacama-Wüste, sonst eine der trockensten Regionen der Erde), während an anderen Stellen Dür-

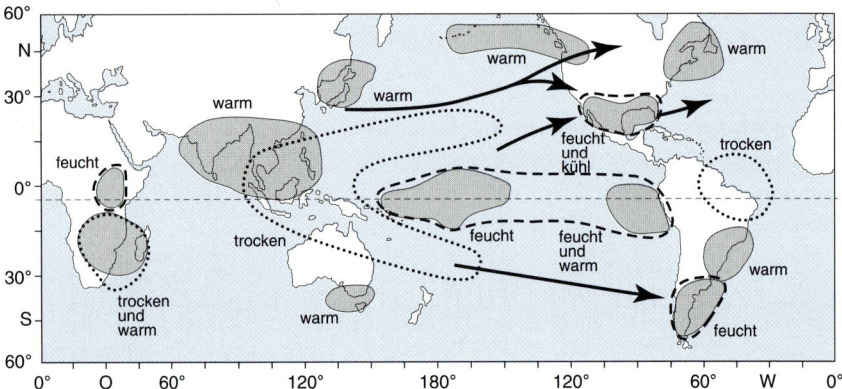

Abb. 88

Typische Temperatur- („warm" bzw. „kühl") und Niederschlagsanomalien („feucht", gestrichelt umrahmte Gebiete, bzw. „trocken", punktiert umrahmte Gebiete) sowie Hauptstrahlstromrichtungen während eines El-Niño-Ereignisses (verschiedene Quellen, insbesondere ROPELEWSKI und HALPERT, 1987, hier nach WMO, 1998, sowie CUBASCH und KASANG, 2000, verändert).

re oder gar Waldbrände große Teile der Vegetation vernichteten. Diese wenigen Hinweise deuten darauf hin, dass die ökologischen Folgen von El-Niño-Ereignissen teils positiv und teils negativ sind. Im Ozean, wo das nährstoff- und somit fischreiche kalte Auftriebswasser bei El-Niño-Ereignissen durch nährstoff- und fischarmes Warmwasser verdrängt wird, sind die ökologischen und sozioökonomischen Folgen überwiegend negativ, obwohl auch das differenziert zu betrachten ist (ARNTZ und FAHRBACH 1991).

Für das Verständnis des Wechselspiels zwischen El-Niño- und La-Niña-Ereignissen und deren klimatologische Auswirkungen ist nun die Verknüpfung der betreffenden ozeanisch-atmosphärischen Phänomene von grundlegender Bedeutung. Abb. 89 zeigt dazu ein drastisch vereinfachtes, inzwischen aber sozusagen klassisches Schema des **El-Niño-Zyklus.** Daran ist nicht nur zu erkennen, dass zu einem El-Niño-Ereignis z.B. starker Niederschlag in Canton Island (3°S 172°W) und hoher Luftdruck in Djakarta (früher Batavia) gehört (bei La Niña entsprechend umgekehrt), sondern auch, dass ein El-Niño-Ereignis (EN) bereits Vorgänge auslöst, die es wieder abbauen (negative Rückkopplung) bzw. der daraus entstehende Antimodus bereits wieder den Keim der Neuinitiierung in sich trägt. Man kann theoretisch zeigen, dass starke El-Niño-Ereignisse einen Zeitabstand von zwei bis drei Jahren nicht unterschreiten können, in Übereinstimmung mit der Empirik.

Weiterhin ist sehr bemerkenswert, dass dieses EN-Wechselspiel mit auffälligen Luftdruckschwankungen der Südhemisphäre, der **Southern Oscillation** (SO) in prägnanter Antikorrelation steht, so dass man insgesamt vom **ENSO-Mechanismus** spricht. Diese Oszillation (SO) wird anhand der meridionalen bodennahen

Luftdruckdifferenz zwischen Darwin (Nord-Australien) und Tahiti definiert (Djakarta liegt relativ nahe bei Darwin, Canton Island relativ nahe bei Tahiti; s. dazu auch Anhang A.4), wobei eine große Luftdruckdifferenz einen hohen (standardisierten, vgl. NAO, Kap. 5.3.9) SO-Index SOI bedeutet bzw. umgekehrt. Die in Abb. 87 gezeigten EN- und SOI-Zeitreihen zeigen nicht nur die variable Ausprägung der El-Niño-Ereignisse, sondern auch deren deutliche Antikorrelation mit dem Southern Oscillation Index SOI. Zudem sind seit ca. 1960 Trends zu höheren EN- bzw. niedrigeren SOI-Werten erkennbar.

Bei der Modellierung des ENSO-Zyklus und der Vorhersage von El-Niño-Ereignissen mit einer Reichweite von einigen Monaten hat es in den letzten Jahren deutliche Forstschritte gegeben (LATIF ET AL. 1994, LATIF 1998, OBERHUBER et al., 1998). Ob allerdings ein Zusammenhang zwischen El-Niño-Ereignissen mit starken Vulkanausbrüchen besteht (GRAF 1986 weist darauf hin, dass sie mit hoher Wahrscheinlichkeit innerhalb von ein bis zwei Jahren auf starke Vulkanausbrüche folgen; nach DENHARD et al. 1997 ist dagegen der vulkanische Einfluss auf das Klima je nach ENSO-Phase unterschiedlich) oder ob sie aufgrund anthropogener Einflüsse häufiger werden (TIMMERMANN 1999) ist noch nicht endgültig geklärt.

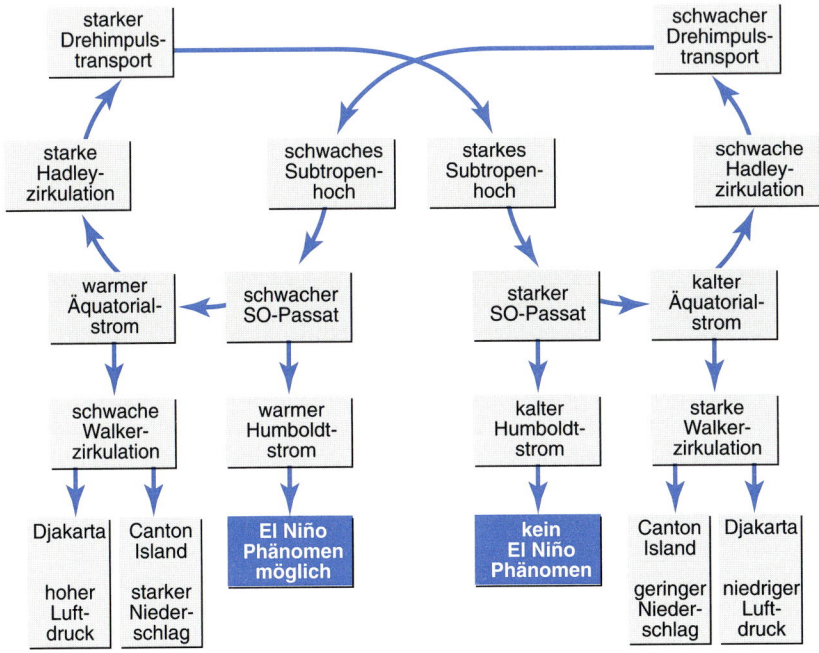

Abb. 89
El Niño/Southern Oscillation (ENSO)-Zyklus (nach WARNECKE, *hier nach* FORTAK, *1982, bzw.* ARNTZ *und* FAHRBACH, *1991, verändert); vgl. Text.*

7 Zirkulation der Kryosphäre und Lithosphäre

Nicht nur Atmosphäre und Ozean, sondern auch die Eisgebiete der Erde (Kryosphäre) und die feste Erde (Lithosphäre) zirkulieren, allerdings gegenüber insbesondere der Atmosphäre, aber auch dem Ozean, mit sehr geringer charakteristischer Geschwindigkeit. So werden beispielsweise die Bewegungen der Gebirgsgletscher, falls sie zu Veränderungen der Flächenbedeckung führen (Rückzüge und Vorstöße), erst nach Jahrzehnten oder Jahrhunderten offenbar und die zirkulationsbedingten Veränderungen der großen polaren Eisschilde benötigen dafür sogar Jahrtausende. Die Kontinentaldrift schließlich, ist ein Vorgang, der viele Jahrmillionen in Anspruch nimmt. Alles das ist, wenn auch in verschiedenen Zeitskalen, klimarelevant, da es die Randbedingungen der ozeanischen und atmosphärischen Zirkulation verändert.

7.1 Kryosphäre

Einige Grundcharakteristika der Kryosphäre sind bereits in Kap. 2.3 und 4.8 behandelt worden. Hier geht es nun um die Erkenntnis, dass nicht nur Atmosphäre und Ozean (vgl. Tab. 13), sondern auch das Eis der Erde, die Kryosphäre, zirkuliert, freilich sehr viel langsamer als die Atmosphäre und sogar noch bedeutend langsamer als der Ozean. Da das Meereis meist einer vom Jahresgang geprägten, mit dem Ozean eng gekoppelten Eigendynamik unterliegt und im Übrigen in Masse und Volumen gegenüber dem **Landeis** (Tab. 11) überaus gering ist, soll nun die Zirkulation dieses Landeises in den Blickpunkt rücken.

Allgemein gilt für die später im Einzelnen regional zu betrachtenden Landeisgebiete, dass deren Massenbilanz von der **Akkumulation** C (Schneefall, ggf. Lawinenablagerungen, Treibschneesedimentation, Reifbildung sowie Gefrieren von Schmelzwasser) und **Ablation** A (Abfluss von Schmelzwasser, Verdunstung, Winddrift sowie Kalben, d.h. Abbrechen mehr oder weniger großer Eisblöcke im Ablationsgebiet einschließlich Treibeisbildung durch an den Ozean grenzende Gletscher) bestimmt wird. Wie beim Energiehaushalt (4.11) und Wasserkreislauf (4.35) gilt auch hier eine **Bilanzgleichung**, die für ein abgeschlossenes Eisgebiet mit der Gesamtbilanz B die Form

$$B + C - A = 0 \tag{7.1}$$

hat (WILHELM 1975; dort auch weitere Details). Im stationären Fall ist C = A und B = 0; ist C > A, ist B > 0 und es kommt zum Eiszuwachs, ein Gebirgsgletscher wird dann vorstoßen, andernfalls zieht er sich zurück. B, C und A werden üblicherweise in mm Wasseräquivalent angegeben und sind daher in die Wasserbilanzgleichung einbeziehbar.

Wie Abb. 90 zeigt, gibt es bei jedem **Gebirgsgletscher** ein Gebiet, i.A. das obere, in dem C überwiegt, und ein dazu komplementäres, in dem A überwiegt, getrennt von der sog. Firnlinie. Diese Gegebenheiten einschließlich Gleichung (7.1) sind jedoch nicht zeitlich konstant. Man unterscheidet daher Akkumulations- (i.A. Winter) und Ablationsperiode (i.A. Sommer), je nachdem, ob am/im betreffenden Tag/Monat C bzw. A überwiegt. Für die Massenbilanz eines Gesamtjahres ergibt sich dann wie gesagt Vorstoß bzw. Rückzug bzw. Stationarität.

Von diesem Verhalten ist die eigentliche **Eiszirkulation** zu unterscheiden, die allerdings nicht geschlossene Stromlinien aufweist, sondern offene, die von der Akkumulations- zur Ablationszone gerichtet sind (vgl. wiederum Abb. 90). Unter kryosphärischer Zykluszeit versteht man dann die Partikeltransportzeit von der obersten Ablationszone (Vereinnahmung) bis zum Ausfluss aus der Ablationszone. Hinsichtlich des Massentransports werden die Stromlinien über den Wasserkreislauf geschlossen (vgl. Kap. 4.7). Bei einem mittleren Gebirgsgletscher (meist Hängegletscher mit steilerer Bruchzone im oberen und flacherer Zungenzone im unteren Bereich) liegt die Oberflächenfließgeschwindigkeit bei ungefähr 10–50 ma^{-1}; sie nimmt in der unteren Hälfte der Eisauflage rasch bis auf wenige

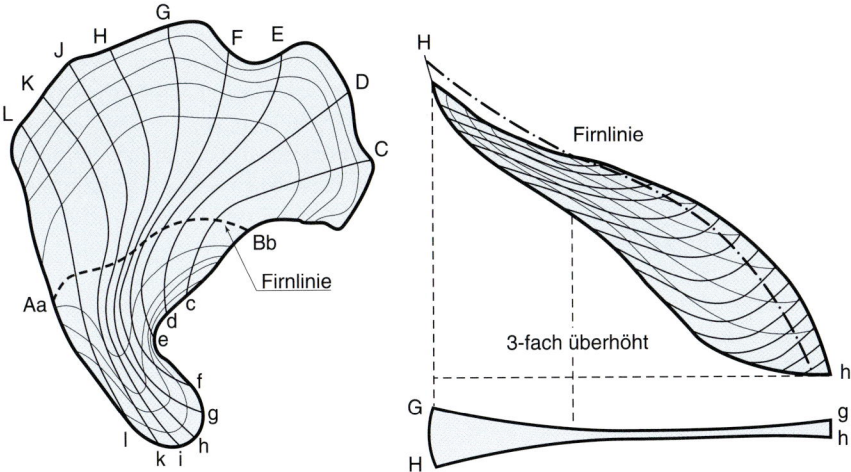

Abb. 90
Schematische Topographie (Horizontal-, links, und Vertikalschnitt, rechts), gestrichelt, Fließlinien, ausgezogen, und Firnlinie, strichpunktiert, eines Gebirgsgletschers (nach FINSTERWALDER, 1987, hier nach WILHELM, 1975).

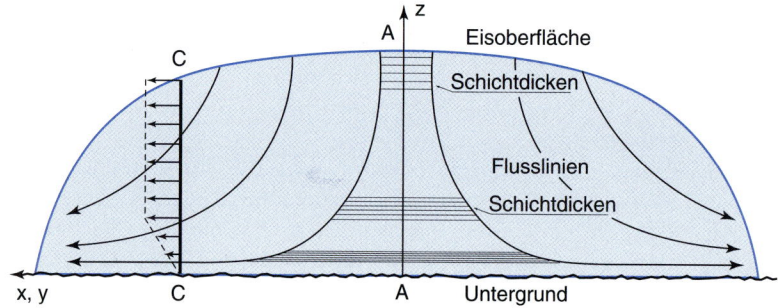

Abb. 91
Schematische Topographie (Vertikalschnitt) und Fließlinien eines großen Inlandeises (nach DANSGAARD, 1980, verändert).

Meter pro Jahr in der Nähe des Felsuntergrundes ab. Im Einzelnen reicht das Verhältnis von der Grund- zur Oberflächengeschwindigkeit von 0.1 bis 0.9 (WILHELM 1975) und beträgt beispielsweise beim Aletschgletscher (Schweiz, größter Alpengletscher) 0.5 bei einer mittleren Eisdicke von rund 140 m.

Für die großen **Inlandeisschilde**, wie wir sie derzeit in Grönland und vor allem in der Antarktis vorfinden, gelten ganz andere Größenordnungen. Abb. 91 zeigt dazu ein Modellbild des Schichtaufbaus und der Strömungsverteilung, wobei der antarktische Eisschild eine Dicke bis zu rund 3.5 km aufweist. Die Stromlinien sind im Zentrum (Gleichgewichtshöhe) senkrecht, in den Randgebieten schräg nach unten gerichtet und biegen unten seitwärts aus, so dass im unteren und Randbereich im Wesentlichen die Ablation erfolgt. Dabei wächst die Fließgeschwindigkeit mit der Entfernung von der Gleichgewichtshöhe von Werten um ca. 1 ma^{-1} auf die Größenordnung 100–150 ma^{-1} an (WILHELM 1975), was Zykluszeiten von grob 100–1000 a ergibt (zu unterscheiden von potentiellen Abschmelzzeiten; vgl. Kap. 2.3, 12.3). Das Zentrum des antarktischen bzw. grönländischen Eisschildes enthält bis zu ca. 300×10^3 bzw. 200×10^3 Jahresschichten, die nach unten hin bei zunehmendem Eisdruck immer dünner werden. Während die Temperatur der obersten Eisschichten noch am Jahresgang teilnimmt (bis 50–100 m Tiefe; dabei in der Antarktis Temperaturen um −30 °C), nimmt wegen dieses Druckes die Temperatur mit der Tiefe zu, um in der Nähe des Felsuntergrundes Schmelztemperatur zu erreichen. Dagegen treten bei Gebirgsgletschern mittlerer geographischer Breite Schmelztemperaturen in den oberen Schichten der Ablationszone regelmäßig im Verlauf des Jahresganges ein.

7.2 Lithosphäre

Als Lithosphäre wird der **Gesteinsanteil**, gelegentlich auch die gesamte feste Erde (Geosphäre im engeren Sinn) bezeichnet (vgl. Kap. 2.3). Fasst man diese Definition großzügig auf, so ist auch hier eine Zirkulation festzustellen, sogar ähnlich wie bei Atmosphäre und Ozean letztlich in geschlossenen Stromlinien, jedoch so langsam, dass die Lithosphäre nach Atmosphäre, Ozean und Kryosphäre den letzten Rangplatz hinsichtlich der „Strömungsgeschwindigkeit" und Zykluszeit einnimmt.

Dabei ist es wichtig zu wissen, dass sich die obere feste Erde (Erdkruste, bis ca. 30 km Tiefe; danach folgen der Erdmantel bis ca. 3000 km Tiefe und danach der äußere und innere Erdkern; KERTZ 1971, RIDLEY 1979,) in **Platten** aufgliedern lässt, deren Grobstruktur in Abb. 92 dargestellt ist. Diese Platten sind in unterschiedlicher Bewegung, als **Kontinentaldrift** bezeichnet (WEGENER 1921, 1922, RIDLEY 1979), angetrieben von aufquellendem Erdmaterial im Bereich der ozeanischen Rücken (mit submarinen Gebirgen verbunden), sog. **Sea Floor Spreading** (Meeresbodenspreizung). An anderen Stellen, wo sich die Platten aufeinander zu bewegen, kommt es zu **Kollisions- bzw. Subduktionszonen** mit Gebirgs-, u.U. auch Tiefseegrabenbildung. Diese sind zugleich tektonische Unruhezonen mit Erdbeben und Vulkanen. Vulkanismus gibt es allerdings auch außerhalb dieser Kollisionszonen, wie auf Hawaii, wo heiß-flüssiges Erdmaterial (konvektiv) relativ oberflächlich ansteht (Hot Spot Volcanism).

Die **lithosphärische Konvektion** erfasst im Mittel die oberen ca. 4 km der Erde und die oberflächennahen Horizontalgeschwindigkeiten erreichen dabei Werte in der Größenordnung von einigen mm a^{-1} bis cm a^{-1}. Daraus ergibt sich

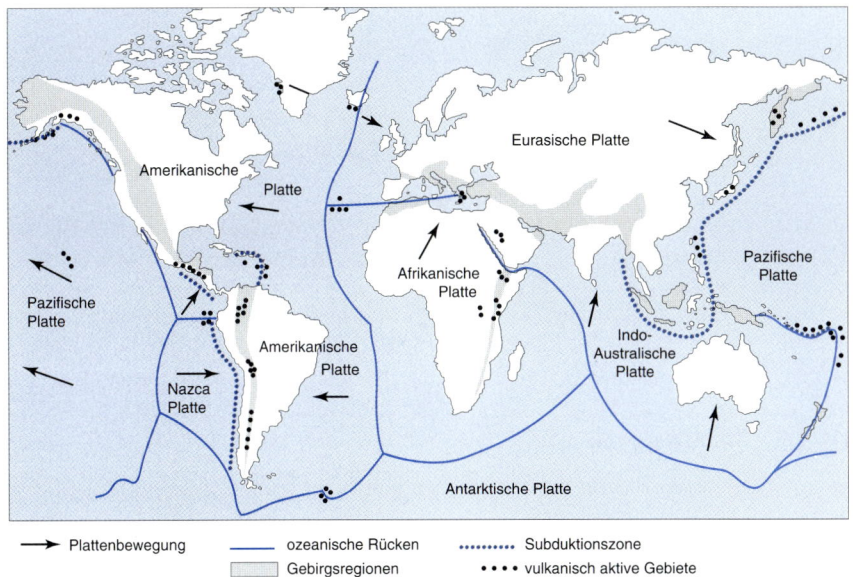

Abb. 92
Grobschema der „tektonischen Platten", ihrer Bewegungsrichtungen, Gebirgsbildungszonen (Punktraster), Subduktionszonen (••) und vulkanisch aktive Gebiete (••) (nach RIDLEY, 1979, verändert).

nach RIDLEY (1979) eine mittlere Zykluszeit von ca. 300×10^6 a. In dieser zeitlichen Größenordnung haben sich enorme **Änderungen der Land-Meer-Verteilung** und somit der kartographischen Oberflächenstruktur der Erde ergeben, wie es in Abb. 93 zum Ausdruck kommt. So bildeten beispielsweise vor rund 450×10^6 a die heutigen Kontinente Südamerika, Afrika, Australien, Antarktis und der indische Subkontinent einen zusammenhängenden Urkontinent Gondwania, der sich relativ zum geographischen Südpol so bewegte, dass in dieser geologischen Epoche das heutige Nordafrika eine polständige Situation mit entsprechenden Vereisungen annahm (Silur-Ordovizium, näherers in Kap. 11.3; paläogeographische Kartographie nach SMITH et al. 1982).

Vor ca. 60×10^6 a, zu Beginn des Tertiärs, gab es dann schon gewisse Ähnlichkeiten zu heute. Dennoch waren damals beispielsweise Süd- und Nordamerika sowie Indien und Asien noch getrennt und das heutige Mittelmeer war nach Osten offen (Tethys). Dies alles hatte enorme Auswirkungen auf die ozeanische Zirkulation und das Klima, wie es zum Teil in Kap. 11 beleuchtet wird. Lithosphärisch-geologische Modellrechnungen übrigens lassen nicht nur solche Rekonstruktionen, sondern auch Vorhersagen zu. Danach wird in 50×10^6 a (Zukunft) z.B. Nord- und Südamerika wieder getrennt, das Mittelmeer sehr viel

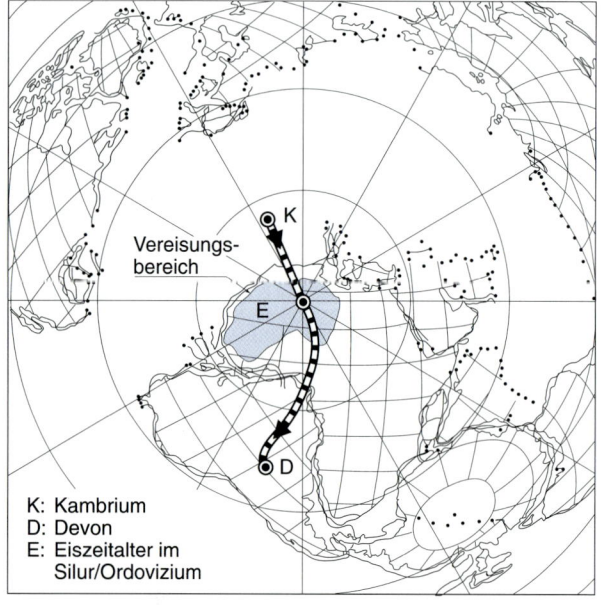

Abb. 93

Paläogeographie ca. 440×10^6 Jahre v.h. (Silur/Ordovizium), Relativbewegung des geographischen Südpols zwischen Kambrium (K) und Devon (D) sowie Vereisungsgebiet (blau) des Silur-Ordovizischen Eiszeitalters (vgl. dazu auch Kap. 11, Tab. 20; verschiedene Quellen, insbesondere FRAKES, 1979, sowie SMITH et al., 1982, kombiniert und verändert).

Tab. 13 Grobübersicht der Zirkulation im Klimasystem (vgl. dazu auch Abb. 14).

Komponente	chakterist. Geschwindigkeit	charakterist. Zykluszeit
Atmosphäre	$10 \text{ m s}^{-1} \approx 40 \text{ km h}^{-1}$	10 d *)
Ozean (Mischungsschicht)	0.5 km h^{-1}	10 a
Kryosphäre (polare Eisschilde)	10 m a^{-1}	$10^2 - 10^3$ a
Lithosphäre (Kontinentaldrift)	$(\text{mm–cm}) \text{ a}^{-1}$	$\approx 300 \times 10^6$ a

*) troposphärischer Wasserkreislauf.

kleiner (und dann wohl ausgetrocknet, was sich übrigens in geologischen Zeit-skalen schon mehrfach ereignet hat), Grönland weiter von Europa weg und Aus-tralien in den Äquatorialbereich gewandert sein.

Einen groben Überblick der charakteristischen Geschwindigkeiten und Zyklus-zeiten in den einzelnen Komponenten des Klimasystems (vgl. dazu auch Kap. 2.3 und 2.5, insbesondere Abb. 14) bringt Tab. 13. Daraus sind die enormen Unter-schiede zwischen der sozusagen schnellsten Komponente, der Atmosphäre, und der langsamsten, der Lithosphäre, ersichtlich.

8 Beobachtete Charakteristika der Klimaelemente

Die Klimaelemente, die prinzipiell bereits in Kap. 3 vorgestellt worden sind und über deren räumliche Grobstrukturen aufgrund der atmosphärisch-ozeanischen Zirkulationsgegebenheiten (Kap. 5 und 6) gewisse Erwartungen bestehen, werden nun in ihren beobachteten räumlich-jahreszeitlichen Charakteristika beschrieben, zum Teil auch hinsichtlich ihrer vertikalen Strukturen. Erwartungsgemäß bestehen dabei besonders enge Beziehungen zwischen den Luftdruckstrukturen und der atmosphärischen Zirkulation, unter Hinzunahme der Bewölkung auch mit dem Niederschlag, sowie zwischen der bodennahen Lufttemperatur und der Strahlungsbilanz an der Erdoberfläche. Nicht nur über dem Ozean, sondern auch über Land ist die räumliche Verteilung sowie Tages- und Jahresamplitude der Temperatur auch von der ozeanischen Zirkulation deutlich beeinflusst.

Nach den grundlegenden Definitionen (Kap. 2, 3), den physikalischen Grundlagen (Kap. 4) und der Betrachtung der Zirkulation in den einzelnen Komponenten des Klimasystems (Kap. 5–7) besteht eine gewisse Erwartung hinsichtlich der tatsächlich beobachteten räumlich-zeitlichen Charakteristika der Klimaelemente (Kap. 3.1), der nun im Sinn einer empirischen Verifizierung dieser Erwartung nachgegangen werden soll. Da es dabei vor allem um den **gegenwärtigen Klimazustand** geht (wie er auch immer definiert sein mag; vgl. dazu Kap. 2.5, Abb. 13, und Kap. 2.7) und zunächst noch nicht um Klimaänderungen auf relativ großen Zeitskalen (diese klimageschichtliche Betrachtung folgt in Kap. 11), ist die relativ rasch agierende Zirkulation der Atmosphäre und des Ozeans von besonderer Bedeutung; denn in den **beobachteten räumlichen Strukturen der Klimaelemente** spiegeln sich diese Zirkulationsmechanismen wider. Aus diesem Grund erübrigt sich im Folgenden auch eine allzu detaillierte Kommentierung dieser Strukturen.

Traditionsgemäß betrachten wir diese räumlichen klimatologischen Strukturen – bis auf wenige Ausnahmen (Vertikalprofile) – in Bodennähe, somit die (horizontalen) **Feldverteilungen** in der untersten Atmosphäre, die hinsichtlich der Klimaauswirkungen von besonderem Interesse sind. Selbstverständlich ist für das Verständnis dieser Feldstrukturen die dreidimensiomale Betrachtung der atmosphärischen Zirkulation notwendig. Zu den empirischen Charakteristika des gegenwärtigen Klimas gehören im Übrigen auch die **zeitlichen Strukturen**, insbesondere die **Jahres- und Tagesgänge**, die hier ebenfalls nur in Bodennähe, aber zunächst nur am Rande betrachtet werden; im Rahmen der Klimadiagramme (Kap. 9.3) und Klimaklassifikation (Kap. 9.4) ist darauf aber näher einzugehen.

Im statistischen Sinn handelt es sich bei den räumlichen Strukturen im Folgenden weitgehend um Mittelwertkarten der wichtigsten Klimaelemente, beruhend auf 30- bzw. zehnjährigen Beobachtungsintervallen. Auf die eigentlich ebenso wichtigen Variabilitätskarten sowie Spezialkarten (z.B. bestimmter Flussgrößen) wird hier verzichtet (s. hierzu z.B. HANTEL 1989).

8.1 Luftdruck und Wind

Gerade vor dem Hintergrund der physikalischen Grundlagen (Kap. 4) und Zirkulation der Atmosphäre (Kap. 5; vgl. insbesondere Abb. 63–68) ist die Verifikation der erwarteten Charakteristika der **Feldverteilung des Luftdrucks** und damit verknüpften **Luftbewegung** von grundlegender Bedeutung. Zudem sind damit die Feldverteilungen der weiteren Klimaelemente eng verknüpft.

Ausgelöst wird die Luftbewegung durch räumliche **Luftdruckunterschiede**, so dass Wind und Luftdruck eine untrennbare Einheit bilden. Die weitaus größere zeitliche und räumliche Variabilität des Windes, dies wiederum ganz besonders in Bodennähe, die mit einer entsprechend größeren Unsicherheit und Ungenauigkeit der Messung einhergeht, hat in der Klimatologie schon immer zu einer Bevorzugung der Betrachtung der Luftdruckkonstellationen geführt, die – zumindest was den geostrophischen Wind betrifft (in der bodennahen Reibungsschicht potentiell bzw. theoretisch; vgl. Kap. 4.3, 4.4) – einen direkten Schluss auf den Windvektor zulassen.

So enthalten Abb. 94 und 95 die globale, auf Meeresniveau reduzierte **Luftdruckverteilung** im Januar und Juli (Klimanormalperiode 1931–1960). Beim **Horizontalwind** (Pfeile) ist allerdings versucht worden, die geotriptischen (Kap. 4.4) Gegebenheiten zu berücksichtigen (hier nur Strömungsrichtung). Die ITK ist als dick ausgezogene Linie eingezeichnet. Zu der in Kap. 5.2 und 5.3 besprochenen Polarfront (PF) tritt auf der Südhalbkugel ihr Gegenstück, die Antarktikfront (AAF). Auf der Nordhalbkugel haben die wesentlich größeren Störungen durch die Land-Meer-Verteilung und die z.T. damit zusammenhängende größere Variabilität die Autoren (LILJEQUIST und CEHAK 1984) dazu veranlasst, neben der Polarfront (PF) weiter polwärts noch eine Arktikfront (AF) sowie eine Innerarktikfront (AF) zu unterscheiden.

Dem Leser sei es überlassen, im Einzelnen die Parallelen zu Abb. 64 zu entdecken. Explizit hingewiesen sei auf:

- Die Südwanderung der ITK im Südsommer (= Nordwinter; Januar) im Bereich Südamerika und Afrika/Indik/Indonesien im Gegensatz zum viel wei-

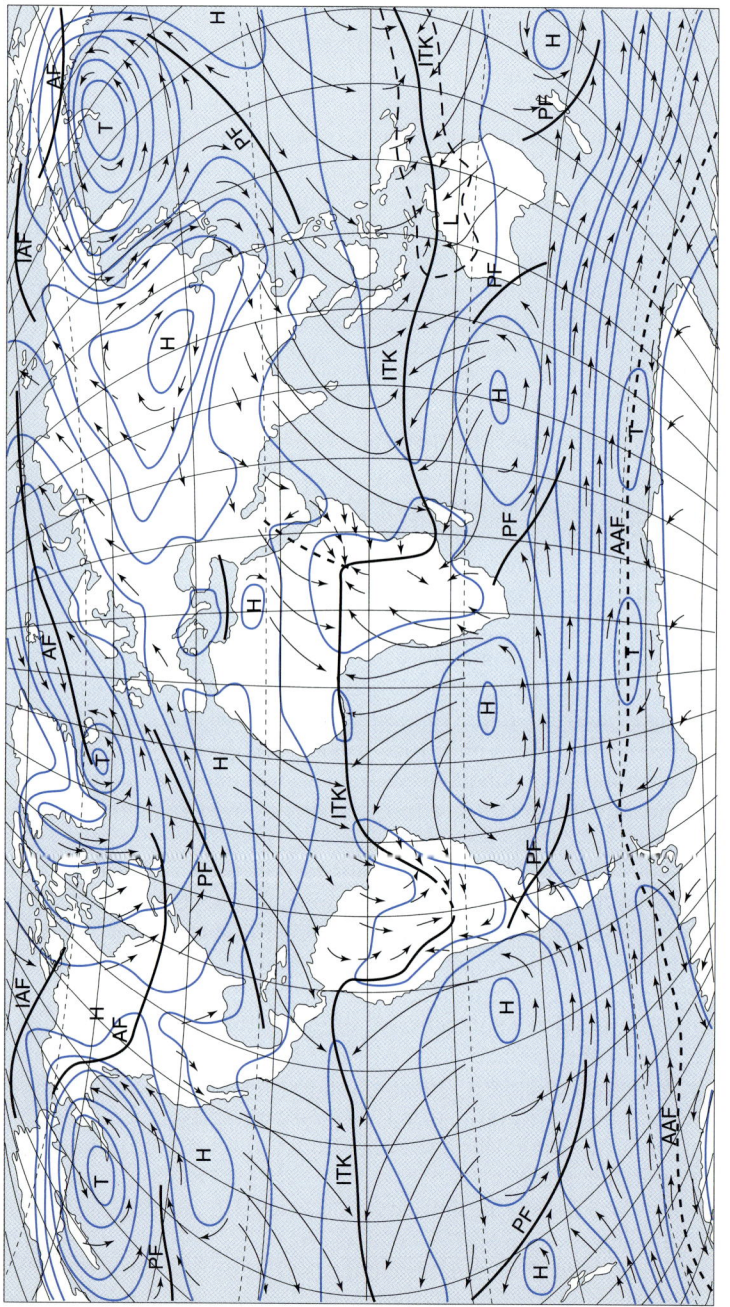

Abb. 94

Luftdruck in Meeresspiegelhöhe (hPa), vorherrschende Windrichtungen, Frontalzonen (PF = Polarfront, AF = Arktikfront, IAF = innere arktische Front, AAF = Antarktikfront) und innertropische Konvergenzzone (ITK) im Januar, Bezugsintervall 1931–1960 (nach LILJEQUIST und CEHAK, 1984).

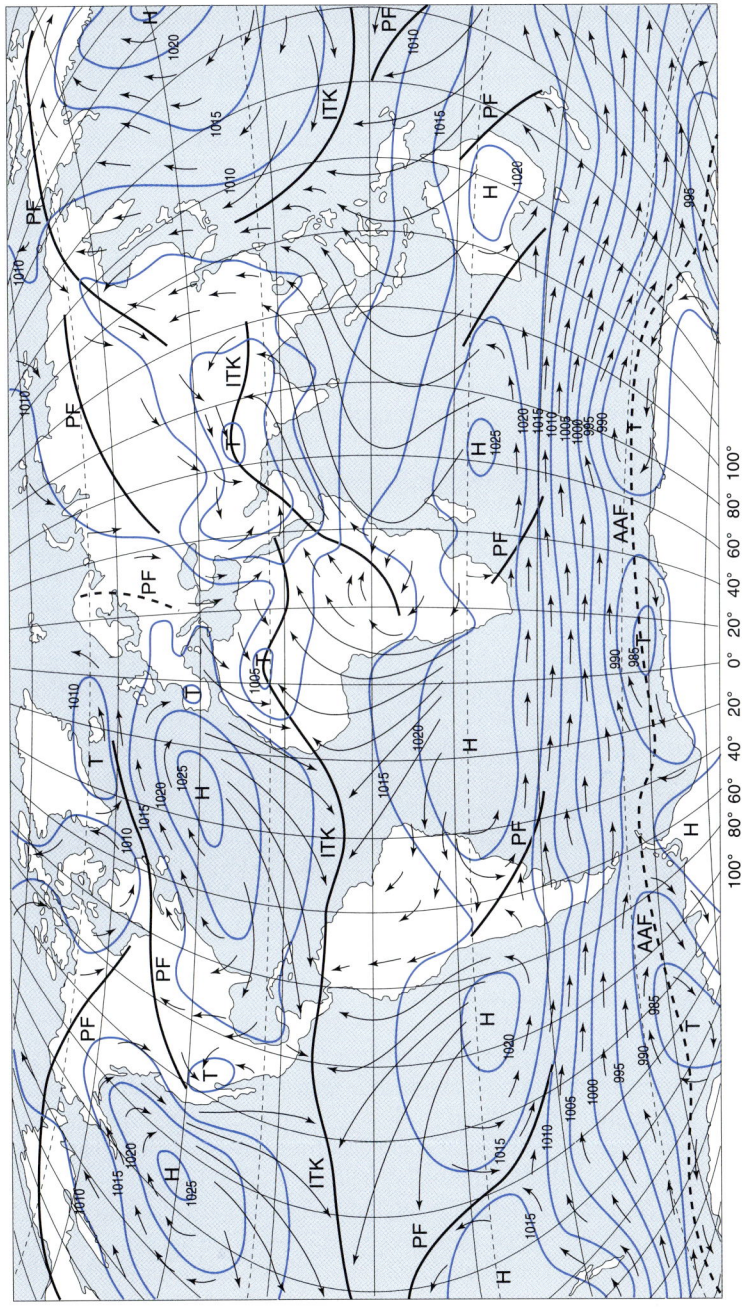

Abb. 95
Ähnlich Abb. 94, jedoch Juli.

ter nördlichen Verlauf im Nordsommer, dies ganz besonders im Bereich 40°–120°E (Monsun; vgl. Kap. 5.3.1); die ITK-Aufspaltung im Nordsommer über Afrika;

• das mächtige asiatische Kältehoch und die subpolaren marinen Tiefs der Nordhalbkugel im dortigen Winter (Islandtief im Winter intensiver als im Sommer; generell Hochdruckneigung im kontinentalen Winter, Tiefdruckneigung im kontinentalen Sommer);

• sehr weitgehendes Eintreten der Idealvorstellungen auf der Südhalbkugel wegen des geringen Landanteils und der polkonzentrischen Anordnung der Antarktis (was die atmosphärische Zirkulation entsprechend wenig modifiziert; dabei intensive, wenig variable Westdrift zwischen ca. 40°–70°S).

In Abb. 96 sind, ebenfalls für Januar und Juli, außer den mittleren Windrichtungen auch die **mittleren Windgeschwindigkeiten** angegeben. Man erkennt, dass im Juli relativ hohe Werte (über ca. 10 ms⁻¹) im Bereich des Passats und der Westwinddrift der Südhalbkugel auftreten, im Januar dagegen mehr auf der Nordhalbkugel (Westwinddrift über dem Nordatlantik und Nordpazifik, Passat des tropischen Atlantiks). Davon sind freilich die weitaus größeren Maximalwinde im Bereich tropischer Wirbelstürme, Tornados und ektropischer Sturmtiefs, im Übrigen auch bei Föhn u.a., zu unterscheiden.

Bisher bekannt gewordene globale **Luftdruckrekorde** (bodennahe Atmosphäre, auf Meeresspiegelhöhe reduziert) bewegen sich zwischen 856 hPa (im „Auge" eines Taifuns bei Okinawa, Japan, Datum unbekannt) und 1083.8 hPa (31.12.1968, Agata, ehemalige UdSSR, somit im sibirischen Kältehoch; HUPFER und KUTTLER 1998). Beim **Wind** gehen sowohl stündliche Mittelwerte als auch, und dies ganz besonders, kurzfristige Böen weit über die in Abb. 96 angegebenen klimatologischen Mittelwerte hinaus (vgl. auch Kap. 3.1.3). Extreme Werte zerstören die Messgeräte und sind daher nur spekulativ bzw. indirekt (geostrophische Relation) bekannt. Als höchster aufgetretener Wert in Bodennähe gelten ca. 450 kmh⁻¹ in einem Tornado bei Wichita Falls, Texas, USA (Datum unbekannt; HUPFER und KUTTLER 1988).

8.2 Luft- und Wassertemperatur

Die thermischen Gegebenheiten der Erdoberfläche bzw. bodennahen Atmosphäre (i.A. 2 m über Grund; vgl. Kap. 3.1.1) werden vom solaren Strahlungsangebot (Kap. 4.1) und den Strahlungsprozessen sowie den Wärmeflüssen des Systems Erdoberfläche–Atmosphäre (vgl. Kap. 4.2) gesteuert. Trotz gewisser Modifikationen durch die atmosphärische Zirkulation bzw. Bewölkung (Kap. 8.4) ist die horizontale Globalverteilung der mittleren bodennahen Lufttemperatur in guter erster Näherung eine Folge des solaren Strahlungsangebotes mit einem dementsprechenden Gefälle von den Tropen in die Polargebiete; vgl. Abb. 97. Bei genauerer Betrachtung fallen allerdings auch erhebliche „Isothermenverbiegungen" auf, die durch den

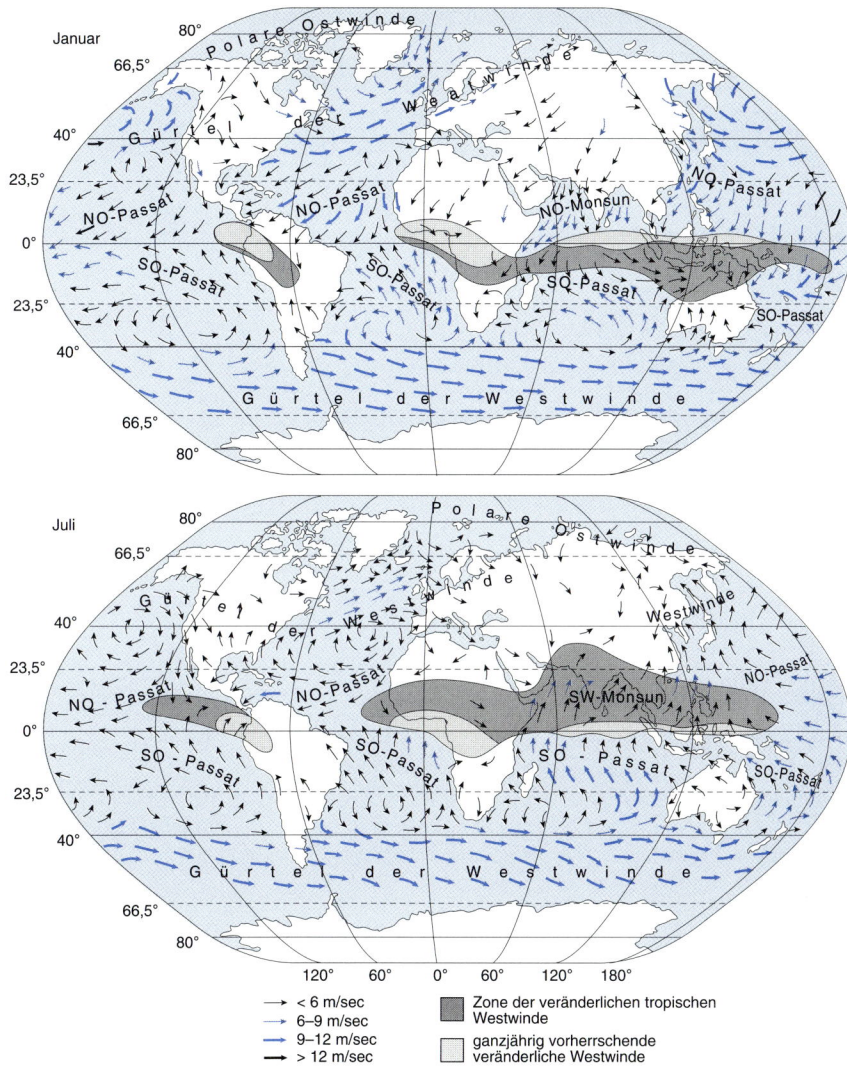

Abb. 96
Mittelwerte der Windgeschwindigkeit in Bodennähe, Januar (oben) und Juli (unten), Klasseneinteilung (ms⁻¹) siehe Legende unter den Abbildungen (nach BLÜTHGEN und WEISCHET, 1980).

Einfluss der Meeresströmungen, z.B. des Golf- und Humboldstroms (Kap. 6.2), zustandekommen. Die **Jahresmittelwerte der bodennahen Lufttemperatur** (Abb. 97) überdecken einen Bereich von rund –25 °C bis 25 °C (Globalmittel wegen des hohen Flächenanteils der Tropen bei 15 °C), die **Meeresoberflächen-**

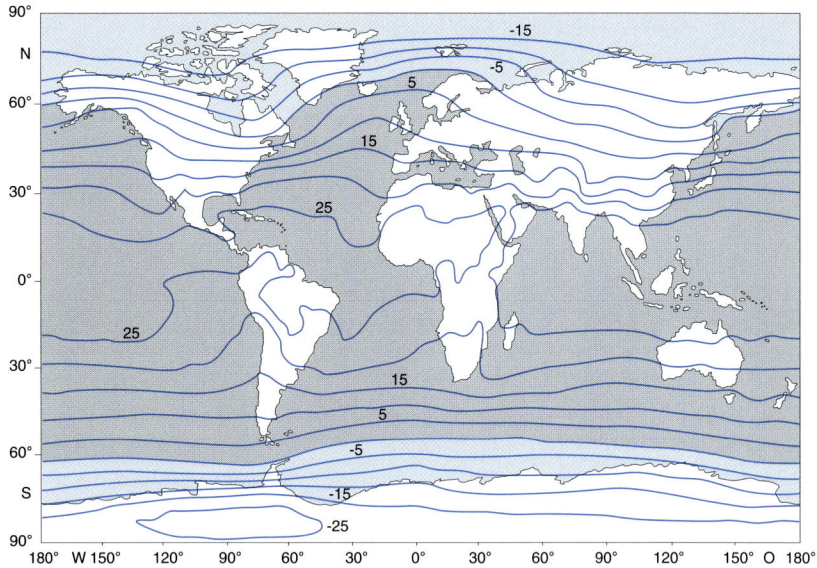

Abb. 97
Jahresmittel der bodennahen Lufttemperatur in °C (Bezugsintervall 1963–1973; nach OORT, 1983, hier nach HANTEL, 1989).

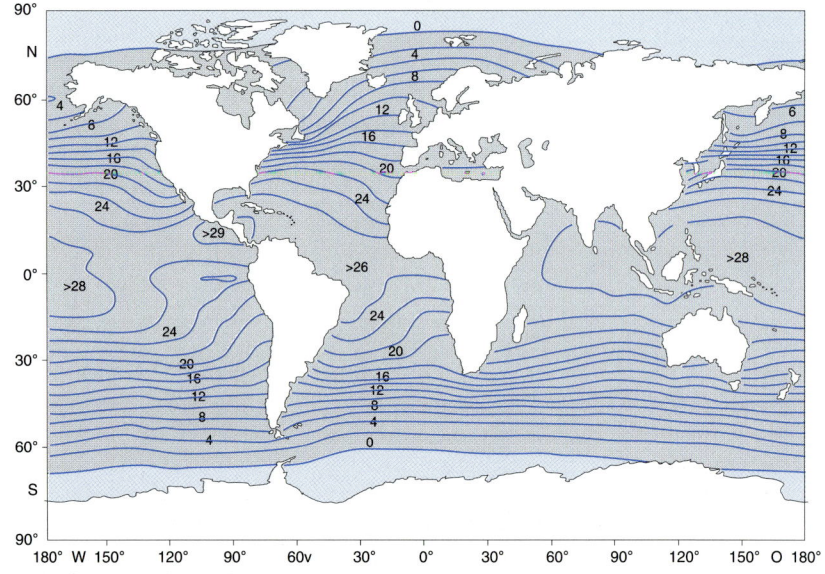

Abb. 98
Ähnlich Abb. 97, jedoch Ozean-Oberflächentemperatur (SST).

temperaturen (Sea Surface Temperatures, SST), vgl. Abb. 98, zeigen qualitativ ein ganz ähnliches meridionales Gefälle, wobei die Werte in diesem Fall einen Bereich von ca. 0 °C im Polarbereich bis ca. 28 °C in den Tropen überdecken. Im **Januar** ist der Golfstromeinfluss auf die bodennahe Lufttemperatur besonders eklatant, vgl. Abb. 99: In gleicher geographischer Breite stehen sich fast 10 °C in Südirland und −15 °C in Nordostkanada gegenüber. Die Reichweite umspannt in diesem Monat ca. 30 °C (Nordaustralien) bis ca. −35 °C (Sibirien; bezogen auf 1931–1960 gibt die entsprechende Karte von Liljequist und Cehak (1984) dort −45 °C an). In etwa die gleiche Reichweite gilt auch für den **Juli**, vgl. Abb. 100, mit einem Minimum von ca. −35 °C in der Antarktis und einem Maximum von ca. 30 °C in Nordafrika/Arabien/Indien (bezogen auf 1931–1960 nach Liljequist und Cehak in Nordafrika 40 °C).

Weitaus ausgeprägter als beim Luftdruck und überdies in den Auswirkungen sehr bedeutend sind **Tages- und Jahresgang der bodennahen Lufttemperatur**. Ebenfalls für die bodennahe Atmosphäre bringt Abb. 101 dazu drei Beispiele in Isoplethendarstellung (wobei sich hier die Isolinien auf zwei Zeitachsen beziehen). Konzentrischer Verlauf, wie vor allem im Sommer der gemäßigten Breiten, bedeutet ähnlich große Amplitude, während weitgehend horizontale Anordnung (Abb. 101 oben, Singapore, somit Tropen) auf die Dominanz des Tages-, weitgehend vertikale Anordnung (Abb. 101 unten, Mac Murdo, somit subpolare Zone) auf die Dominanz des Jahresgangs hinweist. Das relative Verhältnis von Tages- zu Jahresgang, wie es in Abb. 102 erfasst ist, könnte sogar eine Möglichkeit der Klimaklassifikation (Kap. 9.4) darstellen, da Werte von 1 in etwa mit der Tropengrenze zusammenfallen. Die inneren Tropen erreichen jedoch Werte bis über 8 (starke Dominanz des Tagesgangs). Die maximalen Temperaturjahresamplituden, die in Kap. 9 noch eine hervorgehobene Rolle spielen werden, findet man im hochkontinentalen (Kap. 9.2) Sibirien, die geringsten natürlich in den Tropen.

Diese Amplitude des Temperaturjahresganges schlägt auch in den Extremwerten durch, die von den mittleren Werten, einschließlich mittlerer Tages- und Jahresgänge, zu unterscheiden sind. Die bekannt gewordenen absoluten **Extremwerte** lauten (nach Hupfer und Kuttler 1998, dort auch viele weitere Angaben zu beobachteten Extremwerten, bzw. Deutscher Wetterdienst 2000):

- *global* 58.0 °C in Al Aziziyah (El Asisiya), Libyen (13.9.1922), somit in den wolkenarmen Subtropen der (kontinentalen) Nordhalbkugel, bzw. −89.2 °C an der antarktischen Station Vostok (21.7.1983);
- *Europa* 50 °C, Sevilla (Spanien, 4.8.1981) bzw. −55 °C Ust-Schugur (GUS, Datum unbekannt);
- *Deutschland* 40.2 °C in Gämersdorf (bei Amberg, Nordostbayern, 27.7.1983) bzw. −37.8 °C in Hüll (Kreis Pfaffenhofen/Ilm, Niederbayern, 12.2.1929).

Für 50 ausgewählte Klimastationen enthält der Anhang A.3 die Jahresgänge der mittleren und extremen bodennahen Lufttemperatur (vgl. dazu auch Kap. 9.3 und 9.4).

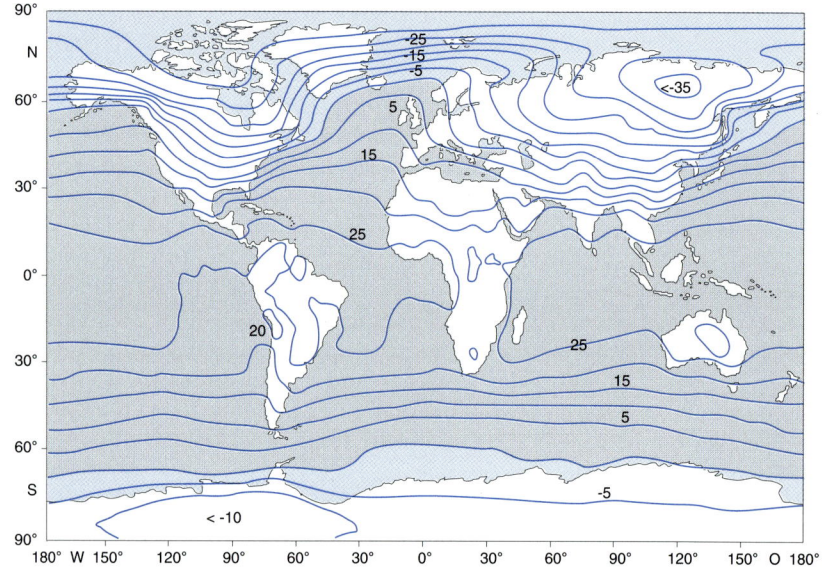

Abb. 99
Ähnlich Abb. 97, jedoch Januar (Atmosphäre).

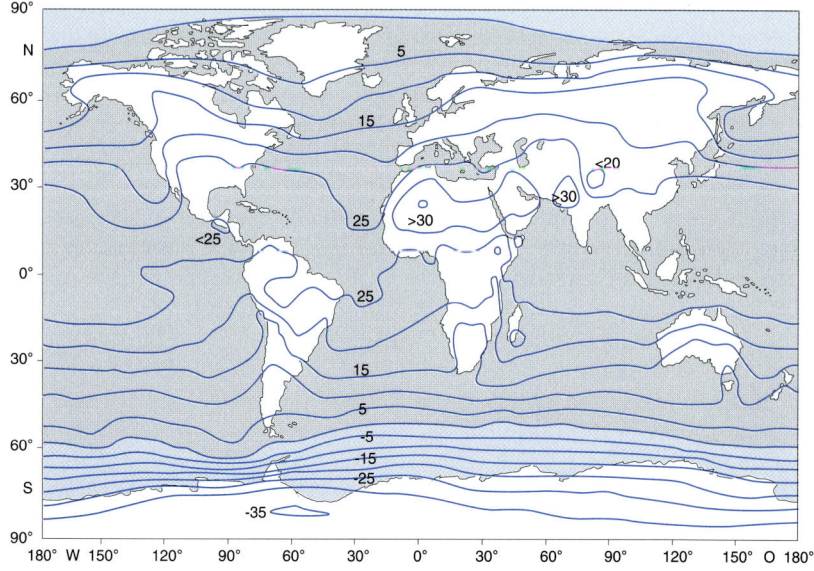

Abb. 100
Ähnlich Abb. 97, jedoch Juli (Atmosphäre).

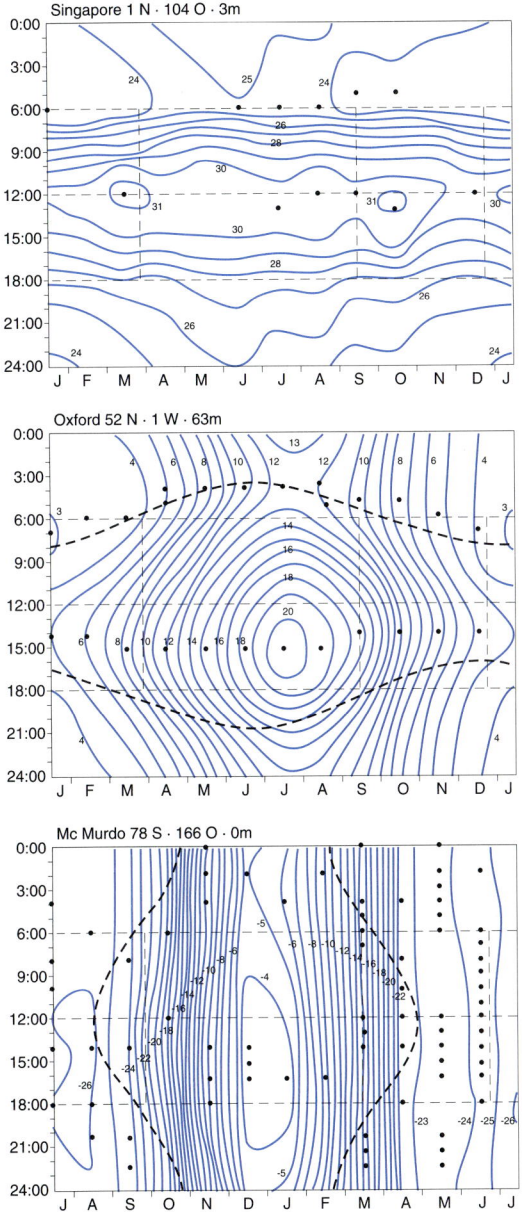

Abb. 101

*Tages- und Jahresgang (Isoplethen im Abstand 1°C) der bodennahen Lufttemperatur in °C an den ange-
gebenen Stationen (vgl. dazu Abb. 39); Die gestrichelten Linien geben die Sonnenaufgangs- bzw. -unter-
gangszeiten an (nach* TROLL, *1963, hier nach* HANTEL, *1989).*

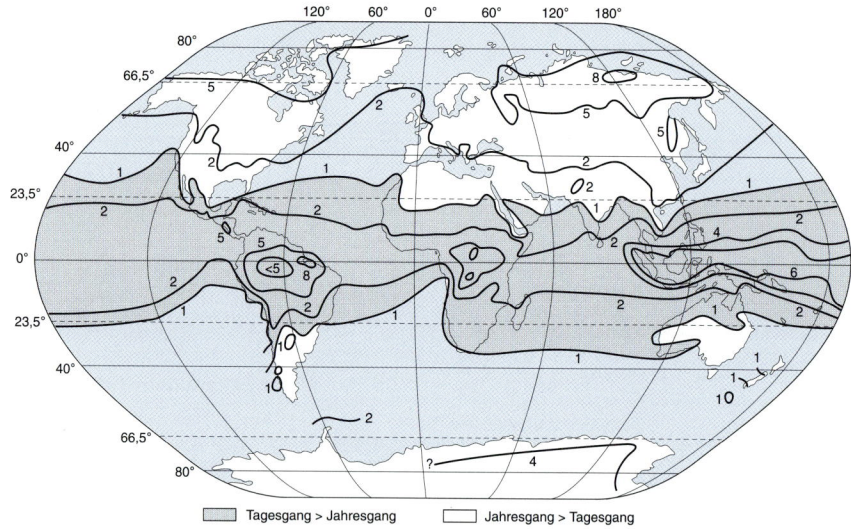

Abb. 102

Verhältnis der Tages- zur Jahresamplitude der bodennahen Lufttemperatur (in Anlehnung an PAFFEN, 1967, hier nach BLÜTHGEN und WEISCHET, 1980).

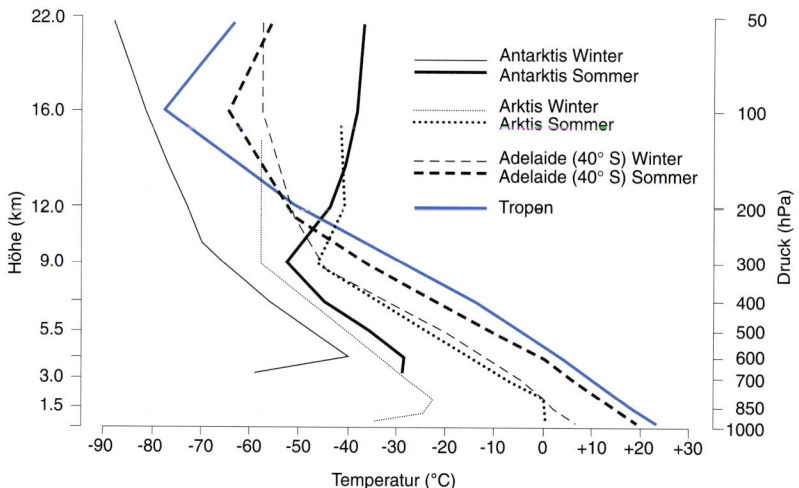

Abb. 103

Mittlere vertikale Temperaturschichtung in den angegebenen Regionen und Jahreszeiten, wobei sich bei genauerer Auflösung die tropische Tropopause in 17 km Höhe zeigt (nach WEISCHET, 1991).

Im Fall der Temperatur darf selbst bei einer noch so knappen Übersicht die meridional und jahreszeitlich unterschiedliche vertikale Schichtung nicht fehlen, da sie Aussagen über die Vertikalerstreckung der Troposphäre und die Schichtungslabilität bzw. -stabilität (vgl. Kap. 4.6) liefert. Die Abbildung 103 zeigt dazu einige Beispiele. Beachtenswert sind u.a. die starken winterlichen Inversionen im Bereich der Polargebiete; die Tropopause ist in den Tropen besonders markant und invariabel, mit, genauer betrachtet, einer Höhe von 17 km.

8.3 Verdunstung und Luftfeuchte

Hohe bodennahe Luft- und Meeresoberflächentemperatur führen zu starker Verdunstung (Kap. 4.7) und dies wiederum muss hohe Luftfeuchtigkeit (Kap. 3.1.4) zur Folge haben, soweit dies nicht, im Zuge der atmosphärischen Zirkulation, durch Absinken und somit Austrocknung der Atmosphäre verhindert wird, ggf. auch durch häufige Advektion trockener Luftmassen. Weiterhin muss die Verdunstung über dem Ozean, wo die tatsächlichen den potentiellen (maximal möglichen) Werten weitgehend entsprechen, am höchsten sein.

Wie die **Weltkarte der Verdunstung** zeigt, vgl. Abb. 104 (vgl. dazu auch alternative, recht ähnliche Karte nach BAUMGARTNER und REICHEL 1975), werden in den tropisch-ozeanischen Gebieten beidseits der ITK (verständlicherweise nicht direkt an der ITK, wegen der dortigen starken Bewölkung) mit über 2000 mm a^{-1} = 200 cm a^{-1} die Maxima beobachtet, während die subtropischen Wüsten sowie die Polargebiete der Nord- und Südhalbkugel mit Werten unter 100 mm a^{-1}

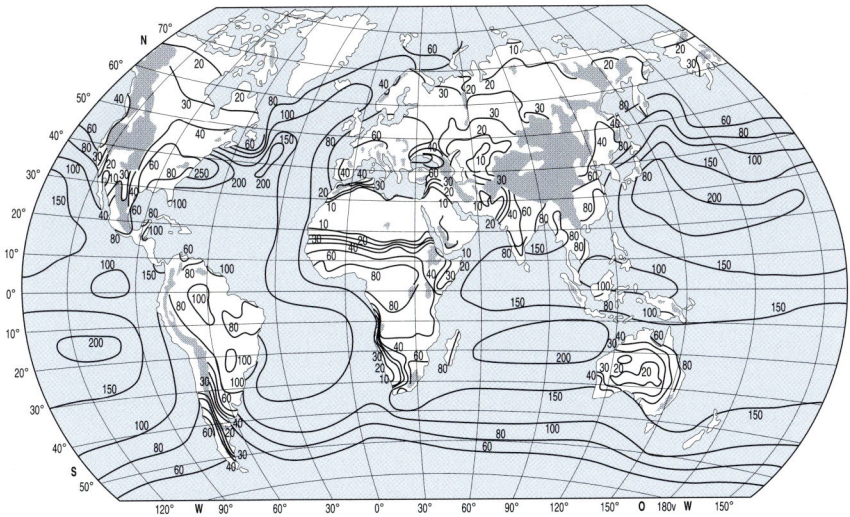

Abb. 104
Mittlere jährliche Verdunstung in cm a^{-1} nach BUDYKO, 1963, hier nach HANTEL, 1989).

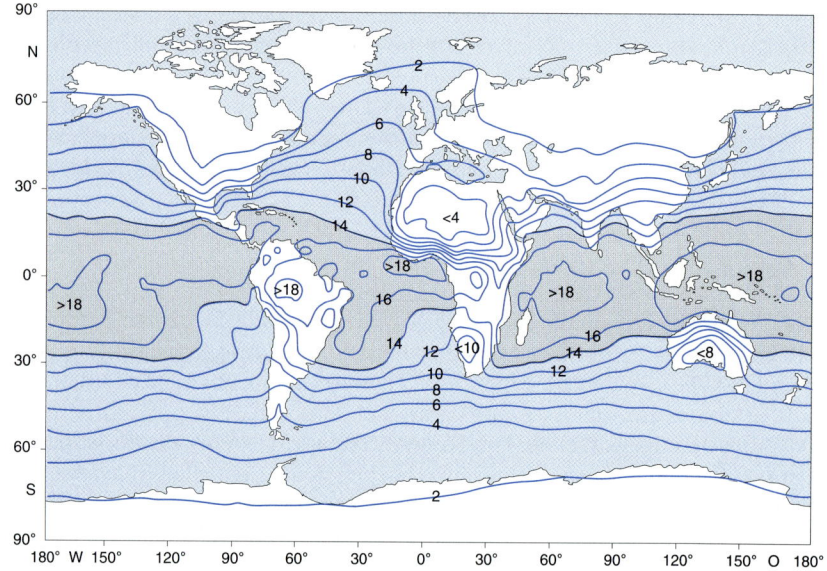

Abb. 105

Mittlere bodennahe Luftfeuchte, ausgedrückt als Mischungsverhältnis in gkg⁻¹ (Gramm Wasserdampf pro Kilogramm trockener Luft) im Januar (nach HANTEL, 1989).

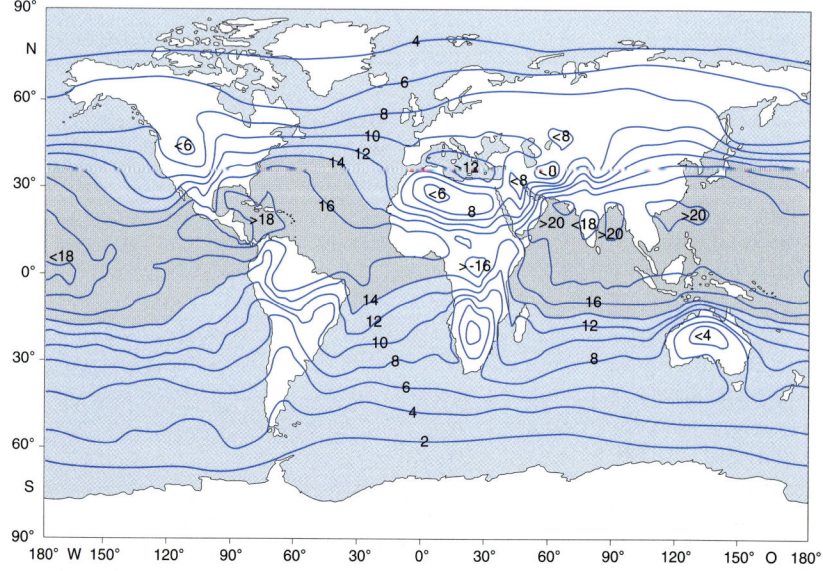

Abb. 106

Ähnlich Abb. 105, jedoch Juli.

(10 cm a^{-1}) minimale Werte aufweisen. Dabei zieht sich eine Zone geringer Verdunstung von Nordafrika über die arabische Halbinsel in den Bereich des Himalaya und nach Sibirien, wo sie Anschluss an die polare Zone findet. Auch der Einfluss der Meeresströmungen ist deutlich zu erkennen, mit relativ hohen bzw. geringen Werten unter dem Einfluss warmer (z.b. Golfstrom, vgl. Ausbuchtung der Isolinien) bzw. kalter Meeresströmungen (z.b. Humboldstrom).

Dagegen ist bei der **bodennahen Luftfeuchte,** vgl. Abb. 105 und 106, ähnlich wie bei der Temperatur, wieder deutlicher das Gefälle von den Tropen zu den Polargebieten zu erkennen, obwohl auch hier die relativen Minima im Bereich der Kontinente der subtropischen Zonen unübersehbar in Erscheinung treten. Die absoluten Minima mit einem Mischungsverhältnis von unter 2 g kg^{-1} (g Wasserdampf pro kg trockener Luft; Kap. 3.1.4) liegen freilich in der winterlichen Polarzone. Mit weniger als 4 gkg^{-1} kommen die winterlichen subtropischen Innerkontinentalbereiche allerdings fast in die gleiche Größenordnung. Maxima findet man im Juli im maritimen indisch- bis südchinesischen Raum mit 20 g kg^{-1}.

Die Verwendung anderer Feuchtegrößen führt natürlich zu anderen Zahlenwerten, z.b. beim Dampfdruck auf Reichweiten von 2–35 hPa (WEISCHET 1991). Auf die Diskussion der relativen Feuchte, die nicht den Wasserdampfgehalt, sondern das Ausmaß des Sättigungsdefizits angibt (Kap. 3.1.4), soll hier verzichtet werden (Werte für ausgewählte Stationen s. Anhang A.3).

8.4 Bewölkung und Niederschlag

Die Bewölkung ist eine direkte Folge der Hebungs- bzw. Absinkvorgänge (im letzteren Fall geringe bzw. keine Bewölkung; Kap. 4.6) in der Atmosphäre im Rahmen der atmosphärischen Zirkulation (Kap. 5) und aus dieser Sicht auch schon ins Spiel gebracht worden (vgl. insbesondere Abb. 63, 66–68). Demgegenüber liefert die Betrachtung des **Wolkenbedeckungsgrades** (vgl. Abb. 107 und 108) keine so klare Spiegelung der Zirkulation, da hier flache und hochreichende Wolken in einen Topf geworfen sind. So sind wolkenfreie ozeanische Bereiche auch bei atmosphärischem Absinken sehr selten, da dort die Verdunstung relativ groß ist. Daher findet man generell über den Ozeanen und erwartungsgemäß auch in den Tropen und gemäßigten Breiten hohe Bedeckungsgrade, allerdings auch in den Polargebieten, wo (wie in den Passatgebieten und marinen Suptropen) flache Wolken dominieren. Das Minimum liegt im Juli im Bereich Nordafrika-Arabien (< 1/10 Bedeckungsgrad). In dieser Jahreszeit ist auch der tropische Atlantik sehr wolkenarm (< 4/10), während Maxima mit über 9/10 im Polarsommer zu verzeichnen sind. Zu berücksichtigen ist allerdings die gegenüber Luftdruck und Temperatur weitaus größere zeitliche Variabilität.

Die **Sonnenscheindauer,** und zwar im Gegensatz zur astronomisch-potentiellen die tatsächliche (vgl. Tageslänge, Kap. 4.1), ist das Residuum der Zeit, in der die Bewölkung die direkte Sonneneinstrahlung verhindert. Man findet Maxima daher in den wolkenarmen Subtropen (vgl. Kap. 5.2). Die Station Kairo weist z.b.

ein mittleres Jahresmittel von 3717 Sonnenscheinstunden auf (s. Anhang A.3; maximal Sahara, Libyen, mit 4300 Std., entsprechend 97 % des potentiellen astronomischen Wertes), während es Reykjavik (Island) in der wolkenreichen nördlich-gemäßigten Zone nur auf 1258 Stunden bringt (mittleres Minimum

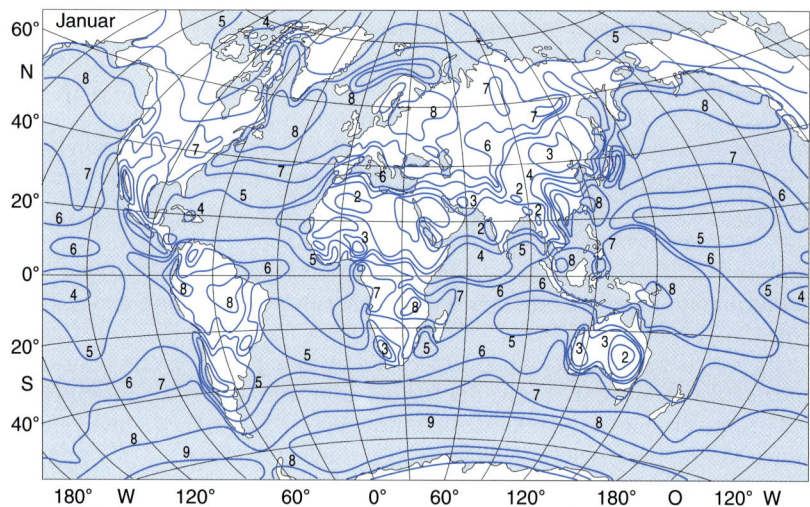

Abb. 107
Mittlere Wolkenbedeckung in Zehntel der Himmelsfläche im Januar (nach BERLYAND *und* STROKINA, *1980).*

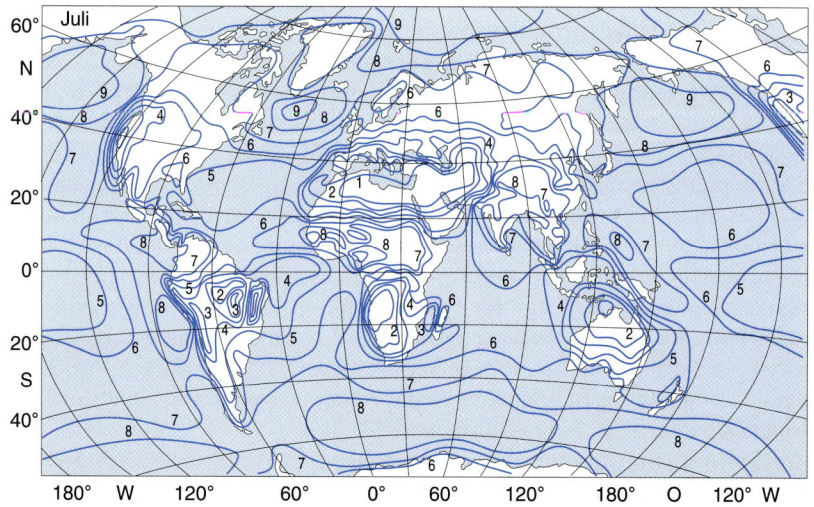

Abb. 108
Ähnlich Abb. 107, jedoch Juli.

478 Std., entsprechend 11 % des potentiellen astronomischen Wertes, Süd-Ork-ney-Inseln, bei den Falkland-Inseln). In Deutschland steigt die Sonnenschein-dauer vom Norden in Richtung Süden an mit einem absoluten jährlichen Maxi-malwert von 2329 Std. auf dem Klippeneck (Kreis Tuttlingen, Bayern, 1959) und Minimalwert von 937 Std. in Münster/Osnabrück (1912).

Eine besonders ausgeprägte örtliche und zeitliche Variabilität weist der **Nie-derschlag** auf, der neben der Temperatur zu den tragenden Klimaelementen gehört, was insbesondere bei der Klimaklassifikation (Kap. 9.4) und der Betrach-tung der Auswirkungen (z.b. Biosphäre, Kap. 10) zum Tragen kommt. Trotz die-ser Variabiltät ist beim Niederschlag die „Durchschlagskraft" der atmosphäri-schen Zirkulation wieder deutlicher zu verfolgen, insbesondere wenn zugleich orogra-phische Stau- und Lee-Effekte berücksichtigt werden. Dies hängt damit zusam-men, dass Niederschlagswolken eine gewisse vertikale Mächtigkeit erreichen müssen. Andererseits führt die mangelnde Differenzierung von Niederschlag aus Schicht- bzw. Konvektionswolken wieder zu Interpretationsschwierigkeiten.

Die globale Jahresniederschlagsverteilung (Karte siehe z.b. HANTEL 1989) weist erwartungsgemäß Maxima in den inneren Tropen (Indonesien über 3000 mm) und Minima in den kontinentalen Subtropen auf (insbesondere Nordafrika), aber auch unter dem Einfluss kalter Meeresströmungen an den Westküsten Südame-rikas, Afrikas (jeweils unter 50 mm) und auch Australiens. Im Januar, vgl. Abb. 109, wandert mit der ITK die Zone der tropischen Starkniederschläge etwas nach Süden und der asiatische Kontinent (thermisches Hoch) wird sehr trocken. Im Juli, vgl. Abb. 110, bedingt die Nordwanderung der ITK scharfe jahreszeitliche Kontraste, ganz besonders im indischen Monsunbereich, wo, durch Stau ver-stärkt, mit über 500 mm überaus hohe Monatsniederschläge auftreten (so viel wie in der niederschlagsärmsten Region Deutschlands ungefähr in einem Jahr). Ähn-lich hohe Maxima findet man, allerdings sehr kleinräumig, auch in Mittelameri-ka und der afrikanischen Westküste bei ca. 10°N. Im Nordsommer ist auch Süd-afrika überaus trocken, wo ähnlich der Sahara (dort im Januar wie Juli) im Mittel überhaupt kein nennenswerter Niederschlag fällt.

Obwohl im Rahmen der Klimasynopsis (Kap. 9, insbesondere Klimadiagramme und -klassifikationen, Kap. 9.3 und 9.4) die Jahresgänge von Temperatur und Niederschlag noch näher zu betrachten sind, soll anhand von Abb. 111 auf die **jahreszeitliche Niederschlagsprägung** bereits hier näher eingegangen werden. Dabei sind innertropisch eine Zone mit ganzjährigen Niederschlägen, im Über-gangsbereich zu den Subtropen zunächst zwei, weitergehend nur noch eine sub-tropische Regenzeit festzustellen, jeweils mit Sommerregen. Dagegen liegt zwi-schen den Subtropen und den gemäßigten Breiten eine Zone, z.B. der mediterrane Raum, mit Winterregen und dementsprechend Sommertrockenheit. Ektropisch gibt es im Zentrum der Westwindzone wiederum ganzjährigen Nie-derschlag. Im Einzelnen spielt die Orographie bzw. der Anteil konvektiven Nie-derschlags eine wichtige Rolle, so dass sich unterschiedliche Jahresgänge zeigen, in hochkontinentalen und/oder der Übergangszone zu den Polargebieten auch ein

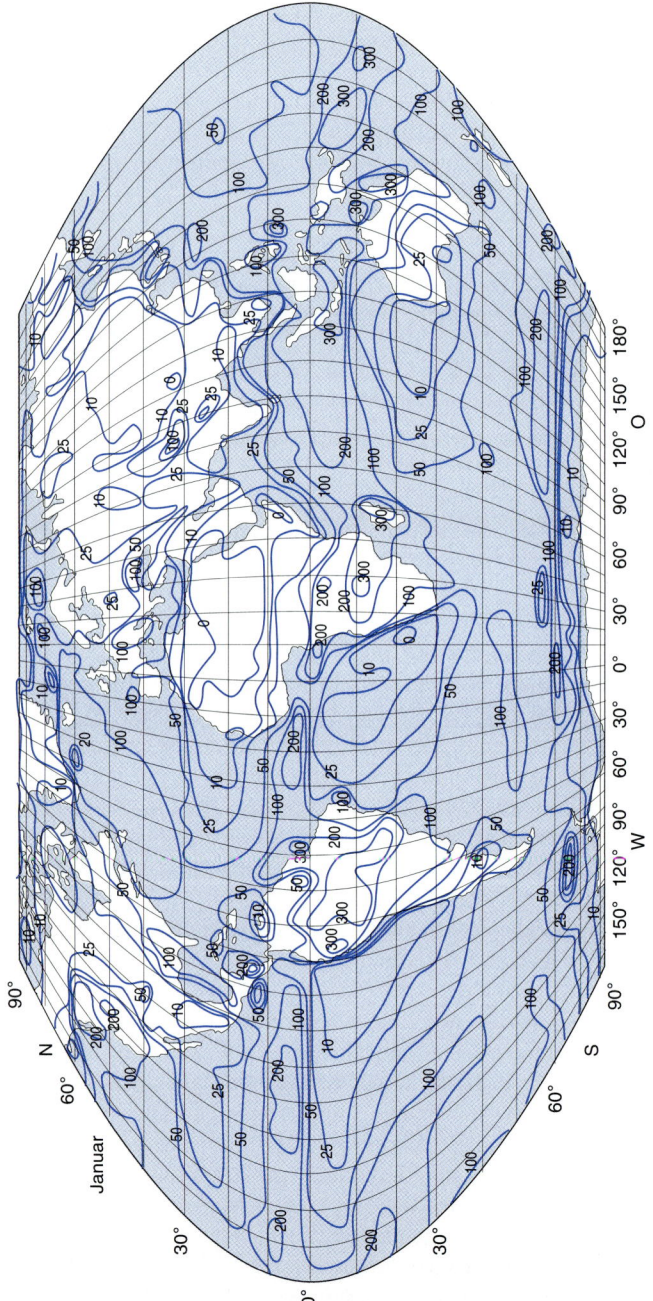

Abb. 109
Mittlere Niederschlagssummen in mm, Januar (nach JAEGER, 1976).

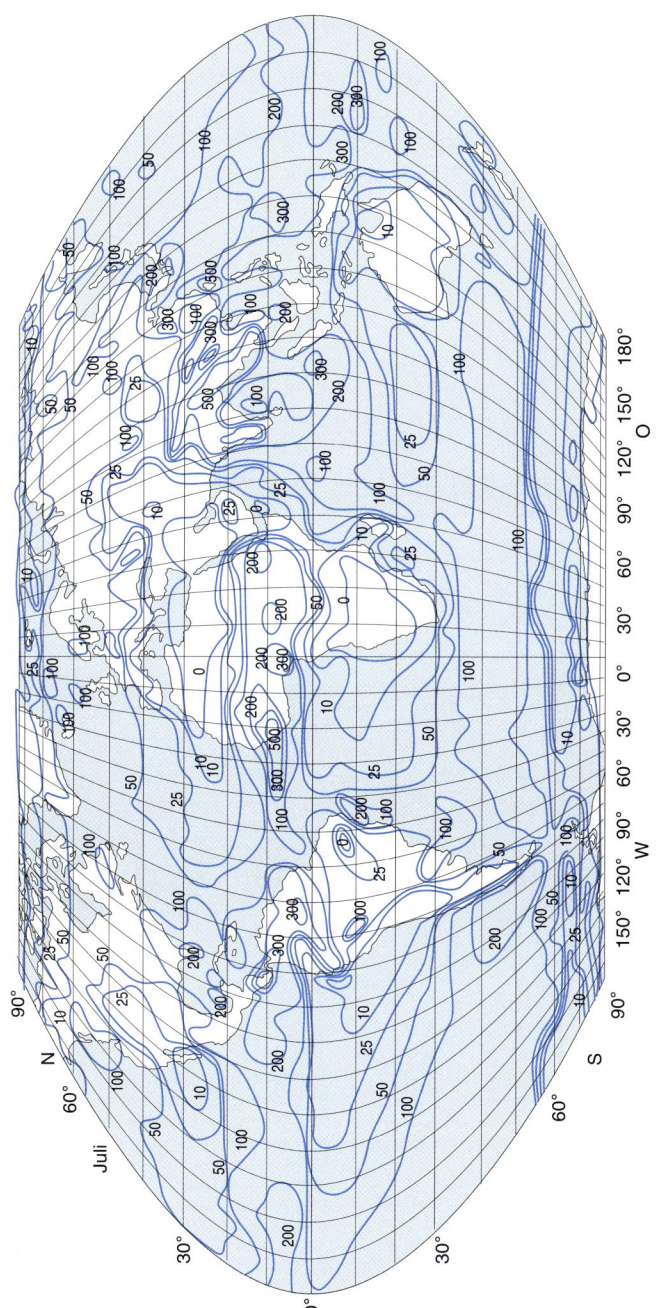

Abb. 110
Ähnlich Abb. 109, jedoch Juli.

deutlich jahresperiodischer Niederschlagsablauf. Die Polargebiete selbst sind wie die Subtropen sehr niederschlagsarm.

Was die **Niederschlagsextrema** (HUPFER und KUTTLER 1998, Deutscher Wetterdienst 2000) betrifft, so ist *global* gesehen die absolut höchste Regenmenge innerhalb einer jährlichen Zeitspanne aus Cherrapunji (Indien) mit 26461 mm (1.8.1860–31.7.1861) bekannt geworden, während die Atacama-Wüste in Chile als trockenster Ort der Welt gilt (1571(?) bis 1971 überhaupt kein Niederschlag beobachtet). In *Europa* liegen die *mittleren* jährlichen Extreme bei 4650 mm (Crkvide, ehemaliges Jugoslawien) bzw. 160 mm (Astrakhan, Nordspitze des Kaspischen Meeres, ehemalige UdSSR), in *Deutschland* bei 1776 mm (Oberstdorf; absolutes Maximum 3499 mm im Jahr 1944 am Purtscheller-Haus, Allgäu) bzw. 481 mm (Alzey, Rheinland-Pfalz; absolutes Minimum 242 mm im Jahr 1911 in Straußfurth, Thüringen). Für ausgewählte Stationen sind im Anhang A.3 die monatlichen (somit Jahreshang) sowie jährlichen Niederschlagssummen zu finden. Für kürzere Zeitspannen und somit hinsichtlich der **Niederschlagsintensität** sind die Maxima von 1870 mm innerhalb eines Tages (Cilaos, Insel Réunion, 15./16.3.1952; Deutschland 312 mm in Zinnwald, Erzgebirge, 12.8.2002) bzw.

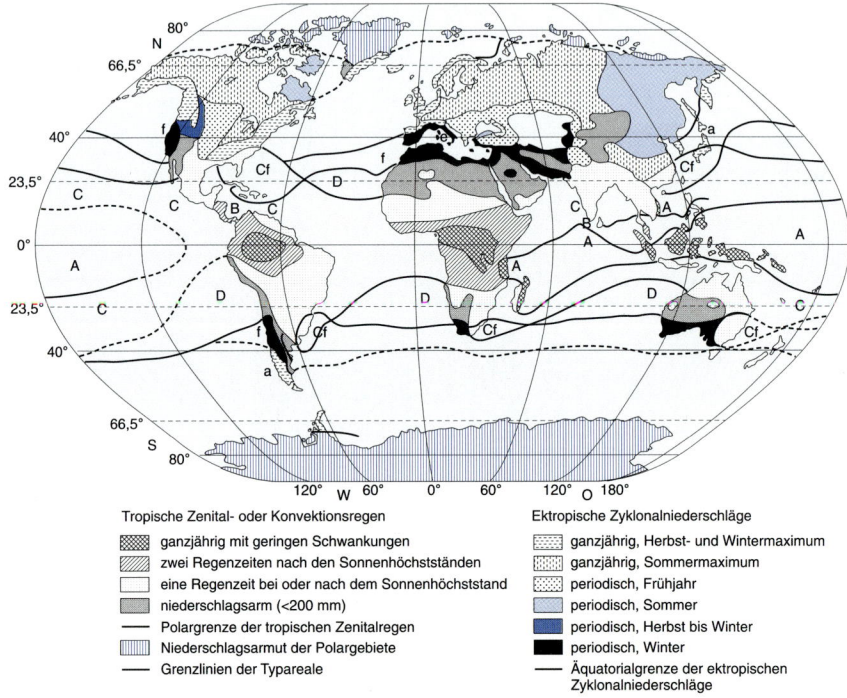

Abb. 111
Jahreszeitliche Typen des Niederschlages, tropisch und ektropisch (nach BLÜTHGEN und WEISCHET, 1980).

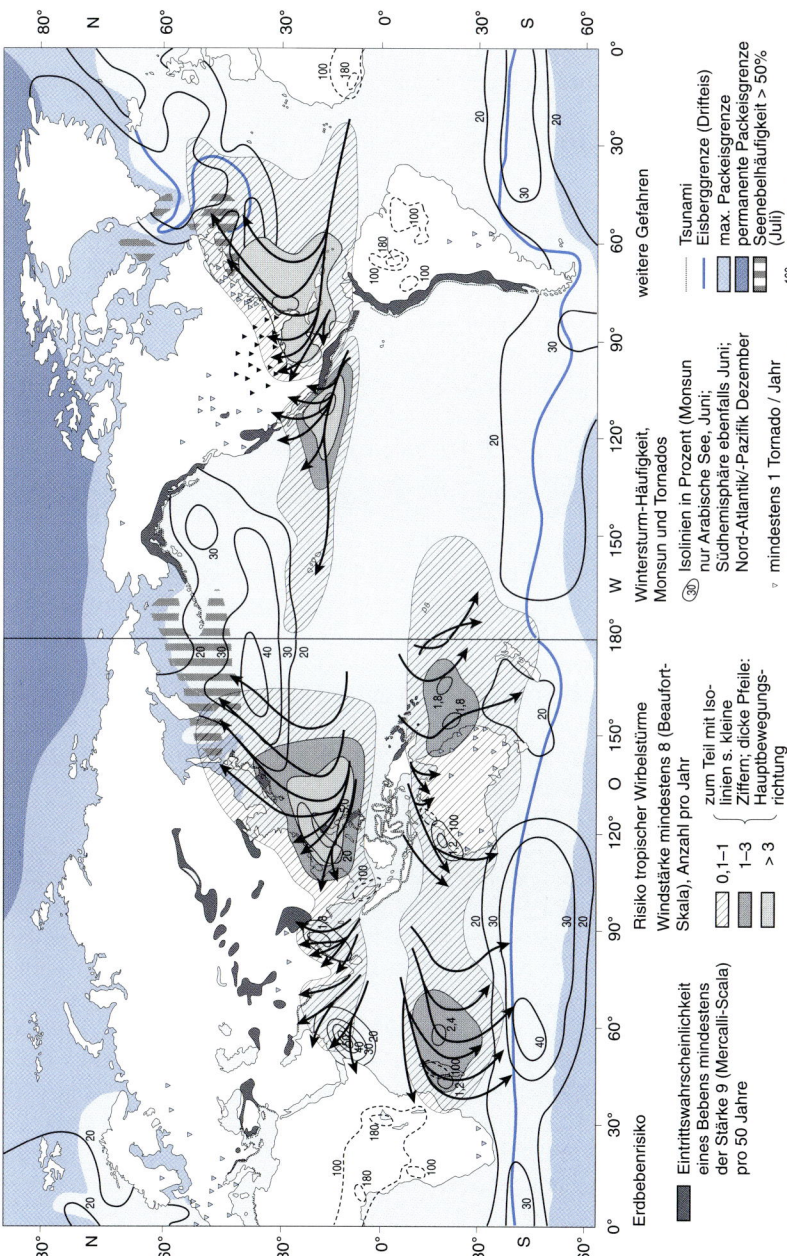

Abb. 112

Atmosphärische Gefahren (nach BERZ, 1982, hier nach HANTEL, 1989).

38,1 mm pro Minute (Barst, Guadeloupe, 26.11. 1970; Deutschland 15,1 mm pro Minute bzw. 126 mm innerhalb von 8 Minuten, Füssen, 25.5.1920) erwähnenswert (viele weitere meteorologische Extremwerte s. HUPFER und KUTTLER 1988).

8.5 Atmosphärische Gefahren

Die meisten atmosphärischen Gefahren treten in den Tropen und Subtropen auf, wie die zusammenfassende Darstellung in Abb. 112 zeigt (nach BERZ et al. 1998; die dort ebenfalls erfassten Erdbebenrisiken sollen hier außer acht bleiben). Nur Gewitter sind in der gemäßigten Klimazone noch relativ häufig, gefolgt von Winterstürmen und sehr seltenen Tornadoereignissen.

Gewitter stehen stets in Zusammenhang mit Cumulonimbus-Wolken (Cb; Kap. 3.1.5) und sind somit eine Folge konvektiver Wettererscheinungen. Jedoch ist nicht jede Cb-Wolke mit Gewittern und nicht jedes Gewitter mit Hagel verbunden, weil dazu u.a. eine große Vertikalerstreckung der Cb-Wolken erforderlich ist. Auf wolkenphysikalische Details, insbesondere die Vorgänge der Trennung elektrischer Ladungen im Zuge der Gewitterentstehung kann hier nicht eingegangen werden (vgl. dazu z.B. LILJEQUIST und CEHAK 1984).

Die größten Gewitterhäufigkeiten sind in den kontinentalen Tropen anzutreffen. Dabei wird im nördlichen Südamerika die Zahl von 200 Gewittertagen pro Jahr knapp überschritten (Abb. 112 zeigt nur eine 180-Isolinie). Sekundäre Maxima liegen mit ca. 180 bzw. 140 Tagen im westlichen Mittelafrika, in der Region Madagaskar und Hinterindien. Die Polarzonen sind so gut wie gewitterfrei. In Europa nimmt die Gewitterzahl von Nord nach Süd zu: Nordskandinavien ein bis fünf, Deutschland um 20 (mit Maxima im Südwesten), Mittelmeerraum um 30 Gewittertage pro Jahr. Typische mit Gewittern verbundene Wettergefahren sind Starkniederschläge, ggf. mit Hagel, und starke Sturmböen.

Die höchsten **Windgeschwindigkeiten** treten allerdings, wie auch schon in Kap. 8.1 ausgeführt, in Zusammenhang mit tropischen Wirbelstürmen, Tornados (vgl. jeweils Kap. 5.3.6), und Sturmtiefs (Kap. 5.2, 5.3.8) auf. Abb. 112 zeigt besonders deutlich die von **tropischen Wirbelstürmen** betroffenen Regionen der Erde, wobei die Saison dieser Wirbelstürme vom Frühsommer bis in den Herbst reicht, während die Sturmtiefs mittlerer bis subpolarer Breiten bevorzugt im Spätherbst bis Winter auftreten. Eine erwähnenswerte Besonderheit sind die Monsunstürme im Indik südlich der arabischen Halbinsel. Gerade im Indik ist in Abb. 112 auch deutlich der wirbelsturmfreie Bereich in Äquatornähe (wegen zu geringer Corioliskraft) zu erkennen. **Tsunamis** sind riesige Meereswellen, die durch Erdbeben (in diesem Fall Seebeben) ausgelöst werden. Schließlich enthält Abb. 112 auch die mittlere **Pack- und Treibeisgrenze**.

9 Klimasynopsis

Die Zusammenschau verschiedener Klimaelemente, vorzugsweise der bodennahen Lufttemperatur und des Niederschlages, einschließlich des Jahresganges, führt nicht nur zu übergeordneten Begriffspaaren wie maritim-kontinental oder arid-humid, sondern über entsprechende Klimadiagramme, die den Jahresgang dieser beiden Klimaelemente vergleichend angeben, zu Klimaklassifikationen. Dabei haben sich teilweise oder überwiegend effektive Klassifikationen am meisten durchgesetzt, die sich an der potentiellen natürlichen Vegetation orientieren. Die Zonenstruktur der dadurch ersichtlichen Klimagegebenheiten wird durch deterministische, vorwiegend physikalisch orientierte Klimamodelle reproduziert, um darauf aufbauend auch Klimaänderungen simulieren zu können. Eine Alternative dazu, die von der formalen Betrachtung der Zusammenhänge ausgeht, sind statistische Klimamodelle.

9.1 Allgemeine Aspekte

Nach der Behandlung der beobachteten Charakteristika der Klimaelemente (Kap. 8) soll nun der Schritt zur **Klimasynopsis** erfolgen, d.h. einer Zusammenschau (Synthese) des Verhaltens bestimmter einzelner Klimaelemente in Form von Maßzahlen (Indizes) bzw. Größen und weiterer phänomenologischer Aspekte einer solchen integrativen Betrachtungsweise, einschließlich einer Klassifikation der Klimagegebenheiten. Der naheliegendste Weg, dies zu realisieren, ist die Definition **komplexer Größen**, die sich aus mehreren Messgrößen zusammensetzen. Ein Beispiel dafür ist die Äquivalenttemperatur (vgl. Kap. 3.1.4) die nicht nur die Betrachtung der fühlbaren und latenten Wärme in sich vereinigt, sondern auch als Maß der physiologischen Schwüleempfindung Verwendung findet (bei genauerer Betrachtung spielen dabei außer der Lufttemperatur und Luftfeuchte allerdings auch noch Wind und Strahlungsgrößen eine Rolle; Näheres dazu in Kap. 10).

Aber auch einzelne Messgrößen können Gegenstand komplexer Betrachtungen sein, wenn ihre räumlichen bzw. zeitlichen Charakteristika, insbesondere **Gradienten**, somit über die Einzelbetrachtung von Messwerten hinaus, im Blickpunkt stehen. So führt z.B. die Betrachtung der vertikalen Änderung der Lufttemperatur (vgl. Kap. 3.1.1 und 4.6) zu Aussagen über die thermische Schichtungsstabilität bzw. -labilität und weitergehend zu **Labilitätsindizes**, d.h. Maßzahlen, die das Ausmaß dieser Labilität quantitativ beschreiben (ohne dass hier näher darauf eingegangen wird, da dieses Konzept vor allem bei der Wetteranalyse Anwendung findet). In ganz ähnlicher Weise führen uns horizontale Gradienten z.B. zum Begriff des klimatologisch sehr wichtigen **Zonalindex** (Kap. 5.1), beispielsweise in der speziellen Form der Nordatlantik-Oszillation (Kap. 5.3.9). Weitere derartige Aspekte sind **Typisierungen der zeitlichen Variationen**, z.B. der Amplitude des Temperatur-Jahresganges (wie z.B. beim Kontinentalitätsindex, folgt in Kap. 9.2) oder der jahreszeitlichen Niederschlagsausprägung (vgl. Kap. 8.4, Abb. 111). Wolken sind von vornherein im Grunde ein komplexer physikalischer Vorgang und nur bei drastischen Simplifizierungen lassen sich wolkenspezifische Charakteristika auf Grundgrößen wie den Wolkenbedeckungsgrad oder phänomenologischen Wolkentypus (Kap. 3.1.6) reduzieren.

Die Kennzeichnung zeitlicher Charakteristika von Klimaelementen ist auch Gegenstand der statistischen Zeitreihenanalyse, wie sie in Kap. 3.3 methodisch bereits behandelt worden ist. Darüber hinaus sind aber auch viele weitere **statistische Methoden** wie z.B. die Korrelations- und Regressionsanalyse oder die Clusteranalyse auch im Rahmen der Klimasynopsis hilfreich und von Interesse. Schließlich dient die Klimasynopsis auch der **zusammenfassenden Beschreibung und Simulation bestimmter Klimaprozesse** unter bestimmten Aspekten, wie z.B. dem hydrologischen Zyklus (vgl. Kap. 4.7; einschließlich der Begriffsbildung humid usw., folgt ebenfalls in Kap. 9.2), der Betrachtung von Stoffkreisläufen allgemein, Energiezyklen, letztlich in Form von Klimamodellen (Kap. 9.5), die z.B. in ihrer aufwendigen Form atmosphärisch-ozeanischer Zirkulationsmodelle dem physikalischen Verständnis der Klimaprozesse und der Simulation bestimmter Klimazustände dienen. Dagegen sind Klimadiagramme (Kap. 9.3) und Klimaklassifikationen (Kap. 9.4) der deskriptiven Klimasynopsis zuzuordnen.

9.2 Thermisch-hygrische Begriffe

Temperatur und Niederschlag und alles was damit zusammenhängt können als primäre Grundsäulen der Klimasynopsis angesehen werden. Dies beginnt bei der Definition bestimmter thermisch-hygrischer Begriffe und setzt sich bei Klimadiagrammen (Kap. 9.3) und Klimaklassifikationen (Kap. 9.4) fort. Ein gewichtiger Grund für diese Fokussierung ist sicherlich auch in der Tatsache zu sehen, dass sich die Auswirkungen des Klimas, z.B. auf die Vegetation (Kap. 10), zum weitaus größten Teil auf thermische und hygrische Vorgänge zurückführen lassen. Hinzu kommt die gegenüber vielen anderen Klimaelementen relativ gute räumlich-zeitliche, auch klimahistorische Datenverfügbarkeit. Im Folgenden soll weiterhin, gerade auch vor dem Hintergrund der Klimaauswirkungen, ausschließlich die bodennahe Atmosphäre beleuchtet werden.

Ein in diesem Zusammenhang wichtiger thermischer Begriff betrifft den Jahresgang der bodennahen Lufttemperatur (Kap. 3.1.1 und 8.2). Das Ausmaß, d.h. die Amplitude dieses Jahresganges (Unterschied Sommer/Winter) ist nämlich nicht nur von der geographischen Breite (vgl. insbesondere Abb. 101 und 102) und der Höhe, sondern auch von der relativen Nähe bzw. Ferne des Ozeans abhängig; denn die große Wärmekapazität des Wassers dämpft die zeitlichen Temperaturvariationen. Ozeannähe, im Extremfall Küsten- bzw. noch ausgeprägter Insellage, bedeutet daher eine relativ geringe Jahresamplitude, man spricht vom **maritimen Klima**, während in Ozeanferne, insbesondere inmitten großer Kontinente der gemäßigten und hohen Breiten, diese Jahresamplitude groß ist, sich somit ein **kontinentales Klima** einstellt.

Der wohl bekannteste Versuch, diese Gegebenheiten durch eine Maßzahl zu kennzeichnen (hierzu und im Folgenden vgl. BLÜTHGEN und WEISCHET 1980), stammt von W. GORCZYNSKI (1920). Er hat einen **Kontinentalitätsindex** der Form

$$K_G = 1.7 \frac{A_j}{\sin\varphi} - 20.4 \tag{9.1}$$

vorgeschlagen, wobei A_J die Temperaturjahresamplitude (in K bzw. °C) und φ die geographische Breite ist. In dieser Form sollen sich die Zahlenwerte zwischen Null (extrem maritim) bis 100 (extrem kontinental, damals für die Station Werchojansk, ehemalige UdSSR, definiert) bewegen; 50 wäre dabei der „Neutralpunkt". Inselstationen nehmen nach dieser Definition negative Werte an; vgl. Tab. 14.

Tab. 14 Vergleich der Temperatur-Jahresamplitude an ausgewählten Stationen mit dem entsprechenden Kontinentalitätsindex nach den angegebenen Autoren; Quelle: BLÜTHGEN und WEISCHET (1980).

Station	Jahresamplitude in K	Kontinentalitätsindex nach	
		GORCZYNSKI[*]	IWANOW[**]
Berlin	19.1	21	119%
London-Greenwich	13.9	10	92%
Macquarie-Inseln (austr., 55°S 159°E)	4.5	−10	37%
Moskau	28.8	39	188%
New York	23.6	41	138%
Rom	18.1	26	131%
Stykkisholmur (Island)	12.4	3	59%
Tokyo	22.4	45	150%
Werchojansk (GUS)	65.6	100	237%

[*] Festland 0–100, Inselstationen negativ
[**] Mittelwert („Neutralpunkt") 100%, 48–68% ozeanisch, < 47% extrem ozeanisch, 122–177% kontinental, 178–214% stark kontinental, > 214% extrem kontinental.

Eine der Alternativen dazu, die allerdings auch nicht die Höhe berücksichtigt (diese führt zu zunehmender Maritimität), stammt von Iwanow (1959), nämlich

$$K_I = \frac{A_j + A_T + 0.25 D_{FJ}}{0.36\varphi + 14} \tag{9.2}$$

mit A_J und φ wie oben, A_T entsprechende Tagesamplitude und D_{FJ} mittleres jährliches Feuchte-Sättigungsdefizit, d.h. Differenz zu 100 % relativer Luftfeuchte. Dabei soll 100 (häufig auch prozentual angegeben) der „Neutralpunkt" sein und ein negativer Wertebereich nicht vorkommen; vgl. Tab. 14 (weitere derartige Indizes und Details siehe z.B. Blüthgen und Weischet 1980).

Ein anderes wichtiges Kriterium im Rahmen der Klimasynopsis betrifft den hydrologischen Zyklus (vgl. Kap. 4.7), genauer das Verhältnis von Niederschlag N zu potentieller Verdunstung V_{pot},

$$N/V_{pot} \quad \text{bzw.} \quad (N/V_{pot}) \times 100\ \% \tag{9.3}$$

(somit ggf. prozentual angegeben). Ist dieses Verhältnis > 1, so spricht man von **humidem**, andernfalls von **aridem Klima**. Dabei ist im ozeanischen Bereich die potentielle annähernd gleich der tatsächlichen Verdunstung (wird jedoch von Wind und Wellenbewegung modifiziert); gemäß Abb. 58 (Kap. 4.7) ist somit, räumlich (global)-zeitlich integriert, der Weltozean arid, das Festland humid. Dies gilt aber selbstverständlich nicht für jeden beliebigen Ort und jede beliebige Zeit, sondern muss dann jeweils speziell bestimmt werden.

In Modifikation von (9.3), was als eine Art Humiditätsindex aufgefasst werden könnte, gibt es einige Vorschläge, einen **Ariditätsindex** zu definieren. Da die Verdunstung u.a. von der Temperatur abhängt (Kap. 4.7), hat Lang (1915) wie im Prinzip schon zuvor Linsser (1869) einen „Regenfaktor" (vgl. Blüthgen 1964)

$$A_L = \overline{N}\,[mm]\,/\,\overline{T}\,[°C] \tag{9.4}$$

vorgeschlagen, mit $\overline{N}$ = Niederschlagsjahressumme und $\overline{T}$ = Jahresmitteltemperatur, aus dem dann de Martonne (1926) einen Ariditätsindex der Form

$$A_M = \overline{N}\,/\,(\overline{T} + 10) \tag{9.5}$$

machte, der diversen klimageographischen Kartierungen zugrundeliegt (vgl. Hinweise bei Blüthgen 1964, Blüthgen und Weischet 1980). An Stelle etlicher weiterer Formeln sei hier nur noch der „Feuchtigkeitsindex" EP (Effective Precipitation) nach Bailey (1958) erwähnt,

$$EP = \overline{N}\,[inch]\,/\,1.025^{\,\overline{T}\,[°F]+x} \tag{9.6}$$

(mit somit unüblichen angelsächsischen Maßeinheiten, die dabei zu verwenden sind; x ist ein aus der Literatur nicht zugänglicher empirischer Korrekturwert). Auf diese Weise kommt Bailey zu der in Abb. 113 wiedergegebenen Weltkarte der

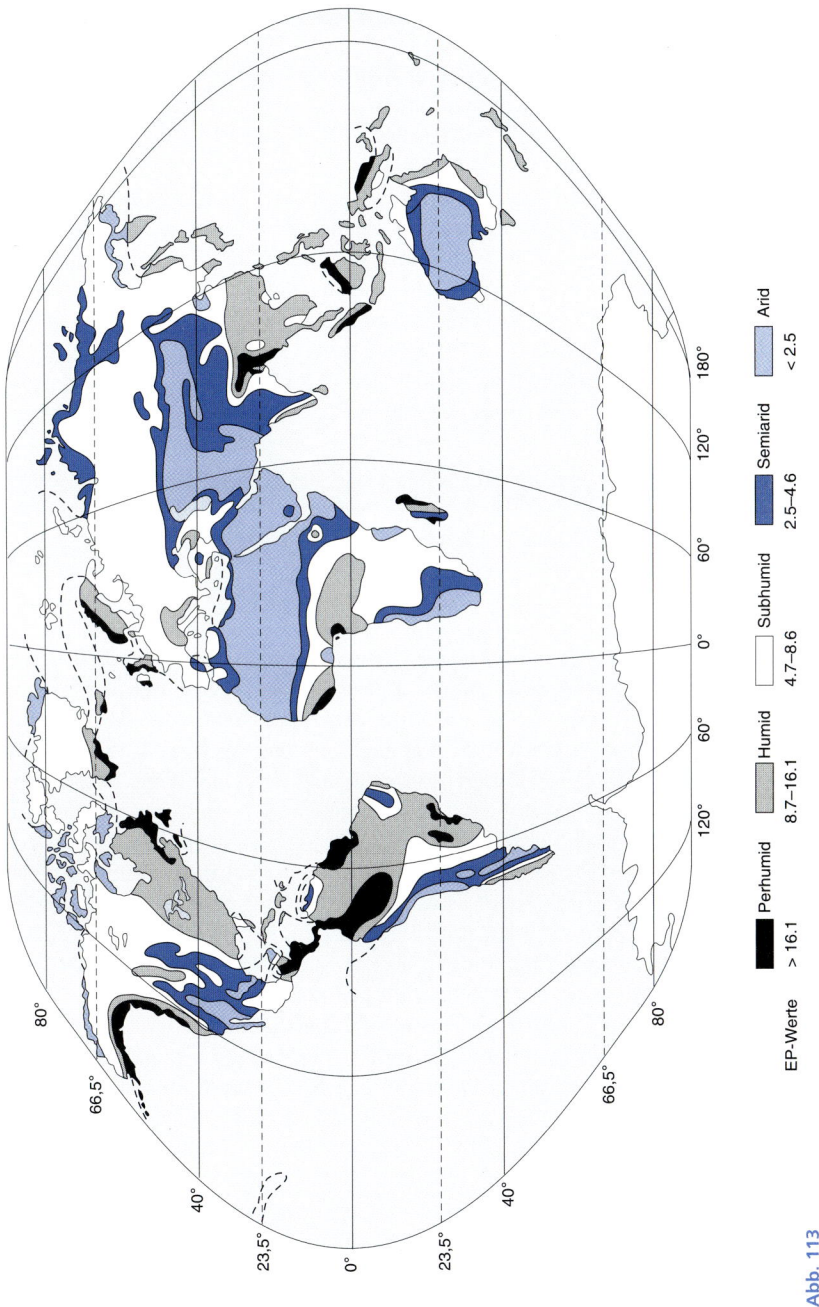

Abb. 113
Humidität und Aridität, ermittelt mit Hilfe der Schätzformel (9.6), vereinfacht (nach BLÜTHGEN und WEISCHET, 1980, ergänzt).

Aridität bzw. Humidität mit den zusätzlichen Abstufungen semiarid, subhumid und perhumid.

Ein anderer, eigentlich naheliegenderer Aspekt ist, solche zusätzlichen Begriffe an den zeitlichen Variationen von Aridität bzw. Humidität zu orientieren, wie das TROLL (1958) vorgeschlagen hat. Danach bedeutet per- oder **vollarid** ganzjährig arid, **semiarid** bzw. halbarid nur zeitweise im Laufe des Jahresgangs arid; humid entsprechend. Ähnliche Betrachtungen gelten auch für den Tagesgang. TROLL (1948) hat dann je nach Überwiegen des flüssigen bzw. festen Niederschlages noch den Begriff **nival** (einschließlich seminival und vollnival) hinzugefügt.

Statt nun aber Jahresgänge oder auch Tagesgänge der Aridität/Humidität anzugeben, hat sich in der Klimatologie die Betrachtung des kombinierten Temperatur- und Niederschlagsjahresganges durchgesetzt, wie sie im folgenden Kapitel behandelt wird. Dadurch erübrigt sich das Problem, aus den oben genannten und nicht genannten Formeln eine auszuwählen oder neu zu entwickeln, die sich allgemeiner Anerkennung erfreut. Eine weitere Querverbindung zwischen hydrologischem Zyklus und Temperatur liefert im Übrigen das **BOWEN-Verhältnis** (BOWEN Ratio), nämlich das Verhältnis des sensiblen zum latenten Wärmefluss (vgl. L und V in Gleichung (4.11); Weltkarte dazu z.B. bei HANTEL 1989).

9.3 Klimadiagramme

Klimatologische Diagramme können sich einerseits jeweils auf nur ein Klimaelement beziehen, dabei aber durchaus zwei Aspekte wie Tages- und Jahresgang kombinieren (vgl. z.B. Isoplethendarstellung der Temperatur, Abb. 101). Andererseits können dabei mehrere Klimaelemente kombiniert werden. Dies geschieht meist wiederum mit Blick auf Temperatur und Niederschlag. Solche Diagramme werden in graphischer Form in vielen Grundlagenwerken und Atlanten der Klimatologie bereitgestellt. Außerdem gibt es entsprechende Tabellenwerke.

Es soll hier gleich auf die **klassischen Beispiele von Klimadiagrammen** Bezug genommen werden, vgl. Abb. 114, die KÖPPEN (1936) bzw. GEIGER (1954) als Musterbeispiele ihrer Klimaklassifikation (folgt in Kap. 9.4) verwendet haben. Dabei enthält die Abszisse den Jahresgang (Monate) und die Ordinate zugleich Temperatur-Monatsmittel sowie Niederschlag-Monatssummen. In Abb. 114 ist dafür eine Kurven- (Temperatur) bzw. Säulendarstellung (Niederschlag) gewählt. Zusätzliche Informationen betreffen mittlere Extremwerte sowie den maximalen und minimalen Temperatur-Tagesgang. Von den dazu alternativen Darstellungen sind vor allem die Diagramme nach WALTER (1990) bzw. WALTER und LIETH (1960) erwähnenswert; vgl. auch RICHTER (1983), HANTEL (1989), STRÄSSER (1998a, 1998b) und das umfangreiche Tabellenwerk von MÜLLER (1996); weitere Quellenhinweise siehe KRAUS (2000), wo zudem die Jahresgänge nicht nur von Temperatur und Niederschlag, sondern auch des Luftdrucks miteinander verglichen sind.

Aus Abb. 114 lassen sich nun für **Temperatur** (vgl. Kap. 8.2) und **Niederschlag** (vgl. Kap. 8.4) folgende Charakteristika des Jahrgangs entnehmen (vgl.

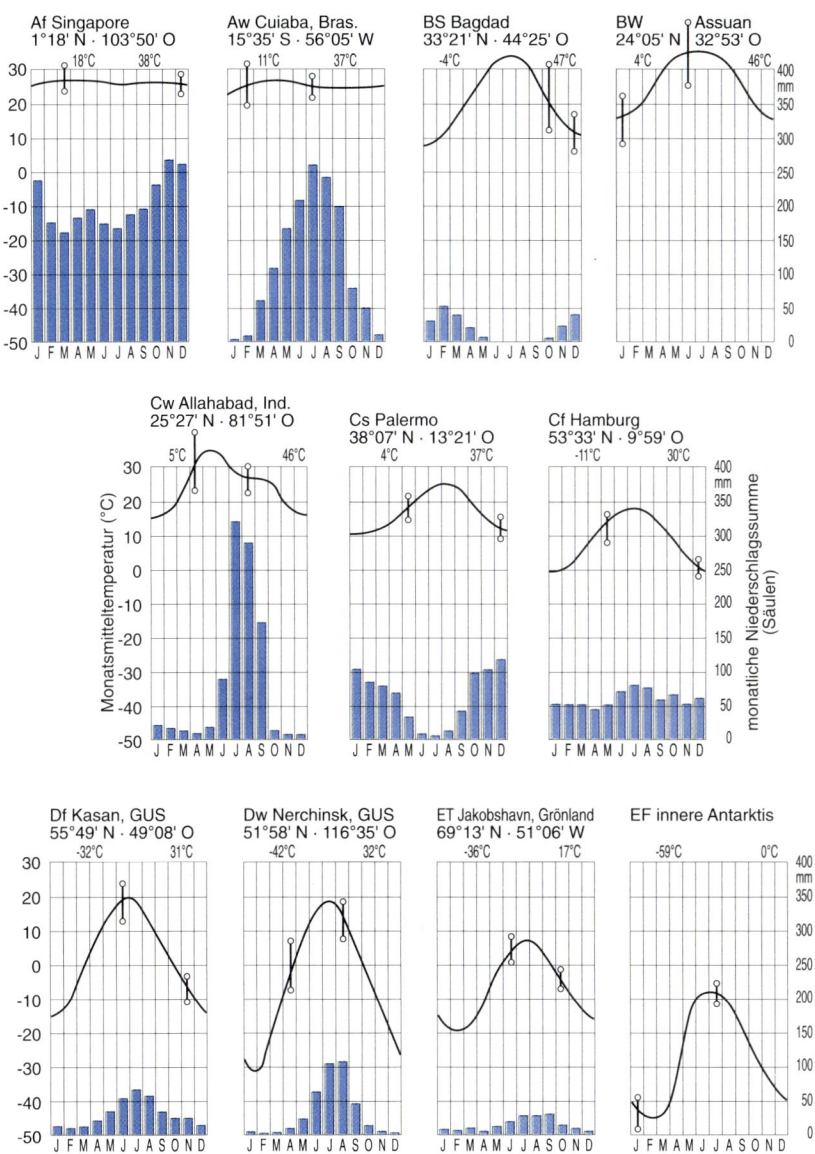

Abb. 114

Typische Klimadiagramme zur KÖPPEN-GEIGER-Klassifikation (vgl. Text), wobei jeweils die oberen Kurven den Jahresgang der monatlichen Mitteltemperatur und die Säulen den Jahresgang der monatlichen Nieder-schlagssummen an den angegebenen Stationen charakterisieren; weiterhin weisen die vertikalen Balken auf die maximale bzw. minimale Temperatur-Tagesamplitude und die Zahlen (im oberen Diagrammteil) auf die mittleren Temperaturextrema hin (hier nach HANTEL, 1989, vereinfacht).

dazu Schema Abb. 63 sowie Abb. 111; die Buchstabenabkürzungen Af usw. beziehen sich auf Kap. 9.4): Bei der Temperatur praktisch kein Jahresgang in den Tropen, von den Subtropen bis in die Polarregionen bzw. vom maritimen zum kontinentalen Klima (vgl. Kap. 9.2) jedoch zunehmende Amplitude; beim Niederschlag geringe Jahresgänge auf hohem Niveau in den Tropen und auf niedrigem Niveau in den gemäßigten Breiten, kein oder fast kein Niederschlag in den subtropischen Trocken- und innerpolaren Regionen; Jahresgang mit erhöhtem Sommerniederschlag in den Randtropen, dabei in Monsungebieten (vgl. Abb. 69) enorm verstärkt, hingegen Winterniederschlag im Übergangsbereich von den Subtropen zu den gemäßigten Breiten. Im Einzelnen treten durchaus auch in den gemäßigten Breiten Niederschlagsjahresgänge auf, wobei z.B. in Mitteleuropa der (konvektive) Sommerniederschlag dominiert, in Skandinavien dagegen der Herbstniederschlag.

Es ist auch möglich, in der Abszisse die Temperatur, in der Ordinate den Niederschlag (oder umgekehrt) aufzutragen und in ein solches **Thermopluviogramm** (auch Klimagramm genannt) die Monatswerte in Form eines Kurvenzuges einzuzeichnen; vgl. Abb. 115. Je nachdem, welches Klimaelement in seinem

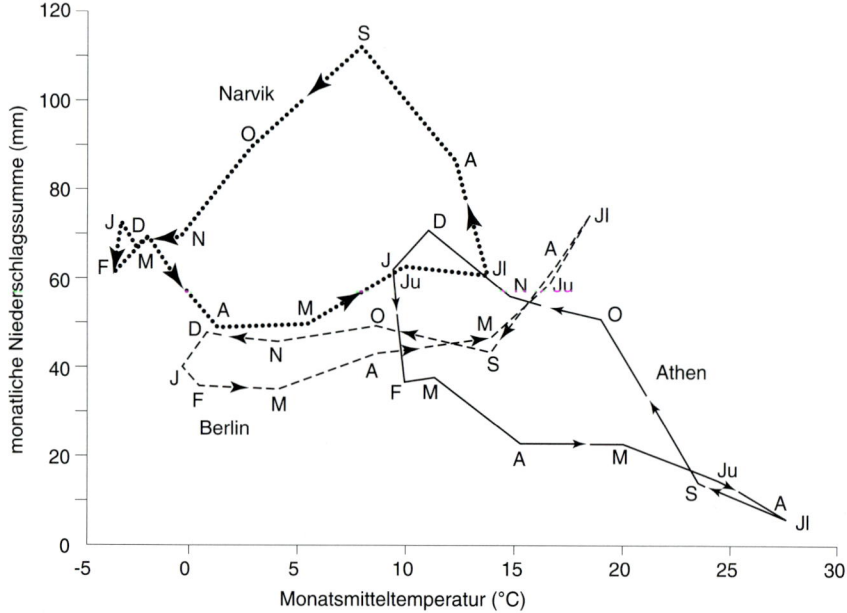

Abb. 115

Thermopluviogramme (Klima(dia)gramme), die den Jahresgang der monatlichen (J = Januar, F = Februar usw.) Mitteltemperatur (Abszisse) sowie Niederschlagssumme (Ordinate) an den angegebenen Stationen zum Ausdruck bringen (auf der Datengrundlage nach RICHTER, 1983, mit Athen 23° 43′ N, 37° 58′ E; Berlin 52° 31′ N, 13° 24′ E; Narvik 68° 26′ N, 17° 25′ E).

Jahresgang dominiert, ordnen sich solche Kurvenzüge mehr längs der Abszisse oder mehr längs der Ordinate an. Sind die Jahresgänge beider Elemente etwa gleich ausgeprägt, äußert sich das in einer annähernden Kreisform. (Weitere Beispiele dazu siehe z.B. CRITCHFIELD 1966).

9.4 Klimaklassifikationen

Auch bei den Klimaklassifikationen, zumindest bei den deskriptiven, stehen die Klimaelemente bodennahe Lufttemperatur und Niederschlag im Vordergrund. Das Ziel solcher Klassifikationen ist es, letztlich in Kartenform und global, eine **Typisierung der charakteristischen geographischen Unterschiede des Klimas** vorzunehmen, und zwar zunächst möglichst mit Bezug auf ein einheitliches und rezentes (neueres) Zeitintervall (sog. derzeitiger Klimazustand). Prinzipiell lassen sich folgende Vorgehensweisen unterscheiden:

- **genetische Klassifikationen**, die sich auf den Strahlungs- und Wärmehaushalt der Erdoberfläche (Kap. 4.2), die atmosphärische bzw. atmosphärisch-ozeanische Zirkulation (Kap. 5 und 6) bzw. atmosphärische Luftmassencharakteristika beziehen;
- **deskriptive Klassifikationen**, die auf den typischen Gegebenheiten der wichtigsten Klimaelemente (meist Temperatur und Niederschlag, vgl. oben) beruhen, ggf. einschließlich deren Jahresgang und manchmal (besonders bei der Temperatur) auch Tagesgang;
- **effektive Klassifikationen**, die sich an den Auswirkungen des Klimas orientieren, wobei fast immer die potentielle natürliche Vegetation, manchmal auch der Boden, betrachtet werden.

Dazu treten Mischformen, insbesondere deskriptiv-effektiver Art.

Im Folgenden sollen von den zahlreich publizierten Klimaklassifikationen, siehe z.B. BLÜTHGEN und WEISCHET (1980), HANTEL (1989) sowie HEYER (1988) bzw. HUPFER und KUTTLER (1998), nur wenige Beispiele besprochen werden. Dabei besteht im Fall der genetischen Klimaklassifikationen die Schwierigkeit, dass kartographische Abgrenzungen (u.a. wegen des Jahresgangs) kaum oder nur schwer in definitiver Art und Weise vorgenommen werden können. Ein Beispiel dafür ist die genetische Klimaklassifikation nach ALISSOW (s. BLÜTHGEN und WEISCHET 1980). Sie orientiert sich an den vorherrschenden Luftmassen, verwendet dabei aber auch Begriffe wie tropisch, gemäßigt usw., die eigentlich einer näheren Definition bedürfen.

Rein deskriptive Klimaklassifikationen kommen kaum vor, da eine willkürliche Abgrenzung von Temperatur- und Niederschlagsregionen wenig sinnvoll erscheint, mit Ausnahme des Vergleichs von Tages- und Jahresgang der bodennahen Lufttemperatur (Abb. 102), was ein zur Definition der Tropen durchaus taugliches Kriterium darstellt, aber den Niederschlag nicht berücksichtigt. Rein effektive Klimaklassifikationen, zumal wenn sie sich auf die Vegetation beziehen, laufen letztlich auf Karten der potentiellen bzw. tatsächlichen Vegetation hinaus

(Kap. 10). Es ist interessant festzustellen, dass auch schon in der traditionellen Klimatologie und nicht erst in neuer Zeit die Verknüpfung der Klimaelemente mit ihren vegetationskundlichen Auswirkungen, also ein Aspekt der Klimawirkungsforschung, so stark beachtet worden ist, dass er bei den Klimaklassifikationen dominiert. Wir haben es daher zumeist mit einer Mischform deskriptiv-effektiver Klimaklassifikationen zu tun.

Am bekanntesten ist dabei sicherlich die auf KÖPPEN (1923, 1936) zurückgehende, von GEIGER (1954, 1961) modifizierte Klassifikation. Bei ihr spielt der effektive Aspekt eine so große Rolle, dass sie als **vorwiegend effektiv** bezeichnet wird. Generell besteht bei allen effektiven Klimaklassifikationen die schon erwähnte Schwierigkeit, dass sich die natürliche (potentielle) Vegetation als Reaktion auf die Gegebenheiten des Klimas nur noch in Relikten vorfinden lässt, da sie durch menschliche Eingriffe wenn nicht verschwunden, so doch zumindest modifiziert worden ist. Sofern Natur- durch Kulturpflanzen ersetzt worden sind, unterliegen sie allerdings ebenfalls einer Klima-Abhängigkeit, die in entsprechenden Klassifikationen zum Ausdruck kommen kann.

Beispielsweise gilt für den Kaffeeanbau, dass die Jahresmitteltemperatur mindestens 18 °C, die minimale Monatsmitteltemperatur mindestens 11 °C betragen sollte und kein Frost auftreten darf. Die Verbreitungszone der Kokospalme als Beispiel einer natürlichen Pflanze ist weitgehend an die Schwelle $\geq$ 20 °C der Jahresmitteltemperatur gebunden (MÜLLER-HOHENSTEIN, 1979; vgl. auch Kap. 10). Beides kann als effektives Kriterium für die Tropen gelten. Im Fall zusätzlich gegebenen ausreichenden Niederschlages stellt sich als potentielle, real aber nur noch in Relikten vorhandene Vegetation der tropische Regenwald ein. Darauf beruhen die schon von KÖPPEN (1936) geprägten Begriffe **tropisches Regenklima**, Kennung A (Kriterium: minimale Monatsmitteltemperatur > 18 °C) bzw. tropisches Regenwaldklima, Kennung Af; vgl. Tab. 15.

Die weitere Vorgehensweise der **KÖPPEN-GEIGER-Klimaklassifikation** ist ebenfalls aus Tab. 15 sowie Abb. 116 ersichtlich. Dabei wird in Abgrenzung zum tropischen A-Klima bzw. gemäßigten C-Klima das subtropische **Trockenklima** B (s. Abb. 116, Formeln dazu bei HANTEL 1989) definiert. Da es genetisch noch zur HADLEY-Zelle (Kap. 5.2, Abb. 63) gehört, kann man auch die vom A- und B-Klima gebildete Zone als tropisch auffassen und mit der Bezeichnung **subtropisch** den Übergangsbereich zum gemäßigten Klima bezeichnen, das bei KÖPPEN (1936) und GEIGER (1961) die Bezeichnung **warmgemäßigtes Regenklima**, Kennung C, führt. Es folgt polwärts mit der Kennung D auf der Nordhemisphäre zunächst das kontinentale Schneewaldklima, das auch als **boreal** (Nadelwald vorherrschend) bezeichnet wird, dann generell das **Schneeklima** E. Zwischen C und E bzw. D und E verläuft die Baumgrenze, wobei bei KÖPPEN und GEIGER als Kriterium mindestens ein Monat mit einer Mitteltemperatur von > 10 °C für die Existenz von Wald verwendet wird. Vegetationskundlich sind dafür mindestens 30 Tage pro Jahr mit einer Tagesmitteltemperatur von $\geq$ 10 °C anzusetzen (oder auch entsprechende Temperatursummen $\geq$ 10 °C).

Tab. 15 Klimagürtel und Hauptklimagebiete nach der KÖPPEN-GEIGER-Klassifikation; M_{min} bedeutet minimaler, M_{max} maximaler Monatsmittelwert der bodennahen Lufttemperatur (nach GEIGER, 1961, vgl. Text).

Klimagürtel		Klimagebiet	
A	tropisches Regenklima M_{min} > +18 °C	Af Aw	tropisches Regenwaldklima Savannenklima (wintertrocken)
B	Trockenklima (besondere Definition, vgl. Text)	BS BW	Steppenklima Wüstenklima
C	warmgemäßigtes Regenklima $-3\,°C < M_{min} < +18\,°C$	Cs Cf Cw	Etesienklima (sommertrocken) feuchtgemäßigtes Klima sinisches Klima (wintertrocken)
D	Schneewaldklima, Nordhem. $M_{min} < -3\,°C$, $M_{max} > +10\,°C$	Df Dw	feuchtwinterkaltes Klima transbaikalisches Klima (wintertrocken)
E	Schneeklima	ET EF	Tundrenklima Klima des ewigen Frostes

Der auf den Erstbuchstaben A, C und D folgende Zweitbuchstabe (vgl. Tab. 15) kennzeichnet in dieser Klassifikation den Niederschlag-Jahresgang mit f = **immerfeucht**, s = **sommertrocken** und w = **wintertrocken** (Details s. HANTEL 1989, KRAUS 2000), während B anhand von BS (Savannenklima) und BW (Wüstenklima) näher unterteilt wird (vgl. dazu erneut Abb. 116). Bei E kennzeichnet der zweite Buchstabe dagegen weitergehend die Temperatur: Trundrenklima ET und, falls alle Monatsmittelwerte unter 0 °C bleiben, Klima des ewigen Frostes EF. Eine Weltkarte zu dieser Klassifikation, die allerdings erst die Grobeinteilung darstellt, ist in Abb. 117 wiedergegeben. Weitergehende Kennzeichnungen, wie sie

Abb. 116
Zur Abgrenzung der Klimazonen BW und BS gegenüber A, B und C bei der KÖPPEN-GEIGER-Klimaklassifikation (nach KÖPPEN, 1936, hier nach HANTEL, 1989).

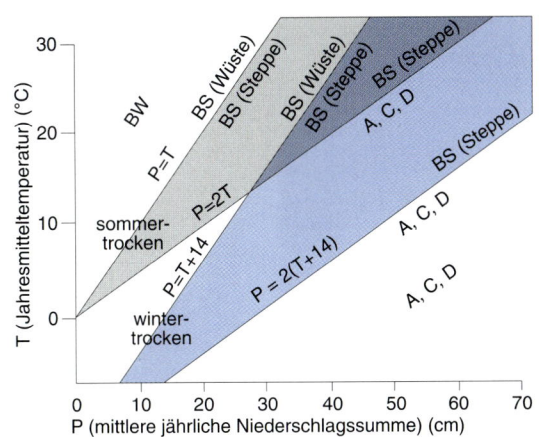

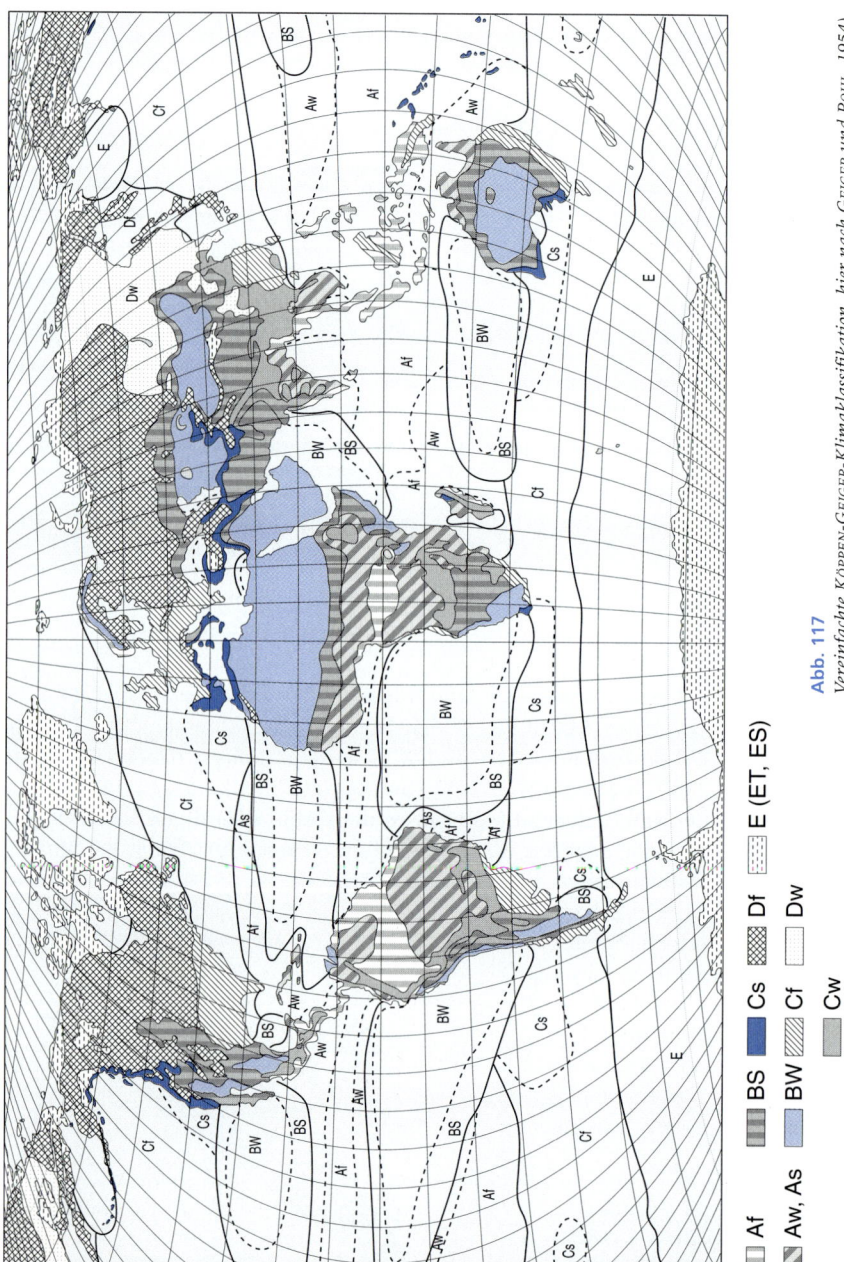

Abb. 117
Vereinfachte Köppen-Geiger-Klimaklassifikation, hier nach Geiger und Pohl, 1954.

Af | Aw, As | BS | Cs | Df | E (ET, ES)
BW | Cf | Dw
Cw

Tab. 16 Vergleich einiger Klimaklassifikationen; Quelle: HEYER (1988), modifiziert.

FLOHN	Luftdruck u. Wind[*] So. Wi.	ALISSOW	KUPFER	PENK	KÖPPEN-GEIGER	TREWARTHA	TROLL-PFAFFEN
Innere Tropenzone	T T	Zone der äquatorialen Luft	innertropische Klimate	Vollhumid	Af, Am	Ar	$V_{1,2}$
Äußere Tropenzone (Randtropen)	T H	Zone der äquatorialen Monsune	innertropische Klimate	Semihumid	Aw, Cw	Aw	V_3
subtropische Trockenzone	H H	Zone tropischer Luft	Passatklimate	Arid	BS, BW	BS,BW	$V_{4,5}$
Subtropische Winterregenzone	H W	Subtropische Zone	Subtropische Klimate	Semihumid	Cs	Cs	IV
Feucht-gemäßigte Zone	W W	Zone der Luft gemäßigter Breiten	Klimate der planetarischen Frontalzone	Humid	Cf, Cw	Cf, Do,DC	III
Boreale Zone	E W	Subarktische Zone	Subpolares Klima	Subhumid	Df, Dw	E	II
Subpolare Zone	E W	Subarktische Zone	Subpolares Klima	Polar	ET	F	I
Hochpolare Zone	E E	Zone arktischer bzw. antarktischer Luft	Polares Klima	Nival	EF	F	I
Gebirgsklima	variabel	–	–	Nival	ET/EF	H	Gebirge

*) Vorherrschender Luftdruck bzw. Wind: T = Tiefdruck, H = Hochdruck, W = Westwind, E = Ostwind (So. = Sommer, Wi. = Winter); zur KÖPPEN-GEIGER-Klassifikation vgl. Tab. 15.

z.b. bei HANTEL (1989) oder KRAUS (2001) nachzulesen sind, ergänzen nach weiteren Niederschlags- und Temperaturkriterien den Zweitbuchstaben und führen Drittbuchstaben ein (z.b. Cfa, falls das minimale Temperaturmonatsmittel über 22 °C liegt; Cfb, falls mindestens vier Monatsmittel der Temperatur > 10 °C sind, Cfc falls der kälteste Monat > –38 °C bleibt usw.; BWh bzw. BSh falls die Jahresmitteltemperatur > 18 °C ist, andernfalls BWk bzw. BSk usw.).

Neben dieser hier relativ ausführlich besprochenen KÖPPEN-GEIGER-Klassifikation findet man recht häufig noch Alternativen von TROLL und PAFFEN (1964) sowie im angelsächsischen Sprachraum nach TREWARTHA und HORN (1980). Auch sie zählen zu den deskriptiv-effektiven bzw. überwiegend effektiven Klimaklassifikationen, wobei das TREWARTHA-Schema deutliche Ähnlichkeiten mit der KÖPPEN-GEIGER-Klassifikation aufweist (Karten dazu siehe z.b. HANTEL 1989). Tab. 16 bringt einen Vergleich verschiedener ausgewählter Klimaklassifikationen in schematischer Form. Eine weitere, und zwar mittels Clusteranalyse erstellte objektive Klimaklassifikation stammt von GERSTENGARBE, WERNER und FRAEDRICH (1999).

9.5 Deterministische (physikalische) Klimamodelle

Deterministische Klimamodelle, im Folgenden kurz Klimamodelle genannt, dienen dem physikalischen bzw. physikochemischen Verständnis des „derzeitigen" Klimas, (Kap. 8, 9.3 und 9.4) sowie – und darin wird häufig ihr eigentlicher Zweck gesehen – der Simulation vergangener bzw. in der Zukunft möglicher/erwarteter Klimazustände. Solche früheren bzw. künftigen Klimazustände werden in Kap. 11 (Klimageschichte) bzw. Kap. 12 (anthropogene Klimabeeinflussung) behandelt. Hier geht es zunächst um die Struktur und die Hierarchie der verschiedenen Modelltypen und die Simulation des „derzeitigen" Klimas.

Wie alle Modelle verfolgen auch die Klimamodelle ihre Zielsetzung unter **Vereinfachung** der in Wirklichkeit ablaufenden Prozesse, wobei der Grad der Vereinfachung bei den verschiedenen Modelltypen sehr unterschiedlich ist. Im Folgenden soll dazu nur ein sehr kurzer Überblick gegeben werden, der zudem auf die mathematisch-physikalischen Details fast vollständig verzichtet; ausführlicheres findet man z.b. bei HANTEL (1989), HOUGHTON et al. (2001), PEIXOTO und OORT (1992), VON STORCH et al. (1999) und TRENBERTH (1992). Generell sind nach ihrer allgemeinen Zielsetzung folgende **Grundtypen von Klimamodellen** zu unterscheiden:

- **Szenarienmodelle** (auch ökonomischer und bevölkerungsdynamischer Art), wie sie in Kap. 12 als Hintergrundinformation eine Rolle spielen werden;
- **Stoff-Flussmodelle**, beispielsweise Kohlenstoff(C)-Flussmodelle, mit deren Hilfe aufgrund von natürlichen oder anthropogenen Emissionen abgeschätzt wird, welche Konzentrationen der betrachteten Substanzen (vorwiegend Spurengase) sich in den einzelnen Komponenten des Klimasystems, insbesondere der Atmosphäre, einstellen (darauf wird auch in Kap. 12 Bezug genommen);

- **Transportmodelle**, welche die Verlagerung und ggf. auch die Vermischung bestimmter Substanzen (Spurengase, Aerosole, radioaktive Substanzen) simulieren (spielen u.a. bei Luftreinhaltungsproblemen eine Rolle, die hier aber nicht betrachtet werden);
- **chemische Reaktionsmodelle** (die ebenfalls u.a. bei Luftreinhaltungsproblemen, aber auch klimatologisch bedeutsam sind);
- **Klimamodelle im engeren Sinn**, welche die Gegebenheiten und Variationen der Klimaelemente (physikalisch) simulieren, insbesondere wieder mit Blick auf die Atmosphäre, aber auch den Ozean;
- **Klimawirkungsmodelle** (Impaktmodelle), mit deren Hilfe die ökologischen, ökonomischen und sozialen Auswirkungen des Klimas und seiner Variationen abgeschätzt werden.

Im Folgenden geht es um die Klimamodelle im engeren Sinn; Anmerkungen zu Klimawirkungsmodellen folgen in Kap. 10, zu statistischen Modellen in Kap. 9.6.

Die einfachste Struktur der Klimamodelle im engeren Sinn weisen **Energiebilanzmodelle** (EBM) nulldimensionaler Art auf, die im globalen Mittel die Temperatur der Erdoberfläche bzw. bodennahen Atmosphäre als Resultierende der solaren Einstrahlung und terrestrischen Ausstrahlung berechnen, im Fall extremer Simplifizierung mittels einer einzigen Gleichung (Strahlungsgleichgewicht, vgl. Kap. 4.2, Gleichung (4.8)). Mit eindimensionaler Auflösung lassen sich diese Strahlungsbilanzen auch in Abhängigkeit von der geographischen Breite oder auch Höhe berechnen, allerdings ohne dass in dieser primitiven Form der Transport von Masse, Impuls und Energie simuliert werden könnte.

Dies versuchen, mit besonderem Blick auf Vertikaltransporte, die **Strahlungs-Konvektionsmodelle** (Radiative Convective Models, RCM), die neben der Wärmeleitung auch den Vorgang der Konvektion (vgl. Kap. 4.6) zu erfassen versuchen. Die „Keimzelle" solcher RCM-Simulationen ist die Energiegleichung, die nach HANTEL (1989) aus der Grundform

$$c_p \frac{dT}{dt} = \frac{1}{\rho}\frac{dp}{dt} - \frac{1}{\rho}\frac{\partial s}{\partial r} - E_V \frac{ds}{dt} \qquad (9.7)$$

in

$$c_p \frac{\partial T}{\partial t} = -c_p \frac{\partial\left(T\frac{dp}{dt}\right)}{\partial p} + \frac{1}{\delta}\frac{dp}{dt} - E_V \frac{ds}{dt} - g\frac{\partial S_i}{\partial p} \qquad (9.8)$$

transformiert wird. Dabei sind c_p = spezifische Wärmekapazität bei konstantem Druck, T = Lufttemperatur, ρ = Luftdichte, p = Luftdruck, t = Zeit, S bzw. S_i = Strahlungsflüsse, r = f{x,y,z} = räumliche Koordinaten, E_V = spezifische Verdampfungswärme, s = spezifische Luftfeuchte und g = Erdbeschleunigung. Die ersten drei Terme der rechten Seite von Gleichung (9.8), die sich als

$$-g\frac{\partial F_i}{\partial p} \qquad (9.9)$$

mit F_i = konvektive Energieflüsse zusammenfassen lassen, sowie die Strahlungsflüsse S bzw. S_i müssen im weiteren **parameterisiert**, d.h. in eine Form gebracht werden, die möglichst einfach die im Einzelnen ablaufenden Prozesse reproduziert, und zwar unter Berücksichtigung u.a. der physikalischen Eigenschaften der in der Atmosphäre enthaltenen Gase, der Rückkopplungen in Zusammenhang mit dem hydrologischen Zyklus (Verdunstung und Feuchte, Kondensation und Wolken, Rückwirkungen auf die Feuchte) sowie realistischer vertikaler Temperaturgradienten. Auch der RCM-Ansatz lässt sich hinsichtlich der geographischen Breite auflösen; kommt noch die Vertikalkoordinate dazu, handelt es sich dann um zweidimensionale Modelle. Aber auch beim RCM-Typ der Klimamodellierung gibt es Probleme bei dem Versuch, Horizontalflüsse zu simulieren. Außerdem sind nicht alle Rückkopplungen, z.b. zwischen dem hydrologischen Zyklus und der Temperatur, realisiert.

Die daher erforderliche dritte und zugleich aufwendigste Stufe sind **dreidimensionale Modelle der atmosphärischen Zirkulation** (General Circulation Models, GCM), die schließlich mit **ozeanischen Zirkulationsmodellen** zu koppeln sind (AGCM + OGCM = AOGCM oder CGCM = coupled general circulation models, vgl. CUBASCH und KASANG 2000) und dabei auch die Kryosphäre (Meer- und Landeis, letzteres allerdings nur bei der Simulation hinsichtlich sehr großer Zeitskalen notwendig) und die Pedospäre (Boden), einschließlich der dabei auftretenden Rückkopplungen, berücksichtigen sollten. Schließlich sollte auch die Biosphäre, insbesondere die Vegetation, einbezogen werden (vgl. Kap. 2.3, Klimasystem). Ein derartig umfassendes und zugleich aufwendiges **Klimasystem-Modell** ist allerdings bisher noch nicht verfügbar, so dass die Vegetation (natürliche Vegetationsklassen, vgl. Kap. 10.2, bzw. landwirtschaftliche Kulturpflanzen-gesellschaften) entweder in Form entsprechender Klimawirkungsmodelle behandelt wird, d.h. es werden erst Klima bzw. Klimaänderungen ohne Vegetation simuliert und anschließend die Auswirkungen auf die Vegetation (also ohne Rückkopplung), oder aber die GCM-Modelle werden so stark vereinfacht, dass sie Vegetationsrückkopplungen einbeziehen können (z.B. CLAUSSEN et al. 1999). Eigentlich müsste ein Klimasystem-Modell sogar, über die Naturwissenschaften hinaus, zur Behandlung von Problemen, die den Menschen, die **Anthroposphäre**, ins Spiel bringen, z.B. mit ökonomischen Modellen gekoppelt werden, was aber auf noch weitaus größere Schwierigkeiten stößt.

Atmosphärische Zirkulationsmodelle (AGCM) weisen im Grundprinzip die gleiche Struktur wie die Modelle auf, die bei der Wettervorhersage verwendet werden, verfolgen aber ein anderes Ziel (Näheres dazu später). Wie der Name sagt, ist hier als „Keimzelle" die Bewegungsgleichung (vgl. Kap. 4.4, Gleichung (4.25), zu sehen. Weiterhin umfasst ein AGCM folgende Typen von „primitiven" **Gleichungen** (Details siehe eingangs angegebene Literatur, zusätzlich z.B. KRAUS 2000, ETLING 1996, PICHLER 1997 und sonstige Lehrbücher der theoretischen Meteorologie):

- die Zustandsgleichungen, im Fall der Atmosphäre die Gasgleichung (3.7), und die statische Grundgleichung (3.12);

- die Erhaltungssätze für Masse, die sog. Kontinuitätsgleichung, z.B. in der Form

$$\frac{d\rho}{dt} = -\rho \nabla \cdot \mathbf{v} \qquad (9.11)$$

(d.h. zeitliche Dichteänderungen werden durch das räumliche Geschwindigkeitsfeld $\mathbf{v}$ kompensiert), für Energie (z.B. in Form des 1. Hauptsatzes der Wärmelehre, Gleichung (4.32)), und für Impuls (mv); vgl. auch Gleichungen (4.11) und (4.36);

- die Strahlungs- bzw. Strahlungsübertragungsgleichung zur Beschreibung der Strahlungsflüsse und -wechselwirkungen, einschließlich Absorption und Streuung

$$dN/ds = -(\sigma_A + \sigma_S)N + \sigma_S Q_S + \sigma_{em} Q_{em} \qquad (9.12)$$

(mit N = Strahlungsflussdichte, s Koordinate entlang des Flusses; σ_A, σ_S, σ_{em} Koeffizienten der Absorption, Streuung und Emission; Q_S, Q_{em} Quellstrahldichten der Streuung und Emission);

- die Gleichungen zur Erfassung der Aggregatzustandsänderungen (Phasenübergänge) des Wassers, z.B. in Form der CLAUSIUS-CLAPEYRONSchen Gleichung

$$\frac{dE / E}{dT / T} = \frac{E_V}{R_W T} \qquad (9.13)$$

(mit E = Wasserdampfsättigungsdruck, T = Temperatur, E_V = spezifische Verdampfungswärme, R_W = Gaskonstante für Wasserdampf; vgl. Kap. 3.14 und 4.7), der Zustandsgleichung für Wasserdampf (e; vgl. Kap. 3.1.4, Formel (3.20)) und der Einführung der virtuellen Temperatur (Formel (3.32));

- schließlich spezielle Gleichungen zur Beschreibung der zeitlichen und räumlichen Luftdruckänderungen sowie der Vertikalbewegung (unter Einschluss u.a. der Wirbelgröße, vgl. Kap. 4.4).

Werden solche Gleichungen in der Weise modifiziert, dass bestimmte Scales (Kap. 2.6) hervorgehoben und somit mehr oder weniger separat betrachtet werden, so spricht man von einem gefilterten Modell (gefilterte Gleichungen; zu allen Details siehe weiterhin die oben genannte Literatur, für die folgenden Betrachtungen zusätzlich auch CUBASCH und KASANG 2000 und HOUGHTON et al. 2001).

Ein umfangreiches System solcher Gleichungen wird nun bezüglich eines globalen oder regionalen **Gitterpunktrasters**, das in mehreren isobaren Flächen der Atmosphäre angeordnet ist (vgl. meteorologische Topographien, Kap. 4.5), ausgehend von bestimmten Anfangsbedingungen, in nach Optimierungsgesichtspunkten festzulegenden Zeitschritten gelöst. Um dies praktisch durchführen zu können, müssen die zumeist nicht exakt lösbaren Differentialgleichungen in eine Form umgesetzt werden, welche die Anwendung numerischer Näherungsverfahren gestattet. Die damit verbundenen iterativen Annäherungen an die Lösung ist ein Grund für die enormen (EDV-) Rechenzeiten dieser Zirkulationsmodelle. Ein anderer Grund ist die räumliche Auflösung, die daher nur relativ grob sein kann.

Bei globalen atmosphärischen Zirkulationsmodellen (AGCM) hat sich der typische Gitterpunktabstand von rund 500 km (z.b. T21-Version des ECMWF- bzw. DKRZ-Modells mit 5.6° horizontaler Auflösung und 19 vertikal angeordneten Schichten, was 38 912 Gitterpunkte ergibt; ECMWF = European Center for Medium Range Weather Forecast, Reading, England; DKRZ = Deutsches Klimarechenzentrum, Hamburg; vgl. dazu CUBASCH/KASANG 2000) auf rund 200 km verringert (wobei eine Verdoppelung der räumlichen Auflösung die Anzahl der Gitterpunkte um den Faktor 4 erhöht). Der Zeitschritt liegt bei solchen Modellen in der Größenordnung von 30–60 Minuten (oben genannte T21-Version 45 Min; bei der Anwendung zur Wettervorhersage mit Regionalmodellen jedoch 3–10 Min).

Das Problem der begrenzten räumlichen Auflösung hat dazu geführt, dass nach gleichem „Strickmuster" **regionale atmosphärische Zirkulationsmodelle** entwickelt worden sind, die in den interessierenden Regionen (z.b. Mitteleuropa oder Ostseebereich, vgl. z.b. JAKOB und PODZUN 1997, oder Alpen) mit feinerer räumlicher Auflösung arbeiten, jedoch an den Rändern von supraskaligen, letztlich globalen Modellen angetrieben werden müssen. Bei einem solchen Verbund eines regionalen mit einem globalen GCM spricht man von „Nesting". Darüber hinaus gibt es weitere dynamische und auch statistische (bzw. gemischte) Ansätze der **„Regionalisierung"**, auch **Downscaling** genannt, d.h. der Umsetzung der relativ großskaligen Modellergebnisse in subskalige und somit relativ kleinräumige Befunde (vgl. hierzu CUBASCH und KASANG 2000). Derartige Entwicklungen wie auch die Klimamodellentwicklung generell ist aber längst noch nicht abgeschlossen.

Weitere besondere **Probleme** bei solchen GCM- Modellrechnungen sind:
* die Parameterisierung subskaliger Prozesse, insbesondere der Konvektion, Reibung und Turbulenz, d.h. die Transformation in großräumig (skalig) anwendbare Gleichungen (gefilterte Modelle);
* die Berücksichtigung der Vernetzung der Prozesse (vgl. Schema in Abb. 118), wobei Wirkungen wieder zu Ursachen werden können;
* die Berücksichtigung der Rückkopplungen (vgl. Abb. 61), d.h. Selbstverstärkung (positive Rückkopplung) bzw. Selbstabschwächung (negative Rückkopplung) sowie aller sonstigen Nicht-Linearitäten;
* die Berücksichtigung aller relevanten chemischen Reaktionen, so dass GCMs entsprechende chemische Reaktionsmodelle – zumindest teilweise – mit beinhalten sollten.

Damit hören die Probleme aber noch nicht auf, weil – wie oben bereits ausgeführt – die atmosphärische Zirkulation nur einen Teil der Klimaprozesse erfasst und eigentlich vollständige Klimasystem-Modelle erforderlich wären; auf die üblicherweise verwendeten gekoppelten atmosphärisch-ozeanischen GCM-Modelle (AOGCM) mit vereinfachter Berücksichtigung des Bodens und Meereises ist ebenfalls bereits hingewiesen worden. Der **Rechenaufwand** ist auch so mit Fug und Recht als gigantisch zu bezeichnen – er liegt bei einem aufwendigen AOGCM

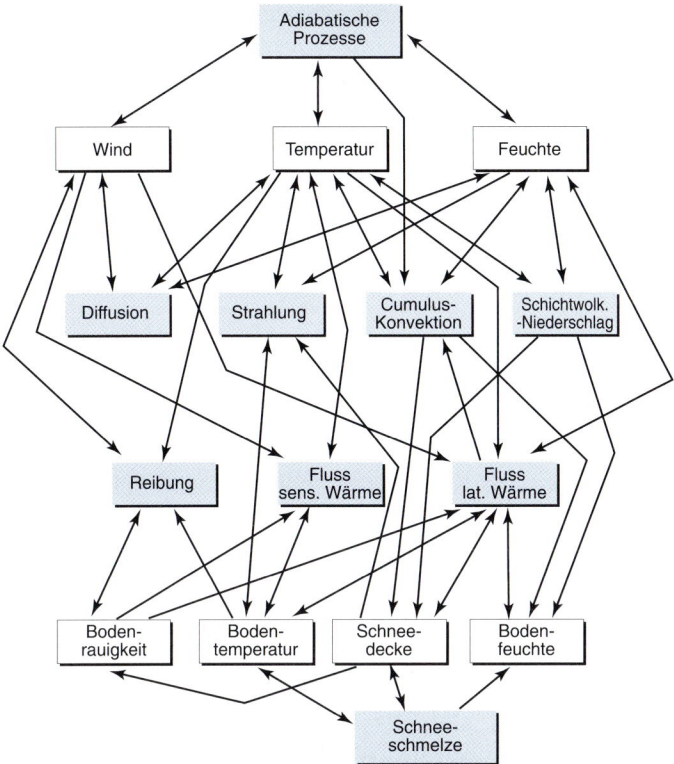

Abb. 118
Vernetzung einiger in Klimamodellen zu betrachtender atmosphärischer Größen (Kästchen) und Prozesse (im Zusammenhang mit dem Modell des European Center for Medium Range Weather Forecast, ECMWF, nach Louis, 1984, verändert).

bei einigen Monaten Rechenzeit an einer modernen EDV-Großrechenanlage – wobei sich noch nicht einmal alle Größen „frei variabel bewegen" können, sondern zum Teil in Form von Randbedingungen festgehalten werden.

Nach dieser Übersicht ist es an der Zeit, auf die **Unterschiede der Zielsetzung** bei der Anwendung atmosphärischer oder auch gekoppelter Zirkulationsmodelle **bei der Wetter- bzw. Klimaproblematik** hinzuweisen; vgl. dazu Tab. 17. Beim Wetter und seiner Vorhersage handelt es sich um ein sog. **Anfangswertproblem**; das heißt, ausgehend von (dreidimensional) gemessenen Wertefeldern der dabei interessierenden meteorologischen Größen (im Prinzip die gleichen wie beim Klima, also Klimaelemente), dem bekannten Anfangszustand der Atmosphäre zu irgendeiner bestimmten Zeit t₀, werden mit Hilfe der im Prinzip genannten Gleichungen an allen Gitterpunkten und in den gewählten Zeitschritten die Veränderungen dieser Wertefelder definitiv berechnet, was dann entsprechend definitive (aber nicht unbedingt völlig zutreffende) Vorhersagen dieser Felder und somit der Temperatur, des Niederschlages usw. für den nächsten Tag, den übernächsten Tag usw. liefert. Dabei existiert eine theoretische (ca. 2–4 Wochen, vgl. Kap. 2.5) und (weniger weit reichende) praktische Obergrenze der Vorhersagbarkeit.

Beim **Klima** geht man zwar auch von einem Anfangswertefeld aus, interessiert sich aber für die **Statistik der Klimaelemente**, der Klimadefinition folgend (vgl. Kap. 2.7) über eine längere Zeit, beispielsweise einige Jahrzehnte, bei paläoklimatologischen Fragestellungen auch weit darüber hinaus. Eine definitive Vorhersage des Verhaltens der Klimaelemente für bestimmte Zeiten und Regionen ist dabei natürlich nicht möglich (obwohl das im Modell durchaus simuliert wird, es hat in dieser Form aber keine Aussagekraft). Vielmehr wird danach gefragt, welche Statistik (also z.B. Feldstruktur, Häufigkeitsverteilung usw.) der Klimaelemente sich unter bestimmten Randbedingungen einstellt. Man spricht daher in diesem Fall von einem **Randwertproblem.**

Diese Randbedingungen können beispielsweise die „heutigen" sein, insbesondere hinsichtlich Sonneneinstrahlung und Zusammensetzung der Atmosphäre, aber auch hinsichtlich der Antriebsmechanismen der ozeanischen Zirkulation (und somit u.a. des Salzgehalts). In diesem Fall handelt es sich um ein sog. **Kontrollexperiment**, mit dessen Hilfe festgestellt wird, ob das betreffende Klimamo-

Tab. 17 Zur Unterscheidung von Wetter und Klima.

	Wetter	Klima
Zeitliche Größenordnung der Phänomene	Stunden bis Tage	mehrere Jahre bis Jahrmilliarden[*)]
Räumliche Größenordnung	lokal bis regional	lokal, regional, global
„Träger" der betreffenden Prozesse	Atmosphäre	Klimasystem = Atmosphäre + Hydro- (mit Ozean) + Kryo-+ Bio- + Pedo-/ Lithosphäre
Schwankungsbreite der Wetter-/Klimaelemente	i.A. relativ groß (z.B. im Tagesgang der Wetterelemente)	i.A. relativ klein, insbesondere bei räumlicher Integration
Wirkung der Variationen	meist begrenzt	oft erheblich
Vorhersagbarkeit bzw. Zukunftsprojektion	*Vorhersage: „Anfangswertproblem"*, approximativ definitiv für einige Tage; *atmosphärische Zirkulationsmodelle (GCM)*	*Projektion: „Randbedingungsproblem"*, approximativ bedingt (für *dominante* vorhersagbare Faktoren) aufgrund von *Szenarien → Klimastatistik*; *Modellhierarchie (u.a. AOGCM, EBM, statist.)*

*) empfohlenes (WMO) Mindestbeobachtungsintervall: 30 Jahre (vgl. Text, CLINO).

dell (z.B. AOGCM) das „derzeitige" Klima zumindest näherungsweise korrekt simuliert. Immer wird dabei, wie oben ausgeführt, die Statistik der Klimaelemente für eine bestimmte Zeitspanne betrachtet. Gelingt diese Kontrolle in zufriedenstellender Art und Weise, können auch **Klimazustände früherer Zeiten** simuliert werden, beispielsweise das Klima der letzten „Eiszeit" oder des „Holozänen Optimums" vor einigen Jahrtausenden (vgl. dazu jeweils Kap. 11) oder die Klimabedingungen in den Jahren nach einem explosiven Vulkanausbruch oder bei erhöhter Sonneneinstrahlung oder bei anthropogen veränderten atmosphärischen Konzentrationen klimawirksamer Spurengase oder verändertem Salzgehalt des Ozeans. In gleicher Weise lassen sich, aufgrund von Szenarien möglicher anthropogener Veränderungen der atmosphärischen Zusammensetzung, künftige Klimazustände simulieren (Näheres in Kap. 12.3). Da es sich dabei nicht um echte Vorhersagen wie beim Wetter, sondern um bedingte Abschätzungen i.A. alternativer künftiger Möglichkeiten unter Betrachtung nur eines oder weniger Klimaeinflussmechanismen handelt (bei Konstant-Haltung der anderen), spricht man fachlich nicht von Klimavorhersagen, sondern **Klimamodellprojektionen der Zukunft**.

Solche Simulationen vergangener oder auch in Zukunft möglicher Klimazustände können in Form von **Gleichgewichtssimulationen** vorgenommen werden. In diesem Fall wird nach Aufprägung einer Störung (Veränderung, z.B. wie oben in einigen Beispielen genannt) so lange gerechnet, bis sich die Statistik der Klimaelemente nicht mehr signifikant ändert. Das Modellergebnis, zugleich das sog. **Klimasignal**, ist dann die Differenz der Klimastatistik (z.B. einiger Jahrzehnte) ohne bzw. mit Störung. Die gesamte – modellierte oder auch beobachtete – Klimavariabilität wird in diesem Zusammenhang als **„Klimarauschen"** bezeichnet und das jeweilige Klimasignal muss sich signifikant von diesem Rauschen unterscheiden, damit bei der jeweiligen Klimamodellsimulation von einem vertrauenswürdigen Ergebnis gesprochen werden kann.

Gerade bei gekoppelten Modellen (AOGCM) tritt dabei das **Driftproblem** auf (auch hierzu wie im Folgenden vgl. CUBASCH und KASANG 2000), d.h. auch nach längerer Simulationszeit tritt noch immer keine stationäre Statistik des Klimasignals auf. Falls die Vermutung besteht, es handelt sich dabei um einen Modellartefakt, kann versucht werden, den Gleichgewichtszustand durch sog. **Flusskorrekturen** (künstlich eingeführte zusätzliche Flüsse, insbesondere zwischen Atmosphäre und Ozean; s. z.B. SAUSEN 1989, CUBASCH und KASANG 2000) zu erzwingen. So wurde auch tatsächlich verfahren, jedoch machen die Fortschritte der Klimamodelle nach und nach solche Eingriffe entbehrlich.

Mehr und mehr interessieren in der Klimaforschung aber nicht nur stationäre bzw. quasistationäre Klimazustände, sondern explizit die Übergänge von einem Klimazustand zu einem anderen. Um dies zu erreichen, müssen die Klimaänderungen zeitabhängig simuliert werden; man spricht in diesem Fall von **transienten Simulationen**, die natürlich an die Klimamodelle weitaus größere Ansprüche stellen als bei Gleichgewichtssimulationen, weil nicht nur die betreffende

Störung in ihrem möglichst genauen Zeitablauf realistisch vorgegeben werden muss, sondern hinsichtlich der transienten Klimareaktion auch die Verzögerungen (Systemträgheit) bekannt und in entsprechenden prognostischen Gleichungen (d.h. zeitabhängig, andernfalls spricht man von diagnostischen Gleichungen) erfasst sein müssen. Gerade beim Problem der anthropogenen Klimabeeinflussung (Kap. 12.3) sind transiente Klimamodellsimulationen gefragt.

Die Tatsache, dass die Klimamodellierung die Statistik der Klimaelemente, und nicht deren definitive Veränderungen in Zeit und Raum zum Ziel hat, macht verständlich, warum bei der Klimamodellierung nicht nur Zirkulationsmodelle (AGCM, AOGCM usw.) zur Anwendung kommen, sondern auch vereinfachte Ansätze bis herunter zum RCM und EBM. Es kann nämlich sein, dass man sich z.b. nur für die Temperatur an der Erdoberfläche interessiert, und dies vielleicht sogar nur im globalen oder hemisphärischen Mittel. Dann kann man unter diesen Gesichtspunkten, wegen der bedeutend kürzeren Rechenzeiten, auch viele Szenarien durchrechnen, viele Einflussmechanismen simultan berücksichtigen und sich für spezielle Probleme wie z.B. die Stabilität bzw. Nicht-Stabilität bestimmter Klimazustände interessieren. Bei derartig vereinfachten, auf bestimmte Problemkreise zugeschnittenen Versionen spricht man auch von **konzeptionellen Modellen**. Auch die statistischen Klimamodelle (folgen in Kap. 9.6) sind hier einzuordnen, die von der Statistik der beobachteten Klimaänderungen ausgehen und empirisch auf mögliche Ursachen rückschließen. Soll jedoch die Statistik nicht nur der Temperatur, sondern auch der weiteren Klimaelemente zugänglich sein, kommt man um Zirkulationsmodelle (GCM) nicht herum.

Ohne nun noch einmal das Problem der Klimasystem-Modellierung anzustoßen, seien abschließend die wichtigsten Vor- und Nachteile der AOGCM-Klimamodellierung zusammengestellt. Die wichtigsten Stärken sind:

- physikalisches Verständnis des Klimasystems, soweit im jeweiligen Modell simuliert;
- dreidimensionale (im Fall transienter Simulationen vierdimensionale) Betrachtungsweise;
- Erfassung nicht nur der Temperatur-, sondern auch der Niederschlags-, Bewölkungs-, Wind- usw. -gegebenheiten (was bei EBM und RCM nicht möglich ist);
- Berücksichtigung von Vernetzungen und Nicht-Linearitäten, einschließlich Rückkopplungen, soweit bekannt bzw. im Modell simuliert.

Dem stehen vor allem die folgenden Schwächen gegenüber:

- ungenügende Erfassung des hydrologischen Zyklus und der damit zusammenhängenden Prozesse, insbesondere hinsichtlich Bewölkung (dabei vor allem Probleme bei der subskalig auftretenden Konvektionsbewölkung) und beim Niederschlag;
- Probleme bei der Meereissimulierung (insbesondere hinsichtlich Drift und Polynias, d.h. offener Stellen im Packeis);
- i.A. weitgehende Nicht-Berücksichtigung der Biosphäre;

- grobe regionale Auflösung;
- lange Rechenzeiten.

Hinzu kommen die bereits genannten Kopplungsprobleme (Klimadrift) und die Tatsache, dass wegen der langen Rechenzeiten bei aufwendigen AO-GCM-Simulationen i.A. nur ein oder zwei Klimaeinflussmechanismen berücksichtigt werden können (Näheres dazu in Kap. 12 und 13).

Allgemein gesagt sind derartige Klimamodelle somit, auch bei sehr großem Aufwand, stets quantitativ unsicher. Das gilt in besonders hohem Maß für die regionalen Strukturen. Bei der **Validierung** der Klimamodelle anhand der („derzeitigen“) Beobachtungsdaten (der Begriff *Verifizierung* wäre im Fall der Reproduktion früherer Klimazustände bzw. bei Zukunftsprojektionen, sobald die betreffende Situation ggf. eingetroffen ist, anzuwenden), somit bei den oben genannten Kontrollexperimenten, kommt noch das Problem dazu, dass auch die Beobachtungsdaten unsicher sind, sicherlich weniger bei der Temperatur, aber in erheblichem Ausmaß beim Niederschlag. Auch das Problem, dass ständig in allen Zeitskalen Klimaänderungen ablaufen (Näheres in Kap. 11) und somit die Klimabeobachtungsdatenstatistik von Zeitintervall zu Zeitintervall variiert, ein „derzeitiges“ Klima somit streng ge-

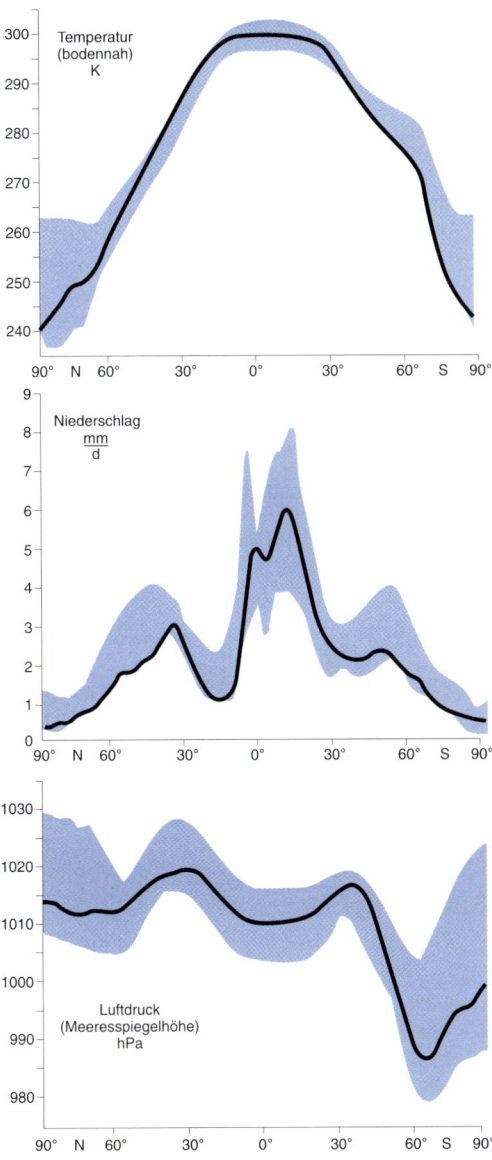

Abb. 119
Meridionalprofile der bodennahen Lufttemperatur, des Niederschlages und des Luftdrucks in Meeresspiegelhöhe, jeweils Winter (Dez.–Febr.), nach verschiedenen Klimamodellsimulationen, durch Blaurasterung angegebener Bereich, und beobachtet, schwarz (nach IPCC, HOUGHTON et al., 2001).

nommen gar nicht existiert, darf nicht übersehen werden. Trotzdem zeigt Abb. 119 für Meridionalprofile von bodennaher Lufttemperatur, Niederschlag und Meeresspiegel-Luftdruck einen Vergleich verschiedener Klimamodellsimulation-Kontrollexperimente mit entsprechenden Beobachtungsdatensätzen (nach IPCC, HOUGHTON et al. 2001). Dabei zeigt sich, dass die Temperatur, mit Ausnahme der Polargebiete, recht gut getroffen ist (was bei voller räumlicher Auflösung zu relativieren ist, d.h. sich weitaus weniger gut bewahrheitet, vgl. z.B. HEGERL et al. 1996), d.h. die Modellergebnisse relativ wenig streuen, jedoch nicht beim Niederschlag und – vielleicht überraschenderweise – auch nicht beim Luftdruck.

9.6 Statistische Klimamodelle

Eine bemerkenswerte Alternative zu deterministischen Klimamodellen (Kap. 9.5) sind statistische Methoden, die strikt auf den Beobachtungsdaten beruhen und nur kurze Rechenzeiten (EDV) benötigen – das sind zwei ihrer Vorteile – jedoch nicht auf physikalischen bzw. physikochemischen Grundlagen beruhen – das ist ihr wesentlicher Nachteil. Zu den Vorzügen zählt weiterhin die Möglichkeit, wegen der wesentlich kürzeren Rechenzeiten vergangene Klimavariationen unter simultaner (gleichzeitiger) Berücksichtigung mehrerer Steuerungseinflüsse, natürlicher wie anthropogener, mehr oder weniger gut reproduzieren zu können; in den Kapiteln 11 und 12 wird darauf zurückzukommen sein (und sich zeigen, dass das leider nur bei der Temperatur einigermaßen befriedigend gelingt).

Hier soll lediglich kurz das Prinzip der Vorgehensweise genannt werden. Am einfachsten sind dabei **multiple lineare Regressionen** (vgl. Kap. 3.3.3) der Form

$$K = A + Bb + Cc + \dots \qquad (9.14)$$

wobei K die Wirkungsgröße, z.B. ein Klimaelement (z.B. Temperatur), A, B, C... die Regressionskoeffizienten und a, b, c... die Einflussgrößen sind, beispielsweise anthropogene Spurengasemissionen (vgl. Kap. 12.3), Vulkanaktivität, Sonnenaktivität (vgl. jeweils Kap. 11) usw.

Bei der Anwendung auf solche klimatologischen Probleme sind K, a, b, c usw. stets Zeitreihen (Kap. 3.3.5) und es können Zeitverzögerungen zwischen Wirkungsgröße und Einflussgrößen zugelassen werden. Numerische Filterungen gestatten darüber hinaus die Betrachtung in bestimmten Frequenzbereichen (vgl. wiederum Kap. 3.3.5). Es gibt auch statistische Modelle, bei denen die Wirkungsgröße selbst mit Zeitverzögerung wieder als Einflussgröße auftritt; in diesem Fall spricht man von **autoregressiven statistischen Modellen**. Schließlich muss man nicht bei linearen Verknüpfungen stehen bleiben, sondern kann in (9.14) z.B. auch logarithmische Beziehungen einbauen. Eleganter ist die Anwendung **neuronaler Netze**, die als eine Art optimiertes Training **nicht-linearer Beziehungen** zwischen Einfluss- und Wirkungsgrößen aufgefasst werden kann (vgl. wiederum Kap. 3.3.5), aber diese Beziehungen wegen ihrer „Black-Box"-Struktur nicht verrät. Auch da sind allerdings im Rahmen der Neuroinformatik Modifikationen in Entwicklung (siehe z.B. BRAUSE 1995, WALTER 2000), welche dieses Problem überwinden könnten.

Die Auswahl der Einflussgrößen sollte zunächst stets nach (potentiellen) physikalischen Gesichtspunkten erfolgen. Formal muss den Regressionsberechnungen bzw. der Anwendung neuronaler Netze zudem eine entsprechende multiple Kreuzkorrelationsanalyse (Kap. 3.3.5) vorangehen. Falls es sich um nur eine Klimazeitreihe (z.B. Temperatur an einer bestimmten Station oder regional bzw. global gemittelte Temperatur) handelt, spricht man von einer **univariaten Analyse**. Werden simultan (Gleichungssystem) mehrere Wirkungsgrößen bzw. Klimaelemente oder aber auch ein Klimaelement simultan an verschiedenen Orten (z.B. Gitterpunkte; Matrix von Regressionsgleichungen) betrachtet, handelt es sich um eine **multivariate Analyse**, während der Begriff „multipel" die Betrachtung mehrerer Einflussgrößen zum Ausdruck bringt. In beiden Fällen, uni- und multivariat (und multipel), müssen die Korrelationen und Regressionen statistisch getestet werden, insbesondere dahingehend, ob sie signifikant mehr als die Persistenz (Autokorrelation) „erklären" und ob die „erklärte" Varianz der Wirkungsgröße signifikant größer als bei einem System von Zufallsvariablen als Einflussgrößen ist (SCHÖNWIESE 1993, SCHÖNWIESE und BAYER 1995). Das Hauptanwendungsgebiet statistischer Klimamodelle ist die hypothetische Reproduktion vergangener Klimavariationen (vgl. Kap. 11).

Nur erwähnt werden können hier **chaostheoretische Überlegungen**. Dabei ist prinzipiell zwischen stochastischem und deterministischem Chaos zu unterscheiden. Unter **stochastischem** oder auch statistischem **Chaos** versteht man i.A. **Zufallsprozesse**, die anhand bestimmter statistischer Eigenschaften erkannt werden können (Stationarität bzw. Quasi-Stationarität der Momente wie Mittelwert, Varianz usw., bei Zeitreihenstruktur auch Autokorrelationsstationarität; vgl. Kap. 3). Diese Eigenschaften sollten beispielsweise für das Residuum eines statistischen multiplen linearen Regressionsmodells gelten.

Dabei wird versucht, dieses Residuum möglichst klein zu halten und auch bei der physikalisch orientierten Klimamodellierung wird versucht, möglichst viel deterministisch zu erklären, d.h. über bekannte Ursache-Wirkung-Beziehungen, die eindeutige Lösungen aufweisen; dementsprechend liefern die üblichen Klimamodelle auch stets nur ein Ergebnis und keine **Lösungs- bzw. Ergebnisvielfalt** (es sei denn, es werden gleiche Simulationsziele mit unterschiedlichen Modellen verfolgt, was hier mit Lösungsvielfalt aber nicht gemeint ist). Genau diese Vielfalt bis hin zur völligen Unvorhersagbarkeit können aber nicht-lineare Gleichungen erzeugen, und dieses Phänomen wird als **deterministisches Chaos** bezeichnet („unregelmäßiges und unvorhersagbares Verhalten trotz deterministischer Naturgesetze", BREUER 1993; vgl. auch HAKEN 1983, SCHUSTER 1989, LORENZ 1993, BUZUG 1994, FRAEDRICH 1996). Dazu gibt es eindrucksvolle Beispiele, wie bereits einfache, aber nicht-lineare mathematische Gleichungen bzw. entsprechende physikalische Versuche zu hochkomplizierten und eben chaotischem Verhalten führen können (BREUER 1983).

Andererseits sind in den üblichen physikalisch orientierten Klimamodellen (Kap. 9.5) durchaus Nicht-Linearitäten und auch Rückkopplungen enthalten, ohne dass daraus Chaos resultieren muss. Der häufig zitierte „Flügelschlag des Schmetterlings" (BREUER 1993) kann daher auch als nicht-chaotische positive **Rückkopplung** aufgefasst werden (vgl. Kap. 4.8, Abb. 61), die zwar aus kleinen Ursachen große Effekte macht, aber durchaus deterministisch beherrschbar ist (aber nicht sein muss). Zudem gibt es im Klimasystem offenbar neben mehreren positiven auch mehrere dazu in Konkurrenz stehende negative Rückkopplungen, wobei letztere eine Art „Explosion" („Run Away"-Effekt, übergroße positive Rückkopplung) des Systems verhindern.

Trotzdem sind im Rahmen der konzeptionellen Klimamodellierung (vgl. Kap. 9.5) auch solche Überlegungen und Ansätze präsent und von hohem wissenschaftlichen Interesse, in denen untersucht wird, unter welchen Umständen trotz gleicher Ausgangssituation mehrere Lösungen und daher ggf. mehrere systemare Entwicklungswege, z.b. des Klimazustands, möglich sind. Das reicht von **Bifurkationen** (Lösungsverzweigungen, zwei Wege möglich) bis hin zu sog. **Attraktoren** (Betrachtung im Phasenraum), auf welche sich eine Lösungsvielfalt hinbewegen kann (klimatologische Betrachtungen und Anwendungen dazu siehe z.b. FRAEDRICH 1987, 1996, HENSE 1987, DENHARD 1998). Die Erzeugung von Ordnung und Struktur in offenen Systemen sowie die sog. Selbstähnlichkeit, insbesondere das Auftreten fraktaler Strukturen, z.b. die hochkomplizierte Geometrie, die bei mikroskopischer Betrachtung eines Schneekristalls offenbar wird, werden zwar auch in der Chaostheorie behandelt, sind jedoch eher bei Wetter- als bei Klimaphänomenen von Bedeutung.

10 Bioklimatologie

Da die Biosphäre, insbesondere die Vegetation (natürliche potentielle Vegetation, aber auch landwirtschaftlicher Nutzpflanzenanbau), nicht nur ein Spiegelbild der Klimazonenstruktur oder zumindest von den Klimabedingungen abhängig ist, sondern auch das Klima beeinflusst, ist es im Rahmen der Klimatologie auch angebracht, die Vegetationszonen der Erde und deren funktionale Zusammenhänge mit dem Klima zu betrachten. Besonders deutlich wird das in der Phänologie, die sich mit den Entwicklungsphasen bestimmter Pflanzenarten während des Jahresablaufs (Vegetationsperiode) beschäftigt. Zudem hängen auch das Wohlbefinden des Menschen bzw. gesundheitliche Störungen, beispielsweise in Zusammenhang mit der physiologischen Wärmeempfindung, vom Klima ab.

10.1 Charakteristika der Biosphäre

Die Biosphäre, das Leben auf der Erde, ist Teil des Klimasystems (Kap. 2.3) und steht somit insbesondere mit der Atmosphäre (Kap. 2.1) sowie der Pedosphäre (Boden) in intensiver Wechselwirkung. Funktionsabläufe werden im Rahmen der Ökologie (vgl. Ökosysteme, Kap. 2.2) betrachtet. Aus diesen im Einzelnen sehr vielfältigen und komplizierten Funktionsabläufen sollen hier nur, entsprechend der Definition des Klimas (Kap. 2.7), **langfristige funktionale Beziehungen zwischen Biosphäre, insbesondere Vegetation, und Atmosphäre** in einem kurzen Überblick behandelt werden; Details siehe z.B. VAN EIMERN und HÄCKEL 1979, MÜLLER-HOHENSTEIN 1979, FORD 1982, KLÖTZLI 1989, WALTER 1990, HUPFER 1996, CHMIELEWSKI 1998, HUPFER und KUTTLER 1998, HÄCKEL 1999, SCHULTZ 2000).

Zunächst aber ist die Biosphäre zu charakterisieren. Grundbausteine des Lebens sind, jeweils aus organisch-chemischen Verbindungen zusammengesetzt, Zellen, Gewebe und Organe. Ein Gewebe ist ein Zellverband gleicher Form und Funktion (z.B. Leitgewebe bei Pflanzen zum Wasser- und Nährstofftransport; Nervengewebe bei Tieren und Menschen zur Reizaufnahme sowie zur Reizleitung). Ein Organ ist ein Konglomerat verschiedenartiger Gewebe, um komplizierte Funktionen zu regeln (z.B. Atmungs- bzw. Verdauungsorgane).

Von sehr primitiven Lebensformen (z.B. Viren, Einzeller) abgesehen, lässt sich die Biosphäre in Pflanzen (Vegetation = Flora), Tiere (Fauna) und Menschen (Teil der Biosphäre bzw. separat Anthroposphäre) einteilen. Der Unterschied liegt im Wesentlichen in der aktiven Nahrungsaufnahme (Dissimilation), Fortbewegung und Fortpflanzung bei Tieren und Menschen, wobei es allerdings auch einen Grenzbereich zwischen (noch) Pflanzen und (schon) Tieren gibt. Von **bioklimatologischer Bedeutung** sind im Einzelnen bei **Pflanzen**

- **Kohlendioxid**(CO_2)-Aufnahme und Assimilation (Photosynthese) unter Zuhilfenahme von Lichtenergie und Wasser (H_2O), beispielsweise in der Form

$$6\ CO_2 + 6\ H_2O + E\ \{Licht\} \rightarrow C_6H_{12}O_6 + 6\ O_2\uparrow \qquad (10.1)$$

unter Sauerstoff-(O_2)-Abgabe, wobei aus anorganischen Verbindungen organische (hier Traubenzucker, ansonsten auch Kohlenhydrate, Fette, Eiweiße usw.) gebildet werden;

- **Wasser** dient dabei nicht nur als Nähr-, sondern bei Pflanzen auch als Transportmittel (im Leitgewebe) für die
- **Nährstoffe**, nämlich u.a. Stickstoff-, Magnesium- und Phosphorverbindungen, häufig in der Form von Salzen.

Für **Tiere und den Menschen** sind demgegenüber charakteristisch und von bioklimatologischer Bedeutung:

- **Sauerstoff**-(O_2)-Aufnahme und
- **Nahrung**saufnahme, und zwar Wasser sowie überwiegend organische Substanzen (pflanzlicher bzw. tierischer Art) mit enzymatischer Verdauung, z.B. Dissimilation der Form

$$C_6H_{12}O_6 + 6\ O_2 \rightarrow 6\ H_2O + 6\ CO_2\uparrow + E\ \{Wärme\} \qquad (10.2)$$

bzw. allgemeiner ausgedrückt

- **Stoffwechsel**vorgänge mit Abscheidung von CO_2, H_2O und Exkrementen (Abbaustoffe), aber auch Bildung von Baustoffen (Wachstum), Betriebsstoffen (z.B. zur Sicherstellung muskulärer Arbeit) und Vorratsstoffen (insbesondere Fette und Zucker).

Der Stoffwechseltransport erfolgt in speziellen Blut- und Lymphgefäßsystemen.

Bei den Pflanzen ist auch die **Fortpflanzung** stark atmosphärisch beeinflusst, da die Samen mit dem Wind verfrachtet werden. Dies stellt zugleich die einzige Möglichkeit für Migrationen (Einzelarten und auch ganze Vegetationsklassen) dar, wobei geringe Samengewichte (z.B. Kiefer 0.006 g, Eiche dagegen 3 g) in Verbindung mit ausreichendem Wind sowie kurze Lebenszeiten der Einzelpflanzen große **Migrationsfähigkeiten** beinhalten. Diese sind bei Bäumen wegen der langen Lebenszeiten aber offenbar sehr eingeschränkt. Tiere können dagegen auf atmosphärische und sonstige Einflüsse sofort mit Migrationen reagieren, einschließlich der jahreszeitlichen Unterschiede (z.B. Vogelzug), denen sich Pflanzen nur mit einem Jahresrhythmus der Vegetationsperiode (Aktivitäts- und Assimilationsperiode, gegenüber Ruheperiode, z.B. mit Laubabwurf) im Laufe der Evolution anpassen konnten.

Eine Besonderheit stellt die marine Salzwasserbiosphäre dar, aus der letztlich alles Leben entstanden ist, und auch die Süßwasserbiosphäre, da sie sich an ihren Lebensraum, das Wasser, speziell anpassen muss, wie die Landbiosphäre an den Lebensraum Atmosphäre. Darauf soll hier aber nicht eingegangen werden. Vielmehr liegt im Folgenden der Schwerpunkt bei den Landpflanzen. Eine weitere Besonderheit der Pflanzen ist die enge Verbundenheit mit der Pedosphäre, die zur **vertikalen Grobuntergliederung des Lebensraumes** in Wurzel- und Sprossraum führt, ggf. wie beim Wald, vgl. Abb. 120, auch in Wurzelraum (im Boden), bodennahen Raum (Gräser und anderer Niederbewuchs in der untersten Atmosphäre), Stamm- und Kronenraum. Im atmosphärischen (Spross-) Raum ist die Pflanze dabei nicht nur von den dortigen Gegebenheiten abhängig, sondern beeinflusst sie auch ihrerseits, so dass dies wieder ein Beispiel für Wechselwirkungen ist.

Generell sind bei der Vegetation die **räumlichen bzw. systemaren Größenordnungen** Einzelindividuum, Pflanzenart, Pflanzengesellschaft bzw. Vegetationsklasse, Ökosystem (Kap. 2.2) und globale Lebensgemeinschaft (globales Öko- bzw. Klimasystem) zu unterscheiden. Dabei kommt es, hier auf den bioklimatologischen Funktionsraum (im engeren Sinn) beschränkt, zu atmosphärischen Einflüssen auf die Pflanze(n) bzw. Biosphäre, zu biosphärischen Einflüssen auf die Atmosphäre sowie zu den schon mehrfach genannten Rückkopplungen (Definition vgl. Kap. 4.8, Abb. 61, desweiteren Abb. 122). Auch wenn hier nur atmosphärisch-biosphärische Beziehungen betrachtet werden, darf man nicht übersehen, dass die insgesamt gegebenen ökosystemaren Bezüge weitaus umfassender sind.

Atmosphärisch sind folgende **Einflussgrößen bzw. Wirkungskomplexe** festzuhalten:

- Partialdrucke der Gase, insbesondere (je nach Problemkreis) CO_2, O_2 und H_2O;

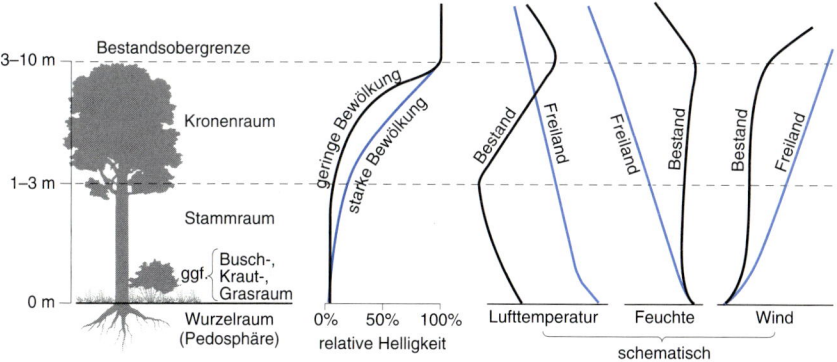

Abb. 120
Schematischer Vertikalaufbau eines Vegetation-Bestandsraumes mit entsprechenden atmosphärischen Charakteristika (zusammengestellt nach verschiedenen Quellen, insbesondere VAN EIMERN und HÄCKEL, 1979).

- Aerosolkonzentrationen (z.B. medizin-/humanbioklimatologisch);
- Licht;
- weitere Strahlungsvorgänge, insbesondere im UV- und IR-Bereich;
- Lufttemperatur;
- Niederschlag bzw. Wasserversorgung generell;
- Wind.

Bei Pflanzen kommen noch Bodenwassergehalt, Nährstoffgehalt im Boden sowie Bodenbeschaffenheit hinzu. Abb. 121 fasst diese, über die Atmosphäre hinausgehenden Einflüsse auf Pflanzen, standort- und umweltbezogen, zusammen (vgl. auch Kap. 2.2, Abb. 7). Hinzu kommen noch die zum Teil fragwürdigen Einflussbereiche magnetischer und elektrischer Felder, bei Kurzzeitbetrachtungen auch die komplexen Vorgänge des Wettergeschehens.

Alle diese Einflussgrößen sind zeitlich und räumlich variabel. Am festen Ort werden die Variationen der Einflussgrößen von speziellen Sinnesorganen der biosphärischen Individuen als atmosphärischer Reiz wahrgenommen (Rezeptorsystem). Dies setzt über ein Regelsystem adaptive Reaktionen in Gang, ohne oder mit Rückkopplungen zur Atmosphäre (s. Schema Abb. 122); man spricht dabei vom **biotropen Prinzip** (Biotropie). Die Reaktion kann positiv ausfallen, z.B. Pflanzenwachstum veranlassen bzw. verstärken, Schutzfunktionen in Gang setzen (z.B. Verschluss der Pflanzenstomata zur Herabsetzung der Verdunstung; Schwitzen beim Menschen, Kap. 10.5) oder auch zu Schäden führen. Schon PARACELSUS wusste, dass bei Stoffaufnahmen allerdings die **Dosis** (Menge bzw. Konzentration) darüber entscheidet, ob ein Stoff nützlich oder schädlich ist, von extremen „Nur-Giften" abgesehen. Beispiele für diese ganz unterschiedliche Wirkung der Dosis sind Stickstoff (N_2) bzw. Nitrat (NO_3^-) bei Pflanzen (über den Bodeneintrag)

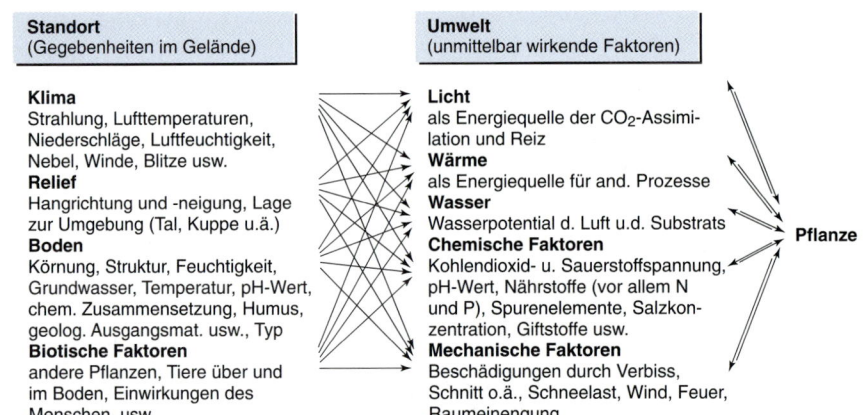

Abb. 121
Beziehungen zwischen den Standortgegebenheiten einer Pflanze und ihren Umweltfaktoren (vgl. dazu auch Abb. 7; nach ELLENBERG, 1968, hier nach ENDLICHER, 1991).

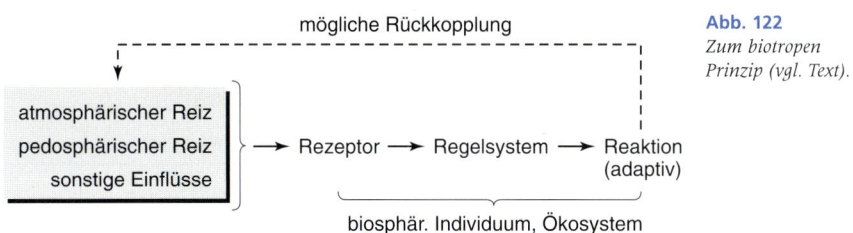

Abb. 122
*Zum biotropen
Prinzip (vgl. Text).*

oder Salz beim Menschen (relativ geringe Dosis nützlich, relativ hohe Dosis schädlich). Schäden können generell natürlichen oder anthropogenen Ursprungs sein.

10.2 Vegetationsklassen

Die Biosphäre ist überaus vielfältig und überaus heterogen über die Erde verteilt. Zudem sind bei der Vegetation (Flora) **Natur- und Kulturpflanzen** (Landwirtschaft) zu unterscheiden. Eine Diskussion der Pflanzenarten würde hier viel zu weit führen. Deswegen sei hier gleich, auch wenn dies eine grobe Zusammenfassung ist, das **Formationsklassenschema** nach ELLENBERG (1968) bzw. SCHMITHÜSEN (1968) vorgestellt, siehe Tab. 18 links, verglichen mit einer alternativen Form nach SCHMITHÜSEN (1976) bzw. MÜLLER-HOHENSTEIN (1979), siehe Tab. 18 rechts, die deutliche Querbezüge zur Klimaklassifikation (Kap. 9.4) aufweist. Auf diese alternative Form bezieht sich auch die Weltkarte der **potentiellen natürlichen Vegetation**; s. Abb. 123. Dem sind in Abb. 124 die hauptsächlichen **Landbauzonen**, also die landwirtschaftliche Nutzung, gegenübergestellt. Alles dies ist zunächst einmal als Bestandsaufnahme des potentiellen (natürliche potentielle Vegetation) bzw. tatsächlichen Ist-Zustandes (Landbauzonen), in dieser groben abstrahierenden Sicht, aufzufassen. Noch weitergehende Abstrahierungen führen zu den **Vegetationsklassen** Wald (s. dazu auch Kap. 12.1), Savanne, Steppe, Tundra und Wüste, ggf. auch nach der Niederschlagsanpassung in z.B. Regen- und Trockenwald sowie Dorn- und Feuchtsavanne unterteilt. Hinsichtlich einer genaueren und detaillierten **Ökozonen**-Betrachtung sei auf SCHULTZ (2000) verwiesen.

Eine andere Betrachtungsweise betrifft, aufgrund der organischen Stoffzusammensetzung der Vegetation (vgl. dazu (10.1)), die **Kohlenstoff-(C)-Bindung** (C-Masse) bzw. C-Aufnahme pro Zeiteinheit im Rahmen der Assimilationsvorgänge. Beides ist proportional zur **Biomasse** (Pflanzenmasse) und nimmt aus klimatischen Gründen, die noch zu erläutern sind, von den Tropen in Richtung Polargebiete ab.

Über die C-Aufnahme hinaus wird die **Nettoprimärproduktion** (NPP) definiert, i.A. in Gramm (g) oder Kilogramm (kg) pro Quadratmeter und Jahr; dabei bedeutet netto, dass es sich um eine Bilanz aus Stoff- (einschließlich C) -abgabe und -produktion handelt. Die Gesamtbiomasse der Landvegetation beträgt rund

Tab. 18 Vegetationsklassen nach SCHMITHÜSEN (1968) bzw. MÜLLER-HOHENSTEIN (1979), linke und mittlere Spalte, sowie SCHMITHÜSEN (1976), rechte Spalte („Klasse", vgl. dazu Abb. 123).

Formationsklasse	Unterklasse	Klasse
I Wälder	A Immergrüne Wälder	1 Tropische Regenwälder (einschließlich Mangroven)
	B Laubwerfende Wälder	2 Trop. Gebirgsregenwälder, Paramo und feuchte Puna
	C Extrem xeromorphe Wälder	3 Trop. halbimmergrüne Regenwälder und regengrüne Monsunwälder
II Offene Baumgehölze	A Immergrüne offene Baumgehölze	4 Trop. Trockenwälder, Campos cerrados und Dornbaum- und Sukkulentenwälder
	B Laubabwerfende offene Baumgehölze	5 Feuchtsavannen
	C Extrem xeromorphe offene Baumgehölze	6 Trockensavannen
III Strauchformationen	A Immergrüne Strauchformationen	7 Dornsavannen und Dornstrauch-Sukkulentenformationen
	B Laubabwerfende Strauchformationen	8 Halbwüsten
	C Extrem xeromorphe Strauchformationen	9 Trockenwüsten
IV Offenes Grasland	A Savannen	10 Hartlaubvegetation
	B Steppen und verwandte Grasformationen	11 Trockensteppen, Koniferentrockengehölze, Hartpolsterformationen und xeromorphe Strauchformationen
	C Wiesen und verwandte Formationen	12 Lorbeerwälder und subtropische Regenwälder
V Stauden- und Kräuterfluren	A Ausdauernde Stauden- und Kräuterformationen	13 Sommergrüne Laubwälder, zum Teil mit Nadelholz
	B Überwiegend einjährige oder ephemere Kräuter und Staudenformationen	14 Immergrüne boreale Nadelwälder
VI Zwergstrauch- und Halbstrauch-Formationen	A Zwergstrauch- und Halbstrauch-Halbwüsten	15 Gebirgsnadelwälder
	B Garieden (Immergrüne Hartlaubzwergstrauch- und Halbstrauchformationen)	16 Sommergrüne Nadelwälder
	C Heiden	17 Temperierte Regenwälder
	D Moos- und Flechtentundren	18 Sommergrüne Baumsteppen
	E Moosmoore	19 Schwarzerdesteppen

Tab. 18 Vegetationsklassen nach Schmithüsen **(1968) bzw.** Müller-Hohenstein **(1979), linke und mittlere Spalte, sowie** Schmithüsen **(1976), rechte Spalte („Klasse", vgl. dazu Abb. 123). (Forts.)**

Formationsklasse	Unterklasse	Klasse
VII Wüsten	A Wüsten (Vollwüsten)	20 Kältewüsten
	B Gesteins- und Sanddünen-formationen	21 Subpolare Wiesen, sommergrüne Gesträuche und subarktische Heiden
VIII Pflanzen-formationen der Binnengewässer		22 Tundren
IX Pflanzenforma-tionen des Meeres		23 Gebirgsvegetation jenseits der Baumgrenze

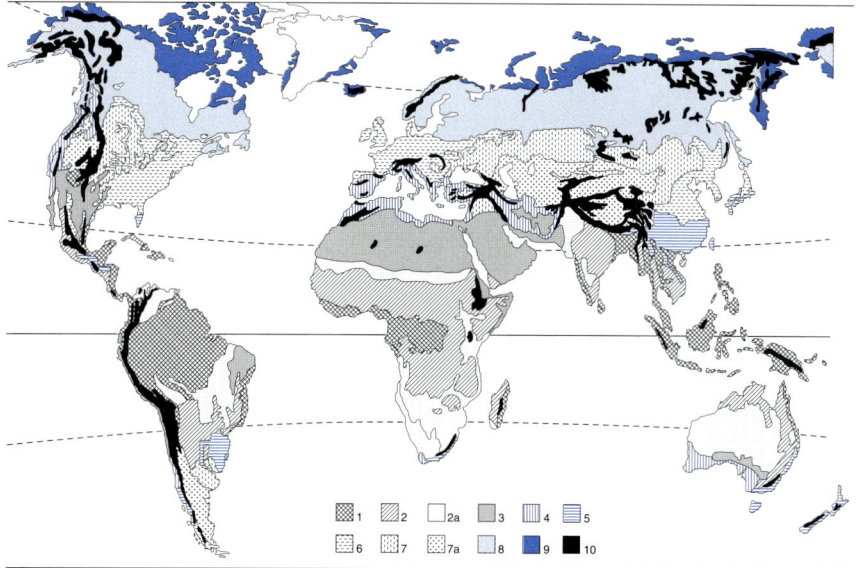

Abb. 123
Vereinfachte Karte der Vegetationszonen (ohne edaphische oder anthropogene Abwandlungen):
1 Immergrüne Regenwälder; 2 Halbimmergrüne und regengrüne Wälder; 2a Savannen, Grasland, tropi-
sche Gehölzfiguren; 3 Heiße Wüsten und Halbwüsten (bei 35°N,S in 7a übergehend); 4 Hartlaubgehölze
mit Winterregen; 5 Warmtemperierte Feuchtwälder; 6 Nemorale sommergrüne Wälder; 7 Steppen der
gemäßigten Zonen; 7a Halbwüsten und Wüsten mit kalten Wintern; 8 Boreale Nadelwaldzone; 9 Tundra;
10 Gebirge (Aus: Walter/Breckle 1999).

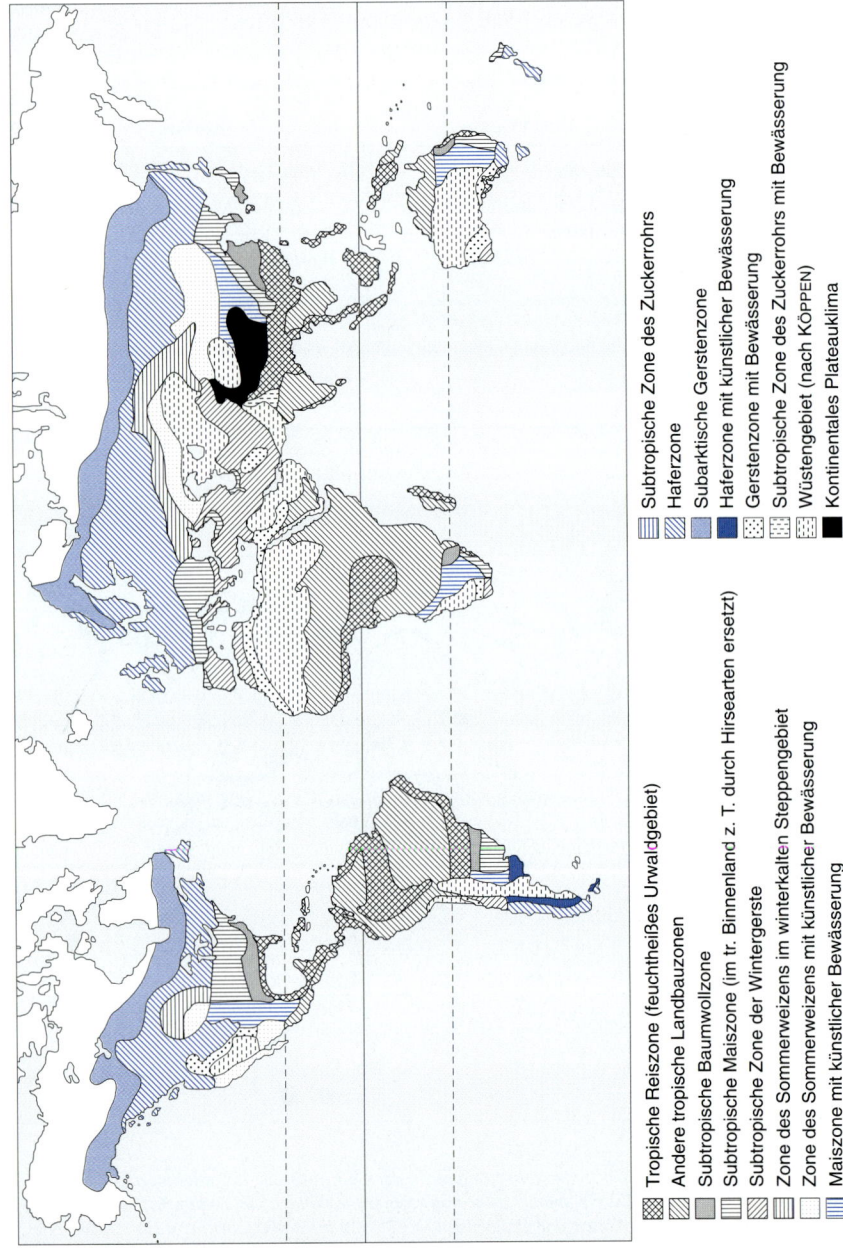

Abb. 124
Landbauzonen (nach ENGELBRECHT, *1969, hier nach* MÜLLER-HOHENSTEIN, *1978).*

1560×10^{15} g (Trockengewicht, nach MATTHEWS 1971, s. auch CHMIELEWSKI 1998) mit einem C-Äquivalent von 701×10^{15} g, wovon allein auf die Waldgebiete 603×10^{15} g entfallen. Ein Einzelbeispiel mag die NPP-Wirksamkeit erläutern: Aus einem Buchensamen von rund 0.2 g Gewicht und rund 0.1 g C-Gehalt wird in rund 100 Jahren ein Baum von 5 t = 5×10^6 g Gewicht (feuchte Biomasse und 1.25 t C-Äquivalent). Eine Weltkarte der jährlichen Kohlenstoffbindung ist in Abb. 125 zu sehen. Der **Blattflächen-Index**, der die Blattfläche (bzw. Nadelfläche) pro Erdoberflächenanteil angibt (i.A. m^2m^{-2}), ist eine dimensionslose Indexzahl, die zwar die Vegetation bzw. deren Aktivität gut kennzeichnet, hier aber nicht näher betrachtet werden soll. Tab. 19 fasst die wichtigsten Charakteristika der einzelnen Vegetationsklassen zusammen. Die dabei benutzte Vegetationsklasseneinteilung (nach BOLIN 1980) unterscheidet sich sowohl von Tab. 18 als auch Abb. 12, weil die einzelnen Autoren leider nach unterschiedlichen Kriterien vorgehen. Es lassen sich jedoch Querbezüge herstellen. So bilden beispielsweise in Tab. 18, rechte Spalte, die Summe der Klassen 1–4 und in Abb. 123 die Klassen 1–2 die tropischen Regenwälder (in Tab. 19 nach immergrün bzw. laubabwerfend unterschieden), in Tab. 18, wiederum rechte Spalte, die Summe der Klassen 9 und 20 die in Tab. 19 aufgeführten Vollwüsten.

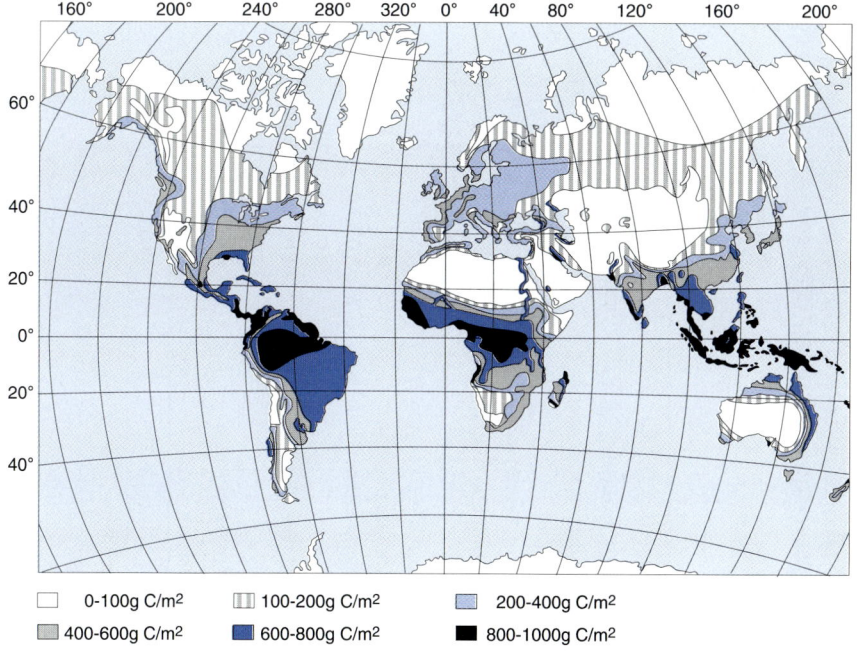

Abb. 125
Jährliche Kohlenstoff-Bindung (nach LIETH, 1965, hier nach MÜLLER-HOHENSTEIN, 1978).

Tab. 19 Vegetationsklassen und ihre biotischen Charakteristika, Grobschema nach BOLIN (1980) auf der Grundlage von WHITTACKER und LIKENS (1975) sowie SCHLESINGER (1981).

Klasse	Bedeckung der Erdoberfläche in 10⁶ km²	in kg m⁻²	Biomasse in 10¹² kg	C-Gehalt in 10¹² kg	Nettoprimärproduktion in kg m⁻² a⁻¹	in 10³ kga⁻¹	C-Anteil in 10³ kg a⁻¹
Trop. Regenwald, immergrün	17.0	45 (6–80)	765	344	2.2 (1–3.5)	37.4	16.8
Trop. Regenwald, laubwerfend	7.5	35 (6–60)	260	117	1.6 (1–2.5)	12.0	5.4
Wald der gemäßigten Klimazone	12.0	32 (6–200)	385	174	1.25 (0.6–2.5)	14.9	6.7
Borealer Nadelwald (Nordhemisphäre, kontinental)	12.0	20 (6–40)	240	108	0.8 (0.4–2.0)	9.6	4.3
Offenes Wald- und Buschland	8.5	16 (2–20)	50	23	0.7 (0.25–1.2)	6.0	2.7
Savanne	15.0	4 (0.2–15)	60	27	0.9 (0.2–2.0)	13.5	6.1
Grasformationen der gemäßigten Klimazone	9.0	1.6 (0.2–5)	14	66	0.6 (0.2–2.0)	5.4	2.4
Tundra und alpine Flora	8.0	0.6 (0.1–3)	5	2	0.14 (0.01–0.4)	1.1	0.5
Halbwüste	18.0	0.7 (0.1–4)	13	6	0.09 (0.01–0.25)	1.6	0.7
Vollwüste	24.0	0.02 (0–0.2)	0.5	–	0.003 (0–0.01)	0.1	0.0
Kulturpflanzen	14.0	1 (0.4–12)	14	6	0.65 (0.1–4.0)	9.1	4.1
Sumpf- und Moorland	2.0	15 (3–50)	30	14	3.0 (0.8–6.0)	6.0	2.7
Seen und Flüsse	2.0	0.02 (0–0.1)	0.05	–	0.4 (0.1–1.5)	0.8	0.4
Summe	149.0		1837	827		117.5	52.6

10.3 Funktionale Zusammenhänge

Das eigentliche bioklimatische Problem besteht nun aber nicht in der Darstellung vegetationskundlicher Gegebenheiten, sondern in der Erfassung der **Zusammenhänge zwischen Vegetation und Klima**. Diese sollen hier nicht als Wechselwirkungsmechanismen (Kap. 10.1), sondern als pure klimatische Einflüsse auf die Vegetation behandelt werden. Dabei gibt es prinzipiell zwei unterschiedliche Vorgehensweisen: Die Betrachtung **pflanzenphysiologischer Prozesse**, einschließlich der dabei wirksamen biochemischen und biophysikalischen Gesetze, oder aber die formale **statistische Betrachtung**. Die erstgenannte Betrachtung ist sehr aufwendig und fachspezifisch (Pflanzenphysiologie, Biologie), zudem noch mit vielen Fragezeichen behaftet, so dass in der Bioklimatologie die zweitgenannte Betrachtungsweise überwiegt. Obwohl dies bereits eine drastische Vereinfachung darstellt, können hier auch dazu nur einige ausgewählte und zusammenfassende Aspekte genannt sein.

In univariater Weise (vgl. Kap. 3.3) können zunächst bestimmte pflanzenspezifische Reaktionen auf die einzelnen, in Kap. 10.1 genannten Einflussgrößen quantifiziert werden. Darüber hinaus reagieren Pflanzen offensichtlich auch auf die Schwerkraft, um sich im Raum zu orientieren. Die in Kap. 10.1 kurz genannten bodenkundlichen Aspekte werden hier ausgeklammert. Bei den astronomisch-meteorologischen Größen sei hier nur angemerkt, dass ein Mindestangebot von **Licht** (sichtbarer elektromagnetischer Strahlung) vorhanden sein muss (i.A. mindestens 2000 Lux, oberhalb 15000–20000 Lux wird Sättigung erreicht) und zu starke **UV-Einstrahlung** schädlich ist (von Art zu Art sehr unterschiedlich). Der günstigste elektromagnetische Wellenlängenbereich ist i.A. Licht gelb-oranger Farbe. Hoher Rotlichtanteil bei insgesamt geringer Einstrahlung begünstigt die Zellstreckung (Vertikalwachstum), UV-Anteile hemmen die Streckung (vgl. alpine Zwergwuchsformen) und begünstigen, bei nicht zu hoher Dosis, die Zellteilung, aber auch Mutationen. Zu hohe Lichtintensitäten bewirken, vom UV-Anteil abgesehen, offenbar kein Schädigungen.

Dies ist bei der **Lufttemperatur** anders: Zwischen Kälte- und Hitzetod liegt ein optimaler Reaktionsbereich, der meist anhand der biosphärischen Größen Keimungsgeschwindigkeit, CO_2-Assimilation und NPP bzw. Biomassenzuwachs beschrieben wird. Wichtig ist dabei auch, dass sich die verschiedenen Pflanzenarten im Laufe der Evolution (durch Mutation und Selektion) an die Gegebenheiten des jeweiligen klimatologischen (auch pedosphärischen) Standorts angepasst haben bzw. bei (ausreichend langsamen) Klimaveränderungen dorthin gewandert sind. Im ökosystemaren Wettkampf haben sie sich dabei gegen konkurrierende Arten durchzusetzen bzw. entsprechende ökologische Nischen zu besetzen.

Der **Hitzetod** beruht auf der Gerinnung des Zellplasmas (Beispiele: Schneealge 4 °C, bei den meisten Landpflanzen zwischen 35 °C und 45 °C, Kakteen 50 °C, Blaualge 83 °C), während der **Kältetod** bei entsprechenden Stoffwechselstörungen, Zellplasmazerstörungen oder auch (indirekt) durch Wassermangel eintritt;

Beispiele: Blaualgenart 40 °C, Orchideen um 10 °C, Gurke ca. 2 °C, Feige ca. –8 °C, Weinrebe –21 °C, Lärche zwischen –60 °C und –70 °C. Pflanzenschädliche Bakterien sind zwischen ca. 0 °C und 60 °C bis 75 °C lebensfähig. Entsprechend unterschiedlich ist das **NPP-Optimum** der einzelnen Pflanzenarten. Es liegt bei speziellen kälteadaptierten Pflanzen zwischen 2 °C (Schneealge) bis ca. 10 °C, bei den mitteleuropäischen Arten meist zwischen 25 °C und 35 °C (z.B. Weizen 25 °C–30 °C, Erbse ähnlich, Sonnenblume und Gurke 31 °C–37 °C; pflanzenschädliche Bakterien 50 °C bis 60 °C). Die **untere NPP-Schwelle** liegt bei mitteleuropäischen Pflanzen zumeist zwischen 4 °C und 6 °C (nach FORD 1982: 5.6 °C).

Alles dies gilt nur dann, wenn auch die weiteren Umweltbedingungen optimal bzw. begünstigend sind. Außerdem ist, bioklimatologisch gesehen, nun der Schritt weg von Einzelpflanzen und atmosphärischen Augenblicksbedingungen hin zu Vegetationsklassen und längerfristigen Klimagrößen sinnvoll und notwendig. Ein grober, aber doch hilfreicher Ansatz ist die Ermittelung funktionaler Beziehungen zwischen NPP (Nettoprimärproduktion) und der Jahresmitteltemperatur sowie der jährlichen Niederschlagssumme. Dazu hat z.B. LIETH (1975), vgl. auch BOLIN (1980), die folgenden statistisch-empirischen Beziehungen angegeben:

$$NPP = \frac{3000}{1 + e^{1.315-0.119t}} \qquad (10.3)$$

$$NPP = 3000 \, (1 - e^{-0.000664 \, N}) \qquad (10.4)$$

mit NPP in $gCm^{-2}a^{-1}$, t = Jahresmitteltemperatur in °C und N = Jahresniederschlagssumme in mm. Dabei sind negative Temperaturwerte des Jahresmittels nur in Verbindung mit positiven Werten während des Sommers sinnvoll. Beide Beziehungen zeigen erwartungsgemäß eine positive Korrelation, jedoch nicht-linearer Art, so dass ab gewissen Schwellen weitere Erhöhungen der Temperatur bzw. des Niederschlags keine Effekte mehr zeigen. Allerdings verwischt diese Betrachtungsweise die negativen Effekte bei hohen Werten wie die oben für einzelne Arten genannten Optimalbereiche bzw. den Hitzetod. Auch hohe Niederschlagsraten führen zu negativen Effekten, sei es durch Hochwasser, Hangrutsche oder Nährstoffauswaschungen des Bodens. Das Beispiel Unterlauf des Nils zeigt hingegen, dass sich Hochwasser auch positiv auswirken kann, dies im Übrigen generell auch bei Mangrovenwäldern, und es im Einzelfall offenbar sehr auf die Details und Begleitumstände ankommt.

Generell ist die **Wasserversorgung der Pflanzen** vielschichtig und unterschiedlich geregelt, wobei das Wasser im Mittel zu 98 % als Lösungs- und Transportmittel und nur zu 2 % im Rahmen der Assimilation benötigt wird. Durch die Stomata (Spaltöffnungen) wird Wasser in Form von Wasserdampf auch an die Atmosphäre wieder abgegeben, wobei sich diese **Transpiration** zur Evaporation (Verdunstung an unbelebten Oberflächen) addiert: Evapotranspiration (vgl. Kap. 4.7). Im Allgemeinen und insbesondere bei das ganze Jahr über ausreichenden Niederschlägen – die dafür angepassten Pflanzen heißen Hygrophyten – ist der **Bodenwassergehalt** für die Wasserversorgung entscheidend. Daneben gibt es bei großer Häufigkeit von hoher Luftfeuchte bzw. Nebel auch Pflanzen, die darauf spezialisiert sind, sich über Kondensationswasser im Sprossraum zu versorgen, während ansonsten die Luftfeuchte keine große Rolle spielt. Wassermangelerscheinungen führen zu speziellen Anpassungstypen, den Meso- (bei wechselfeuchten Bedingungen) bzw. Xerophyten (bei andauernder bzw. sehr häufiger Trockenheit), und zwar durch tiefe Wurzelung (bei Wüstenpflanzen bis ca. 20 m, bei Weinreben ca. 10–15 m, dagegen bei Roggen 2 m, Löwenzahn 0,3 m Wurzeltiefe), durch Transpirationshemmung (Hartlaubgewächse) und zum Teil auch durch Anlegung ober- oder unterirdischer Wasserspeicher (z.B. in Wurzelknollen). Oberirdische Wasserspeicher sind, dies allerdings auch als Maßnahme zur Arterhaltung bei spärlicher Vegetation in Trockengebieten, meist durch Stacheln und Dornen geschützt (Sukkulenten, Kakteen).

In diesem Zusammenhang sind auch wichtige Wechselwirkungen, d.h. Rückwirkungen auf Atmosphäre und Boden, erwähnenswert, nämlich die Anhebung des Grundwasserspiegels durch **Wurzelsog** (in Extremfällen bis 25 m), die Bodenverbesserung durch absterbende Biomasse (Humusbildung) sowie die **Erhöhung der Luftfeuchte** durch Transpiration. So können Sonnenblumen bis 1, Hopfen bis 20, Buchen bis 50 und Birken bis 70 Liter Wasser pro Tag in Form von Wasserdampf in die Atmosphäre transpirieren. Diese Luftfeuchteerhöhung wirkt sich sicherlich begünstigend auf die Wolken- und Niederschlagsbildung aus. Wenn bei Rodungen die Vegetation verschwindet oder auch nur Kulturpflanzen an Stelle von Naturpflanzen den Boden nicht vollständig bedecken, verschwinden bzw. reduzieren sich diese begünstigenden Wechselwirkungen: d.h. Transpiration und Luftfeuchte und möglicherweise auch Niederschlag nehmen ab, der Grundwasserspiegel sinkt und der Boden verarmt. Neu anzusiedelnde Pflanzen finden dann wesentlich schlechtere Bedingungen vor. Dies kann in Form einer positiven Rückkopplung zum Rückzug der Vegetation und somit zur Versteppung und **Desertifikation** (Verwüstung) führen (vgl. dazu z.B. MENSCHING 1978, HERKENDELL und KOCH 1991, HAGGETT 1991, GOUDIE 1994). Weitere derartige Probleme und Wechselbezüge sind Gegenstand spezieller ökologischer Betrachtungen, die hier nicht diskutiert werden können.

Dagegen sollen erneut die (groben) Vegetationsklassen betrachtet werden, und zwar nun in multivariater (multifunktionaler) Erfassung. Von bioklimatologischer Bedeutung sind dabei, ganz ähnlich den Klimaklassifikationen (Kap. 9.4), Temperatur und Niederschlag. In Abb. 126 sind solche **Vegetationsklassen** (vgl. auch Tab. 18 und 19) den Jahreswerten von **Temperatur und Niederschlag zugeordnet**. Dabei ist die Zuordnung eine zweifache: Neben an der Klimaklassifikation orientierten Vegetationsklassen (1 bis 16) tauchen charakteristische Lebensformen auf (durch flächige Symbole gekennzeichnet; nach EHRENDORFER 1983). Eine Alternative dazu ist das in **Klimawirkungsmodellrechnungen** (Impaktmodelle) häufig verwendete HOLDRIDGE (1964)-Schema (s. Abb. 127). Mit Hilfe solcher mehr oder weniger schematischer Klima-Vegetation-Bezüge ist es möglich, die Ergebnisse von Klimamodellrechnungen (Kap. 9.5) in die Reaktion der (i.a. potentiellen natürlichen) Vegetationsklassen umzusetzen (s. z.B. PRENTICE et al. 1992).

Für Regional- bzw. Lokalstudien ist es jedoch notwendig, weitaus mehr ins Detail zu gehen. In Ermangelung entsprechender pflanzenphysiologischer Modelle haben CHMIELEWSKI und KÖHN (1998, 1999) eine Reihe von retrospektiv-statistischer Studien (somit empirisch, basierend auf Daten der letzten Jahrzehnte, Versuchsfeld Berlin-Dahlem) durchgeführt, in denen sie bestimmte Kulturpflanzen (u.a. Getreidearten) hinsichtlich Kornertrag, Kornzahl je Ähre, Einzelkorngewicht, Bestandesdichte u.a. in Beziehung zu meteorologischen Messgrößen setzen. Es traten dabei recht unterschiedliche Sensitivitäten und Korrelationen in den einzelnen Teilphasen der Vegetationszeit auf, wobei sich z.B. bei Sommerge-

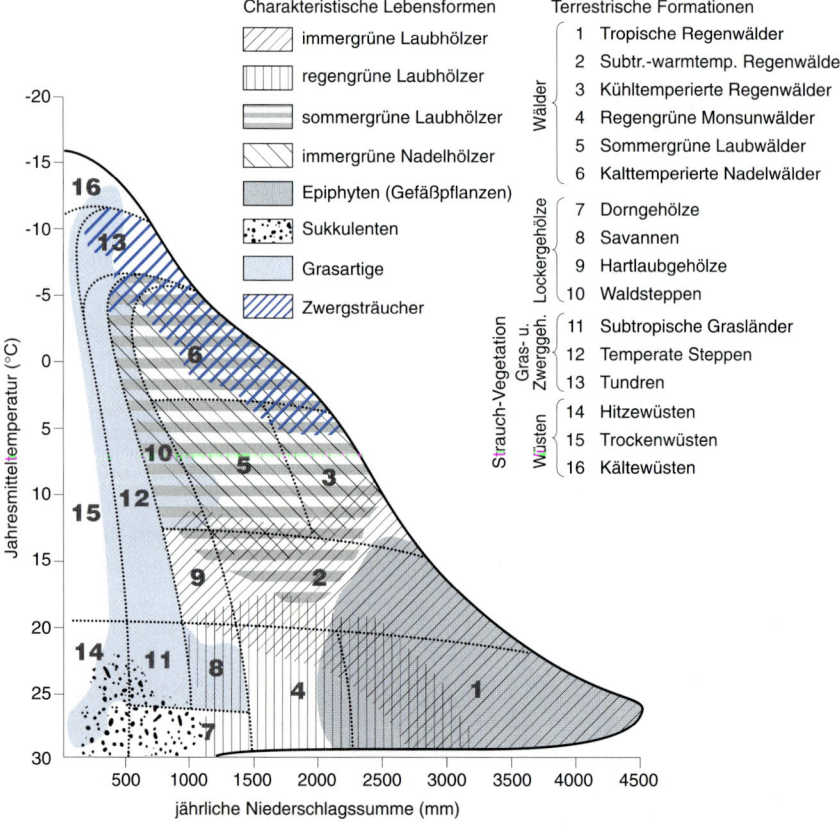

Abb. 126
Vegetationszonen (vgl. Tab. 18) als Funktion des Klimas (nach EHRENDORFER, 1983, hier nach ENDLICHER, 1991).

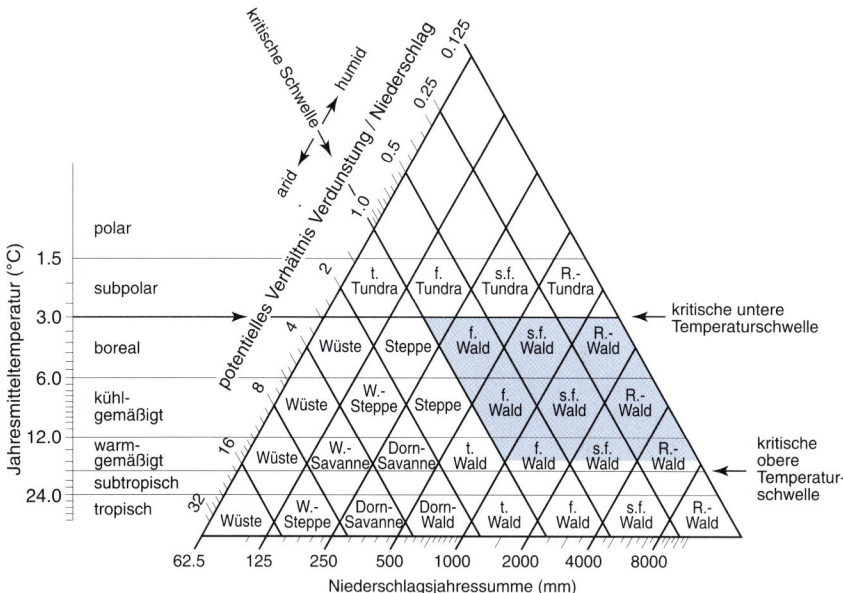

Abb. 127
Vegetationsklassen als Funktion des Klimas (sog. HOLDRIDGE-Schema, nach HOLDRIDGE, 1964, verändert); dabei bedeuten t = trocken, f = feucht, s = sehr, R = Regen.

treide vor allem eine starke Abhängigkeit (positive Korrelation) vom Niederschlag zeigte. Relativ hohe Temperaturen führen zwar offenbar häufig zu einer beschleunigten Pflanzenentwicklung, wirken sich aber im Mai und Juni negativ aus, was eine alte Bauernregel (vgl. MALBERG 1989) bestätigt, wonach ein kühles und feuchtes Frühjahr günstig für die Ernteerträge ist („... füllt dem Bauern Scheun' und Fass").

Von **Windwirkungen** auf die Vegetation war bereits die Rede, wobei der Wind im Übrigen auch die Transpiration erhöht. Extrem hohe Windgeschwindigkeit bzw. Böigkeit können Bruchschäden verursachen, bis hin zum Entwurzeln ganzer Waldregionen bei (in Mitteleuropa vorzugsweise im Herbst und Winter auftretenden) Stürmen oder gar Orkanen. Dabei spielen Wurzeltiefe und Holzbruchfestigkeit und auch Biegsamkeit eine wichtige Rolle (die bei Gräsern und Sträuchern viel höher ist als bei Bäumen). Die Holzbruchfestigkeit der Bäume wächst von der Kiefer, bei der sie gering ist, über Fichte, Tanne, Eiche und Esche bis zur besonders bruchsicheren Hainbuche an. Bei genauerer Betrachtung muss noch zwischen faserparallelem, fasersenkrechten und Torsionswinddruck unterschieden werden.

Neben diesen Aspekten gehört der gesamte luftchemische Wirkungskomplex, d.h. Schäden durch toxische Gase (SO_2, NO_x, O_3 usw.) bzw. sauren Regen (Bodenversauerung) und sauren Nebel, mehr zu den Kurzfrist- und weniger zu den klimatologischen Problemkreisen und soll daher hier ausgespart bleiben; s. hierzu z.B. HEINTZ und REINHARDT (1996), FABIAN (1992). Ähnliches gilt, wenn auch eingeschränkt, für Probleme der Kultivierung und des Schutzes der Naturpflanzen, wie Frostschutz usw., Agrar- und Forstklimatologie; hierzu siehe z.B. VAN EIMERN und HÄCKEL (1979). Auch die Erweiterung der Bioklimatologie zur Bio- und Mikrometeorologie (Stoff- und Energietransporte an Grenzflächen und in der bodennahen Luftschicht; vgl. dazu KRAUS 2001) kann hier nicht vorgenommen werden, so dass hier nur auf die Existenz dieser Spezialdisziplinen hingewiesen wird.

10.4 Phänologie

In der Phänologie werden der **Beginn und** das **Ende bestimmter Wachstumsphasen** von Natur- und Kulturpflanzen innerhalb der Vegetationsperiode beobachtet, erfasst und interpretiert. Die wichtigsten dieser Phasen sind
* Beginn, Höhepunkt und Ende der Blüte,
* Blattentfaltung,
* ggf. Fruchtreife,
* Beginn der Laubverfärbung und
* Blattfall.
Hinzu kommen speziell für Kulturpflanzen u.a. noch
* Beginn und Ende der Feldarbeiten,
* Beginn des Schossens (Blattknospenöffnung) und Ährenschiebens bei Getreide.
Solche Phasen gelten nur für jahreszeitenadaptierte Pflanzen, somit nicht für die Tropen, und werden am besten an verschiedenen Orten anhand genetisch gleichen Pflanzenmaterials beobachtet. Zu diesem Zweck gibt es in Europa ein Netz internationaler phänologischer Gärten (Stationskarte s. HANTEL 1989; vgl. auch LIETH und SCHARRER 1995, CHMIELEWSKI 1996, 1998).

Die entsprechenden Daten lassen sich für eine bestimmte Station klimatologisch, d.h. mehrjährig gemittelt, festhalten und können in Ergänzung bzw. Verfeinerung der meteorologischen Jahreszeiten (Frühling: März-Mai; Sommer: Juni-August; usw.) zur Definition für an der jeweiligen Station gültige **phänologische Jahreszeiten** dienen (s. Beispiel Abb. 128). In Tabellen und Karten lässt sich dies in eine räumliche Betrachtung überführen, die z.B. aussagt, dass die Apfelblüte, als Beginn des „Vollfrühlings" definiert (vgl. wiederum Abb. 128), im Mittel der Jahre 1947–1966 (nach FREITAG 1965) in Schleswig auf den 17. Mai, in München auf den 4. Mai, in Münster (Westfalen) auf den 2. Mai und in Karlsruhe auf den 24. April fällt (entsprechende Karten dieser und anderer Phasen gibt der Deutsche Wetterdienst heraus). Abb. 129 bringt eine Karte des Zeitintervalls zwischen Sommer -und Wintergetreideaussaat (nach BRANDTNER und SCHNELLE 1962), die von FREITAG (1965) sowie VAN EIMERN und HÄCKEL (1979) als Dauer der landwirtschaftlich nutzbaren **Vegetationsdauer** interpretiert wird. Diese beträgt

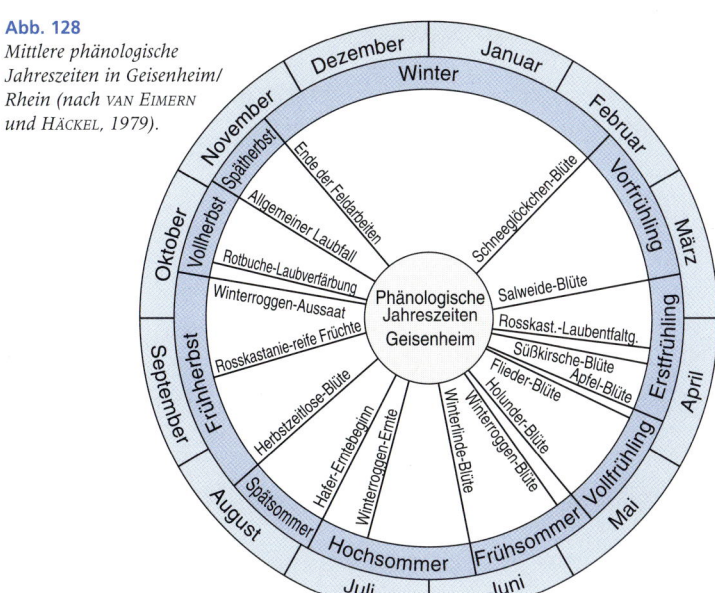

Abb. 128
Mittlere phänologische Jahreszeiten in Geisenheim/ Rhein (nach VAN EIMERN und HÄCKEL, 1979).

nach dieser Definition beispielsweise in Stockholm ca. 125, in Frankfurt/Main ca. 200 und in Rom (falls künstlich bewässert wird) ca. 260 Tage. CHMIELEWSKI und RÖTZER (2001) definieren die Vegetationszeit genauer als die Differenzzeit zwischen Blattentfaltung und Blattfall einer Auswahl von Naturpflanzen und finden in Europa Werte zwischen 139 (Nordskandinavien) und 202 Tagen (Ungarn; Deutschland ca. 195 bis 200 Tage).

Die Eintrittstermine phänologischer Phasen sowie die daraus abgeleiteten Größen wie die Vegetationsdauer sind sicherlich vom Klima abhängig und wie das Klima zeitlich variabel. Außerdem ist die Vegetationsdauer mit den landwirtschaftlichen Erträgen korreliert, wie das Beispiel der Auswertung des „ewigen Roggenbaus" in Halle (CHMIELEWSKI 1992) zeigt. Dort entspricht einer Änderung der Vegetationsdauer von 11 Tagen (innerhalb eines Jahres) einer Ertragsänderung von 5 dt (Dezitonnen) pro Hektar und Jahr. Bei diesen Problemkreisen, die für die Klimawirkungsforschung von großer Bedeutung sind, gibt es noch erheblichen Forschungsbedarf. Auf die Verwendung botanischer Informationen zur Rekonstruktion der Klimageschichte sowie die Änderung von phänologischen Phasen im Zusammenhang mit Klimaänderungen wird in Kap. 11 eingegangen.

10.5 Humanbioklimatologie

Auch auf den Menschen wirken die atmosphärischen bzw. klimatologischen Gegebenheiten und Vorgänge ein. Wenn wir uns wiederum, dem klimatologischen

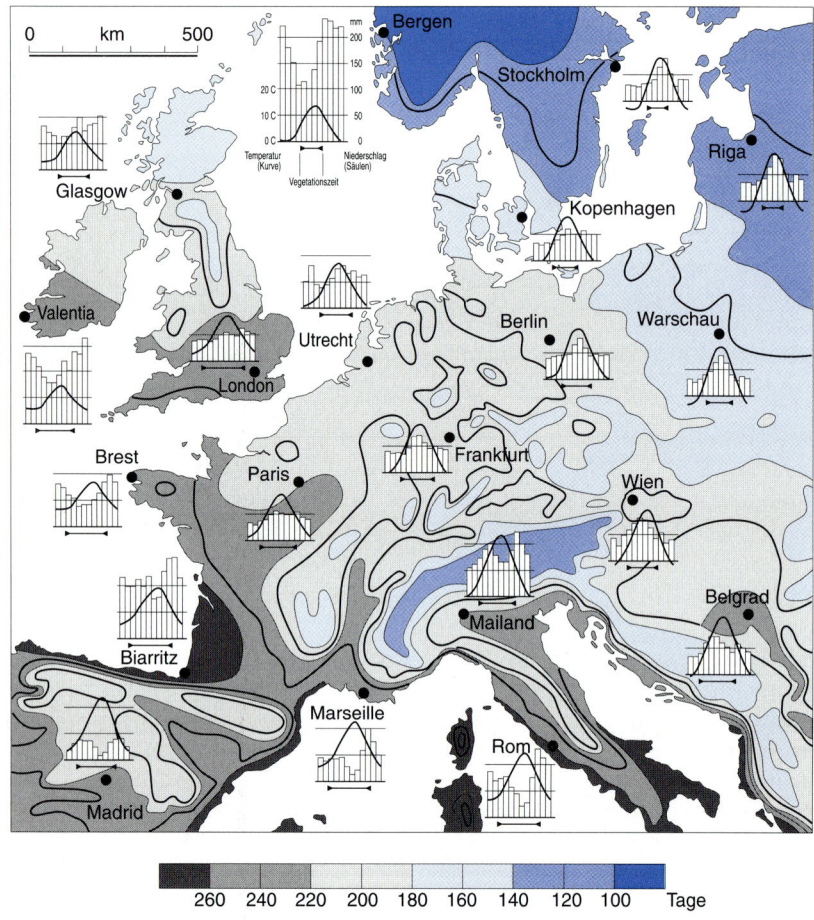

Abb. 129
Vegetationszeiten in Europa, abgeschätzt anhand der Tage zwischen Sommergetreide- und Winterweizen-Aussaat; zusätzlich sind die Temperatur- und Niederschlagsjahresgänge vermerkt (nach FREITAG, 1965, hier nach VAN EIMERN und HÄCKEL, 1979).

Gesichtspunkt folgend, auf Langzeitvorgänge beschränken, so lassen sich nach FLACH (1957, 1981) primär folgende Wirkungskomplexe unterscheiden:
- chemischer (Partialdrucke bestimmter Gase),
- aktinischer (Strahlungswirkungen, insbesondere UV und IR),
- thermisch-hygrischer (physiologischer Wärmehaushalt).

Hinzu kommen zum Teil ungeklärte Zusammenhänge elektrischer und magnetischer Art (Felder usw., siehe z.B. KÖNIG 1977) sowie im Rahmen von Wettervorgängen auftretende Phänomene (synoptischer Wirkungskomplex, Wetterfühligkeit usw.), die hier aber nicht behandelt werden sollen. (Zum letztgenannten Wirkungskomplex siehe z.b. KÜGLER 1972, FAUST 1976, BULLRICH 1981 und JENDRITZKY 1992). Auch Wirkungen der Radioaktivität sollen hier ausgeklammert bleiben.

Da auch Schadgaswirkungen (wie SO_2, O_3 usw.) zu den kurzfristigen Mechanismen zählen (siehe z.b. HEINTZ und REINHARDT 1996), konzentriert sich die bioklimatologische Betrachtung des **chemischen Wirkungskomplexes** auf Sauerstoff-Mangelerscheinungen, die offensichtlich (Kap. 2.1, 3.1.2, 8.1) höhenabhängig sind (Höhenklima). Die Wirkungen laufen über vom O_2-Partialdruck abhängige O_2-Sättigung des Hämoglobins (roter Blutfarbstoff, Transportträger des O_2 im Blutkreislaufsystem) ab. Diese beträgt in Meeresspiegelhöhe 96 % (Luftdruck rund 1000 hPa, O_2-Partialdruck ca. 200 hPa), in 3 km Höhe 94 % (O_2-Partialdruck ca. 140 hPa) und in 7 km Höhe nur noch 75 % (O_2-Partialdruck ca. 50 hPa).

Ab ca. 1 km Höhe (über NN), der Reizschwelle, treten gewisse Effekte auf, die jedoch bis ca. 3 km Höhe, der Reaktionsschwelle, nach einer Anpassungszeit von Minuten bis Stunden, höchstens Tagen, kompensiert werden. Effekte und Anpassung hängen aber stark von der körperlichen Konstitution (Grundgegebenheiten und Training) ab. Typische Effekte sind: Erhöhung der Herz- und Atemfrequenz, Zunahme des Hämoglobins (ärztlich nutzbar: Höhentherapie), Herabsetzung der Reizschwelle für Sinnesfunktionen und Verkürzung der Reflexzeit. Zwischen 3 und 4.5 km Höhe (alles grobe Richtwerte) erhöht sich die Kompensationszeit auf Tage bis Monate und es treten auch bewusst werdende echte Störungen auf, z.b.: Gesichtsfeldeinengung und Verdunkelungsgefühl, Verlängerung der Reaktionszeit, Kopfschmerzen, Frieren, Schwindelgefühl, manchmal auch Erbrechen, Nachtblindheit, Euphorie und Wahnvorstellungen. Zwischen 4.5 (Störungsschwelle) und 7 km Höhe gelingt die Kompensation nur noch unvollständig bzw. nur bei außerordentlich guter Konstitution und langem Höhentraining; spätestens ab ca. 7 km Höhe, der kritischen Schwelle, besteht Lebensgefahr.

Was den **aktinischen Wirkungskomplex** betrifft, so ist die IR-Strahlung (Wellenlängenbereich 0.8 bis ca. 50 µm), obwohl sie therapeutisch angewendet wird, bioklimatologisch wenig bedeutsam bzw. geht in den thermisch-hygrischen Komplex ein. Die UV-Strahlung wird unterteilt in (vgl. Abb. 6)

• UVA, 0.31–0.38 µm Wellenlänge (nahes UV);
• UVB, 0.28–0.31 µm (relativ fernes UV),
• UVC, 0.01–0.28 µm,
• UVD, < 0.01 µm (ist im solaren Spektrum nicht enthalten).

Sie nimmt ebenfalls mit der Höhe zu, wobei allerdings von einer intakten Ozonschicht der Stratosphäre (Kap. 2.1) ein Großteil der UVB- und die gesamte UVC-Strahlung absorbiert wird und somit die Troposphäre und Erdoberfläche nicht erreicht (vgl. dazu Kap. 2.1.1, Kap. 4.2., Abb. 37 und Kap. 13.2).

UVA- und UVB-Wirkungen auf den Menschen können positiv und negativ sein. Zu den positiven Wirkungen (bei nicht zu hoher Dosis) zählen: Zunahme des

Hämoglobins, Vitamin-D-Bildung, bakterizide Wirkung (d.h. Abtötung schädlicher Bakterien), Steigerung des Proteinmetabolismus und Zunahme gewisser Spurenelemente (Ca, Mg, Phosphat) im Blut, alles therapeutisch nutzbare Effekte. Negativ sind: Erythembildung (sichtbar als Hautrötung), Pigment-Bildung (Bräunung, zugleich Anzeichen von Zellschädigungen), Sonnenbrand (Zellzerstörung und -abfall, „Schälen" der Haut) und Beeinträchtigung des Sehvermögens. In extremen Fällen können Hautkrebs und Erblindung eintreten.

Von zentraler humanbioklimatologischer (medizin-meteorologisch-klimatologischer) Bedeutung ist der **thermisch-hygrische Wirkungskomplex**. Er setzt sich aus den atmosphärischen Einflussgrößen Lufttemperatur, Luftfeuchte sowie Wind zusammen und überlappt sich mit dem aktinischen Wirkungskomplex, da dabei auch Strahlungsvorgänge, dies allerdings sekundär, bedeutsam sind. Im Gegensatz zu den Pflanzen spielt der Niederschlag kaum bzw. nur indirekt eine Rolle, da Tier und insbesondere Mensch aktiv ihre Wasseraufnahme besorgen. Die Luftfeuchte, die bei den Pflanzen von relativ geringer Bedeutung ist, geht mit der Temperatur in die physiologische Wärmeempfindung von Mensch und Tier ganz wesentlich ein und ist in diesem Zusammenhang untrennbar mit ihr verbunden.

Am sinnvollsten fasst man den Menschen, wie im Schema Abb. 130 dargestellt, als „Kern-" und „Schalenbereich" mit dem äußeren Abschluss der Haut auf und untersucht die in Wechselwirkung mit der Umgebung ablaufenden Stoff- und Energieflüsse, und dies durchaus in Analogie zu den in Kap. 4.2 behandelten physikalischen Grundlagen (vgl. dort insbesondere Gleichung (4.11). Dabei besteht zunächst Wärmeleitung zwischen dem „Kern" (Temperatur im Mittel 36.5 °C)

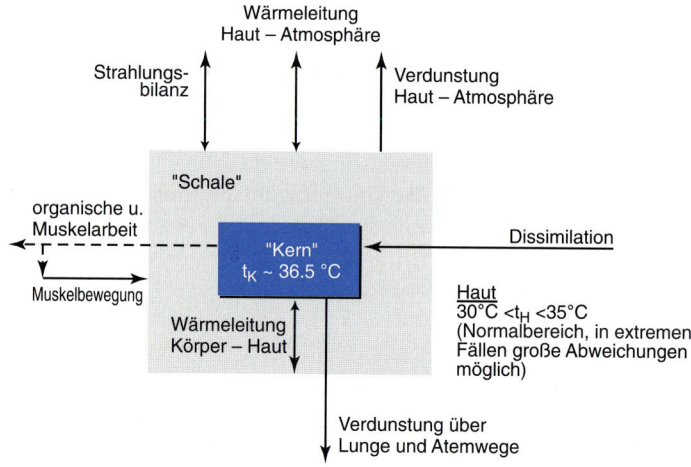

Abb. 130

Grobschema des menschlichen Wärmehaushalts, wobei ausgezogene Pfeile auf physikalische, gestrichelte Pfeile auf chemische Prozesse hinweisen und „Kern" das Körperinnere bedeutet (mit t_K sog. Fiebertemperatur).

und der Haut sowie der Atmosphäre und der Haut. Letztere wie auch die Strahlungsbilanz der Haut kann je nach atmosphärischen Gegebenheiten ein unterschiedliches Vorzeichen und damit eine unterschiedliche Richtung aufweisen. Durch Verdunstung an der Haut sowie über Atemwege wird (latente) Wärme an die Atmosphäre abgegeben. Nach BÜTTNER (1938) schlüsselt sich bei einer Hauttemperatur von 34 °C die menschliche Wärmeabgabe wie folgt auf: 42 % durch Hautabstrahlung, 26 % durch Wärmeleitung der Haut zur Atmosphäre, 18 % durch Hautporenverdunstung und 14 % durch Atemwegverdunstung. Die Wärmezufuhr erfolgt durch Dissimilation (Gleichung (10.2)) nach der Nahrungsaufnahme und zum Teil auch durch Muskelbewegung. Auf der anderen Seite führen organische und Muskelarbeit auch zu Wärmeverlusten.

Spezialisierte Sinneszellen der Haut (Kälte- und Wärmepunkte) registrieren die dortige Temperatur (Rezeptoren). Über Nervenzellen erfolgt die Meldung an das „Wärmezentrum" des Gehirns, das über das vegetative Nervensystem (und somit unbewusst) die **Wärmeregulation** steuert. Auch die Bluttemperatur wird dem Gehirn gemeldet. Die Wärmeregulation umfasst die Steuerung der Atem- und Herzfrequenz, die Erweiterung bzw. Verengung („Gänsehaut") der Hautgefäße und Poren (bei Erweiterung steigt die Abgabe latenter Wärme), ggf. Muskelbewegungen („Zittern") zur Wärmeerzeugung und ggf. Öffnen der Schweißdrüsen zur Steigerung der latenten Wärmeabgabe.

Gerade diese Abgabe, die Verdunstung bedeutet, wird von hoher Luftfeuchte erschwert, so dass die **physiologische Wärmeempfindung** nicht nur proportional zur Lufttemperatur, sondern auch zur Luftfeuchte ist. Eine übliche Maßzahl dafür ist die Äquivalenttemperatur (vgl. Kap .3.1.4, Formel (3.28) und (3.29)), wobei Werte ab ca. $t_ä = 50–56$ °C als Schwülegrenze diskutiert werden (vgl. Kap. 3.1.4, Abb. 19), d.h. oberhalb davon besteht erhöhte Wärmebelastung und eventuell auch gesundheitliche Gefahr. Das ist deswegen wichtig, weil sich der Mensch gegen Überhitzung weitaus schlechter als gegen Kältestress schützen kann; im letzteren Fall hilft nämlich meist angepasste Kleidung. Unterhalb der Kerntemperatur des Menschen (36.5 °C) wirkt Wind beim Wärmestress entlastend, darüber belastend. Bei Kälte wird der Stress durch den Wind generell erhöht. Abb. 19, das bereits in Kap. 3.1.4 besprochene Temperatur-Feuchtediagramm, zeigt einige in der Literatur diskutierte **Schwülegrenzen** sowie die Behaglichkeitszone, bei der näherungsweise weder Wärme- noch Kältebelastung auftritt. Bei $t_ä = 50$ °C verschiebt eine Windgeschwindigkeit von 2 ms^{-1} diesen Luftwert an der Haut um etwa 5 °C nach unten, bei 5 ms^{-1} um ca. 7 °C. Aufwendige Maßzahlen und Verfahren, die es durchaus gibt, sollen hier nicht diskutiert werden (siehe z.B. FLACH 1957, 1981).

Die Wärmeproduktion des menschlichen Körpers durch Dissimilation (metabolische Wärme) und Abstrahlung umfasst den Bereich von ca. 40 Wm^{-2} (Schlaf) über 75 Wm^{-2} (Stehen) bis über 500 Wm^{-2} beim Leistungssport (BULLRICH 1981). Behinderungen der Wärmeregulation, etwa bei zu hoher Luftfeuchte, führen zu **Störungen (Hitzestress)**, beginnend mit dem Hitzekrampf (Muskelbewegungsstörungen wegen zu hohen Salzverlustes beim Schwitzen) und dem Sonnenstich (Störungen des zentralen Nervensystems) bis zu Hitzekollaps (Kreislaufstörung) und Hitzschlag (Gehirnstörung, im extremen Fall Tod). Auf der kalten Seite bedeuten Hauterfrierungen, Unterkühlung (des „Kerns") und letztlich Erfrieren mit Todesfolge den regulatorischen Zusammenbruch.

Die im Anhang (A.3) in Auswahl wiedergegebenen Klimatabellen erlauben mittels Abb. 19 (über Temperatur und Feuchte) die Abschätzung der an den jeweiligen Stationen und Regionen wirksamen Äquivalenttemperatur und somit physiologischen Wärmeempfindung. Aufwendiger und genauer ist die Errechnung der Wärmebilanz eines „Normalmenschen" aufgrund der jeweils herrschenden Klimabedingungen bei möglichst vollständiger Betrachtung der dabei wirksamen Wärmeflüsse. Zu diesem Zweck haben JENDRITZKY et al. (1979, 1990) ein „objektives Bewertungsverfahren zur Beschreibung des **thermischen Milieus** in der Stadt- und Landschaftsplanung" (sog. „Klima-Michel-Modell") entwickelt und, sowohl hinsichtlich Hitze- als auch Kältestress u.a. in Form von Bioklima-Karten (zuerst für das Gebiet von Westdeutschland veröffentlicht; JENDRITZKY 1986) angewendet; siehe hierzu auch JENDRITZKY 1993, 1999; allgemeiner TRENKLE 1992, BULLRICH 1981, HUPFER 1996, WHO 1996.

11 Klimageschichte

Während bisher, vom Tages- und Jahresgang und den räumlichen Strukturen abgesehen, das Klima als quasi stabil angesehen worden ist (sog. „derzeitiges Klima"), soll nun ein Blick auf die Erdgeschichte geworfen werden, die zugleich eine Geschichte der Klimaveränderungen ist. Um dies zu rekonstruieren, gibt es eine Reihe indirekter (paläoklimatologischer) und direkter (neoklimatologischer) Informationsquellen unterschiedlicher Zuverlässigkeit und Genauigkeit, die einen Blick zurück auf die Klimavariationen seit maximal rund vier Jahrmilliarden erlauben. Daraus ergibt sich das überaus vielfältige Bild der Klimaveränderungen in Zeit und Raum. Nicht weniger vielfältig sind die Ursachen dafür, wobei zunächst nur natürliche Ursachen diskutiert werden.

11.1 Begriffliche und methodische Aspekte

Das Interessante und Faszinierende am Klima ist nicht nur das überaus vielfältige und komplizierte Wechselspiel der physikochemischen Prozesse im Klimasystem (Kap. 2.3), einschließlich der vielen Querverbindungen und Rückkopplungen, welche die Klimatologie zu einer interdisziplinären Wissenschaft *par excellence* machen, sondern auch die ausgeprägte **Variabilität in Zeit und Raum**.

Während bisher die Prozesse und deren räumliche Charakteristika im Vordergrund standen, soll nun der eingangs (vgl. Kap. 1 und 2.5) bereits betonte Aspekt der zeitlichen Variabilität wieder aufgegriffen werden (vgl. insbesondere Kap. 2.5, Abb. 12). Es geht nun allerdings nicht um relativ kurzfristige Variationen wie den Tages- und Jahresgang, sondern um das gewaltige **Schwankungsspektrum**, das mit mehrjährigen (interannuären) Variationen beginnt und erst mit dem Alter der Erde (4.6×10^9 a) endet. Und wie im folgenden gezeigt werden soll, ist das Klima in allen diesen zeitlichen Größenordnungen (Scales) variabel. Der in den vorangehenden Kapiteln wiederholt benutzte Begriff **„derzeitiges Klima"** ist, wie auch schon erwähnt, aus dieser Sicht nur fiktiv, auch wenn er aus Vergleichsgründen praktikabel erscheinen mag und daher häufig benutzt wird. Man kann sich darunter am ehesten die statistischen Charakteristika der Klimaelemente für ein definiertes Zeitintervall vorstellen, z.B. für eine der ebenfalls schon genannten (vgl. Kap. 2.7) **Klimanormalperioden** (CLINO = **cli**matic **no**rmals), wie sie von der

Weltmeteorologischen Organisation (WMO) empfohlen worden sind: neuerdings 1961–1990, davor 1931–1960 usw.; allerdings werden aus Gründen der Datenverfügbarkeit häufig auch andere zeitliche Bezugsintervalle verwendet. Die Statistik der Klimaelemente für die jüngste CLINO-Periode (ggf. als „derzeitiges Klima" definiert), oder für eine frühere, aber eventuell auch – je nach den dabei verfolgten Aspekten – für eine sehr viel längere Zeitspanne (z.b. „Kima des Holozän", d.h. der letzten rund 10000 Jahre; Näheres in Kap. 11.3) wird als **Klimazustand** bezeichnet (Begriff bereits in Kap. 2.7 erwähnt), wiederum mit der Problematik, dass ein Klimazustand erhebliche Variationen beinhalten kann, somit im statistischen Sinn (vgl. Kap. 3.3) nicht stationär, sondern allenfalls quasistationär ist.

Um in der Vielfalt zeitlicher Klimavariationen zurechtzukommen, ist eine gewisse begriffliche Klassifikation angebracht. Dabei bezeichnet der Begriff **Variation** (engl. *variation*, oder auch Änderung oder Wandel, engl. *change*) jede beliebige zeitliche Änderung eines Klimaelements, wie sie in entsprechenden Zeitreihen (vgl. Kap. 3.3.5) zum Ausdruck kommt, aber nach GATES (1981) auch speziell den Übergang von einem Klimazustand zu einem anderen. Der Begriff **Variabilität** spricht dagegen die daraus errechneten statistischen Kenngrößen (z.B. vieljähriger Mittelwert, mittlerer Tages- und Jahresgang, Varianz, Häufigkeitsverteilung, mittlere und absolute Extrema, Extremwerthäufigkeit usw., vgl. Kap. 2.7 und 3.3) an (vgl. wiederum z.B. GATES 1981).

In allgemeinerer Betrachtung und Nomenklatur, vgl. Abb. 131, können Klimavariationen nun folgende Strukturanteile beinhalten (in Anlehnung an WMO-Definitionen, s. MITCHELL et al. 1966, sowie SCHÖNWIESE 1974; und in Analogie zum Konzept der Zeitreihenzerlegung, vgl. Kap. 3.3.5):

• **Trend**, d.h. monoton positive (steigend) oder negative (fallend) Änderung, linear (so wie in Abb. 131 angenommen) oder nicht linear (im letzteren Fall

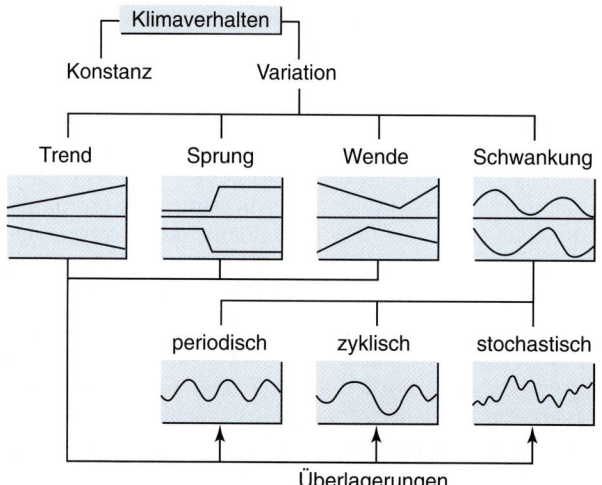

Abb. 131
Schematische Klassifikation von Klimavariationstypen (wobei z.B. der Trend auch nicht-linear sein kann).

progressiv, d.h. zunehmende, oder degressiv, d.h. abnehmende Steigung, wobei im ersteren Fall auch von einer Trendverstärkung gesprochen wird);

- **Sprung,** d.h. abrupte Klimaänderung, nach oben oder unten, entpuppt sich bei genauerer zeitlicher Auflösung meist als (relativ rascher) Trend;
- **Wende,** d.h. Trendumkehr(ung), in der Praxis kaum von einer Schwankung zu unterscheiden.
- **Schwankung,** wobei mehrere relative Maxima und relative Minima auftreten.

Bei relativ vielen Schwankungen um einen Mittelwert spricht man auch von **Fluktuationen** oder **Oszillationen**; falls es sich dabei nicht um nur einen, sondern mehrere Mittelwerte handelt, die mehr oder weniger sprunghaft wechseln, auch von **Vakillationen** (vgl. WMO, MITCHELL et al. 1966; dieser Begriff wird aber nur sehr selten verwendet).

Echt **periodische Schwankungen** (zeitlich exakt konstante Periode und Amplitude, wie z.B. bei einer Sinus-Schwingung) gibt es im Klimageschehen nicht, sondern allenfalls **zyklische** (variierende Amplitude, relativ gering variierende Periode), die manchmal auch **rhythmisch** genannt werden. Dabei gibt es einen kontinuierlichen Übergang zu **stochastischen** Schwankungen, bei denen sich Amplitude und Periode völlig unsystematisch ändern, wie das für Zufallsvariationen typisch ist (vgl. dazu auch Zeitreihenanalyse, Kap. 3.3.5). Eine sehr niederfrequente zyklische Schwankung, die nur ein relatives Maximum und zwei relative Minima oder umgekehrt enthält, wird als **episodisch** bezeichnet. Eine separate Behandlung ist in diesem Fall deswegen sinnvoll, weil solche episodischen Schwankungen mit Hilfe der spektralen Varianzanalyse (vgl. Kap. 3.3.5) zyklisch nicht auflösbar sind, sondern dort im relativ langfristigen Residuum erscheinen (in den Wirtschaftswissenschaften spricht man in solchen Fällen auch von der „Konjunkturkomponente").

Der Begriff „**Anomalien**" ist dann üblich, wenn die Klimadaten nicht direkt, sondern in Form ihrer Abweichungen vom (i.A. vieljährigen) Mittelwert betrachtet bzw. dargestellt werden. Dieses Konzept wird insbesondere dann häufig angewendet, wenn es sich um flächenbezogene Mittelwerte handelt (die unter Umständen weniger gut bekannt sind als die relativen Abweichungen davon).

Zur Beschreibung und Analyse von Klimavariationen benötigt man **Klimadaten**. Wie das Schema in Abb. 132 zeigt, können solche Daten von sehr unterschiedlicher Art sein. In der hier definierten ersten Dimension, der **methodischen** (Abszisse), werden zunächst direkt gewonnene Messungen bzw. Beobachtungen verwendet; es handelt sich um die **neoklimatologische** (auch instrumentelle) Epoche (vgl. dazu auch Abb. 12). Daran schliessen sich ebenfalls direkte **historische** Informationen an, die jedoch oft verbaler Art sind oder nur mittelbar das Klima betreffen. Schließlich folgen die indirekten Daten der **Paläoklimatologie** (engl. *proxy* = stellvertretend). Diese methodische Dimension ist offensichtlich mit der zeitlichen Reichweite der Klimadaten korreliert (Näheres in Kap. 11.2)

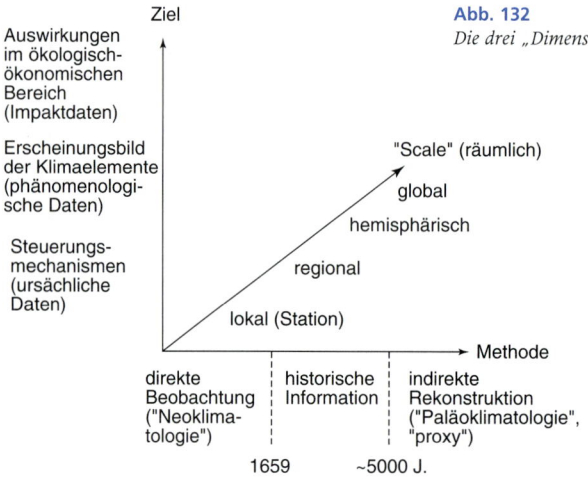

Abb. 132
Die drei „Dimensionen" der Klimadaten; vgl. Text.

Die zweite Dimension betrifft die **räumliche Auflösung**, und zwar von **lokal** („Stationsklima") über **regional** und hemisphärisch bis **global**, wobei es sich ab regional nicht nur um die betreffenden räumlichen (genauer flächenbezogenen) Mittelwerte handeln muss, sondern auch um derartige Betrachtungen mit bestimmter räumlicher Auflösung (vgl. dazu Kap. 2.4, Abb. 10). In der dritten Dimension, die Querverbindungen zur ersten aufweist, wird das **Ziel** beschrieben: Erscheinungsbild des Klimas (phänomenologisch), ursächliche Aspekte und schließlich Auswirkungen (ökologischer und sozioökonomischer Art, Klimaimpakt, wobei zum Teil solche Auswirkungen auch zur Klimarekonstruktion verwendet werden können).

Im Folgenden wird nun ein Überblick der Informationsquellen (Kap. 11.2) und des Ablaufs der überwiegend großräumigen Klimageschichte (Kap. 11.3 und 11.4) gegeben, die offensichtlich eine Geschichte des globalen und regionalen Klimas im Wandel und somit der Klimavariationen ist. Daran schließt sich eine – zunächst auf natürliche Mechanismen beschränkte – Diskussion der Ursachen von Klimavariationen an, bevor in Kap. 12 das Problem der anthropogenen Klimabeeinflussung behandelt wird. Alles das kann wiederum nur in aller Kürze, entsprechender Auswahl und drastischer Vereinfachung geschehen. Bezüglich ausführlicher Darstellungen sei der Leser auf die sehr umfangreiche Literatur verwiesen, z.B. BERGER (1981), FRAKES (1979), GLASER (2001), HUCH et al. (2001), JOUSSAUME (1996), LAMB (1972, 1977), LOZÁN et al. (1998, 2001), NEGENDANK (2001), PFISTER (1999) VON RUDLOFF (1967), SCHÖNWIESE (1995), SCHWARZBACH (1974) und viele andere.

11.2 Informationsquellen

Die sicherste und genaueste Informationsquelle klimageschichtlicher Rekonstruktionen ist sicherlich die direkte Datenerfassung mit Hilfe von Messgeräten: **Neoklimatologie**. Häufig wird dabei auch von der **instrumentellen Epoche** gesprochen, ein etwas unglücklicher Begriff, da auch die Paläoklimatologie mit – zum Teil hochmodernen und aufwendigen – Instrumenten arbeitet. Zur Neoklimatologie gehören neben Messungen auch Schätzungen (ohne Messinstrumente, z.b. der Sichtweite) und Phänomenbeobachtungen (ohne quantitative Angabe, z.b. Gewitter; vgl. dazu jeweils Kap. 3.1.7, Tab. 4, und Kap. 3.1.8).

Die **Entwicklung der meteorologisch-neoklimatologischen Messgeräte** (vgl. Kap. 1 und 3.1; auch von Rudloff 1967, Schönwiese 1995) geht mit der Entwicklung der **Experimentalphysik** Hand in Hand, beginnend mit dem 17. Jahrhundert, als beispielsweise Galilei das Flüssigkeitsthermometer erfand (1611) oder Toricelli die Luftdruckmessung (1643). Von den heute im Vordergrund stehenden Klimaelementen gibt es nur im Fall des Niederschlags wesentlich weiter zurückreichende Messversuche mit Hilfe primitiver Methoden (Indien, Chile, Israel), während Luftfeuchte und relativ genaue Windgeschwindigkeitsmessungen erst viel später einsetzten.

Für den Klimatologen sind nun aber weniger die ersten sporadischen Messungen von Bedeutung, sondern vielmehr über viele Jahre hinweg andauernde, möglichst bis heute reichende (rezente) Messreihen, die **vieljährigen Klima(daten)reihen** (der Begriff langjährig ist eigentlich Unsinn, wird aber trotzdem häufig verwendet), falls sie mindestens 100 Jahre umfassen, auch *Säkularreihen* genannt. Solche Säkularreihen sind z.b.: die Reihe der bodennahen Lufttemperatur im zentralen England seit 1659 (allerdings nur in Form von Monatsmittelwerten verfügbar und von Manley (1974), aus Messungen an verschiedenen Orten, zeitweise auch in den Niederlanden, mühsam zusammengesetzt), die längste neoklimatologische Reihe überhaupt; Niederschlag seit 1697 in Kew (bei London), Luftdruck seit 1740 in De Bilt (Niederlande), Wind seit 1781 auf dem Hohenpeißenberg (Oberbayern), Sonnenscheindauer seit 1880 in Kew und Schneedeckenhöhe seit 1881 in Wien (Näheres dazu siehe wieder z.b. von Rudloff 1967).

Ein Problem aller dieser Messreihen ist die begrenzte Messgenauigkeit, die z.B. bei der bodennahen Lufttemperatur heute $\pm 0.1\ °C$ beträgt, in früheren Jahrhunderten aber bei schätzungsweise $\pm 0,5\ °C$ oder gar $\pm 1\ °C$ lag (vgl. dazu Kap. 3.3.4). Bei Wind und insbesondere Niederschlag ist diese Ungenauigkeit auch heute noch sehr groß (Sevruk 1989), insbesondere im Gebirge bei Schneefall und gleichzeitigem Wind. Ein weiteres (ebenfalls bereits in Kap. 3.3.4 besprochenes) Problem ist die Homogenitätsforderung an solche Messreihen, die bis heute nur teilweise erfüllt ist.

Ausgehend von den Klimadaten an **einzelnen Messstationen** (lokales Klima, „Stationsklima") ist die **regionale bis** möglichst **globale Abdeckung** der Klimainformationen eine weitere wichtige Forderung. Nach ersten bescheidenen, da auf wenige nationale Stationen beschränkten Versuchen (Italien: Academia del Cimento 1654–1670; England, Frankreich) ist vor allem die **Societas Meteorologica Palatina** (Pfälzische Meteorologische Gesellschaft) zu nennen, gegründet 1780 vom Kurfürsten Karl Theodor von der Pfalz/Bayern und organisiert von seinem Hofkaplan und späterem Abt J.J. Hemmer, der u.a. die Mannheimer Stunden einführte, d.h. die Errechnung von Tagesmittelwerten der bodennahen Lufttemperatur aus den Messungen zu den Beobachtungsterminen 7, 14 und 21 Uhr Ortszeit (letztgenannter Wert mit doppeltem Gewicht; vgl. Kap. 3.1). So entstand ein internationales Messnetz, das maximal (ab 1781) 39 Stationen von Nordamerika bis zum Ural umfasste, die weitaus meisten davon allerdings in Europa. Leider wurden diese Aktivitäten bereits 1792–1795 beendet, wobei aber glücklicherweise dank der Initiative von Pfarrern, Mönchen, Lehrern u.a. einige Messreihen bis heute überlebten, so z.b. auf dem Hohenpeißenberg (bayerischer Voralpenberg, südlich von München), in Prag, Rom, Basel, Kopenhagen, Stockholm und Leningrad, zusätzlich, weitgehend unabhängig von dieser Gesellschaft, einige Stationen in England.

Heute gibt es weltweit über 10000 Messstationen für die bodennahe Atmosphäre (vgl. Kap. 3.1.8), wobei allerdings insbesondere die Südhemisphäre noch immer nicht befriedigend abgedeckt ist, von den Ozeanen (Hauptschiffahrtsrouten ausgenommen) ganz zu schweigen. Für die moderne Neoklimatologie sind neben den auf einzelne Stationen bezogenen Klimadaten und entsprechenden Zeitreihen Umsetzungen in **globale** oder zumindest nordhemisphärische Gitterpunkt- bzw. flächenanteilbezogene **Datensätze** von großer Bedeutung, wie dies vor allem durch JONES et al. (1994, 1999), an der **Climatic Research Unit (CRU)** der Universität Norwich, England, und zwar global ab 1856, sowie HANSEN und LEBEDEFF (1987), **Goddard Institute for Space Studies (GISS**, zur NASA gehörig), USA, geleistet wurde; laufende Aktualisierungen sind von beiden Arbeitsgruppen über INTERNET abrufbar. In Deutschland sei in diesem Zusammenhang auf das **Klimainformationssystem (KLIS)** des Deutschen Wetterdienstes (DWD) hingewiesen. Zudem ist u.a. der sog. 'Comprehensive Ocean Atmosphere Data Set' (COADS, Zeitabdeckung rund 100 Jahre) erwähnenswert.

Ebenso bedeutsam ist freilich auch die Erfassung der **vertikalen Dimension**. Als Pionier der Entwicklung entsprechender Sonden gilt ASSMANN, der 1901 Gummiballone mit konstanter Aufstiegsgeschwindigkeit in die meteorologische Messtechnik einführte. In moderner Ausführung ist die **Radiosonde** ein Ballon, an dem ein Gerätesystem zur Messung von Temperatur, Druck und Feuchte sowie ein Radarreflektor hängen, um durch Anpeilung die Abdrift und somit den Windvektor zu bestimmen. Die Messdaten werden automatisch zur Bodenstation gefunkt (daher der Name **Radio**sonde), so dass entsprechende Messprofile bis in die untere Stratosphäre (i.A. zweimal täglich) an heute rund 900 Stationen zugänglich werden. Auch wenn die erste praktikable Radiosonde bereits 1928 von dem Russen MOLTSCHANOFF entwickelt war, begann der regelmäßige Einsatz erst nach dem 2. Weltkrieg. In globaler bzw. nordhemisphärischer Abdeckung ist eine Radiosondenklimatologie aber lediglich erst seit ca. 1960/1970 verfügbar (ANGELL 1999, LABITZKE et al. 1986; auch in diesen Fällen gibt es per INTERNET abrufbare Daten-Aktualisierungen: CDIAC, NOAA).

Neben RADAR (**ra**dio **d**etecting **a**nd **r**anging, z.B. zur Gewitterortung), LIDAR (**li**ght **d**etecting **a**nd **r**anging, z.B. Messung stratosphärischer Vulkanstaubkonzentrationen; JÄGER 1992) und anderem ist in neuerer Zeit vor allem die **Satellitenmeteorologie** zu enormer Bedeutung herangewachsen. Sie erlaubt global und flächenbezogen die Erfassung von Hydrometeoren (Wolken) und Aerosol sowie der damit und mit anderen Phänomenen verbundenen Strahlungsflüsse. Erst dadurch ist beispielsweise die Variation der (extraatmosphärischen!) „Solarkonstanten" (Kap. 4.1) sowie die (Strahlungs-) Temperaturverteilung der Erdoberfläche räumlich-kontinuierlich messbar geworden. Besondere Techniken erlauben auch, allerdings nicht sehr genau, die Bestimmung der Vertikalprofile von Temperatur und Wasserdampf in der Atmosphäre. Freilich stehen solchen Vorteilen der Nachteil der kurzen zeitlichen Abdeckung gegenüber. Satellitengestützte Verfahren erlauben somit wesentliche und neue Einblicke in die Klimaprozesse, nicht jedoch in den Ablauf der Klimavariationen über längere Zeit.

Dies führt uns, gerade mit Blick auf längere Zeitspannen, zur **historischen Klimatologie**, die eine Art Brücke zwischen der Neo- und Paläoklimatologie darstellt. Gemeint sind historische Aufzeichnungen, aber auch Gemälde, Mythen u.v.a., die Rückschlüsse auf das Klima vergangener Zeiten zulassen. Darunter fallen beispielsweise etliche „**Witterungstagebücher**" bestimmter Persönlichkeiten, beginnend mit PTOLEMÄUS in Alexandria (127–151 n.Chr.) über MERLE (England, 1337–1344), HALLER (Zürich, 1545–1576), KEPLER (Linz, 1617–1626) bis zum Abt M. KNAUER in Langheim bei Lichtenfels (Bayern), dessen Aufzeichnungen 1652–1658 später als „hundertjähriger Kalender" missbraucht wurden, in der völlig abwegigen Annahme, das Wetter in Deutschland würde sich alle sieben Jahre nach diesen Aufzeichnungen wiederholen. Auch **Annalen und Chroniken** der öffentlichen Verwaltung können klimatologische Hinweise enthalten. In den meisten Fällen ist es aber sehr schwer, die verbalen Informationen zu quantifizieren und in Verbindung zu den neoklimatologischen Messreihen zu bringen. Pionierarbeit auf diesem Gebiet hat vor allem PFISTER (1984, 1999) geleistet und so eine historische Klimatologie (thermische und hygrische Indizes) der Schweiz für die letzten 500 Jahre erarbeitet. In ähnlicher Weise hat GLASER (2001) eine Klimageschichte Mitteleuropas sogar für die letzten 1000 Jahre bereitgestellt.

Viele historische Informationen betreffen jedoch nur indirekt das Wetter. Zum Teil beinhalten sie dafür den Vorzug, quantitativ zu sein. Ein berühmtes Beispiel ist der seit 812 n.Chr. jährlich festgehaltene Beginn (Kalenderdatum) der **Kirschblüte in Japan** (somit phänologische Daten; vgl. Kap. 10.4). Informationen über **Nilfluten** reichen, alle Quellen zusammengenommen, bis 3050 v.Chr. zurück und gehören somit zu den ältesten klimatologischen Informationen überhaupt. Schließlich sollen noch Aufzeichnungen erwähnt sein, die augenblickliche Zustände festhalten, wie **Gemälde** (später auch Fotographien) von Gletschern, Berichte über katastrophale Ereignisse – z.B. Zerstörung vieler fester Brücken im Jahr 1342 in Deutschland durch Hochwasser; **Hochwassermarken** generell – oder sonstige besondere Vorkommnisse (z.B. **Zufrieren von Seen**, z.B. des Bodensees und der Ostsee) und **Sagen** (z.B. die norwegische „Landnam-Saga" über die beginnende Besiedelung Grönlands (= Grünland!) bei offenbar relativ war-

mem Klima, die auf das Jahr 982 n.Chr. bezogen wird (DANSGAARD 1975). Die
ältesten historischen Informationen sind wohl die **Höhlenmalereien** des Tassili-
gebirges (Tassili n' Ajjer, südliches Algerien), die bis ins 6. Jahrtausend v.Chr.
zurück datiert werden und Jagdszenen bei offenbar wesentlich niederschlagsrei-
cherem Klima als heute darstellen (LAMB 1972, JOUSSAUME 1996).

Bei indirekten Informationen benötigt man Transferfunktionen, die solche Informationen in Klimaaussagen, möglichst quantitativer Art, umsetzen. Dies ist generell bei der **Paläoklimatologie** der Fall, die allerdings zum Teil sehr genaue
Daten mit Hilfe hochentwickelter Technologien bereitstellt. Die Transferfunktionen beruhen teils auf physikochemischen Gesetzen, teils müssen sie bei Überlappung mit neoklimatologischen Daten statistisch abgeschätzt werden. Generell hel-
fen Überlappungen von neoklimatologischer, historischer und verschiedenartiger
paläoklimatologischer Information sehr, das Klimapuzzle zusammenzusetzen und
so Entwicklungsvorgänge und räumlich-zeitliche Zusammenhänge zu erkennen.

Auch die sehr vielfältigen paläoklimatologischen Methoden können hier nur
kurz und in Auswahl aufgezählt werden. Sie beginnen mit **Binnenseesedimen-
ten, Warwen** (Bändertonen, aus Gletscherabflüssen gebildet) und Baumdaten,
alles Quellen, die maximal die letzten rund 5000 bis 10000 Jahre abdecken. Bei
den **Baumdaten** wurden schon im vergangenen Jahrhundert die Jahresringbrei-
ten bestimmter Baumarten der gemäßigten Breiten zunächst zur Altersbestim-
mung (Dendrochronologie) und dann zur Klimarekonstruktion (Dendroklimato-
logie) herangezogen, wobei mittels „cross-checking", ausgehend von lebenden
Bäumen, fortgesetzt mit beim Bau verwendeten Balken (Kirchen, Häuser, Pfahl-
bauten) und endend beim fossilen Holz (z.B. im Boden oder Eis konserviert) für
bestimmte Regionen typische jährliche Abfolgen von Ringbreiten zusammengestellt werden, die Chronologien. Die Klimainterpretation ist allerdings mehrdeu-
tig, auch wenn in „Stress-Zonen" gelegentlich der Temperatur- bzw. Nieder-
schlagseinfluss während der Vegetationsperiode überwiegt. SCHWEINGRUBER (1983,
2001) beschreibt diese Techniken und Probleme ausführlich und ist außerdem
Pionier der Radiodensitometrie, bei der mit Röntgenmethoden insbesondere die
Spätholzdichte bestimmt wird. Zumindest in den Gebirgsregionen Mittel- und
Nordeuropas ist sie mit der Spätsommer- und Frühherbsttemperatur hoch korreliert (BRIFFA et al. 1988).

Eine der wichtigsten paläoklimatologischen Methoden beruht auf der **Temperaturabhängigkeit des Verhältnisses der Sauerstoffisotope** ^{18}O und ^{16}O in
polaren Eisablagerungen und in kalkbildenden Mikroorganismen (Foraminife-
ren), die am Meeresboden sedimentiert werden. Proben, die mit zunehmender
Tiefe auch zunehmendes Alter aufweisen, werden mit großem technischen Aufwand erbohrt, im ozeanischen Bereich mit Hilfe spezieller Bohrschiffe, und mas-
senspektrometrisch untersucht. Auf diese Weise wird bei **Eisbohrungen** bis zu
ca. 3×10^5 Jahre (Durchbohrung des gesamten antarktischen Eisschildes) bei
ozeanischen Sedimenten bis zu ca. 10^8 Jahre Klimageschichte (Temperatur) re-
konstruierbar. Speziell die Eisschichten enthalten auch ursächliche Klimainfor-

mationen wie vulkanischen Staub früherer Eruptionen oder in Gasblasen enthaltene frühere CO_2- und CH_4-Konzentrationen der Atmosphäre (OESCHGER 1980; HOUGHTON et al. 2001).

Auf dem Festland liefern **Bodensedimente** (fossile Böden) und insbesondere Pflanzenpollen paläoklimatologische Informationen, wobei man auch hier das Alter der Bohrproben bestimmen muss. Die Zusammensetzung der **Pflanzenpollen**, sog. Pollenspektren, gestatten Aussagen über die frühere Vegetation und somit über das Klima bis hin zur Rekonstruktion von Vegetationskarten bestimmter Regionen in früherer Zeit (FRENZEL 1967, FRENZEL et al. 1992). Etwa 10^5–10^6 Jahre sind auf diesem Weg maximal erschließbar.

Schließlich seien besondere **geomorphologische** (z.B. Gletschermoränen) und **mineralogische Phänomene** (Bodenschätze) erwähnt. Paläogeographie, Mineralogie und insbesondere Geologie, einschließlich Paläontologie, entschlüsseln so die Vorgänge und Lebensformen längst vergangener Zeiten. Die letztgenannten Klimaaussagen sind nur qualitativer Art, lassen aber sowohl auf die Temperatur- als auch auf die Niederschlagsgeschichte schließen. Die am weitesten zurückreichende Quelle sind die ältesten erhaltenen Sedimente der Erde, 3.8×10^9 Jahre alt. Was diese Frühzeit an klimatologischen Erkenntnissen erlaubt, sind aber nur noch Aussagen wie relativ kalt oder relativ warm bzw. Eisbewegungen und somit Eisvorkommen an der Erdoberfläche: ja oder nein. Da die Erde, wie gesagt, $4,6 \times 10^9$ Jahre alt ist, lässt sich aber doch der größte Teil der Erdgeschichte auch klimageschichtlich überschauen (wobei der Begriff „Geschichte" hier die Vorgeschichte, also die Zeit vor der historischen Überlieferung, mit einschließt).

11.3 Paläo- und historisches Klima

Aus der **frühesten Zeit der Klimageschichte**, als die Erde vermutlich ungefähr gleichzeitig mit der Sonne und den anderen Planeten des Sonnensystems aus einem sich kontrahierenden Urnebel entstand (vor 4.6×10^9 a), bis zum Beginn der sedimentären Überlieferung, also den ältesten erhaltenen Sedimenten (3.8×10^9 a; vgl. Kap. 11.2) gibt es keine paläoklimatologischen Informationsquellen, so dass wir voll und ganz auf geophysikalische Modellvorstellungen angewiesen sind. Die wahrscheinlichste Vorstellung, vgl. Abb. 133, geht von einer sehr heißen Urerde aus, die sich zunächst rasch, dann langsamer abkühlte, bis sie vor rund zwei Milliarden Jahren – allerdings unter erheblichen überlagerten Variationen, die noch zu besprechen sind – in etwa das heutige Temperaturniveau erreichte. In dieser Abbildung sind zudem einige wichtige klimageschichtliche Daten wie z.B. der Beginn der Entstehung des Ozeans (vor 3.2×10^9 a) mit angegeben.

Die sich über ähnlich lange Zeitspannen erstreckende **Zukunft** des Klimas lässt sich solarphysikalisch abschätzen: Die expandierende und dabei immer stärker energetisch abstrahlende Sonne wird dem Erdklima immer mehr „einheizen"

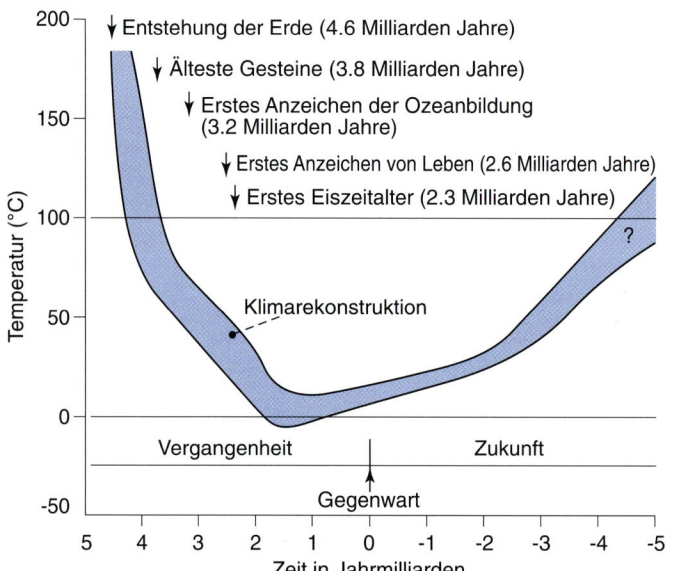

Abb. 133
Vermutlicher zeitlicher Verlauf der global gemittelten bodennahen Lufttemperatur („Erdmitteltemperatur") seit Entstehung der Erde bis ca. 5 × 10⁹ a in die Zukunft, mit Angabe einiger Entwicklungsstufen (viele Quellen, u.a. SAGAN, *1977,* FRAKES, *1979, hier nach* SCHÖNWIESE, *1987, vereinfacht).*

(vgl. „Zukunft", Abb. 133), bis in rund 5–10 Milliarden Jahren – die Sonne befindet sich derzeit somit in der Mitte ihres Lebenszyklus – der „Brennstoff" Wasserstoff (H), aus dem die Sonne durch Kernfusion zu Helium (He) ihre Energie bezieht, aufgebraucht sein wird. Dann wird die Sonne das Stadium eines „weißen Zwergs" (KEPPLER 1990, KIPPENHAHN 1990) erreicht haben und die Erdtemperatur fast auf Weltraumkälte absinken. Diese Vorgänge laufen jedoch so langsam ab, dass sie für die vergangenen bzw. künftigen Jahrmillionen und erst recht Jahrtausende und Jahrhunderte ohne Belang sind.

Bei etwas genauerem Hinsehen, unter Nutzung entsprechender paläoklimatologischer Informationen, gliedert sich das Klima der letzten rund 2–3 Milliarden Jahre in ein relativ warmes Klima ohne jegliche Eisvorkommen an der Erdoberfläche, das **akryogene** (= ohne Eisbildung) **Warmklima**, und episodisch eintretende kältere Abschnitte von jeweils einigen Jahrmillionen Dauer, für die solche Eisvorkommen nachgewiesen sind, die **Eiszeitalter**, vgl. Abb. 134 (ganz oben, letzte 10⁹ a) und Tab. 20, erstmalig wahrscheinlich vor etwa 2.3 × 10⁹ a (vgl. Tab. 20, Archaisches Eiszeitalter, auch „Huronisch" genannt, und Abb. 133). Bemerkenswert ist, und dies auch in dieser knappen Übersicht, dass die Eiszeitalter durchaus nicht alle zur Vereisung jeweils beider geographischer Pole geführt haben, sondern zum Teil nur **unipolare Vereisungen** mit sich brachten, so beispielsweise in der Übergangszeit vom Ordovizium zum Silur vor rund 430 × 10⁶ a, vgl. Tab. 20 und Abb. 93 (Details hierzu siehe z.B. FRAKES 1979, SCHWARZBACH 1974, SCHÖNWIESE 1995.)

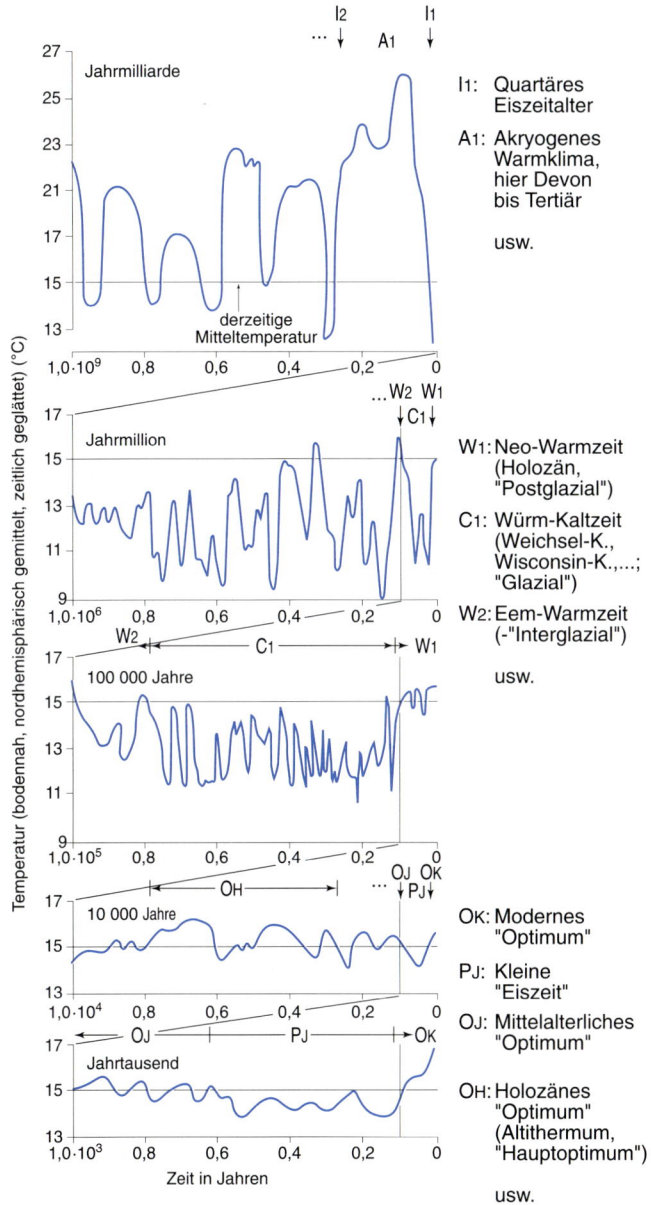

I1: Quartäres
    Eiszeitalter

A1: Akryogenes
    Warmklima,
    hier Devon
    bis Tertiär

usw.

W1: Neo-Warmzeit
    (Holozän,
    "Postglazial")

C1: Würm-Kaltzeit
    (Weichsel-K.,
    Wisconsin-K.,...;
    "Glazial")

W2: Eem-Warmzeit
    (-"Interglazial")

usw.

OK: Modernes
    "Optimum"

PJ: Kleine
    "Eiszeit"

OJ: Mittelalterliches
    "Optimum"

OH: Holozänes
    "Optimum"
    (Altithermum,
    "Hauptoptimum")

usw.

Abb. 134
Nordhemisphärisch gemittelte bodennahe Lufttemperatur-Variationen in verschiedenen zeitlichen Auflösungen von 10^9 bis 10^3 a (viele Quellen, insbesondere CLARK, 1982, GRIP 1993, LOZÁN et al., 1998, MANN et al., 1999, kombiniert).

Tab. 20 Geologische Gliederung der Erdgeschichte mit groben klimageschichtlichen Charakteristika (Eiszeitalter bzw. i.A. akryogenes Warmklima; Quellen: FRAKES (1979), LAMB (1972), vgl. auch SCHÖNWIESE (1995; Zeitangaben nach Lexikon der Geowissenschaften, Band 2, Spektrum Akadem. Verlag, Heidelberg 2000).

Zeit in 10^6 Jahren vor heute (v.h.)	Ära (Zeitalter)	Formation (Periode)	Grobe Klimacharakteristik
ab 1.5–2	Neozoikum (Känozoikum,	Quartär (Holozän seit 11000 Jahren v.h., davor Pleistozän)	*Quartäres Eiszeitalter*, global im Holozän Neo-Warmzeit, davor Wechsel zwischen Kalt- und Warmzeiten
ab 65		Tertiär (Subperioden/Serien: Pliozän ab 5, Miozän ab 23, Oligozän ab 35, Eozän ab 54, Paläozän ab 65×10^6 a)	Europa warm-feucht, im frühen Tertiär allmähliche, dann stärker einsetzende Abkühlung; in der zweiten Hälfte des Tertiärs beginnende Vereisung der Südhemisphäre (Antarktis).
ab 142	Mesozoikum	Kreide	In Europa sehr warm und feucht (Warmklima)
ab 205		Jura	In Europa warm und trocken (Warmklima)
ab 250		Trias	
ab 290 ab 355	Paläozoikum	Perm Karbon	*Permokarbonisches Eiszeitalter*, Südhemisphäre (Gondwana-Vereisung)
ab 410		Devon	Warmklima
ab 438 ab 510		Silur Ordovizium	*Silur-Ordovizisches Eiszeitalter*, Südhemisphäre (im Wesentlichen nur heutiges Nordafrika)
ab 570		Kambrium	Warmklima *Eokambrisches Eiszeitalter I* (wahrscheinl. global) Warmklima *Eokambrisches Eiszeitalter II* (wahrscheinl. global) Warmklima
ab 1000	Präkambrium	Proterozoikum	*Algonkisches Eiszeitalter*, vermutlich hemisphärisch (insbesondere heutiges Europa) Warmklima *Archaisches Eiszeitalter*, vielleicht global („Huronische Eiszeit")
ab 2500		Archaikum	Exzessives Warmklima

Die primäre Ursache für das Eintreten der Eiszeitalter ist in den tiefgreifenden paläogeographischen Veränderungen zu sehen, die in Zusammenhang mit der **Kontinentaldrift** (Wegener 1921, Schwarzbach 1980, Smith et al. 1982) und somit der Veränderungen der Kontinentkonstellationen einschließlich Land-Meer-Verteilung der Erde zu Relativbewegungen der geographischen Pole bezüglich der Kontinente geführt haben. So bildeten vor rund 440 Millionen Jahren die heutigen Kontinente Afrika, Südamerika, der indische Subkontinent sowie die Antarktis und Australien den riesigen zusammenhängenden Urkontinent Gondwana (vgl. wiederum Abb. 93), über den der geographische Südpol – relativ gesehen – hinwegwanderte. Als er im Bereich des heutigen Nordafrika angelangt war, traten dort die Eisbildungen des (unipolaren) **Silur-Ordovizischen Eiszeitalters** auf.

Dabei spielt die ausschlaggebende Rolle, dass sich in relativ hohen geographischen Breiten nur dann eine Schneedecke ausbilden und im Laufe der Zeit eine Eisablagerung entstehen kann, wenn der Schnee – im wahrsten Sinne des Wortes – nicht ins Wasser fällt, sondern auf Kontinenten liegen bleibt. Ist dies erst einmal der Fall, kommt es zur (positiven) **Eis-Albedo-Rückkopplung** (vgl. dazu Kap. 4.8, insbesondere Abb. 61): Die Albedo von Schnee und Eis ist sehr hoch (vgl. Kap. 4.2), somit verringert sich bei Schnee- bzw. Eisbedeckung die Strahlungsbilanz der Erdoberfläche, dies hat eine Abkühlung und Erhöhung des Schneeanteils am Niederschlag zur Folge. Die sich dadurch weiter ausbreitende Schneebedeckungsfläche führt über weiter erhöhte Albedo zu weiterer Abkühlung und so weiter. Natürlich funktioniert diese Art der positiven (und somit sich selbst verstärkenden) Rückkopplung auch auf umgekehrtem Weg. d.h. verstärkt Erwärmungstendenzen, und dies möglicherweise noch effektiver als Abkühlungen.

Selbstverständlich ist dies aber nicht die einzige Rückkopplung im Klimasystem; negative Rückkopplungen verhindern i.A. eine „Explosion" (Run-Away-Effekt) des Klimas und dämpfen ausufernde Variationen wieder ab. So setzen beispielsweise vermehrte Eisbildungen an der Erdoberfläche den Wasserdampfanteil der Atmosphäre herab, was zu einem Rückgang der Niederschläge und somit auch des Schneefalls führen sollte (negative Rückkopplung). Umgekehrt führt bei steigenden Temperaturen die erhöhte Verdunstung des Ozeans zu vermehrter Wasser-Wolkenbildung, was die Bilanz aus solarer Einstrahlung und terrestrischer Ausstrahlung verringert und somit Abkühlung hervorruft (wiederum negative Rückkopplung, dies allerdings in sehr komplizierter Art und Weise, wobei Eiswolken im Gegensatz zu Wasserwolken positive Rückkopplungen bewirken). Klimageschichtlich gesehen sind jedoch Temperatur- und Niederschlagsvariationen keinesfalls immer gleichsinnig verlaufen, wie man vielleicht vermuten könnte, sondern es gibt alle vier Möglichkeiten der thermisch-hygrischen Charakteristika des Weltklimas: Heiß-trocken (z.B. im Trias und Jura, vgl. jeweils Tab. 20), heiß-feucht (z.B. im Karbon), kalt-trocken (vermutlich im Höhepunktstadium eines Eiszeitalters) und kalt-feucht (vermutlich in der Anfangsphase eines Eiszeitalters; bezüglich aller Einzelheiten muss wieder auf die Literatur verwiesen werden; vgl. oben, letzte Zeilen von Kap. 11.1).

In neuerer Zeit ist aber doch die Hypothese klimatologischer Run-Away-Effekte aufgetaucht (HOFFMANN und SCHRAG 2000), und zwar in Form der Vermutung, dass positive Rückkopplungsmechanismen in der Zeit vor ca. 600×10^6 Jahren für relativ (!) kurze Zeit den **Klimazustand einer** (fast oder tatsächlich) **total vereisten Erde** hervorgerufen haben könnten. Die Temperaturkurve in Abb. 134 (ganz oben), die um diese Zeit durchaus ein relatives Minimum aufweist, müsste dann drastisch nach unten korrigiert werden. Bei dieser noch nicht generell anerkannten Hypothese spielt zwar auch die Eis-Albedo-Rückkopplung eine wesentliche Rolle, und zwar in beiden Richtungen (Abkühlung bzw. Erwärmung). Im Gegensatz zur polständigen Situation großer Kontinente als Rand-Vorbedingung für das Eintreten eines Eiszeitalters wird dabei aber von relativ vielen und großen Kontinenten in den Tropen ausgegangen, was in Zusammenhang mit dem dortigen feucht-warmen Klima die globale Verwitterungsrate erhöht. Dies entzieht der Atmosphäre relativ viel CO_2, so dass sich der (natürliche) „Treibhauseffekt" (vgl. Kap. 4.2) verringert, daher eine Abkühlung eintritt und dies den Anstoß zu einem solchen „Run-Away-Effekt" geben soll, und zwar in Form einer von den Polen ausgehenden und später tropische Regionen erreichenden Meereisbedeckung. Während man früher der Ansicht war, dass der Klimazustand der total vereisten Erde besonders stabil sein müsse und – weil es deswegen daraus keinen Weg zurück gebe – vermutlich nie eingetreten sei, wird nun nach dieser Hypothese für möglich gehalten, dass das durch den Vulkanismus (Näheres dazu in Kap. 11.5) der Atmosphäre zugeführte CO_2, und somit wiederum der „Treibhauseffekt", doch – und dies angeblich sogar im Verlauf einiger Jahrhunderte (was geologisch gesehen überaus rasch ist) – eine überaus wirksame Erwärmung hervorgerufen hat, weil die Senken für CO_2 (also der Entzug aus der Atmosphäre), für den im Wesentlichen der Ozean und die Vegetation wichtig sind, durch die totale Eisbedeckung der Erde (also auch und insbesondere des Ozeans), sozusagen abgeschaltet waren und sich somit das atmosphärische CO_2 enorm anreichern konnte (zur Rolle des CO_2 im Klimageschehen vgl. auch Kap. 12).

Wieder zurück zur Betrachtung der in Abb. 134 zusammengestellten Klimageschichte, bringt der Sprung ins **Tertiär** eine Zeit mit sich, in der – ausgehend vom sehr warmen Klima der Kreidezeit (135–65×10^6 Jahre v.h.; vgl. Tab. 20) mit rund 10 K höherer Erdmitteltemperatur als heute (vgl. Tab. 21) – bereits eine markante Abkühlung eingesetzt hatte, der zu Beginn des Tertiär vermutlich 75 % der Fauna-Arten, darunter die Dinosaurier, zum Opfer fielen. Als Ursachen dafür kommen verschiedene Vorgänge in Frage: Zum einen hatten sich, im Zuge der Kontinentaldrift mit der Antarktis am geographischen Südpol und der Gruppierung vieler großer Landgebiete um den geographischen Nordpol herum (Nordamerika, Grönland, Asien) die Vorbedingung zur Überleitung in ein Eiszeitalter eingestellt, nämlich das Quartäre, das heute noch andauert. Desweiteren war die alpidische *Orogenese* im Gang, die zur Bildung der jungen Faltengebirge (Alpen, Himalaya, Anden usw., einschließlich des Hochlands von Tibet (vgl. dazu KUHLE 1988) und damit zur Schaffung hoch gelegenen, sozusagen gletscherfähigen Ter-

Tab. 21 Vergleich einiger klimageschichtlicher Daten für die angegebenen Klimaepochen (jeweilige Höhe- bzw. Tiefpunkte, grobe Orientierungswerte); Quellen: FRENZEL et al. (1992), HOUGHTON et al. (1996), PFISTER (1999), RAPP (2000) u.a.

Klimaepoche	Zeitbezug	Mittel-temperatur, Nordhemisphäre	Mittel-temperatur, Deutschland	Mittlerer Jahres-niederschlag, Deutschland
„Kleine Eiszeit"	1400–1900 n.C.	–1 K[*]	– 1.5 K[**]	–(?)
Mittelalterliches „Optimum"	800–1200 n.C.	+0.5 K[*]	+ 1 K[**]	+(?)
Holozänes „Optimum"	6×10^3 a v.h.	+1 K[*]	+ 1.5 K[*]	~ 0[**]
Würm-Kaltzeit	18×10^3 a v.h.	–4.5 K	– (12–14) K	–500 mm
Eem-Warmzeit	125×10^3 a v.h.	+1.5 K	+(2–3) K	+300 mm
Mittel-Tertiär	30×10^6 a v.h.	+4 K	+ (6–8) K	+400 mm
Kreide	100×10^6 a v.h.	+9 K	?	?

*) gegenüber der letzten CLINO-Periode 1961–1990
**) jedoch Nordafrika > + 300 mm.

rains führte. Weitere Hypothesen, die neben der Kontinentaldrift und den genannten Rückkopplungsvorgängen allesamt auch als Wirkungsmechanismen für Eiszeitalter tauglich sind, fassen Einschläge großer Meteore ins Auge, die beim Aufprall auf die Erde große atmosphärische Staubmengen bilden und dadurch Abkühlungen der unteren Atmosphäre bewirken können. Und ein solches Ereignis scheint sich u.a. an der Kreide-Tertiär-Grenze (vgl. Tab. 21) ereignet zu haben (BUGGISCH UND WALLISER 2001); eine Irridium-Anreicherung aus dieser Zeit weist darauf hin, der Chicxulub-Krater (Yucatan-Halbinsel, Mexiko) scheint der Ort des Geschehens gewesen zu sein. Ganz ähnliche, wenn auch längst nicht so drastische Effekte bewirkt der *explosive Vulkanismus*, der die Stratosphäre mit schwefelhaltigen Aerosolschichten anreichert, welche die Stratosphäre erwärmen, die untere Atmosphäre jedoch abkühlen (was bei nicht total vereister Erde gegenüber der oben genannten CO_2-Wirkung der weitaus bedeutendere Vulkanismus-Effekt ist; vgl. Kap. 11.5 und 13.1). Nicht zuletzt spielt auch die paläogeographisch beeinflusste Ozeanzirkulation eine bedeutsame Rolle.

Das Klima innerhalb des Tertiär ist durch mehrere, relativ abrupte Abkühlungen gekennzeichnet, die vor allem um 38×10^6, 12–10×10^6, 5×10^6 und ca. 3–2×10^6 a v.h. eingetreten sind. Der Reihe nach werden diese Zeitabschnitte mit folgenden Ereignissen in Zusammenhang gebracht:

• Beginn der antarktischen Inlandvereisung,
• Bildung des antarktischen Schelfeises,
• Beginn nordhemisphärischer Land-Vereisungen,

- Erreichen relativ umfangreicher nordhemisphärischer Land-Vereisungen und Einsetzen des Quartären Kalt-Warmzeit-Zyklus (Näheres dazu folgt). Paläoklimatologisch hat das Quartär somit vor zwei bis drei Millionen Jahren begonnen (vgl. Tab. 21; Schwarzbach 1974, Flohn 1981, Eissmann und Hänsel 1991), während in der Geologie die Tertiär-Quartär-Grenze bei 1.5–2 × 10⁶ a v.h. angesetzt wird (Schmidt und Walter 1990, Huch et al. 2001).

Wieder ohne auf Details eingehen zu können, machen wir erneut einen Sprung und betrachten das jüngere **Quartäre Eiszeitalter**, nämlich die letzte Jahrmillion. Wie Abb. 134 (zweites Teilbild von oben) zeigt, kommen wir bei Erfassung immer kürzerer Zeitspannen zur Aufdeckung immer (relativ!) kürzerfristiger (hochfrequenterer) Variationen; d.h. was bei Betrachtung einer Zeitspanne von 10⁹ a als einheitliche Kälteepoche der letzten Jahrmillionen erscheint (Abb. 134, ganz oben), entpuppt sich bei Betrachtung von 10⁶ a als überaus ausgeprägtes Wechselspiel relativ kalter bzw. warmer Epochen innerhalb dieses jüngsten Eiszeitalters; und für frühere Eiszeitalter gilt höchstwahrscheinlich ähnliches.

Diese relativ kalten bzw. warmen Epochen sind die **Kalt- und Warmzeiten** eines Eiszeitalters. Sie werden häufig auch **Eiszeiten (Glaziale)** bzw. **Zwischeneiszeiten (Interglaziale)** genannt, obwohl insbesondere der Begriff Zwischeneiszeit missverständlich ist; denn auch in solchen relativ warmen Epochen gibt es an einem oder sogar beiden geographischen Polen und auch in einigen Gebirgsregionen durchaus permanente Eisbedeckungen, ganz im Gegensatz zum akryogenen Warmklima beispielsweise der Jura- und Kreidezeit, wie uns ja auch die jüngste Warmzeit des Quartären Eiszeitalters, in der wir leben, vor Augen führt. Diese Epoche heißt **Neo-Warmzeit**, nach geologischer Nomenklatur **Holozän** (die Quartäre Zeit davor ist das *Pleistozän*), nach geographisch-klimatologischer Nomenklatur – ebenfalls etwas missverständlich – **Nacheiszeit (Postglazial)**. Im Folgenden soll bei solchen Klimaepochen generell von *Kalt- und Warmzeiten* (innerhalb eines *Eiszeitalters*) gesprochen werden.

Mindestens 20 solcher Kalt- und Warmzeiten hat es im Quartär gegeben (Lamb 1977, Schönwiese 1995). Sie scheinen sich seit etwa 800 × 10³ a v.h. – vielleicht dem Beginn der permanenten Meereisbildung im Arktischen Ozean – in ihrer Amplitude verstärkt zu haben. Von der derzeitigen relativ warmen Epoche an gerechnet, der Neo-Warmzeit (Holozän), tragen diese früheren Epochen nach süddeutscher (bzw. norddeutsch/niederländischer) Nomenklatur für die letzten ca. 400 × 10³ a die folgenden Namen:

- Neo- (Flandrische) Warmzeit, seit ca. 11 × 10³ a v.h.;
- Würm- (Weichsel-) Kaltzeit, ab ca. 70 × 10³ a v.h.;
- Würm-Riss- (Eem-) Warmzeit, ab ca. 130 × 10³ a v.h.;
- Riss- (Saale-) Kaltzeit, ab ca. 200 × 10³ a v.h.;
- Mindel-Riss- (Holstein-) Warmzeit, ab ca. 270 × 10³ a v.h.;
- Mindel- (Elster-) Kaltzeit, ab ca. 320 × 10³ a v.h.;
- Günz-Mindel- (Cromer-) Warmzeit, ab ca. 350 × 10³ a v.h.;
- Günz- (Menap-) Kaltzeit, ab ca. 400 × 10³ a v.h.;

usw. (weitere Namen, auch in englischer bzw. nordamerikanischer bzw. russischer Nomenklatur, s. z.B. SCHÖNWIESE 1987, 1995; die Zeitangaben weisen jedoch eine gewisse, von jeweiligen regionalen Spezialuntersuchungen abhängige Unschärfe auf und werden mit dem Alter zunehmend unsicher). Der Höhepunkt der **Eem-Warmzeit** ist wohl um ca. 125 × 10^3 a v.h. aufgetreten, die kälteste Epoche der **Würm-Kaltzeit** um 18 × 10^3 a v.h; nordhemisphärische Klimakarten für diese Paläoepochen sind bei FRENZEL et al. (1992) zu finden.

Betrachtet man eine solche Kaltzeit genauer, wobei es aus naheliegenden Gründen für die Würm-Kaltzeit die meisten Informationen gibt (z.B. aus Eisbohrungen, vgl. Kap. 11.2), so ergibt sich auch hier kein einheitliches Bild, sondern eine komplizierte zeitliche Struktur. Im Einzelnen, weit über die in Abb. 134 (Mitte, letzte 100000 Jahre) gegebene Auflösung hinaus, werden diverse **Stadiale** (relativ kalte Epochen einer Kaltzeit) und **Interstadiale** (relativ warme Epochen) unterschieden. Im nordhemisphärischen und wohl auch globalen Mittel lag die bodennahe Lufttemperatur während der Stadiale der Würm-Kaltzeit etwa 4–5 K unter der heutigen; vgl. Tab. 21. Regional und jahreszeitlich sind zum Teil erhebliche Abweichungen davon aufgetreten. Beispielsweise wird für das heutige Hamburg vor 18 × 10^3 a eine Januarmitteltemperatur von grob geschätzt −20 °C vermutet, gegenüber heute ca. 0 °C. In Mitteleuropa ist damals in der Jahressumme vermutlich etwa 500 mm Niederschlag weniger gefallen als heute (jedoch sehr grobe Schätzung).

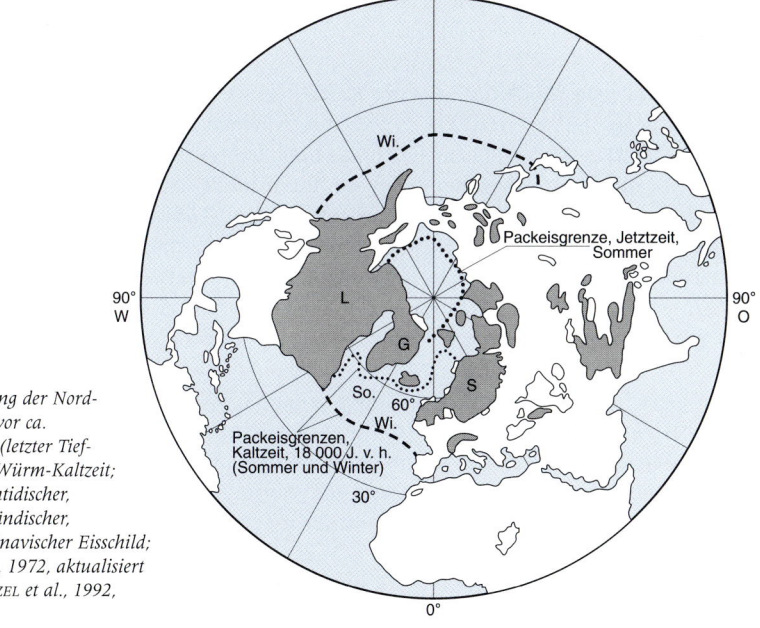

Abb. 135
Eisbedeckung der Nord-halbkugel vor ca. 18 × 10^3 a (letzter Tief-punkt der Würm-Kaltzeit; L = Laurentidischer, G = Grönländischer, S = Skandinavischer Eisschild; nach LAMB, 1972, aktualisiert nach FRENZEL et al., 1992, verändert).

Tab. 22 Zusammenfassende quantitative Übersicht der Kryosphäre (vgl. Tab. 11) mit Vergleichszahlen des Flächenanteils für die letzte Kaltzeit (Tiefpunkt ca. 18000 a v.h.); Quellen: BARRY (1985), HOUGHTON et al. (1990).

Region	Fläche in 10^6 km² Kaltzeit	Fläche in 10^6 km² heute	Volumen in 10^6 km³	mittlere Dicke in km	Meeres-spiegel-äquivalent in m
Antarktis	13.8	12.2	29.3	2.5	73.3
Grönland	2.3	1.7	3.0	1.6	7.6
Australien/ Neuseeland	0.03				
Südamerika	2.3				
Nordamerika	13.4				
Skandinavien/ Großbrit.	6.7	0.6[*]	0.1[*]	0.2[*]	0.4[*]
Alpen	0.04				
Asien	4.0				
Rest	1.8				
Summe	44.4	14.5	32.4		81.3

*) Summe aller heutigen extrapolaren Gebirgsgletscher.

Das auffälligste Klimamerkmal der Kaltzeiten sind die riesigen Eisbedeckungen gewesen (vgl. Tab. 22 und Abb. 135), die in der Würm-Kaltzeit zeitweise eine rund dreimal so große Fläche eingenommen haben als heute (daher auch der Name Eiszeit), dies insbesondere im nordhemisphärischen Bereich. So sind der Laurentidische Eisschild in Nordamerika (vgl. Abb. 135) sowie die Eisbedeckungen Skandinaviens und der Britischen Inseln heute praktisch ganz verschwunden. In der Nähe dieser kaltzeitlichen Eisschilde haben Gletscherbewegungen durch Moränenbildung, Schotterablagerungen und schließlich Seenbildung jedoch noch heute deutlich sichtbare geomorphologische Spuren dieser Klimaepoche hinterlassen.

Geologisch lassen sich, durch Landbohrungen bzw. sedimentologische Untersuchungen, in günstigen Regionen vertikale Schichtungen auffinden, die abwechselnd die in den Warmzeiten gebildeten Bodenhorizonte und dazwischen die kaltzeitlichen Kies- und Schotterschichten (montane Verwitterungsgesteine, mit den Gletschern bzw. Gletscherabflüssen transportiert) aufweisen. Vegetationskundliche Rekonstruktionen (Pollenanalysen, Kap. 11.2) belegen für die damals eisfreie Region Mitteleuropas während der Kaltzeiten, zuletzt für die Würm-Kaltzeit, eine Kältetundra (FRENZEL 1967).

Zu den Ursachen des Quartären Kalt-Warmzeit-Zyklus hat es in der Klimatologie eine ganze Reihe von Hypothesen gegeben. Heute besteht überwiegend die Ansicht, dass es, ähnlich wie bei den Eiszeitaltern, eine primäre Ursache gibt, die Vorgänge im Einzelnen aber durch weitere Mechanismen und Rückkopplungen modifiziert werden. Als primäre Ursache gelten, neben den Randbedingungen eines Eiszeitalters, die langfristigen Variationen der **terrestrischen Orbitalparameter** (Umlauf der Erde um die Sonne, vgl. dazu auch Abb. 29), und zwar:

- Variation der Exzentrizität der Erdumlaufbahn (zwischen e = 0.0005 und 0.0607, heute e = 0.0167 und abnehmend; dabei ist

$$e = \sqrt{a^2 + b^2}\,/a$$

mit a = große, b = kleine Halbachse der Erdumlaufbahn), Periode ca. 95 × 10³ a;

- Variation der Erdachsenneigung gegenüber der Ebene der Erdumlaufbahn (zwischen 22° 2′ und 24° 30′, heute 23° 27′ und ebenfalls abnehmend), Periode ca. 41 × 10³ a;

- Variation des Eintrittsdatums von Perihel und Aphel der Erdumlaufbahn (vgl. Abb. 21) aufgrund der Präzessionsbewegung der Erdachse, Periode ca. 20 × 10³ a.

Dabei beziehen sich die Angaben zu den jeweils variablen Perioden auf das jüngere Quartär (Details dazu s. z.B. BERGER 1984, BERGER und LOUTRE 1997).

Varianzspektren (Kap. 3.3.5) von Paläoklimadaten weisen tatsächlich auf die Existenz solcher Zyklen hin, wobei im jüngeren Quartär der Zyklus von rund 100 × 10³ a dominiert hat. Den physikalischen Hintergrund bilden entsprechende Variationen der solaren Einstrahlung, die zwar im globalen Mittel sehr gering sind (ca. 0.1 % der Solarkonstanten in Verbindung mit der Variation der Exzentrizität), jedoch regional und jahreszeitlich ein Ausmaß bis zu rund 10 % erreichen (insbesondere in Verbindung mit der Variation der Erdachsenneigung, welche die Ausprägung der Jahreszeiten bestimmt; vgl. Kap. 4.1). Auch wenn es sich bei diesem hohen Wert nur um Umverteilungen der solaren Energie handelt, schaukeln sensitive Zonen der Erde in Zusammenhang mit der bereits genannten Eis-Albedo-Rückkopplung diesen (indirekten) solaren Anstoß so auf, dass letztlich der Kalt-Warmzeit-Zyklus der Eiszeitalter zustande kommt. Daneben spielen aber sicherlich auch hier andere Vorgänge wie beispielsweise der Vulkanismus eine bedeutsame Rolle.

Die Orbitalparameter-Hypothese des Quartären Kalt-Warmzeit-Zyklus ist zuerst von dem jugoslawischen Mathematiker MILANKOVIC (1920) veröffentlicht worden, so dass auch von „MILANKOVIC-Zyklen" gesprochen wird. In den Jahrzehnten danach wurde sie mehr und mehr angezweifelt, um in neuerer Zeit – freilich unter erheblicher Modifikation im oben genannten Sinn (kryosphärische Rückkopplungen) – vor allem durch BERGER (1981, 1984; BERGER und LOURTRE 1997a, 1997b) eine Renaissance zu erleben. Die entsprechenden, recht aufwendigen, teils physikalisch orientierten, teils physikalisch-statistischen Modellrechnungen dazu lassen neben Rekonstruktionen auch Vorhersagen zu. Danach ist der Tiefpunkt der nächsten Kaltzeit in rund 60×10^3 a zu erwarten, was, linear interpoliert, einem Trend der globalen Mitteltemperatur von derzeit 0.1 K/10^3 a (oder 0.01 K pro Jahrhundert) entspricht. Gewisse kaltzeitähnliche Klimabedingungen werden, vor diesem Tiefpunkt, aber „schon" in einigen Jahrtausenden erwartet.

Dabei ist zu beachten, dass nach neuen Erkenntnissen, aufgrund der immer besseren zeitlichen Auflösung der Eisbohranalysen, die Kalt-/Warmzeit-Übergänge und somit Erwärmungen wesentlich rascher abgelaufen sind als die Übergänge von den Warm- in die Kaltzeiten. Eine Analyse aus der Antarktis (PETIT et al. 1999), die mit rund 400000 Jahren einen neuen Rekord hinsichtlich zeitlicher Reichweite aufgestellt hat, zeigt das deutlich, vgl. Abb. 136a. Zudem hat die derzeitige Warmzeit – der letzte Übergang, nämlich von der Würm-Kaltzeit in das Holozän (Neo-Warmzeit) hat vor etwa 11000 bis 10000 Jahren stattgefunden, vgl. wiederum Abb. 136a, außerdem Abb. 136b – im Vergleich zu früheren Warmzeiten schon ungewöhnlich lange angedauert.

Die gegenüber früher wesentlich größere zeitliche Auflösung der Temperaturrekonstruktionen hat nicht nur zu einer besseren Erfassung der bereits oben genannten Stadiale und Interstadiale, sondern auch zu einem besseren Verständnis der dabei wirksamen Prozesse geführt (RAHMSTORF 2002). Neuerdings spricht man von **DANSGAARD-OESCHGER-Ereignissen** (D/O-Events; nach dem Schweizer Physiker Hans OESCHGER und dem dänischen Geophysiker-Glaziologen Willi DANS-GAARD, vgl. Literaturverzeichnis), die sich innerhalb einer Kaltzeit in ebenso drastischen wie abrupten Erwärmungen und darauf folgenden Abkühlungen zeigen, wobei Zeitspannen bis hinab zu Jahrzehnten diskutiert werden. Mit Hilfe von Klimamodellsimulationen konnte gezeigt werden, dass wahrscheinlich das ozeanische Zirkulationssystem dafür verantwortlich ist (RAHMSTORF 1996, GANOPOLSKI und RAHMSTORF 2001). Dabei reichte in der letzten Kaltzeit der Golf-/Nordatlantikstrom nur bis ca. 55°/60° Nord (von wo er unter Absinken als Tiefenstrom wieder südwärts verläuft), war instabil und schlug daher in gewissen Zeitabständen in einen Modus um, der dem heutigen Zustand entspricht. Im Gegensatz zu heute, wo dieser Zustand weitgend stabil ist, war er es aber damals (wie vermutlich auch in vorangegangenen Kaltzeiten) nicht und kippte daher in den typischen Kaltzeit-Modus zurück. In der betreffenden Region, nämlich Grönland/ Island/Nordwesteuropa hatte dieses „Klimaflattern" Temperaturfluktuationen in der Größenordnung von ca. 4–6 K zur Folge. Unklar ist dabei allerdings noch der Auslösemechanismus solcher D/O-Events. Möglicherweise ist er in der Sonnenaktivität zu suchen, und zwar in Eigenoszillationen, die – wie bereits erwähnt (Kap. 4.1) – auch in der zeitlichen Größenordnung von etwa 1500–4000 a auftreten (DZHALILOV et al. 2002), was in etwa dem Abstand des Auftretens von D/O-Events entspricht. WEFER und BERGER (2001) vermuten allerdings eher einen ca. 7000-jährigen Zyklus.

Es kann aber noch zu einem wesentlich drastischeren Verhalten der Ozeanzirkulation kommen, nämlich zu einer Art Versiegen („Abreißen") des Golf-/Nordatlantikstroms. Dies ist vermutlich in der sog. **Jüngeren Dryaszeit** JD (früher in

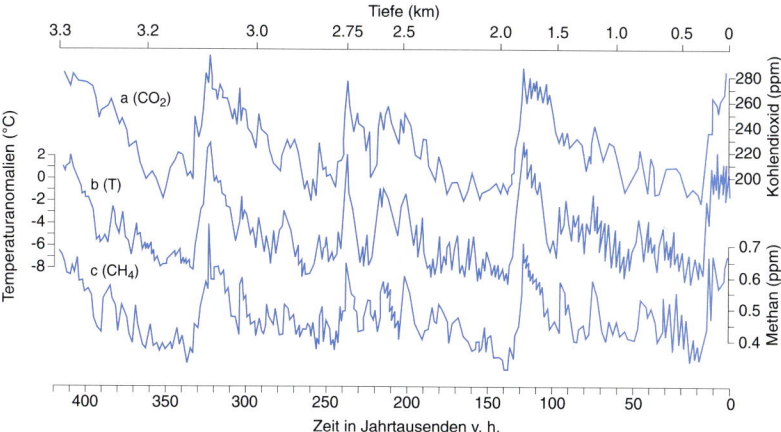

Abb. 136a
Atmosphärische Temperatur- (bodennah, b) sowie CO_2-(a) und CH_4-(c) Konzentrationsvariationen seit 420×10^3 a aufgrund von Eisbohrkern-Rekonstruktionen (Station Vostok, Antarktis; nach Petit et al. 1999, vereinfacht).

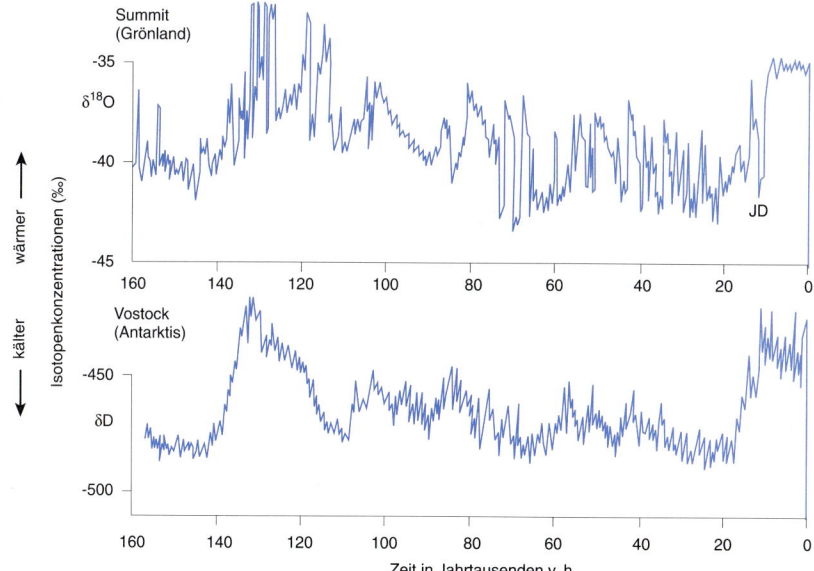

Abb. 136b
Vergleich der Temperaturrekonstruktion (bodennah) seit 160×10^3 a aus Eisbohrungen in Grönland (oben) und der Antarktis (unten), wobei z.B. die Jüngere Dryaszeit (JD) nur nordhemisphärisch stark ausgeprägt ist (nach GRIP 1993, verändert).

der deutschen Literatur auch Jüngere Tundrenzeit genannt) eingetreten. In Abb. 136b, und zwar bei der grönländischen Eisbohrung, ist dies deutlich zu erkennen: In der Zeit ca. 12.7–11.5 × 10^3 a v.h. (zeitliche Einordnung nach HOUGHTON et al. 2001) ist die Temperatur, die fast schon ihr Warmzeitniveau erreicht hatte, wieder voll in den Kaltzeitzustand zurückgesfallen, um dann zum Ende von JD ebenso abrupt und dann endgültig in die derzeitige Warmzeit überzuleiten. Abb. 136b, nämlich der Vergleich Grönland-Antarktis, zeigt zudem, dass JD, zumindest in dieser drastischen Ausprägung, ein nordhemisphärisches Phänomen gewesen ist.

Dagegen ist das auf relativ längeren Zeitskalen, nämlich dem Kommen und Gehen der Kaltzeiten und ihrer Grobstruktur, ablaufende Klimageschehen wohl weitgehend global synchron. Dies betrifft auch die Tatsache, dass parallel dazu auch die **atmosphärische Zusammensetzung** entsprechenden Änderungen unterworfen war, wie in Abb. 136a für Kohlendioxid (CO_2) und Methan (CH_4) gezeigt. Bei diesem Phänomen gibt es Meinungsunterschiede zum Ursache-Wirkung-Ablauf. Die formale Korrelation der Variationen von Temperatur, CO_2- und CH_4-Konzentration (übrigens mit CH_4 i.A. besser als mit CO_2), wie sie bei derartigen Eisbohrkernanalysen auftaucht (HOUGHTON et al. 1996, 2001), darf aber nicht zu spekulativen Fehlinterpretationen verleiten. Wahrscheinlich und primär haben nämlich die Klimavariationen, hervorgerufen durch die oben geschilderten Prozesse, in dieser zeitlichen Größenordnung die CO_2- und CH_4-Variationen gesteuert und nicht umgekehrt, obwohl damit natürlich auch eine gewisse Rückkopplung und somit Wechselwirkung verbunden ist. Ob dabei Phasenunterschiede (zwischen Temperatur und CO_2 bzw. CH_4) bestehen, ist noch ungeklärt. Einzelheiten dazu sind im Übrigen noch in Zusammenhang mit Kohlenstoff-Fluss-Betrachtungen und -modellen zu klären (folgt in Kap. 12.3; dort wird auch diskutiert, ob ähnliche Vorgänge wie D/O-Events oder gar JD auch für unser heutiges Klima von Bedeutung sein könnten).

Ein weiteres Phänomen der letzten Kaltzeit sind die sog. HEINRICH-**Ereignisse**, die sich in den sog. HEINRICH-Lagen (-Schichten) abbilden, nämlich Gesteinsmehl (Diamikrit), wie man es von Gletschern kennt, abgelagert in den Sedimenten des Nordatlantiks (WEFER und BERGER 2001). Dieses Phänomen ist zuerst von HEINRICH (1988) beschrieben und daher nach ihm benannt worden. Es muss sich dabei um das Kalben, also Ablösen riesiger Eisberge vom nordamerikanisch-grönländischen Eisschild gehandelt haben, die im Nordatlantik aufgetaut und dabei ihre Gesteinsmehlfracht dort deponiert haben. Ein Zusammenhang mit den D/O-Events (Dandgaard-Oeschger-Ereignissen, s. oben) gilt als wahrscheinlich, so dass die Heinrich-Ereignisse wohl ein Begleitphänomen der Erwärmungsphase der D/O-Events sind. Allerdings kann auch starker Niederschlag und damit verknüpfte hohe Eisakkumulation zu starker Fließgeschwindigkeit und daher verstärktem Kalben von Eisbergen führen.

Innerhalb der letzten Kaltzeit und innerhalb des Kalt-Warmzeit-Zyklus sind sicherlich auch Variationen des Niederschlages und anderer Klimaelemente aufgetreten. Paläoklimatologische Indizien, die es neben der Temperatur am ehesten noch für den Niederschlag gibt, sind dafür aber viel unsicherer und weitaus schwieriger zu erfassen und zu interpretieren als bei der Temperatur. Das hängt u.a. mit dem komplizierten Verhalten und der viel größeren räumlichen Variabilität des Niederschlags zusammen. So reagiert der Niederschlag auf externe Steuerungen des Klimasystems (Kap. 2.3) stets über den Umweg der atmosphärischen Zirkulation, erzeugt bei großräumig zusammenhängenden Temperaturänderungen regional teils Zu- und teils Abnahmen der Niederschlagsrate (meridionale Verlagerungen von Zirkulationsgürteln, Kap. 5) und ist selbst heute, bei in manchen Regionen wie Mitteleuropa sehr zahlreichen und vergleichsweise modernen Messstellen nur sehr unzulänglich in seiner ganzen räumlichen und zeitlichen Variabilität erfassbar.

Zudem ist die Korrelation mit der Temperatur – in großen und kleinen Zeitskalen – nur mäßig oder gar nicht ausgeprägt. So verwenden einige Klimatologen in Analogie zu Glazial (Kaltzeit) bzw. Interglazial (Warmzeit) die Begriffe **Pluvial** (regenreiche Zeit) und **Interpluvial** (regenarme Zeit). Ein Beispiel dafür sind die Indizien für eine zehn- bis 20fach größere Ausdehnung des Tschadsees (Afrika, Nähe Sahelzone) gegenüber heute vor ca. $30–22 \times 10^3$ a, also relativ kurz vor dem letzten Tiefpunkt der Würm-Kaltzeit. Somit kann damals in dieser Region ein „Pluvial" eingetreten sein; ob dies aber auch für andere Regionen oder gar generell galt, ist zweifelhaft.

Innerhalb der **Neo-Warmzeit (Holozän)**, vgl. wiederum Abb. 134 (nun zweites Teilbild von unten), waren die Temperaturvariationen längst nicht mehr so groß wie innerhalb des Quartären Kalt-Warmzeit-Zyklus bzw. der letzten Kaltzeit, dürfen aber trotzdem nicht unterbewertet werden, unter anderem deswegen, weil es sich in Abb. 134 um nordhemisphärische Mittelwerte handelt. Regional, erst recht regional-jahreszeitlich, ist sicherlich mit größeren Variationsbreiten zu rechnen. Um den Überblick aber nicht zu verlieren, bleiben wir zunächst noch bei den lediglich nordhemisphärisch zusammenfassenden Temperaturbetrachtungen. Dabei zeigt sich für die letzten 10×10^3 a eine in dieser zeitlichen Größenordnung kaum mehr erkennbare langfristige (supraskalige) Variation mit einem Temperaturanstieg bis etwa $7–4 \times 10^3$ a v.h., dem **Holozänen Klimaoptimum** (Altithermum). In dieser Zeit scheint ein weiteres, sehr ausgeprägtes „Pluvial" eingetreten zu sein, das mit biblischen Berichten über die Sintflut in Zusammenhang gebracht wird; denn für die Zeit vor ca. $5–6 \times 10^3$ a, ist das Phänomen der „grünen Sahara" bekannt, und zwar sowohl in paläoklimatologischen Rekonstruktionen (FRENZEL et al. 1992), vgl. dazu auch Tab. 21, als auch Klimamodellrechnungen für jene Zeit (CLAUSSEN et al. 1999). Diese Modellrechnungen weisen zudem auf eine damalige Bifurkation der Klimazustand-Entwicklung hin: Das Klima konnte sich damals sozusagen für die „grüne" oder „Wüsten-Sahara" entscheiden und entschied sich, im Gegensatz zu heute, für den ersteren Klimazustand.

Zwar ist in Abb. 134 (zweites Teilbild von unten), nach dem Holozänen Klimaoptimum, auch der schon erwähnte Abkühlungstrend erkennbar, der uns in die kommende Kaltzeit hineinführen wird. Dominant aber sind in dieser Zeitskala Fluktuationen um diese ultralangen Trends herum, mit einer (nordhemisphärisch gemittelten) Amplitude von ca. 1–1.5 K, die das Altithermum in mindestens zwei Höhepunkte (ca. 7 und 4.5 × 10^3 a v.h.) unterteilt und die schemenhaft seit ca. 5 × 10^3 a, mit höherer Informationsdichte seit ca. 1–2 × 10^3 a, mit historischen Ereignissen und somit auch Auswirkungen dieser Klimavariationen in Zusammenhang gebracht werden können.

In dieser – paläoklimatologisch gesehen – jüngsten Zeit, nämlich den letzten beiden Jahrtausenden, ist mit gewissen regionalen Unterschieden in zwei Höhepunkten, nämlich ca. 800–900 und ca. 1100–1300 n.Chr. (LAMB 1972, 1977), in Mitteleuropa nach GLASER (2001) Höhepunkt um 1300, ein relativ warmer Klimazustand belegt, das sog. „Mittelalterliche Klimaoptimum". Darauf folgte nach einer Übergangsphase ca. 1300–1500, die von LAMB (1972, 1977) „Klimawende" genannt wird, die sog. „Kleine Eiszeit", bevor ab etwa 1850, dem Industriezeitalter, eine markante globale Erwärmung einsetzte, die im folgenden Kapitel (11.4) näher beleuchtet wird. Die Ursachen für die Klimaänderungen in dieser Zeit werden überwiegend in der Sonnenaktivität und im Vulkanismus, zudem – zum Teil damit verknüpft – in Besonderheiten der ozeanischen und atmosphärischen Zirkulation gesehen. Spätestens im Industriezeitalter kommt freilich auch der Mensch als zusätzlicher Klimafaktor in Frage, was in Kap. 12 eingehend diskutiert werden wird.

Während des „**Mittelalterlichen Klimaoptimums**" war im nordhemisphärischen Mittel, vgl. wiederum Tab. 21, die Temperatur vermutlich um etwa 0,5 K höher als in der letzten CLINO-Periode (1961–1990; vgl. Kap. 2.7 und 11.1), in Deutschland um etwa 1 K und in Südengland um ca. 1–2 K. Dies ermöglichte dort verbreiteten Weinanbau und eine um mehrere Wochen verlängerte Vegetationszeit. Nordwest-, Nord- und wohl auch Mitteleuropa waren in dieser Zeit daher vom Klima begünstigt, was die Bezeichnung „Optimum" verständlich macht. Diese Bezeichnung ist aber dadurch zu relativieren, dass sich gleichzeitig in anderen Bereichen wahrscheinlich ungünstige Klimabedingungen eingestellt haben, so möglicherweise verringerte Niederschlagsraten im Mittelmeergebiet (während der Niederschlag in Mitteleuropa damals nicht wesentlich unterschiedlich gegenüber dem heutigen war; GLASER 2001). Gesicherte Erkenntnisse darüber gibt es zwar nicht, aber es ist auffällig, dass gerade im Mittelalter die kulturellen Aktivitäten von den Mittelmeerländern (Ägyptisches, Griechisches und zuletzt Römisches Reich) auf Mittel- und Nordwesteuropa übergegangen waren, sich in der Mittelmeerregion somit möglicherweise ein ungünstigeres, weil trockeneres Klima einstellte.

Ein weiteres Charakteristikum des späteren „Mittelalterlichen Klimaoptimums", zum Teil auch der darauf folgenden „Klimawende", das eigentlich nicht als „optimal" bezeichnet werden kann, waren gehäufte und offenbar katastrophale Sturmfluten, die historisch an den Küsten Englands, Deutschlands und der Niederlande belegt sind und dort beispielsweise im Jahr 1099 ca. 100000 Tote bei

Sturmfluten in England und den Niederlanden gefordert habe sollen, im Jahr 1212 dort sogar ca. 300000 Tote (und das bei der damaligen geringen Bevölkerungsdichte). Um 1218 ist durch diese drastischen Klimabedingungen der Jadebusen und 1287 die Zuydersee entstanden. Und erst 1362 erfolgte dadurch die Abtrennung der zuvor mit dem Festland verbundenen friesischen Inseln (LAMB 1977, QUEDENS 1992 und viele historische Chroniken und Sagen aus Norddeutschland).

Niederschlagsveränderungen in historischer Zeit haben auch in der Zeit vor dem letzten Jahrtausend eine bedeutende Rolle gespielt. Ein wichtiger Hinweis dazu könnte in historischen Berichten liegen, wonach der an die Mittelmeerregion angrenzende nordafrikanische Raum zur Zeit des Römischen Reiches (Römisches Klimaoptimum vor ca. 2×10^3 a), offenbar wesentlich niederschlagsreicher und daher intensiver landwirtschaftlich nutzbar gewesen ist als heute und möglicherweise auch im Vergleich zum „Mittelalterlichen Optimum" (vgl. oben). Das „Pluvial" des Holozänen Klimaoptimums ist oben bereits erwähnt worden. In etwa daran anschließend, nämlich vor ca. 4–4.5 $\times 10^3$ a hat sich in Indien ein Wechsel von einem niederschlagsreichen zu einem sehr trockenen Klima zugetragen, was den Untergang der Rajasthan-Kultur bewirkte. Etwa in der gleichen Zeit schrumpfte der Tschadsee von einer etwa fünfmal so großen Ausdehnung gegenüber heute vor ca. 9–5 $\times 10^3$ a auf seine heutige Größe.

Natürlich haben auch klimatologische Temperaturänderungen ihre Auswirkungen auf die Menschheit. So hat die zwischen dem „Optimum der Römerzeit" und dem „Mittelalterlichen Klimaoptimum" liegende kältere Epoche möglicherweise oder sogar wahrscheinlich zur Germanischen Völkerwanderung (375–586 n.Chr.; grob gesehen von Nordost nach Südwest) und somit zum Untergang des Weströmischen Reiches (410 n.Chr.) beigetragen. Das Mittelalterliche Optimum ist auch wegen der Besiedlung Grönlands (was Grünland bedeutet!) durch die Normannen ab 874 n.Chr. (DANSGAARD 1975) sowie deren Entdeckung Nordamerikas auf dem nördlichen Seeweg bemerkenswert.

Wie bereits erwähnt, folgte etwa zwischen ca. 1300 und 1500 n.Chr. die „Klimawende" und somit der Übergang zur ebenfalls schon genannten **„Kleinen Eiszeit"**, die vermutlich schon um 1300–1400 n.Chr. in Europa ihren ersten Tiefpunkt erreichte, danach – ebenfalls in Europa und klimahistorisch besser belegt – noch um 1600 und ca. 1850–1880 n.Chr., während es beispielsweise um ca. 1700–1750 n.Chr. in Europa relativ warm war. Im nordhemisphärischen Mittel, vgl. Abb. 137, ist vom „Mittelalterlichen Klimaoptimum" nach neuesten Rekonstruktionen (MANN et al. 1999) erstaunlich wenig zu sehen und die Tiefpunkte der „Kleinen Eiszeit" erscheinen um 1450, 1600, 1700 und zeitlich relativ weit ausgedehnt ca. 1800–1900.

Die „Klimawende" zur „Kleinen Eiszeit" bedeutete für Mittel- und insbesondere das nördliche Europa – trotz scheinbar geringem Temperaturabfall (vgl. wiederum Tab. 21) – eine drastische Klimaverschlechterung, verbunden mit Missernten und Hungersnöten. Zwischen 1300 und 1327 n.Chr. nahm die Bevölke-

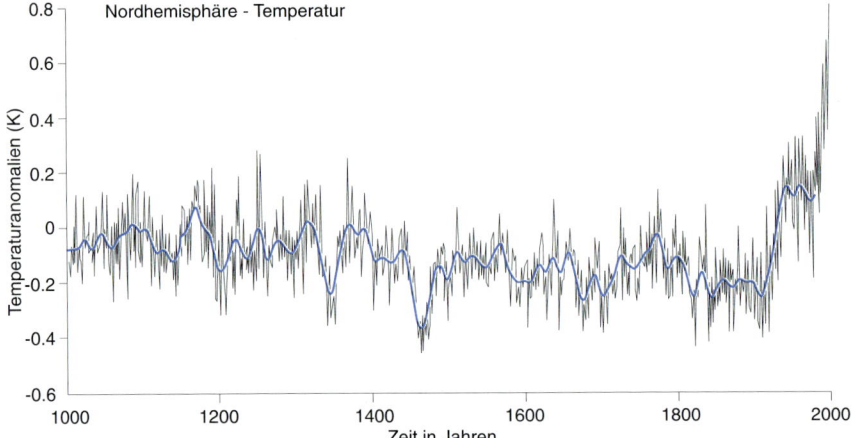

Abb. 137

Jahresanomalien 1000–1980 der nordhemisphärisch gemittelten bodennahen Lufttemperatur aufgrund mehrerer paläoklimatologischer Informationsquellen (sog. Multi-Proxy-Rekonstruktion; nach Mann *et al., 1999), schwarze Kurve, 30-jährige Glättung, blaue Kurve, und Vergleich mit entsprechenden Jahresanomalien 1856–1998, die auf direkten Messungen beruhen, schwarze Kurve ab 1856 (Kombination nach IPCC,* Houghton *et al., 2001, verändert).*

rung Englands um ein Drittel ab, was nach Lamb (1977) weniger der damals wütenden Pest als vielmehr der Klimaverschlechterung zuzuschreiben ist. Die großen Entdeckungsfahrten, die 1492 in der Wiederentdeckung Amerikas gipfelten, werden teilweise ebenfalls mit der Klimawende in Zusammenhang gebracht.

Noch mehr historische Quellen gibt es für die mittlere und spätere „Kleine Eiszeit" (vgl. auch Kap. 11.2). Dazu zählen schlechte Weinqualitäten in Deutschland und, ausgehend von England, der Rückzug des Weinbaus ca. 500 km nach Süden, hohe Preise, im Kulturbereich auftauchende Wintergemälde (z.B. von Pieter Breughel) sowie Winter-Volkslieder usw., neben den schon genannten sozioökonomischen Folgen eine wahre Fundgrube für die Klimawirkungsforschung. In der Spätphase dieser kalten Klimaepoche, nämlich ab 1659 in England (Kap. 11.2), in größerem Ausmaß ab 1780/81 (Kap. 11.2), global ab 1850/60 beginnt dann die Neoklimatologie, die sich auf direkt gewonnene Klimadaten abstützen kann und der das folgende Teilkapitel gewidmet ist.

Bevor wir uns dieser neuesten Klimageschichte zuwenden, soll noch eine klimatologische Standortbestimmung einschließlich einer **zusammenfassenden Charakterisierung der Klimazustände** „Gegenwärtig" im Vergleich mit der Vergangenheit erfolgen; vgl. dazu nochmals Tab. 21 und Abb. 134, außerdem Abb. 138. Offenbar leben wir derzeit in einer Warmzeit (Neo-Warmzeit = Holozän = Postglazial) des Quartären Eiszeitalters. Die Klimabedingungen sind so, wie in Kap. 8 beschrieben; bei genauerer Festlegung beziehen wir uns auf die Statistik

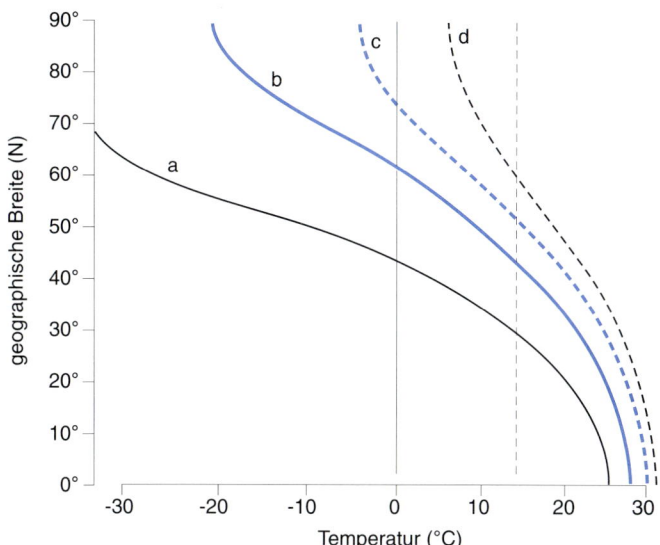

Abb. 138
Meridionale Temperaturprofile, Nordhemisphäre, für folgende Klimazustände: a) Kaltzeit, z.B. Würm-Kalt-zeit ca. 18 × 10³ a v.h., b) „derzeitiges" Klima, c) Warmzeit mit etwas höherem Temperaturniveau als der-zeit, z.B. Eem-Warmzeit ca. 125 × 10³ a v.h., und d) akryogenes Warmklima, z.B. Kreide-Zeit, ca. 100 × 10⁶ a v.h. (nach EISSMANN und HÄNSEL, 1991, verändert).

der letzten CLINO-Periode, nämlich 1961–1990. Der mittlere meridionale Tempe-raturgradient entspricht der Kurve „b" in Abb. 138, bei einer global gemittelten bodennahen Lufttemperatur von rund 15 °C. Im Vergleich zur geologischen Ver-gangenheit unterscheiden sich die Klimazustände der „Kleinen Eiszeit" und des „Mittelalterlichen Optimums" nicht besonders stark vom „derzeitigen" Klima; trotzdem dürfen, wie oben erörtert, die Folgen nicht unterschätzt werden.

In der letzten Kaltzeit (Glazial, „Eiszeit"), der Würm-Kaltzeit (letzter Tiefpunkt ca. 18 × 10³ a v.h., lag das nordhemisphärisch (und vermutlich auch global) ge-mittelte Temperaturniveau (immer bodennah) um etwa 4–5 K unter dem „heuti-gen", mit entsprechend drastischen Auswirkungen. Dabei waren jedoch in den Tropen, vgl. Abb. 138, Kurve „a", die Unterschiede relativ am geringsten, in mitt-leren Breiten bedeutend größer und maximal im polaren und subpolaren Bereich (vermutlich vor allem hinsichtlich der Nordhemisphäre). Diese Aussage gilt gene-rell für alle Klimazustände, somit auch für die Eem-Warmzeit (Höhepunkt vor ca. 125 × 10³ a v.h.), vgl. Kurve „c" in Abb. 138, mit einem nordhemisphärisch ge-mittelten Temperaturniveau um 1–2 K höher als heute, und das extreme akryo-gene (eisfreie) Warmklima der Kreidezeit mit, wiederum nordhemisphärisch ge-mittelt, einem um fast 10 K höheren Temperaturniveau. Man erkennt somit deutlich, dass mit abnehmender (bodennaher) hemisphärisch bzw. global gemit-telter Lufttemperatur der meridionale Gradient größer wird, was sicherlich zum überwiegenden Teil der Eis-Albedo-Rückkopplung in den polaren bis mittleren geographischen Breiten zuzuschreiben ist.

In vorsichtiger Analogie darf man dieses Charakteristikum auch für kürzerfristige Klimaänderungen historischer bzw. neoklimatologischer Zeit annehmen. Die Konsequenz müsste eine mit der Erdmitteltemperatur negativ korrelierte zonale Zirkulationsintensität (Zonalindex) der gemäßigten Breiten sein, die vom Temperaturgegensatz Äquator-Pol angetrieben wird. Außerdem ist zu erwarten, und zum Teil auch paläoklimatologisch belegt, dass sich bei globaler Abkühlung die Regime der atmosphärischen Zirkulation vom Pol aus äquatorwärts verschieben, somit die HADLEY-Zelle (vgl. Abb. 63 und 64) geschrumpft sein sollte, bei Erwärmung entsprechend umgekehrt, d.h. polwärtiger Verschiebung, wobei dann z.b. die nordafrikanische Trockenzone gegen das Mittelmeergebiet vorrücken und die HADLEY-Zelle sich intensivieren sollte. Tatsächlich gibt es solche Hinweise, z.b. stark geschrumpften tropischen Regenwalds in der letzten Kaltzeit (MESSERLI 1980) und meridionaler Verschiebungen der Zirkulationsgürtel bei globalen Klimaänderungen (FLOHN 1971). Andererseits gibt es aber auch kompliziertere Reaktionen der atmosphärischen Zirkulation (z.b. Zonalisierung bzw. Meridionalisierung in mittleren Breiten), einschließlich sprunghafter Entwicklungen. Zu einem genaueren Verständnis können nur entsprechende Simulationen der verschiedenen Klimazustände mit Hilfe gekoppelter atmosphärisch-ozeanischer Zirkulationsmodelle (AOGCM, vgl. Kap. 9.5), ggf. auch vereinfachter konzeptioneller Modelle, sowie der darauf reagierenden potentiellen natürlichen Vegetation (Impaktmodelle, vgl. Kap. 10) führen, selbstverständlich begleitet von Verifikationsstudien anhand der paläo- bzw. neoklimatologisch rekonstruierten Klimazustände der Vergangenheit.

11.4 Neoklima

Den Übergang vom Paläo- bzw. historischen zum Neoklima repräsentiert die Zeit, aus der sehr viele und vergleichsweise genaue direkte Messungen der Klimaelemente vorliegen. Klimageschichtlich gesehen handelt es sich um die **letzte Phase der „Kleinen Eiszeit"** und die sich daran anschließende Phase der **„globalen Erwärmung"** („global warming"), obwohl dieser Begriff im weiteren zu relativieren ist. Doch fällt beim Rückgriff auf die paläoklimatologisch rekonstruierten Daten der nordhemisphärischen Mitteltemperatur (vgl. Abb. 137) auf, dass das Ausmaß dieser „globalen Erwärmung" seit, zunächst grob gesehen, ca. 1850, somit im Industriezeitalter, als äußerst bemerkenswert angesehen werden muss, weil es in den 800–900 Jahren davor ohne Beispiel und zumindest nordhemisphärisch das Jahr 1998 das wärmste der letzten 1000 Jahre gewesen ist (Stand Mitte 2002).

In Abb. 139 sind nun, im **globalen Mittel** und einschließlich der ozeanischen Gebiete, die relativen Jahr-zu-Jahr (interannuären) – Variationen (Anomalien gegenüber dem Referenzintervall 1961–1990) der **bodennahen Lufttemperatur** 1856–2000 zu sehen, einschließlich 10-jährig tiefpassgefilterter (geglätteter) Da-

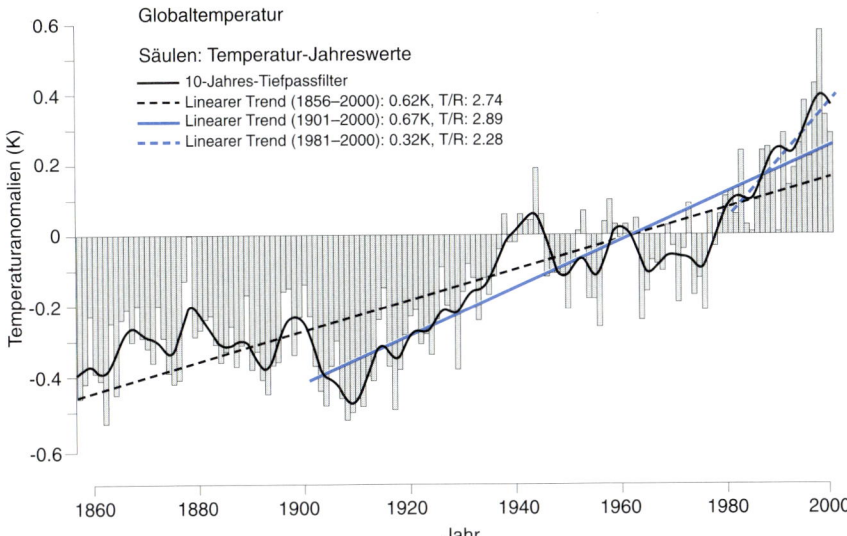

Abb. 139
Jahresanomalien 1856–2000 (Abweichungen von der Referenzperiode 1961–1990) der global gemittelten bodennahen Lufttemperatur aufgrund direkter Messungen (Landgebiete und Ozeane), Säulen, 10-jährig geglättete Daten, dicke Kurven, und lineare Trends für die angegebenen Zeitintervalle (T/R ist das Trend-/Rauschverhältnis, vgl. Text; Datenquelle: JONES et al., 1999, bzw. IPCC, HOUGHTON et al., 2001, ergänzt und verändert).

ten und relativ langfristiger linearer Trends. Die Unschärfe dieser Daten (und zwar der Jahresmittelwerte) wird von den Autoren (JONES et al. 1999, HOUGHTON et al. 2001) mit ±0.05 K angegeben (global gemittelte Schätzwerte sind somit sehr viel genauer als entsprechende regional aufgelöste Werte). Das bisherige Rekordjahr 1998 fällt nun noch deutlicher auf. Der Erwärmungstrend entpuppt sich, ebenfalls deutlicher als in Abb. 138, als sozusagen zweigeteilt: ca. 1910–1945 und seit ca. 1980. Damit sind die (linearen) Trendwerte je nach zugrundeliegendem Zeitintervall unterschiedlich, vgl. weiterhin Abb. 139: 1856–2000 rund 0.6 K, 1901–2000 rund 0.7 K (entsprechend 0.07 K/10 a) und 1981–2000 rund 0.3 K (entsprechend 0.15 K/10 a), was eine erhebliche **Trendverstärkung in den letzten Jahrzehnten** bedeutet.

Abb. 140 erlaubt einen Blick auf die **hemisphärischen Unterschiede** (in Form der geglätteten Daten; die ungeglätteten Daten zeigen, dass die interannuäre Varianz der nordhemisphärischen Daten erwartungsgemäß deutlich größer als die der – ozeanisch stärker beeinflussten – südhemisphärischen ist). Dabei stellt sich heraus, dass nordhemisphärisch in der Zeit ca. 1940–1965 ein relatives Maximum eingetreten ist (aufgrund der überlagerten Fluktuationen zweigeteilt um 1945 und 1960), dementsprechend auch eine deutliche Abkühlung von etwa 1945 bis 1975, während die südhemisphärische Temperatur, zwar auch unter

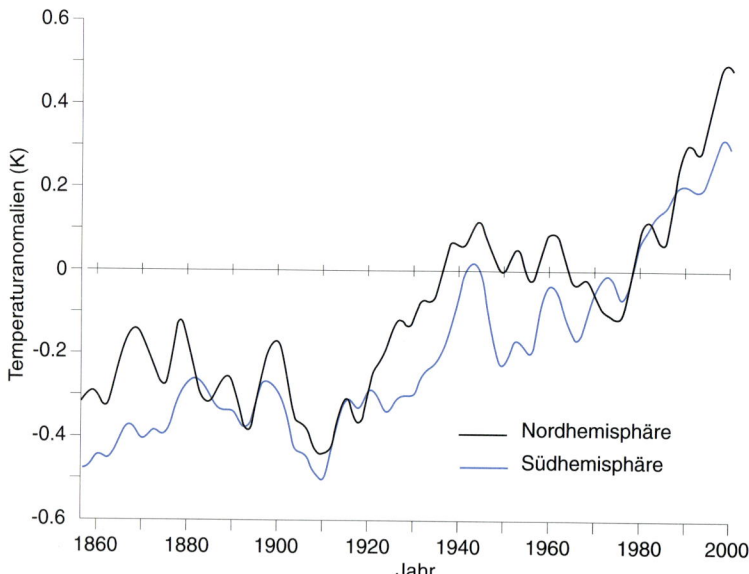

Abb. 140
Vergleich der 10-jährig geglätteten Anomalien 1856–2000 (Abweichungen von der Referenzperiode 1961–1990) der nord- (schwarz) bzw. südhemisphärisch (blau) gemittelten bodennahen Lufttemperatur (errechnet aufgrund der Datenquelle Jones *et al., 1999, ergänzt).*

überlagerten Fluktuationen, aber doch wesentlich systematischer seit ca. 1910 angestiegen ist. Die Zeit um 1940–1965 ist früher als *„Modernes Optimum"* bezeichnet worden; bei Einbezug der Südhemisphäre und dementsprechend globaler Betrachtung bis in die jüngste Zeit muss dieser Begriff jedoch fallengelassen werden.

Führt man nun **regional und jahreszeitlich aufgelöste Trendanalysen** durch, so ergibt sich ein überaus kompliziertes Bild, das nicht nur von Jahreszeit zu Jahreszeit, sondern auch von Subzeitintervall zu Subzeitintervall variiert. Sogar im Jahresmittel des relativ langen Zeitintervalls 1891–1990, s. Abb. 141, tauchen dann **neben Erwärmungen** (maximal mit Werten über 1.5 K im Bereich Kanada, Südwestgrönland, Teilbereiche des nördlichen innerasiatischen Kontinents, Teilbereich um 40°–50°S) **auch Abkühlungsregionen** (bis zu ca. −0.5 K) auf, beispielsweise im nordatlantischen und innertropisch-westlichen Afrika. „Globale Erwärmung" geht daher mit regional begrenzten Abkühlungen Hand in Hand; zur komplizierten zeitlichen Struktur der neoklimatologischen Klimavariationen (die paläoklimatologischen sind es sicherlich nicht minder, die Informationsbasis ist dort aber weniger tragfähig) tritt somit noch eine komplizierte räumliche Struktur.

Dies soll nun für die Region **Europa** näher illustriert werden, wo es säkulare Klimazeitreihen von relativ vielen Messstationen gibt. Daher ist dort eine relativ

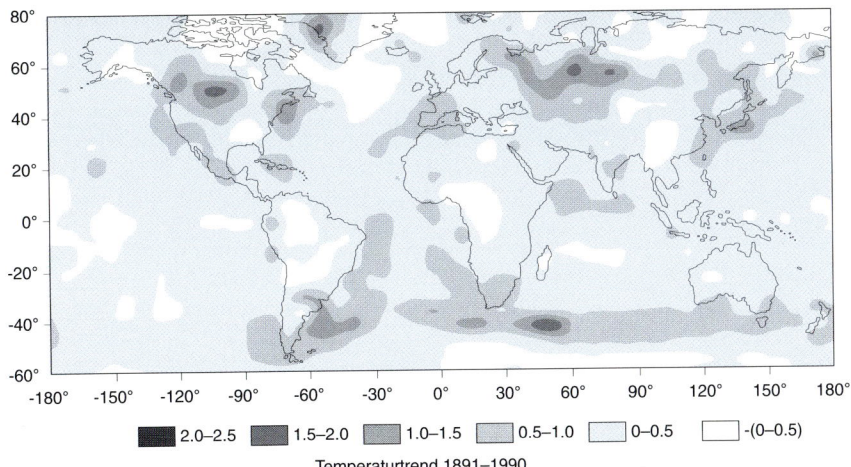

Abb. 141

Lineare Trends 1891–1990 in K der bodennahen Lufttemperatur (errechnet aufgrund der Datenquelle Jo-
nes et al., 1999, ergänzt, vorliegend in 5° mal 5°-Gitter-Auflösung, Ordinary-Kriging-Interpolation). Die
weiß angelegten Flächen bedeuten Abkühlung (maximal 0–0.5 K), die maximalen Erwärmungen erreichen
2.0–2.5 K.

weitgehende räumliche Auflösung **regional differenzierender Feldanalysen**
möglich. Für das Zeitintervall 1891–1990, vgl. Abb. 142, zeigt sich bei einer 3° mal
3°-Gitterpunktauflösung der Analyse (Schönwiese und Rapp 1997) im Winter
(Abb. 141) die stärkste Erwärmung mit bis über 2 K in Osteuropa, in Nordskandinavien jedoch eine Abkühlung (mit bis 1 K). Im Sommer fallen diese Trends
deutlich geringer aus; eine Abkühlungsregion, nunmehr im Südosten und mit
größerem Flächenanteil als im Winter, ist aber wiederum zu erkennen (weitere
Details siehe Schönwiese und Rapp 1997, Schönwiese 2002, für Deutschland Rapp
und Schönwiese 1996, Rapp 2000).

    Deutschland, das in Abb. 142 (und 141) jeweils im Bereich von Erwär-
mungstrends liegt, soll nun noch eingehender betrachtet werden. Zu diesem
Zweck sind in Abb. 143–145 ab 1761 (nach Rapp 2000) die Jahres-, Winter- und
Sommermittelwerte in ihren interannuären Variationen sowie 20-jähriger Tiefpassfilterung zu sehen. Zunächst erkennt man, dass in Deutschland das Jahr 2000
das bisher wärmste (seit 1761) gewesen ist und das beim Globalmittel besonders
hervortretende Jahr 1998 in Deutschland eher relativ kühl war. Tatsächlich beträgt der Korrelationskoeffizient 1891–1990 der beiden in Abb. 139 und 143 dargestellten Zeitreihen nur 0.44 (entsprechend 19 % gemeinsamer Varianz), was
wiederum die **regionalen Besonderheiten der Klimaänderungen** unter-
streicht. Ab ca. 1890 ist aber auch in Deutschland ein Erwärmungstrend erkennbar, der mit 0.9 K (1891–2000) sogar noch etwas höher als im globalen Mittel ist;
der Abkühlungstrend 1761–1890 von –0.2 K ist statistisch nicht signifikant (an

einigen Stationen im Süden von Deutschland aber wesentlich ausgeprägter, z.B. an der Station Hohenpeißenberg; auf solche Einzelbetrachtungen soll aber hier aus Gründen der Übersichtlichkeit verzichtet werden).

Im Winter (Abb. 144) ist die interannuäre Varianz erwartungsgemäß viel größer als im Sommer (Abb. 145). Dabei fallen einige **extrem kalte Winter** auf: u.a. 1830 (jeweils Januar und Februar des betreffenden Jahres und Dezember des Vorjahres), 1929, 1940, 1942, 1947 und 1963. Obwohl 1970, 1985 und 1996 auch

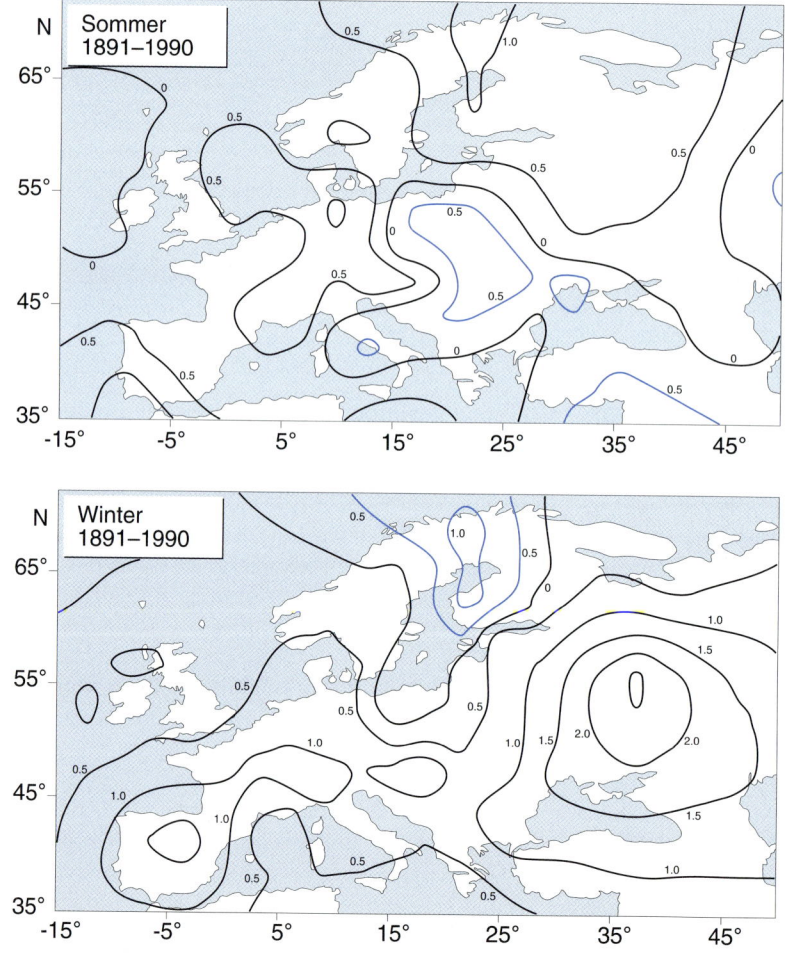

Abb. 142

Lineare Trends 1891–1990 in K der bodennahen Lufttemperatur in Europa (Auflösung 3° mal 3°-Gitter), Sommer, oben, und Winter, unten; blaue Isolinien bedeuten Abkühlung (nach SCHÖNWIESE und RAPP, 1997).

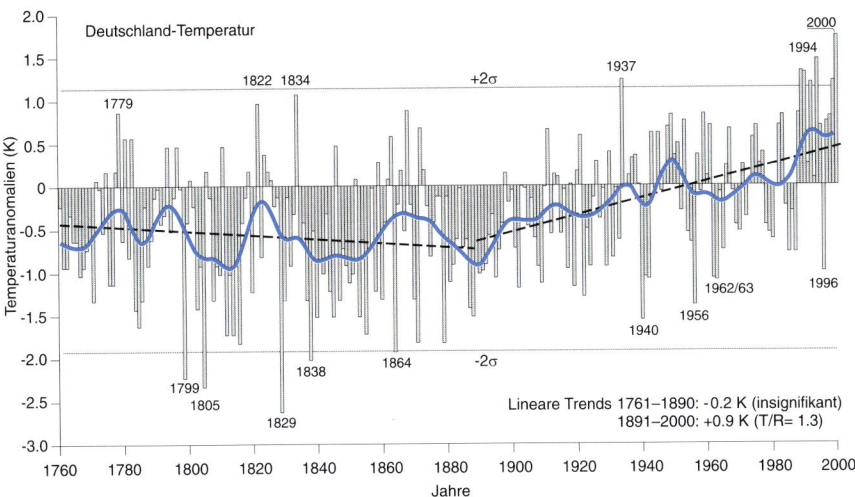

Abb. 143
Jahresanomalien 1761–2000 (Abweichungen von der Referenzperiode 1961–1990, Mittelwert 8.3 °C) der bodennahen Lufttemperatur, Flächenmittel Deutschland, Säulen, 20-jährig geglättete Daten, Kurve, und lineare Trends 1761–1890 (–0.2 K) sowie 1891–2000 (+0.9 K), gestrichelt (vgl. Tab. 23); 2σ ist der Bereich der doppelten Standardabweichung (nach R<small>APP</small>, *2000, ergänzt nach* D<small>EUTSCHER</small> W<small>ETTERDIENST</small>, *INTERNET, KLIS).*

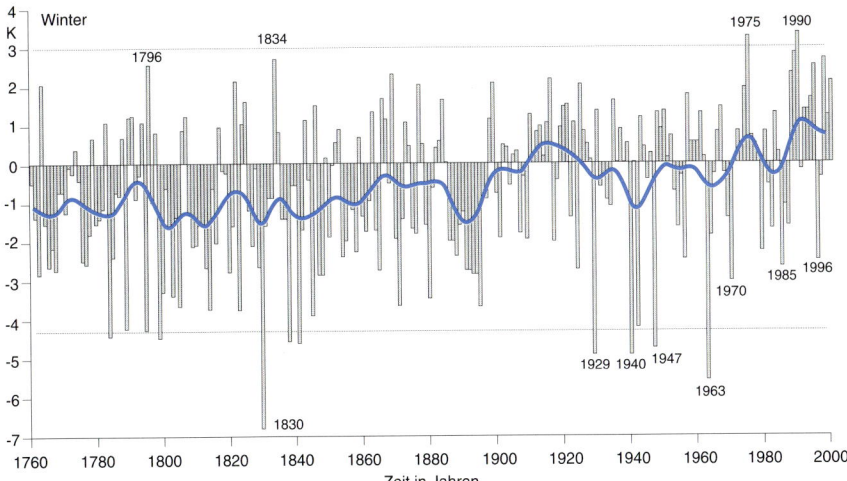

Abb. 144
Ähnlich Abb. 143, jedoch Winter (DJF).

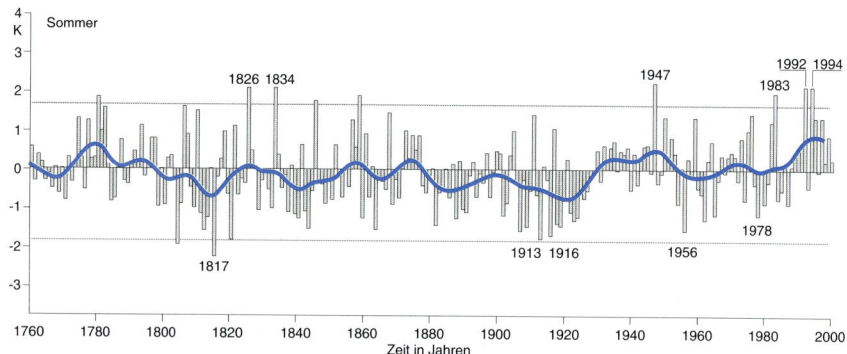

Abb. 145
Ähnlich Abb. 143, jedoch Sommer (JJA).

noch relativ kalte Winter aufgetreten sind, überwiegt in den letzten drei Jahrzehnten doch eher die **Häufung milder Winter**, insbesondere 1975, 1988–1990, 1995 und 1998. Der winterliche (lineare) Erwärmungstrend (in Abb. 144 nicht eingetragen), vgl. dazu Tab. 23, fällt im Vergleich mit den anderen Jahreszeiten (allesamt Erwärmung) für das Zeitintervall 1891–1990 mit +0.8 °C nicht besonders aus dem Rahmen (die in diesem Zeitintervall besonders starke herbstliche Er-

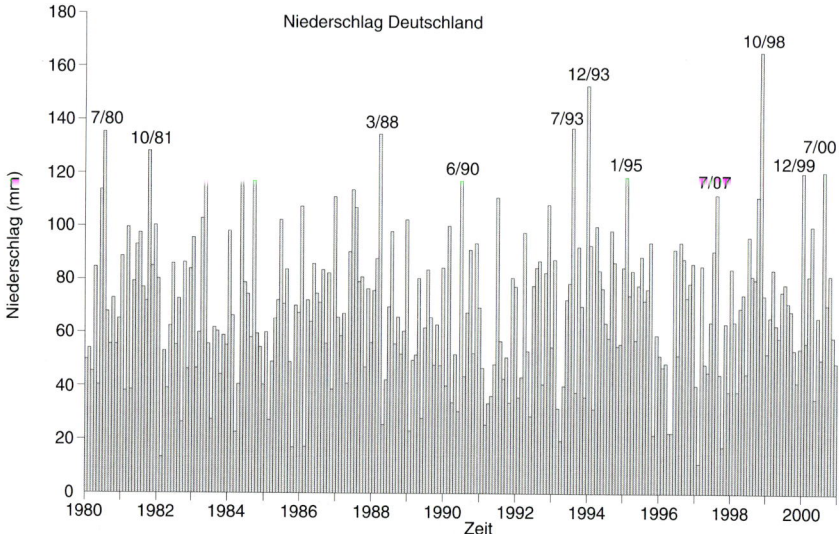

Abb. 146
Monatssummen 1981–2000 des Niederschlages, Flächenmittel Deutschland (nach Deutscher Wetterdienst, MÜLLER-WESTERMEIER, 2002, verändert). Ein Trend ist nicht erkennbar, wohl aber das Auftreten einiger extrem hoher Werte (insbesondere innerhalb der Jahre 1980, 1981, 1988, 1993 und 1998).

wärmung ist auf einen „Sprung" in der Zeit ca. 1920–1930 zurückzuführen; Abbildung hier nicht gezeigt, vgl. RAPP 2000), wohl aber in der jüngeren Zeit: 1961–1990 → 1.7 K, 1981–2000 sogar → 2.3 °C Erwärmung. Der Sommer (Abb. 145) zeigt sich vergleichsweise weniger spektakulär, nimmt aber sowohl 1891–1990 als auch 1981–2000 mit jeweils 0.7 K Erwärmung an diesen langfristigen Klimaänderungen teil, wobei 1992 und 1994 (davor 1947, aber auch 1826 und 1834) besonders **warme Sommer** aufgetreten sind. Tab. 23 fasst u.a. diese Temperaturtrends in Deutschland zusammen, wobei in der jüngeren Zeit (1961–1990 bzw. 1981–2000) die starke Erwärmung im Winter (1981–2000 auch im Frühjahr) und praktisch kein Trend im Herbst auffallen.

Trotz der eklatanten Probleme bei der **Niederschlags**messung und Repräsentanz darf dieses wichtige Klimaelement in dieser Übersicht nicht fehlen. Abb. 146 zeigt daher die Zeitreihe der monatlichen Niederschläge seit 1980 und Abb. 147 die Som-

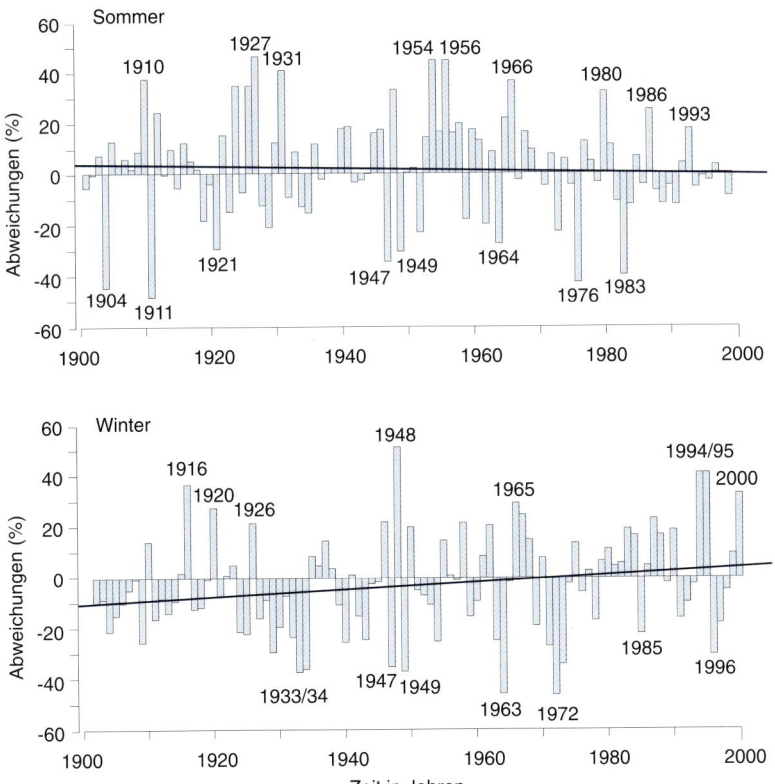

Abb. 147
Relative (bezüglich 1961–1990) prozentuale Anomalien 1902–2000 der Niederschlagssummen, Flächenmittel Deutschland, Sommer (JJA), oben, und Winter (DJF), unten (nach Deutscher Wetterdienst, MÜLLER-WESTERMEIER, 2002, verändert); zu den Trends vgl. Tab. 23.

mer- sowie Winterniederschlagsanomalien seit 1900, alles jeweils für Deutschland (Flächenmittel). Als Beispiel einer stationsbezogenen Zeitreihe sind in Abb. 149 die Jahressummen des Niederschlags seit 1837 für Frankfurt/Main zu sehen.

Bei diesen Zeitreihendarstellungen fallen die starken interannuären Variationen auf, die beispielsweise zu den **winterlichen Rekordniederschlägen** der Winter 1993/94 und 1994/95, verbunden mit extremen **Hochwasserereignissen** (Dezember 1993 und Januar 1995; CASPARY 1996) geführt haben, andererseits die extremen „**Trockensommer**" 1976 und 1983 (in Nordostdeutschland auch 1992 und 1994). Dabei ist 100-jährig für „Gesamtdeutschland" im Winter ein deutlich zunehmender, im Sommer ein gering abnehmender Trend zu sehen (Abb. 147). Trotzdem findet findet KLEEBERG (1996) in Deutschland langfristig keine signifikante Zunahme winterlicher Hochwässer, doch FEZER (2000) für den Neckar vor 1850 mehr Sommer- und danach mehr Winterhochwässer. Sommerhochwässer sind in Deutschland somit auch aus dieser Sicht sehr seltene Ereignisse (z.B. das „Jahrhunderthochwasser" an der Oder im Juli 1997, s. FUCHS und RAPP 1998, das allerdings 2002 noch übertroffen worden ist).

Trends sind jedoch selten zeitlich und räumlich stabil, zudem offenbar auch jahreszeitlich unterschiedlich (RAPP und SCHÖNWIESE 1996, RAPP 2000), so dass anhand von Tab. 23 präzisere Aussagen zu treffen sind. Danach ist 100-jährig besonders die **winterliche Niederschlagszunahme hervorzuheben**, die 1891–1990 bei rund 20 % liegt und in den letzten 30 Jahren (1971–2000) sogar 34 % beträgt. In diesem Fall handelt es sich somit um eine deutliche Trendverstärkung, worauf auch der hohe Wert von 20 % für die 30-jährige Zeitspanne 1961–1990 hinweist. Im **Sommer** ist säkular (wiederum 1891–1990) gar kein signifikanter Trend feststellbar, für 1961–1990 eine gewisse Abnahme (fast 10 %), in den letzten 30 Jahren (1971–2000) aber wieder eine (schwache) Zunahme. Der **Herbst** weist in allen betrachteten Zeitspannen eine nicht unerhebliche Zunahme auf, während im **Frühjahr** das Bild unterschiedlich ist: langfristig eine moderate Zunahme, 1961–1990 Abnahme, aber 1971–2000 wieder Zunahme.

Tab. 23 Übersicht einiger Klimatrends in Deutschland; Quellen: RAPP und SCHÖNWIESE (1996), RAPP (2000), SCHÖNWIESE 2002, ergänzt auf der Datengrundlage Deutscher Wetterdienst, MÜLLER-WESTERMEIER 2002.

Klimaelement	Zeitspanne	Frühling	Sommer	Herbst	Winter	Jahr
Temperatur	1891–1990	+0,6 °C	+0,7 °C	+1,2 °C	+0,8 °C	+0,8 °C
	1961–1990	+0,8 °C	+0,4 °C	0	+1,7 °C	+0,7 °C
	1981–2000	+1,3 °C	+0,7 °C	–0,1 °C	+2,3 °C	+1,1 °C
Niederschlag	1891–1990	+11%	0%	+16%	+19%	+9%
	1961–1990	–9%	–8%	+10%	+20%	+3%
	1971–2000	+13%	+4%	+14%	+34%	+16%

Die starke winterliche Niederschlagszunahme der letzten Jahrzehnte deckt sich nicht nur mit einer ebenfalls starken Temperaturzunahme (vgl. erneut Tab. 23), sondern auch mit einer entsprechenden Zunahme der Häufigkeit und Andauer von Großwetterlagen, die durch Advektion warm-feuchter Luft aus Westen (zonal dominierte Zirkulation) gekennzichnet sind (WERNER et al. 2000; vgl. auch HUPFER und SCHÖNWIESE 1998). Insofern erscheinen diese Befunde auch unter dem Aspekt atmosphärischer Zirkulationsumstellungen plausibel.

Großräumiger, und zwar für **Europa**, zeigt Abb. 148 die recht komplizierten (und wegen Repräsentanzproblemen außerhalb von Mitteleuropa vorsichtig zu interpretierenden) Niederschlag-Trendstrukturen 1961–1990 für den Winter und Sommer. Im Winter bestätigt sich dabei die Niederschlagszunahme in Deutschland (vor allem im Westen und Süden; Details s. RAPP und SCHÖNWIESE 1996), während der **Mittelmeerraum** mit einem zum Teil **drastischen Niederschlagsrückgang** auffällt. Im Sommer sind die Niederschlag-Trendstrukturen etwas ausgegli-

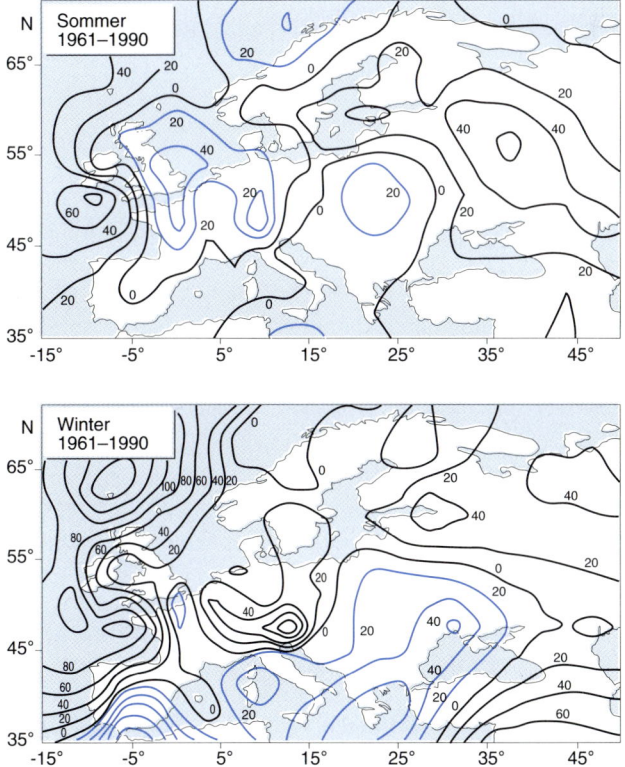

Abb. 148

Lineare Trends 1961–1990 in mm des Niederschlags in Europa, Sommer (JJA); oben, und Winter (DJF), unten; blaue Isolinien bedeuten Abnahme (nach SCHÖNWIESE und RAPP, 1997).

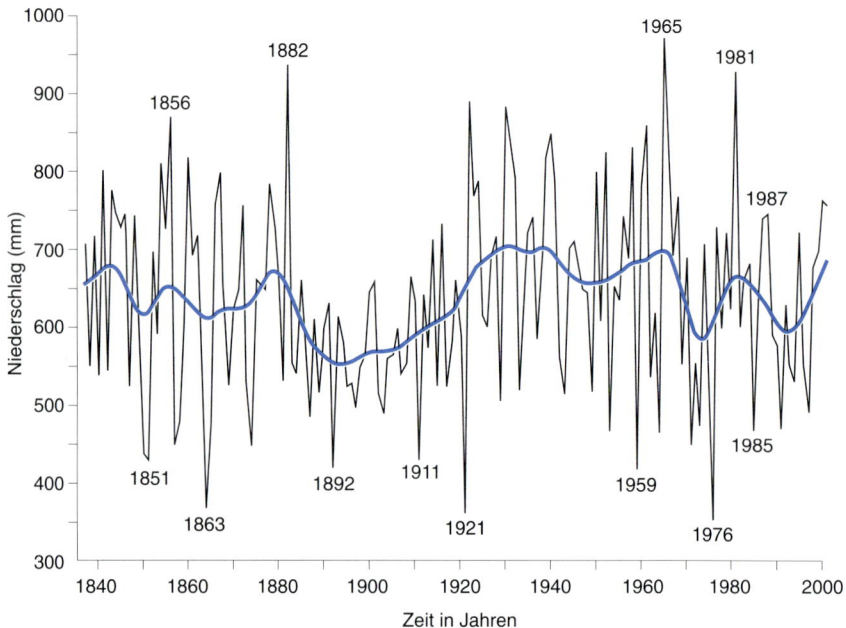

Abb. 149

Niederschlagsjahressummen 1837–2000 in Frankfurt a.M. und 20-jährig geglättete Daten (Datenquellen:
Mollwo, 1958, Berichte des Inst. Meteorol. Geophys. Univ. Frankfurt a.M., ergänzt nach Deutscher Wetter-
dienst, monatl. Witterungsberichte).

chener, mit der Bestätigung einer Abnahme in Deutschland. Nimmt man die anderen Jahreszeiten hinzu (vgl. Schönwiese und Rapp 1997), so zeigt sich in der
Jahressumme 1891–1990 die **stärkste Zunahme** (über 200 mm) **in Südskan-
dinavien**.

Entsprechende Niederschlag-Trendanalysen in „datenärmeren" Regionen oder
gar **global** sind aus den schon wiederholt genannten Gründen weniger zuverläs-
sig, auch wenn beispielsweise Diaz et al. (1989) für die Landgebiete der Nordhemisphäre im Bereich ca. 0°–45°N in den letzten Jahrzehnten einen abnehmenden
und polwärts davon einen zunehmenden Trend des Niederschlags zu erkennen
glaubten. Neuerdings (Houghton et al. 2001) werden für das 20. Jahrhundert in
den Tropen 2–3 % Anstieg, in den Subtropen 2–3 % Abnahme und in den mittleren Breiten 5–10 % Anstieg angegeben, mit dem wichtigen Hinweis, dass dort,
wo über den Landgebieten der Niederschlag zunimmt, dies mit einer **größeren
Häufigkeit von Starkniederschlägen** verbunden ist. Regional differenzierende
Niederschlag-Trendkarten (Houghton et al. 2001) weisen, was **Niederschlagsab-
nahmen** in der Zeit 1900–1999 betrifft, vor allem auf die **Sahel-Region** (Afrika),
größere Bereiche des inneren und südöstlichen **asiatischen Kontinents** (aber
nicht in den Monsunregionen Indiens), Alaska und südliches Chile hin. Außer-

dem gibt es Hinweise auf interdekadische (genauer 1975–1995) **Luftfeuchtezu-nahmen** in vielen Landgebieten der Nordhemisphäre, worauf, mit speziellem Blick auf die Tropen, auch schon FLOHN et al. (1990, 1992) hingewiesen haben. In Zusammenhang mit den erwähnten Starkniederschlägen ist von besonderem Interesse, ob generell **extreme Wetterereignisse** zugenommen haben. Darüber besteht bis jetzt keine völlige Klarheit, auch wenn es beispielsweise den Befund von SCHINKE (1992) gibt, wonach seit ca. 1930 im Bereich Europa/Nordatlantik sowohl die Häufigkeit als auch die Intensität der Winterstürme zugenommen hat. Nach HOUGHTON et al. (2001) ist jedoch weder tropisch noch ektropisch (außertropisch) eine systematische Tendenz zu mehr Stürmen, Tornados, Gewittertagen, Hagel u.ä., feststellbar, obwohl es zu dieser Fragestellung sicherlich noch erheblichen Forschungsbedarf gibt, weil noch längst nicht alle regionalen Besonderheiten geklärt sind. Für Europa bzw. Deutschland haben GRIESER et al. (2000) bei der Temperatur eher eine Abnahme und beim Niederschlag eher eine Zunahme der Variabilität/Extremereignisse gefunden. Global summiert gibt es nach Erhebungen der Versicherungswirtschaft jedoch einen deutlichen Trend zu mehr „Naturkatastrophen" (Überschwemmungen, Stürme u.ä.) und damit verbunden einen dramatischen Anstieg der volkswirtschaftlichen Schäden (BERZ et al. 1998ff., 2000), auch wenn diese nicht allein klimatologisch zu interpretieren sind.

Diese Betrachtung der neoklimatologischen Klimageschichte soll nicht völlig auf die bodennahe Atmosphäre beschränkt bleiben, wobei der nun folgende Blick in die Troposphäre und Stratosphäre bereits zur ursächlichen Betrachtung überleitet. Dem im globalen bzw. hemisphärischen Mittel erkennbaren Temperaturanstieg steht nämlich ein **stratosphärischer Abkühlungstrend** gegenüber, so dass folglich in der oberen Troposphäre kaum Langzeittrends erkennbar sind. Abb. 150 vergleicht im nordhemisphärischen Mittel die interannuären Variationen (relativ, somit Anomalien) in der unteren Atmosphäre (wie in Abb. 140, nun aber jährliche Daten) mit der unteren Stratosphäre in 30 hPa (24 km Höhe; Radiosondenmessungen ab 1958 nach ANGELL 1999 bzw. LABITZKE 1999; weiter zurück reicht diese Datenbasis leider nicht). Die gegenläufigen Trends sind deutlich zu sehen, aber auch kräftige positive Anomalien in der Stratosphäre, die offenbar größeren explosiven Vulkanausbrüchen folgen (mit simultaner, aber im Betrag geringerer bodennaher Abkühlung; Interpretation dazu folgt in Kap. 11.5).

Für die Zeit 1964–1999 weist nach ANGELL (2001) in der Schicht 100–30 hPa (16–24 km Höhe) die global gemittelte Temperatur (somit in der unteren Stratosphäre) eine Abkühlung von 1.9 K auf, nordhemisphärisch (wie in etwa auch in Abb. 150 erkennbar) 1.2 K und südhemisphärisch 2.7 K (alles Abkühlung), wobei der hohe südhemisphärische Wert mit dem dortigen stratosphärischen Ozonabbau zusammenhängt (Näheres dazu in Kap. 13.2). Aber auch der nordhemisphärische Abkühlungstrend ist hinsichtlich seines Betrages bedeutend größer als der bodennahe Erwärmungstrend. Satellitenmessungen beinhalten den Nachteil, dass sie indirekt sind (Messung der IR-Strahlung) und sich zudem auf keine definitive Höhe beziehen. Zudem sind systematische Messfehler aufgetaucht (s. WENTZ und

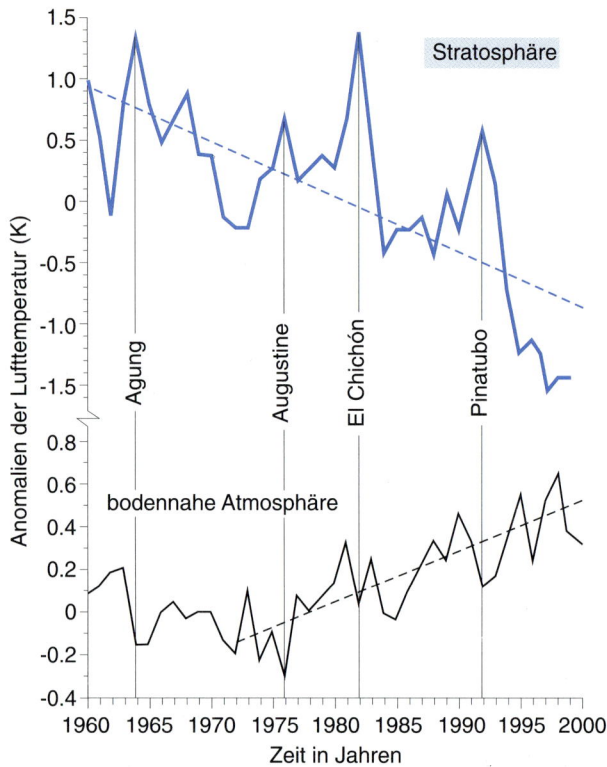

Abb. 150

Jahresanomalien 1960–2000 der nordhemisphärischen Mittelwerte der Temperatur in der Stratosphäre (30 hPa, entsprechend 24 km Höhe), oben, und bodennah, unten, mit Trends (gestrichelt; Stratosphäre: −1.8 K, bodennah ab 1972: +0.7 K); einige explosive Vulkanausbrüche (Agung 1963, Augustine, 1974, El Chichón 1982, Pinatubo 1991) haben sich (zum Teil im Folgejahr) insbesondere in stratosphärischen Erwärmungen, aber auch simultan in bodennahen Abkühlungen ausgewirkt (Datenquellen: LABITZKE et al. 1986, 1999, ANGELL 1999, sowie JONES et al., 1999, jeweils ergänzt, Vulkanausbrüche siehe nach Anhang A.5).

SCHABEL 1998, GAFFEN 1998), die aus dem troposphärisch integrierten Abkühlungstrend 1979–1995 von vermeintlich −0.05 K nach Korrektur eine Erwärmung von 0.12 K gemacht haben (was auf 100 Jahre hochgerechnet rund 0.75 K Erwärmung ergeben würde, wie in der bodennahen Luftschicht beobachtet).

HOUGHTON et al. (2001) geben daher nun für die **gesamte Troposphäre** einen Temperaturtrend von 0.2–0.4 K **Erwärmung** seit 1960 an, was die **Feuchte** betrifft, keine signifikanten Trends, mit Ausnahme der Tropen (ungefähr 10°S bis 10°N), wo seit 1980 ein Anstieg um ca. 15 % festgestellt worden ist. Nach der gleichen Quelle gilt ein Anstieg der **Bewölkungsbedeckung** im 20. Jahrhundert über den Landgebieten von ca. 2 % als wahrscheinlich, ist über dem Ozean aber fraglich. Es könnte sich dabei um Hinweise auf eine Intensivierung und somit **Be-**

schleunigung des hydrologischen Zyklus handeln, was aber anhand der Weltniederschlagsrate (Daten insbesondere über dem Ozean sehr unsicher und kein systematischer Trend) und erst recht Verdunstung (Daten noch unsicherer) aufgrund der Beobachtungsdaten nicht nachweisbar ist, obwohl angesichts der „globalen Erwärmung" der unteren Atmosphäre dafür eine gewisse Wahrscheinlichkeit besteht.

Zweifellos gibt es, vor allem in Zusammenhang mit der Erwärmung der letzten rund 100 Jahre bzw. Jahrzehnte, eine Reihe von regionalen Reaktionen über die oben betrachteten Klimaelemente hinaus. Zu nennen sind hier vor allem der **Rückgang der Gletscher** in vielen außerpolaren Gebirgsregionen (HOUGHTON et al. 2001); für die Alpen geben HÄBERLI et al. (2001) seit 1850 einen Rückgang um etwa 50 % des Volumens und 30–40 % der Fläche an. Nach CHMIELEWSKI und RÖTZER (2001) hat sich zwischen 1969 und 1998 die **Vegetationsperiode** (vgl. Kap. 10.4) in Europa um etwa 10 Tage **verlängert**, was vor allem auf eine Verfrühung des Vegetationsbeginns zurückzuführen ist (die Autoren ordnen einem Temperaturanstieg von 1 K eine Verfrühung um 7 Tage zu). Zu ähnlichen Befunden kommen hinsichtlich des Waldes MENZEL und FABIAN (1999). Bei RAPP (2000) ist eine Liste von 15 derartigen Befunden aus dem Pflanzen- und Tierreich zu finden, darunter auch **Verhaltensveränderungen von Zugvögeln** (z.B. Helgoland, Bezugszeit 1970–1993, Frühjahrseintreffen des Zaunkönigs um 10 Tage verfrüht, Herbstabzug um 7 Tage später; BAIRLEIN und WINKEL, 1998).

11.5 Übersicht natürlicher Ursachen von Klimaänderungen

Während im Kap. 11.3 einige Ursachen paläoklimatischer Variationen schon genannt worden sind, hat sich die Darstellung des Neoklimas (Kap. 11.4) fast nur auf die beobachteten Phänomene beschränkt. Das liegt daran, dass generell in säkularen, dekadischen und interannuären Zeitskalen (Neoklima) sich besonders viele verschiedene Ursachen überlagern und daher dominante kausale Bezüge nur sehr schwer und je nach zeitlicher Größenordnung in unterschiedlicher Ausprägung auszumachen sind. Hinzu kommen die Vernetzungen von Ursachen und Wirkungen sowie die Rückkopplungen. Trotzdem soll an dieser Stelle versucht werden, die potentiellen natürlichen Ursachen aller – rekonstruierter bzw. beobachteter – Klimaänderungen aufzulisten, bevor im folgenden Kapitel (Kap. 12) das Problem anthropogener Klimabeeinflussung behandelt wird.

Grundsätzlich unterscheidet man **extraterrestrische** von **terrestrischen Ursachen**, vgl. Tab. 24, bzw. **externe Einflüsse** auf das Klimasystem von **internen Wechselwirkungen** in diesem System (vgl. Kap. 2.3). Dies ist eine unterschiedliche Betrachtungweise (z.B. ist der Vulkanismus ein zwar terrestrischer, aber externer Einfluss), so dass in Tab. 24 vermerkt ist, wo es sich um interne Vorgänge handelt, die im Übrigen – wie schon mehrfach betont – vernetzt und häufig rückgekoppelt sind (vgl. dazu auch Kap. 9.5, insbesondere Abb. 118, sowie Kap. 10. Abb. 122).

**Tab. 24 Übersicht der wichtigsten natürlichen Ursachen von Klima-
änderungen.**

Extraterrestrisch	Terrestrisch
Solarkonstante, ultralangfristiger Trend	Kontinentaldrift
Solarkonstante, Variationen durch Sonnenaktivität, Pulsationen u.a.	Orogenese
Rotation der Milchstraße und kosmische Materie	Vulkanismus
Meteore und Meteoriten	Waldbrände[*)
Mond (Gezeitenkräfte)	Zusammensetzung der Atmosphäre, einschließlich Bewölkung[*)
Gezeitenkräfte allgemein (Wirkung auf Sonne und Erde)	Zirkulation der Atmosphäre[*)
	Salzgehalt des Ozeans[*)
	Zirkulation des Ozeans[*)
	Eis- und Schneebedeckung[*)
	Vegetation[*)
	Autovariationen im Klimasystem[*)
Orbitalparameter (der Erdbewegung um die Sonne)	

*) Interne Mechanismen des Klimasystems (in Wechselwirkungen eingebunden).

Fundamental ist bei allen diesen Betrachtungen die **atmosphärische** (vgl. Kap. 5) **und ozeanische** (Kap. 6) **Zirkulation**, die einerseits durch interne Wechselwirkungen (je nach Zeitskala auch unter Einbezug anderer Komponenten des Klimasystems wie z.B. der Kryosphäre) sozusagen selbstorganisiert Klimaphänomene und entsprechende Variationen hervorrufen kann, andererseits auf externe Einflüsse reagiert, diese modifiziert und auf diese Weise an allen Klimaänderungen beteiligt ist. An dieser Stelle, nämlich bei der Zirkulation, ist beispielsweise die **Nordatlantik-Oszillation** (NAO; vgl. Kap. 5.3.9) einzuordnen, bei der im Einzelnen noch ungeklärt ist (daher z.Z. intensive Forschungsaktivitäten), ob sie ein autarker Vorgang der atmosphärischen Zirkulation oder ein atmosphärisch-ozeanisches Wechselwirkungsphänomen ist. In jedem Fall ist sie insbesondere für die Klimaänderungen in Europa von großer Bedeutung (und reagiert, wie jeder Zirkulationsmechanismus, auch auf externe Einflüsse).

Ein weiteres hier einzuordnendes Beispiel ist der ebenfalls schon ausführlich behandelte **ENSO-Mechanismus** (vgl. Kap. 6.3, insbesondere Abb. 87). Die besonders starken El-Niño-Ereignisse z.B. 1982/**83** und 1997/**98** sind in Abb. 139 als positive Temperaturanomalien zu erkennen und haben sich somit nicht nur regional, sondern auch global ausgewirkt. Weitere in Tab. 24 genannte interne Phänomene wie z.B. die **Bewölkung, Schneebedeckung** oder der **Salzgehalt des Ozeans** können als Teilphänomene der Zirkulation aufgefasst werden, da z.B. die atmosphärische Zirkulation zur Wolkenbildung bzw. -auflösung führt, diese aber – und zwar sehr effektiv – z.b. auf die Temperaturgegebenheiten der Atmosphäre und somit wieder deren Zirkulation zurückwirkt. Ähnliches gilt für die Schnee- und auch die Eisbedeckung von Landgebieten und Ozean, wobei die ozeanische (thermohaline, vgl. Kap. 6) Zirkulation auch vom Salzgehalt beeinflusst wird. Wer daher zum Beispiel Änderungen des ozeanischen Salzgehaltes oder der Bewölkung als „Initialzündung" für Klimaänderungen annimmt, muss wissen, dass es sich dabei nicht um primäre und unabhängige, sondern vernetzte Klimaeinflussfaktoren handelt. Ähnliches gilt für die **Vegetationsbedeckung** der Erde oder für **Waldbrände**. (Zu *Chaos* und Autovariation siehe Kap. 9.6.)

Bei den externen Einflüssen auf das Klimasystem sind im Rahmen von Kap. 11.3 schon die **Kontinentaldrift** (obwohl auch ein Zirkulationsphänomen, wegen seiner großen charakteristischen Zeit aber auch als externe Randbedingung auffassbar), die **Orogenese**, ultralangfristige (d.h. Größenordnung von Jahrmilliarden) **Ausstrahlungstrends der Sonne**, indirekte Änderungen der Sonneneinstrahlung aufgrund der Variationen der terrestrischen **Orbitalparameter** und der Vulkanismus genannt worden. Auf den Vulkanismus und relativ kürzerfristige solare Vorgänge ist aber nun noch näher einzugehen, weil beides auch neoklimatologisch eine bedeutende Rolle spielt. Weitere in Tab. 24 aufgeführte Ursachen sind dort nur der Vollständigkeit halber aufgelistet und bei näherer Betrachtung spekulativ, insbesondere Einflüsse des Mondes und Gezeitenkräfte. Die **Rotation unserer Galaxie**, der Milchstraße, ist in Verbindung mit dem Eintreten von Eiszeitaltern gebracht worden, obwohl dabei der galaktische Zyklus von rund 250×10^6 a eigentlich nicht auszumachen, der Einfluss auf das Klima somit auch eher spekulativ ist. Nicht ganz so spekulativ, aber im Einzelnen unklar und wohl auch von untergeordneter Bedeutung ist die Wirkung von Meteor- und Meteoriten-Schwärmen. Dagegen habe größere, aber überaus selten auftretende **Meteoreinschläge** eine sehr große Wirkung, wie auch im Kap. 11.3 in Zusammenhang mit dem Kreide-Tertiär-Ereignis betont.

Der **explosive Vulkanismus** (der effusive erzeugt vorwiegend klimatisch weniger bedeutsame Lavaströme) schleudert Partikel und Gase in die Stratosphäre, in besonders extremen Fällen sogar bis in die Mesosphäre (vgl. z.B. Schmincke 2000). Klimawirksam sind dabei vor allem Sulfatpartikel (SO_4^{--}), die dort aus schwefelhaltigen Gasen entstehen und entsprechende Aerosolschichten bilden, die sich rasch west-ostwärts und langsamer – d.h. im Verlauf einiger Monate – auch nord-südwärts ausbreiten. So können insbesondere tropische Vulkanausbrüche (vgl. dazu stratosphärische Ziorkulation, Kap. 5.5) global wirksam werden. Der physikalische Hintergrund dieser Wirksamkeit sind erhöhte Absorption und Streuung der solaren Einstrahlung an diesen zusätzlichen stratosphärischen Aerosolschichten. Dabei führt die stratosphärische Absorption dort zu Erwärmungen, während die dadurch sowie die Streuung verringerte Transmission in die untere Atmosphäre in der bodennahen Luftschicht Abkühlungen bewirkt. Wie Abb. 150 zeigt, in der einige markante explosive Vulkanausbrüche vermerkt sind, treten die stratosphärischen Erwärmungen nach solchen Vulkanausbrüchen sehr viel deutlicher in Erscheinung als die damit verbundenen Abkühlungen in der unteren Atmosphäre. (Der relativ langfristige stratosphärische Abkühlungstrend wird in Kap. 12 noch eine Rolle spielen).

Auf Einzelheiten kann hier wieder nicht eingegangen werden. Es sei aber angemerkt, dass es – ähnlich der Erdbebenstärkeskala – auch eine Klassifizierung und entsprechende Chronologie wichtiger explosiver Vulkanausbrüche gibt (SIM-KIN et al. 1981 und Aktualisierungen durch die Smithsonian Institution, Washington, USA), wobei die Klassifikation nach dem **Volcanic Explosivity Index** (VEI) in historischer Zeit die Stärkegrade von 1 bis 7 umfasst (ab VEI = 4 mit Beeinflussung der Stratosphäre und somit klimarelevant). Daraus und auch aufgrund anderer Überlegungen haben verschiedene Autoren jährliche Indexzahlen und somit Zeitreihen der explosiven Vulkantätigkeit zusammengestellt (insbesondere LAMB 1970, 1977, der seinen Index „Dust Veil Index" (DVI) nannte, CRESS und SCHÖNWIESE 1990, 1992, SATO ET AL. 1993, GRIESER und SCHÖNWIESE 1999). Außerdem gibt es noch Rekonstruktionen aus Eisbohrungen (vgl. z.B. HAMMER et al. 1980) sowie Messungen der stratosphärischen Partikel-Rückstreuung mittels LIDAR, die ebenfalls auf die vulkanische Aktivität rückschließen lassen (JÄGER 1992). Aus solchen Messungen ist auch ersichtlich, dass die stratosphärische Verweildauer des zusätzlichen vulkanogenen Aerosols in der Größenordnung von 1–3 Jahren liegt.

Der Ausbruch des Tambora (Indonesien, 1815) ist besonders hervorzuheben, da er mit VEI = 7 der gewaltigste Ausbruch der neoklimatologischen Zeit (wahrscheinlich sogar der letzten 1000 Jahre) gewesen ist und weiten Regionen der Erde im Folgejahr (1816) das „Jahr ohne Sommer" bescherte. In jüngerer Zeit sind vor allem die auch in Abb. 150 aufgeführten Ausbrüche des Agung (Bali, VEI = 4), El Chichón (Mexiko, VEI = 5) und Pinatubo (Philippinen, VEI = 5) beachtenswert; vgl. Anhang A.5.

Das Intergovernmental Panel on Climate Change (IPCC, HOUGHTON et al. 1996, 2001) hat zur groben quantitativen Einordnung externer Einflüsse auf das Klimasystem global und troposphärisch gemittelte **Strahlungsantriebe** (zunächst direkt, somit ohne indirekte Anteile bzw. Rückkopplungen) definiert, welche die Störung der Energieflüsse im Subsystem Erdoberfläche-Atmosphäre (vgl. Kap. 4.2, Abb. 36) durch die jeweiligen Einflussmechanismen in Form der dadurch bewirkten Änderung der Strahlungsbilanz an der Tropopause charakterisieren. Dabei bedeuten positive Werte eine Erwärmung, negative eine Abkühlung der Troposphäre und es gibt eine halbempirische Verknüpfung mit der bodennahen global gemittelten Lufttemperatur (STUBER, SAUSEN und PONATER 2001).

Danach hat der Pinatubo-Ausbruch im Jahr danach (1992) einen negativen Strahlungsantrieb von 3.2 Wm^{-2} bewirkt (im Jahr 1993 Abfall auf 0.9 Wm^{-2}; MC-CORMICK et al. 1995). Dem Tambora-Ausbruch wird ein Strahlungsantrieb von 5–10 Wm^{-2} zugeordnet (GRIESER und SCHÖNWIESE, 1999), dies offenbar (vgl. oben, Partikel-Verweilzeit) jeweils eposidisch, d.h. nur relativ kurzfristig für wenige Jahre. Derartige Strahlungsantrieb-Betrachtungen sind auch in Zusammenhang mit der anthropogenen Klimabeeinflussung (Kap. 12) und vergleichenden Betrachtungen (Kap. 13.1) von großem Interesse. Klimamodellrechnungen ordnen explosiven Vulkanausbrüchen, z.B. in der Art des Pinatubo, ein Absinken der global gemittelten bodennahen Lufttemperatur, i.a. ein Jahr nach dem jeweiligen Ausbruch, um etwa 0.2 K zu (wie auch in Abb. 139 und 150 zu erkennen); der klimatische Gesamteffekt liegt, der stratosphärischen Verweilzeit der vulkanogenen Partikel entsprechend, bei etwa 1–3 Jahren (zu den regional durchaus unterschiedlichen Effekten vgl. auch GRAF et al. 1994, DENHARD et al. 1997).

Die Sonne, die bereits Gegenstand vielfältiger Betrachtungen war, soll nun noch einmal (vgl. Kap. 4.1, insbesondere Abb. 28) hinsichtlich ihrer Aktivität betrachtet werden, d.h. der **Variationen der Solarkonstanten** S_0, wie sie aus Satellitenmessungen bekannt und mit der Sonnenflecken-Relativzahl SRZ korreliert ist (Details, Zyklen usw. siehe Kap. 4.1). Für die letzten Jahrzehnte, aus der Satellitenmessungen vorliegen, sind interdekadische Variationen von S_0 in der Größenordnung von 0.1 % bekannt; für die neoklimatolohgische Zeit, genauer seit 1750, ordnet das IPCC (Houghton et al. 2001) der Sonnenaktivität einen (fluktuativen) Strahlungsantrieb von etwa 0.1–0.5 Wm^{-2} zu. Interessant ist in diesem Zusammenhang, dass verschiedene Autoren, insbesondere LEAN et al. (1995), versucht haben, die von der Sonnenaktivität hervorgerufenen S_0-Variationen zu rekonstruieren, und zwar nicht nur hinsichtlich des quasi-elfjährigen Zyklus der Sonnenflecken-Relativzahlen (SRZ), vgl. Abb. 28, sondern auch in ihren längerfristigen Variationsanteilen. In Abb. 151 sind daher die Temperaturvariationen der bodennahen global gemittelten Lufttemperatur (nach Abb. 139) mit diesen Rekonstruktionen und den SRZ-Daten verglichen.

Dabei zeigen weniger die SRZ-Daten (Glättungen, welche die Autokorrelation stark erhöhen, vgl. BERNER et al. 2001, führen dabei in die Irre, vgl. Autokorrelation, Kap. 3), sondern die S_0-Rekonstruktionen einen gewissen Zusammenhang mit den Temperaturänderungen (Korrelationen: mit SRZ-Daten 0.07, mit S_0-Rekonstruktion 0.57, jeweils quadratisch = erklärte Varianz). Nähere Betrachtungen dazu folgen in Kap. 13.1, wo eine Zusammenschau der verschiedenen Ursachen für Klimaänderungen in Zusammenhang mit anthropogenen Einflüssen erfolgt. Alternative solare Hypothesen wie die variierende Länge des quasi-elfjährigen SRZ-Zyklus (FRIIS-CHRISTENSEN und LASSEN 1991) oder Wirkungen von Sonnendurchmesser-Variationen (GILLILAND 1982) haben demgegenüber eine sehr untergeordnete, physikalisch wie empirisch-statistisch vermutlich sogar gar keine Bedeutung (SCHÖNWIESE et al. 1994, GRIESER et al. 2000). In Zusammenhang mit der variierenden Länge des Sonnenfleckenzyklus vermutete positive Rückkopplungen mit der Bewölkung, die diesen Faktor verstärken könnten (SVENSMARK und FRIIS-CHRISTENSEN 1997), sind nicht nachgewiesen und gelten daher als unwahrscheinlich (FARRAR 2000, KRISTJANSSON und KRISTIANSEN 2000).

Mit Hilfe von Klimamodellen (AOGCM) haben CUBASCH et al. (1997) bzw. CUBASCH und VOSS (2000) den Einfluss der Sonnenaktivität auf das Klima simu-

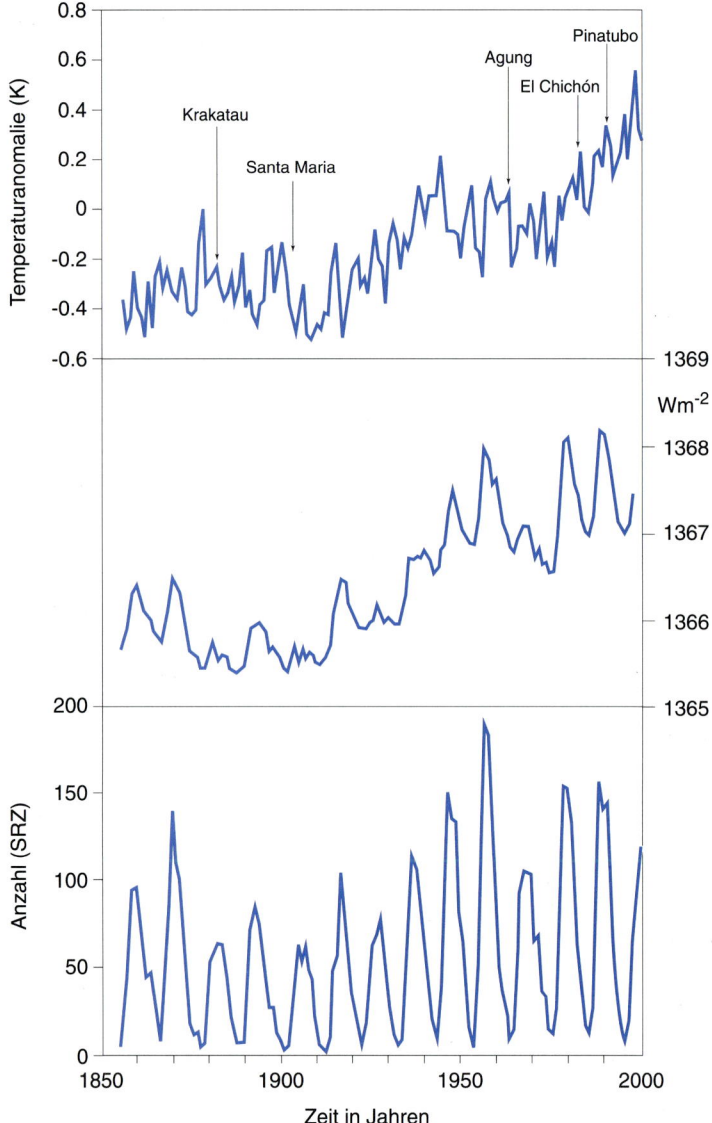

Abb. 151

Vergleich der Jahresanomalien 1856–2000 der global gemittelten bodennahen Lufttemperatur T (wie in Abb. 139, zusätzlich einige explosive Vulkanausbrüche vermerkt) mit den aufgrund der Sonnenaktivität rekonstruierten Variationen der extraatmosphärischen Sonneneinstrahlung S_0 (der sog. Solarkonstanten, nach LEAN et al., 1995), Mitte, und den Sonnenflecken-Relativzahlen SRZ (nach Sunspot Index Data Center, Internet), unten. Der quadratische Korrelationen betragen 0.57 für T-S_0 und 0.07 für T-SRZ.

liert und kommen zu dem Ergebnis, dass dieser Einfluss zum beobachteten Erwärmungstrend der bodennahen global gemittelten Lufttemperatur der letzten
100–150 Jahre höchstens ca. 0.2 K beigetragen haben könnte. Es sei aber abschließend erwähnt, dass MANN et al. (1998) bei einer multiplen statistischen
Analyse der nordhemisphärisch gemittelten Variationen der bodennahen Lufttemperatur der letzten 600 Jahre in den ersten ca. 400–500 Jahren dieser Zeitspanne einen dominanten Einfluss der Sonnenaktivität gefunden haben (und
zwar anhand der S_0-Daten nach LEAN et al. 1995, welche offenbar den deutlichsten Klima-Sonnenaktivität-Zusammenhang in dieser Zeiskala aufweisen). Es
kommt bei der Ursachen-Betrachtung somit sehr darauf an, in welcher zeitlichen
und auch räumlichen Größenordnung diese Betrachtung vorgenommen wird.

12 Anthropogene Klimabeeinflussung

Auch der Mensch beeinflusst das Klima. Er ist daher neben den natürlichen Ursachen für Klimaänderungen als zusätzlicher Klimafaktor anzusehen. Dies geschieht auf sehr unterschiedliche Weise, beispielsweise durch Veränderungen der Erdoberfläche, insbesondere Umwandlung von Natur- in Kulturlandschaften, häufig verbunden mit Waldrodungen, oder Veränderungen der atmosphärischen Zusammensetzung. Besonders gut untersucht sind das Stadtklima, das sich deutlich vom Klima des Umlands unterscheidet, und die Klimaveränderungen durch die zusätzliche anthropogene Emission klimawirksamer Spurengase, der sog. anthropogene „Treibhauseffekt", dessen wesentliche Risiken freilich erst noch auf uns zu kommen. Auch Kriege können das Klima beeinflussen, wobei das Inferno des „nuklearen Winters" hoffentlich ein nur theoretisches Szenario bleibt.

12.1 Übersicht und allgemeine Aspekte

Nach der Betrachtung der beobachteten bzw. rekonstruierten Klimaänderungen der Vergangenheit (Kap. 11.3 und 11.4) und der Übersicht der natürlichen Ursachen, die dafür in Frage kommen (Kap. 11.5, vgl. auch Tab. 24), ist nun der Frage nachzugehen, inwieweit auch der Klimafaktor Mensch eine Rolle spielt. Hinsichtlich der klimageschichtlichen Daten besteht dabei das Problem, dass sich in diesen Daten **natürliche Mechanismen und anthropogene Klimaänderungen überlagern**, mehr noch, die ganze *Vielfalt* der natürlichen und der ebenfalls durchaus unterschiedlichen anthropogenen Einflüsse.

Im Folgenden wird nun so vorgegangen, dass ähnlich wie in Kap. 11.5 eine Übersicht der verschiedenen Einflüsse erfolgt, nun jedoch anthropogener Art. Dazu gehören die Charakterisierung dieser Einflüsse und – soweit aufgrund entsprechender Forschungsergebnisse verfügbar – die Simulation der klimatologischen Effekte dieser Einflüsse mit Hilfe von Klimamodellrechnungen (vgl. dazu Kap. 9.5). Unter gewissen Umständen ist es dabei auch möglich, einen Blick in die Zukunft zu riskieren. Wie in Kap. 9.5 bereits erläutert, gilt auch im Zusammenhang mit der anthropogenen Klimabeeinflussung, dass solche – modellierte bzw. beobachtete – Varianzanteile (ggf. auch Trendanteile u.ä., vgl. Kap. 11.1), die sich bestimmten einzelnen Ursachen zuordnen lassen, Klimasignale heißen, im Kontext des vorliegenden Kapitels **anthropogene Klimasignale**, und die insgesamt beobachtete Variabilität „Klimarauschen".

Je mehr Klimasignale in der **klimadiagnostischen Analyse** auftauchen und möglichst auch in **Modellsimulationen** verstanden werden, um so mehr lässt sich dieses Rauschen verringern, bis eventuell nur noch ein „Zufallsrauschen" übrigbleibt (vgl. Kap. 9.6). Um so günstiger wird dann ggf. das „Signal-/Rauschverhältnis" und somit die Wahrscheinlichkeit, bestimmte Klimasignale im Klimarauschen zu entdecken. Dieses Entdeckungsproblem spielt in der Klimaforschung eine besonders wichtige Rolle und in Kap. 13.1 wird dann auch der dementsprechend wichtige Vergleich der verschiedenen entdeckten bzw. potentiell entdeckbaren Klimasignale und damit auch der Versuch einer Abgrenzung anthropogener von natürlichen Klimaänderungen vorgenommen. Erneut muss bezüglich aller Details auf die Literatur verwiesen werden, insbesondere CUBASCH und KASANG (2000), HOUGHTON et al. (2001), LOZÁN (2001) sowie SCHÖNWIESE (1995).

Prinzipiell kann die anthropogene Klimabeeinflussung durch **Veränderungen der Erdoberfläche** (und damit der dortigen physikalischen Eigenschaften wie Strahlungsbilanz, Wärmekapazität, Rauigkeit usw. bzw. der dort auftretenden Stoff-Flüsse), durch andere **Eingriffe in den** dortigen **Wärme- bzw. Energiehaushalt**, durch **Eingriffe in den Wasserhaushalt** (einschließlich Grundwasser) bzw. Beeinflussungen des Ozeans oder **Veränderungen der chemischen Zusammensetzung der Atmosphäre** erfolgen. Die Vegetation sowie Schnee- und Eisbedeckung werden dabei im Folgenden der Erdoberfläche zugerechnet (es erfolgt somit keine separate Betrachtung der Komponenten des Klimasystems wie in Kap. 2.3). Die Möglichkeiten sind daher wiederum sehr vielfältig und wie immer gibt es Vernetzungen und Rückkopplungen im Rahmen der Reaktion der atmosphärisch-ozeanischen Zirkulation.

Im Einzelnen, der obigen Grobklassifizierung folgend, seien als wichtigste Beispiele anthropogener Klimabeeinflussung genannt:

- Umwandlung von Natur- in Kulturlandschaften (Einführung, Ausbreitung und sonstige Veränderung der Landwirtschaft, einschließlich Weidewirtschaft), dabei insbesondere
- Waldrodungen;
- Bebauung (Siedlungen, Industrieanlagen, Verkehrswege); weiterhin
- Abwärme (durch Heizung von Gebäuden, Abgase von Industrieanlagen, Abwässer, wobei hier jeweils nur der thermische Aspekt gemeint ist),
- Wassernutzung (Wasserentnahme für industrielle, gewerbliche bzw. persönliche Zwecke in den Privathaushalten),
- Energienutzung (insbesondere fossile Energieträger und damit verbundene Emissionen von Spurengasen und Aerosolen in die Atmosphäre),
- Verkehr (mit Effekten wie oben) sowie
- künstliche Brände (Wald, Ölquellen usw.).

Diesen i.A. ungewollten Eingriffen (da damit andere Zwecke als Klimaänderungen verfolgt werden) könnte man noch einige gewollte an die Seite stellen, wie z.b. das „Impfen" von Wolken mit Silberjodid (AgJ), um sie eventuell zum Regnen zu veranlassen bzw. Hagel zu verhindern, oder die gigantischen, glücklicherweise nicht mehr aktuellen Pläne der ehemaligen UdSSR hinsichtlich Umleitungen einiger großer sibirischer Flüsse nach Süden oder Rußbestreuung des Polareises (allen Ernstes von einem russischen Klimatologen zur „Verbesserung" des sibirischen Klimas vorgeschlagen; BUDYKO 1967). Im Folgenden beschränken wir uns aber auf die oben aufgelisteten Faktorenkomplexe, zumal solche Vorgänge offensichtlich im Gang sind, zum Teil schon sehr lange.

So hat die **Umwandlung von Natur- in Kulturlandschaften** im Rahmen der sog. neolithischen Revolution, d.h. dem Sesshaft-Werden des Menschen, verbunden mit dem Übergang vom „Jäger und Sammler" zum „Ackerbauer und Viehzüchter", schon vor Jahrtausenden begonnen und in der Zeit vor ca. 5000 bis 2000 a v.h., ausgehend von Mesopotamien (heute in etwa Irak und Syrien), zunächst Ägypten, dann den gesamten Mittelmeerraum, anschließend Europa und Südostasien erfasst (GOUDIE 1994). Aufgrund des Weltbevölkerungsanstiegs (vgl. dazu Kap. 12.3) hat sich dieser Vorgang im Laufe der gesamten Menschheitsgeschichte ständig intensiviert.

Die **Waldrodungen in historischer Zeit**, um dort landwirtschaftliche Nutz- sowie Siedlungsfläche zu gewinnen, zum Teil auch um Kriegsflotten zu bauen, hatten ein gewaltiges Ausmaß und führten beispielsweise vor rund zwei Jahrtausenden zur fast völligen Entwaldung des Mittelmeerraumes und im heutigen Deutschland etwas später, nämlich zwischen ca. 650 und 1300 n.Chr., zum Rückgang der Waldfläche von anfangs etwa 90 % auf etwa 15 % (heute ca. 30 %; BORK 1998); vgl. Tab. 25. In der „neuen Welt", nämlich Nordamerika, haben ebenfalls umfangreiche Waldrodungen stattgefunden, vor allem in der Zeit ca. 1600–1800 (GOUDIE 1994). Auf diese Weise war spätestens zu Beginn des Industriezeitalters (ca. 1800/1850) der natürliche Wald global bereits um ca. 70 % gegenüber seinem potentiellen Flächenumfang reduziert (vgl. auch Kap. 10). Allein die Tatsache, dass diese Waldrodungen in historischer Zeit regionale Vorgänge waren und vor allem, dass sie sich über doch sehr lange Zeitspannen hingezogen haben, führt zu dem Befund, dass die Auswirkungen auf das Globalklima vermutlich relativ gering waren (vgl. Kap. 13.1); regionalklimatisch aber sind die Folgen nicht zu unterschätzen (vgl. unten).

Obwohl auch regional, aber in der uns näher liegenden Zeit des Industriezeitalters von besonderer Bedeutung, ist das „Stadtklima", das wohl das markanteste Beispiel von **Bebauungseffekten** darstellt. Es wird im folgenden Kapitel 12.2 näher behandelt. Auch **Abwärmeeffekte** sind im Wesentlichen dort einzuordnen, während **Eingriffe in den Wasserhaushalt**, insbesondere der Entzug von Nutzwasser aus Flüssen, Seen und Grundwasser, nicht nur im Bereich von Städten und Industrieanlagen, sondern auch in allen landwirtschaftlich genutzten Regionen von Bedeutung sind. Gravierende Effekte sind dabei vor allen dort zu erwarten, wo der Niederschlag relativ gering ist, d.h. im ariden bzw. semiariden Klima, wenn der dort sowieso schon knappe Wasservorrat nicht nur als Trinkwasser, son-

Tab. 25 Wandel der Landnutzung in Deutschland seit 650 n.Chr., prozentual, nach Bork et al. (1998),
wobei mit „Infrastruktur" die durch Bebauung und Verkehrswege versiegelten sowie durch Befahren bzw. Begehen stark verdichteten Anteile der Erdoberfläche gemeint sind; ein konstanter Anteil von 2% entfällt auf die Gewässer.

Zeitspanne (n.Chr.)	Wald[*]	Ackerland[**]	Dauergrünland[***]	Infrastruktur
650–659	90	5	3	< 1
750–759	87	7	4	< 1
900–909	68	18	12	< 1
1000–1009	65	20	13	< 1
1250–1259	20	51	26	1
1310–1319	15	55	27	1
1340–1349	17	54	26	1
1370–1379	25	33	39	1
1420–1429	45	28	24	1
1520–1529	34	38	25	1
1608–1617	30	41	26	1
1650–1659	32	32	33	1
1780–1789	30	39	27	2
1870–1879	27	40	28	3
1961–1990	30	38	24	6

*) einschließlich der Gehölze außerhalb geschlossener Waldbestände,
**) einschließlich Garten- und Rebland,
***) einschließlich Ödland, Grünflächen in Siedlungen und an Verkehrswegen.

dern auch zur künstlichen Bewässerung verwendet wird. Ein Absinken des Wasserstands der Flüsse und ein Schrumpfen der Binnenseen (trauriges Beispiel dafür ist der Aralseee) sind dann die Folge, zum Teil auch Bodenabsenkung.

Gerade in diesen niederschlagsarmen Regionen ist zudem die **Desertifikation**, d.h. die Ausbreitung der Wüsten und Steppen, ein besonderes Problem. Hier gilt, im Rahmen eines sehr komplexen Wirkungsgefüges (GOUDIE 1994, MENSCHING 1978, HERKENDELL und KOCH 1991) die Überweidung als Hauptgrund, im Sahel daneben und zeitweise verstärkend, auch natürliche Fluktuationen des Niederschlags. Schreitet der Desertifikationsvorgang voran, so ist aufgrund der übernutzten und somit zurückgehenden Vegetationsbedeckung eine Verringerung der Verdunstung und somit der Wolken- und Niederschlagsbildung die Folge, was die Desertifikation weiter verschärft und somit wieder ein Beispiel für eine positive Rückkopplung darstellt, die unter Selbstverstärkung in diesem Fall zur regionalen Ausdehnung arider Klimazonen führt.

Auch der Wald ist ein Beispiel für ein sehr komplexes Wirkungsgefüge (vgl. z.b. BURSCHEL 1995, HERKENDELL und PRETZSCH 1995), so dass im Zusammenhang mit dem Problem der Waldrodungen noch einmal darauf zurückzukommen ist. Ohne hier auf forstwissenschaftliche Details eingehen zu können, sei angemerkt, dass Waldrodung zum einen Auswirkungen auf das **Globalklima** hat (vgl. Kap. 12.3, wo der Beitrag zum anthropogenen Treibhauseffekt diskutiert wird), weil dadurch eine natürliche Senke für das atmosphärische CO_2 verringert wird (geringere Assimilation und somit Nettoprimärproduktion der Weltvegetation, zu der der Wald den wichtigsten Beitrag liefert; vgl. dazu auch Kap. 10.1). Gleichzeitig werden aber auch **regionale Klimaeffekte** (im Rodungsgebiet) hervorgerufen, so auf die Erdoberflächenalbedo (Erhöhung), die Verdunstung (Verringerung), dadurch Luftfeuchte und möglicherweise auch Bewölkung und Niederschlag (vgl. oben), aber auch die Humus- und Bodenbildung.

Im Übrigen sind die regionalen Folgen von Waldrodungen sehr unterschiedlich: Im Mittelmeergebiet, einem sommertrockenen Klimaregime, kann der Wald sich, im Gegensatz zum immerfeuchten warmgemäßigten Klima, nach großflächiger Rodung praktisch nie wieder regenerieren. Und in den Tropen, wo derzeit großflächige **Rodungen des tropischen Regenwalds** die traurige Kette dieser menschlichen Eingriffe fortsetzen, nun aber in dramatischer Geschwindigkeit – die geschätzte Rodungsrate, allein in den Tropen, ist von etwa 15×10^6 Hektar pro Jahr in der Zeit 1980–1990 (NISBET 1994) inzwischen eher noch angestiegen – ist aufgrund der dortigen hohen Niederschlagsraten eine erhebliche Nährstoffauswaschung aus dem Boden die Folge, zudem verringerte Humusbildung, so dass die Böden verarmen und die Nutzpflanzen, deretwegen der tropische Regenwald eigentlich gerodet worden ist, nach einigen Jahren auch nicht mehr recht gedeihen, von den dramatisch negativen Effekten auf die Biodiversität ganz zu schweigen. Klimatisch gesehen hat eine Modellrechnung von NOBRE et al. (1991; vgl. auch HOUGHTON et al. 1996) zu dem Ergebnis geführt, dass im Fall einer völligen Entwaldung des Amazonasgebietes dort die bodennahe Lufttemperatur (zusätzlich zu globalen Effekten) um bis zu 3 K ansteigen, der Niederschlag um bis zu 3 mm d^{-1} (entspricht rund 1000 mm a^{-1}) abnehmen würde.

Überhaupt lässt sich der Problemkreis derartiger menschlicher Eingriffe nicht allein auf das Klima beschränken, auch wenn das im Folgenden der Fall ist (um den Rahmen dieses Buches nicht zu sprengen), sondern umfasst die Umweltproblematik ganz allgemein. Ein weiteres und dabei besonders deutliches Beispiel dafür ist die **Nutzung fossiler Energieträger** (Kohle, Erdöl und Erdgas) sowie der **Verkehr,** weil dadurch sowohl klimawirksame Spurengase als auch toxische Substanzen in die Atmosphäre emittiert werden. Ähnliches gilt für toxische Substanzen, die als Abwasser die Flüsse und Seen, das Grundwasser und letztlich den Ozean (zusätzlich zu den dort stattfindenden Belastungen wie z.B. durch Tankerunfälle) erreichen und belasten.

Während die Beeinflussung des Global- und Regionalklimas durch die (direkte wie indirekte) Emission klimawirksamer Substanzen im Kap. 12.3 als ein Schwerpunkt dieses Kapitels 12 behandelt wird, sei hinsichtlich aller luftchemischen bzw. toxischen Umweltprobleme auf die Literatur verwiesen (z.b. Fabian 1992, Graedel und Crutzen 1994, Guderian 2000, Heintz und Reinhard 1996; zu ökologischen Problemen siehe in Kap. 10 angegebene Literatur). Die luftchemischen Vorgänge, die in der Stratosphäre zum O_3-Abbau geführt haben, weisen allerdings deutliche Querbezüge zum Klima auf, so dass in Kap. 13.2 kurz darauf eingegangen wird. Klimaauswirkungen aufgrund künstlich gelegter großräumiger **Brände** bis hin zu den möglichen Auswirkungen größerer kriegerischer Auseinandersetzungen werden in Kap. 12.4 behandelt.

12.2 Stadtklima

Die Stadt stellt in ihrer Bevölkerungsdichte und den damit verbundenen Aktivitäten den massivsten Eingriff der Menschheit in das Regionalklima dar. Weltweit ist festzustellen, dass der **Urbanisierungsgrad**, d.h. der Quotient aus urbaner und Gesamtbevölkerung eines Staates, in den letzten Jahrhunderten, regional (Europa) aber auch schon seit dem Mittelalter, ständig zugenommen hat, somit der städtische Bevölkerungsanteil gegenüber der Weltbevölkerung überproportional ansteigt. So ist seit 1920 der Urbanisierungsgrad (jeweils gerundet) in der UdSSR/GUS, von 10 % auf 60 %, in Japan von 20 % auf 70 %, in den USA von 50 % auf 75 % und in Deutschland von 75 % auf 85 % angestiegen (Schädle 1990; Nisbet 1994 gibt im globalen Mittel von 1950 bis 1995 einen Anstieg von 29 % auf 45 %, in den Industrieländern von 54 % auf 74 % an). Noch atemberaubender ist der Anstieg der Einwohnerzahlen in den Großstädten, wobei insbesondere in den Entwicklungsländern (z.b. Mexico City) „wilde" Zuzüge in die Slums die Gegebenheiten sehr unübersichtlich gestalten und „Megastädte" entstehen.

Der bekannteste und am deutlichsten nachweisbare Stadtklimaeffekt (vgl. im Folgenden z.b. Fezer 1995, Goudie 1994, Landsberg 1981, Kuttler 1998, 2000, Jendritzky 1992) ist die **Temperaturerhöhung** gegenüber dem Umland, die „städtische Wärmeinsel", deren Intensität – erwartungsgemäß – von der Peripherie in Richtung Zentrum zunimmt. Hervorgerufen wird dieser Effekt durch die relativ geringe Wärmekapazität des Baumaterials (Tageffekt, insbesondere im Sommer; vgl. Kap. 4.2), die verringerte bzw. teilweise unterdrückte Abgabe latenter (Verdunstungs-) Wärme an die Atmosphäre durch Bodenversiegelung und geringen Vegetationsanteil der bestandenen Fläche, die verringerte Wärmeabstrahlung bei Lufttrübung (Gas- und Partikelemission, „Dunstglocke"; Verstärkung des Treibhauseffektes) und Wärmeabgabe durch Gebäudeheizung (überwiegend Nachteffekt im Winter) sowie Verkehr. Hinzu kann, insbesondere wenn die Stadt eine geographische Beckenlage aufweist (z.b. Stuttgart), während der Nacht die Behinderung des Kalt- und Frischluftzuflusses aus der Umgebung durch die Bebauung kommen.

Sofern dies nicht supraskalige Vorgänge (z.b. Polarfrontzyklonen, Kap. 5.3.8) verhindern, bildet sich im Stadtbereich ein **thermisches Tiefdruckgebiet** aus, dessen bodennahe, auch abends und nachts in die Stadt gerichtete Strömungskomponente als Flurwind (vgl. Kap. 5.3.5) bezeichnet wird. Zu starke Bebauung in solchen, von der Geländetopographie abhängigen „Flurwindschneisen" behindert dann die Luftzufuhr, wobei, medizinmeteorologisch gesehen, bei dem besonders im Sommer auftretenden Wärmestress, gerade die fehlende nächtliche Abkühlung bedenklich ist (JENDRITZKY 1992). Ökologisch gesehen begünstigen warme Winter den Schädlingsbefall von Pflanzen, die in Form von Grünanlagen, in Verbindung mit Wasserflächen (z.B. Alsterstauseen in Hamburg), für die Entschärfung des städtischen Wärmeinseleffektes wichtig sind.

Abb. 152 quantifiziert den **Zusammenhang zwischen Einwohnerzahl und maximaler Temperaturerhöhung im Zentrum der Stadt** (nach FEZER 1995), wobei solche Effekte vor allem bei sommerlichen Hochdruckwetterlagen auftreten. Daneben sind auch die Auswirkungen auf die nächtlichen Minimumtemperaturen (Sommer und Winter) beträchtlich. Im Jahresmittel liegen die Differenzen in der Größenordnung von 0.5–1.5 K. So gibt GOUDIE (1994) dafür für London 1.3 K, für New York 1.1 K, für Berlin 1.0 K und für Paris 0.7 K, FEZER (1995) für Karlsruhe 0.9 K an (Stand jeweils 1970). GIESEL (1988) fand beim Vergleich der Stationen Frankfurt/M.-Stadt (Zentrum) und Geisenheim (im Rheintal, ca. 50 km Luftlinie entfernt) für das Zeitintervall 1961–1980 eine Differenz von 1.2 K, wobei bereits 0.6 K Differenz vom Zentrum Frankfurts bis zur Station Frankfurt-Feldbergstraße (ca. 1 km Entfernung vom Zentrum, Nähe Palmengarten, wo sich

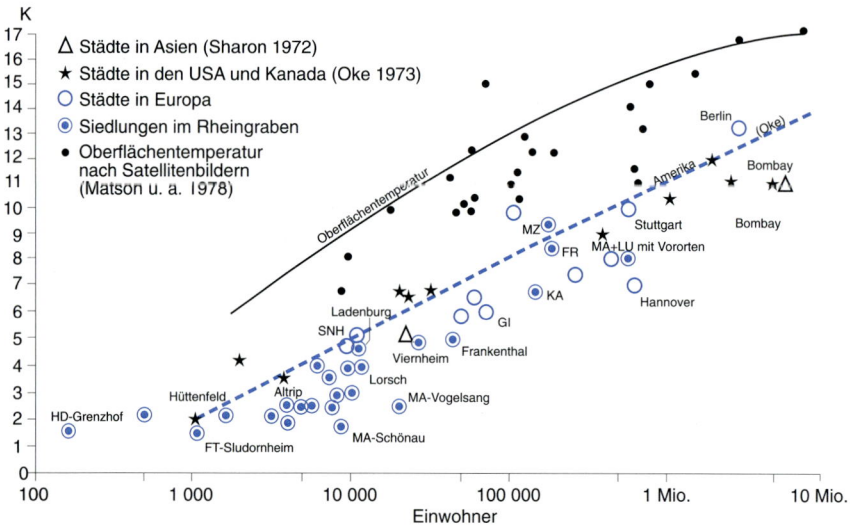

Abb. 152

Maximale Temperaturabweichung im Zentrum von Siedlungen gegenüber dem Umland (Intensität der städtischen „Wärmeinsel"; nach FEZER, 1995, unter Einbezug von OKE, 1973, Satellitendaten nach MATSON et al., 1978, und PRICE, 1979, verändert).

die DWD-Station befindet) festzustellen sind. Im Zeitintervall 1861–1890 hatte die Differenz Frankfurt-Feldbergstraße gegenüber Geisenheim nur 0.3 K betragen; bis 1961–1980 hat sie sich daher offenbar verdoppelt.

Die **Luftfeuchte** ist im Stadtgebiet, von Niederschlags- und Nebeltagen abgesehen, wegen der verringerten Verdunstung herabgesetzt, was sich allerdings weniger in der absoluten als vielmehr in der relativen Feuchte zeigt. Dies sowie vor allem der Temperatureffekt äußert sich auch in einer **geringeren Anzahl von Nebeltagen** in der Stadt, obwohl die Aerosolemission und somit das Angebot an Kondensationskernen erhöht ist. Der letztgenannte Einfluss wirkt sich aber in Richtung einer **Erhöhung der Bewölkung** (Wolkentage und Bedeckungsgrad) aus, wobei die von der städtischen Wärmeinsel und der damit verbundenen Labilisierung der Atmosphäre ausgehenden Hebungsvorgänge oft der auslösende Faktor sind und somit primär Konvektionswolken betroffen sind.

Dies sollte sich auch in einer **höheren Niederschlagsrate** auswirken, wofür es einige Indizien gibt. Da die niederschlagsbildenden Prozesse aber eine gewisse Zeit benötigen, kann es sein, dass in Zusammenhang mit der überlagerten supraskaligen Strömung die Niederschlagserhöhungen vornehmlich im *Lee* der Städte in Erscheinung treten; entsprechende Befunde liegen vor allem aus den USA vor. Inwieweit im Stadtbereich und leeseitig auch *Gewitter- und Hagelhäufigkeit* gesteigert sind, ist zwar umstritten, liegt aber durchaus im Bereich des Möglichen (wobei in den USA diese Diskussion auch auf Tornados ausgedehnt wird). Sicherlich ist wegen des Temperatureffektes Schneefall in der Stadt seltener als im Umland.

Wegen der erhöhten Reibungswirkung ist die **mittlere Windgeschwindigkeit** im Stadtgebiet **verringert**, die Häufigkeit von Windstillen bzw. Schwachwind entsprechend erhöht. Düseneffekte und Leewirbel sorgen jedoch für **erhöhte Böigkeit** und Turbulenz. Die wegen der vielen Emissionsquellen oft drastisch **erhöhte Aerosolkonzentration** der Stadtluft verringert besonders im Winter die UV-Einstrahlung erheblich. Da es sich dabei um das – in nicht zu hoher Dosis – gesundheitsfördernde UVA handelt (vgl. Kap. 2 und 10), ist dies ein negativer Effekt. Das gleiche gilt für die direkte Wirkung der Aerosole (Stäube, Ruß usw.), die zusammen mit Schadgasen (SO_2, NO_X usw.) besonders bei winterlichen Inversionen zu sehr weitgehenden **Beeinträchtigungen der Luftqualität** führen können (Näheres zu lufthygienischen Aspekten des Stadtklimas s. KUTTLER 1998, 2000). Pflanzenpollen, auf die allergische Personen besonders empfindlich reagieren, findet man im Stadtgebiet natürlich weniger. Die **Sonnenscheindauer** ist wegen der Bewölkungseffekte im Stadtgebiet vor allem im Sommer verringert, während bei winterlichen Hochdruckwetterlagen wegen der geringeren Nebelhäufigkeit auch der umgekehrte Effekt eintreten kann. Eine Zusammenfassung aller hier genannten Stadtklimaeffekte gibt Tab. 26.

Eine besondere Erwähnung verdient abschließend noch das Phänomen **Smog**. Es handelt sich dabei um ein englisches Kunstwort, das sich aus smoke (Rauch, trockener Dunst, Aerosole) und fog (Nebel) zusammensetzt. Noch vor wenigen

Tab. 26 Stadtklimaeffekte, im Vergleich zum Umland, nach LANDSBERG (1981), hier in der modifizierten qualitativen Form nach JENDRITZKY (1992).	
Strahlung	
Sonnenstrahlung	weniger
UV-Strahlung (Winter)	deutlich weniger
UV-Strahlung (Sommer)	weniger
Sonnenscheindauer	weniger
Lufttemperatur	
Jahresmittel	höher
an Strahlungstagen	deutlich höher
Minimum-Temperaturen	deutlich höher
Luftfeuchte	
relativ	geringer
absolut	gleich
Nebel	weniger
Wolken	
Bedeckung	mehr
Niederschlag	
Jahresmittel	mehr
Schneefall	weniger
Wind	
mittl. Windgeschwindigkeit	geringer
Windstillen	mehr
Böigkeit	größer
Luftbelastung	
gasförmige Verunreinigungen	deutlich mehr
Kondensationskerne	deutlich mehr
Pollen	weniger

Jahrzehnten war z.B. der Londoner Smog als winterlicher Stadtnebel, verbunden mit drastischer Luftverschmutzung, berühmt-berüchtigt, so dass LANDSBERG (1981), im Gegensatz zu Tab. 26, eine erhöhte Anzahl von Nebeltagen als stadt-typisch angibt. Die Maßnahmen zur Luftreinhaltung, die zumindest in Europa (leider nicht in Asien, Süd-/Mittelamerika und Afrika) die Belastung mit grob- und mittelkörnigem Staub sowie SO_2 ganz wesentlich verringert haben, ließen den Wintersmog erheblich seltener bzw. weniger ausgeprägt werden, so dass Stadtnebel zugunsten von Stadtdunst (das formale Unterscheidungsmerkmal ist die Horizontalsicht, die bei Nebel definitionsgemäß unter 1 km liegt) in seiner Be-deutung zurückgetreten ist. Dies gilt jedoch nicht für den **Sommersmog**, der generell als Dunst in Erscheinung tritt und – aufgrund der intensiveren Sonneneinstrahlung und somit besonders an heißen Tagen – zur Bildung von Ozon (O_3, aus NO_x und anderen Vorläufersubstanzen) und anderen gesundheitsschädlichen Photooxidantien (Photosmog) führt (Beispiel: Los-Angeles-Smog; FABIAN 1992).

12.3 Globalklima: Anthropogener Treibhauseffekt

Ein sowohl in der Wissenschaft (IPCC, HOUGHTON et al. 1990, 1996, 2001) als auch Öffentlichkeit intensiv diskutiertes Problem ist die Verursachung und Wirkung des **zusätzlichen anthropogenen Treibhauseffektes**, der aufgrund diverser menschlicher Aktivitäten zum natürlichen Treibhauseffekt hinzutritt; es handelt sich somit um die gleichen, bereits in Kap. 4.2 behandelten physikalischen Grundlagen, im Gegensatz zum „Stadtklima" (vgl. Kap. 12.2) aber um ein **globales Problem**, wenn auch mit regional unterschiedlichen Ausprägungen.

Historisch gesehen sei hier z.b. auf FOURIER (1827) und TYNDALL (1861) hingewiesen, die bereits im 19. Jahrhundert den *natürlichen* Treibhauseffekt (Kap. 4.2) im Prinzip physikalisch richtig erklärt haben, einschließlich der besonderen Rolle des CO_2 dabei. Auf die *anthropogene* Komponente, die nun in den Blickpunkt rückt, hat wohl – im Zusammenhang mit der **Nutzung fossiler Energieträger** – als erster der schwedische Physikochemiker ARRHENIUS (1896) hingewiesen, der nicht nur einen dadurch bedingten **CO_2-Konzentrationsanstieg der Atmosphäre** erwartete, sondern auch Berechnungen darüber anstellte, welche Erwärmung der global gemittelten bodennahen Lufttemperatur daraus resultieren sollte. Im 20. Jahrhundert war es u.a. CALLENDAR (1938, 1958), der diesen CO_2-Anstieg aufgrund zunächst nur sporadischer Messungen erkannt und erneut auf die Konsequenzen für das Klima hingewiesen hat (s. auch FLOHN 1961, 1970; Übersichten und Details zu derartigen historischen Aspekten s. u.a. BACH 1982, SCHÖNWIESE et al. 1994).

Heute lässt sich dieser CO_2-Anstieg mit Hilfe eines weltumspannenden **Messnetz**es genau verfolgen, wobei die längste kontinuierliche Messreihe (sporadische frühere direkte Messungen liegen seit 1865 vor; s. SCHÖNWIESE et al. 1994) auf dem Bergobservatorium **Mauna Loa** (Hawaii, 3397 m; der Berggipfel ist 4169 m hoch) 1958 begonnen hat. **Indirekte Rekonstruktionen** reichen sehr viel weiter zurück, sind jedoch – ähnlich den paläoklimatologischen Rekonstruktionen der Klimadaten – mit zunehmendem Alter auch zunehmend ungenau und unsicher. Als relativ verlässlich gelten jedoch Rekonstruktionen aufgrund von Eisbohrungen (weil sich im polaren Eis Luftblasen erhalten haben, welche die frühere Zusammensetzung der Atmosphäre hinsichtlich einiger Spurengase widerspiegeln; vgl. Kap. 11.3, insbesondere Abb. 136). Daher zeigt Abb. 153 solche Rekonstruktionen für die letzten rund 10^3 a aufgrund von Eisbohrungen an verschienen Stationen der Antarktis (vgl. dazu auch NEFTEL et al. 1985) im Vergleich mit den Jahreswerten der direkten Messungen auf dem Mauna Loa, wobei sich eine sehr gute Anpassung dieser verschiedenen Datensätze ergibt. Daran lässt sich erkennen, dass die atmosphärische **CO_2-Konzentration vorindustriell** nur wenig um den Wert von ca. **280 ppm** (±10 ppm) geschwankt hat (gilt wahrscheinlich für das ganze Holozän, d.h. die letzten rund 10000 Jahre), **im Industriezeitalter** aber, d.h. ab etwa 1750/1800/1850, ein zunächst mäßiger, dann immer rasanter werdender **Anstieg auf bisher fast 370 ppm** (exakter Mauna-Loa-Wert für 2000: 369.4 ppm) eingetreten ist. Auf Jahres- und Tagesgänge der CO_2-Konzentration und hemisphärische Unterschiede (im Trend „führt" die Nordhemisphäre mit Werten von ca. 2–3 ppm gegenüber denen der Südhemisphäre) soll hier nicht eingegangen werden. HOUGHTON et al. (2001) weisen darauf hin, dass dieser hohe neuzeitliche Wert sicherlich in den rund 400000 Jahren davor, vielleicht sogar 20×10^6 a, niemals übertroffen worden ist, obwohl es natürlich im Rahmen des Kaltzeit-Warmzeit-Zyklus von Eiszeitaltern (vgl. wiederum Abb. 136) und in längeren (geologischen) Zeitspannen noch größere, damals ausschließlich natürliche Variationen der Zusammensetzung der Erdatmosphäre gegeben hat (für die Frühzeit der Erde vgl. dazu auch Kap. 2.1.2).

Was sind nun aber die **Ursachen** für den atmosphärischen CO_2-Konzentrationsanstieg im Industriezeitalter? Es liegt nahe, diese Ursachen bei den Vorgängen zu suchen, die häufig unter dem Begriff „globaler Wandel" subsummiert werden.

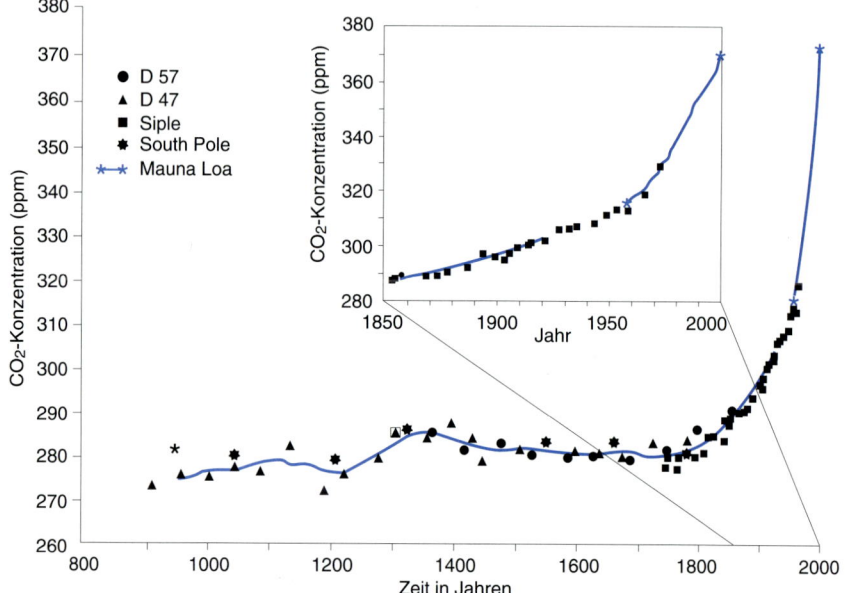

Abb. 153

Rekonstruktion der atmosphärischen CO_2-Konzentration seit ca. 900 aufgrund von Eisbohrkernmessungen in der Antarktis (verschiedene Symbole und Ausgleichskurve) verglichen mit direkten Messungen ab 1958 auf dem Mauna Loa, Hawaii (X, Trend der Jahresmittelwerte; Zusammenstellung nach IPCC, HOUGHTON et al., 1996, 2001, ergänzt und verändert).

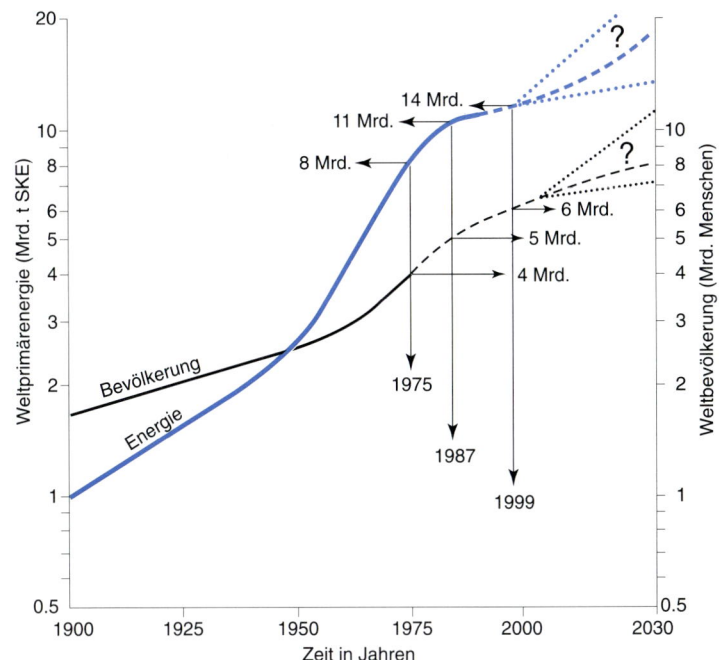

Abb. 154

Entwicklung und Zukunftsprojektion der Weltbevölkerungszahl sowie Weltprimärenergienutzung (SKE = Steinkohleneinheiten) seit 1900 (nach HEINLOTH, 1983, ergänzt und verändert).

Dazu gehört ganz wesentlich der Anstieg der **Weltbevölkerung**, und zwar seit 1900 um den Faktor 3 (vgl. Abb. 154; im Jahr 1999 ist die 6-Milliarden-Grenze überschritten worden). In der gleichen Zeit hat sich die **Weltprimärenergienutzung** mindestens verzwölffacht, vorsichtig geschätzt ist ein Anstieg um den Faktor 12–15 eingetreten; man kann daher neben der „Weltbevölkerungsexplosion", die sich zur Zeit vornehmlich in den Entwicklungs- und Schwellenländern abspielt, mit Fug und Recht von einer noch viel heftigeren „Energieexplosion" sprechen, an dem die Industrieländer mit etwa drei Vierteln beteiligt waren. Da nun die Weltprimärenergienutzung zum weitaus größten Teil (ca. 90 %) auf **fossile Energieträger** zurückgeht (d.h. Verfeuerung von Kohle, Erdöl und Erdgas, einschließlich Verkehr), bei der im Prinzip **C in CO_2 umgewandelt und in die Atmosphäre emittiert** wird, liegt der Verdacht nahe, dies als „treibende Kraft" bei der CO_2-Anreicherung der Atmosphäre im Industriezeitalter anzusehen.

Zur genauen Klärung dieser Problematik, aber auch zur Untersuchung der Emssionsvorgänge in der weiter zurückliegenden Vergangenheit, gibt es auf der Grundlage der Betrachtung der Quellen (Emissionen) und Senken und damit zusammenhängenden Flüsse im Klimasystem entsprechende **Kohlenstoff(C)-**

Fluss-Modelle (s. z.B. KOHLMAIER et al. 1985, MAIER-REIMER und HASSELMANN 1987, HEIMANN 2000, HOUGHTON et al. 2001). Das in Abb. 155 wiedergegebene Schema zeigt den **globalen C-Kreislauf**s für die derzeitige Situation. Daraus ist ersichtlich, dass die größten C-Speicher zwar in den Sedimenten und im „tiefen" (d.h. unteren und somit relativ kalten, vgl. Abb. 81) Ozean zu finden und die natürlichen Flüsse zwischen Atmosphäre und Ozean bzw. Biosphäre (Vegetation) relativ groß sind; diese Flüsse funktionieren aber im Sinne eines Austausches, der für bestimmte definierbare Klimazustände zu einem quasistabilen Zustand führt, während der **Mensch** eine einerseits relativ kleine, andererseits aber **zusätzliche Quelle** darstellt. Aus dieser Sicht besteht kein Zweifel daran, dass der atmosphärische CO_2-Anstieg im Industriezeitalter anthropogen ist. Im Gegensatz zu heute (vgl. wiederum Abb. 155) war übrigens noch bis zur Mitte des vergangenen Jahrhunderts der Beitrag der Waldrodungen zur anthropogenen CO_2-Emission größer als der der fossilen Energienutzung (REICHLE et al. 1985). Außerdem ist beachtenswert, dass die in den viel größeren geologischen Zeitskalen dominierenden Beiträge von Vulkanismus und Verwitterung in der demgegenüber viel kleineren Zeitskala des Industriezeitalters praktisch unbedeutend sind: Verglichen mit der derzeitigen anthropogenen Gesamtemission liegt insbesondere der vulkanische Beitrag im Promillebereich (0.17 %; im Übrigen sind die Klimaauswirkungen des Vulkanismus, die ja zu *Abkühlungen* der unteren Atmosphäre führen, vgl. Kap. 11.5, gar nicht in Zusammenhang mit CO_2, sondern dem stratosphärischen Sulfataerosol zu sehen).

In Tab. 27 sind nun nicht nur **für CO_2**, sondern auch **CH_4, FCKW, N_2O und O_3** die **anthropogenen Emissionen** und daraus **resultierenden atmosphärischen Konzentrationsanstiege im Laufe des Industriezeitalters** zusam-

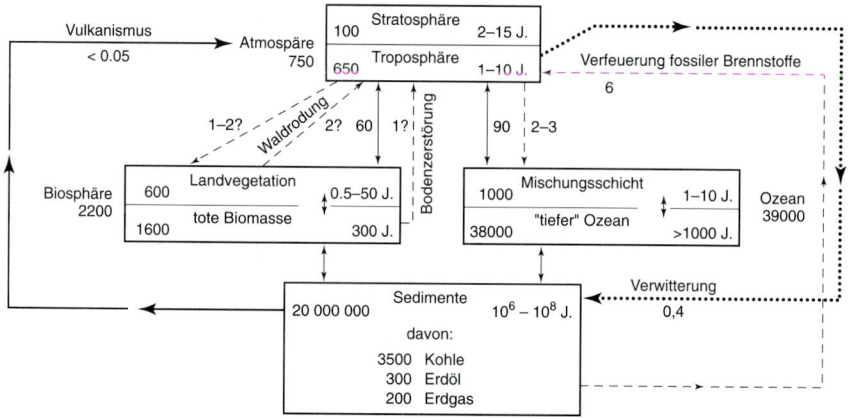

Abb. 155
Globale Kohlenstoff-Speicher in GtC (10^9 t Kohlenstoff) und Flüsse in GtCa^{-1}, zusätzlich jeweils rechts mittlere Verweilzeiten in Jahren (viele Quellen, insbesondere BOLIN, 1980, HEIMANN, 2000, HOUGHTON et al., 2001, kombiniert und verändert).

Tab. 27 Übersicht einiger Charakteristika klimawirksamer Spurengase („Treibhausgase"), atmosphärische Konzentrationen jeweils bodennah, vgl. Tab. 1; Quellen: IPCC, HOUGHTON et al. (1996, 2001); HEINTZ und REINHARDT (1996), KIEHL und TRENBERTH (1997), LOZÁN et al. (1998), RÖTH (1994), CDIAC (Internet 2001).

	CO_2	CH_4	N_2O	FCKW	O_3	H_2O
Anthr. Emission pro Jahr Mittel 1980/89	26 ± 3 Gt	375 ± 75 Mt	15 ± 8 Mt	0.7 Mt (F11 + F12)	0.5 Gt (?)	vernachlässigbar
Schätzung 2000	30 ± 3 Gt	400 ± 80 Mt	15 ± 8 Mt	0.3 Mt (F11 + F12)	0.5 Gt (?) indirekt	vernachlässigbar
Anteil an d. Gesamtemission	5%	70%	40%	100%	?	–
Konzentration, vorind. (1800)	280 ppm	0.80 ppm	0.28 ppm	0	~5 ppb	2.6 %
Schätzung 2000	370 ppm*)	1.75 ppm	0.31 ppm	0.5 ppb (F12)	~40 ppb	2.6 %
Jährl. Anstieg, Mittel 1980/89	1.5 ppm	13 ppb	0.75 ppb	0.02 ppb(F12)	~3ppb	–
Mittl. molekulare Lebenszeit	5–10 a**)	15 a	120 a	100 a (F12)	~60 d	~10 d
Relatives molekulares Treibhauspotential***)	1	24.5	320	4000 (F11), 8500 (F12)	< 2000	indirekt
Beitrag z.nat. Treibhauseffekt	26%	2%	4%	–	8%****)	60%
... anthr. Treibhauseffekt***)	61 %	15 %	4%	11 %	9%****)	indirekt
Strahlungsantrieb seit 1750	1.46 Wm^{-2}	0.48 Wm^{-2}	0.15 Wm^{-2}	0.34 Wm^{-2}	0.35 Wm^{-2}	–

*) Mauna-Loa-Jahreswert 2001: 370.9 ppm **) Anthropogene Störungszeit ca. 120 (50–200) a
) Zeithorizont 100 a *) mit weiteren Gasen.

Zu Tab. 27 Aufschlüsselung der anthropogenen Emissionen	
CO_2	75 % fossile Energie, 20 % Waldrodungen, 5 % Holznutzung (Entwicklungsländer)
CH_4	27 % fossile Energie, 23 % Viehhaltung, 17 % Reisanbau, 16 % Abfälle (Müll, Abwasser), 11 % Biomasse-Verbrennung, 6 % Tierexkremente
FCKW	Treibgas in Spraydosen, Kältetechnik, Dämm-Material, Reinigung
N_2O	23–48 % Bodenbearbeitung (einschl. Düngung), 15–38 % chemische Industrie, 17–23 % fossile Energie, 15–19 % Biomasse-Verbrennung
O_3	indirekt über Vorläufersubsanzen wie z.B. Stickoxide (NO_x, u.a., Verkehrsbereich)

mengestellt. Im unteren Teil dieser Tabelle sind zudem die Quellen näher aufgeschlüsselt. Man erkennt, dass die **anthropogene CO_2-Emission** in die Atmosphäre mit derzeit rund **30 Gt CO_2 pro Jahr, entsprechend rund 8 Gt C pro Jahr**, bei weitem führend ist, wobei etwa 75 % davon auf die Nutzung fossiler Energieträger (Verbrennung von Kohle, Erdöl und Erdgas, einschließlich Verkehrsbereich) zurückzuführen ist. Aber auch die indirekten Effekte durch Waldrodungen (Anteil von ca. 20 % an der anthropogenen CO_2-Emissionen) sind noch erheblich; ca. 5 % gehen auf die Brennholznutzung in den Entwicklungsländern zurück, während ein Restposten in Zusammenhang mit der Zementproduktion quantitativ vernachlässigbar ist. Obwohl dies erst später diskutiert wird, sei bereits hier darauf hingewiesen, dass die **Beiträge der einzelnen Spurengase zum natürlichen bzw. zusätzlichen anthropogenen Treibhauseffekt sehr unterschiedlich** sind.

Wie sieht nun die **Reaktion der C-Flüsse im Klimasystem auf die anthropogene CO_2-Emission** aus? Darauf gibt Tab. 28 eine Antwort: Nur die **knappe Hälfte** der derzeitigen gesamten anthropogenen CO_2-Emssion (30 Gt CO_2 bzw. 8 Gt C pro Jahr) **akkumuliert in der Atmosphäre**. Etwa 20 % (ca. 6 Gt CO_2 bzw. knapp 2 Gt C pro Jahr) werden vom **Ozean** aufgenommen, ein mindestens ebenso großer vermutlich von der **Vegetation** oder auch vom **Boden**, wobei der größere Anteil davon die sog. unbekannte terrestrische Senke ist und nur der kleinere – quantitativ sehr unsichere – Teil als Effekt der Biomassenzunahme durch Wiederaufforstungen (außerhalb der Tropen) und auch als sog. **CO_2- bzw. N-Düngeeffekt** interpretiert wird, da die Pflanzen bei erhöhtem Angebot dieser Substanzen besser wachsen, allerdings nur dann, wenn der Boden genügend Wasser und Nährstoffe enthält.

Offenbar ist, wie Tab. 27 ausweist, CO_2 keinesfalls das einzige klimawirksame Spurengas, bei dem ein anthropogener atmosphärischer Konzentrationsanstieg im Industriezeitalter festgestellt worden ist. Auf Details dazu kann aber hier nicht eingegangen werden (vgl. dazu außer Tab. 27: BOLIN et al. 1986, HOUGHTON et al. 1996, 2001, Lozán et al. 1998, 2001, HEIMANN 2000; zur FCKW-Emission, die im Gegensatz zu allen anderen in Tab. 27 genannten Emissionen in den letzten Jah-

Tab. 28 Globalübersicht der anthropogenen CO_2 (in Klammern C) – Bilanz in Gta^{-1} = Milliarden Tonnen pro Jahr; Quelle: IPCC, HOUGHTON et al. (1996, 2001), ergänzt nach HEIMANN (2000).

	Mittel 1980–1989	Mittel 1990–1999
Anthropogene Quellen		
Fossile Energie	20 ± 1 (5.4 ± 0.3)	23 ± 1.5 (6.3 ± 0.4)
Landnutzungseffekte, Waldrodungen	6 ± 4 (1.7 ±1.1)	?
Nutzholzverbrennung	2 ± ? (0.5 ± ?)	
Zwischensumme	28 ± 5 (7.6 ± 1.4)	[30? (8?)]
Resultierende Senken		
Ozean	7 ± 2 (1.9 ± 0.6)	6 ±2 (1.7 ± 0.5)
Aufforstungen, CO_2-/N-Düngeeffekt[*]	2 ± 2 (0.5 ± 0.5)	?
Zwischensumme	9 ± 4 (4 ± 3)	[10? (3?)]
Atmosphärische Speicherung	12 ± 0.4 (3.3 ± 0.1)	12 ± 0.4 (3.2 ± 0.1)
Verbleibende unbekannte Senke[**]	~7 (~2)	[8? (2?)]
Verwitterung	1.5 (0.4)	1.5 (0.4)

[*] eventuell einschließlich Klimaeffekten (Erwärmung),
[**] wahrscheinlich terrestrisch.

ren deutlich zurückgegangen ist, vgl. auch Kap. 13.2). Auch ist diese Auflistung keinesfalls vollständig. Für die weitere Betrachtung ist jedoch wichtig, dass, um sich komplizierte Einzelbetrachtungen zu ersparen, das Konzept **der „äquivalenten CO_2-Konzentration"** eingeführt worden ist. Dabei werden die Klimaeffekte, die auf die über CO_2 hinaus gehenden klimawirksamen Spurengase zurückgehen, (z.B. mittels Energiebilanzmodellen; vgl. Kap. 9.5) in fiktive weitere CO_2-Konzentrationswerte umgerechnet und zu diesen addiert. Je nach Art und Genauigkeit solcher Berechnungen kommt man dann anstelle des CO_2-Konzentrationswertes von rund 370 ppm im Jahr 2000 (vgl. oben) zu einer Äquivalentkonzentration von ca. 410–420 ppm.

In Werten der global gemittelten troposphärischen **Strahlungsantriebe** (vgl. Tab. 27) bedeutet das bezüglich dem 1750–2000 eingetretenen Trend: 1.46 Wm^{-2} für CO_2, 2.43 Wm^{-2} für die CO_2-Äquivalente ohne O_3 (IPCC, HOUGHTON et al. 2001). Aus solchen Betrachtungen resultieren dann die Schätzwerte für die relativen Beiträge der einzelnen klimawirksamen Spurengase zum zusätzlichen anthropogenen Treibhauseffekt, wie sie in Tab. 27 (letzte Spalte) aufgelistet sind. Dabei dominiert offenbar der Beitrag des CO_2, dies ganz im Gegensatz zur entsprechenden Aufteilung hinsichtlich des natürlichen Treibhauseffektes (Tab. 27, vorletzte Spalte), bei dem diese Rolle dem Spurengas H_2O (Wasserdampf) zukommt. Es handelt sich dabei aber jeweils um die direkten Beiträge ohne Rückkopplungen. So erklärt sich der vernachlässigbar kleine *direkte* Anteil des H_2O beim zusätzlichen anthropogenen Treibhauseffekt aus der Tatsache, dass er mit der (natürlichen) Verdunstung des Weltozeans nicht konkurrieren kann. Wohl aber spielt H_2O als *indirekter* Verstärkungsfaktor eine bedeutsame Rolle, und zwar über die Erhöhung der Verdunstung (und dies aufgrund des Temperaturanstiegs).

Damit aber sind wir bei der wichtigen Frage gelandet, wie sich der atmosphärische CO_2- bzw. äquivalente CO_2-Konzentrationsanstieg während des Industriezeitalters **auf das Klima ausgewirkt** hat. Dies wird mit Hilfe der in Kap. 9.5 behandelten Klimamodellrechnungen simuliert und abgeschätzt. Dabei ist es zunächst ein Faktum, dass die anthropogenen Emissionen klimawirksamer Spurengase und die daraus resultierenden Veränderungen der Zusammensetzung der Atmosphäre aus physikalischen Gründen den Strahlungs- und Wärmehaushaltes der Atmosphäre (Kap. 4.2), dadurch die Zirkulation im Klimasystem (Kap. 5-7, zumindest in der Atmosphäre) und somit auch das Klima ändern *müssen*. Fraglich ist allein das **quantitative Ausmaß und die regionale Ausprägung** dieser zwingend eintretenden **anthropogenen globalen Klimaänderungen** sowie deren Überlagerung mit natürlichen Klimaänderungen. Abb. 156 zeigt, was nach dem gegenwärtigen Stand (2002) der deterministisch-physikalischen Klimamodellierung im Fall einer **Verdoppelung der atmosphärischen CO_2-Konzentration** die **Gleichgewichtsreaktion der global gemittelten bodennahen Lufttemperatur** sein sollte; vgl. Abb. 156 (in Anlehnung an ROECKNER 1988 sowie CESS et al. 1990 nach IPCC, HOUGHTON et al. 2001). Ohne Rückkopplungen besteht dabei offenbar völlige Einigkeit: Erhöhung um 1.2 K. Wird die H_2O(Wasserdampf)-Rückkopplung mit einbezogen, erhöht sich der Effekt (somit positive Rückkopplung) und es tritt eine gewisse, aber noch nicht erhebliche Unschärfe der Simulationsergebnisse auf. Die Gesamtsimulationen, d.h. mit allen berücksichtigten Rückkopplungen und mit Hilfe gekoppelter atmosphärisch-ozeanischer Zirkulationsmodelle (AOGCM, vgl. Kap. 9.5) führt zu einer Spanne von **2.1–5.1 K**. Somit besteht sogar hinsichtlich des globalen Temperaturmittelwertes eine nicht unerhebliche Unschärfe, die vor allem auf Probleme bei der Simulation der Bewölkung zurückgeführt wird (vgl. Kap. 9.5). Erwähnenswert ist, dass sich an dieser Spanne der durch Klimamodelle simulierten Gleichgewichtstemperaturreaktion im Laufe der letzten Jahrzehnte nicht viel geändert hat. So haben aufgrund der ersten und späteren relativ aufwendigen Simulationen die WMO (1985) 1.5–4.5 K, der erste IPCC-Bericht (HOUGHTON et al. 1990) 1.9–5.2 K und der zweite (HOUGHTON et al. 1996) 2.1–4.6 K angegeben.

Da sich das Klima jedoch nie im Gleichgewicht mit seinen Antriebsmechanismen befindet, muss auch der **zeitliche Ablauf** der zu erwartenden Klimaänderungen mit Hilfe **transienter Klimamodellrechnungen** (vgl. Kap. 9.5) abgeschätzt werden. Damit kommen weitere Unsicherheiten ins Spiel, da die Zeitverzögerungen (durch Spurengas-Verweilzeiten, Wärmekapazität des Ozeans usw.) nicht genau bekannt sind. Gegenwärtig werden einige Jahrzehnte beim Unterschied der transienten gegenüber der Gleichgewichtsreaktion auf eine atmosphärische (reine bzw. äquivalente) CO_2-Verdoppelung als realistisch angese-

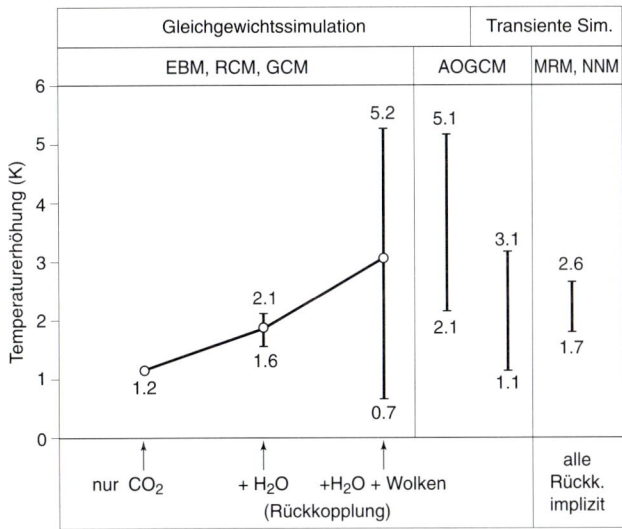

Abb. 156
Erhöhung der global und jährlich gemittelten bodennahen Lufttemperatur im Fall Verdoppelung der atmo-sphärischen CO_2-Konzentration gegenüber dem vorindustriellen Niveau, wobei die vertikalen Balken die Variationsbreite der Klimamodell-Simulationsergbenisse angeben (EBM = Energiebilanzmodelle, RCM = Strahlungskonvektionsmodelle, GCM = Zirkulationsmodelle, AOGCM = gekoppelte atmosphärisch-ozeanische Zirkulationsmodelle, MRM = multiple Regressionsmodelle, NNM = neuronale Netz-Modelle; zusammengestellt nach ROECKNER, 1988, CESS et al., 1990, SCHÖNWIESE et al., 1997, HOUGHTON et al., 2001, WALTER und SCHÖNWIESE, 2002).

hen. Die AOGCM-Modellrechnungen kommen dann statt der oben genannten erwartungsgemäß auf eine **geringere Temperaturreaktion**, nämlich derzeit (IPCC, HOUGHTON et al. 2001) 1.1–3.1 K.

Eine weitere zu berücksichtigende Tatsache ist, dass es neben dem zusätzlichen anthropogenen Treibhauseffekt, der im globalen Mittel in der unteren Atmosphäre zu einer Erwärmung führt, auch einen **troposphärischen Sulfataerosol-Effekt** gibt, der auf der ebenfalls anthropogenen SO_2-Emission beruht. Dieses durch Gas-Partikel-Umwandlungen entstehende anthropogene Sulfataerosol hat im globalen Mittel eine **kühlende Wirkung**, der vom IPCC (HOUGHTON et al. 2001) ein Strahlungsantrieb von rund –0.4 Wm^{-2} zugeordnet wird. Eine der ersten aufwendigen Klimamodellrechnungen (AOGCM), in der simultan sowohl der anthropogene Treibhaus- als auch Sulfataerosoleffekt berücksichtigt und für die Vergangenheit simuliert worden ist, stammt vom HADLEY-Klimaforschungszentrum (Bracknell, England; MITCHELL et al. 1995, s. auch IPCC, HOUGHTON et al. 1996); vgl. Abb. 157. Man erkennt, dass dadurch die langfristige Änderung der global gemittelten bodennahen Lufttemperatur sehr viel besser reproduziert werden kann (TR+SU in Abb. 157) als durch den äquivalenten CO_2-Effekt allein (TR in Abb. 157). Inzwischen liegen mehrere weitere vergleichbare Modellrechnungen vor (Deutsches Klimarechenzentrum, HASSELMANN et al. 1995; Princeton University, USA, HAYWOOD et al. 1997; HOUGHTON et al. 2001), die alle zu dem Ergebnis kommen, dass **seit etwa 1850/60** durch den **zusätzlichen anthropogenen Treibhauseffekt** die **global gemittelte bodennahe Lufttemperatur bereits um rund 1 K erhöht** worden ist, **abzüglich des Sulfataerosoleffekts um etwa 0.6 K**, in guter Übereinstimmung mit dem tatsächlich beobachteten Trend (vgl. Abb. 139).

Die **Zukunftsprojektionen** sind jedoch nach wie vor **sehr unsicher**. Dies hängt mit der großen Zahl und somit **Unsicherheit der Szenarien** zusammen, die jeweils alternative Annahmen über die anthropogene Emission von klimawirksamen Spurengasen (vgl. Abb. 158) und Aerosolen machen, aber auch der **Unsicherheit der Klimamodelle selbst** (vgl. Kap. 9.5), und zwar der schon länger bekannten Probleme wie z.B. in Zusammenhang mit der Simulation der Bewölkung (insbesondere Konvektionsbewölkung vgl. oben bzw. Kap. 9.5) und des Meereises, aber auch was Rückkopplungen mit der Vegetation bzw. dem Boden betrifft. Dabei ist u.a. unklar, ob im Zuge der anthropogenen Erwärmung der Boden als CO_2-Senke oder aber als Quelle fungiert, letzteres falls die steigende Temperatur dort zu verstärkter mikrobieller Aktivität führt. Unsicher ist auch die **Reaktion des Ozeans**, insbesondere im Bereich des **Nordatlantikstroms**

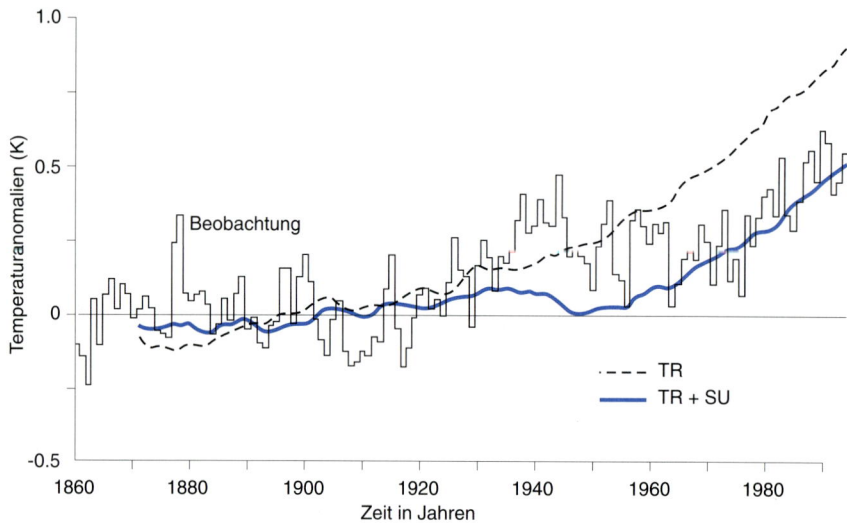

Abb. 157

Anstieg (Zeitreihe) der global gemittelten bodennahen Lufttemperatur 1860–1994 aufgrund der anthropogenen Spurengasemissionen (CO_2 usw.), d.h. anthropogenes Treibhausgassignal (TR), sowie kombiniert mit dem Effekt der troposphärischen Sulfataerosolbildung aufgrund anthropogener SO_2-Emissionen (TR+SU-Signal) aufgrund der Simulation mit einem gekoppelten atmosphärisch-ozeanischen Zirkulationsmodell (AOGCM, nach MITCHELL et al., 1995), verglichen mit den beobachten Jahresanomalien (vgl. Abb. 139, jedoch anderes Bezugsintervall, hier nach IPCC, HOUGHTON et al., 1996, verändert).

(nordöstlicher Ausläufer des Golfstroms, auch Golfstromtrift genannt, vgl. Kap. 6, Abb. 85), wo sich die **thermohaline Zirkulation abschwächen** und somit der Wärmetransport nach Norden/Nordosten verringern könnte (RAHMSTORF 1996, 1999; HOUGHTON et al. 2001). Eine Umkehrung der anthropogenen Erwärmung in eine Abkühlung gilt in diesem Zusammenhang zumindest für die kommenden etwa 100 Jahre als unwahrscheinlich (DMG 2001) und wenn sie eintritt, könnte sie auf den nordatlantisch-nordwesteuropäischen Raum beschränkt bleiben und nicht unbedingt auch ganz Europa erfassen.

Generell sind alle regional-jahreszeitlich differenzierenden Temperaturvorhersagen noch erheblich unsicherer als die global gemittelten; HEGERL et al. (1996) kommen beim Vergleich von AOGCM-CO_2-Verdoppelungsexperimenten verschiedener Klimamodellrechnungen und somit -typen zu Feldkorrelationen zwischen 1 % und 18 % gemeinsamer Varianz (r^2, vgl. Kap. 3.3.3) im Sommer und 12 % bis 24 % im Winter. Und noch viel unsicherer sind die Niederschlagsvorhersagen. Lediglich beim Meeresspiegelanstieg ist das Bild wieder übersichtlicher. Trotzdem sollen die **wichtigsten Klimamodellprojektionen 1990–2100 zum**

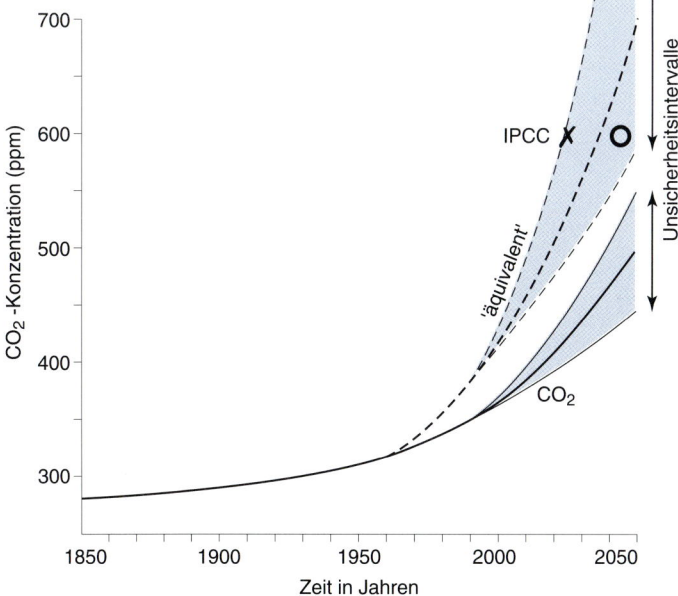

Abb. 158

Vergangene (seit 1850) und Trendfortschreibungsszenarien der atmosphärischen reinen sowie äquivalenten CO_2-Konzentration aufgrund anthropogener Emissionen (viele Quellen, insbesondere WIGLEY, 1984, TRICOT und BERGER, 1987, HOUGHTON et al., 1996, 2001, kombiniert und aktualisiert); X und O markieren die früheren IPCC-Bestschätzungen für eine annähernde CO_2-Konzentrationsverdoppelung (HOUGHTON et al., 1990 bzw. 1996); die neuesten IPCC-SRES-Szenarien (SRES: Special Report on Emission Scenarios, vgl. Text; (HOUGHTON et al., 2001) entsprechen in etwa den angegebenen Unsicherheitsintervallen.

anthropogenen Treibhauseffekt aufgrund der derzeitigen IPCC-Szenarienpakete (SRES-Szenarien mit insgesamt 35 Alternativen, SRES = IPCC **S**pecial **R**eport on **E**mission **S**cenarios) zusammenfassend genannt sein (IPCC, HOUGHTON et al. 2001):

- Anstieg der global gemittelten bodennahen Lufttemperatur um 1.4 bis 5.8 oder rund 1.5 bis 6 K;
- Anstieg der global gemittelten Meeresspiegelhöhe um 9 bis 88 cm oder rund 10 bis 90 cm;
- Abkühlung der Stratosphäre (im Vergleich mit der simultanen Erwärmung der unteren Atmosphäre sehr wahrscheinlich mit größerem Betrag);
- bei der bodennahen Temperatur relativ geringe Erhöhungen in den Tropen und zunächst auch in der Südhemisphäre, nordhemisphärisch Erwärmungseffekte in Richtung Arktis ansteigend, insbesondere im kontinentalen Winter, so dass auch in mittleren Breiten milde Winter häufiger werden könnten;
- Niederschlag in mittleren und hohen geographischen Breiten der Nordhemisphäre sowie der Antarktis höher, in den kontinentalen Bereichen der mittleren und subtropischen Breiten der Nordhemisphäre geringer, dabei zum Teil jahreszeitliche Veränderungen (z.B. in mittleren Breiten der Nordhemisphäre mehr Winter- und weniger Sommerniederschlag);
- verbreitet höhere Luftfeuchte, ausgenommen die Regionen, wo der Niederschlag markant zurückgeht;
- große Unsicherheiten bei Extremereignissen wie Starkniederschlägen, Dürren, Stürmen usw.

Bei den tropischen Wirbelstürmen wäre eigentlich plausibel, anzunehmen, dass sie im Zuge der Erwärmung der tropischen Ozeane häufiger und vielleicht auch intensiver werden könnten, da eine der Vorbedingungen das Überschreiten einer Meeresoberflächentemperatur (SST) von 26.5 °C ist. Doch sind die Simulationen in dieser Hinsicht widersprüchlich, was damit zusammenhängt, dass in den Tropen die maximale Erwärmung vorwiegend nicht bodennah, sondern in der mittleren Troposphäre erwartet wird, was zur Stabilisierung der Atmosphäre beiträgt und dadurch der Wirbelsturmentwicklung entgegenwirkt. Tatsächlich sind die Beobachtungen zur Sturmhäufigkeit generell so unterschiedlich (betrifft auch Tornados), so dass derzeit keine gesicherten Trendaussagen dazu möglich sind (IPCC, HOUGHTON et al. 2001).

Es fällt auf, dass viele der oben zusammengestellten Klimamodellvorhersagen zumindest qualitativ schon in den Beobachtungsdaten (vgl. Kap. 11.4) auftauchen, ganz im Sinn der Abb. 157, die als eine Art Verifikation der dort erfassten Klimamodellsimulation aufgefasst werden kann (allerdings dort nur hinsichtlich der global gemittelten bodennahen Lufttemperatur). Um aber solche Vergleiche der anthropogenen Klimamodell-Signale mit den Beobachtungsdaten durchzuführen, müssen auch die natürlichen Ursachen von Klimaänderungen (vgl. Kap. 11.5) und deren Effekte berücksichtigt werden. Dies geschieht in Kap. 13.1. Zuvor sollen aber noch weitere anthropogene Effekte kurz angesprochen werden.

12.4 Klima und Konflikte

Leider kann auch ein Klimalehrbuch an der Abscheulichkeit des Krieges nicht vorbeigehen, insbesondere wenn damit klimatologische Konsequenzen verbunden sind. Der denkbar schlimmste Fall, den wir unter allen Umständen verhindern müssen, ist ein **weltweiter Atomkrieg**. Ähnlich dem zusätzlichen anthropogenen „Treibhauseffekt" sind die klimatischen Konsequenzen auch in diesem Fall eine eigentlich ungewollte Nebenwirkung. Es hat den Anschein, als ob die wissenschaftlichen Studien, die für diesen Fall weltklimatische Folgen prophezeit haben (CRUTZEN und BIRKS 1982, GOLITSYN und McCRACKEN 1987) dazu beitragen konnten, die Hemmschwelle zu einem solchen menschenverachtenden Wahnsinn zu erhöhen und die politische Ost-West-Entspannung bestärkt uns in diesen Hoffnungen. Solange aber Nuklearwaffen existieren, ist die Gefahr nicht endgültig gebannt.

Die Klimamodellrechnungen und damit zusammenhängenden Schätzungen gehen davon aus, dass im Fall eines nuklearen Weltkrieges, mit Schwerpunkt in den Ballungszentren der Nordhemisphäre, durch Explosionen und Brände (auch Waldbrände) 100 bis 200 × 10^6 t Staub und Ruß zunächst in die unteren 3–5 km der Troposphäre emittiert würden. Hauptklimaeffekt wäre durch Absorption von Sonneneinstrahlung eine Erwärmung im oberen Bereich dieser Schicht und durch entsprechend verringerte atmosphärische Transmission ein Rückgang der bodennahen Lufttemperatur. Dieser wäre vermutlich im Sommer besonders drastisch und könnte regionale Abkühlungen um 10–20 K zur Folge haben, somit innerhalb von Tagen einen **„nuklearen Winter"** auslösen.

Nach einigen Monaten, so die Modellabschätzungen, würde die starke Erwärmung des oberen Bereichs der Staub- und Rußschicht durch Hebungs- und Mischungsprozesse eine mehr oder minder gleichmäßige Verteilung in der globalen Atmosphäre, möglicherweise sogar bis in die Stratosphäre hinein, bewirkt haben. Dies würde die Immission von Sonneneinstrahlung in der bodennahen Luftschicht um ca. 10–20 % herabsetzen, nunmehr als vieljähriger Weltklimaeffekt. Hatten frühere Abschätzungen noch das Gespenst einer künstlichen Kaltzeit („Eiszeit", Kap. 11.3) an die Wand gemalt, so stellt man sich heute eher Gegebenheiten vor, die der „Kleinen Eiszeit" (Kap. 11.4) entsprechen. Auch dies wäre freilich schlimm genug, da auch die Monsunregen und die stratosphärische Ozonschicht in Mitleidenschaft gezogen werden könnten, noch mehr weil die gleichzeitigen ökologischen und gesundheitlichen Belastungen („Rain out", radioaktive Strahlung) verheerend wären.

Längst nicht in diesem Ausmaß, aber beklagenswerterweise real waren die Maßnahmen, die der Irak im Golfkrieg (17.1.–28.2.1991) ergriffen hat, als er angesichts der Befreiung des 1990 annektierten Staates Kuwait vor seinem Rückzug große Mengen von Öl ins Meer leiten und etwa 500–600 **Ölquellen in Brand** setzen ließ. Dabei ist die CO_2-Emission mit rund 200 Mt (weniger als 1 % der „normalen" jährlichen anthropogenen Emission) vergleichsweise unbedeutend gewesen. Wichtiger war die Emission von schätzungsweise 5 Mt Ruß, die damals als klimawirksam diskutiert worden sind. Da Ruß, beispielsweise gegenüber CO_2, eine nur sehr geringe atmosphärische Verweilzeit aufweist (einige Tage), blieb das Problem regional beschränkt, und auch die maximal erreichte Höhe von 3–4 km sowie die Emissionsmenge lagen sehr weit unter dem Szenario des „nuklearen Winters". Schließlich haben sich die Modellrechnungen (BAKAN et al. 1991) bestätigt, dass maximal regionale Temperatureffekte um 2 K auftreten und globalklimatische Konsequenzen ausbleiben würden.

Kritischer sind die ökologischen Folgen anzusehen, obwohl darüber wenig berichtet worden ist. Das liegt wahrscheinlich daran, dass die großen Öltankerunfälle der letzten Jahre mindestens ebenso großen Schaden angerichtet haben. Was das Klima betrifft, so sollte man sich auch vor Augen halten, dass eine einzige starke explosive Vulkaneruption bedeutend mehr Aerosolpartikel in die Atmosphäre schleudert; im Fall des Pinatubo (1991; vgl. Kap. 11.5) waren es rund 25 Mt, und dies letztlich (nach den Gas-Partikel-Umwandlungen) in Form des besonders klimawirksamen Sulfataerosols mit Gipfelhöhen um 20–30 km, wo die stratosphärische Verweilzeit einige Jahre beträgt (Gesamttephra, einschließlich Magma, ca. 10×10^3 Mt). Der Tambora-Ausbruch (1815; vgl. Kap. 11.5) hat diese Zahlen sicherlich noch bei weitem übertroffen.

Bleibt zu hoffen, dass der „nukleare Winter" stets ein potentielles und somit nie eintretendes Szenario anthropogener Klimabeeinflussung bleibt und künstliche Brände von Waldgebieten (durch Brandstiftung, aber auch sog. Abflämmen von landwirtschaftlich genutzten Flächen) nicht außer Kontrolle geraten.

13 Querverbindungen

Die vielen Querverbindungen und Rückkopplungen im Klimageschehen, sowohl hinsichtlich der Ursachen als auch der Auswirkungen, erfordern besondere Betrachtungsweisen. So kann die vergleichende Signalanalyse, wobei die Signale die auf verschiedene Ursachen zurückgehenden Klimaeffekte sind, dazu beitragen, in den Klimabeobachtungsdaten anthropogene von natürlichen Einflüssen zu trennen, selbstverständlich unter Nutzung der Querverbindungen zwischen Klimadiagnostik und Klimamodellierung. Der stratosphärische Ozonabbau, auf den ersten Blick ein rein luftchemisches Problem mit biologischen Auswirkungen, weist bei näherer Betrachtung wichtige Querverbindungen zum Klima auf. Die Auswirkungen des Klimas und seiner Veränderungen, mit Blick auf die Vegetation schon in Kap. 10 behandelt, gehen sozioökonomisch gesehen weit darüber hinaus.

13.1 Vergleichende Signalanalyse

Während bei der Betrachtung der Strahlungsantriebe und der Ergebnisse der physikalisch orientierten Klimamodellrechnungen (insbesondere AOGCM, vgl. Kap. 9.5 und 11.5) i.A. einzelne Antriebsmechanismen erfasst werden, z.B. der vulkanische Einfluss auf das Klima (Kap. 11.5; s. auch GRAF et al. 1994, DENHARD et al. 1997, HOUGHTON et al. 2001) oder der zusätzliche anthropogene Treibhauseffekt (vgl. Kap. 12.3), ist es nun an der Zeit, zu einer vergleichenden Bewertung zu kommen. Insbesondere soll dabei der Frage nachgegangen werden, inwieweit sich die einzelnen **Klimasignale**, die sich den **einzelnen** – natürlichen bzw. anthropogenen – **Antriebsmechanismen** und somit Klimaänderungsfaktoren **zuordnen lassen**, in den **Klimabeobachtungsdaten auffindbar** und insbesondere **separierbar** sind. Eine besondere wissenschaftliche wie auch öffentliche Relevanz kommt dabei dem Problem zu, abzuschätzen und zu entscheiden, ob und in welchem Ausmaß sich der **Klimafaktor Mensch** von den natürlichen Klimavariationen bzw. dem kausal unerklärbaren „Klimarauschen" (vgl. Kap. 9.5 und 9.6) bzw. von beidem abhebt.

Dass dies nicht einfach sein kann, wird sofort klar, wenn man sich vergegenwärtigt, dass sich in den Klimabeobachtungsdaten sämtliche Einflussfaktoren, einschließlich aller Rückkopplungen widerspiegeln. In Zeitreihenorientierung hat man es jeweils mit nur einer Wirkungsgröße zu tun, auch wenn das im Einzelfall die global gemittelte oder regional gemittelte oder lokale Temperatur in irgendeiner zeitlichen Auflösung in irgendeiner Jahreszeit oder der Niederschlag oder noch ein anderes Klimaelement sein kann. Dem stehen jeweils mehrere Einflussgrößen-Zeitreihen gegenüber.

Die Lösung des Problems ist jedoch deswegen nicht hoffnungslos, weil sich die verschiedenen Ursache-Wirkung-Mechanismen in unterschiedlichen zeitlichen sowie räumlichen Größenordnungen abspielen, somit eine bestimmte **charakteristische Skaligkeit** aufweisen. Zudem ist die **Signalstruktur** insofern unterschiedlich, als beispielsweise ein explosiver Vulkanausbruch aufgrund der auf wenige Jahre begrenzten Verweilzeit der klimawirksamen stratosphärischen Sulfataerosolpartikel nur entsprechend kurzzeitig und somit episodisch Einfluss nimmt, mit dem stärksten Effekt i.A. ein Jahr nach dem jeweiligen Ausbruch (vgl. Kap. 11.5, insbesondere Abb. 150), die klimawirksamen Spurengase jedoch anthropogen in Form eines progressiv steigenden Trends einwirken (vgl. Kap. 12.3, insbesondere Abb. 158).

Konkret ist es am besten, vom relativ einfachen physikalischen Hintergrund auszugehen, wie es die troposphärisch und global gemittelten direkten **Strahlungsantriebe** darstellen (vgl. Kap. 11.5). In der Zeitskala interannuär bis säkular (mehr- bis ca. 200-jährig; größere Zeitskala s. Kap. 11.5, Tab. 24) und beschränkt auf großräumig wirksame Vorgänge (somit z.b. ohne Stadtklima, vgl. Kap. 12.2) bedeutet dies eine Zusammenstellung der Vorgänge, die sich auf das **Industriezeitalter** beziehen und zum zusätzlichen anthropogenen Treibhauseffekt in Konkurrenz stehen (natürliche und weitere anthropogene Faktoren). In Anlehnung und Ergänzung an die IPCC-Befunde (HOUGHTON et al. 2001) ergibt sich dann die folgende (sicherlich nicht vollständige) Auflistung, vgl. Tab. 29:

* **klimawirksame Spurengase** (Treibhausgase, zusätzlicher anthropogener Treibhauseffekt);
* **troposphärisches Sulfataerosol**;
* **Albedoveränderung** der Erdoberfläche (durch Landnutzungseffekte);
* **Flugverkehr** (Emissionen und Kondensstreifenbildung);
* explosiver **Vulkanismus**;
* Veränderung der solaren Einstrahlung durch **Sonnenaktivität**;
* **ENSO** (El-Niño-Southern-Oscillation-Mechanismus);
* unerklärte und somit i.A. als **stochastisch aufgefasste Varianz**.

Offenbar sind die ersten vier dieser Vorgänge anthropogen, die anderen natürlichen Ursprungs.

Da zwar die meisten (vgl. Kap. 11.5 und 12.3), aber nicht alle diese Vorgänge bereits mehr oder weniger detailliert behandelt worden sind, sind bis auf wenige Ausnahmen ergänzende Hinweise hier nicht notwendig, zumal es nicht um diese Details, sondern nun um den relativen Vergleich geht. Dabei ist zunächst wichtig, dass die troposphärischen Sulfatpartikel nicht das einzige **klimawirksame Aerosol** sind (s. z.B. CHARLSON et al. 1999, HOUGHTON et al. 2001). Hinzu kommen

Tab. 29 Mittlere globale troposphärische Strahlungsantriebe (Vorzeichen +: Erwärmung, –: Abkühlung) ca. 1750–2000 nach IPCC, anthropogene Einflüsse farbig unterlegt, und zugehörige empirisch-statistisch geschätzte bodennahe Temperatursignale 1866–1998; Quellen: HOUGHTON et al. 2001, Vulkanismus nach MCCORMICK et al. (1995), Signale nach SCHÖNWIESE et al. (1997), WALTER et al. (1998) und WALTER (2001).

Einfluss (Klimafaktor)	Vorz.	Strahlungsantrieb	Signal	Signalstruktur
„Treibhausgase" (TR)	+	2.4 (2.2–2.7) Wm^{-2} [*]	0.9–1.3 K	progressiver Trend
Troposphär. Sulfat (SU)	–	0.4 (0.2–0.8 Wm^{-2}	0.2–0.4 K	uneinheitlicher Trend
Kombiniert (TR + SU)	+	~2 Wm^{-2}	0.5–0.7 K	uneinheitlicher Trend
Albedo (Landnutzung)	–	0.2 (0–0.4) Wm^{-2}	–	(Trends?)
Flugverkehr (Cirrus)	+	< 0,1 Wm^{-2}	–	(Trend?)
Vulkaneruptionen	–	max. ~3 Wm^{-2} [**]	0.1–0.2 K	episodisch (1–3 Jahre)
Sonnenaktivität	+	0.3 (0.1–0.5) Wm^{-2}	0.1–0.2 K	fluktuativ
El Niño (ENSO)	+	– (interner Vorgang)	0.2–0.3 K	episodisch (Monate)
2×CO$_2$, Gleichgewicht	+	4.4 Wm^{-2}	2.1–3.9 K [***]	progressiver Trend
2×CO$_2$, transient	+	4.4 Wm^{-2}	1.7–2.6 K [***]	progressiver Trend

[*] ohne O$_3$, das troposphärisch ca. +0.3 Wm^{-2}, stratosphärisch ca. –0.1 Wm^{-2} beiträgt; vgl. Tab. 26,

[**] Pinatubo: 1991 → 2.4 Wm^{-2}, 1992 → 3.2 Wm^{-2}, 1993 → 0.9 Wm^{-2} (MCCORMICK et al., 1995),

[***] AOGCM (vgl. Abb. 156) Gleichgewicht 2.1–5.1 K, transient 1.1–3.1 K (IPCC 2001).

zumindest noch weitere Schwefelverbindungen, Ruß („black carbon"), mineralische Partikel, diverse organische Kohlenstoffverbindungen und Pflanzenpollen. Dabei ist aber der Strahlungsantrieb größtenteils noch nicht einmal hinsichtlich des Vorzeichens, geschweige denn quantitativ genau bekannt. Lediglich den Rußpartikeln wird ein positiver Strahlungsantrieb von ca. 0.2 Wm^{-2} zugeordnet (beim mineralischen Aerosol werden ±0.5 Wm^{-2} angegeben; jeweils nach IPCC, HOUGHTON et al. 2001). Hinzu kommt, dass es sich bei den in Tab. 29 angegebenen Zahlen nur um die direkten Strahlungsantriebe handelt, aber gerade beim Aerosol die indirekten Effekte erheblich wirksamer sein können, beispielsweise durch Veränderung der optischen Eigenschaften von Wolken; das IPCC (HOUGHTON et al. 2001) gibt daher potentiell für das gesamte Aerosol eine Spanne des indirekten Strahlungsantriebs von 0–2 Wm^{-2} an, und zwar mit negativem Vorzeichen.

Beim **Flugverkehr** ist der Strahlungsantrieb bisher äußerst gering und im Wesentlichen auf die **Kondensstreifenbildung** zurückzuführen, welche den Anteil an der Cirrus-Bewölkung erhöht. Da Eiswolken (im Gegensatz zu Wasserwolken) den Treibhauseffekt verstärken, ist dieser Strahlungsantrieb positiv; er könnte sich in den nächsten Jahrzehnten deutlich erhöhen, falls sich die projektierten Steigerungsraten im Flugverkehr bewahrheiten. Der Klimaeffekt des Landverkehrs ist im Strahlungsantrieb für die klimawirksamen Spurengase enthalten (Zahlenangaben zu den einzelnen Gasen s. Kap. 12.3).

Die **natürlichen Strahlungsantriebe**, die auf den Vulkanismus und die Sonnenaktivität zurückgehen, sind bereits in Kap. 11.5 genannt und erläutert worden. Auch ist dort darauf hingewiesen worden, dass **internen Vorgängen im Klimasystem**, insbesondere atmosphärisch-ozeanischen Wechselwirkungen, wie sie im Fall des ENSO-Mechanismus (vgl. Kap. 6.3) vorliegen, kein Strahlungsantrieb zugeordnet werden kann. Das gilt auch für die Nordatlantik-Oszillation (NAO, vgl. Kap. 5.3.9) und andere derartige Zirkulationsindizes bzw. Vorgänge. Zu möglichen **stochastischen Variationen**, die ebenfalls auf solche Wechselwirkungen zurückzuführen sein können, gibt es eine Klimamodellrechnung von WIGLEY et al. (1991), wonach dies bei der bodennahen global gemittelten Lufttemperatur maximal eine Amplitude von 0.3 K hervorrufen sollte.

In Tab. 29 fällt nun auf, dass der Strahlungsantrieb der klimawirksamen Spurengase und somit der **zusätzliche anthropogene Treibhauseffekt** – abgesehen vom Vulkanismus – bei weitem den **größten Strahlungsantrieb** aufweist. Für die Zeit seit ca. 1860 ist in Kap. 11.3 (vgl. dortige Abb. 157) bereits die zugehörige **AOGCM-Signalschätzung** für die bodennahe global gemittelte Lufttemperatur genannt worden: ca. 1 K (Temperaturerhöhung, da positiver Strahlungsantrieb). Nutzt man nun die relativ kurzen Rechenzeiten **empirisch-statistischer Modelle** (hier Regressionen und neuronale Netze; vgl. Kap. 9.6) und somit die Möglichkeit, relativ viele Einflussgrößen simultan berücksichtigen zu können, so resultiert daraus die Abschätzung 0.9–1.3 K (je nach statistischem Ansatz, auch bei der Parametrisierung der Einflussgrößen-Zeitreihen; nach SCHÖNWIESE et al. 1997, WALTER et al. 1998, WALTER 2001), in sehr guter Übereinstimmung mit den AOGCM-Simulationen (vgl. hierzu auch CUBASCH und KASANG 2000; IPCC, HOUGHTON et al. 2001). In Abb. 159 ist eine solche statistische Zeitreihen-Abschätzung zu sehen (neuronales Netz, Walter 2000), wobei in diesem Fall das anthropogene Treibhaussignal 1856–1998 (TR) rund 1.1 K beträgt; vgl. dazu AOGCM-Simulation, Abb. 157.

Die gleiche statistische Abschätzung, s. wiederum Abb. 159, liefert für das ebenfalls **anthropogene Sulfataerosolsignal** (SU) rund –0.4 K (Abkühlung, da negativer Strahlungsantrieb), für die Summe (TR + SU) +0.8 K, was nicht nur erneut mit der AOGCM-Simulation recht gut übereinstimmt, sondern auch mit dem beobachteten relativ langfristigen Trend (vgl. dazu auch Abb. 139). Nun geht im statistischen Fall die Reihe der Signalabschätzungen noch weiter und liefert für die dabei berücksichtigten weiteren, und zwar natürlichen Antriebsmechanismen (Vulkanismus, Sonnenaktivität, ENSO), vgl. Tab. 29, Signale in der Größenordnung von 0.1–0.3 K (mit unterschiedlichem Vorzeichen). Dies würde bedeuten,

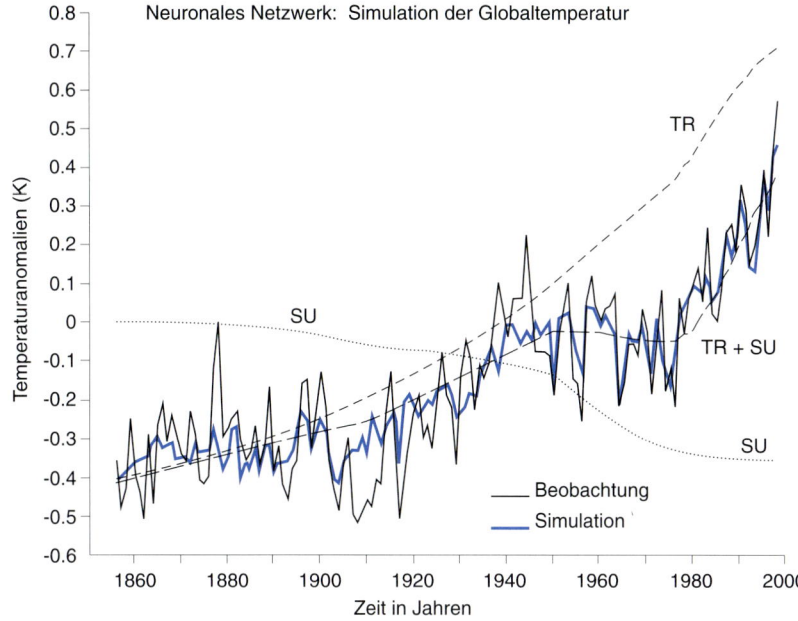

Abb. 159
Veränderung (Zeitreihe) der global gemittelten bodennahen Lufttemperatur 1856 – 1999, vgl. Abb. 157, d.h. anthropogenes Treibhausgassignal (TR), ebenfalls anthropogenes Sulfataerosolsignals (SU), Kombination aus beidem (TR + SU) sowie Gesamtsimulation unter Einschluss der Wirkung der Sonnenaktivität, des explosiven Vulkanismus und des ENSO-Mechanismus, gepunktet, aufgrund der Reproduktion durch ein neuronales Netz-Modells (NNM, nach Walter, 2001, bzw. Walter und Schönwiese, 2002), wiederum verglichen mit den beobachteten Jahresanomalien (vgl. Abb. 139).

dass auch der Vulkanismus, trotz erheblichem, aber eben nur sehr kurzzeitigen Strahlungsantrieb pro explosivem Vulkanausbruch (vgl. Charakterisierung der Signalstruktur in Tab. 29), in seiner Klimaeffektivität deutlich hinter den klimawirksamen Spurengasen zurückbleibt. Weiterhin bedeutet dieses Ergebnis, dass wahrscheinlich – zumindest bei der global gemittelten bodennahen Lufttemperatur – der **relativ langfristige Trend anthropogen** und nur die **überlagerten Fluktuationen und Anomalien natürlichen Ursprungs** sind. Abb. 159 zeigt, dass auch dies und somit die Beobachtungsdaten empirisch-statistisch anhand der genannten fünf Einflüsse (die anderen in Tab. 29 aufgelisteten Einflüsse werden bei diesem Ansatz somit vernachlässigt) bereits gut reproduziert werden kann (Varianzerklärung 84 %; alle Details dazu s. Walter 2001).

Da multiple lineare (oder fast lineare) Regressionsmodelle in ihrer Varianzerklärung nicht wesentlich schlechter sind und zudem – da sie keine „Black-Box-Methoden sind – weitergehende Analysen zulassen, soll auch dieser Weg hier kurz vorgestellt werden. Geht man dabei **sukzessiv** vor, d.h. sucht man zunächst die Einflussgröße, die mit dem betrachteten Klimaelement den besten Zusammenhang (d.h. höchster Korrelationskoeffizient r, somit auch höchste erklärte Varianz r^2) aufweist, verfährt mit dem Residuum entsprechend usw., bis alle Einflussgrößen erfasst sind, erhält man eine **Wichtungsreihung**, die einschließlich dem unerklärten Residuum die Summe von 100 % ergibt. Dieses unerklärte Residuum kann statistisch auch noch dahingehend getestet werden, ob es Struktur und somit noch weitere unentdeckte determinierte Einflüsse enthält, oder ob es reine Zufallseigenschaften aufweist und daher als unstrukturiertes Zufallsrauschen aufgefasst werden kann.

Tab. 30 enthält für die Zeitspanne 1900–1998 die Ergebnisse einer solchen Analyse (etwas modifiziert, da dabei auch EOF-Techniken eingegangen sind, vgl. Kap. 3), wobei die gleichen Einflüsse wie oben (aber zusätzlich NAO bei der Europa-Betrachtung), als Klimaelemente aber neben der bodennahen global gemittelten Lufttemperatur (Varianzerklärung hier insgesamt knapp 80 %) auch Gitterpunktdaten der Temperatur und des Luftdrucks (in Meeresspiegelhöhe), bei der Regionalbetrachtung Europa auch des Niederschlags enthalten sind. Man erkennt, dass bei der Globaltemperarur ca. 60 % der Varianz durch den anthropogenen Treibhauseffekt erklärt werden, aber beispielsweise nur ca. 6 % durch den Vulkanismus und nur ca. 4 % durch die Sonnenaktivität. Der unerklärte Rest von etwas mehr als 20 % Varianz weist überwiegend keine Struktur auf. Testet man nun die zeitliche Evolution des anthropogenen Treibhaussignals gegenüber der Zeitreihe, welche die unerklärte (unstruktrierte und strukturierte) Varianz repräsentiert, so kommt man zu dem Ergebnis, dass dieses Signal bereits im Jahr 1973 die 99.9 %-Signifikanzgrenze überschritten hat; s. Abb. 160. Testet man alternativ gegen die Summe aus unerklärtem und natürlichem „Rauschen" (d.h. wird von der ursprünglichen Klimazeitreihe nur das anthropogene Signal TR + SU abgezogen, vgl. oben) so verschiebt sich dieses „**Signalentdeckungsjahr**" auf 1989; vgl. wiederum Abb. 160.

Es gibt bei diesem Vorgehen aber einige **Probleme**. So sind beispielsweise die Korrelationen mit den natürlichen Einflussgrößen bedeutend höher, wenn man nicht den Zusammenhang mit der jeweiligen Residuum-Zeitreihe, sondern mit der ursprünglichen untersucht (dazu ist Kap. 11.5 bereits der Wert r^2 = 57 % für eine bestimmte Variante des solaren Einflusses 1856–1998 angegeben worden; für den Vulkanismus 1900–1998 findet man r^2 = 11 %). Weiterhin zeigt Tab. 28, dass beim Übergang zu regionalen Betrachtungen sowohl die gesamte als auch die Treibhaussignal-Varianz erheblich abnimmt, ganz extrem im Fall des Niederschlags, wo in Europa 83 % der Varianz als unstrukturiertes Zufallsrauschen erscheint.

Trotzdem ist es wichtig, die verschiedenen Signale und dabei insbesondere die anthropogenen auch in den regionalen Strukturen der Klimaänderungen aufzufinden und gegenüber den Beobachtungsdaten zu testen. Ausgehend von AOGCM-Simulationen, welche die zeitlich-räumlichen Signalstrukturen liefern, spricht man bei diesem Vorgehen von der **Fingerprint-Methode**, die zu einer Entdeckungswahrscheinlichkeit des anthropogenen Treibhaussignals von etwa 95 % geführt hat (HASSELMANN 1997, HEGERL et al. 1997; vgl. auch CUBASCH und

Tab. 30 Erklärte Varianzen (bei sukzessiver Korrelationsanalyse 1900–1998, vgl. Text) durch die angegebenen Einflüsse, wie sie sich bei der empirisch-statistischen Analyse verschiedener Datensätze ergeben; dabei bedeuten: Temp. = bodennahe Lufttemperatur, Druck = auf Meeresspiegelhöhe reduzierter Luftdruck; GL = globaler Mittelwert, ZM = zonale Mittelwerte (Anzahl und somit Auflösung in Klammern), GP = Gitterpunkte (ebenfalls Anzahl in Klammern); der durch die betrachteten Einflüsse nicht erklärbare Rest (Residuum) enthält zum Teil noch etwas Struktur (was weitere unbekannte Ursachen vermuten lässt), während der unstrukturierte Rest statistische Zufallscharateristika aufweist; Quelle: GRIESESR et al. 2000.

Einfluss (Klimafaktor)	Globale Datensätze				Europäische Datensätze		
	Temp., GL	Temp., 8 ZM	Temp., 72 GP	Druck, 62 GP	Temp., 52 GP	Druck, 44 GP	Niederschlag, 83 GP
„Treibhausgase"*)	59.9%	35.7%	19.0%	0.5%	7.6%	0.6%	3.5%
Sulfatpartikel*)	3.1%	0.2%	3.2%	9.6%	1.5%	3.5%	1.4%
Vulkanismus	6.0%	6.7%	4.0%	5.1%	0.8%	2.0%	1.1%
El Niño	4.2%	6.2%	7.1%	5.7%	0.1%	0.4%	1.4%
Sonnenaktivität	4.2%	0.3%	2.2%	3.2%	2.1%	0.9%	1.3%
Nordatlantikoszillation	0.0%	0.0%	2.6%	3.1%	8.9%	20.2%	4.2%
Gesamt**)	79.7 (77.4)%	51.0 (49.1)%	38.8 (38.1)%	29.1 (27.2)%	21.3 (21.0)%	27.8 (27.6)%	13.2 (12.9)%
Rest, strukturiert	4.7%	ca. 10%	7.1%	7.6%	10.5%	3.8%	3.8%
Rest, unstrukturiert	15.6%	ca. 40%	54.1%	63.3%	68.2%	68.4%	83.0%

*) anthropogen,
**) Wegen der Kovarianzen der Einflüsse ist die statistisch erklärte Gesamtvarianz nicht exakt gleich der in Klammern angegebenen Summen der Einzelvarianzen.

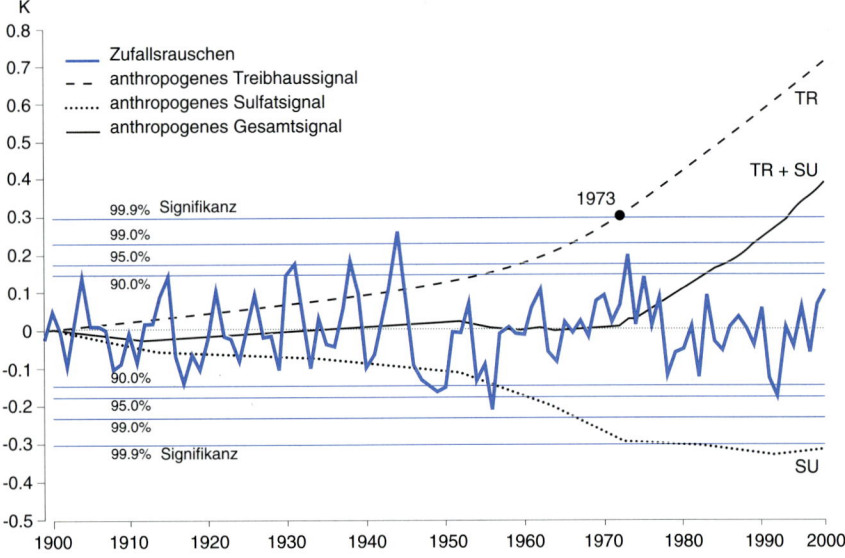

Abb. 160
„Zufallsrauschen" der global gemittelten bodennahen Lufttemperatur 1900–1998, nachdem alle durch Treibhausgase, troposphärisches Sulfataerosol (jeweils anthropogene Anteile), Sonnenaktivität, explosiven Vulkanismus und ENSO erklärbaren Varianzanteile mittels sukzessiver multipler Regression von den Originaldaten subtrahiert worden sind, zugehörige Signifikanzschwellen (horizontale Linien) und anthropogene Signalzeitreihen (ähnlich Abb. 159) TR sowie TR+SU, wobei TR ab 1973 die 99.9 %-Signifikanzschwelle überschreitet (nach GRIESER, STAEGER und SCHÖNWIESE, 2000).

KASANG 2000). Das IPCC (HOUGHTON et al. 2001) vermeidet die Angabe solcher definitiver Wahrscheinlichkeiten, weil sie allesamt problematisch sind, kommt aber hinsichtlich anthropogener Klimaänderungen zu dem Schluss: *„There is new and stronger evidence that most of the warming observed over the last 50 years is attributable to human activities* (Es gibt neue und stärkere Hinweise darauf, dass der größte Teil der in den letzten 50 Jahren beobachteten Erwärmung menschlichen Aktivitäten zugeordnet werden kann)".

13.2 Stratosphärischer Ozonabbau

Variationen der stratosphärischen Ozon(O_3)-Konzentration (vgl. Kap. 2.1), die sowohl **chemische als auch dynamische Ursachen** haben können, führen weniger zu klimatologischen als vielmehr zu biologischen Effekten. Da es jedoch einige Querverbindungen zwischen dem stratosphärischen Ozonabbau und dem Klima der unteren Atmosphäre gibt, soll dieser im Wesentlichen **luftchemische Problemkreis** hier kurz behandelt werden; Details s. Literatur (insbesondere FABIAN 1992, GRAEDEL UND CRUTZEN 1994, WMO 1999, ZELLNER 2000).

Die biologischen Effekte beruhen auf der Eigenschaft von O_3, die solare Einstrahlung im Wellenlängenbereich < 0.3 µm (UVB und UVC, vgl. Kap. 4.1 und 4.2) zu absorbieren und damit von der unteren Atmosphäre fernzuhalten, wobei sich ein relatives O_3-Maximum in etwa 20–25 km Höhe (Stratosphäre; vgl. Abb. 3–5) befindet. Die wichtigsten **biologischen Konsequenzen** einer zu starken UV-Bestrahlung (UVB; vgl. auch Kap. 10) sind Haut- und Sehschäden bei Mensch und Tier, einschließlich erhöhter Hautkrebsraten, Schädigungen einiger Pflanzenarten (diskutiert werden z.B. Sojabohnen, Winterweizen, Baumwolle und Mais) einschließlich des marinen Phytoplanktons mit Auswirkungen auf die dortige Nahrungskette sowie erhöhte Mutationsraten. Da die **ozeanische CO_2-Aufnahme** teilweise über das Phytoplankton („biologische Pumpe") abläuft, würde eine drastische stratosphärische O_3-Abnahme den Treibhauseffekt verstärken; dies ist eine der Querverbindungen zum Klima.

Wie Abb. 5 gezeigt hat, ist das stratosphärische O3 meridional und jahreszeitlich keinesfalls gleich verteilt. Vielmehr findet man über den Tropen ständig ein markantes relatives Minimum, das man durchaus als natürliches „Ozonloch" bezeichnen könnte, falls man – wie üblich – mit dem übertreibenden Wort „Loch" eine relativ geringe Konzentration meint. Natürliche Maxima befinden sich im polaren bzw. subpolaren Frühjahr beider Hemisphären. Natürliche Variationen

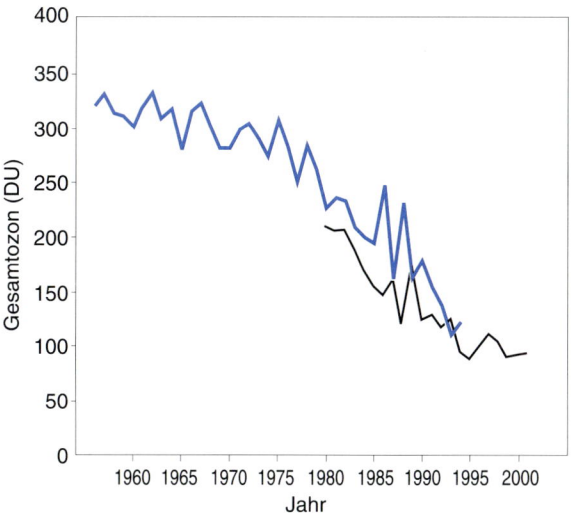

Abb. 161

Atmosphärische Gesamtozonkonzentration 1957–2001 in Dobson-Einheiten (DU), Monat Oktober, an der antarktischen Station Halley Bay (76°S) aufgrund von bodengebundenen, Messungen (blaue Kurve) sowie Satellitenmessungen (Total Ozone Monitoring Spectrometer, TOMS), (schwarze Kurve) (nach FARMAN et al., 1985, ergänzt nach INTERNET-Daten, hier nach SCHMIDT et al., 2001). Da die stratosphärische Ozonkonzentration viel höher als die troposphärische ist (vgl. Kap. 2.1.1), weist diese Darstellung auf den stratosphärischen Ozonabbau über der Antarktis im dortigen Frühjahr hin, der insbesondere in der Zeit ca. 1975–1995 sehr ausgeprägt gewesen ist und zu einer Abnahme um rund 70 % geführt hat.

werden im Wesentlichen vom Vulkanismus (negative Korrelation), solarer Aktivität und der stratosphärischen Strömungsdynamik hervorgerufen.

Die **zeitlichen Variationen** zeigen beispielsweise die Messungen an der Station Halley Bay (Antarktis), s. Abb. 161, repräsentativ für die besonders starke beobachtete O_3-Abnahme, wobei u.a. zeitweise eine strömungsdynamisch bedingte quasi-zweijährige Oszillation (QBO; vgl. Kap. 5.5) in Erscheinung tritt. Überlagert ist ein erst sehr langsamer, seit ca. 1977/78 aber verstärkter Abwärtstrend, der in seinem **maximalen Betrag im antarktischen Frühjahr** auftritt und dort als „Ozonloch" bezeichnet wird. Die später entdeckten, deutlich weniger intensiven stratosphärischen O_3-Abnahmen im nordhemisphärischen Frühjahr haben in Analogie dazu den Namen „Mini-Ozonlöcher" bekommen.

Nachdem bereits MOLINA und ROWLAND (1974) auf theoretischem Weg zu entsprechenden Befürchtungen gelangt sind, allerdings bei quantitativ erheblicher Unterschätzung des dann tatsächlich eingetretenen Phänomens, hat sich der Verdacht erhärtet, dass die schon als Treibhausgase bekannten **FCKW** (vgl. Tab. 27) und somit der Mensch für den stratosphärischen Ozonabbau verantwortlich sein könnten, auch wenn es natürliche – allerdings vermutlich weitaus weniger ausgeprägte – Variationen gibt. In Tab. 31 sind darüber hinaus noch weitere **Ozonbabbaukatalysatoren** (nach ZELLNER 2000) zusammengestellt, wozu neben den FCKW-Gasen vor allem noch die **Halone**, die bestimmte Bromverbin-

Tab. 31 Übersicht einiger Charakterstika stratosphärischer Spurengase (Bezugshöhe 20 km), die zum dortigen Ozonabbau beitragen, mit OZP = relatives molekulares Ozonzerstörungspotential und THP = relatives molekulares Treibhauspotential (vgl. Tab. 27); Quellen: ZELLNER (2000), IPCC, HOUGHTON et al. (1996, 2001), CRUTZEN und MÜLLER (1989).

Spurengas	Lebenszeit	Konzentration um 1995	Trend (a^{-1}) 1980–1989	Trend (a^{-1}) um 1995	OZP	THP
$CFCl_3$ (FCKW-11)	50 a	0.27 ppbv	+3.9%	−0.2%	1	4000
CF_2Cl_2 (FCKW-12)	100 a	0.53 ppbv	+ 3.2%	+1.1%	1	8500
$CHClF_2$ (FCKW-22)	13 a	0.12 ppbv	+ 4.8%	+4.8%	0.05	1700
CCl_4	40 a	0.10 ppbv	+1.5%	−0.8%	1.2	1400
Gesamtchlor		3.6 ppbv	+3.1%	−0.9%		
CF_2ClBr (Halon 1211)	20 a	3.4 pptv	+12%	+3.2%	2–3	?
$CBrF_3$ (Halon 1301)	65 a	2.3 pptv	+20%	+3.0%	5–8	5600
CH_3Br	2 a	~10 pptv	+3(±1)%	?	?	?
Gesamtbrom		~ 15 pptv	+7.4%	+3.0%		
CH_4	15 a	1.75 ppmv	+0.8%	+0.3%	–	24.5
N_2O	120 a	0.31 ppmv	+0.25%	+0.25%	0.05	320

dungen sind, gehören. Alle diese Gase gelangen trotz ihres hohen Molekulargewichts zweifellos auch in die Stratosphäre (Diffusion, vgl. Kap. 2.1), wobei eine Transportzeit von 5–10 Jahren als Richtwert gilt. Für die dann ablaufenden chemischen Prozesse gibt es mehrere Hypothesen.

Weitgehend anerkannt ist die Hypothese von CRUTZEN und ARNOLD (1986), die hier nur in ihrem Ergebnis wiedergegeben werden kann: Die strömungsdynamisch polwärts transportierten FCKW-Moleküle werden im polaren Winter in den dann entstehenden **niederstratosphärischen Wolken** (PSC = polar stratospheric clouds) sozusagen gefangen, wobei der Isolations- und Akkumulationsvorgang im Bereich der Antarktis besonders begünstigend ist. Denn der wegen der geographischen Anordnung um die Antarktis entwickelte ozeanische Ringstrom steht in Wechselwirkung mit einer entsprechenden ringförmigen Westwindzone. Hinzu kommt der im Winter intensive Stratosphärenwirbel (Kap. 5.5). Auch die dabei entstehenden **extrem tiefen Temperaturen** bilden eine der **Vorbedingungen** (< –70 °C). Wenn dann im **antarktischen Frühjahr** aber die intensive Sonneneinstrahlung in Gang kommt, lösen sich die PSCs auf, die FCKW-Moleküle werden gespalten und die darin enthaltenen **Chloratome werden frei.**

Einer der Zyklen, die dann zum O_3-Abbau in der Stratosphäre führen, lautet wie folgt, nachdem in diesem Fall Cl zu ClO oxidiert ist (ZELLNER 2000):

$$ClO + ClO + M \rightarrow Cl_2O_2 + M \tag{13.1}$$

$$Cl_2O_2 + hv \rightarrow Cl + ClO_2 \tag{13.2}$$

$$ClO_2 + M \rightarrow Cl + O_2 + M \tag{13.3}$$

$$\underline{2\ Cl + 2O_3 \rightarrow 2\ ClO + 2O_2} \tag{13.4}$$

$$netto\ \ 2\ O_3 + hv \rightarrow 3\ O_2 \tag{13.5}$$

Dabei steht M für ein Molekül, das unverändert aus der Reaktionskette wieder hervorgeht und hv für die Energie der oben angegebenen Wellenlänge. Wie Tab. 31 ausweist, wirken als ozonzerstörende Spurengase (Quellgase) verschiedene FCKW-Substanzen, aber auch andere Chlorverbindungen. Ähnlich verläuft der O_3-Abbau über Br bzw. BrO, wobei als Quellgase die ebenfalls die in Tab. 31 angegebenen Halone, aber auch CH_3Br wirken. Schließlich agieren auch CH_4 und N_2O als Katalysator des stratosphärischen Ozonabbaus.

Eine weitere wichtige Querverbindung vom stratosphärischen Ozonabbau zum anthropogenen **Treibhauseffekt** besteht darin, dass der Treibhauseffekt durch die **Abkühlung der Stratosphäre den dortigen Ozonabbau begünstigt.** Dies hat andererseits Klima-Folgen, die sich zunächst in einem weiteren Temperaturrückgang der Stratosphäre und somit in Form eines **Rückkopplungsvorgangs** äußern, da weniger O_3 wegen der dann verringerten Absorption solarer Strahlung die Stratosphäre abkühlt. Tatsächlich ist daher der stratosphärische Temperaturrückgang der Südhemisphäre erheblich größer als der der Nordhemisphäre (vgl. Kap. 11.4). Schließlich führt der stratosphärische O_3-Abbau auch zu einem **troposphärischen Strahlungsantrieb**, der allerdings mit –0.1 Wm^{-2} sehr klein ist (IPCC, HOUGHTON et al. 2001).

Nachdem durch FARMAN et al. (1985), vgl. dazu Abb. 161, auf den drastischen
O_3-Rückgang im antarktischen Frühjahr hingewiesen worden und dies in der
Öffentlichkeit recht rasch als „Ozonloch"-Effekt bekannt geworden war, hat die
Politik erfreulich rasch reagiert (Übersicht dazu siehe BMBF 1997). Wichtig ist dabei vor allem das „Montrealer Protokoll" (1987), in dem sich die UN-Mitglied-
staaten verpflichteten, die FCKW-Produktion auf dem Niveau von 1986 einzu-
frieren, bis 1994 um 20 % und bis 1999 um 50 % zu reduzieren, sowie seine
Verschärfung durch das „Kopenhagener Abkommen", in dem die Reduktionszie-
le zeitlich vorgezogen und ab 1996 die FCKW-Produktion ganz eingestellt werden
sollte

Diese Maßnahmen zeigen Erfolge. ENGEL et al. (1998) weisen nämlich darauf
hin, dass die FCKW-Trends in der Stratosphäre mittlerweile rückläufig sind. In der
Troposphäre nimmt die FCKW-12-Konzentration ab ca. 1992, die FCKW-11-Kon-
zentration seit ca. 1997 nicht mehr zu (SCHMIDT et al. 2001). Dies spiegelt sich
auch in der Umkehr des Gesamt-Chlor-Trends der Stratosphäre wider (vgl.
Tab. 31; ZELLNER 2000). Der Gesamt-Brom-Trend hat sich leider noch nicht umgekehrt, aber gegenüber dem Jahrzehnt 1980–1989 immerhin in etwa halbiert.
Die Modellrechnungen für die Zukunft (GRAEDEL und CRUTZEN 1994, BMBF 1997)
lassen hoffen, dass sich in den kommenden ca. 50 Jahren die Problematik des antarktischen Ozonabbaus mit allen ihren Folgen deutlich entschärft haben wird.
Hier ist ein ganz wesentlicher Unterschied zur Problematik des anthropogenen
Treibhauseffektes zu sehen (vgl. Kap. 14), weil sich dort vergleichbare Erfolge bisher keinesfalls abzeichnen.

13.3 Klimaauswirkungen

Die Auswirkungen von Klimaänderungen, seien sie nun anthropogen oder natürlich, umfassen zunächst das gesamte Klimasystem (vgl. Kap. 2.3), einschließlich
der Biosphäre (vgl. Kap. 10) bzw. der Ökosysteme (vgl. Kap. 2.2), aber darüber
hinaus die gesamte Anthroposphäre, d.h. die Menschheit mit allen ihren ökonomischen und sozialen Belangen. Dies in allen Details und Problemen darzustellen,
würde sicherlich ein ganzes weiteres Buch füllen. Daher seien hier nur einige wenige, vor allem formale Gedanken angeführt, die wiederum die Querverbindungen der Klimatologie aufzeigen. Einige Detailbetrachtungen und -ergebnisse sind
bereits in Kap. 10 und 11 genannt worden, so dass sich die nun folgenden Betrachtungen auf grundsätzliche Aspekte beschränken.

Gerade die Diskussion der anthropogenen Klimaänderungen hat dazu geführt,
dass der Klimawirkungsforschung wieder besondere Aufmerksamkeit geschenkt
wird. Es sei in diesem Zusammenhang daran erinnert, dass bereits die Klimadefinition von A. von HUMBOLDT (vgl. Kap. 2.7) diesen Auswirkungsaspekt definitiv enthalten hatte. In der Folgezeit hat die Entwicklung zu immer speziellerem
Wissen, so auch in der Meteorologie, derartige Querbezüge mehr und mehr in
den Hintergrund treten lassen, gleichzeitig aber haben sie wegen der fundamen-

talen Bedeutung des Klimas in anderen Fachdisziplinen (Kap. 2.8), vor allem in der Geographie und ganz besonders in der Ökologie (vgl. z.B. SCHULTZ 2000) immer eine bedeutende Rolle gespielt. Und heute haben sie sozusagen auch den Weg zurück in die Meteorologie/Klimatologie gefunden.

Klimaauswirkungen lassen sich nun am praktikabelsten definieren und betrachten, wenn das Klimasystem vorübergehend ohne Biosphäre bzw. Homosphäre konzipiert wird (vgl. Abb. 162); man könnte dabei vom **„reduzierten"** **Klimasystem** sprechen. Dieses System produziert einen Klimazustand, beispiels-

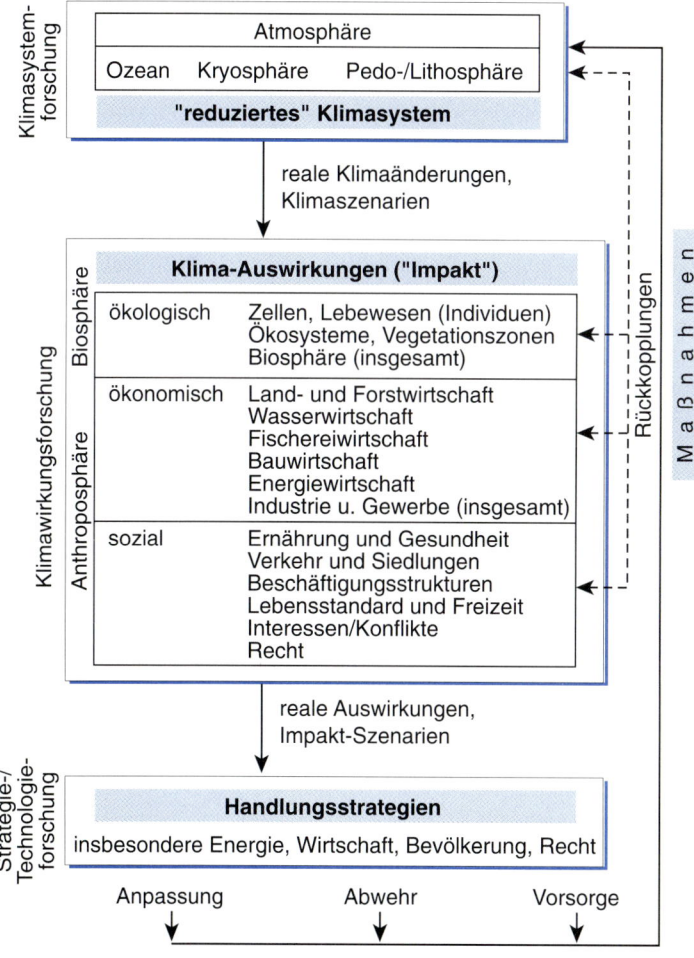

Abb. 162
Zur Systematik der Klimaforschung.

weise den derzeitigen (approximativ bzw. *per definitionem*), aber auch Klimaänderungen, beispielsweise anthropogene. Die weitere Betrachtung kann zunächst mit Blick auf die **Vergangenheit** durchgeführt werden, was u.a. zur „Eichung" der systemaren Beziehungen erforderlich ist. Beim Blick in die Zukunft spielt die Unsicherheit eine noch weitaus größere Rolle als in der Vergangenheit. Es ist daher sinnvoll, verschiedene, oft mehrere alternative in **Zukunft** mögliche Entwicklungen durchzuspielen, wie das auch bei den Klimamodellprojektionen der Fall ist (vgl. Kap. 12.3), also mit **Szenarien** zu arbeiten, in diesem Fall Klimaszenarien. Daneben gibt es auch andere Szenarien, z.b. Bevölkerungs-, Wirtschafts- und Energieentwicklungs-Szenarien, die sich in Klimaszenarien auswirken und somit den Kreis der Querverbindungen schließen.

Ein tatsächlich oder szenarisch geändertes Klima hat nun sicherlich **Auswirkungen auf die Biosphäre**, wobei wir (fälschlicherweise!) die Rückkopplungen für eine Weile vergessen: Einzelne Zellen sowie Lebewesen (bewusst oder unbewusst; vgl. auch Kap. 10) reagieren auf die geänderte Konstellation der Klimaelemente, desgleichen Lebensgemeinschaften in Form von Ökosystemen (Kap. 2.2) oder Vegetationszonen (Kap. 10.2). Oft stehen ganz bestimmte Ökosysteme im Blickpunkt, insbesondere wenn sie als wenig stabil und somit anfällig gelten oder in ihren weiteren Verkettungen wichtig sind, z.b. Wald- oder Küstenbereiche (vgl. z.b. SCHELLNHUBER und STERR 1993), Flussdeltagebiete, oder das Wattenmeer oder Ökosysteme, die bereits beim derzeitigen Klima unter Klimastress leiden (z.b. Trockenstress wie im mediterranen Raum oder der Sahelzone).

Direkt oder auch indirekt (über den ökologischen Wirkungskreis) ist dann auch die **Ökonomie** betroffen (s. Abb. 162), da Land-, Forst- und Wasserwirtschaft ebenfalls vom Klima abhängen. Das Beispiel El Niño (Kap. 6.3) hat bereits Bezüge zur **Fischereiwirtschaft** aufgezeigt (vgl. z.b. ARNTZ und FAHRBACH 1991), und das in recht drastischer Art. Selbstverständlich ist auch die **Energiewirtschaft** vom Klima abhängig, sei es über das Potential z.b. der Solar- oder Windenergie oder gesteigertem bzw. vermindertem Heizbedarf bei Temperaturänderungen. Auch das Gewerbe (z.b. Baugewerbe, Fremdenverkehrsgewerbe) und die Industrie sind klimaabhängig, letztlich die gesamte **Weltwirtschaft,** auch wenn das nicht immer gleich offenbar wird bzw. indirekt geschieht. Im **sozialen** (manche sagen auch zivilisatorischen) Bereich sind, wie das Abb. 162 ebenfalls auflistet, **Ernährung** und **Gesundheit** (vgl. auch Kap. 10), Siedlungen, **Verkehr** und Mobilität, **Wohlstand** sowie **Freizeitverhalten** und -potential mehr oder weniger stark vom Klima beeinflusst.

Darüber hinaus zeigt die Klimageschichte (Kap. 11, insbesondere 11.3), dass Klimaänderungen auch zu **sozialen Konflikten** führen können und im Extremfall auch im Vorfeld und während Kriegen eine Rolle spielen. Ein, wenn auch in gewissem Grad hypothetisches Beispiel der Vergangenheit ist die germanische Völkerwanderung (375–568 n.Chr.), die in Mittel-, Nord- und Osteuropa von einer Abkühlung begleitet war (Kap. 11.3) oder das Ende der Rajasthan-Kultur in Indien vor rund 4000 Jahren nach einem drastischen und anhaltenden Niederschlagsrückgang. Regional zunehmende Trockenheit wird, neben anderen Klimaeffekten (z.b. Anstieg des Meeresspiegels, Inselstaaten und Flussdeltagebiete) sicherlich auch in der Zukunft soziales Konfliktpotential aufbauen (Hunger, Migrationen, Nord-Süd-Konflikte).

Die bis hier hin eindimensional (simplex) vorgenommene Betrachtung wird nun durch **Vernetzung und Rückkopplungen**, die in Abb. 162 durch einfache Pfeile partiell angedeutet sind, immens erschwert. So haben beispielsweise wirtschaftliche Maßnahmen (z.B. Baumaßnahmen, Zunahme fossiler Primärenergie u.v.a.) neben ökologischen Folgen sowohl direkt (Emissionen) als auch indirekt (über ökologische Auswirkungen) Einfluss auf das Klima. Im sozialen Bereich verhält es sich im Prinzip nicht anders. Für die Zukunft besonders wichtig sind daher **Handlungsstrategien**, die über **Anpassungen** an Klimaänderungen hinaus gehen und **Vorsorge** treffen bzw. auf die Abwehr, möglichst Abschwächung und im idealen Fall auf die Umkehrung von solchen Klimaänderungen abzielen, insbesondere wenn sie in Form von Klimagefahren **Risiken bzw. Schäden für Mensch und Natur** beinhalten. Gerade beim anthropogenen Treibhauseffekt (Kap. 12.3), aber auch bei anderen Gefahren, ist es wichtig, das mögliche Ausmaß rechtzeitig zu erkennen, um angesichts der Zeitverzögerungen im Klimasystem, aber auch angesichts des Zeitbedarfs technologischer Entwicklungen (z.b. Solarenergie), eine Abwehrchance zu haben. Dabei ist neben der Wirtschaft nicht zuletzt auch die **Politik** gefordert.

Ist nun die Lösung für den Bereich des Klimasystems (Klimasystemforschung, s. erneut Abb. 162), schon schwierig genug bzw. im erwünschten Umfang derzeit keinesfalls erreichbar (vgl. Diskussion der Klimamodelle Kap. 9.5), so gilt dies erst recht, unter Einschluss ökologischer Probleme, für das entsprechende Umweltsystem (Kap. 2.2, 10). Ganz zu schweigen von einem „Weltmodell", das alle in Abb. 162 genannten Bereiche umfassen müsste. Nur in Teilschritten, Partialbetrachtungen und groben Näherungen sind Ergebnisse und Entscheidungshilfen für die Handlungsstrategien zugänglich. Das schrittweise bzw. potentielle Vorgehen sollte in etwa der angeführten **Systematik** folgen:

- Aufsuchen funktionaler, möglichst naturwissenschaftlich (physikochemisch)-mathematisch ausdrückbarer Beziehungen zwischen den Größen (Variablen) der in Abb. 162 erfassten Subsysteme des Weltsystems; dies ist selbst im „reduzierten" Klimasystem nur potentiell möglich.
- Aufsuchen (Abschätzen) von statistischen Beziehungen (Korrelationen, Regressionen; vgl. Kap. 3.3) zwischen solchen Größen.
- Zusammenfassen solcher Beziehungen in physikochemischen oder statistischen oder gemischten Modellen, die in möglichst weitgehender Approximation und je nach Fragestellung auch in möglichst weitgehender regionaler und zeitlicher (auch jahreszeitlicher) Auflösung den erfassten Wirkungskomplex simulieren.
- Verifikationsstudien solcher Modellsimulationen anhand tatsächlich beobachteter (bzw. rekonstruierter) Phänomene, wobei die statistischen Modelle

im Vergleich mit den physikochemischen zum Teil bereits diese Rolle über-nehmen. Im ökonomischen und sozialen Bereich muss man sich wohl weit-gehend auf statistische Modelle beschränken.

Bei alledem ist es wichtig, eine in sich geschlossene Problemstellung zu definie-ren, die zumindest potentiell und simulatorisch lösbar ist, und die Grenzen bzw. Einschränkungen dieser simulierten Lösung aufgrund nicht berücksichtigter Randeffekte und Vernetzungen kritisch abzustecken. Ein Beispiel ist das in Kap. 10.2 beschriebene Vorgehen, ein „Vegetationsklassenmodell" von beobach-teten oder in Zukunft möglichen (Szenarien) Klimabedingungen „antreiben" zu lassen. Man erhält dann, aufgrund einer vorgegebenen Klimaänderung, eine ver-änderte Vegetationsklassenverteilung (regional, z.b. Europa, oder global), berück-sichtigt dabei aber häufig nicht die Rückkopplungen zum Klima und schon gar nicht die möglichen ökonomischen und sozialen.

Schließlich seien als führende *Forschungsinstitutionen*, die sich dieser Problema-tik annehmen, genannt: Das „International Institute for Applied System Analysis" (IIASA, Laxenburg bei Wien) und und in Deutschland das „Potsdam-Institut für Klimafolgenforschung" (PIK). Beide Institutionen geben laufend Berichte heraus, die über die dort behandelten Forschungsthemen informieren.

14 Klimaschutz

Klima ist nicht nur eine naturwissenschaftliche Disziplin mit vielen Querverbindungen zu anderen Disziplinen, dabei über die Naturwissenschaften hinaus, sondern in Zusammenhang mit dem Problem anthropogener Klimaänderungen auch eine Herausforderung an das Verantwortungsbewusstsein der Menschheit für kommende Generationen. Einige ehrgeizige nationale Klimaschutzziele haben sich, trotz der UN-Klimarahmenkonvention (1992) und dem sog. Kyoto-Protokoll (1997), international bisher nur in relativ mageren internationalen Vereinbarungen niedergeschlagen. Hier konkreter, zielstrebiger und effektiver zu werden und gleichzeitig die Klimaforschung weiter voranzubringen, sind Herausforderungen, denen wir uns stellen müssen.

Die Beschäftigung mit dem Klima der Erde, den physikalischen, empirischen und statistischen Grundlagen, den Klimaprozessen, den Charakteristika des „gegenwärtigen" Klimazustands, der Klimageschichte, der anthropogenen Klimabeeinflussung und den mit diesen Aspekten zusammenhängenden interdisziplinären Querverbindungen – alles das konnte in diesem Buch nur grundlegend, zum Teil auch nur andeutungsweise und somit keinesfalls vollständig behandelt werden – sollte uns doch erkennen lassen, dass die **Bedeutung der Klimatologie über** die einer „**reinen " Wissenschaft wesentlich hinausgeht**. Dies lässt sich in zwei fundamentalen Feststellungen zum Ausdruck bringen:

- Der Mensch (Anthroposphäre) und mit ihm alles Leben auf der Erde (Biosphäre) ist hochgradig von der Gunst des Klimas abhängig (vgl. Kap. 10 und 13.3). *Es kann uns daher nicht gleichgültig sein, was mit unserem Klima geschieht.*
- Der Mensch ist mehr und mehr dazu übergegangen, das Klima auch selbst zu beeinflussen (vgl. Kap. 13), fast immer zwar ungewollt, aber keineswegs immer zu seinem Vorteil. *Daraus erwächst uns eine besondere Verantwortung.*

Diese **Verantwortung** wird von vielen von uns, zwar im Einzelnen unterschiedlich, aber doch meist deutlich wahrgenommen, so dass der **Ruf nach Klimaschutz** in den letzten Jahrzehnten immer lauter und -angesichts des Problems anthropogener Klimaänderungen neben bzw. mit der Klimawissenschaft auch die **Klimapolitik** (vgl. z.B. BRAUCH 1996, SCHAFHAUSEN 2000) immer bedeutender geworden ist.

War die **erste UN-Weltklimakonferenz** (Genf, 1979; WMO 1979) noch eine rein wissenschaftliche Bestandsaufnahme – vorausgegangen war ungefähr ein Jahrhundert von Mahnungen aus dem Mund bzw. der Feder einzelner Klima-Wissenschaftler – so hat sie doch schon aufgrund der damaligen vielfältigen Erkenntnisse einen Aufruf an alle Nationen der Erde gerichtet, das *Problem anthropogener Klimaänderungen zu erkennen und diese Änderungen zu verhindern*. Die öffentliche Resonanz war damals jedoch noch sehr gering.

Vermutlich weniger das Klima im engeren Sinn, sondern die Vorgänge in der Stratosphäre, in der Öffentlichkeit als „Ozonloch" bekannt (vgl. Kap. 13.2), aber auch die nachdrücklicher werdenden Stellungnahmen der Wissenschaftler sowie Aufrufe wissenschaftlicher Gesellschaften (Deutsche Physikalische Gesellschaft 1986, Deutsche Meteorologische und Deutsche Physikalische Gesellschaft 1987) haben dann zu einer Reihe von Aktivitäten geführt. Besondere Beachtung verdienen dabei insbesondere die 1987 in Deutschland eingerichtete **Enquête-Kommission** des Deutschen Bundestages „Vorsorge zum **Schutz der Erdatmosphäre**" (–1990, Nachfolgekommission bis 1994; derzeit (2002) besteht eine Enquête-Kommission „Nachhaltige Energieversorgung ...", die u.a. Klimaaspekte mit einbezieht) und international das von der WMO (**W**elt**m**eteorologische **O**rganisation, UN-Fachorganisation, vgl. Kap. 3.1.8) und UNEP (UN-Umweltprogramm, engl. **UN** **E**nvironmental **P**rogramme) getragene **Intergovernmental Panel on **C**limate **C**hange (IPCC**, deut. meist „Zwischenstaatlicher Klimarat" genannt), das 1988 aufgrund eines Beschlusses der UN-Vollversammlung ins Leben gerufen worden ist. Es besteht aus drei „Working Groups" (Arbeitsgruppen), nämlich „Science" (Wissenschaft, WG1), „Impact" (Auswirkungen, WG2) sowie „Mitigation" (Milderung, Maßnahmen, WG3) und hat seinen letzten umfassenden Bericht ((„Third Assessment Report", TAR) im Jahr 2001 vorgelegt. Der Aufwand ist beträchtlich; so haben allein am WG1-Bericht über 600 Autoren, Klimafachleute aus aller Welt, mitgewirkt (HOUGHTON et al. 2001).

Damit war der Funke von der Wissenschaft in die Politik übergesprungen und zudem der Schwerpunkt der Problematik mehr und mehr hin zum anthropogenen Zusatz-„Treibhauseffekt" (vgl. Kap. 12.3) verlagert worden (wo im Gegensatz zum „Ozonloch"-Problem, vgl. Kap. 13.2, effektive Maßnahmen noch immer auf sich warten lassen). Bereits die 2. UN-Weltklimakonferenz (Genf 1990) und insbesondere die bekannter gewordene **UN-Konferenz über Umwelt und Entwicklung** (**UN** **C**onference in **E**nvironment and **D**evelopment, UNCED, Rio de Janeiro, 1992) waren so überwiegend politische Veranstaltungen. Das IPCC verbindet jedoch beides, nämlich sozusagen reine Wissenschaft („Science", „Impact") und die Verbindung zwischen Wissenschaft und Politik („Mitigation").

Bei der oben genannten „Rio-Konferenz" (UNCED) ist die **UN-Klimarahmenkonvention** (KRK, engl. **F**ramework **C**onvention on **C**limate **C**hange, FCCC; Dokumentation s. Bundesumweltministerium 1993) beschlossen worden, die seit 1994 völkerrechtlich verbindlich ist. Ihre Kernaussage lautet:

Das Endziel dieses Übereinkommens ... ist es, ... die Stabilisierung der Treibhaus-gaskonzentrationen in der Atmosphäre auf einem Niveau zu erreichen, auf dem eine gefährliche anthropogene Störung des Klimasystems verhindert wird. Ein solches Niveau sollte innerhalb eines Zeitraumes erreicht werden, der ausreicht, damit sich die Ökosysteme auf natürliche Weise den Klimaänderungen anpassen können, die Nahrungsmittelerzeugung nicht bedroht und die wirtschaftliche Entwicklung auf nachhaltige Weise fortgeführt werden kann."

Um diese recht unkonkrete Zielsetzung mit Leben zu füllen, finden (beginnend mit Berlin) seit 1995 jährliche sog. **V**ertrags**s**taaten**k**onferenzen (VSK, engl. **C**onference **o**f **P**arties, COP) statt, wobei durch COP3 (Kyoto, 1997) eine erster Schritt in diese Richtung erreicht worden ist: Danach streben die Industriestaaten gegenüber 1990 bis 2008/2012 an, die Emission einer Gruppe von Treibhausgasen (CO_2, CH_4, N_2O, verschiedene Fluorkohlenstoffe, darunter FCKW, und SF_6) insgesamt um 5.2 %, in den einzelnen Staaten aber unterschiedlich zu reduzieren; sog. **Kyoto-Protokoll** (Informationen hierzu s. UNFCCC-Sekretariat 1999, daneben auch z.B. BORSCH und HAKE 1998; laufende aktuelle Informationen zu COP siehe auch Homepages des Bundesumweltministeriums, Umweltbundesamtes, GERMANWATCH, PROCLIM u.a.; vgl. INTERNET-Verzeichnis).

In der EU gilt eine 8 % -Reduktion-Zielsetzung, zu der Deutschland 21 % beitragen soll. In weiteren Vertragsstaatenkonferenzen ist sehr um die Art und Weise gerungen worden, wie diese Zielsetzung erreicht werden kann, wobei die USA zunächst ganz ausgeschert und einige Staaten Sonderregelungen erstritten haben. COP7 (Marrakesch, 2001) hat dann möglicherweise endlich den Weg zur Ratifizierung des Kyoto-Prokolls (ohne USA) geebnet. Ob dies aber wirklich erreicht wird, ist bei Redaktionsschluss dieses Buches (Mitte 2002) noch offen. Zudem sind die meisten Fachwissenschaftler der Ansicht, dass das Kyoto-Protokoll nur ein **erster Einstieg** in die erforderlichen Klimaschutzmaßnahmen sein kann. So hält die oben genannte Enquête-Kommission allein beim CO_2 global eine 50 %-Reduktionsminderung, in den Industrieländern sogar um 80 %, für nötig, um das in der KRK genannte Ziel der Stabilisierung der „Treibhausgas"-Konzentrationen zu erreichen (Deutscher Bundestag 1995; zum Thema Klimaschutz s. auch BACH 2000, BORSCH und HAKE 1998, GRASSL 2000, SCHAFHAUSEN 2000 und die oben genannten Homepages).

Somit wird die Menschheit, wenn sie die Problematik anthropogener Klimaänderungen ernst nimmt, die Wahl haben, wie das Verhältnis von **Anpassung** an schon im Gang befindliche anthropogene Klimaänderungen (die sich wegen der Trägheit des Klimasystems nur ganz allmählich verlangsamen lassen) und **Verhinderung (Vorsorge)** von als zu belastend erachteten Klimaänderungen sein soll. Selbstverständlich lassen sich dabei natürliche Klimaänderungen, welche die anthropogenen teils verstärken, teils abmildern können, nicht verhindern.

Viele weisen mit Recht darauf hin, dass einerseits der derzeitige klimatologische Wissensstand zwar eine ausreichende Basis zum Handeln darstellt, es aber andererseits in der Klimaforschung noch viele offene Fragen gibt (Deutsche, Österreichische und Schweizerische Meteorologische Gesellschaften 2001), Wissenschaft sich stets aus „Wissen", „Nicht-Wissen" und „Leider-nur-so-ungefähr-Wissen" zusammensetzt. Das Verantwortungsprinzip gestattet uns aber nicht, mit Klimaschutzmaßnahmen so lange zu warten, bis wir alles noch besser und genauer wissen; dann kann es eventuell zu spät sein, können die anthropogenen Klimaänderungen unter Umständen schon in erheblichem Umfang eingetreten und – soweit sie negativ sind (was vermutlich weitaus überwiegend der Fall ist) – uns in große Schwierigkeiten gebracht haben, dabei im Übrigen fatalerweise unsere Kinder und Kindeskinder weitaus mehr als uns selbst. Ein solches Erbe bzw. Risiko aber dürfen wir ihnen nicht hinterlassen, auch wenn – um eine Statisitik-Definition zu zitieren (WALD, cit. SACHS 1999) – angesichts dieser Weltklima-Problematik, wie übrigens bei anderen Weltproblemen auch (OPITZ 1990), im Grunde *„... vernünftige optimale Entscheidungen im Fall von Ungewißheiten zu treffen"* sind.

Somit sind in **Klimaschutz-Maßnahmen aufgrund heutigen Klima-Wissens** und gleichzeitig in einem weiteren wesentlichen **Voranbringen dieses Wissens** die Herausforderungen unserer Zeit in Zusammenhang mit dem Weltproblem Klima zu sehen. Der Herausforderung Klimaschutz aber muss so interdisziplinär-wissenschaftlich fundiert, umfassend, ausgewogen und effektiv wie möglich begegnet werden. In umfassenderer Sicht ist das *Verständnis der Vergangenheit* der Erd- und Menschheitsgeschichte ohne Klimatologie unvollkommen und die *Aufgaben der Zukunft* werden ohne Klimatologie nicht bewältigt werden können.

Literaturverzeichnis

(Auswahl; die Jahresangaben beziehen sich jeweils auf die letzte dem Autor bekannte Auflage; bei den Verlagen ist jeweils nur der dort erstgenannte Ort aufgeführt).

1 Lehrbücher und Tabellenwerke der allgemeinen Klimatologie

ALISSOW, B.P., DROZDOV, O.A., RUBINSTEIN, E.S.: Lehrbuch der Klimatologie. VEB Deut. Wiss., Berlin 1956.

BARRY, R.G., CHORLEY, R.J.: Atmosphere, Weather and Climate. Methuen, London 1982.

BERGER; A.: Le Climat de la Terre. De Boeck, Bruxelles 1992.

BLÜTHGEN, J.: Allgemeine Klimageographie. De Gruyter, Berlin 1964 (Neubearbeitung durch Blüthgen, J., Weischet, W., 1980).

BLÜTHGEN, J., WEISCHET, W.: Allgemeine Klimageographie. De Gruyter, Berlin 1980.

CRITCHFIELD, H.J.: General Climatology. Prentice-Hall, Eaglewood (USA) 1966.

CROWE, P.R.: Concepts in Climatology. Longman, London 1971.

DAY, J.A., STERNES, G.L.: Climate and Weather. Addison-Wesley, Reading (USA) 1970.

van EIMERN, J., HÄCKEL, H.: Wetter und Klimakunde. Ulmer, Stuttgart 1979.

ENDLICHER, W.: Klima, Wasserhaushalt, Vegetation. Wiss. Buchges., Darmstadt 1991.

FISCHER, G. (Hrsg.): Climatology. Landolt-Börnstein Numerical Data and Functional Relationships in Science and Technlogy. Volumes V/4/c1 and V/4/c2. Springer, Berlin 1987 (Part 1, Subvol. c1) + 1989 (Part 2, Subvol. c2). Beiträge von ETLING (Planetary boundary layer), HANTEL (Climate modeling; Present global surface climate), HANTEL et al. (Climate definition), KRAUS (Specific surfaces climate) and SCHÖNWIESE (Climate variations).

FLOHN, H.: Arbeiten zur allgemeinen Klimatologie. Wiss. Buchges., Darmstadt 1971.

HANN, J. VON.: Handbuch der Klimatologie. Engelhorn, Stuttgart 1883.

HANTEL, M.: Klimatologie. In RAITH, W. (Hrsg.): BERGMANN-SCHAEFER Lehrbuch der Experimentalphysik, Band 7, Erde und Planeten, S. 311–426. De Gruyter, Berlin 1997; s. auch oben unter FISCHER, G. (Hrsg.).

HENDL, M., MARCINEK, J., JÄGER; E., J.: Allgemeine Klima-, Hydro- und Vegetationsgeographie. VEB H-Haack, Gotha 1988.

HEYER, E.: Witterung und Klima. Teubner, Leipzig 1988; neu herausgegeben von HUPFER, P., KUTTLER, W., 1998.

HOUGHTON, J., T. (ed.): The Global Climate. Cambridge Univ. Press, Cambridge 1984.

HUPFER, P. (Hrsg.): Das Klimasystem der Erde. Akademie-Verlag, Berlin 1991.

HUPFER, P.: Unsere Umwelt: Das Klima. Teubner, Stuttgart 1996.

HUPFER, P., KUTTLER, W. (vormals HEYER, E.): Witterung und Klima. Teubner, Stuttgart 1998.

HOUGHTON, J.T. (Hrsg.): The Global Climate (19 Autoren). Cambridge Univ. Press, Cambridge (Engl.) 1984.

KÖPPEN, W.: Die Klimate der Erde. De Gruyter, Berlin 1923.

KÖPPEN, W., GEIGER, R.: Handbuch der Klimatologie (5 Bände, unvollständig). Borntraeger, Berlin 1936.

LANDSBERG, H.E. (Hrsg.): World Survey of Climatology (15 Bände zur allgemeinen und regionalen Klimatologie). Elsevier, Amsterdam 1969 ... 1984.

LOCKWOOD, J.G.: Causes of Climate. Arnold, London 1979.

MALBERG, H.: Meteorologie und Klimatologie. Springer, Berlin 1994.

MARTYN, D.: Climates of the World. Elsevier, Amsterdam 1992.

MONIN, A.S.: An Introduction to the Theory of Climate. Reidel, Dordrecht 1986.

MÜLLER, M.J.: Handbuch ausgewählter Klimastationen der Erde. Forschungsstelle Bodenerosion der Univ. Trier, 5. Heft, Mertesdorf 1996.

PEIXOTO, J.P., OORT, A.H.: Physics of Climate. American Inst. of Physics, New York 1992.

RICHTER, D.: Taschenatlas Klimastationen. Höller u. Zwick, Braunschweig 1983.

RUDLOFF, W.: World Climates. Wiss. Verlagsges., Stuttgart 1981.

SALTZMANN, B. (ed.): Theory of Climate. Advances in Geophysics, Vol. 25. Academic Press, New York 1983.

SCHERHAG, R., LAUER, W.: Klimatologie. Westermann, Braunschweig 1993.

SCHIRMER, H. et al. (Bearb.; Meyers Lexikonred., Hrsg.): Wetter und Klima. Meyers Lexikonverlag, Mannheim 1989.

SCULTETUS, H.R.: Arbeitsweisen Klimatologie. Westermann, Braunschweig 1982.

SELLERS, W.D.: Physical Climatology. Univ. of Chicago Press, Chicago 1965.

von STORCH, H., GÜSS, S., HEIMANN, M.: Das Klimasystem und seine Modellierung. Springer, Berlin 1999.

STRÄSSER, M.: Klimadiagramm-Atlas der Erde. Teil 1: Europa und Nordamerika. Dortmunder Vertrieb für Bau- und Planungsliteratur, Dortmund 1998.

STRÄSSER, M.: Klimadiagramme zur Köppenschen Klimaklassifikation. Klett-Perthes, Gotha 1998.

TREWARTHA, G.T., HORN, L.H.: An Introduction to Climate. McGraw-Hill, New York 1980.

WALTER, H., LIETH, H.: Klimadiagramm-Weltatlas. VEG G. Fischer, Jena 1960.

WEISCHET, W.: Einführung in die Allgemeine Klimatologie. Teubner, Stuttgart 2002.

WEISCHET, W.: Regionale Klimatologie. Teil 1: Die Neue Welt. Teubner, Stuttgart 1996.

WEISCHET, W., ENDLICHER, W.: Regionale Klimatologie. Teil 2: Die Alte Welt. Teubner, Stuttgart 2000.

2 Lehr- und Sachbücher klimatologischer Spezialgebiete

BACH, W.: Gefahr für unser Klima. Müller, Karlsruhe 1982.

BACH, W.: Klimaschutz für das 21. Jahrhundert. LIT Verlag, Münster 2000.

BERGER, A. (Hrsg.): Climatic Variations and Variability: Facts and Theories. Reidel, Dordrecht 1981.

BERGER, A. (Hrsg.): Milankovitch and Climate (2 Vols.). Reidel Dordrecht 1984.

BERGER, W.H., LABEYRIE: Abrupt Climatic Change. Reidel, Dordrecht 1987.

BERNER, U., STREIF, H. (Hrsg.): Klimafakten. Der Rückblick – Ein Schlüssel für die Zukunft. E. Schweizerbart'sche Verlagsbuchhandlung, Stuttgart 2000.

BOLIN, B. et al. (ed.): The Greenhouse Effect, Climatic Change and Ecosystems. Wiley, Chichester 1986.

BORSCH, P., HAKE, J.-F.: Klimaschutz – Eine globale Herausforderung. Bonn Aktuell, Verlag moderne industrie AG, Landsberg 1998.

BRADLEY, R.S.: Quaternary Paleoclimatology. Allen and Unwin, Boston 1985.

BUDYKO, M.I.: The Earth's Climate: Past and Future. Academic Press, New York 1982.

BURROUGHS, W.J.: Climate Change – A Multidisciplinary Approach. Cambridge Univ. Press, Cambridge 2001.

CUBASCH, U., KASANG, D.: Anthropogener Klimawandel. Klett-Perthes, Gotha 2000.

ERIKSON, W.: Probleme der Stadt- und Geländeklimatologie. Wiss. Buchges. Darmstadt 1975.

FEZER, F.: Das Klima der Städte. Klett-Perthes, Gotha 1995.

FLEMMING, G.: Klima – Umwelt – Mensch. VEB G. Fischer, Jena 1990.

FLOHN, H.: Das Problem der Klimaschwankungen in Vergangenheit und Zukunft. Wiss. Buchges., Darmstadt 1985.

FLOHN, H., FANTECHI, R. (eds.): The Climate of Europe: Past, Present and the Future. Reidel, Dordrecht 1984.

FORD, M.: The Changing Climate. Responses of the Natural Flora and Fauna. Allen and Unwin, London 1982.

FRAKES, L.A.: Climates Throughout Geologic Time. Elsevier, Amsterdam 1979.

FRENZEL, B.: Die Klimaschwankungen des Eiszeitalters. Vieweg, Braunschweig 1967.

FRENZEL, B., et al.: Atlas of Paleoclimate and Paleoenvironment of the Northern Hemisphere. G. Fischer, Stuttgart 1992.

GEIGER, R.: Das Klima der bodennahen Luftschicht. Vieweg, Braunschweig 1961.

GLASER, R.: Klimageschichte Mitteleuropas. Primus/Wiss. Buchges., Darmstadt 2001.

GRASSL, H.: Wetterwende. Vision Klimaschutz. Campus, Frankfurt/Main 2000.

GRASSL, H., KLINGHOLZ, R.: Wir Klimamacher. Auswege aus dem globalen Treibhaus. S. Fischer, Frankfurt/Main 1990.

HÄNSEL, C.: Klimaänderungen. Erscheinungsformen und Ursachen. Teubner, Leipzig 1975.

HOUGHTON, J.T.: Globale Erwärmung. Fakten, Gefahren und Lösungswege. Springer, Berlin 1997.

HOUGHTON, J.T., et al. (eds.): Climate Change. The IPCC Scientific Assessment. Cambridge Univ. Press, Cambridge 1990; Supplementary Report 1992.

HOUGHTON, J.T., et al. (eds.): Climate Change 1995. The Science of Climate Change. Contribution of Working Group I to the Second Assessment Report of the IPCC. Cambridge Univ. Press, Cambridge 1996.

HOUGHTON, J.T., et al. (eds.): Climate Change 2001. The Scientific Basis. Contribution of Working Group I to the Third Assessment Report of the IPCC. Cambridge Univ. Press, Cambridge 2001.

HUCH, M., WARNECKE, G., GERMANN, K. (Hrsg.): Klimazeugnisse der Erdgeschichte. Springer, Berlin 2001.

IMBRIE, J., PALMER, K.: Die Eiszeiten. Knaur, München 1981.

IPCC = UN Intergovernmental Panel on Climate Change, s. HOUGHTON et al.

JONES, P.D., BRADLEY, R.S., JOUZEL, J. (eds.): Climatic Variations and Forcing Mechanisms of the Last 2000 Years. Springer, Berlin 1996.

JOUSSAUME, S.: Klima – gestern, heute, morgen. Springer, Berlin 1996.

LAMB, H.H.: Climate: Present, Past and Future (2 Bände). Methuen, London 1972 + 1977.

LAMB, H.H.: Klima und Kulturgeschichte. Rowohlt, Reinbek 1989.

LANDSBERG, H.E.: Weather and Health. Doubleday, New York 1969.

LANDSBERG, H.E.: The Urban Climate. Academic Press, New York 1981.

LOZÁN, J.L., GRAßL, H., HUPFER, P. (Hrsg.): Warnsignal Klima. Das Klima des 21. Jahrhunderts. Wiss. Auswertungen + GEO, Hamburg 1998; aktualisierte englischsprachige Auflage 2001 (Bestellungen über jllozan@t-online.de)

MATHEWS, W.H., et al. (eds.): Man's Impact on the Climate. MIT Press, Cambridge (USA) 1971.

NEGENDANK, J.F.W. (Hrsg.): Klimaweißbuch. Klimainformationen aus geowissenschaftlicher Forschung. Terra Nostra, Schriften der Alfred-Wegener-Stiftung, Heft 2001/7, Selbstverlag, Berlin 2001.

OESCHGER, H., MESSERLI, B., SVILAR, M.(Hrsg.): Das Klima. Springer, Berlin 1980.

OKE, T.R.: Boundary Layer Climates. Methuen, London 1978.

PFISTER, C.: Wetternachhersage. 500 Jahre Klimavariationen und Naturkatastrophen. Haupt, Bern 1999.

RAPP, J., SCHÖNWIESE, C.-D.: Atlas der Niederschlags- und Temperaturtrends in Deutschland 1891–1990. Frankfurter Geowiss. Arb., Band B5, FB Geowiss. (Hrsg.) Universität Frankfurt/Main (Selbstverlag), Frankfurt/Main 1996.

v. RUDLOFF, H.: Die Schwankungen und Pendelungen des Klimas in Europa seit Beginn der regelmäßigen Instrumenten-Beobachtungen. Vieweg, Braunschweig 1967.

SCHELLNHUBER, H.J., STERR, H. (Hrsg.): Klimaänderung und Küste. Springer, Berlin 1993.

SCHÖNWIESE, C.-D.: Klima im Wandel. DVA, Stuttgart 1992; Rowohlt, Reinbek 1994.

SCHÖNWIESE, C.-D.: Klimaänderungen. Daten, Analysen, Prognosen. Springer, Berlin 1995.

SCHÖNWIESE, C.-D.: Beobachtete Klimatrends im Industriezeitalter. Bericht Nr. 106, Inst. Meteorol. Geophys. Univ. Frankfurt/Main 2002.

SCHÖNWIESE, C.-D., RAPP, J.: Climate Trend Atlas of Europe – Based on Observations 1891 – 1990. Kluwer. Dordrecht 1997.

SCHUBERT, V. (Hrsg.): Klima und Mensch. EOS Verlag , St. Ottilien 1997.

SCHWARZBACH, M.: Das Klima der Vorzeit. Enke, Stuttgart 1974.

VON STORCH, H., ZWIERS, F.W.: Statistical Analysis in Climate Research. Cambridge Univ. Press, Cambridge 1999.

TRENBERTH, K. (ed.): Climate System Modeling. Cambridge University Press, Cambridge 1992.

TRENKLE, H.: Klima und Krankheit. Wiss. Buchges., Darmstadt 1992.

WALTER, H.: Vegetation und Klimazonen. Ulmer, Stuttgart 1990.

WANNER, H., et al. (Hrsg.): Klimawandel im Schweizer Alpenraum. vdf Hochschulverlag AG an der ETH Zürich, Zürich 2000.

WARNECKE, G., HUCH, M., HERMANN, K. (Hrsg.): Tatort Erde. Menschliche Eingriffe in Naturraum und Klima. Springer, Berlin 1991.

WIGLEY, T.M.L. et al.: Climate and History. Cambridge Univ. Press, Cambridge 1981.

World Health Organization (WHO): Climate Change and Human Health (McMichael, A.J., et al., eds). WHO/96.7, + WMO + UNEP, World Health. Org., Geneva 1996.

YOSHINO, M.M.: Climate in a Small Area. Univ. of Tokyo Press, Tokyo 1975.

YOSHINO, M., et al. (eds.): Climates and Societies. A Climatological Perspective. Kluwer, Dordrecht 1997.

3 Lehr- und Sachbücher verwandter Wissensgebiete

ARNTZ, W.E., FAHRBACH, E.: El Niño. Klimaexperiment der Natur. Birkhäuser, Basel 1991.

BARRY, R.G.: The cryosphere and climatic change. In US Department of Energy (DOE, MacCracken, M.C., Kuther, F.M., eds.): Detecting the Climatic Effects of

Increasing Carbon Dioxide, pp. 109–148. DOE / Lawrence Livermore National Laboratory, Livermore 1985.

BAUMGARTNER, A., LIEBSCHER, H.-J.: Lehrbuch der Hydrologie. Bd. 1: Allgemeine Hydrologie – Quantitative Hydrologie. Borntraeger, Berlin 1996.

BAUMGARTNER, A., REICHEL, E.: Die Weltwasserbilanz. Oldenbourg, München 1975.

BAUR, F.: Einführung in die Großwetterkunde. Dieterich, Wiesbaden 1947.

BERCKHEMER, H.: Grundlagen der Geophysik. Wiss. Buchges., Darmstadt 1997.

BIRRONG, W., SCHÖNWIESE, C.-D.: Statistisch-klimatologische Untersuchungen botanischer Zeitreihen Europas. Frankfurter Geowiss. Arb., Band B1, Univ. Frankfurt a.M. 1987.

BROWN, T.L., LE MAY, H.L.: Chemie, VCH, Weinheim 1988.

BULLRICH, K.: Atmosphäre und Mensch. Umschau, Frankfurt/Main 1981.

Deutscher Wetterdienst (DWD): Allgemeine Meteorologie (Leitfaden Nr. 1 für die Ausbildung im DWD). Selbstverlag, Offenbach 1987.

Deutscher Wetterdienst (DWD, KURZ, M., Bearb.): Synoptische Meteorologie (Leitfaden Nr. 8 für die Ausbildung im DWD). Selbstverlag, Offenbach 1990.

EICHLER, H.: Ökosystem Erde. B.I.-Taschenbuchverlag, Mannheim 1993.

ETLING, D.: Theoretische Meteorologie. Vieweg, Braunschweig 1996.

FABIAN, P.: Atmosphäre und Umwelt. Springer, Berlin 1992.

FAUST, H.: Der Aufbau der Erdatmosphäre. Vieweg, Braunschweig 1968.

FELLENBERG, G.: Umweltbelastungen. Teubner, Stuttgart 1999.

FLEMMING, G.: Wald – Wetter – Klima. VED Deut. Landwirtschaftsverlag, Berlin 1987.

FLEMMING, G.: Einführung in die angewandte Meteorologie. Akademie-Verlag, Berlin 1991.

FORTAK, H.: Meteorologie. Reimer, Berlin 1982.

GERTHSEN, C., KNESER, H.O., VOGEL, H.: Physik. Springer, Berlin 1992; s. auch MESCHEDE.

GIERLOFF-EMDEN, H.G.: Geographie des Meeres. Teil 1 und 2 (2 Bände). De Gruyter, Berlin 1980.

GOUDIE, A.: Mensch und Umwelt. Spektrum Akadem. Verlag, Heidelberg 1994.

GRAEDEL, T.E., CRUTZEN, P.J.: Chemie der Atmosphäre. Spektrum Akadem. Verlag, Heidelberg 1994.

GRIMSEHL, E.: Lehrbuch der Physik (4 Bände). Teubner, Leipzig 1991.

GUDERIAN, R. (Hrsg.): Handbuch der Umweltveränderungen und Ökotoxikologie (4 Bände). Springer, Berlin 2000.

HÄCKEL, H.: Meteorologie. Ulmer, Stuttgart 1999.

HAGGETT, P.: Geographie. Eine moderne Synthese. Ulmer, Stuttgart 1995.

HEINLOTH, K.: Energie und Umwelt. Teubner, Stuttgart 1983; 2. Aufl. mit Ko-/Erstautor DIEKMANN, B, 1997.

HEINTZ, A., REINHARDT, G.: Chemie und Umwelt. Vieweg, Braunschweig 1996.

HERKENDELL, J., KOCH, E.: Bodenzerstörung in den Tropen. C.H. Beck, München 1991.

HERKENDELL, J., PRETZSCH, J.: Die Wälder der Erde. C.H. Beck, München 1995.

HOLLEMANN, A.F., WIBERG, E.: Lehrbuch der anorganischen Chemie. De Gruyter, Berlin 1995.

HUCH, M., MATSCHULLAT, J., WYCISK, P. (Hrsg.): Im Einklang mit der Erde. Geowissenschaften für die Zukunft. Springer, Berlin 2002.

HUTTER, K. (Hrsg.): Dynamik umweltrelevanter Systeme. Springer, Berlin 1991.

JAMES, J.: Introduction to Circulating Atmospheres. Cambridge University Press, Cambridge 1994.

KELLETAT, D.: Physische Geographie der Meere und Küsten. Teubner, Stuttgart 1989.

KEPPLER, E.: Die Luft, in der wir leben. Piper, München 1988.

KEPPLER, E.: Sonne, Monde und Planeten. Piper, München 1990.

KERTZ, W.: Einführung in die Geophysik. Band I und II. Bibliograph. Inst., Mannheim 1989 + 1971.

KIEPENHEUER, K.O.: Die Sonne. Springer, Berlin 1957.

KIPPENHAHN, R.: Der Stern, von dem wir leben. Den Geheimnissen der Sonne auf der Spur. DVA, Stuttgart 1990.

KLINK, H.-J., MAYER, E.: Vegetationsgeographie. Westermann, Braunschweig 1983.

KLÖTZLI, F.A.: Ökosysteme. G. Fischer, Stuttgart 1989.

KRAUS, H.: Die Atmosphäre der Erde. Eine Einführung in die Meteorologie. Springer, Berlin 2001.

KUCHLING, H.: Taschenbuch der Physik. Fachbuchverlag Leipzig im Carl Hanser Verlag, München 2001.

KUTTLER, W. (Hrsg.): Handbuch zur Ökologie. Analytica, Berlin 1995.

LABITZKE, K.: Die Stratosphäre. Springer, Berlin 1999.

LILJEQUIST, G.H., CEHAK, K.: Allgemeine Meteorologie. Vieweg, Braunschweig 1984.

MALBERG, H.: Meteorologie und Klimatologie. Springer, Berlin 1997.

MEISSNER, R.: Geschichte der Erde. C.H. Beck, München 1999.

MESCHEDE, D. (Hrsg.): GERTHSEN Physik. Springer, Berlin 2002.

MÖLLER, F.: Einführung in die Meteorologie (2 Bände). Bibl. Inst., Mannheim 1973.

MÜLLER, P.: Biogeographie. Ulmer, Stuttgart 1980.

MÜLLER-HOHENSTEIN, K.: Die Landschaftsgürtel der Erde. Teubner, Stuttgart 1979.

NEUMEISTER, H.: Geoökologie. VEB G. Fischer, Jena 1988.

NISBET, E.G.: Globale Umweltveränderungen. Spektrum Akadem. Verlag, Heidelberg 1994.

OSCHE, G.: Ökologie. Herder, Freiburg 1981.

OTT, J.: Meereskunde. Ulmer, Stuttgart 1996.

PARRY, M.L. et al. (Hrsg.): The Impact of Climate Variations on Agriculture (2 Bände). Kluwer, Dordrecht 1988.

PICHLER, H.: Dynamik der Atmosphäre. Bibliograph. Inst., Mannheim 1997.

RAITH, W. (Hrsg.): BERGMANN-SCHAEFER Lehrbuch der Experimentalphysik (8 Bände). De Gruyter, Berlin 1997.

RIDLEY, B.K.: The Physical Environment. E. Horwood, Chichester/Wiley, New York 1979.

ROEDEL, W.: Physik unserer Umwelt. Die Atmosphäre. Springer, Berlin 2000.

RÖTH, E.P.: Ozonloch, Ozonsmog. B.I.-Taschenbuchverlag, Mannheim 1994.

SALBY, M.L.: Fundamentals in Atmospheric Physics. Academic Press, New York 1977.

SCHARNOW, U., BERTH, W., KELLER, W.: Maritime Wetterkunde. Transpress, Berlin 1990.

SCHERHAG, R.: Neue Methoden der Wetteranalyse und Wetterprognose. Springer, Berlin 1948.

SCHMIDT, K., WALTER, R.: Erdgeschichte. De Gruyter (Sammlung Göschen), Berlin 1990.

SCHMINCKE, H.-U.: Vulkanismus. Wiss. Buchges., Darmstadt 2000.

SCHULTZ, J.: Handbuch der Ökozonen. Ulmer, Stuttgart 2000.

SCHWEINGRUBER, F.H.: Der Jahrring. Haupt, Bern 1983.

SEMMEL, A.: Relief, Gestein, Boden. Wiss. Buchges., Darmstadt 1991.

SIEDLER, G., ZENK, W.: Ozeanographie. In RAITH, W. (Hrsg.): BERGMANN-SCHAEFER Lehrbuch der Experimentalphysik, Band 7, S. 53–130, De Gruyter, Berlin 1997.

STRAHLER, A.N., STRAHLER, A.H.: Environmental Geoscience. Wiley, New York 1973.

WARNECKE, G.: Meteorologie und Umwelt. Springer, Berlin 1997.

WELLS, N.: The Atmosphere and Ocean. Wiley, Chichester 1998.

WILHELM, F.: Schnee- und Gletscherkunde. De Gruyter, Berlin 1975.

World Meteorological Organization (WMO): Scientific Assessment of Ozone Depletition. World Meteol. Org., Global Ozone Research and Monitoring Project, Report No. 44, Geneva 1999.

4 Sonstige zitierte Literatur

ANGELL, J.K.: Comparison of durface and tropospheric temperature trends estimated from a 63–station radiosonde network, 1958–1998. Geophys. Res. Letters **26**, 2761–2764 (1999); s. auch INTERNET: CDIAC.

ARRHENIUS, S.: On the influence of carbonic acid in the air upon the temperature of the ground. Philosph. Mag. and J. Sci., Series 5, **41** (251), 237–276 (1896).

BAHRENBERG, G., et al.: Statistische Methoden in der Geographie. Bände 1 und 2, Teubner, Stuttgart, 1990 + 1992.

BAILEY, H.P.: A simple moisture index based upon a primary law of evaporation. Geogr. Annaler **40**, 196–215 (1958).

BAIRLEIN, F., WINKEL, W.: Vögel und Klimaveränderungen. In LOZAN, J.L., et al. (Hrsg.): Warnsignal Klima, S. 281–285. Wiss. Ausw. + GEO, Hamburg (1998).

BAKAN, S., et al.: Auswirkungen von Ölbränden in Kuweit auf das Globalklima. Meteorolog. Inst./Max-Planck-Inst. f. Meteorologie, Hamburg.

BARRY, R.G.: The cryosphere and climate change. In MacCRACKEN, M.C., LUTHER, F.M., (eds.): Detecting the Climatic Effects of Increasing Carbon Dioxide, pp.

109–148. US Department of Energy, Report No. DOE/ER-0235, Lawrence Livermore National Laboratory, Livermore 1985.

BERGER, A., LOUTRE, M.F.: Long-term variations in insolation and their effects on climate, the LLN experiments. Surveys in Geophysics **18**, 147–161 (1997).

BERGER, A., LOURTRE, M.F.: Palaeoclimate sensitivity to CO_2 and insolation. Ambio **26**, 32–37 (1997).

BERZ, G.: Naturkatastrophen und Klimaänderung – Befürchtungen und Handlungsoptionen der Versicherungswirtschaft. In Deutscher Wetterdienst: Klimastatusbericht 1999, S. 118–120, Selbstverlag, Offenbach 2000.

BERZ, G., et al. (Bearb.): Weltkarte der Naturgefahren (Faltkarte, Wandkarte, Begleitheft). Münchener Rückversicherungs-Gesellschaft, München 1998; dazu eine Reihe spezieller Veröffentlichungen erhältlich, u.a. zu den Themen „Hagel", „Sturm" und „Überschwemmung"; Jahresrückblicke zu „Naturkatastrophen", erscheint jährlich in „Topics".

BISSOLLI, P.: Eintrittswahrscheinlichkeit und statistische Charakteristika der Witterungsregelfälle in der Bundesrepublik Deutschland und West-Berlin. Bericht Nr. 88, Inst. Meteorol. Geophys. Univ. Frankfurt a.M. 1991

BISSOLLI, P., DITTMANN, E.: Objektive Wetterlagenklassen. In Deutscher Wetterdienst: Klimastatusbericht 2000, S. 113.118, Selbstverlag, Offenbach 2001.

BISSOLLI, P., SCHÖNWIESE, C.-D.: Kalendergebundene Witterungserscheinungen in neuem Licht. Naturw. Rdsch. **44**, 169–175 (1991).

BOLIN, B.: Climatic Changes and their Effects on the Biosphere. World Meteorological Organization, WMO Publ. No. 542, Geneva 1980.

DE BONT, G.: Wolkenatlas. Ulmer, Stuttgart 1985.

BORK, H.-R.: Landnutzung in Deutschland. Petermanns Geograph. Mitt. 145, 36–37 (2001).

BORK, H.R., et al.: Landschaftsentwicklung in Mitteleuropa. Wirkungen des Menschen auf Landschaften. Klett-Perthes, Gotha 1998.

BORSCH, P., HAKE, J.-F.: Klimaschutz. Eine globale Herausforderung. Bonn Aktuell im Verlag moderne industrie, Landsberg 1998.

BRAUCH, H.G. (Hrsg.): Klimapolitik. Springer, Berlin 1996.

BRAUSE, R.: Neuronale Netze. Teubner, Stuttgart 1995.

BREUER, R. (Hrsg.): Der Flügelschlag des Schmetterlings. Ein neues Weltbild durch die Chaosforschung. DVA, Stuttgart 1993.

BRIFFA, K.R., JONES, P.D., SCHWEINGRUBER, F.H.: Summer temperature patterns over Europe: A reconstruction from 1750 AD based on maximum latewood density indices of conifers. Quaternary Res. 30, 36–52 (1988).

BRIFFA, K.R., et al.: Reduced sensitivity of recent tree-growth to temperature at high northern latitudes. Nature 391, 678–682 (1998).

BRONSTEIN, L.N., SEMENDJAJEW, K.A.: Taschenbuch der Mathematik. Harri Deutsch, Frankfurt a.M. 1966.

BUDYKO, M.I.: Possibility of changing the climate by acting on the polar ice. In BU-

DYKO, M.I. (ed.): Modern Problems of Climatology. Collection of Articles. Foreign Tech. Div. USA, Washington 1967.

BUGGISCH, W., WALLISER, O.H.: Erdgeschichte als Klimageschichte. In HUCH, M., et al. (Hrsg.): Klimazeugnisse der Erdgeschichte, S. 17–49. Springer, Berlin 2001.

Bundesministerium für Bildung und Forschung: Ozonschicht über Europa. Ergebnisse deutscher und internationaler Ozonforschung. Broschüre, Selbstverlag, Bonn 1997.

Bundesministerium für Umwelt, Naturschutz und Reaktorsicherheit: Konferenz der Vereinten Nationen für Umwelt und Entwicklung – Dokumente Broschüre (Reihe Umweltpolitik), Selbstverlag, Bonn 1993.

BURSCHEL, P.: Forstökologie. In KUTTLER, W., (Hrsg.): Handbuch zur Ökologie, S. 121–129. Analytica, Berlin 1995.

BÜTTNER, K.: Bioklimatologie. Naturforschung und Medizin in Deutschland, Band 66 (1938).

BUZUG, T.: Analyse chaotischer Systeme. Bibliograph. Inst., Mannheim 1994.

CALLENDAR, G.S.: The artificial production of carbon dioxide and its influence on temperature. Quart. J. Roy. Meteorol. Soc. **64**, 223–237 (1938).

CALLENDAR, G.S.: On the amount of carbon dioxide in the atmosphere. Tellus **10**, 243 (1958).

CASPARY, H.J.: Die Winterhochwässer 1990, 1993 und 1995 in Südwestdeutschland – Signale einer bereits eingetretenen Klimaänderung? In BECHTELER, W., et al. (Hrsg.): Klimaänderung und Wasserwirtschaft, Universität der Bundeswehr München, Institut für Wasserwesen, Heft **56a**, S. 169–183 (1996).

CESS, R.D., et al.: Intercomparison and interpretation of climate feedback processes in 19 atmospheric general circulation models. J. Geophys. Res. **95**, 601–616 (1990).

CHARLSON, R.J., ANDERSON, T.L., ROHDE, H.: Direct climate forcing by anthropogenic aerosols: quantifying the link between sulfate and radiation. Contrib. Atmos. Physics 72, 79–94 (1999).

CHMIELEWSKI, F.-M.: The impact of climate changes on the crop yields of winterrye in Halle during 1901–1980. Climate Res. **2**, 23–33 (1992).

CHMIELEWSKI, F.-M.: The International Phenological Gardens accross Europe. Present state and perspectives. Phen. Seasonon. **1**, 19–23 (1996).

CHMIELEWSKI, F.-M.: Gebiete der Angewandten Meteorologie. In HUPFER, P., und KUTTLER, W.: Witterung und Klima, S. 365–393. Teubner, Stuttgart 1998.

CHMIELEWSKI, F.-M., KÖHN, W.: The impact of weather on the yield formation of spring cereals. Agrarmet. Schriften, Inst. Pflanzenbauwiss. Humboldt-Univ. Berlin, Heft 04, Berlin 1998.

CHMIELEWSKI, F.-M., KÖHN, W.: The long-term agrometeorological field experiment at Berlin-Dahlem. Agricult. Forest Meteorol. **96**, 39–48 (1999).

CHMIELEWSKI, F.-M., RÖTZER, T.: Response of tree phenology to climate change across Europe. Agricult. Forest Meteorol. **108**, 101–112 (2001).

CHUBACHI, S.: Preliminary result of ozone observation at Syowa station. Mem. Natl. Inst. Polar Res. 34, 13–19 (1984).

CLARK, W.C. (ed.): Carbon Dioxide Review 1982. Clarendon, Oxford 1982.

CLARK, W.C.: Scales of Climate Impacts. Clim. Change 7, 5–27 (1985).

CLAUSSEN, M., KUBATZKI, C., BROVKIN, V., GANOPOLSKI, A.: Simulation of an abrupt change in Saharan vegetation in the mid-Holocene. Geopyhs. Res. Letters 26, 2037–2040 (1999).

CLAYTON, H.H.: A lately discovered cycle. Am. Meteorol. J. 1885, 130 (1885).

CRESS, A., SCHÖNWIESE, C.-D.: Vulkanische Einflüsse auf die bodennahe und stratosphärische Lufttemperatur der Erde. Bericht Nr. 92, Inst. Meteorol. Geophys. Univ. Frankfurt a.M. 1990.

CRESS, A., SCHÖNWIESE, C.-D.: Statistical signal and signal-to-noise assessments of the seasonal and regional patterns of global volcanism-temperature relationships. Atmósfera 5, 31–46 (1992).

CRUTZEN, P.J., ARNOLD, F.: Nitric acid cloud formation in the cold Antarctic stratosphere: a major cause for the springtime 'ozone hole'. Nature 324, 651–655 (1986).

CRUTZEN, P.J., BIRKS, J.W.: The atmosphere after a nuclear war: twilight at noon. Ambio 11, 114–115 (1982).

CRUTZEN, P.J., MÜLLER, M.: Das Ende des blauen Planeten? Beck, München 1989.

CUBASCH, U., et al.: Simulation of the influence of solar radiation variations on the global climate with an ocean-atmosphere general circulation model. Clim. Dyn. 13, 757–767 (1997).

CUBASCH, U., VOSS, R.: The influence of total solar irradiance on climate. Space Sci. Rev. 94, 185–198 (2000).

DANSGAARD, W.: Climatic changes, Norsemen and modern men. Nature 255, 24–28 (1975).

DANSGAARD, W.: Palaeo-climatic studies on ice cores. In OESCHGER, H., et al. (Hrsg.): Das Klima, S. 237–245. Springer, Berlin 1980.

DEFANT, F.: Zur Theorie der Hangwinde, nebst Bemerkungen zur Theorie der Berg- und Talwinde. Arch. Meteorol. Geophys. Biokl. A1, 421–450 (1949).

DENHARD, M.: Zeitreihenanalyse der Dynamik komplexer Systeme und der Wirkung externer Antriebsmechanismen am Beispiel des Klimasystems. Frankfurter Geowiss. Arb., Serie B, Band 6, Fachbereich Geowiss, Univ. Frankfurt/Main 1998.

DENHARD, M., GRIESER, J., KLEIN, M., SCHÖNWIESE, C.-D.: Statistische und deterministische Abschätzung vulkanischer Einflüsse auf das Klima. Bericht Nr. 101 Inst. Meteorol. Geophys. Univ. Frankfurt a.M. 1997.

Deutsche Meteorolog. Ges. (DMG), Deut. Physikal. Ges.(DPG): Warnung vor drohenden weltweiten Klimaänderungen durch den Menschen. Selbstverlag DPG, Bad Honnef 1987; vgl. auch entsprechende Warnung DPG 1986.

Deutsche Meteorolog. Ges. (DMG), Österr. Ges. f. Meteorologie (ÖGM), Schweizerische ges. für Meteorologie (SGM): Stellungnahme zu Klimaänderungen („Klimastatement"). Wien 2001; abrufbar über INTERNET: DMG.

Deutscher Bundestag (Hrsg.), Enquete-Kommission „Schutz der Erdatmosphäre": Mehr Zukunft für die Erde. Economica, Bonn 1995.

Deutscher Wetterdienst (Hrsg.): Ozon I – III. Promet, 4'86 + 1'87 + 2'87. Selbstverlag, Offenbach 1986 + 1987.

DIAZ, H.F., et al.: Precipitation fluctuations over global land areas since the late 1800's. J. Geophys. Res. 94, 1195–1210 (1989).

DÜTSCH, H.U.: Neujahrsblatt, Vierteljahresschrift Naturforsch. Ges. (Zürich) **124**, 1 (1980).

DZHALILOV, N.S., STAUDE, J., ORAEVSKY, V.N.: Eigenoscillations of the differentially rotating sun. Astronom. Astrophys. **384**, 282–298 (2002).

EDDY, A.: The Maunder Minimum. Science **192**, 1189–1202 (1967).

EHRENDORFER, E.: Geobotanik. In STRASBURGER et al. (Hrsg.): Lehrbuch der Botanik, S. 916–1041. Ulmer, Stuttgart 1983.

EKMAN, V.W.: On the influence of the Earth's rotation on ocean-currents. Arkiv för Matematik Astronomi Fysik **2** (No. 11), 52 pp. (1905).

ELLENBERG, H.: Wege der Geobotanik zum Verständnis der Pflanzendecke. Naturwiss. **55**, 462–470 (1968).

ENGEL, A., SCHMIDT, U., McKENNA, D.: Stratospheric trends of CFC-12 over the past two decades: Recent observational evidence of declining growth rates. Geophys. Res. Letters **25**, 3319 (1998).

EISSMANN, L., HÄNSEL, C.: Klimate der geologischen Vergangenheit. In HUPFER, P. (Hrsg.): Das Klimasystem der Erde, S. 297–342. Akademie Verlag, Berlin 1991.

FARMAN, J.C., GARDINER, B.G., SHANKLIN, J.D.: Large losses of total ozone in Antarctica reveal seasonal ClO_X/NO_X interaction. Nature **325**, 207 (1985); update INTERNET http://www.atm.ch.cam.ac.uk/tour/tour_de/index.html

FARRAR, P.D.: Are cosmic rays influencing oceanic cloud coverage – or is it only El Niño? Clim. Change **47**, 7–15 (2000).

FAUST, V.: Biometeorologie. Hippokrates, Stuttgart 1976.

FEZER, F.: Häufigkeit und jahreszeitliche Veränderung der Hochwasser am unteren Neckar vor und nach 1850. Hydrologie u. Wasserbewirt. **44**, 34 (2000).

FLACH, E.: Grundbegriffe und Grundtatsachen der Bioklimatologie. In LINKE, F., BAUR, F. (Hrsg.): Meteorologisches Taschenbuch, III: Band, S. 178–271. Heest & Portig, Leipzig 1957.

FLACH, E.: Human Biometeorology. In LANDSBERG, H.E. (ed.): World Survey of Climatology, Vol. 3 (General Climatology, Vol. 3), pp. 1–187. Elsevier, Amsterdam 1981.

FLOHN, H.: Man's activity as a factor in climate change. Ann. New York Ac. Sci. **95**, 271–281 (1961).

FLOHN, H.: Produzieren wir unser eigenes Klima? Meteorol. Rdsch. **23**, 161–164 (1970).

FLOHN, H.: Tropische Zirkulationsformen im Lichte der Satellitenaufnahmen. Heft 21, Bonner Meteorol. Abh., Westdeut. Verlag, Bonn 1975.

FLOHN, H.: Major climatic events associated with a prolonged CO_2-induced warming. Report No. 81–21, Carbon Dioxide Assessment Program, Inst. Energy Analysis, Oak Ridge Ass. Universities, distributed by US Department of Commerce, Springfield 1981.

FLOHN, H.: Recent changes in the tropical water and energy budget and of mid-latitude circulations. Clim. Dyn. **4**, 237–252 (1990).

FLOHN, H., et al.: Water vapour as an amplifier of the greenhouse effect: new aspects. Meteorol. Z., N.F., **1**, 122–138 (51992).

FRAEDRICH, K.: ENSO impact on Europe? – A Review. Tellus **46A**, 541–552 (1994).

FRAEDRICH, K.: Estimating the dimension of weather and climate attractors. J. Atmos. Sci. **43**, 419–432 (1986).

FRAEDRICH, K.: Das Lorenz-Modell: Ein Paradigma für Wetter und Vorhersagbarkeit. Promet **25** 62–79 (1996).

FRAEDRICH, K., MÜLLER, K.: Climate anomalies in Europe associated with ENSO extremes. Int. J. Climatol. **12**, 25–31 (1992).

FREITAG, E.: Studien zur phänologischen Agrarklimatologie Europas. Bericht Nr. 98, Deut. Wetterdienst, Selbstverlag, Offenbach 1965.

FRIIS-CHRISTENSEN, E., LASSEN, K.: Length of solar cycle: An Indicator of solar acticity closely associated with climate. Science **254**, 698–700 (1991).

FRÖHLICH, C., LEAN, J.: The sun's total irradiance: cycles, trends and related climate change. Geophys. Res. Letters **25**, 4377–4380 (1998).

FUCHS, T., RAPP, J.: Zwei außergewöhnlich starke Regenepisoden als Ursache des Oderhochwassers im Juli 1997. Klimastatusbericht 1997, S. 24–27, Deut. Wetterdienst, Selbstverlag, Offenbach 1998.

GAFFEN, D.J.: Falling satellites, rising temperatures? Nature **394**, 615–616 (1998).

GANOPOLSKI, A., RAHMSTORF, S.: Simulation of rapid glacial climate changes in a coupled climate model. Nature **409**, 153–158 (2001).

GATES, W.L.: The climate system and its portrayal by climate models: a review of basic principles. In BERGER, A.L. (ed.): Climate Variations and Variability: Facts and Theories, pp. 3–19. Reodel, Dordrecht 1981.

GEIGER, R.: Klassifikation der Klimate nach W. Köppen. In Landolt-Börnstein Zahlenwerte und Funktionen aus Physik, Chemie, Astronomie, Geophysik und Technik (alte Serie), Band III, S. 603–607. Springer, Berlin 1954.

GEIGER, R., POHL, W.: Eine neue Wandkarte der Klimagebiete der Erde. Erdkunde 8, 58–60 (1954; als Wandkarte 1961).

GEORGII, H.-W.: Beeinflussen biogene atmosphärische Schwefelverbindungen das Klima? Sitzungsbericht Bd. XXVI, Nr.1, Wiss. Ges. J.W. Goethe-Univ. Frankfurt a.M., Steiner, Stuttgart 1990.

GEORGII, H.-W., SCHMITT, G.: Methoden und Ergebnisse der Nebelanalyse. Staub Reinhalt. Luft **45**, 260–264 (1985).

GERSTENGARBE, F.-W., WERNER, P.C.: Katalog der Großwetterlagen Europas nach

Paul HESS und Helmuth BREZOWSKI 1881–1992 (Neubearbeitung). Bericht Nr. 113, Deut. Wetterdienst, Selbstverlag Offenbach 1993; weitere Neubearbeitung verfügbar über INTERNET: PIK, 2000.

GERSTENGARBE, F.-W., WERNER, P.C.: The complete non-hierarchical cluster analysis. Report No. 72, Potsdam-Institut für Klimafolgenforschung, 1999.

GERSTENGARBE, F.-W., WERNER, P.C., FRAEDRICH, K.: Applying non-hierarchical cluster analysis algorithms to climate classification: Some problems and their solution. Theor. Appl. Climatol. **64**, 143–150 (1999).

GIESEL, H.: Das Klima in Frankfurt 1756–1980. Aktualisierung und statistische Analyse der Datenreihen. Diplomarbeit, Inst. Meteorol. Geophys. Univ. Frankfurt a.M. 1988.

GILLILAND, R.L.: Solar, volcanic and CO_2 forcing of recent climatic changes. Clim. Change **4**, 11–131 (1982).

GOLITSYN, G.S., MacCRACKEN, M.C.: Possible Climatic Consequences of a major nuclear war. ICSU/WMO, World Climate Progr. Publ. No. 142, Geneva 1987.

GORCZYNSKI, W.: Sur le calcul du degré de continentalisme et son application dans la climatologie. Geogr. Annaler **2**, 324–331 (1920).

GRAF, H.F.: On the El Niño/Southern Oscillation and northern hemispheric temperature. Gerl. Beitr. Geophys. 95, 63–75 (1986).

GRAF, H.F., KIRCHNER, I., ROBOCK, A., SCHULT, I.: Pinatubo eruption winter climate effects: model versus observations. Report. No. 94, Max-Planck-Institut f. Meteorologie, Hamburg 1992.

GRAF, H.F., PERLWITZ, J. KIRCHNER, I.: Northern hemisphere tropospheric mid-latitude circulation after violent volcanic eruptions. Beitr. Phys. Atm. **67**, 3–13 (1994).

GRIESER, J., SCHÖNWIESE, C.-D.: Parameterization of spatio-temporal patterns of volcanic aerosol induced stratospheric optical depth and its climate radiative forcing. Atmósfera **12**, 111–133 (1999).

GRIESER, J., STAEGER, T., SCHÖNWIESE, C.-D.: Statistische Analysen zur Früherkennung globaler und regionaler Klimaänderungen aufgrund des anthropogenen Treibhauseffektes. Bericht Nr. 103, Inst. Meteorol. Geophys. Univ. Frankfurt/Main 2000.

GRIP Members: Climate instability during the last interglacial period recirded in the GRIP oce core. Nature **364**, 203–207 (1993).

GROTZFELD, H.: Klimageschichte des Vorderen Orients 800–1800 AD nach arabischen Quellen. Würzburger Geogr. Arb. **80**, 21–43 (1991).

HÄBERLI, W., et al.: Glaciers as key indicator of global climate change. In Lozán, J.L., et al. (eds.): Climate of the 21th Century: Changes and Risks, pp. 212–220. Wiss. Auswertungen + GEO, Hamburg.

HAKEN, H.: Synergetik. Nichtgleichgewichts-Phasenübergänge und Selbstorganisation in Physik, Chemie und Biologie. Springer, Berlin 1983.

HAMMER, C.U., CLAUSEN, H.B., DANSGAARD, W.: Greenland ice sheet evidence of post-glacial volcanism and its climatic impact. Nature **288**, 230–235 (1980).

HANSEN, J., LEBEDEFF, S.J.: Global trends of measured surface air temperature. J. Geophys. Res. 92, 13345–13372 (1987); updates INTERNET: NASA.

HANTEL, M.: Climate modeling; the present global surface climate. In FISCHER, G. (ed.): Landolt-Börnstein Numerical Data and Functional Relationships in Science and Technology, Vol. V/4/c2, pp. 1–116; 117–474. Springer, Berlin 1989.

HANTEL, M., KRAUS, H., SCHÖNWIESE, C.-D.: Climate definition. In FISCHER, G. (ed.): Landolt-Börnstein Numerical Data and Functional Relationships in Science and Technology, Vol. V/4/c1, pp. 1–28. Springer, Berlin 1987.

HARE, F.K.: Climatic variation and variability: empirical evidence from meteorological and other sources. World Meteorological Organization, Proceedings of the World Climate Conference, pp. 51–87. WMO Publ. No. 537, Geneva 1979.

HASSELMANN, K., et al.: Detection of anthropogenic climate change using a fingerprint method. Report No. 168, Max-Planck-Institut für Meteorologie, Hamburg 1995.

HAYWOOD, J.M., et al.: Transient response of a coupled model to estimated changes in greenhouse gas and sulfate concentrations. Geophys. Res. Letters 24, 1335–1338 (1997).

HEGERL, G.C., et al.: Multi-fingerprint detection and attribution analysis of greenhouse-gas-plus-aerosol and solar forced climate change. Clim. Dyn. 13, 613–634 (1997).

HEIMANN, M.: Biogeochemische Spurenstoffkreisläufe. In GUDERIAN, R. (Hrsg.): Handbuch der Umweltveränderungen und Ökotoxikologie, Band 1 B, S. 393–420, Springer, Berlin 2000.

HEINRICH, H.: Origin and consequences of cyclic ice rafting in the Northeast Atlantic Ocean during the past 130 000 years. Quatern. Res. 29, 143–152 (1988).

HENSE, A.: On the possible existence of a strange attractor for the southern oscillation. Beitr. Atmos. Physics 60, 34–47 (1987).

HESS, P., BREZOWSKY, H.: Katalog der Großwetterlagen Europas. Bericht Nr. 33, Deut. Wetterdienst in der US-Zone, Selbstverlag, Bad Kissingen 1952; 3. Aufl.: Bericht Nr. 15 (113) Deut. Wetterdienst, Selbstverlag, Offenbach 1977; s. auch GERSTENGARBE und WERNER, 1993.

HOFFMANN, P.F., SCHRAG, D.P.: Als die Erde ein Eisklumpen war. Spektrum Wiss. Heft April 2000, S. 58–66 (2000); s. auch Science 281, 1342–1346 (1998).

HOLDRIDGE, L.R.: Life Zone Ecology. Tropical Science Center, San José 1964.

HUMBOLDT, A. VON: Des lignes isothermes et de la distribution de la chaleur sur le globe. Mém. Phys. Chimie Soc. d'Arcueil III, 462–602 (Paris, 1817).

HUMBOLDT, A. VON: Kosmos. Entwurf einer physischen Weltbeschreibung. Stuttgart 1845.

HURRELL, J.W.: Decadal trends in the North Atlantic Oscillation: Regional temperatures and precipitation. Science 269, 676–679 (1995).

HURRELL, J.W., VAN LOON, H.: Decadal variations in climate associated with the North Atlantic Oscillation. Clim. Change 36, 301–326 (1997).

IVANOV, N.N.: Belts of continentality on the globe (in Russian). Izwest. Wsesoj. Geogr. Obschtsch **91**, 410–423 (1959).

JACOBEIT, J., BECK, C., PHILIPP, A.: Annual to decadal variability in climate in Europe. Heft 43, Würzburger Geopgraph. Man., Würzburg 1998.

JAENICKE, R.: Aerosol physics and chemistry. In FISCHER, G. (ed.): Landolt-Börnstein Numerical Data and Functional Relationships in Science and Technology, Vol. V/4b, pp. 391–456. Springer, Berlin 1987.

JAKOB, D., PODZUN, R.: Sensitivity studies with the regional climate model REMO. Meteorol. Atmos. Phys. **63**,119–129 (1997).

JÄGER, H.: The Pinatubo eruption cloud observed by LIDAR at Garmisch-Partenkirchen. Geophys. Res. Letters 19, 191–194 (1992); pers. Mitt. (1999).

JENDRITZKY, G.: Das Bioklima in der Bundesrepublik Deutschland (Bioklimakarte mit Informationsbroschüre). Deutscher Wetterdienst, Offenbach / Flöttmann Verlag, Gütersloh 1986.

JENDRITZKY, G.: Wirkungen von Wetter und Klima auf die Gesundheit des Menschen. In WICHMANN, H.E., et al. (Hrsg.): Handbuch der Umweltmedizin, Teil VII-3 (Loseblattsammlung), ecomed, Landberg 1992.

JENDRITZKY, G.: Das Klima als Gesundheitsfaktor. Geogr. Rdsch. **45**, 107–114 (1993).

JENDRITZKY, G.: Einwirkungen von Klimaänderungen auf die Gesundheit des Menschen in Mitteleuropa. In Deutscher Wetterdienst: Klimastatusbericht 1998, S. 7–17 (1999).

JENDRITZKY, G., SÖNNING, W., SWANTES, H.-J.: Ein objektives Bewertungsverfahren zur Beschreibung des thermischen Milieus in der Stadt- und Landschaftsplanung ("Klima-Michel-Modell"). Beitr. Akad. Raumforsch. u. Landesplanung, Bd. 28, Hannover 1979; Methodik zur räumlichen Bewertung der thermischen Komponente im Bioklima des Menschen (Fortgeschriebenes "Klima-Michel-Modell"). Beitr. Akad. Raumforsch. u. Landesplanung, Bd. 114, Hannover 1990.

JONES, P.D.: Hemispheric surface air temperature variations: a reanalysis and an update to 1993. J. Clim. **7**, 1794–1802 (1994); s. auch INTERNET: CRU.

JONES, P.D., et al.: Surface air temperature and its changes over the past 150 years. Rev. Geophys. **37**, 173–199 (1999); s. auch INTERNET: CRU.

KEELING, C.D., WHORF, T.P.: Atmospheric CO_2 records from sites in the SIO air sampling network. In Carbon Dioxide Information Analysis Center: Trends '93, pp. 16–26. Oak Ridhe 1994; INTERNET (data and update): CDIAC.

KEIDEL, C.G.: Wolkenbilder – Wettervorhersage. BLV Verlagsges., München 1980.

KELLER, R.: Hydrologie. Wiss. Buchges., Darmstadt 1980.

KIEHL, J.T., TRENBERTH, K.E.: Earth's annual global mean energy budget. Bull. Am. Meteorol. Soc. **78**, 197–208 (1997).

KIPPENHAHN, R.: Der Stern, von dem wir leben. Den Geheimnissen der Sonne auf der Spur. DVA, Stuttgart 1990.

KLEEBERG, H.-B.: Hochwassertrends in Deutschland. In BECHTELER, W., et al. (Hrsg.): Klimaänderung und Wasserwirtschaft, Universität der Bundeswehr München, Institut für Wasserwesen, Heft 56a, S. 155–167 (1996).

KÖNIG, H.L.: Unsichtbare Umwelt. Eigenverlag (Arcisstr. 21), München 1977.

KOHLMAIER, G., et al.: Modelling stimulation of plants and ecosystem response to present levels of excess atmospheric CO_2. Tellus **39B**, 155–170 (1987).

KOHLMAIER, G., et al.: The Frankfurt biophere model. II: Global results for potential vegetation in an assumed equilibrium state. Climate Res. **8**, 61–87 (1997).

KÖPPEN, W.: Das geographische System der Klimate. In KÖPPEN, W., GEIGER, R. (Hrsg.): Handbuch der Klimatologie, Bd. I, S. C1–C44. Berlin 1936.

KÖPPEN, W., WEGENER, A.: Die Klimate der geologischen Vergangenheit. Borntraeger, Berlin 1924.

KRISTJANSSON, J.E., KRISTIANSEN, J.: Is there a cosmic ray signal in recent variations in global cloudiness and cloud radiative forcing? J. Geophys. Res. **105D**, 11815–11863 (2000).

KÜGLER, H.: Medizin-Meteorologie nach den Wetterphasen. J.F. Lehmann, München 1972.

KUHLE, M.: Eine reliefspezifische Eiszeittheorie. Geowiss. uns. Zeit **6**, 142–150 (1988).

KUTTLER, W.: Stadtklima. In HUPFER, P., KUTTLER, W. (Hrsg.): Witterung und Klima, S. 328–364. Teubner, Stuttgart 1998.

KUTTLER, W.: Stadtklima. In GUDERIAN, R. (Hrsg.): Handbuch der Umweltveränderungen und Ökotoxikologie, S. 420–470, Springer, Berlin 2000.

LABITZKE, K., NAUJOKAT, B., ANGELL, J.K.: Long-term temperature trends in the middle stratosphere of the northern hemisphere. Adv. Space Res. **6**, 7–16 (1986); LABITZKE, K., pers. Mitt. (1999).

LABITZKE, K., VAN LOON, H.: The signal of the 11year sunspot-cycle in the upper troposphere-lower stratosphere. Space Sci. Rev. **80**, 393–410 (1997).

LAMB, H.H.: Volcanic dust in the atmosphere; with a chronology and assessment of its meteorological significance. Phil. Transactions Roy. Met. Soc. **A266**, 425–533 (1970).

LAMB, H.H.: Supplementary volcanic dust veil assessments. Clim. Monitor **6**, 57–57 (1977).

LANG, R.: Versuch einer exakten Klassifikation der Böden in klimatischer und geologischer Hinsicht. Internat. Mitt. Bodenkde. **5**, 312–146 (1915).

LATIF, M., et al.: A review of ENSO prediction studies. Clim. Dyn. **9**, 167–179 (1994).

LATIF, M., Endlicher, W.: Niño/Southern Oscillation phenomenon. In LOZÁN, J.L., et al. (eds.). Climate of the 21th Century: Changes AND Risks, pp. 45–54. Wiss. Ausw. + Geo, Hamburg 2001.

LAUER, W.: El Niño. Eine Meeresströmung verändert Klima und Umwelt. Sitzungsberichte 1997, S. 33–57, Bayer. Ak. d. Wiss., Math.-Naturw. Klasse, München 1997.

LEAN, J.: Evolution of the sun's spectral irradiance since the Maunder Minimum. Geophys. Res. Letters 27, 2425–2428 (2000).

LEAN, J., BEER, J., BRADLEY, R.S.: Reconstruction of solar irradiancesince 1610: Implications for climatic change. Geophys. Res. Letters **22**, 3195–3198 (1995).

LEVITUS, S.: Climatological Atlas of the World Ocean. NOAA Prof. Paper No. 13, Wasgington 1982.

LIETH, H.: Quantitative evaluation of global primary productivity models generated by computers. In LIETH, H., WHITTAKER, R.H. (eds.): Primary Productivity of the Biosphere. Ecological Studies, pp. 237–265. Sptinger, Berlin 1975.

LIETH, H., SCHARRER, H.: Humboldt-Universität zu Berlin übernimmt Internationale Phänologische Gärten. Arboreta Phaenologica, Heft 40 (Arbeitsgemeinschaft Internat. Phänolog. Gärten, c/o Deut. Wetterdienst), Offenbach 1995.

LÖFFLER, H.: Feuchtediagramm (unveröff. Komp., Schule für Wehrgeophysik, Fürstenfeldbruck 1976).

LORENZ, E.N.: The Essence of Chaos. Univ. of Washington Press, Washington 1993.

LOVELOCK, J.: Das Gaia-Prinzip. Die Biographie unseres Planeten. Artemis, Zürich 1991.

MAIER-REIMER, E., HASSELMANN, K.: Transport and storage of CO_2 in the ocean – an inorganic carbon cycle model. Clim. Dyn. **2**, 63–90.

MALBERG, H.: Bauernregeln. Springer, Berlin 1989.

MANABE, S., WETHERALD, R.T.: Thermal equilibrium of the atmosphere with a given distribution of relative humidity. J. Atmos. Sci. **24**, 241–259 (1967).

MANABE, S., WETHERALD, R.T.: The effects of doubling the CO_2 concentration on the climate of a general circulation model. J. Atmos. Sci. **32**, 3–15 (1975).

MANLEY, G.: Central England temperatures: monthly means 1659–1973. Quart. J. Roy. Met. Soc. 100, 389–405 (1974).

MANN, M.E., BRADLEY, R.S., HUGHES, M.K.: Global-scale temperature patterns and climate forcing over the past six centuries. Nature **392**, 779–787 (1998).

MANN, M.E., BRADLEY, R.S., HUGHES, M.K.: Northern hemisphere temperatures during the past millennium: inferences, uncertainties and limitations. Geophys. Res. Letters **26**, 759–762 (1999).

DE MARTONNE, E.: Nouvelle carte mondiale de l'indice s'aridité. Météorol. **1941**, 3–26 (1941).

McCORMICK, P.M., THOMASON, L.W., TREPTE, C.E.: Atmospheric effects of Mt Pinatubo eruption. Nature **373**, 399–404 (1995).

MEERKÖTTER, R., et al.: Radiative forcing by contrails. Report No. 108, DLR, Inst. Physik d. Atmosphäre, Oberpfaffenhofen 1998.

MENSCHING, H.: Die Wüste schreitet voran. Umschau **4**, 99–106(1978).

MENZEL, A., FABIAN, P.: Growing season extended in Europe. Nature **397**, 659 (1999).

MESSERLI, B.: Die afrikanischen Hochgebirge und die Klimageschichte Afrikas in den letzten 20 000 Jahren. In OESCHGER, H., et al. (Hrsg.): Das Klima, S. 64–90. Springer, Berlin 1980.

METZGER, S., LATIF, M., FRAEDRICH, K.: Combining ENSO forecasts. A feasibility study. J. Clim. 14, in print (2001).

MILANKOVIC, M.: Théorie mathématique des phénoménes termiques produits par la radiation solaire. Gauthiers-Villars, Paris 1920.

MITCHELL, J.F.B., JOHNS, T.C., GREHORY, J.M., TETT, S.F.B.: Climate response to increasing levels of greenhouse gases and sulphate aerosols. Nature **376**, 501–504 (1995).

MITCHELL, J.M., et al.: Climatic Change. World Meteorological Organization, WMO Publ. No. 195, Geneva 1966.

MITTELSTAEDT, E.: Upwelling regions. In Landolt-Börnstein Numerical Data and Functional Relationships in Science and Technology, Vol. V/3c (Oceanography), pp. 135–166. Springer, Berlin 1986.

MOLINA, M.J., ROWLAND, F.S.: Stratospheric sink for for chlorofluoromethanes. Chlorine atom catalyzed destruction of ozone. Nature **289**, 810–814 (1974).

MOLLWO, H.: Klimawerte von Frankfurt/Main 1857–1956. Bericht Nr. 43, Deut. Wetterdienst, Selbstverlag, Offenbach 1958.

MÜLLER-WESTERMEIER, G.: Klimadaten von Deutschland. Zeitraum 1961–1990. Deut. Wetterdienst, Selbstverlag, Offenbach 1996; siehe auch INTERNET: DWD, KLIS.

MÜLLER-WESTERMEIER, G.: Klimatrends in Deutschland. Klimastatusbericht 2001, S. 112–121. Deutscher Wetterdienst, Selbstverlag, Offenbach 2002.

NAUJOKAT, B., LABITZKE, K., et al.: The stratospheric winter 1994/95: A cold winter with a strong minor warming. Beilage zur Berliner Wetterkarte, 81/95 (6.9.1995, 24 S.). Berlin 1995.

NAUJOKAT, B., MARQUARDT, C.: Die annährend zweijährige Schwingung (QBO) in der Stratosphäre. Promet **2–4'92**, 62–68 (1992).

NEFTEL, A.: Evidence from polar ice cores for the increase in atmospheric CO_2 in the past two centuries. Nature **315**, 45–47 (1985).

NOBRE, C.A., SELLERS, P.J., SHUKLA, J.: Amazonian deforestation and regional climatic change. J. Climate **4**, 957–988 (1991).

OBERHUBER, J.M., et al.: Predicting the '97' El Niño event with a global climate model. Geophys. Res. Letters **25**, 2273–2276 (1998).

OPITZ, P.J. (Hrsg.): Weltprobleme. Bundeszentrale für politische Bildung, Bonn 1990.

ORLANSKI, I.: A rational subdivision of scales for atmospheric processes. Bull. Am. Meteorol. Soc. **56**, 527–530 (1975).

PAETH, H., HENSE, A., GLOWIENKA-HENSE, R., VOSS, R., CUBASCH, U.: The North Atlantic Oscillation as an indicator for greenhouse-gas induced regional climate change. Clim. Dynamics **15**, 953–960 (1999).

PETIT, J.R., et al.: Climate and atmospheric history of the past 420,000 years from the Vostok oce core, Antarctica. Nature **399**, 429–426 (1999).

PFISTER, C.: Klimageschichte der Schweiz 1525–1860. Haupt, Bern 1984.

PRENTICE, C., et al.: A global biome model based on plant physiology and dominance, soil properties and climate. J. Biogeography 19, 117–134 (1992).

QUEDENS, G.: Nordsee – Mordsee. Breklumer Verlag M. Siegel, Breklum 1992.

QUINN, W.H., et al.: Historical trends and statistics of the Southern Oscillation, El Niño, and Indonesian droughts. Fish. Bull. 76, 663–678 (1978).

RAHMSTORF, S.: On the freshwater forcing and transport of the Atlantic thermohaline circulation. Clim. Dyn. **12**, 799 (1996).

RAHMSTORF, S.: Warum das Eiszeitklima Kapriolen schlug. Spektrum Wiss. Dossier 1/2002, S. 48–49 (2002).

RAHMSTORF, S., GANOPOLSKI, A.: Long-term warming scenarios computed with an efficient coupled climate model. Clim. Change **43**, 353–367 (1999).

RAPP, J.: Konzeption, Problematik und Ergebnisse klimatologischer Trendanalysen für Europa und Deutschland. Bericht Nr. 212, Deut. Wetterdienst (Selbstverlag), Offenbach 2000.

REICHLE, D.E., TRABALKA, J.R., SOLOMON, A.M.: Approaches to studying the global carbon cycle. In TRABALKA, J.R. (ed.): Atmospheric Carbon Dioxide and the Flobal Carbon Cycle. US DOE Report DOE/ER-0239, pp. 15–24. Oak Ridge National Laboratory, Oak Ridge 1985.

RIDLEY, B.K.: The Physical Environment. Ellis Horwood Ltd., Chichester 1979.

ROECKNER, E.: Wolken und Klima. Modellierung und Feedback-Analysen. Heft 92, Reihe A, Hamburger Geophys. Einzelschriften. Hamburg 1988.

ROPELEWSKI, C.F., HALPERT, M.S.: Precipitation patterns associated with the high index of the Southern Oscillation. J. Clim. 2, 268–284 (1989).

RÖTH, E.-P.: Ozonloch, Ozonsmog. Meyers Forum, B.I. Taschenbuchverlag, Mannheim 1994.

RÖTHLISBERGER, F.: 10 000 Jahre Gletschergeschichte der Erde. Sauerländer, Aarau 1986.

RÖTZER, T., CHMILELEWSKI, F.-M.: Phenological maps of Europe. Clim. Research, in print (2001).

RUBINSTEIN, E.S., DROSDOW, O.A., 1956, cit. BLÜTHGEN 1964 (s.Lit 1).

SACHS, L.: Angewandte Statistik. Springer, Berlin 1999.

SALTZMANN, B. (ed.): Theory of Climate. Advances Geophys., Vol. 25 (1983).

SATO, M., et al.: Stratospheric aerosol optical depth 1850–1990. J. Geophys. Res. **98**, 22987–22994 (1993).

SAUSEN, R. (ed.): Aspects of coupling atmosphere and ocean models. Report No. 6, Inst. Meteorol. Univ. Hamburg 1989.

SCHÄDLE, 1990, cit. Haggett, 1991 (s. Lit. 3).

SCHAFHAUSEN, F.: Wirtschaftliche Effekte eines Handels mit Treibhausgas-Emissionen. 4. Hess. Klimaschutzforum, Tagungsband, Hess. Ministerium für Umwelt, Landwirtschaft und Forsten, Selbstverlag, Wiesbaden 2000.

SCHELLNHUBER, H.-J., STERR, H. (Hrsg.): Klimaänderung und Küste. Springer, Berlin 1993.

SCHERHAG, R.: Die explosionsartigen Stratosphärenerwärmungen des Spätwinters 1951/52. Bericht Nr. 38, Deut. Wetterdienst US-Zone, Selbstverlag, Bad Kissingen 1952.

SCHIDLOWSKY, M., WENDT, H.: Kosmos, Erde und Mensch. In Kindlers Enzyklopädie 'Der Mensch', Bd. I, S. 179–221. Kindler, München 1982.

SCHINKE, H.: On the occurrence of deep cyclones over Europe and the North

Atlantic in the period 1930–1991. Contr. Atmos. Physics **66**, 223–237 (1993).

SCHLESINGER, M.E. (ed.): Greenhouse-Gas-Induced Climatic Change: A Critical Appraisal of Simulations and Observations. Elsevier, Amsterdam 1991.

SCHLESINGER, W.H.: The world carbon pool in soil organic matter. A source of atmospheric CO_2. In WOODWELL, G.M. (ed.): The Role of Terrestrial Vegetation in the Global Carbon Cycle. Wiley, New York 1981.

SCHLITTGEN, R., STREITBERG, B.H.J.: Zeitreihenanalyse. Oldenbourg, München 1999.

SCHMAUSS, A.: Singularitäten im jährlichen Witterungsverlauf von München. Deut. Meteorol. Jahrbuch Bayern, Bd. 1928B, München 1928.

SCHMIDT, U., ENGEL, A., VOLK, M.: Ist der globale Ozonabbau gestoppt? Forschung Frankfurt, Heft **4/2001**, 11–19 (2001).

SCHMITHÜSEN, J.: Allgemeine Vegetationsgeographie. De Gruyter, Berlin 1968.

SCHMITHÜSEN, J. (Hrsg.): Atlas zur Biogeographie (Meyers Großer Physischer Weltatlas, Bd. 3). Bibliograph. Inst., Mannheim 1976.

SCHNEIDER-CARIUS, K.: Die Grundschicht der Troposphäre. Teubner, Leipzig 1953.

SCHNELLE, F.: Pflanzen-Phänologie. Akadem. Verlagsges. Geest & Portig, Leipzig 1955.

SCHÖNWIESE, C.-D.: Schwankungsklimatologie im Frequenz- und Zeitbereich. Wiss. Mitt. Nr. 24, Meteorol. Inst. Univ. München 1974.

SCHÖNWIESE, C.-D.: Das Frankfurter statistische Klimamodell. Naturw. Rdsch. 46, 215–222 (1993).

SCHÖNWIESE, C.-D.: Das „Treibhaus"-Problem: Emissionen und Klimaeffekte. Bericht Nr. 96, Inst. Meteorol. Geophys. Univ. Frankfurt/Main 1994.

SCHÖNWIESE, C.-D.: Climate variations. In FISCHER, G. (ed.): Landolt-Börnstein Numertical Data and Functional Relationships in Science and Technology, Vol. V/4/c1, pp. 93–150. Springer, Berlin 1987.

SCHÖNWIESE, C.-D.: Praktische Statistik für Meteorologen und Geowissenschaftler. Borntraeger, Stuttgart 2000.

SCHÖNWIESE, C.-D., BAYER, D.: Some statistical aspects of anthropogenic and natural forced global temperature change. Atmósfera **8**, 3–22 (1995).

SCHÖNWIESE, C.-D., DENHARD, M., GRIESER, J., WALTER, A.: Assessments of the global anthropogenic greenhouse and sulfate signal using different types of simplified climate models. Theor. Appl. Climatol. **57**, 119–124 (1997).

SCHÖNWIESE, C.-D., ULLRICH, R., BECK, F., RAPP, J.: Solar signals in global climatic change. Climatic Change **27**, 259–281 (1994).

SCHOVE, D.J.: Sunspot Cycles. Hutchinson, Stroudsburg 1983.

SCHUSTER, H.G.: Extraction of models from complex data. In ABRAHAM, N.B., ALBANO, A.M. (eds.): Measures of Complexity and Chaos, pp. 349–358, Plenum, New York 1989.

SCHWEINGRUBER, F.H.: Der Jahrring. Haupt, Bern 1983.

SCHWEINGRUBER, F.H.: Dendroökologische Holzanatomie. Haupt, Bern 2001.

SEVRUK, B., (ed.): Precipitation Measurement (WMO/IAHS/ETH Worlshop). Swiss Fed. Inst. Technology, ETH Züroch 1989.

SIMKIN, T., et al. (eds.): Volcanoes of the World. (Smithsonian Institution), Hutchinson, Stroudsburg 1981; upadates see INTERNET: SI.

SMITHZ, A.G., et al.: Paläokontinentale Weltkarten des Phanerozoikums. Enke, Stuttgart 1982.

SNEYERS, R.: On the Statistical Analysis of Series of Observations. World Meteorological Organization, WMO Publ. No. 415 (Tech. Note No. 143), Geneva 1980.

STEINHAUSEN, D., LANGER, K.: Clusteranalyse. De Gruyter, 1977.

STUBER, N., SAUSEN, R., PONATER, M.: Radiative forcing and climate sensitivity. Report No. 150, DLR, Inst. Physik d. Atmosphäre, Oberpfaffenhofen 2001.

SVENSMARK, H., FRIIS-CHRISTENSEN, E.: Variation of cosmic ray flux and global cloud coverage – a missing link in solar-climate relationships. J. Atmos. Solar Terr. Physics **59**, 1225–1232 (1997).

TIMMERMANN, A., et al.: Increased El Niño frequency in a climate model forced by future greenhouse warming. Nature 398, 694–696 (1999).

TRENBERTH, K.E., STEPANIAK, D.P.: Indices of El Niño evaluation. J. Clim. **14**, 1697–1701 (2001); INTERNET: http://www.cgd.ucar.edu/cas/catalog/climiud/ TN1_N34/index.html

TROLL, C.: Climatic seasons and climatic classification. Orient Geogr. 2, 141–165 (1958).

TROLL, C., PAFFEN, K.H.: Karte der Jahreszeitenklimate der Erde. Erdkunde **18**, 5–28 (1964).

TYNDALL, J.: On the absorption and radiation of heat by gases and vapours and on the physical connexion of radiation, absorption and conduction. Philosoph. Mag. and J. Science, Series 4, **22**, 169–194; 273–285 (1861).

Umweltbundesamt: Klimaveränderung und Ozonloch. Zeit zum Handeln. Broschüre, Selbstverlag, Berlin 1992.

Umweltbundesamt: Klimaschutz 2001. Tatsachen – Risiken – Handlungsmöglichkeiten. Broschüre, Selbstverlag, Berlin 2001.

UNFFC-Sekretariat (Klimasekretariat der Vereinten Nationen): Das Protokoll von Kyoto zum Rahmenübereinkommen der Vereinten Nationen über Klimaänderungen. Nachdruck Umweltbundesministerium, Bonn 1999.

UREY, H.C., et al.: Measurement of paleotemperatures and temperatures of the upper Cretaceous of England, Denmark and the southeastern United States. Bull. Geol. Soc. **62**, 399–416 (1951).

Verein Deutscher Ingenieure (VDI): Säurehaltige Niederschläge. VDI-Kommission Reinhaltung der Luft, Selbstverlag, Düsseldorf 1983.

WALDMEIER, M.: The Sunspot Activity in the Years 1610–1960. Schulthers, Zürich 1961.

WALKER, C.G.: Evolution of the Atmosphere. Macmillan, New York 1977.

WALKER, G.T.: Correlation in sesonal variations of weather. IX: A further study on world weather. Mem. Indian Meteor. Dept. **24**, 275–332 (1924).

WALTER, A.: Zur Anwendung neuronaler Netze in der Klimatologie. Bericht Nr. 218, Deut. Wetterdienst, Selbstverlag, Offenbach 2001.

WALTER, A., DENHARD, M., SCHÖNWIESE, C.-D.: Simulation of global and hemispheric temperature variations and signal detection studies using neural networks. Meteorol. Z., N.F., **7**, 171–180 (1998).

WALTER, H., BRECKLE, S.-W.: Vegetation und Klimazonen. 7. Aufl., Ulmer, Stuttgart 1999.

WANNER, H., et al.: North Atlantic Oscillation – concepts and studies. Surveys Geophys., 22, 321–382 (2001).

WARNECK, P., WURZINGER, A.: Chemical composition of and chemical reactions in the atmosphere. In FISCHER, G., ed.: Landolt-Börnstein Numerical Data and Functional Relationships in Science and Technology, Vol. V/4b, pp. 457–570. Springer, Berlin 1987.

WEFER, G., BERGER, W.H.: Klima und Ozean. In HUCH, M., et al. (Hrsg.): Klimazeugnisse der Erdgeschichte, S. 51–107. Springer, Berlin 2001.

WEGENER, A.: Die Theorie der Kontinentalverschiebungen. Z. Ges. Erdk. (Berlin) **1921**, 89–103; 125–130 (1921).

WEGENER, A.: Die Entstehung der Kontinente und Ozeane. Vieweg, Braunschweig 1922.

WENTZ, F.J., SCHABEL, M.: Effects of orbital decay on satellite-derived lower-tropospheric temperature trends. Nature **394**, 661–664 (1998).

WERNER, A.: Die Nordatlantik-Oszillation und ihre Auswirkungen auf Europa. Diplomarbeit, Inst.Meteorol. Geophys. Univ. Frankfurt/Main 1999.

WERNER, P.C., GERSTENGARBE, F.-W., FRAEDRICH, K., OESTERLE, H.: Recent climate change in the north Atlantic/European sector. Int. J. Climatol. **20**, 463–471.

WHITTAKER, R.H., LIKENS, G.E.: The biosphere and man. In LIETH, H., WHITTAKER, R.H. (eds.): Primary Productivity of the Biosphere, pp. 305–328. Springer, Berlin 1975.

WIGLEY, T.M.L., RAPER, S.C.B.: Internally generated natural variability of global mean temperatures. In SCHLESINGER, M.E. (ed.): Greenhouse-Gas-Induced Climatic Change: A Critical Appraisal of Simulations and Observations, pp. 471–482. Elsevier, Amsterdam 1991.

World Meteorological Organization (WMO): Proceedings of the World Climate Conference. WMO Publ. No. 537, Geneva 1979.

World Meteorological Organization (WMO): Report of the International Conference on the Assessment of the Role of Carbon Dioxide and of Other Greenhouse Gases in Climate Variations and Associated Impacts ('Villach Conference' 1985; ICSU/UNEP/WMO). WMO Publ. No. 661, Geneva 1986.

World Meteorological Organization (WMO): Global Ozone Research and Monitoring Project, Report No. 16, Geneva 1986.

World Meteorological Organization (WMO): The Global Climate System Review. WMO Publ. No. 856, Geneva 1998.

World Meteorological Organization (WMO): Scientific Assessment of Ozone Depletion. WMO, Global Ozone Research and Monitoring Project, Report No. 44, Geneva 1999.

WYRTKI, K.: The Southern Oscillation, ocean-atmosphere interaction, and El Niño. Marine Technol. Soc. J. **16**, 3–10 (1982).

ZELLNER, R.: Chemie der Stratosphäre und der Ozonabbau. In GUDERIAN, R. Hrsg.: Handbuch der Umweltveränderungen und Ökotoxikologie, Band 1A, S. 342–382, Springer, Berlin 2000.

Verzeichnis der Internetadressen

1. Deutschland

1.a Klimaforschung

AWI: Alfred-Wegener-Institut für Polar- und Meeresforschung, Bremerhaven
http://www.awi-bremerhaven.de

DKRZ: Deutsches Klimarechenzentrum, Hamburg
http://www.dkrz.de

DMG: Deutsche Meteorologische Gesellschaft
http://www.met.fu-berlin.de/dmg

DWD: Deutscher Wetterdienst, Offenbach
http://www.dwd.de
KLIS: Klimainformationssystem des DWD
http:///www.dwd.de/research/klis/index.htm

Max-Planck-Institut für Meteorologie, Hamburg
http://www.mpimet.mpg.de

PIK: Potsdam-Institut für Klimafolgenforschung, Potsdam
http://www.pik-potsdam.de

Universität Frankfurt a.M., Institut für Meteorologie und Klimatologie,
Arbeitsgruppe Meteorologische Umweltforschung/Klimatologie
http://www.rz.uni-frankfurt.de/IMGF/meteor/klima

1.b Klimaschutz

BMBF: Bundesministerium für Bildung und Forschung, Bonn
http://www.bmbf.de

BMU: Bundesministerium für Umwelt, Naturschutz und Reaktorsicherheit, Berlin
http://www.bmu.de

UBA: Umweltbundesamt, Fachgebiet "Schutz der Erdatmosphäre"
www.umweltbundesamt.de/uba-info-daten/klimaschutz.htm

GERMANWATCH e.V., Bonn
www.germanwatch.org

2. International

CDIAC: Oak Ridge University, Carbon Dioxide Information Analysis Center, USA
http://cdiac.esd.ornl.gov

CRU: University of Norwich, Climatic Research Unit, UK (England)
http://www.cru.uea.ac.uk

HC: Hadley Centre, Bracknell, UK (England)
http://www.meto.govt.uk/sec5/sec5pg1.html

IPCC: Intergovernmental Panel on Climate Change, UN, Genf
http://www.ipcc.ch

NASA: National Aeronautics and Space Administration, USA
Global Change Master Directory
http://www.gcmd.gsfc.nasa.gov
Institute on Climate and Planets
http://icp.giss.nasa.gov

NCAR: National Center for Atmospheric Research, Boulder, USA
http://www.ncar.ucar.edu

NOAA: National Oceanic and Atmospheric Administration, USA
http://www.noaa.gov

SI: US Smithsonian Institution, Global Volcanism Program
http://www. volcano.si.edu/gvp/

SIDC: Sunspot Index Data Center, Brüssel
http://sidc.oma.be

ProClim: Forum for Climate and Global Change,
Swiss Academy of Sciences, Bern, Schweiz
http://www.proclim.ch

WMO: World Meteorological Organisation, UN, Genf
http://www.wmo.ch

Anhang

A.1 Abkürzungen und Symbole
(Maßeinheiten siehe A.2)

A.1.1 Allgemeine Größen, Begriffe und Institutionen

a, b, c, …	Größe allg., siehe A.1.3 (auch Schreibweisen $\bar{a}$ usw.)
a, b, c, …	vektorielle Größe allg., siehe A.1.3
a	absolute Luftfeuchtigkeit; Absorptionskoeffizient; antizyklisch
a_D	Absorptionskoeffizient für Dunst
a_R	Absorptionskoeffizient für Gase (nach Rayleigh)
A	maximale absolute Feuchtigkeit (b. Sättigung); Abfluss; Arbeit; Ablation
A, B, C, …	Regressionskoeffizienten (b. statist. Gleichungen)
AGCM	atmosphärisches GCM (allgemeines Zirkulationsmodell, klimatol.)
AOGCM	atmosphärisch-ozeanisches GCM
A_J	Jahresamplitude der Temperatur
A_T	Tagesamplitude der Temperatur
α	reziproke Dichte $(1/\rho)$; Zenitdistanz-Winkel; ebener Winkel, allg.; Irrtumswahrscheinlichkeit (statist.)
$α_L$	Wärmeübergangszahl (b. Wärmeleitung)
b	Beschleunigung, skalar
b	Beschleunigung, vektoriell
b_o	Wien-Konstante
$\mathbf{b}_C$	Coriolisbeschleunigung
$\mathbf{b}_G$	Luftgradient-Beschleunigung
B	Bilanzgröße, allg.
β	Rossby-Parameter; Einfallswinkel (azimutal, d.h. vom Horizont aus gerechnet)
c	Lichtgeschwindigkeit (in einem Medium); spezifische Wärmekapazität
c_o	Vakuum-Lichtgeschwindigkeit
c_{H^+}	Wasserstoffionen-Konzentration (Säuremaß)

c_p	spezifische Wärmekapazität bei konstantem Druck
c_v	spezifische Wärmekapazität bei konstantem Volumen
c_w	Phasengeschwindigkeit troposphärischer Wellen
C	Akkumulation
CFC	chlorofluorocarbons (engl.; entspricht CFK)
CFK	Chlorfluorkohlenstoffe (entspricht CFC)
CFM	Chlorfluormethane
CL	confidence level (engl.; entspricht VG bzw. VB)
CLINO	**cli**matic **no**rmals (engl.; Klimanormalwerte)
χ^2	Chi-Quadrat-Verteilung (statist.)
d	Durchmesser; siehe auch A.1.3
D	Schichtdicke
DFG	Deutsche Forschungsgemeinschaft
D/O	Dansgaard-Oeschger-Ereignis
DWD	Deutscher Wetterdienst
DU	Dobson unit (engl.; Dobson-Einheit); siehe auch A.2
e	Wasserdampfpartialdruck; siehe auch A.1.3
E	Energie, allg.; maximaler Wasserdampfpartialdruck (b. Sättigung); Evaporation; Ost, Ostwind (engl. east)
E_{kin}	kinetische Energie
$E_{kin, mol}$	molekularkinetische Energie
E_{therm}	thermische Energie
E_E	maximaler Wasserdampfpartialdruck über Eis
E_V	Verdunstungs- bzw. Verdampfungsenergie
E_W	maximaler Wasserdampfpartialdruck über Wasser
EBM	Energiebilanzmodell (klimatolog.)
EDV	elektronische Datenverarbeitung
EN	El-Niño
ENSO	El-Niño/Southern Oscillation
EP	effective precipitation (engl., effektiver Niederschlag, sog. Feuchtigkeitsindex)
EU	Europäische Union; Eurasian Pattern
f	Coriolisparameter; Rückkopplungsfaktor (feed back); s. auch A.1.3
f_0	Gravitationskonstante, siehe auch A.2.4
F	Fläche
F_E	Erdoberfläche
F_i	konvektive Energieflüsse
FCKW	Fluorchlorkohlenwasserstoffe; siehe auch A.1.2
g	Erdbeschleunigung; siehe auch A.2.4
G	Gewicht; Globalstrahlung; ggf. auch Größe allg.
G	Luftdruckgradientkraft
GCM	general circulation model (engl.; allgemeines Zirkulationsmodell)
GND	ground level (engl., Erdoberfläche, als Bezugsniveau)

GG	Grundgesamtheit (statist.)
γ	thermischer Ausdehnungskoeffizient
h	Horizontalentfernung
h_0	Planck'sches Wirkungsquantum (Planck-Konstante), siehe auch A.2.4)
H	Höhe über einer isobaren Fläche; Hochdruckgebiet; Häufigkeit (statist.)
H^+	Wasserstoffion (positiv)
HKN	Hebungskondensationsniveau
i	Laufindex (b. indizierten Größen, siehe auch A.1.3)
i	Einheitsvektor in x-Richtung
I	Impuls; Insolation (**in**coming **sol**ar radi**ation**); elektrische Stromstärke
I_0	Insolation bei Zenitstand der Sonne
I_D	direkte Sonneneinstrahlung
I_H	diffuse Himmelsstrahlung (solaren Ursprungs)
I_L	Lichtstärke
ICAO	International Civil Aviation Organization (UN)
ICSU	International Council of Scientific Unions (UN)
IGBP	International Geosphere Biosphere Programme (Internat. Geosphären-Biosphären-Forschungsprogramm)
IPCC	Intergovernmental Panel on Climate Change (UN)
ISA	ICAO Standard Atmosphere (ICAO-Standardatmosphäre)
ITK	innertropische Konvergenzzone (auch ITC, ITCZ)
j	Laufindex (b. indizierten Größen, siehe auch A.1.3)
j	Einheitsvektor in y-Richtung
J	Jet (Strahlstrom)
k	Stefan-Boltzmann-Konstante (siehe auch A.2.4); Laufindex (b. indizierten Größen)
k	Einheitsvektor in z-Richtung (vertikal)
K	Kraft, skalar; Kaltluft
K	Kraft, vektoriell
K_G	Gravitationskraft, skalar; Kontinentalitätsinex nach Gorczynski
$\mathbf{K}_G$	Gravitationskraft, vektoriell
K_I	Kontinentalitätsindex nach Iwanov
K_S	Krümmungsterm der Wirbelgröße
KKN	Konvektionskondensationsniveau (auch CKN, Cumulus-Kondensationsniveau)
κ	Von-Kárman-Konstante
l	Länge
L	Wärmeleitung; Länge der troposphärischen Wellen
L_S	Länge stationärer troposphärischer Wellen
LIDAR	light detecting and ranging (Licht-Ortungsverfahren)

λ	Wellenlänge; geographische Breite (geograph. Meridional-koordinate)
m	Masse; Stichprobenumfang (statist.)
m_A	atomare Masseneinheit
m_E	Erdmasse
M	maximales Mischungsverhältnis (b. Wasserdampf); Moment (statist.); maximale Verschiebung (statist.)
M_*	Molekulargewicht
M_Z	zentrales Moment (statist.)
MEZ	mitteleuropäische Zeit
MOZ	mittlere Ortszeit
MSL	mean sea level (engl., mittlere Meeresspiegelhöhe, als Bezugsniveau)
μ	Mischungsverhältnis (b. Wasserdampf); Mittelwert einer Grundgesamtheit (statist.)
n	Stoffmenge (Teilchenzahl); Stichprobenumfang (statist.)
n_A	Avogadro-Konstante
N	Niederschlag, Niederschlagsmenge; Nord, Nordwind
ν	Frequenz
NAO	Nordatlantik-Oszillation
NN	Normal-Null (mittlerer Amsterdamer Pegel, als Bezugsniveau, entspr. MSL)
NOAA	National Oceanic and Atmospheric Adminsitration (USA)
NPO	North Pacific Oscillation
OGCM	ozeanisches GCM (allgemeines Zirkulationsmodell, klimatolog.)
ω	Raumwinkel allg.
ω_E	Drehvektor der Erdrotation, auch skalarer Betrag des Drehvektors der Erdrotation
p	Druck, Luftdruck
p_*	Partialdruck (eines bestimmten Gases); bestimmte isobare Fläche
p_0	Luftdruck in Meeresspiegelhöhe
p_L	Druck trockener Luft
pH	Potenzwert Wasserstoff (Säuremaß)
P	Leistung, Energiefluss
PNA	Pacific North American Pattern
φ	geographische Breite
ϕ	Geopotential
q	Transmissionskoeffizient (der Atmosphäre)
Q	Energieflussdichte allg.; Strahlungsbilanz
r	Radius; Raumkoordinate, allg.; Korrelationskoeffizient (statist.)
r	Raumkoordinate, vektoriell
r_E	Erdradius
R	Gaskonstante, allg.

R	Reibungskraft
R_*	universelle Gaskonstante (molekular)
R_E	wirksamer Erdradius bei bestimmter Entfernung von der Rotationsachse
R_L	Gaskonstante für Luft bzw. trockene Luft
R_W	Gaskonstante für Wasserdampf
RADAR	radio detecting and ranging (Radio-Ortungsverfahren)
RCM	radiative convective model (engl., Strahlung-Konvektionsmodell, klimatolog.)
Re	Anzahl der Regentage (in A.3)
ρ	Dichte; Korrelationskoeffizient einer Grundgesamtheit (statist.)
ρ_L	Dichte trockener Luft
ρ_W	Wasserdampfdichte
s	spezifische Feuchtigkeit; Standardabweichungg (statist.)
s^2	Varianz (statist.)
S	Sonneneinstrahlungg allg.; Süd, Südwind; Wasserspeicherung (im Boden)
S	Strahlungsfluss, vektoriell
S_0	extraterrestrische (extra-atmosphärische) Sonneneinstrahlung, Solarkonsante
So	Sonnenscheindauer (in A.3)
S_B	Wasserspeicherung im Boden
S_V	Wasserspeicherung in der Vegetation
SO	Southern oscillation
SP	Stichprobe (statist.)
σ	Standardabweichung einer Grundgesamtheit
σ^2	Varianz einer Grundgesamtheit
t	Zeit; Temperatur in °C
t_*	molekulare Verweilzeit in der Atmosphäre (für bestimmte Gase)
t_A	Auslöstemperatur (in °C)
$t_ä$	Äquivalenttemperatur (in °C)
t_C	charakteristische Zeit
t_d	Taupunkt (in °C)
t_f	Feuchttemperatur (in °C)
t_L	Lufttemperatur; auch im Gegensatz zu t_f („trockenes Thermometer")
t_R	Beobachtungszeit (Intervall)
T	Temperatur in K (Kelvin, siehe A.2), und alle Modifikationen entsprechend t (aber jeweils Maßeinheit K); vgl. auch Modifikationen in A.3; Tiefdruckgebiet
T_K	Körpertemperatur (in K)
τ	Zeitverschiebung (statist.)
ϑ	potentielle Temperatur

u	Zonalkomponente der Windgeschwindigkeit
U	relative Luftfeuchtigkeit (auch in A.3)
UBA	Umweltbundesamt
UN	United Nations (engl., Vereinte Nationen)
v	Geschwindigkeit (skalar); Meridionalkomponente der Windgeschwindigkeit
v_A	atmosphärische, d.h. Windgeschwindigkeit (beim Vergleich mit dem Ozean)
v_h	Horizontalkomponente der Windgeschwindigkeit
v_O	ozeanische Strömungsgeschwindigkeit
v_{th}	thermischer Wind, skalar
v_Z	Vertikalkomponente der Windgeschwindigkeit
v	Wind (atmosphärisch) bzw. Strömung (ozeanisch), vektoriell, und alle Modifikationen (vgl. Indizes bei v) entsprechend
v_2	Wind, vektoriell, zweidimensional (i.a. horizontal = $\mathbf{v}_h$)
V	Volumen; Verdunstung (Massenfluss bzw. Energieflussdichte), Evapotranspiration
V_*	Molvolumen (eines idealen Gases)
V_E	Evaporation; Erdvolumen
V_T	Transpiration
w	Vertikalkomponente der Windgeschwindigkeit
W	Wärmemege (therm. Energie); Warmluft; West, Westwind
WCP	World Climate Programme (Weltklimaprogramm)
WMO	Weltmeteorologische Organisation (UN)
x	zonale Horizontalkoordinate
y	meridionale Horizontalkoordinate
z	Vertikalkoordinate; Paramter der zV (s. unten)
z_0	Rauigkeitsparameter
zV	standardisierte Normalverteilung (statist.)
Z	Zentrifugalkraft, skalar; zeitliches Referenzintervall (bei Messungen, in A.3)
Z	Zentrifugalkraft, vektoriell

A.1.2   Chemische Symbole

Ar	Argon
Br	Brom
C	Kohlenstoff
CF_2Cl_2	Dichlorfluormethan[1)
$CFCl_3$	Trichlorfluormethan[1)
CH_4	Methan
C_3H_8	Propan
$CHClF_2$	Chlordifluormethan[1) (teilhalogeniert)
$CHCl_2F$	Dichlormonofluormethan[1) (teilhalogeniert)

Cl	Chlor, atomar
Cl_2	Chlor, molekular
CO	Kohlenmonoxid
CO_2	Kohlendioxid
E	Energie (exo- bzw. endotherm, bei chem. Reaktionen)
F	Fluor
H	Wasserstoff, atomar
H_2	Wasserstoff, molekular
He	Helium
Kr	Krypton
M	Molekül (katalytisch, bei chem. Reaktionen)
N	Stickstoff, atomar
N_2	Stickstoff, molekular
Ne	Neon
NH_3	Ammoniak
NO	Stickstoffoxid
NO_2	Distickstoffoxid
NO_x	Sammelbezeichnung für NO und NO_2
O	Sauerstoff, atomar
O_2	Sauerstoff, molekular
O_3	Ozon
SO_2	Schwefeldioxid
SO_4^{2-}	Sulfat

---

[1] Gruppe der Chlorfluormethane (bzw. FCKW, vgl. Tab. 31 im Text)
Hochgestellte Plus- bzw. Minuszeichen (z.B. H^+) bedeuten entsprechende Ionen. In der Form z.B. $_8O^{16}$ gibt die tiefgestellte Zahl die Ordnungsnummer im Periodensystem der Elemente und die hochgestellte Zahl das Molekulargewicht an (auch andere Schreibweisen üblich, z.B. $^{16}_8O$). Isotope eines Elements unterscheiden sich nur in ihrem Molekulargewicht.

A.1.3 Mathematische Symbole

.	Dezimalpunkt (statt Komma, z.B. 3.53 m = 353 cm)
+	Addition
−	Subtraktion
•	Multiplikation, skalar (bei Vektoren)
×	Multiplikation, allgemein, bei Vektoren vektoriell
/ oder :	Division
=	Gleichheit
≠	Ungleichheit
≈	ungefähre Gleichheit
>	größer

<	kleiner
|a|	absolut
cos	Cosinus
ctg	Cotangens
d	Differentialzeichen, total[2]
∂	Differentailzeichen, partiell[2]
δ	endliche Differenz, klein (z.B. δa)
Δ	endliche Differenz, beliebig (z.B. Δa)
∇	Nabla-Operator, s. unten
e	2.71828183…
exp	Exponentialfunktion $(\exp(a) = e^a)$
log	Logarithmus, allg.[3]
lg	dekadischer Logarithmus (zur Basis 10)[3]
ln	natürlicher Logarithmus (zur Basis e)[3]
π	3.14159265…
Π	Produktzeichen für eine Reihe von Multiplikationen $(\Pi a_i = a_1 \times a_2 \times \dots \times a_n)$, skalar
Σ	Summationszeichen für eine Reihe von Additionen $(\Sigma a_i = a_1 + a_2 + \dots + a_n)$
$\int$	Integral (i.a. kartesische Koordinaten)
$\oint$	Kreisintegral (i.a. Polarkoordinaten, längs einer geschlossenen Kurve)
$\sqrt{}$	Wurzel $(\sqrt{a} = a^{1/2})$
$\sqrt[k]{}$	k-te Wurzel $(\sqrt[k]{a} = a^{1/k})$
∇a	Gradient eines Wertefeldes
$\nabla \cdot a$	Divergenz eines Wertefeldes
$\nabla \times a$	Rotation eines Wertefeldes
a, b, c,	Größe bzw. Variable allg.
a, b, c,	entsprechend vektoriell
a_i	indizierte Variable (Reihe a_1, a_2, …, a_n; a_{ij} im Fall einer Matrix)
$\bar{a}$	Mittelwert (i.a. arithmetisch)
a'	Abweichung vom (i.a. arithmetischen) Mittelwert
A, B, C, …	Regressionskoeffiziennt (statist.)

---

[2] In der Differentialrechnung werden infinitesimal kleine Änderungen einer Größe a betrachtet, z.B. da (für die Größe a), ggf. in Abhängigkeit von einer Koordinaten oder anderen Größe (z.B. da/dt). Ist damit die Änderung „total" erfasst, ist diese Schreibweise korrekt. Besteht aber bei der Größe a noch eine Abhängigkeit gegenüber weiteren Koordinaten bzw. Größen, die im betreffenden Differentialausdruck nicht erfasst sind, so bringt man dies durch die Symbolik ∂a (partielles Differentialzeichen) zum Ausdruck.

[3] Der Logarithmus $^b\!\log a$ ist die Zahl, mit der man b potenzieren muss, um a zu erhalten. Somit gilt $b^{\,^b\!\log a} = a$. Dabei ist b die Basis der Logarithmierung. Üblich sind $^{10}\!\log a$ = lga (dekadischer Logarithmus) sowie $^e\!\log a$ = lna (natürlicher Logarithmus).

10^k Potenzwert, z.B. $10^3 = 1000$ (k gibt die Anzahl der Nullen nach der 1 an)

10^{-k} Kehrwert von 10^k (d.h. $10^{-k} = 1/(10^k)$, z.B. $10^{-3} = 0.001$)

A.2   Maßeinheiten und Umrechnungsformeln

A.2.1   Grundgrößen des Internationalen Einheitssystems

(SI, Système International d'Unités, seit 1960 international verbindlich eingeführt)

Grundgröße, Symbol	SI-Basiseinheit, Symbol	Umrechnungen (Auswahl)
Länge, l	Meter, m	Seemeile, 1 sm = 1852 m (sm = NM) (Land-)Meile, 1 mi = 1609.344 m Fuß, 1 ft = 0.3048 m Ångström, 1 Å = 10^{-10} m Lichtjahr, 1 lj = 9.4605×10^{15} m
Zeit, t	Sekunde, s	Minute, 1 min = 60 s Stunde, 1 h = 3600 s = 60 min Tag, 1 d = 86.4×10^3 s = 24 h Jahr, 1 a = 31.54×10^6 s = 365 d
Masse, m	Kilogramm, kg	Tonne, 1 t = 10^3 kg Gramm, 1 g = 10^{-3} kg Pfund, 1 pf = 0.5 kg Zentner, 1 zt = 50 kg Karat, 1 Kt = 2×10^{-4} kg = 0.2 g
Temperatur, T	Kelvin, K	Grad Celsius, °C = K − 273.15 (Symbol t) Grad Fahrenheit, °F = (9/5) °C + 32 Grad Réaimur, °R = (4/5) °C
Stoffmenge, n	Mol, mol	
Lichtstärke, I_L	Candela, cd	
elektr. Stromstärke, I	Ampère, A	

Hinweis: Ist E_1 eine Maßeinheit, E_2 eine andere und U der Umrechnungsfaktor, $E_1 = U \times E_2$, so gilt für die Umkehrung: $E_2 = U^{-1} \times E_1$; z.B. erhält man wegen 1 ft = 0.3048 m : 1 m = $(0.3048)^{-1}$ ft = 3.28084 m.

A.2.2 Dezimale Vielfache und Teile von Maßeinheiten

Bezeichnung	Abkürzung	Umrechnung	Bezeichnung	Abkürzung	Umrechnung
Deka	D,da	10^1	Dezi	d	10^{-1}
Hekto	h	10^2	Zenti	c	10^{-2}
Kilo	k	10^3	Milli	m	10^{-3}
Mega	M	10^6	Mikro	μ	10^{-6}
Giga	G	10^9	Nano	n	10^{-9}
Tera	T	10^{12}	Piko	p	10^{-12}
Peta	P	10^{15}	Femto	f	10^{-15}
Exa	E	10^{18}	Atto	a	10^{-18}

Beispiele:
1 μm = 10^{-6} m = 10^{-3} mm; 1 Gt = 10^9 t = 10^{12} kg = 10^{15} g; 1 ka = 10^3 a.

Bei Konzentrationen (i.a. volumenbezogen) bedeuten % (Prozent) = 10^{-2}, ‰ (Promille) = 10^{-3}, ppm (parts per million) = 10^{-6}, ppb (part per billion) = 10^{-9}, ppt (part per trillion) = 10^{-12}.

A.2.3 Abgeleitete Größen und Maßeinheiten (Auswahl)

Größe, Symbol	Einheit, Symbol	Umrechnungen (Auswahl)
Fläche, F	Quadratmeter, m^2	Ar, 1 a = 10^2 m^2 Hektar, 1 h = 10^4 m^2
Volumen, V	Kubikmeter, m^3	Liter, 1 l = 10^{-3} m^3 = 1 dm^3 engl. Gallone, 1 gal(e) = 4.54609 dm^3 am. Gallone, 1 gal(a) = 3.785 dm^3 Barrel, 1 ba = 163.565 dm^3 [4]
ebener Winkel, α	Radiant, rad[5]	Grad, 1° = /(180 rad) = 1.745329 × 10^{-2} rad Minute, 1' = 1°/60 Sekunde, 1" = 1'/60
Raumwinkel, ω	Steradiant, sr	**1 sr = m^2 × m^{-2} (somit dimensionslos)**
Frequenz, ν	Hertz, Hz	**1 Hz = 1 s^{-1}**
Geschwindigkeit, v	**ms^{-1}**	Knoten, 1 kn = 1 smh^{-1} = 1.8252 kmh^{-1} 1 kmh^{-1} = 0.27777... ms^{-1}
Beschleunigung, b	**ms^{-2}**	
Winkelgeschwindigkeit	**$rads^{-1}$**	
Winkelbeschleunigung	**$rads^{-2}$**	
Dichte, ρ	**kgm^{-3}**	

A.2.3 Abgeleitete Größen und Maßeinheiten (Auswahl) (Fortsetzung)

Größe, Symbol	Einheit, Symbol	Umrechnungen (Auswahl)
Kraft, K	Newton, N	**1 N = 1 kgms^{-2}**
Gewicht, G (gleiche Einheit)		Kilopond, 1 kp = 9.80665 N Dyn, 1 dyn = 10^{-5} N = 10 μN
Druck, p	Pascal. Pa	**1 Pa = 1 Nm^{-2} = 1 kgm^{-1}s^{-2}** Bar, 1 bar = 10^5 Pa = 0.1 MPa (1 mbar = 100 Pa = 1 hPa) Torr, 1 Torr = 133.3224 Pa = 1.333224 hPa techn. Atmosphäre, 1 at = 1 kpcm^{-2} = 9.80665 $\times$ 10^4 Pa = 980.665 hPa physikal. Atmosphäre, 1 atm = 760 Torr = 1.01325 $\times$ 10^5 Pa = 1013.25 hPa[6)] Meter Wassersäule, 1 mWS = 0.1 at = 9.80665 $\times$ 10^3 Pa
Energie, E; Arbeit, A; (jeweils gleiche Einheit)	Joule, J	**1 J = 1 Nm = 1 Ws = 1 kgm^{2}s^{-2}** Kalorie, 1cal = 4.1868 J Kilowattstunde, 1 kWh = 3.6 $\times$ 10^6 J = 3.6 MJ Erg, 1 erg = 10^{-7} J = 0.1 μJ Steinkohleneinheit, 1 kg SKE = 29.308 MJ Öleinheit, 1 kg ÖE = 41.868 MJ
Leistung, P (Energiefluss)	Watt, W	**1 W = 1 Js^{-1} = 1 kgm^{2}s^{-3}** (1 J = 1 Ws) Pferdestärke, 1 PS = 735.49875 W (1 kcalh^{-1} = 1.163 W)
Energiefluss-dichte, Q	**Wm^{-2}**	1 Wm^{-2} = 1 Jm^{-2}s^{-1} = 1 kgs^{-3} (1 calcm^{-2}min^{-1} = 697.8 Wm^{-2})
Energiedosis	Gray, Gy	**1 Gy = 1 Jkg^{-1}**
Energiedosisrate	**Gys^{-1}**	(1 Gys^{-1} = 1 Wkg^{-1})
Niederschlags-menge, N	Millimeter, mm	**1 mm = 1 dm^{3}m^{-2} = 1 lm^{-2}**
Leuchtdichte	Stillb, Sb	**1 sb = 1 cdcm^{-2}**
Lichtstrom	Lumen, lm	**1 lm = 1cdsr^{-1}**
Beleuchtungsstärke	Lux, lx	**1 lx = 1lmm^{-2} = 1cdsrm^{-2}**

Definitionsgleichungen sind durch Fettdruck hervorgehoben; zu den Umrechnungen vgl. auch Fußnote bei A.2.1 (z.B. erhält man wegen 1 cal = 4.1868 J: 1 J = (4.1868)$^{-1}$ = 0.2388459 cal).

[4)] Gelegentlich wird auch ein „Öl-Barrel" mit 159 l angegeben
[5)] Entspricht der sog. Altgradeinteilung eines Einheitskreises (Umfang 2πr, r = 1; somit Vollkreis 360 Altgrad = 360°)
[6)] Entsprechend Normluftdruck in mittlerer Meeresspiegelhöhe

A.2.4   Naturkonstanten (Auswahl)

Bezeichnung, Symbol	Zahlenwert
Atomare Masseneinheit, m_a	$1.6605402 \times 10^{-27}$ kg
Avogadro-Konstante, n_A	6.0221367×10^{23} mol^{-1}
Coriolis-Parameter, f	$1.4584 \times 10^{-4} \sin \varphi$ s^{-1}
Erdbeschleunigung (Normwert, MSL), g	9.80665 ms^{-2}
Erdmasse, m_E	5.988×10^{24} kg
Erdoberfläche, F_E	5.101×10^8 km^2
Erdradius, mittlerer, r_E	6371.23 km
Erdradius, äquatorialer, $r_{E,\ddot{a}}$	6378.18 km
Erdradius, polarer, $r_{E,p}$	6356.80 km
Erdvolumen, V_E	1.0833×10^{12} km^3
Gaskonstante (allgemeine, molekulare), R_*	8.31451 Jmol^{-1}K^{-1}
Gravitationskonstante, f_0	6.67259×10^{-11} Nm^{2}kg^{-2}
Lichtgeschwindigkeit (Vakuum), c_0	2.99792458×10^8 ms^{-1}
Molvolumen eines idealen Gases, V_*	22.41410×10^{-3} mol^{-1}
Planck-Konstante, h_0	$6.6260755 \times 10^{-34}$ Js
Stefan-Boltzmann-Konstante, k	5.67051×10^{-8} Wm^{-2}K^{-4}
Tageslänge (siderisch)	23.934472 h = 86164.1 s
Wien-Konstante, b_0	2.897756×10^{-3} mK
Winkelgeschwindigkeit der Erdrotation, Ω_E	7.292×10^{-5} rads^{-1}

Weitere Zahlenangaben siehe u.a. KUCHLING (2001).

A.3   Klimatabellen

Im folgenden sind für eine Stationsauswahl monatliche (J = Januar, F = Februar usw.) und jährliche (Jr) Klimawerte angegeben, und zwar in der Reihenfolge der Zeilen

T:	Mitteltemperatur in °C
Tmax:	mittlere Maximumtemperatur in °C
Tmin:	mittlere Minimumtemperatur in °C
Tmax(abs):	absolute Maximumtemperatur in °C (d.h. höchster gemessener Einzelwert)
Tmin(abs):	absolute Minimumtemperatur in °C (d.h. tiefster gemessener Einzelwert)
U:	mittlere relative Feuchte in Prozent
N:	mittlere Niederschlagssumme in mm
Re:	mittlere Anzahl der Regentage
So:	mittlere Sonnenscheindauer in Stunden
Z:	Referenzintervall der Messungen in Jahren

Neben den Stationsnamen sind auch die geografischen Koordinaten, die Stationshöhe (in m) sowie jeweils rechts oben die Einordnung nach der Köppen-Geiger-Klimazonenklassifikation (vgl. Kap. 9.4, insbes. Tab. 15) angegeben.

Quelle: MÜLLER (1996), hier nach HANTEL (1989). (Die Stationsauswahl bei HANTEL umfasst rund 240 Stationen, die von MÜLLER rund 1200 Stationen einschl. weiterer Klimaelemente).

Aden/Khormaskar (Jemen)   12°50'N 45°1'E   7m   BW

J	F	M	A	M	J	J	A	S	O	N	D	Jr	Z	
25.0	25.6	27.2	28.3	30.6	32.7	32.2	31.8	32.0	28.6	26.4	25.6	28.8	6	T
27.8	28.3	30.0	31.7	33.9	36.7	36.1	35.6	35.6	32.8	30.0	28.3	32.6	6	Tmax
22.2	22.8	24.4	25.0	27.2	28.9	28.3	27.8	28.3	24.4	22.8	22.8	25.6	5	Tmin
30.6	30.0	35.0	37.2	39.4	41.1	40.6	38.3	38.3	37.8	32.8	30.6	41.1	6	Tmax(abs)
16.1	17.2	19.4	20.0	23.9	26.1	22.8	23.3	25.0	18.9	18.3	16.7	16.1	6	Tmin(abs)
71	72	74	75	75	64	63	64	67	68	69	69	69	6	U
5	2	5	2	2	2	5	3	2	2	2	5	37	6	N
1	< 1	< 1	< 1	< 1	< 1	1	< 1	< 1	< 1	< 1	2	13	6	Re

Alert (Kanada) 82°30'N 62°20'W 63 m   ET

J	F	M	A	M	J	J	A	S	O	N	D	Jr	Z	
-31.9	-33.0	-32.9	-23.9	-11.3	-0.1	3.9	0.8	-9.5	-19.8	-25.8	-30.2	-17.8	10	T
0.0	-1.1	-2.2	-1.1	8.3	17.2	20.0	15.0	5.6	0.6	-0.6	-8.3	20.0	10	Tmax(abs)
-47.8	-47.2	-47.8	-45.6	-27.2	-12.2	-5.6	-15.0	-26.1	-35.6	-40.0	-46.1	-47.8	10	Tmin(abs)
6	6	6	6	9	12	15	28	30	16	6	7	147	10	N
8	6	7	7	8	5	10	12	13	9	8	9	102	10	Re

Athen 23°43'N 37°58'E 107 m   Cs

J	F	M	A	M	J	J	A	S	O	N	D	Jr	Z	
9.3	9.9	11.3	15.3	20.0	24.6	27.6	27.4	23.5	19.0	14.7	11.0	17.8	30	T
12.9	13.9	15.5	20.2	25.0	29.9	33.2	33.1	29.0	23.8	18.6	14.6	22.5	30	Tmax
6.4	6.7	7.8	11.3	15.9	20.0	22.8	22.8	19.3	15.4	11.7	8.2	14.0	30	Tmin
20.9	22.5	27.8	32.2	36.2	41.9	42.3	42.6	38.4	36.5	27.7	22.2	42.6	30	Tmax(abs)
-4.4	-5.7	-0.7	-0.3	6.2	13.6	16.0	15.5	11.6	7.2	-1.1	-3.7	-5.7	30	Tmin(abs)
74	70	67	63	59	53	47	47	56	67	73	75	63	?	U
62	36	38	23	23	14	6	7	15	51	56	71	402	?	N
12	11	10	8	7	5	2	3	4	8	12	12	93	?	Re
149	156	190	215	232	292	364	340	272	210	129	108	2655	?	So

Bangkok 13°43'N 100°58'E 2 m   Aw

J	F	M	A	M	J	J	A	S	O	N	D	Jr	Z	
26.0	27.8	29.2	30.1	29.7	28.9	28.5	28.4	28.0	27.7	27.0	25.7	28.1	29	T
32.0	33.0	34.2	34.8	34.2	33.0	32.4	32.2	31.8	31.3	31.0	30.9	32.6	29	Tmax
20.1	22.6	24.3	25.3	25.1	24.9	24.5	24.5	24.2	24.1	22.9	20.5	23.6	29	Tmin
36.9	39.4	39.8	39.9	39.8	36.8	35.8	35.7	35.8	35.9	35.5	35.3	39.9	29	Tmax(abs)
9.9	16.0	16.5	18.2	21.1	21.7	20.2	21.2	20.4	18.8	15.5	12.3	9.9	29	Tmin(abs)
72	75	74	75	79	80	80	81	83	83	80	74	78	29	U
9	30	36	82	165	153	168	183	310	239	55	8	1438	55	N
1	1	3	3	9	10	13	13	15	14	5	1	88	20	Re

Barrow/Alaska 71°18'N 156°47'W 7 m   ET

J	F	M	A	M	J	J	A	S	O	N	D	Jr	Z	
-26.8	-27.9	-25.9	-17.7	-7.6	0.6	3.9	3.3	0.8	8.6	-18.2	-24.0	-12.4	30	T
-22.8	-24.4	-22.2	-13.9	4.4	3.9	7.8	6.7	1.1	-5.6	-13.9	-20.0	-8.9	32	Tmax
-30.0	-31.7	-30.0	-22.2	-10.6	-1.7	0.6	0.6	-2.8	-11.1	-20.6	-27.2	-15.6	32	Tmin
0.6	-0.6	-1.1	5.6	7.2	21.1	25.6	22.8	16.7	6.1	3.9	1.1	26.5	37	Tmax(abs)
-47.2	-48.9	-46.7	-41.1	-27.8	-13.3	-5.6	-6.7	-17.2	-28.3	-40.0	-48.3	-48.9	37	Tmin(abs)
65	61	64	74	87	93	92	93	92	85	76	66	79	13	U
5	4	3	3	3	9	20	23	16	13	6	4	110	30	N
4	4	3	3	3	4	8	10	9	9	6	4	67	37	Re

Berlin-Dahlem   52°28'N 13°18'E   51 m   **Cf**

J	F	M	A	M	J	J	A	S	O	N	D	Jr	Z	
-0.6	-0.3	3.6	8.7	13.8	17.0	18.5	17.7	13.9	8.9	4.5	1.1	8.9	30	T
1.7	2.9	7.8	13.5	19.1	22.3	23.8	23.3	19.5	13.0	6.9	3.1	13.1	30	Tmax
-3.5	-3.1	-0.3	3.8	7.9	11.1	13.3	12.6	9.3	5.3	1.9	-1.4	4.7	30	Tmin
13.0	16.7	25.1	30.9	33.2	35.0	37.8	36.6	34.2	26.5	19.5	15.4	37.8	62	Tmax(abs)
-21.0	-26.0	-16.5	-6.7	-2.9	1.4	5.7	4.7	-0.5	-9.6	-13.5	-20.2	-26.0	62	Tmin(abs)
84	82	73	68	66	70	74	77	80	83	87	88	78	10	U
43	40	31	41	46	62	70	68	46	47	46	41	581	30	N
17	15	12	13	12	12	14	14	12	14	16	15	166	30	Re
56	78	151	193	239	244	242	212	194	123	50	36	1818	10	So

Colombo (Sri Lanka)   6°54'N 79°52'E   7 m   **Af**

J	F	M	A	M	J	J	A	S	O	N	D	Jr	Z	
26.1	26.4	27.2	27.8	28.1	27.2	27.2	27.2	27.2	26.7	26.1	25.9	26.9	25	T
30.0	30.6	31.1	31.1	30.6	29.4	29.4	29.4	29.4	29.4	29.4	29.4	30.0	25	Tmax
22.2	22.2	23.3	24.4	25.6	25.0	25.0	25.0	25.0	23.9	22.8	22.2	23.9	25	Tmin
34.4	35.6	35.6	33.3	32.8	31.7	31.1	31.1	31.7	31.7	32.2	32.8	35.6	25	Tmax(abs)
15.0	16.1	17.8	21.1	20.6	22.2	21.7	21.7	21.7	20.6	18.9	17.2	15.0	25	Tmin(abs)
70	69	69	72	77	79	78	77	76	77	76	72	74	30	U
89	69	147	231	371	224	135	109	160	348	315	147	2345	40	N
7	6	8	14	19	18	12	11	13	19	16	10	152	40	Re

Dakar (Senegal)   17°30'N 14°44'W   23 m   **BS**

J	F	M	A	M	J	J	A	S	O	N	D	Jr	Z	
21.3	21.3	21.5	22.1	23.5	26.7	27.7	27.5	27.8	28.0	26.3	23.2	24.7	16	T
26	27	27	27	29	31	31	31	32	32	30	27	29	20	Tmax
18	17	18	18	26	23	24	24	24	24	23	19	21	20	Tmin
39	38	43	38	38	38	37	37	38	38	37	35	43	20	Tmax(abs)
13	14	15	16	16	16	21	21	21	21	18	12	12	20	Tmin(abs)
70	75	77	78	79	77	78	80	82	81	75	64	76	10	U
<1	<1	<1	<1	1	17	88	254	132	38	2	8	540	32	N
0	<1	<1	0	0	2	7	13	11	3	1	<1	38	32	Re
219	261	282	295	247	195	216	181	195	209	216	213	2719	9	So

Darwin (Australien) 12°28'S 130°51'E 30 m Aw

J	F	M	A	M	J	J	A	S	O	N	D	Jr	Z	
28.7	28.6	28.7	28.8	27.4	25.8	25.1	26.2	28.1	29.4	29.8	29.4	28.0	30	T
32.2	32.2	32.8	33.3	32.8	31.1	30.6	31.7	32.8	33.9	34.4	33.3	32.8	58	Tmax
25.0	25.0	25.0	24.4	22.8	20.6	19.4	21.1	23.3	25.0	25.6	25.6	23.3	58	Tmin
37.8	38.3	38.9	40.0	39.0	37.0	36.7	36.7	38.9	40.5	39.6	38.9	40.5	80	Tmax(abs)
20.4	17.2	19.2	16.0	15.1	12.9	10.4	13.9	17.2	20.3	19.3	20.3	10.4	80	Tmin(abs)
80	80	79	68	60	55	55	61	65	69	79	73	68	57	U
411	314	284	78	8	2	<1	1	15	49	110	218	1330	30	N
20	18	17	6	1	1	<1	<1	2	5	10	15	95	30	Re

Delhi (Indien) 28°35'N 77°12'E 218 m BS

J	F	M	A	M	J	J	A	S	O	N	D	Jr	Z	
13.9	16.7	22.5	28.1	33.3	33.6	31.4	30.0	28.9	26.1	20.0	15.3	25.0	10	T
21.1	23.9	30.6	36.1	40.6	38.9	35.6	33.9	33.9	33.9	28.9	22.8	31.7	10	Tmax
6.7	9.4	14.4	20.0	26.1	28.3	27.2	26.1	23.9	18.3	11.1	7.8	18.3	10	Tmin
28.9	31.7	39.4	45.6	46.1	46.1	45.0	40.0	40.6	39.4	33.9	28.3	46.1	10	Tmax(abs)
-0.6	0.0	7.2	11.7	18.3	18.9	21.7	22.2	17.8	10.6	5.0	11.1	-0.6	10	Tmin(abs)
57	51	36	27	28	45	67	72	62	44	41	56	49	10	U
23	18	13	8	13	74	180	173	117	10	3	10	642	75	N
2	2	1	1	2	4	8	8	4	1	<1	1	35	75	Re

Djakarta (Indonesien) 6°11'S 106°50'E 8 m Af

J	F	M	A	M	J	J	A	S	O	N	D	Jr	Z	
26.1	26.1	26.7	27.2	27.2	27.0	26.7	26.7	27.2	27.0	26.7	26.4	26.8	80	T
28.9	28.9	30.0	30.6	30.6	30.6	30.6	30.6	31.1	30.6	30.0	29.4	30.0	80	Tmax
23.3	23.3	23.3	23.9	23.9	23.3	22.8	22.8	23.3	23.3	23.3	23.3	23.3	80	Tmin
33.9	33.3	33.3	34.4	33.9	33.9	33.3	34.4	35.6	36.7	35.6	33.9	36.7	80	Tmax(abs)
20.6	20.6	20.6	20.6	21.1	19.4	19.4	19.4	18.9	20.6	20.0	19.4	18.9	80	Tmin(abs)
85	85	84	83	82	80	78	76	71	72	80	82	80	80	U
300	300	211	147	114	97	64	43	66	112	142	203	1799	78	N
18	17	15	11	9	7	5	4	5	8	12	14	125	36	Re

Edinburgh   55°55′N 3°11′W   134 m   Cf

J	F	M	A	M	J	J	A	S	O	N	D	Jr	Z	
3.3	3.6	5.2	7.4	9.9	13.0	14.8	14.5	12.5	9.4	6.4	4.6	8.7	30	T
5.5	6.0	8.0	10.8	13.5	16.7	18.4	17.8	15.6	12.1	8.7	6.8	11.6	30	Tmax
1.1	1.1	2.3	4.0	6.3	9.2	11.2	11.1	9.4	6.7	4.1	2.4	5.7	30	Tmin
13.9	14.4	20.0	22.2	24.4	28.3	28.3	27.8	25.0	20.0	19.4	14.4	28.3	30	Tmax(abs)
-8.3	-9.4	-6.1	-3.9	-0.6	2.8	5.6	4.4	0.6	-2.2	-4.4	-6.4	-9.4	30	Tmin(abs)
57	39	39	39	54	47	83	77	57	65	62	57	676	30	U
17	15	15	14	14	15	17	16	16	17	17	18	191	30	N
54	76	111	146	181	188	162	143	126	96	57	44	1384	30	Re

Edmonton (Kanada) 53°34′N 113°31′W   676 m   Df

J	F	M	A	M	J	J	A	S	O	N	D	Jr	Z	
-14.1	-11.6	-5.5	4.2	11.2	14.3	17.3	15.6	10.8	5.1	-4.2	-10.4	2.7	56	T
-9.4	-5.6	1.1	11.1	17.8	21.1	23.3	22.2	16.7	11.1	1.1	-6.1	8.9	56	Tmax
-20.0	-17.2	-11.1	-2.2	3.3	7.2	9.4	8.3	3.3	-1.1	-8.9	-15.0	-3.9	56	Tmin
13.9	16.7	22.2	31.1	34.4	37.2	36.7	35.6	32.2	28.3	23.3	16.1	37.2	56	Tmax(abs)
-49.4	-49.4	-40.0	-26.1	-12.2	-3.9	-1.7	-3.3	-11.1	-26.1	-42.2	-43.3	-49.4	56	Tmin(abs)
82	81	77	65	64	77	74	75	76	73	81	83	76	7	U
24	20	21	28	46	80	85	65	34	23	22	25	473	?	N
12	10	10	7	9	13	13	12	9	7	8	11	121	?	Re
86	119	163	221	258	251	315	269	186	157	100	78	2203	?	So

Faya-Largeau (Tschad) 18°0′N 19°10′E   233 m   BW

J	F	M	A	M	J	J	A	S	O	N	D	Jr	Z	
20.9	22.8	26.1	30.5	33.5	34.3	34.0	33.2	33.2	30.3	25.4	21.7	28.8	15	T
25	30	34	39	41	42	41	40	39	37	33	28	36	26	Tmax
14	15	18	21	24	26	25	26	25	23	19	15	21	26	Tmin
39	42	44	50	50	50	47	46	46	46	41	38	50	26	Tmax(abs)
4	5	8	11	18	16	15	15	17	12	8	6	4	26	Tmin(abs)
37	34	27	26	30	31	40	51	38	29	34	39	35	5	U
0	0	0.1	0	0.6	1.5	2.7	11	1	0.1	0	0	17	30	N
0	0	<1	0	<1	<1	1	2	<1	<1	0	0	4	30	Re

Honolulu/Hawaii   21°19′ 157°52′   10 m   Af

J	F	M	A	M	J	J	A	S	O	N	D	Jr	Z	
22.5	21.9	22.2	22.8	23.9	24.7	25.3	25.9	25.9	25.0	23.9	23.0	23.9	40	T
24.4	24.4	25.0	25.6	26.7	27.2	27.8	28.3	28.3	27.8	26.7	25.6	26.7	40	Tmax
20.6	19.4	19.4	20.0	21.1	22.2	22.8	23.3	23.3	22.2	21.1	20.6	21.1	40	Tmin
28.9	28.9	28.9	30.0	30.6	31.1	31.1	31.1	31.1	32.2	30.0	29.4	32.2	56	Tmax(abs)
12.2	11.1	11.7	15.0	-15.6	17.2	17.2	17.2	17.2	17.2	15.0	12.8	11.1	56	Tmin(abs)
71	71	69	67	67	66	67	68	68	70	71	72	69	9	U
104	66	78	48	25	18	23	28	36	48	64	104	643	35	N
14	11	13	12	11	12	14	13	13	13	13	15	154	34	Re

Isfjord (Spitzbergen)   78°8′N 13°38′E   9 m   ET

J	F	M	A	M	J	J	A	S	O	N	D	Jr	Z	
-10.9	-11.2	-12.1	-8.8	-3.3	1.7	4.5	4.2	1.1	-2.7	-6.2	-9.0	-4.4	23	T
3.5	4.4	3.8	5.6	13.1	12.5	15.6	14.3	12.0	8.5	6.2	4.1	15.6	23	Tmax(abs)
-30.9	-32.2	-29.0	-28.2	-19.6	-8.2	-1.3	-2.0	-9.0	-15.5	-26.9	-28.1	-32.2	23	Tmin(abs)
83	83	85	83	83	86	89	87	85	82	82	82	84	23	U
29	30	33	17	20	24	30	38	38	46	39	34	378	23	N
14	13	14	12	11	11	13	14	14	15	14	13	156	23	Re

Jerusalem   31°47′N 35°13′E   757 m   Cs

J	F	M	A	M	J	J	A	S	O	N	D	Jr	Z	
8.9	9.4	13.1	16.4	20.6	22.5	23.9	24.2	23.1	21.1	16.4	11.1	17.6	19	T
12.8	13.3	18.3	22.8	27.2	29.4	30.6	30.6	29.4	27.2	21.1	15.0	22.8	19	Tmax
5.0	5.6	7.8	10.0	13.9	15.6	17.2	17.8	16.7	15.0	11.7	7.2	11.7	19	Tmin
25.0	26.7	30.6	38.9	39.4	41.7	37.8	39.4	39.4	36.1	31.1	26.1	41.7	18	Tmax(abs)
-3.3	-2.8	-1.1	2.2	5.6	8.3	10.0	11.1	10.0	8.3	3.9	-2.8	-3.3	18	Tmin(abs)
72	66	59	49	40	40	44	47	49	48	58	67	53	9	U
132	132	64	28	3	2	0	0	2	13	71	86	533	20	N
9	11	3	3	1	<1	0	0	<1	1	4	7	41	16	Re

Kabul (Afghanistan)   34°30"N 69°13'E   1815 m   Cs

J	F	M	A	M	J	J	A	S	O	N	D	Jr	Z	
-2.8	-0.6	6.4	12.5	18.1	22.0	24.7	23.9	20.0	14.2	8.6	2.8	12.5	9	T
2.2	4.4	11.7	18.9	25.6	30.6	33.3	32.8	29.4	22.8	16.7	8.3	19.4	9	Tmax
-7.7	-5.6	1.1	6.1	10.6	13.3	16.1	15.0	10.6	5.6	0.6	-2.8	5.0	9	Tmin
14.4	23.3	25.0	28.3	35.0	37.2	38.3	40.0	36.1	31.7	25.0	19.4	40.0	8	Tmax(abs)
-21.1	-20.6	-14.4	-2.8	1.1	5.6	10.6	8.3	2.2	-2.8	-15.0	-15.0	-21.1	9	Tmin(abs)
75	71	60	52	47	38	37	39	38	41	49	65	51	5	U
30	36	94	101	20	5	3	3	2	15	20	10	342	17	N
2	3	7	6	2	<1	<1	<1	<1	<1	2	1	28	24	Re

Kairo   30°8'N 31°34'E   95 m   BW

J	F	M	A	M	J	J	A	S	O	N	D	Jr	Z	
13.3	14.7	17.5	21.1	25.0	27.5	28.3	28.3	26.1	24.1	20.0	15.0	21.7	41	T
19	21	24	28	33	35	35	35	32	30	26	21	28	25	Tmax
9	9	11	14	18	20	22	22	20	18	14	10	16	25	Tmin
30	35	40	42	47	46	46	42	41	43	40	32	47	25	Tmax(abs)
2	1	4	7	10	14	18	16	15	11	5	4	1	25	Tmin(abs)
55	48	45	38	34	38	45	49	50	49	53	56	47	9	U
4	5	3	1	1	0	0	0	0	1	1	8	24	25	N
3	2	2	<1	<1	0	0	0	0	<1	<1	3	10	25	Re
236	238	291	318	353	384	391	375	333	304	258	236	3717	24	So

Kapstadt (Südafrika)   33°54'S 18°32'E   17 m   Cs

J	F	M	A	M	J	J	A	S	O	N	D	Jr	Z	
21.2	21.5	20.3	17.5	15.1	13.4	12.6	13.2	14.5	16.3	18.3	20.1	17.0	79	T
26	26	25	22	19	18	17	18	19	21	23	25	22	30	Tmax
16	16	14	12	10	8	7	8	9	11	13	15	12	30	Tmin
38	38	39	39	35	30	29	32	35	33	34	38	39	30	Tmax(abs)
7	5	5	2	-1	-2	-2	-1	0	1	4	5	-2	30	Tmin(abs)
72	74	77	81	78	80	84	82	80	77	74	72	78	25	U
12	8	17	47	84	82	85	71	43	29	17	11	506	30	N
2	2	3	6	9	9	10	10	7	5	3	2	68	30	Re
338	294	282	207	183	180	177	198	216	276	297	344	2992	10	So

Kathmandu (Nepal)   27°42'N 85°42'E   1337 m   Cw

J	F	M	A	M	J	J	A	S	O	N	D	Jr	Z	
10.0	11.7	16.1	20.0	23.1	24.4	24.4	24.2	23.6	20.0	15.3	11.1	18.7	9	T
18.3	19.4	25.0	28.3	30.0	29.4	28.9	28.3	28.3	26.7	23.3	29.4	25.6	9	Tmax
1.7	3.9	7.2	11.7	16.1	19.4	20.0	20.0	18.9	13.3	7.2	2.8	11.7	10	Tmin
25.0	25.0	33.3	35.0	33.9	34.4	32.8	33.3	33.3	33.3	28.3	24.4	35.0	9	Tmax(abs)
-2.2	-0.6	1.7	4.4	10.0	14.4	17.8	17.2	13.3	6.1	-0.6	-1.7	-2.2	10	Tmin(abs)
80	79	63	61	67	76	84	86	85	85	84	81	78	10	U
15	41	23	58	122	246	373	345	155	38	8	3	1427	9	N
1	5	2	6	10	15	21	20	12	4	1	<1	98	9	Re

Leningrad   59°58'N 30°18'E   6 m   Df

J	F	M	A	M	J	J	A	S	O	N	D	Jr	Z	
-7.5	-7.9	-4.1	2.9	9.6	14.5	17.7	15.7	10.7	4.7	-0.6	-5.3	4.2	8	T
-7.1	-5.4	-0.2	8.0	15.1	19.8	21.2	20.3	15.4	8.8	1.8	-3.1	7.9	8	Tmax
-13.4	-11.9	-7.9	0.4	5.8	10.5	12.7	12.5	8.5	3.7	-2.1	-7.9	0.9	8	Tmin
6	6	13	24	31	32	33	32	28	21	12	9	33	?	Tmax(abs)
-36	-35	-28	-17	-6	0	6	3	-3	-13	-17	-33	-36	?	Tmin(abs)
86	84	79	73	66	68	71	76	81	74	87	88	79	?	U
36	32	25	34	41	54	69	77	58	52	45	36	559	?	N
21	18	14	13	13	14	14	16	16	17	19	21	196	?	Re
17	38	111	166	253	263	277	212	139	66	21	9	1563	?	So

Lhasa (Tibet)   29°40'N 91°7'E   3685 m   BS

J	F	M	A	M	J	J	A	S	O	N	D	Jr	Z	
-1.7	1.1	4.7	8.1	12.2	16.7	16.4	15.6	19.7	8.9	3.9	0.0	8.8	7	T
6.7	8.3	11.7	15.6	19.4	23.9	23.3	22.2	21.1	16.7	12.8	8.9	16.1	7	Tmax
-10.0	-6.7	-2.2	0.6	5.0	9.4	9.4	8.9	7.2	1.1	-5.0	-8.9	0.6	7	Tmin
16.1	22.2	20.6	24.4	26.1	31.7	28.9	27.2	25.6	23.3	20.6	16.1	31.7	7	Tmax(abs)
-16.1	-15.0	-10.0	-7.8	-2.8	2.2	1.7	2.8	0.0	-7.8	-12.2	-15.0	-16.1	7	Tmin(abs)
71	71	72	67	59	64	71	72	71	64	71	71	69	7	U
2	13	8	5	25	64	122	89	66	13	3	0	410	7	N
<1	<1	1	<1	3	8	13	10	7	2	<1	0	48	7	Re

London, Kew 51°28'N 0°19'W 5 m Cf

J	F	M	A	M	J	J	A	S	O	N	D	Jr	Z	
4.3	5.1	6.7	9.4	12.5	16.0	17.7	17.3	14.9	11.1	7.7	5.4	10.7	30	T
6.3	6.9	10.1	13.3	16.7	20.3	21.8	21.4	18.5	14.2	10.1	7.3	13.9	30	Tmax
2.2	2.2	3.3	5.5	8.2	11.6	13.5	13.2	11.3	7.9	5.3	3.5	7.3	30	Tmin
14.3	16.1	21.4	25.5	30.2	32.7	33.8	33.1	29.9	25.6	19.0	15.1	33.8	30	Tmax(abs)
-9.5	-9.4	-7.7	-2.1	-1.0	4.8	7.0	6.2	3.0	-3.6	-5.0	-7.0	-9.5	30	Tmin(abs)
82	79	73	64	64	64	65	64	73	78	83	84	73	16	U
54	40	37	37	46	45	57	59	49	57	64	48	593	30	N
15	13	11	12	12	11	12	11	13	13	15	15	153	30	Re
46	64	113	160	199	213	198	188	142	98	53	40	1514	30	So

Madrid 40°25'N 3°41'W 667 m Cs

J	F	M	A	M	J	J	A	S	O	N	D	Jr	Z	
4.9	6.5	10.0	13.0	15.7	20.6	24.2	23.6	19.8	14.0	8.9	5.6	13.9	27	T
8.5	11.0	14.9	18.4	21.2	26.9	30.8	29.5	25.0	18.5	12.8	8.8	18.9	27	Tmax
1.5	2.2	5.2	7.4	10.2	14.6	17.4	17.1	14.1	9.5	5.3	2.2	8.9	27	Tmin
18.0	22.0	25.8	30.1	33.4	38.1	39.1	38.9	35.1	29.8	22.1	17.2	39.1	?	Tmax(abs)
-10.1	-9.1	-3.5	-0.6	0.6	6.4	8.5	9.2	5.0	-0.4	-3.0	-6.5	-10.1	?	Tmin(abs)
79	73	68	64	61	54	46	49	59	70	75	78	65	21	U
38	34	45	44	44	27	12	14	32	53	47	48	438	?	N
7	6	10	9	9	6	2	3	6	8	9	9	84	?	Re
153	173	187	235	279	317	382	352	256	206	157	136	2824	?	So

Mexico City 19°24'N 99°12'W 2485 m Cw

J	F	M	A	M	J	J	A	S	O	N	D	Jr	Z	
12.2	13.3	16.1	17.8	18.9	18.6	17.2	17.5	17.5	15.6	13.9	12.5	15.9	7	T
18.9	20.6	23.9	25.0	25.6	24.4	22.8	22.8	23.3	21.1	20.0	18.9	22.2	7	Tmax
5.6	6.1	8.3	10.6	12.2	12.8	11.7	12.2	11.7	10.0	7.8	6.1	9.4	7	Tmin
23.3	27.2	28.9	32.2	31.7	30.6	28.3	27.2	25.6	25.6	25.0	22.8	32.2	7	Tmax(abs)
-2.8	-1.7	1.1	0.6	6.1	9.4	8.3	9.4	1.1	1.7	2.2	0.0	-2.8	7	Tmin(abs)
57	50	47	48	49	65	67	68	70	65	62	59	59	6	U
12	5	10	20	53	119	170	152	130	51	18	8	748	17	N
4	5	9	14	17	21	27	27	23	13	6	4	170	12	Re

Moskau   55°45'N 37°34'E   156 m   **Df**

J	F	M	A	M	J	J	A	S	O	N	D	Jr	Z	
-10.3	-9.7	-5.0	3.7	11.7	15.4	17.8	15.8	10.4	4.1	-2.3	-8.0	3.6	8	T
-9.3	-5.7	0.1	10.2	18.7	21.0	22.8	22.0	16.3	9.0	1.5	-4.5	8.5	8	Tmax
-16.2	-13.6	-7.8	1.3	7.9	10.6	12.9	11.9	7.3	2.9	-3.3	-9.4	0.4	8	Tmin
4	6	15	28	32	35	37	37	32	24	13	8	37	?	Tmax(abs)
-42	-40	-32	-19	-7	-2	4	1	-5	-20	-33	-39	-42	?	Tmin(abs)
85	82	77	71	64	66	69	74	79	82	85	86	77	?	U
31	28	33	35	52	67	74	74	58	51	36	36	575	?	N
17	15	14	13	12	15	16	16	17	16	17	19	187	?	Re
30	58	113	161	242	256	258	218	136	73	32	20	1597	?	So

München   48°9'N 11°42'E   527 m   **Cf**

J	F	M	A	M	J	J	A	S	O	N	D	Jr	Z	
-2.4	-1.2	3.0	7.6	12.2	15.4	17.2	16.6	13.3	7.8	2.9	-0.9	7.6	30	T
1.1	2.9	8.3	13.2	17.6	20.8	22.9	22.4	19.2	13.1	6.5	2.3	12.5	30	Tmax
-5.7	-4.9	-1.3	2.9	6.8	10.3	12.1	11.8	8.9	3.9	0.1	-3.8	3.4	30	Tmin
15.5	19.8	22.5	27.6	28.9	34.1	34.7	35.2	30.4	25.6	22.6	17.5	35.2	21	Tmax(abs)
-29.6	-29.6	-18.0	-7.6	-2.8	0.5	3.4	3.9	-2.5	-6.2	-14.7	-23.2	-29.6	21	Tmin(abs)
83	83	77	72	73	73	73	75	78	82	86	86	79	10	U
59	55	51	62	107	125	140	104	87	67	57	50	964	30	N
16	15	13	14	15	16	16	15	13	12	14	14	173	30	Re
65	76	147	179	224	206	232	220	180	137	60	45	1771	10	So

Nairobi (Kenia)   1°18'S 36°45"E   1798 m   **Cw**

J	F	M	A	M	J	J	A	S	O	N	D	Jr	Z	
17.8	18.5	18.7	17.9	16.9	15.7	14.9	15.3	16.7	17.8	17.3	17.1	17.1	32	T
25	26	26	24	23	22	21	22	24	25	23	23	24	8	Tmax
11	11	12	14	13	11	9	10	10	12	13	12	12	8	Tmin
30	30	29	29	26	26	26	28	28	28	28	27	30	8	Tmax(abs)
3	5	7	8	7	4	2	3	4	5	6	6	2	8	Tmin(abs)
69	59	65	72	74	71	72	70	66	64	71	70	68	?	U
88	70	96	155	189	29	17	20	34	64	189	115	1086	9	N
9	7	13	17	18	5	5	5	7	8	16	11	121	9	Re
273	263	270	219	183	177	133	130	174	220	210	251	2503	8	So

Nanjing (China)   32°4'N 118°47'E   62 m   Cf

J	F	M	A	M	J	J	A	S	O	N	D	Jr	Z	
2.2	4.0	8.8	15.0	20.5	24.7	28.0	28.0	23.3	17.5	11.2	4.9	15.7	16	T
6.1	7.8	12.8	18.9	25.6	28.3	31.1	31.1	26.7	21.7	15.0	8.9	19.4	27	Tmax
-1.7	0.0	4.4	10.0	15.0	20.6	23.9	23.3	18.9	12.8	6.1	0.0	11.1	27	Tmin
19.6	23.0	29.4	34.0	35.7	33.2	43.0	40.9	38.8	34.0	28.1	24.5	43.0	?	Tmax(abs)
-13.8	-7.4	-6.0	0.4	6.8	15.0	16.8	18.5	10.3	3.7	-4.5	-12.6	-13.8	?	Tmin(abs)
74	77	70	72	74	76	80	79	78	71	71	76	75	?	U
39	56	74	82	93	118	152	164	64	47	38	52	979	25	N
9	10	10	11	11	10	13	12	10	8	9	11	124	?	Re
137	110	155	153	205	192	231	132	183	190	143	128	2059	?	So

Oslo   59°56'N 10°44'E   96 m   Df

J	F	M	A	M	J	J	A	S	O	N	D	Jr	Z	
-4.7	-4.0	-0.5	4.8	10.7	14.7	17.3	15.9	11.3	5.9	1.1	-2.0	5.9	30	T
-2.4	-1.1	3.8	9.8	15.9	19.9	22.3	20.9	15.7	9.1	3.2	0.1	9.8	24	Tmax
-7.3	-7.1	-4.1	0.9	5.9	10.1	13.0	11.9	7.8	3.1	-0.8	-4.1	2.4	30	Tmin
9.9	13.8	15.5	21.5	28.4	33.7	32.8	30.9	25.5	20.1	11.7	10.8	33.7	?	Tmax(abs)
-26.0	-21.9	-21.4	-14.9	-3.4	1.8	3.7	3.9	-2.0	-7.6	-15.7	-20.2	-26.0	?	Tmin(abs)
84	79	77	66	60	62	67	70	76	80	86	86	74	30	U
49	35	26	44	44	71	84	96	83	76	69	63	740	?	N
15	13	9	11	10	13	15	14	14	14	16	17	161	?	Re
45	83	152	182	233	244	219	183	138	87	41	25	1632	?	So

Paris, Le Bourget   48°58'N 2°27'E   52 m   Cf

J	F	M	A	M	J	J	A	S	O	N	D	Jr	Z	
3.1	3.8	7.2	10.3	14.0	17.1	19.0	18.5	15.9	11.1	6.8	4.1	10.9	30	T
6.0	7.4	12.2	15.8	19.7	22.9	24.6	24.0	21.1	15.6	10.0	6.6	15.5	30	Tmax
0.9	1.3	3.6	6.3	9.5	12.7	14.5	14.3	11.9	7.9	4.5	2.0	7.5	30	Tmin
15.6	20.8	24.7	31.9	33.1	36.2	39.6	36.6	34.8	27.2	20.3	16.2	39.6	15	Tmax(abs)
-17.0	-16.8	-7.8	-3.7	-1.6	1.7	4.9	5.1	0.1	-4.6	-8.3	-13.2	-17.0	15	Tmin(abs)
84	80	74	68	69	71	70	74	78	81	85	86	77	15	U
54	43	32	38	52	50	55	62	51	49	50	49	585	?	N
17	14	12	13	13	12	12	13	13	14	15	16	164	?	Re
64	83	152	185	223	233	231	204	166	122	63	53	1779	15	So

Punta Arenas (Chile)   53°10'S 70°54'W   28 m   Cf

J	F	M	A	M	J	J	A	S	O	N	D	Jr	Z	
11.7	10.6	8.9	6.7	4.2	2.6	2.5	2.9	4.6	7.1	8.5	10.2	6.7	40	T
14.4	14.4	12.2	10.0	7.2	5.0	4.4	5.6	7.8	10.6	12.2	13.9	10.0	15	Tmax
7.2	6.7	5.0	3.9	1.7	0.6	-0.6	0.6	1.7	3.3	4.4	6.1	3.3	15	Tmin
29.0	24.5	22.8	19.2	16.0	15.0	13.0	13.8	19.2	20.6	25.0	25.2	29.0	40	Tmax(abs)
0.0	-0.1	-1.0	-3.6	-7.5	-7.3	-9.3	-7.5	-6.0	-2.5	-2.5	-0.2	-9.3	40	Tmin(abs)
33	29	45	46	50	40	41	38	33	26	32	34	447	49	N
6	5	7	9	6	8	6	5	5	5	5	8	75	?	Re

Reykjavik (Island)   64°8'N 21°56'W   18 m   Cf

J	F	M	A	M	J	J	A	S	O	N	D	Jr	Z	
-0.3	0.3	1.5	3.6	6.8	9.8	11.4	10.0	8.6	5.3	2.2	0.5	5.1	30	T
1.8	2.5	4.0	6.2	9.8	12.4	13.9	13.6	11.0	7.4	4.1	2.4	7.4	30	Tmax
-2.3	-2.0	-1.0	0.9	3.7	7.1	8.8	8.1	6.1	3.1	0.2	-1.5	2.6	30	Tmin
10.0	10.1	14.2	15.2	20.6	20.7	23.4	21.4	20.1	15.7	11.5	11.4	23.4	30	Tmax(abs)
-17.1	-13.6	-14.3	-12.7	-7.2	-0.2	1.4	-0.4	-3.5	-10.2	-11.6	-16.8	-17.1	30	Tmin(abs)
80	77	75	77	71	75	77	76	78	81	80	81	77	10	U
89	64	62	56	42	42	50	56	67	94	78	79	779	30	N
20	17	18	18	16	15	15	16	19	21	18	20	213	30	Re
24	56	111	136	182	182	180	166	106	72	34	9	1258	30	So

Rio de Janeiro (Brasilien)   22°54'S 43°10'W   31 m   Aw

J	F	M	A	M	J	J	A	S	O	N	D	Jr	Z	
25.1	25.6	24.3	23.6	22.1	21.1	20.2	20.8	21.0	21.8	22.9	22.4	22.7	38	T
28.9	29.4	28.3	26.7	25.0	24.4	23.9	24.4	23.9	25.0	26.1	27.8	26.1	38	Tmax
22.8	22.8	22.2	20.6	18.9	17.8	17.2	17.8	18.3	18.9	20.0	21.7	10.0	38	Tmin
39.1	37.8	36.4	35.0	35.2	32.6	34.1	36.4	37.6	39.0	37.5	39.0	39.1	?	Tmax(abs)
15.5	17.0	17.6	15.3	13.8	10.9	11.3	11.5	10.2	13.4	15.0	13.4	10.2	?	Tmin(abs)
157	125	134	102	63	56	51	40	63	80	92	130	1093	?	N
12	12	13	11	10	8	7	8	11	12	13	14	131	?	Re
222	206	215	207	210	194	209	205	153	151	181	197	2350	?	So

Rom   41°54'N 12°29'E   46 m   **Cs**

J	F	M	A	M	J	J	A	S	O	N	D	Jr	Z	
6.9	7.7	10.8	13.9	18.1	22.1	24.7	24.5	21.1	16.4	11.7	8.5	15.6	30	T
11.1	12.6	15.2	18.8	23.4	27.6	30.4	29.8	26.3	21.5	16.1	12.6	20.5	16	Tmax
4.5	5.4	7.2	9.8	13.3	17.2	19.6	19.4	16.9	12.8	9.3	6.4	11.8	16	Tmin
18.1	20.7	25.3	29.8	32.8	34.9	40.1	39.2	34.2	28.2	24.6	19.3	40.1	30	Tmax(abs)
-5.0	-5.4	-1.2	0.3	2.1	9.2	11.9	13.2	8.0	2.1	-2.4	-5.0	-5.4	30	Tmin(abs)
77	73	71	70	67	62	58	59	66	72	77	79	69	30	U
76	88	77	72	63	48	14	22	70	128	116	106	874	30	N
6	6	8	8	6	4	2	2	5	6	8	8	70	30	Re
133	132	205	210	267	282	335	307	243	198	123	102	2537	30	So

San Francisco (USA)   37°47'N 122°25'   16 m   **Cs**

J	F	M	A	M	J	J	A	S	O	N	D	Jr	Z	
10.4	11.7	12.6	13.2	14.1	15.1	14.9	15.2	16.7	16.3	14.1	11.4	13.8	30	T
12.8	15.0	16.1	16.7	17.2	18.9	18.3	18.3	20.6	20.0	17.2	13.9	17.2	73	Tmax
7.2	8.3	8.9	9.4	10.6	11.1	11.7	11.7	12.8	12.2	10.6	8.3	10.0	73	Tmin
25.6	26.7	30.0	31.7	36.1	37.8	37.2	33.3	38.3	35.6	28.3	23.3	38.3	77	Tmax(abs)
-1.7	0.6	0.6	4.4	5.6	7.8	8.3	7.8	8.3	6.1	3.3	-2.8	-2.8	77	Tmin(abs)
77	75	72	72	74	76	80	81	76	72	72	76	75	52	U
116	93	74	37	16	4	<1	1	6	23	51	108	529	30	N
11	11	10	6	4	2	1	1	1	4	7	10	67	24	Re

San Salvador (El Salvador)   13°43'N 89°12'W   700 m   **Aw**

J	F	M	A	M	J	J	A	S	O	N	D	Jr	Z	
22.1	22.4	23.5	24.2	23.7	23.1	22.9	23.0	22.5	22.4	22.0	22.0	22.8	30	T
32.2	33.3	34.4	33.9	32.8	30.6	31.7	31.7	30.6	30.6	30.6	31.7	32.2	39	Tmax
15.6	15.6	16.7	18.3	19.4	18.9	18.3	18.9	18.9	18.3	17.2	16.1	17.8	39	Tmin
29.2	30.8	32.0	32.1	30.7	29.3	29.6	29.9	29.1	28.3	28.3	28.4	32.1	30	Tmax(abs)
15.9	15.8	17.0	18.5	18.7	18.7	18.1	18.3	18.4	18.3	17.1	16.3	15.8	30	Tmin(abs)
5	3	8	60	190	322	304	297	325	220	35	7	1775	30	N
1	1	1	5	13	20	20	20	20	16	4	2	123	30	Re
301	277	294	243	220	174	239	257	180	211	267	294	2957	30	So

Santa Elena (Venezuela)   4°36′N 61°7′W 907 m   Af

J	F	M	A	M	J	J	A	S	O	N	D	Jr	Z	
21.6	22.0	22.4	22.3	22.0	21.4	20.0	21.1	21.4	21.8	21.7	21.5	21.7	14	T
30.0	30.6	31.1	30.0	28.9	27.8	27.8	28.3	28.9	29.4	30.0	28.9	29.4	10	Tmax
16.1	16.7	17.8	17.8	18.3	17.8	16.7	17.2	17.2	17.2	16.7	17.2	17.2	10	Tmin
33.3	33.3	35.0	35.1	32.5	31.0	30.2	31.2	33.5	34.2	34.2	32.0	35.1	21	Tmax(abs)
9.0	10.4	11.4	10.9	11.6	12.2	12.0	12.3	9.5	11.0	11.4	10.9	9.0	21	Tmin(abs)
79	77	75	80	85	89	89	88	84	81	83	82	83	17	U
68	69	78	145	221	248	229	182	109	106	130	115	1700	21	N
13	11	12	15	24	27	26	24	16	14	16	16	214	21	Re

Singapore   1°18′N 103°50′E   10 m   Af

J	F	M	A	M	J	J	A	S	O	N	D	Jr	Z	
26.4	27.0	27.5	27.5	27.8	27.5	27.5	27.2	27.2	27.0	27.0	27.0	27.2	39	T
30.0	31.1	31.1	31.1	31.7	31.1	31.1	30.6	30.6	30.6	30.6	30.6	30.6	39	Tmax
22.8	22.8	23.9	23.9	23.9	23.9	23.9	23.9	23.9	23.3	23.3	23.3	23.3	39	Tmin
33.9	34.4	34.4	35.0	36.1	35.0	33.9	33.9	33.9	33.9	33.3	33.9	36.1	39	Tmax(abs)
20.0	18.9	19.4	21.1	21.1	21.1	21.1	20.6	20.6	20.6	20.6	20.6	18.9	39	Tmin(abs)
80	74	73	76	76	76	76	75	76	75	77	80	76	10	U
251	173	193	188	173	173	170	196	178	208	254	256	2413	64	N
17	11	14	15	15	13	13	14	14	16	18	19	179	49	Re

Stockholm   59°21′N 18°4′E   44 m   Cf

J	F	M	A	M	J	J	A	S	O	N	D	Jr	Z	
-2.9	-3.1	-0.7	4.4	10.1	14.9	17.8	16.6	12.2	7.1	2.8	0.1	6.6	30	T
-0.9	-0.9	2.5	8.3	14.4	19.2	21.9	20.2	15.3	9.4	4.5	1.8	9.6	30	Tmax
-5.1	-5.4	-3.6	1.0	6.0	10.8	14.1	13.3	9.4	4.8	1.0	-1.8	3.7	30	Tmin
9.6	11.8	15.2	20.2	28.0	32.2	34.6	31.0	25.7	17.4	12.4	12.2	34.6	?	Tmax(abs)
-28.2	-24.9	-22.0	-11.3	-3.3	1.0	8.0	4.8	0.1	-6.5	-11.0	-16.3	-28.2	?	Tmin(abs)
84	80	75	68	60	62	67	73	78	82	87	78	75	30	U
43	30	26	31	34	45	61	76	60	48	53	48	555	?	N
16	13	10	11	11	13	13	14	14	15	16	17	163	?	Re
41	76	151	208	292	318	295	248	174	103	41	26	1973	?	So

Südpol   90°0′S 0°0′   2800 m   EF

J	F	M	A	M	J	J	A	S	O	N	D	Jr	Z	
-28.8	-40.1	-54.4	-58.5	-57.4	-56.5	-59.2	-58.9	-59.0	-51.3	-38.9	-28.1	-49.3	10	T
-15.5	-22.2	-28.9	-31.7	-35.0	-29.4	-35.6	-32.8	-37.8	-30.0	-19.4	-18.9	-15.0	10	Tmax(abs)
-40.6	-56.1	-70.0	-72.2	-73.3	-76.1	-80.6	-77.2	-77.2	-67.2	-53.9	-38.3	-80.6	10	Tmin(abs)

Sydney (Australien)   33°51'S 151°31'E   42 m   Cf

J	F	M	A	M	J	J	A	S	O	N	D	Jr	Z	
22.0	21.9	20.8	18.3	15.1	12.8	11.8	13.0	15.2	17.6	19.5	21.1	17.4	104	T
25.6	25.6	24.4	21.7	18.9	16.1	15.6	17.2	19.4	21.7	23.3	25.0	21.1	87	Tmax
18.3	18.3	17.2	14.4	11.1	8.9	7.8	8.9	10.6	13.3	15.6	17.2	13.3	87	Tmin
45.3	42.1	39.2	33.0	30.0	26.9	25.7	30.4	33.5	37.4	40.3	42.2	45.3	104	Tmax(abs)
10.6	9.6	9.3	7.0	4.6	2.1	2.2	2.7	4.9	5.7	7.7	9.1	2.1	104	Tmin(abs)
68	71	74	75	77	76	74	69	64	62	63	65	69	86	U
104	125	129	101	115	141	94	83	72	80	77	86	1205	30	N
14	13	14	14	13	12	12	11	12	12	12	13	152	87	Re
226	185	195	183	180	189	189	214	216	229	228	229	2463	42	So

Teheran (Iran)   35°41'N 51°25'E   1220 m   BS

J	F	M	A	M	J	J	A	S	O	N	D	Jr	Z	
2.2	5.0	9.4	15.6	21.1	26.4	29.7	28.9	25.0	18.0	11.7	5.6	16.6	22	T
7.2	10.0	15.0	21.7	27.8	33.9	37.2	36.1	32.2	24.4	17.2	10.6	22.8	22	Tmax
-2.8	0.0	3.9	9.4	14.4	18.9	22.2	21.7	17.8	11.7	6.1	0.6	10.6	22	Tmin
18.3	19.4	29.4	32.8	37.2	42.8	42.8	38.3	32.2	32.2	28.9	20.0	42.8	25	Tmax(abs)
-20.6	-15.6	-8.9	-2.2	3.9	10.6	15.0	13.9	8.3	3.3	-7.2	-12.2	-20.6	24	Tmin(abs)
76	68	50	47	51	50	46	47	49	54	65	76	56	4	U
46	38	46	36	13	3	3	3	3	8	20	30	246	33	N
4	4	5	3	2	1	<1	<1	<1	1	3	4	30	24	Re

Tokyo (Japan)   35°41'N 139°46'E   4 m   Cf

J	F	M	A	M	J	J	A	S	O	N	D	Jr	Z	
3.7	4.3	7.6	13.1	17.6	21.1	25.1	26.4	22.8	16.7	11.3	6.1	14.7	30	T
8.3	8.9	12.2	17.2	21.7	24.4	28.3	30.0	21.1	20.8	15.6	11.1	18.9	60	Tmax
-1.7	-0.6	2.2	7.8	12.2	17.2	21.1	22.2	18.9	12.8	6.1	0.6	10.0	60	Tmin
21.3	24.9	25.2	27.2	31.4	34.7	37.0	38.4	36.4	32.3	27.3	22.7	38.4	30	Tmax(abs)
-9.2	-7.9	-5.6	-3.1	2.2	8.5	13.0	15.4	10.5	-0.5	-3.1	-6.8	-9.2	30	Tmin(abs)
61	60	64	70	74	79	80	79	80	76	71	64	72	65	U
48	73	101	135	131	182	146	147	217	220	101	61	1562	30	N
6	7	10	11	12	12	11	10	13	12	8	5	115	30	Re
186	166	176	180	193	149	181	204	136	136	144	169	2020	30	So

Verkhoyansk (GUS)   67°33'N 133°23'E   137 m   Dw

J	F	M	A	M	J	J	A	S	O	N	D	Jr	Z	
-48.9	-43.7	-29.9	-13.0	2.0	12.2	15.3	11.0	2.6	-14.1	-36.1	-45.6	-15.6	?	T
-47.8	-40.6	-25.0	-7.2	5.6	15.6	18.9	14.4	6.1	-11.1	-35.0	-46.7	-12.8	24	Tmax
-52.8	-48.9	-39.4	-23.3	-5.0	8.9	8.3	4.4	-2.8	-19.4	-40.0	-48.9	-21.7	40	Tmin
-12	0	5	14	31	34	35	33	25	14	1	-7	35	?	Tmax(abs)
-66	-68	-60	-54	-29	-7	-3	-10	-22	-45	-57	-64	-68	?	Tmin(abs)
75	75	71	65	58	58	62	70	74	80	80	78	70	?	U
7	5	5	4	5	25	33	30	13	11	10	7	155	?	N
9	8	7	5	6	10	9	9	8	10	12	11	104	?	Re
1	79	215	298	300	309	300	232	126	73	20	0	1953	?	So

Vostok (Antarktis)   78°28'S 106°48'E   3488 m   EF

J	F	M	A	M	J	J	A	S	O	N	D	Jr	Z	
-33.4	-44.2	-57.4	-65.7	-66.2	-66.0	-66.7	-68.4	-65.6	-57.4	-43.6	-32.7	-55.6	9	T
-22.3	-24.3	-32.5	-42.4	-43.0	-39.5	-36.1	-44.9	-42.1	-39.9	-31.7	-21.0	-21.0	9	Tmax(abs)
-48.3	-64.0	-75.0	-81.8	-82.0	-83.0	-81.1	-88.3	-82.8	-75.7	-63.1	-48.0	-88.3	9	Tmin(abs)
75	72	71	68	68	68	69	69	69	71	72	74	70	9	U

Washington/D.C. (USA)   38°51'N 77°3'W   22 m   Cf

J	F	M	A	M	J	J	A	S	O	N	D	Jr	Z	
2.7	3.2	7.1	13.2	18.8	23.4	25.7	24.7	20.9	15.0	8.7	3.4	13.9	30	T
5.6	6.7	11.7	17.8	23.9	28.3	30.6	28.9	25.6	19.4	12.8	7.2	18.3	78	Tmax
-2.8	-2.2	1.7	6.7	12.2	17.2	20.0	18.9	15.0	8.9	3.3	-1.7	8.3	78	Tmin
25.0	28.9	33.9	35.0	36.1	38.9	41.1	41.1	40.0	35.6	28.3	23.3	41.1	79	Tmax(abs)
-25.6	-26.1	-15.6	-9.4	0.6	6.1	11.1	9.4	2.2	-3.3	-11.7	-25.0	-26.1	79	Tmin(abs)
65	62	60	57	60	64	66	67	67	66	64	65	63	35	U
77	63	82	80	105	82	105	124	97	78	72	71	1036	30	N
11	8	12	10	12	9	10	10	8	8	8	9	115	19	Re

Wellington (Neuseeland)   41°17'S 174°46'E   126 m   Cf

J	F	M	A	M	J	J	A	S	O	N	D	Jr	Z	
16.2	16.4	15.4	13.5	10.9	8.8	8.1	8.8	10.2	11.7	13.3	15.1	12.4	66	T
20.6	20.6	19.4	17.2	14.4	12.8	11.7	12.2	13.9	15.6	17.2	19.4	16.1	66	Tmax
13.3	13.3	12.2	10.6	8.3	6.7	5.6	6.1	7.8	8.9	10.0	12.2	9.4	66	Tmin
29.4	31.1	27.2	27.3	21.9	20.6	18.9	20.0	20.6	24.2	26.9	29.1	31.1	99	Tmax(abs)
4.1	4.7	3.9	2.1	-0.7	-1.2	-1.9	-1.6	-0.6	1.1	1.7	3.4	-1.9	99	Tmin(abs)
70	73	73	78	79	80	79	77	76	75	73	72	75	13	U
74	91	79	94	119	122	130	135	97	122	81	107	1250	?	N
10	9	11	13	16	17	18	17	15	14	13	12	165	79	Re
234	195	189	151	118	106	108	139	170	183	197	222	2012	?	So

Wien   48°15'N 16°22'E   203 m   Cf

J	F	M	A	M	J	J	A	S	O	N	D	Jr	Z	
-1.4	0.4	4.7	10.3	14.8	18.1	19.9	19.3	15.6	9.8	4.8	1.0	9.8	30	T
0.9	3.2	8.4	14.5	19.2	22.6	24.6	23.8	20.1	13.5	7.0	2.8	13.4	30	Tmax
-3.8	-2.5	0.9	5.7	10.0	13.5	15.3	14.7	11.4	6.5	2.6	-1.0	6.1	30	Tmin
13.2	18.5	24.0	27.3	32.6	36.1	38.3	34.2	31.6	27.8	19.6	16.5	38.3	30	Tmax(abs)
-21.9	-22.6	-11.2	-3.2	-0.3	4.1	8.8	8.0	-0.1	-3.1	-8.8	-15.3	-22.6	30	Tmin(abs)
79	76	71	66	68	67	68	70	74	79	81	82	74	50	U
39	44	44	45	70	67	84	72	42	56	52	45	660	30	N
15	14	13	13	13	14	13	13	10	13	14	15	160	30	Re
57	84	138	184	235	249	266	250	199	129	55	45	1891	30	So

A. 4 Chronologie der El-Niño-Ereignisse seit 1541

ss = sehr stark, s = stark, m = mäßig (letzteres nur ab 1880 erfasst)

Daten vor 1875 unsicher und unvollständig. Quelle: Arntz und Fahrbach, 1991, sowie dort angegebene Literatur, insbesondere Quinn et al., 1986, ergänzt.

Jahr	Stärke	Jahr	Stärke
1541	s	1877/78	ss
1552	s	1880	m
1567/68	s	1884	m
1578	ss	1888/89	s
1591/92		1891	m
1607	s	1896	s
1614	s	1899	s
1618/19	s	1902	s
1624	s (ss?)	1905	s
1634	s	1911	s
1652	s (ss?)	1914/15	s-ss
1660	s	1918	s
1671	s	1923	m
1681	s	1925/26	m-s
1687/88	s (ss?)	1930	m-s
1696	s	1932	m
1701	s (ss?)	1939/41	ss
1707/08	s	1944	m
1714/15	s	1947	m
1720	s (ss?)	1951	m
1728	ss	1953	m
1747	s	1957/58	m
1761	s	1963	m-s
1775	s	1965	s
1785/86	s	1969	m
1791	ss	1972/73	s
1803/04	s (ss?)	1976/77	s
1814	s	1979	m
1828	ss	1982/83	ss
1844/45	s (ss?)	1987/88	s
1864	s	1991	m
1871	s (ss?)	1997/98	ss

siehe auch Abb. 163 auf Seite 424

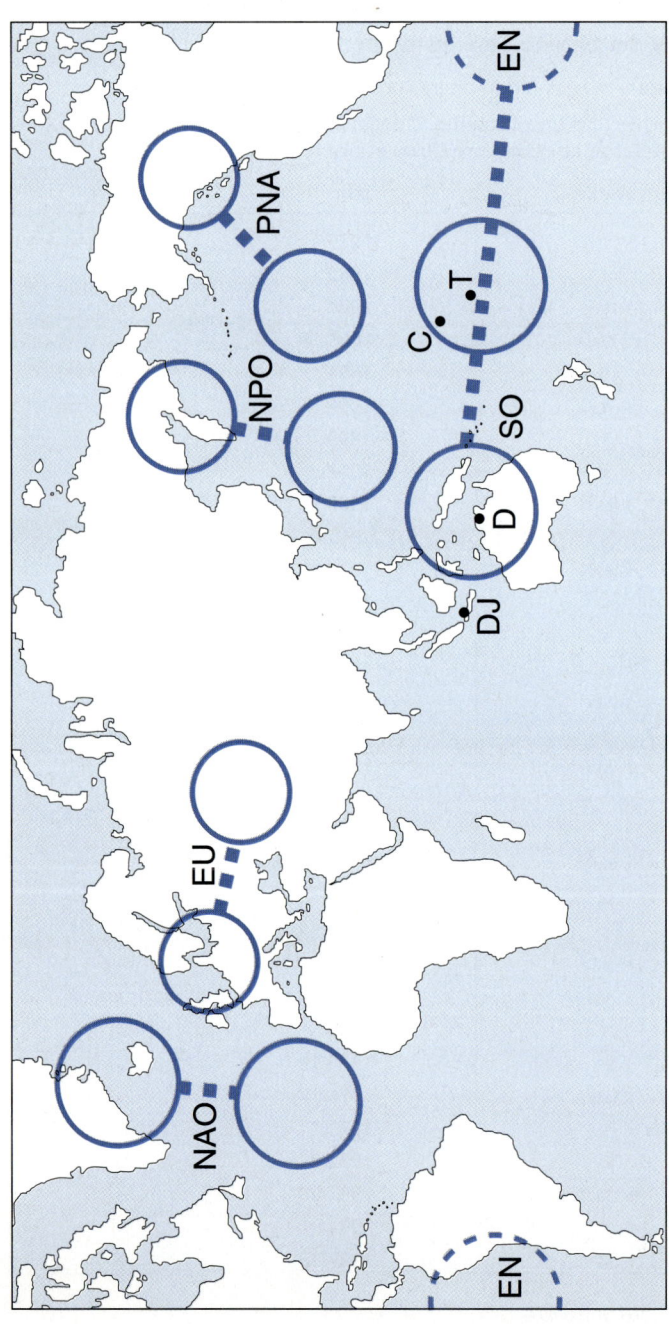

Abb. 163

Zur Definition von Zirkulationsindizes aufgrund meridionaler („Zonalindex"; NAO, NPO, PNA) bzw. zonaler („Meridionalindex"; EU, SO) Luftdruckgradienten im Meeresspiegelniveau (nach WANNER et al., 2000, leicht verändert). Die Abkürzungen bedeuten: EU = Eurasian Pattern, NAO = Nordatlantikoszillation, NPO = North Pacific Oscillation, PNA = Pacific North American Pattern (vgl. dazu auch jeweils Kap. 5.3.9), SO = Southern Oscillation (vgl. Kap. 6.3); D = Darwin (Australien), DJ = Djakarta (Indonesien), T = Tahiti, C = Canton Island.

A. 5 Chronologie einiger explosiver Vulkanausbrüche seit 1755

VEI = volcanic explosivity index[*], DVI = dust veil index[**], RF = Strahlungsantrieb[***] (radiative forcing) in Wm^{-2}, DVI und RF jeweils global und jährlich gemittelt; bei RF bedeutet der Zusatz "+" das Jahr nach dem Ausbruch.

Vulkan	Koordinaten	Höhe	Mon./Jahr	VEI	DVI	RF
Katla	63.6 N 19.0 W	1363 m	10/1755	5	255	0.19+
Lakagigar (Laki)	64.1 N 18.3 W	500 m	6/1783	4	400	0.03+
Tambora	8.3 S 118.0 E	2851 m	4/1815	7	695	25.5+
Galunggung	7.3 S 108.1 E	2168 m	10/1822	5?	200	0.41+
Cosiguina	13.0 N 87.6 W	859 m	6/1835	5	525	0.35+
Sheveluch	56.8 N 161.6 E	3395 m	2/1854	5	0	0.66
Askja	65.0 N 16.8 W	1510 m	3/1875	5	120	0.02
Krakatau	6.1 S 105.4 E	300 m	8/1883	6	400	6.67+
Santa Maria	14.8 N 91.6 W	2700 m	10/1902	6	180	5.26+
Ksudach	51.8 N 157.5W	1079 m	3/1907	5	60	0.51
Novarupta (Katmai)	58.3 N 155.2W	2285 m	6/1912	6	60	0.55+
Bezymianny	56.1 N 160.7 E	2800 m	3/1956	5	0	0.05
Agung	8.3 S 115.6 E	3142 m	3/1963	4	160	2.09
Sheveluch	56.8 N 161.6 E	3395 m	11/1964	4	120	?2.01
Taal	14.0 N 121.0 E	300 m	9/1965	4	80	?0.80
Kelut	7.9 S 112.3 E	1731 m	4/1966	4		
Oldoinyo Lengai	2.8 S 35.9 E	2280 m	8/1966	4	"80	?0.37
Awu	3.7 N 125.5 E	1320 m	8/1966	4		
Fernandia	0.4 S 91.6 E	1495 m	6/1968	4	60	0.81+

A. 5 Chronologie einiger explosiver Vulkanausbrüche seit 1755 (Forts.)

VEI = volcanic explosivity index*, DVI = dust veil index**, RF = Strahlungsantrieb***
(radiative forcing) in Wm^{-2}, DVI und RF jeweils global und jährlich gemittelt; bei RF bedeutet der Zusatz "+" das Jahr nach dem Ausbruch.

Vulkan	Koordinaten	Höhe	Mon./Jahr	VEI	DVI	RF
Tiatia	44.4 N 146.3 E	1822 m	7/1973	4	25	0.02
Fuego	14.5 N 90.9 W	3763 m	10/1974	4	50	?0.05
Plosky Tolbachik	55.9 N 160.5 E	3085 m	7/1975	4	40	?1.79
St. Augustine	55.4 N 153.4W	1227 m	1/1976	4	65	?0.38
Bezymianny	56.1 N 160.7W	2800 m	2/1979	4	20	0.05
St Helens	46.2 N 122.2W	1920 m	5/1980	5	50	0.06+
Alaid	50.8 N 155.5 E	2339 m	4/1981	4	˝40	?0.06
Pagan	18.1 N 145.8 E	570 m	5/1981	4	،	?0.06
El Chichón	17.3 N 93.2 W	1350 m	3-4/1982	5	365	1.54+
Una Una	0.2 S 121.6 E	508 m	7/1983	4	160	0.62+
Nevado del Ruiz	4.9 N 75.4 W	5400 m	12/1985	4	20	0.17+
St. Augustine	55.4 N 153.4W	1227 m	4/1986	4	10	0.09+
Redoubt	60.5 N 152.7W	3108 m	12/1989	4	60	0.04+
Pinatubo	15.1 N 120.4W	1745 m	6-8/1991	5	500	3.93+

*) nach US Smithsonian Institution, Simkin et al. (1981, 1993, ergänzt), wobei ab VEI = 4 die Stratosphäre wahrscheinlich, ab VEI = 5 sicher beeinflusst ist; Vulkane der Ausbruchsklasse VEI = 4 sind in der obigen Tabelle erst ab 1963 erfasst;

**) nach Lamb (1970, 1983), ergänzt nach Robock und Free (1995), wobei dieser stratosphärische „Staubschleierindex" zum Teil aufgrund der in der bodennahen Atmosphäre eingetretenen Abkühlungseffekte indirekt abgeschätzt worden ist;

***) nach Grieser und Schönwiese (1999), approximativ berechnet auf der Grundlage der VEI-Chronologie unter Berücksichtigung der Verweildauer der vulkanogenen stratosphärischen Aerosole (vgl. dazu auch Sato et al., 1993), jeweils Jahr des maximalen RF-Wertes; bei zeitlich dicht hintereinander aufgetretenen Vulkanausbrüchen ist wegen der damit verbundenen Aerosol-Akkumulation eine Zuordnung nicht mehr eindeutig möglich (in der Tabelle durch "?" gekennzeichnet).

A. 6 Singularitätenkalender (Witterungsregelfälle)

für das westliche Deutschland, beruhend auf einer Analyse der Klimadaten 1946-1986, nach Bissolli und Schönwiese (1991), vereinfacht. Die Abkürzungen bedeuten: SE = singuläres Ereignis (Witterungsregelfall) mit K = kalt, W = warm, T = trocken, N = nass (niederschlagsreich); EHf = Eintrittshäufigkeit (i.a. bezogen auf die Region Frankfurt/Main - Trier - Euskirchen) mit t = Bezug auf die Temperaturanomalien, n auf die Niederschlagsanomalien; I = Intensität mit typischen Anomaliewerten für t (in °C) bzw. n (in mm).

Singularität	SE	mittleres Eintritts-datum	EHf	I	assoziierte Großwettertypen	regionale Besonderheiten
Hoch-winter 1	KT	4.–9.1.	t: 83	–4	Nord- und Nord-ostlagen, Hoch über Mitteleuropa	alle Regionen
Hoch-winter 2	KT	13.–14.1.			Hoch über Mittel-europa, Ostlagen	vorwieg. Mitte und Süden
Hoch-winter 3	KT	17.–20.1.	t: 58	–3	Hoch über Mittel-europa, Südost-lagen	alle Regionen
Tauwetter-periode	WN	22.–30.1.	t: 49	2	West-, Südwest- und Nordwestlagen	alle Regionen
Tauwetter-periode	WN	3.–12.2.	t: 60 n: 57	2 4	West-, Südwest- und Nordwestlagen	alle Regionen außer Hohen-peißenberg
Spät-winter 1	KT	14.–20.2.	t: 60 n: 92	–3	Nord-, Ost- und Südostlagen, Tief über Mitteleuropa	alle Regionen
Spät-winter 2	KT	27.2.	t: 49 n: 87	–2	Hoch über Mittel-europa, Nordlagen	alle Regionen
Märzwinter 1	KT	7.3.	n: 76		Ostlagen	vorwieg. Süden
Märzwinter 2	KT	11.–14.3.			Nordlagen, Tief über Mitteleuropa	alle Regionen
Märzwinter 3	KT	18.–20.3.	n: 95		Ostlagen	Norden und Südwesten
Vorfrühling 1	WT	23.–27.3.	t: 62 n: 73	3	Südwest- und Südostlagen	alle Regionen
Vorfrühling 2	WT	3.–4.4.	t: 97	5	Südwestlagen	nicht im Westen
Vormonsun-welle 1	KN	7.–12.4.	t: 60	–3	Nordlagen, Tief über Mitteleuropa	alle Regionen
Mittfrühling	WT	17.–22.4.	t: 73 n: 92	3	Südlagen, Hoch über Mitteleuropa	alle Regionen

Singularität	SE	mittleres Eintrittsdatum	EHf	I	assoziierte Großwettertypen	regionale Besonderheiten
Vormonsunwelle 2	KN	24.4.–2.5.	t: 84	–4	Nord-, Nordwest-, Nordostlagen, Tief über Mitteleuropa	alle Regionen
Spätfrühling	WT	7.–18.5.	t: 95	5	Ost-, Südost- Südwestlagen	alle Regionen
Monsunwelle	KN	20.–31.5.	t: 70 n: 65	3 6	Nord- und Nordostlagen	alle Regionen
Frühsommer	WT	2.–8.6.	t: 84 n: 87	4	Hoch über Mitteleuropa	alle Regionen
Schafskälte	KN	10.–12.6.	t: 81 n: 54	–4 5	Nord- und Nordwestlagen	alle Regionen
Siebenschläfer	KN	27.6.–1.7.	t: 70 n: 62	–3 6	Nord- und Nordwestlagen	alle Regionen
Hochsommer 1	WT	3.–14.7.	t: 89 n: 81	4	Hoch über Mitteleuropa, Ost- und Nordostlagen	alle Regionen
Monsunwelle	KN	16.–24.7.	t: 60 n: 65	–3 6	Nord- und Nordwestlagen	alle Regionen
Hochsommer 2	WT	28.7.–7.8.	t: 80 n: 100	4	Südwestlagen	alle Regionen
Hochsommer 3	WT	13.–16.8.			Südwestlagen	alle Regionen
Monsunwelle	KN	17.–24.8.	n: 60	6	Nord- und Nordwestlagen, Tief über Mitteleuropa	alle Regionen
Spätsommer 1	WT	29.8.–5.9.	t: 62 n: 73	3	Hoch über Mitteleuropa	alle Regionen
Spätsommer 2	WT	11.–12.9.	n: 81		Hoch über Mitteleuropa	im Süden nicht
Monsunwelle	KN	19.9.	t: 95	–4	Nordwestlagen	nur im Norden
Altweibersommer	WT	25.–26.9.	n: 76		Südwest- und Südostlagen	Norden, Westen und Hohenpeißenberg
Mittelherbst	WT	3.–10.10.	n: 73		Südwest- und Südlagen	alle Regionen außer Hohenpeißenberg
Herbstwitterungsumschlag	KT	13.–16.10.	n: 87		Hoch über Mitteleuropa	Westen, Mitte, Südosten
Herbstmilderung 1	WN	23.–25.10.			Südwestlagen	alle Regionen außer Hohenpeißenberg

Singularität	SE	mittleres Eintritts- datum	EHf	I	assoziierte Großwettertypen	regionale Besonderheiten
Spätherbst 1	KT	28.10.–1.11.	n: 76	–3	Hoch über Mitteleuropa	alle Regionen
Herbst- milderung 2	WN	9.–11.11.	t: 49	2	Südwest- und Südlagen	alle Regionen
Spätherbst 2	KT	16.–18.11.	t: 62		Ost- und Südost- lagen, Tief über Mitteleuropa	alle Regionen außer Südwesten
Spätherbst 3	KT	25.–26.11.	t: 87	–4	Ost- und Nordlagen	alle Regionen außer Norden
Tauwetter- periode	WN	27.–28.11.	t: 92 n: 70	5	Südwest- und Westlagen	alle Regionen außer Südwesten
Vorwinter	KT	30.11. –2.12.	n: 76		Nord- und Nord- ostlagen, Hoch über Mitteleuropa	alle Regionen außer Berlin und Kleiner Feldberg
Nikolaus- tauwetter	WN	4.–5.12.	n: 56	2	Südwest- und Nordwestlagen	alle Regionen außer Hohen- peißenberg
Frühwinter	KT	17.–21.12.	t: 53	–2	Hoch über Mitteleuropa	alle Regionen
Weihnachts- tauwetter	WN	24.–29.12.	t: 53	2	West- und Südwestlagen	alle Regionen

Anmerkung: Die Singularität „Eisheilige" (KT, früheres Eintrittsdatum um den 10.–15.5.) ist in den letzten Jahrzehnten von der Singularität „Spätfrühling" (WT, 7.–18.5., siehe oben) abgelöst worden.

Sachregister

(Grundgrößen und Maßeinheiten siehe Anhang S. 402–404, Naturkonstanten S. 405.
Fett gedruckte Seitenzahlen weisen auf Schwerpunkte hin.)

Wassernutzung 325
Wasserstoff (H_2) 23, 29, 30,
31
Wassertemperatur s. Mee-
restemperatur
Wasserwolke 81
Weichsel-Kaltzeit (-Eiszeit)
s. Würm-Kaltzeit
Weihnachtstauwetter 429
Welle(n), -länge
- elektromagnetisch 28
- meteorologisch (plane-
tarisch) 43, 167, 182
Weltbevölkerung (s. auch
Bevölkerung) 32
Weltenergie, Weltprimären-
ergie (s. auch Energie-
nutzung) 335
Weltklimakonferenz 364
Weltklimaprogramm 64
Weltmeer (s. auch Ozean)
153, 154, 190
Weltmeteorologische Organi-
sation (WMO) 51, 85, 364
Westwinddrift, -zone
165–167, 169
Wetter 14, **48–50**, **248**
Wetterdienst(e) 13, 85, 86
Wetterelemente 85
Wetterfront(en) 43, 55,
180–182
Wetterkarte 14
Wettersatellit s. Satellit(en)
Wetterschiff(e) 87
Wetterstation(en, s. Beob-
achtungssystem) 87, 88
WIEN'sches Verschiebungs-
gesetz 120
Wind (allg.) 48, **73–74**, 86,
134, 170–180, 188, 193,
198, **209–213**, 258, 269,
331, 332
- ageostrophischer 138
- geostrophischer 136–139,
142
- geotriptischer 137, 139,
142
- Gradient- 138, 142
- thermischer 144, 145

Windfahne 74, 86
Windgeschwindigkeit 73, 74,
134–142
Windhose (s. auch Tornado)
177
Windmessung 73
Windprofil s. Windspirale
Windrichtung 74
Windrose 86
Windspirale, -profil 140,
141
Winter (s. auch extreme W.)
48, 112, 308–313,
344–346, 427, 429
Winterstürme 227, 228
Wirbelgröße (s. auch Vorti-
city) 132, 133, 162
Wirbelsturm (-stürme, allg.)
176, 177
- tropische(r) 48, 55, 176,
177, 227, 228, 344
Wirbelwindsysteme 176, 177
Wirtschaft, wirtschaftlich
s. Ökonomie
Witterung 48, 185
Witterungsregelfälle 185,
186, 427–429
Witterungstagebuch
(-bücher) 283
WMO s. Weltmeteorololo-
gische Organisation
Wolke(n) 28, 32, 43, 48, 55,
81–82, 123, 182, 221, **222**,
316, 326, 332
Wolkenart 82, 86
Wolkenbedeckung 81, 86,
221, 222
Wolkenbildung 145–152,
164
Wolkencluster 168, 170
Wolkengattung 81, 86
Wolkenklassifikation 81, 82
Würm-Kaltzeit (-Eiszeit) 14,
287, 291–294, 303
Wüste 165, 260, 261, 264,
268, 269, 299
Wüstenklima 239–241

Xenon 23

Zeit s. charakteristische
Zeit
Zeitreihe 91
Zeitreihenanalyse 104–108
Zeitreihenfilterung 106
Zeitreihenglättung 106
Zelle (bei atmosphärischer
Zirkulation) 164, 170
Zentrifugalbeschleunigung,
-kraft 138, 142
Zirkulation (allg.) 130,
161–163, 207
- allgemeine s. atmos-
phärisch-globale
- antizyklonale 163
- atmosphärische 161–189
- atmosphärisch-globale,
allgemeine, planetarische
163–169, 304, 318
- atmosphärisch-regionale
170–185
- kryosphärische 203, 204
- lithosphärische 204–207
- meridionale 163
- ozeanische 190–201, 296,
318
- planetarische s. atmo-
sphärisch-globale
- stratosphärische 186–189
- zonale 163
- zyklonale 163
Zirkulationsmodell 163,
244–248, 304, 340–344,
349–350, 352
Zirkulationsrad 130, 164
Zonalindex 163, 183, 185,
230
Zufallsprozess 253
Zwischeneiszeit (Interglazial,
s. auch Warmzeit) 292
Zyklon 177
Zyklone, Zyklonal 43, 55,
133, 137, 138, 163,
185
Zyklostrophisch 142
Zyklus (Zyklen), zyklisch 47,
104, 183, 278, 279
Zykluslänge 47
Zykluszeit 52, 207